科学出版社"十四五"普通高等教育本科规划教材

普通高等教育"十一五"国家级规划教材

木材干燥学

（第三版）

王喜明　伊松林　主编

高建民　主审

科学出版社

北　京

内 容 简 介

本教材以锯材干燥为主要研究对象，内容包括木材干燥介质与热媒、木材与水分、木材干燥过程的物理基础、木材常规干燥设备、木材常规干燥工艺、木材干燥过程控制及其他特种木材干燥方法的原理、设备和工艺等。本教材是在现有教材和最新研究成果的基础上，结合当前各高等农林院校教学改革和创新人才培养方案，根据多年的教学积累和实践经验编写的。本教材内容反映了当前科技发展的较新成果和信息，凝聚了大量生产实践经验，文字简明易懂。

本教材适用于木材科学与工程、家具设计与工程、木结构建筑与材料、室内设计与装饰等相关专业的本科教学工作，并可供相关领域科学技术研究人员和企业生产技术、管理人员参考使用。

图书在版编目（CIP）数据

木材干燥学/王喜明，伊松林主编. —3 版. —北京：科学出版社，2023.11
科学出版社"十四五"普通高等教育本科规划教材　普通高等教育"十一五"国家级规划教材
ISBN 978-7-03-074561-3

Ⅰ. ①木…　Ⅱ. ①王…　②伊…　Ⅲ. ①木材干燥-高等学校-教材
Ⅳ. ①S782.31

中国版本图书馆 CIP 数据核字（2022）第 253978 号

责任编辑：王玉时　赵萌萌／责任校对：严　娜
责任印制：赵　博／封面设计：无极书装

科学出版社 出版
北京东黄城根北街 16 号
邮政编码：100717
http://www.sciencep.com

北京华宇信诺印刷有限公司印刷
科学出版社发行　各地新华书店经销
*

2008 年 1 月第　一　版　开本：787×1092　1/16
2023 年 11 月第　三　版　印张：29 3/4
2024 年 11 月第十五次印刷　字数：800 000
定价：**118.00** 元
（如有印装质量问题，我社负责调换）

《木材干燥学》（第三版）编写委员会

主　　编　　王喜明（内蒙古农业大学）
　　　　　　伊松林（北京林业大学）

副 主 编　　程万里（东北林业大学）
　　　　　　于建芳（内蒙古农业大学）
　　　　　　李贤军（中南林业科技大学）
　　　　　　丁　涛（南京林业大学）

参　　编　　蔡英春（东北林业大学）
　　　　　　王传贵（安徽农业大学）
　　　　　　邱增处（西北农林科技大学）
　　　　　　蔡家斌（南京林业大学）
　　　　　　陈太安（西南林业大学）
　　　　　　涂登云（华南农业大学）
　　　　　　陈　瑶（北京林业大学）
　　　　　　何正斌（北京林业大学）
　　　　　　周吓星（福建农林大学）
　　　　　　侯俊峰（浙江农林大学）
　　　　　　王　哲（内蒙古农业大学）
　　　　　　郝晓峰（中南林业科技大学）
　　　　　　张双燕（安徽农业大学）

主　　审　　高建民（北京林业大学）

第三版前言

　　教材是育人育才的重要依托，教材建设是铸魂工程。教材是学校教育教学的基本依据，是解决"培养什么人、怎样培养人、为谁培养人"这一根本问题的重要载体，是贯彻党的教育方针、实现教育目标不可替代的重要抓手。2015 年国务院办公厅颁布《国务院办公厅关于深化高等学校创新创业教育改革的实施意见》（以下简称《意见》），《意见》要求：各高校要广泛开展启发式、讨论式、参与式教学，扩大小班化教学覆盖面，推动教师把国际前沿学术发展、最新研究成果和实践经验融入课堂教学，注重培养学生的批判性和创造性思维，激发创新创业灵感。运用大数据技术，掌握不同学生学习需求和规律，为学生自主学习提供更加丰富多样的教育资源。改革考试考核内容和方式，注重考查学生运用知识分析、解决问题的能力，探索非标准答案考试，破除"高分低能"积弊。"木材干燥学"是木材科学与工程、家具设计与工程、木结构建筑与材料等专业的主干核心课程，是实践性、理论性很强的一门专业课。为进一步落实国务院意见，推动"木材干燥学"课程教学改革和人才培养计划调整，使《木材干燥学》教材更能充分反映当代木材干燥科学技术发展的最新成果和信息，我们通过课程内容和教学方法改革，增加"研究方法""学科前沿"等授课内容，健全"木材干燥学"创新创业（"双创"）教学实践体系，加强教师创新创业教育理念，加强实践教学，培养和提高学生的"双创"能力。

　　本教材的确定是基于目前我国高速发展的木材干燥事业对专业人才知识结构提出了新的要求，过去传统的木材干燥技术已被现代化的高性能的木材干燥技术所代替，而与现代化的高性能的木材干燥技术所配套的相关知识和技能也需要更新。根据师生们通过教学实践对本书第二版提出的建议，我们在第三版做了及时的修订。

　　本教材以木材学和热工学为理论基础，以木材的常规干燥为主，结合其他干燥方法，重点是木材干燥理论、木材干燥工艺和设备。在内容的安排上结合木材干燥技术发展的现状，面向 21 世纪，本着以板方材的干燥为重点，结合锯材和单板热压干燥、适当吸收国内外最新研究成果等原则，既要总结我国成熟的木材干燥生产技术和科研成果，又要适时介绍符合我国国情的国外先进的木材干燥技术。为了便于教学，各章都附有思考题和主要参考文献。本教材通过介绍我国"木材干燥学"课程教学和教材建设的发展历程并融入课程思政内容，体现学科专业传承。

　　本教材是教育部木材科学与工程专业虚拟教研室（内蒙古农业大学）、教育部木材科学与工程专业虚拟教研室（北京林业大学）、教育部北方高校木材科学与工程专业虚拟教研室（东北林业大学）的建设成果，由中国木材保护工业协会刘能文教授级高级工程师、山东楷模居品制造有限公司董瑞君高级工程师审阅。

　　本教材参编人员及分工如下：绪论由内蒙古农业大学王喜明和北京林业大学伊松林编写；第一章由安徽农业大学王传贵和张双燕编写；第二章由南京林业大学丁涛编写；第三章第一节和第二节由内蒙古农业大学于建芳编写，第三节由北京林业大学何正斌编写，第四节和第五节由东北林业大学蔡英春编写；第四章由北京林业大学伊松林和福建农林大学周吓星编写；第五章第一节和第二节由内蒙古农业大学王喜明编写，第三节由华南农业大学涂登云编写，第四节到第六节由内蒙古农业大学王哲编写；第六章第一节由内蒙古农业大学于建芳编写，第二节由东北林业大学蔡英春编写，第三节由北京林业大学陈瑶编写；第七章由西北农林科技大学邱增处编写；第八章由北京林业大学何正斌和伊松林编写；第九章由北京林业大学陈瑶编写；第十章第一节由东北林业大学蔡英春编写，第二节由南京林业大学丁涛编写，第三节由南京林业大学蔡家斌编写；第十一章由中南林业科技大学李贤军和郝晓峰编写；第十二章由西南林业大学陈太安和东北林业大学程万里编写；第十三章第一节到第五节由东北林业大学程万里编写，第六节由内蒙古农业大学王哲编写；第十四章由东北林业大学程万里和浙江农林大学侯俊峰编写；第十五章由北京林业大学何正斌和伊松林编写；第十六章实验一由内蒙古农业大学于建芳编写，实验二由北京林业大学陈瑶编写；附录 1 由东北林业大学程万里整理，附录 2～6 由内蒙古农业大学王喜明和于建芳整理，附录 7 由各章编委整理。全文由北京林业大学高建民主审。

教材参考引用了国内外相关的图书资料及国家标准、行业标准，在此谨向相关作者表示衷心感谢！内蒙古农业大学于建芳在本教材编写过程中做了大量统稿等工作，在此深表敬意和谢意！

限于编者水平，书中的疏漏、不足之处在所难免，敬请读者指正。

王喜明　伊松林

2023 年 9 月

第二版前言

2015 年 5 月 4 日，国务院办公厅颁布《国务院办公厅关于深化高等学校创新创业教育改革的实施意见》（以下简称《意见》），《意见》要求：各高校要广泛开展启发式、讨论式、参与式教学，扩大小班化教学覆盖面，推动教师把国际前沿学术发展、最新研究成果和实践经验融入课堂教学，注重培养学生的批判性和创造性思维，激发创新创业灵感。运用大数据技术，掌握不同学生的学习需求和规律，为学生自主学习提供更加丰富多样的教育资源。改革考试考核内容和方式，注重考查学生运用知识分析、解决问题的能力，探索非标准答案考试，破除"高分低能"积弊。为进一步落实国务院意见，推动"木材干燥学"课程教学改革和人才培养计划调整，使《木材干燥学》教材能更充分反映当代木材干燥科学技术发展的最新成果和信息，通过课程内容和教学方法改革、增加"研究方法""学科前沿"等授课内容，健全"木材干燥学"创新创业（"双创"）教学实践体系，加强教师创新创业教育理念，加强实践教学，培养和提高学生的"双创"能力。

本教材以 2008 年高建民教授主编的《木材干燥学》（科学出版社）为依托，整合 2007 年王喜明教授主编的《木材干燥学》（中国林业出版社）进行修订。基于目前我国高速发展的木材干燥事业对专业人才知识结构提出的新要求，过去传统的木材干燥技术已被现代化的高性能木材干燥技术所代替，而与现代化的高性能木材干燥技术所配套的相关知识和技能也需要更新，专业教材建设指导委员会确定重新编写木材科学与工程专业《木材干燥学》教材。

"木材干燥学"是木材科学与工程专业、家具设计与人居工程专业的主干核心课程，是实践性、理论性很强的一门专业课。本教材以木材学和热工学为理论基础，以木材的常规干燥为主，结合其他干燥方法，重点介绍木材干燥理论、木材干燥工艺和设备。在内容的安排上结合木材干燥技术发展的现状，面向 21 世纪，本着以板方材的干燥为重点，结合竹材和单板热压干燥，适当吸收国内外最新研究成果等原则，既总结了我国成熟的木材干燥生产技术和科研成果，又适当介绍了符合我国国情的国外先进的木材干燥技术。参编人员及分工如下：第 1 章由北京林业大学高建民编写；第 2 章由安徽农业大学王传贵和东北林业大学程万里编写；第 3 章由南京林业大学苗平编写；第 4 章 4.1～4.3、4.5～4.7 由东北林业大学蔡英春编写，4.4 由北京林业大学陈瑶编写，4.8 由内蒙古农业大学于建芳编写；第 5 章由北京林业大学伊松林和福建农林大学杨文斌编写；第 6 章 6.1、6.2、6.3.1～6.3.4、6.4～6.6 由内蒙古农业大学王喜明编写，6.3.5 由华南农业大学涂登云编写；第 7 章 7.1、7.2.1、7.2.3 由内蒙古农业大学于建芳编写，7.2.2、7.3 由北京林业大学陈瑶编写；第 8 章由东北林业大学程万里和西北农林科技大学邱增处编写；第 9 章由河北农业大学刘志军编写；第 10 章由北京林业大学陈瑶编写；第 11 章由南京林业大学蔡家斌编写；第 12 章由西南林业大学陈太安编写；第 13 章由中南林业科技大学李贤军编写；第 14 章由东北林业大学程万里编写；第 15 章由东北林业大学程万里和浙江农林大学金永明编写；第 16 章 16.1 由福建农林大学谢拥群编写，16.2 由北京林业大学陈瑶编写；第 17 章由北京林业大学伊松林编写；第 18 章由北京林业大学陈瑶编写。附录 1 由东北林业大学程万里整理，附录 2～6 由内蒙古农业大学王喜明和于建芳整理。

本教材参考引用了国内外有关的图书资料及国家标准、行业标准，在此谨向相关作者表示衷心的感谢！于建芳博士和陈瑶博士在本教材编写过程中做了大量的工作，内蒙古农业大学2013级学生李涛在附录3更新过程中做了大量统计工作，在此表示衷心的感谢！

基于编者水平有限，书中的疏漏、不足之处在所难免，敬请读者指正。

高建民　王喜明

2017 年 9 月

第一版前言

木材干燥学是木材科学与工程、家具设计与制造、室内设计与装饰以及相关专业的必修专业课程,是一门基础理论与实践应用并重的科学。本书比较系统地阐述了木材干燥基础理论、常规干燥设备、常规干燥工艺以及干燥过程的控制,并对常见的几种特种干燥方法的原理、设备和工艺进行了较为系统的介绍。

本书是在现有国内有关木材干燥教材和研究成果的基础上,结合当前各高等农林院校进行的教学改革和人才培养计划调整方案,根据多年的教学积累和实践进行编写的。教材内容反映了当前科技发展的较新成果和信息,凝聚了大量生产实践经验,文字简明易懂,为便于教学,各章编写了思考题。本书适用于木材科学与工程、家具设计与制造、室内设计与装饰以及相关专业的本科教学,并可供相关领域科学技术研究人员和企业生产技术、管理人员参考使用。

本书是普通高等教育"十一五"国家级规划教材,由北京林业大学、东北林业大学和南京林业大学等10所高等农林院校联合编写。教材共8章,编写分工如下。

高建民(北京林业大学):第1、4章,6.2、6.5节。陈广元(东北林业大学):2.2、7.1、7.2节。蔡英春(东北林业大学):2.3、5.1、5.2、5.4节。伊松林(北京林业大学):第3、8章。程万里(东北林业大学):2.1、5.3、6.6节。庄寿增(南京林业大学):6.5节。刘志军(河北农业大学):6.3节。李延军(浙江林学院):6.1节。李贤军(中南林业科技大学):6.4节。谢拥群(福建农林大学):6.2节。张士成(北华大学):7.3、7.4节。王传贵(安徽农业大学):2.1、5.4节。汪佑宏(安徽农业大学):第8章。邱增处(西北农林科技大学):2.1节。

本书参考引用了国内外有关的图书资料以及国家标准、行业标准,在此谨向相关作者表示衷心感谢!本书在编写过程中得到了北京林业大学张璧光教授的大力支持。在统稿和编排过程中,北京林业大学研究生胡传坤做了大量的工作。在此表示衷心感谢!

欢迎读者对书中的错误或不妥之处进行批评指正。

编　者

2007年9月

目　　录

绪　　论

一、木材干燥学概述

中国社会进入新时代，社会经济发展速度加快，人民生活水平不断提高，人们对家具和室内装饰的需求量日益扩大。目前家具的材料虽然种类繁多，有实木、人造板、金属、塑料、竹藤等，但由于木材具有美丽的天然纹理和色彩，具有吸音、隔热、调节室内温度与湿度等多种优点，同时又是当今世界四大原材料（钢材、水泥、木材、塑料）中唯一可以再生和循环利用的绿色材料，因此人们日益偏爱木质家具，特别是实木家具。这就导致木材的需求量日益增多，2020 年我国锯材产量已达 7593 万 m^3。减少木材损失和提高木材利用率已成为解决木材供需矛盾的主要途径之一。木材干燥（wood drying）是保障和改善木材品质、减少木材损失、提高木材利用率的重要环节。目前我国尚有相当多的木材由于未经干燥处理或干燥设备落后及干燥工艺不当等，存在开裂（check）、变形（distortion）、腐朽（decay）、虫蛀（damaged by vermin）、皱缩（collapse）、变色（discoloration）等缺陷，木材资源的浪费现象十分严重，这正是我国木材干燥领域从业人员与科研工作者所面临的严峻形势。

干燥是一门传统的通用技术，在人们生活和工业生产中处处可见，特别是在工业生产中，从农业、食品、化学、医药、矿产到造纸、木材等几乎所有产业都会运用到干燥技术。干燥是一个高能耗的生产环节，在工业产品总能耗中，干燥能耗占比为 4%（化学工业）、35%（造纸工业）、40%～70%（木材工业）。发达国家的平均干燥能耗占总能耗的 12%，我国万元 GDP 能耗水平是发达国家的 3～11 倍，木材干燥的能耗占木制品生产总能耗的 40%～70%。干燥过程中产生的废气含有大量的烟尘、二氧化碳、二氧化硫、二氧化氮、甲醛、苯和萜烯类气体，是造成大气温室效应、酸雨和臭氧层破坏的主要因素。因此，干燥生产环节在工业生产中变得越来越重要，干燥科学也受到全社会的关注并得到了长足的发展。

（一）木材干燥学研究的对象和内容

新采伐的木材中含有大量的水分，在木材被加工利用之前，须采取适当的措施，使木材的含水率降低到一定程度，以保证木制品的质量与使用寿命。那么，如何降低木材的含水率呢？通常的做法就是对木材进行干燥处理。木材干燥的一般步骤是：首先提高木材的温度，使木材中的水分以水和水蒸气的形式向木材表面移动；其次在循环介质的作用下，使木材表层的水分以水蒸气的形式离开木材表面。

木材干燥方法（drying method）大体可分为机械干燥（mechanical drying）、化学干燥（chemical drying）、热力干燥（thermal drying）三类。通常所说的木材干燥是指在热力作用下以蒸发、扩散、渗流等方式排出木材中水分的处理过程。

木材干燥学研究的对象为锯材干燥（lumber drying）。研究内容主要包括木材干燥介质，木材的干燥特性及其干燥过程中的热、质传递规律，木材干燥设备、工艺及干燥室（也称"干燥窑"）的设计。因此，木材干燥学是一门综合木材学、热工、机械、建筑、自动控制、环境科学等多学科的应用科学，是木材科学与技术领域的一个重要分支。

（二）木材干燥的基本原理

木材干燥的目的就是排除木材中多余的水分，以适应不同的用途和质量要求。木材干燥的基本原理就是木材中的自由水，在木材毛细管张力、加热引起的水蒸气压力等作用下，沿大毛细管系统向蒸发界面迁移（渗流），并在该处向干燥介质（drying medium）蒸发；木材中的结合水，在热力作用下由被微毛细管系统吸附、毛细管凝结的液面向系统内的空气蒸发，进而在含水率梯度（moisture gradient）、温度梯度、水蒸气压力梯度等作用下，以液态和气态两种形式连续地由木材内部向蒸发界面（木材表面）迁移和扩散；内部水分向蒸发界面的迁移速度与界面处水分蒸发强度尽量协调一致，使木材由表及里均衡地变干。以木材常规干燥过程为例：首先采用 100℃以下的高湿（饱和或接近饱和）的循环空气对木材进行预热处理，当木材内部被加热到规定的温度后，按干燥基准第一阶段的参数降低介质的温度和相对湿度，使木材厚度方向上形成内高外低的含水率梯度、温度梯度和水蒸气压力梯度，这些梯度作为水分移动的驱动力迫使木材中的水分由内向外移动，并促进木材表面水分的蒸发，这时干燥过程即可开始。其次按照干燥基准逐步提高介质的温度和降低相对湿度，使木材中水分由表及里均衡排出，直到干燥结束。在干燥过程中，应尽可能消除或减轻内应力、开裂和变形，在不影响木材物理力学性质的前提下，确保干燥质量。木材干燥的基本原则是在确保干燥质量、节能、环保及低成本的前提下尽可能提高木材的干燥速率（drying rate）。

（三）木材干燥的意义

木材具有质量轻，机械强度高，耐酸、碱腐蚀，热绝缘性与电绝缘性好，易于切削，纹理、色泽美丽等优良特性，但这些优良特性只属于干燥后的木材。由于湿木材的含水率较高，密度大，机械强度低，物理、力学性能较差，易腐朽等，不宜直接作为民用和工业用材，因此一般民用和工业用材必须经过干燥处理。木材干燥可以从很多方面提高木材的使用性能，主要表现如下。

1）木材干燥可以提高木材和木制品的力学强度、胶结强度及表面装饰质量，改善木材的加工性能。当木材含水率低于纤维饱和点时，木材的力学强度将随着含水率的降低而提高，干木材的切削阻力小于湿木材；湿木材对胶黏剂与涂料有稀释作用，降低了木材的胶结强度与表面装饰质量。例如，松木由含水率30%降低到18%时，其静曲强度将从 50MPa 增至 110MPa。

2）木材干燥可以提高木材和木制品形状、尺寸的稳定性，防止木材开裂。当木材含水率在纤维饱和点以下时，木材在空气中随空气湿度的变化会发生干缩与湿胀现象：当木材干缩时木质门窗有缝隙，接榫松脱，若干缩不均匀还会引起开裂、变形等；当木材发生湿胀时，可能出现木地板翘起和门窗不能闭合等现象。

3）木材干燥可以预防木材的变质与腐朽，延长木制品的使用寿命，进而延长木材及木制品的储碳周期。湿木材长期置于大气中，往往会发生腐朽或遭受虫害等。木材的腐朽是由木腐菌造成的，多数木腐菌在木材含水率高于20%时方能繁殖；当含水率在纤维饱和点以上时，木腐菌会严重地危害木材；当含水率在20%以下时，木腐菌的生长会受到限制。因此，对木材进行干燥处理是防止木材腐朽的有效措施之一。另外，木腐菌的适宜生长温度为24～32℃，在12℃以下或46℃以上，木腐菌几乎完全终止生长。木材经过干燥或采用蒸汽处理后，木腐菌可被杀死。高温高湿比单纯高温的杀伤力更强。因此，将木材的含水率降至8%～12%时，不仅可以保证木材固有的性质和强度，而且可以提高木材的抗腐朽能力。通过提升木材和木制品的产品质量和使用的耐久性，延长木材及木制品的储碳周期，可充分发挥木材及木制品应对全球气候变化的碳储贡献；绿色节能的木材干燥技术有助于实现木材工业节能减排的"双碳"目标。

4）木材干燥可以改善木材的环境学特性。木材经过干燥处理后，内部水分含量与周围环境的湿度相平衡，进一步改善了其视觉特性、触觉特性、听觉特性、嗅觉特性和对环境的调节特性；干燥后的木材对环境中有害气体的吸附能力增强，与人和环境更加和谐。

5）木材干燥减轻了木材的质量，有利于提高运输车辆的装载量，降低运输成本。湿材在运输过程中不但易受虫害，发生腐朽，而且含有大量的水分，运输很不经济。如果先对木材进行适当的干燥处理，使木材的含水率降低到20%以下，则可节约大量的运输力。

6）木材干燥可提高木材的热绝缘性与电绝缘性。当木材的含水率低于纤维饱和点时，含水率越低，导热性与导电性越小。

二、木材的干燥方法

木材干燥的方法种类繁多。按照木材中水分排出的方式可分为热力干燥、机械干燥和化学干燥等。热力干燥是通过水分子热运动破坏水分子与木材之间的结合力，使水分子以汽化或沸腾的方式排出木材；机械干燥是通过离心力或压榨作用排出木材中的水分；化学干燥是使用吸水性强的化学品（如氯化钠等）吸取木材中的水分，实现木材干燥。其中，机械干燥和化学干燥方法不适于大规模生产，除偶尔用作辅助干燥方法外，极少被采用。实际上木材干燥方法主要是指热力干燥。热力干燥按干燥条件是否被人为控制可分为大气干燥（air drying）和人工干燥（artificial drying）两大类。大气干燥是利用自然界空气中的太阳能、湿度梯度和风力对木材进行干燥；人工干燥是利用专用设备，人为控制干燥过程的方法。根据木材加热方式的不同，热力干燥又可分为对流干燥、电介质干燥、辐射干燥和接触干燥。对流干燥是流动的干燥介质将热量传给木材的干燥方法。根据干燥介质的不同，对流干燥还可分为湿空气干燥、过热蒸汽干燥、炉气干燥和有机溶剂干燥等。其中以湿空气为介质的干燥方法包括大气干燥、常规干燥、除湿干燥、太阳能干燥和真空干燥等。电介质干燥是将湿木材作为电介质，将其置于高频或微波电磁场中进行干燥的方法，主要包括高频干燥和微波干燥。辐射干燥主要是指红外线干燥，木材中的水分子吸收了红外线辐射能，使水分子产生共振，从而将电磁能转化为热能来加热木材，达到干燥木材的目的。木材热能是由加热器辐射传递的。接触干燥是将被干燥木材与加热物体表面直接接触，通过二者热量传导来蒸发木材水分的方法。

（一）木材大气干燥

大气干燥简称为气干，是自然干燥的主要形式，分为自然大气干燥（natural drying）（简称自然气干）和强制大气干燥（forced air drying）（简称强制气干）两种。自然大气干燥是一种古老而又简单的干燥方式。它是把木材按照一定的方式堆放在空旷的场院（又称为板院）或棚舍内，让自然空气流过材堆（stack），使木材内水分逐步排出，以达到干燥的目的。其特点是简单，不需要太多的干燥设备，节约能源；但这种方法占地面积大，干燥时间长，干燥过程不能人为控制，易受地区、季节、气候等条件的影响；终含水率（10%～20%）较高，在干燥期间易产生虫蛀、腐朽、变色、开裂等缺陷。所以，单纯的自然气干在实际生产中比较少见。强制大气干燥是自然大气干燥的发展，其是指在板院或棚舍内用通风机（提供1m/s左右的风速）来缩短干燥时间的方法。强制气干的干燥质量较好，木材不易霉烂变色，还可以减少端裂（end check），干燥时间较自然气干可缩短1/2～2/3，但干燥成本约增加1/3。林业行业标准《锯材气干工艺规程》（LY/T 1069—2012）中对板院的技术条件、锯材堆积过程、气干过程的管理等内容有详细说明。

（二）木材人工干燥

木材人工干燥的方法种类很多，其特点是采用适当的干燥设备，干燥过程可人为控制，干燥周期比大气干燥短，干燥过程不受地区、季节与气候的影响，干燥的最终含水率可根据实际需要人为控制，以保证木材的干燥质量。

1. 木材常规干燥　　木材常规干燥（usual drying）是以湿空气（moist air）为干燥介质，以蒸汽（vapor）、炉气（furnace gas）、热水（hot water）或热油（hot oil）为热媒，间接加热湿空气，湿空气以对流换热方式为主加热木材，干燥介质温度在 100℃以下的干燥方法。常规干燥中又以蒸汽为热媒的干燥室居多，一般简称蒸汽干燥。以炉气为热媒的常规干燥，在我国南方非采暖地区的中小型木材厂中占有一定的比例，由于它能处理厂内的木废料，又能降低干燥成本，因此受到一些干燥量不太大的工厂的欢迎。土法建造的简易干燥室，在我国与其他一些发展中国家，以及对环境要求不高的地区仍有少量的应用。以热水为热媒的常规干燥，因热水锅炉的价格比蒸汽锅炉低得多，故在一些不需要高温干燥，且干燥量不大的工厂使用量有上升的趋势。以热油为热媒的常规干燥，目前在国内外的应用相对较少。

2. 木材高温干燥　　木材高温干燥（high temperature drying）与常规干燥的区别是干燥介质温度在 100℃以上，一般为 120～140℃。其干燥介质可以是湿空气，也可以是常压、高压过热蒸汽。高温干燥的优点是干燥速率快、尺寸稳定性好、干燥周期短，但高温干燥易产生干燥缺陷（drying defect），如材色变深、表面硬化（case hardening）、不易加工。高温干燥一般用于干燥针叶材，目前在新西兰、加拿大、澳大利亚、美国、日本等国家较盛行，如用于干燥辐射松、柳杉等建筑用材。

常压过热蒸汽干燥（superheated steam drying）方法在我国兴起于 20 世纪 70 年代，其特点是传热系数大、热效率高、节能效果显著、无爆炸和失火危险。这种方法对于薄且易干的木材具有良好的干燥效果，但干燥室的气密性和防腐蚀性等技术问题还有待进一步研究解决。所以，这种干燥方法至今并没有得到广泛的应用。木材高温热处理是指采用 150～260℃（常用 180～215℃）的温度加热处理木材，改良木材的品质，降低木材的吸湿性和吸水性，提高木材的尺寸稳定性、生物耐腐性和耐候性，使木材成为一种性能优良、颜色美观且环境友好的产品。高温热处理木材也称为高温热改性木材，国外称为 "heat-treated wood" 或 "thermal-modified wood"。"炭化木"是我国木材行业对高温热处理木材的俗称。

3. 木材除湿干燥　　木材除湿干燥（dehumidification drying）和常规干燥的原理基本相同，也是以湿空气作干燥介质，湿空气以对流换热为主的方式加热木材。常规干燥是以换气的方式降低干燥介质湿度，热损失较大；除湿干燥是湿空气在除湿机与干燥室间进行闭式循环。它依靠空调制冷和供热的原理，使空气冷凝脱水后被加热为热空气，再送回干燥室继续干燥木材。湿空气脱湿时放出的热量依靠制冷工质回收，又用于加热脱湿后的空气。除湿干燥虽然具有节能、干燥质量好、不污染环境等优点，但通常室温低，干燥周期长，依靠电加热，电耗高，因而其推广应用受到影响。在日本、加拿大等国家，一般用除湿干燥作为预干或联合干燥。伴随着制冷工艺的发展及除湿机的技术进步，目前除湿干燥的工作温度已能满足一般硬阔叶材干燥工艺的基本要求，有较好的应用前景。

4. 木材太阳能干燥　　木材太阳能干燥（solar drying）是利用集热器吸收太阳的辐射能加热空气，通过空气对流传热干燥木材。太阳能干燥主要可分为温室型和集热器型。太阳能干燥速率一般比气干快，比室干慢，因气候、树种、集热器的结构和比表面积等而异。太阳能干燥的突出优点是节能环保，运转费较低，干燥降等比气干少，木材终含水率比气干低，干燥质量较好。缺点是受气候影响大，干燥周期长，单位材积的投资较大，高纬度地区冬季干燥效果差，故太阳能干燥适合与其他干燥方法联合使用，以获得较为理想的效果。

5．木材高频干燥与微波干燥　　木材高频干燥（high frequency drying）和微波干燥（microwave drying）都是以湿木材作为电介质，在交变电磁场的作用下使木材中的极性分子做极性取向运动，分子之间产生碰撞或摩擦而生热，使木材从内到外同时加热干燥。高频干燥与微波干燥的区别是：高频干燥的频率低、波长较长，对木材的穿透深度较深，适于干燥大断面的木材；微波干燥（又称为超高频）比高频干燥的频率更高，但波长较短，其干燥效率比高频干燥高，但对木材的穿透深度不及高频干燥。这两种干燥方法的优点是干燥速率快，木材内温度场比较均匀，残余应力（residual stress）小，干燥质量较好；缺点是投资大，电耗高，同时若功率选择不同，功率过大或干燥工艺控制不当，易产生内裂（internal check）和炭化（char）。

6．木材真空干燥　　木材真空干燥（vacuum drying）是将木材在低于大气压的条件下实施干燥，其干燥介质可以是湿空气或是过热蒸汽（superheated steam），但多数是过热蒸汽。真空干燥时，木材内外的水蒸气压差增大，加快了木材内水分的迁移速度；同时由于真空状态下水的沸点低，可在较低的温度下达到较高的干燥速率，干燥质量好，特别适用于透气性好或易皱缩（collapse）及厚度较大的硬阔叶材。近十几年真空过热蒸汽干燥在丹麦、德国、法国、加拿大、日本等国家已有工业应用，效果良好，但真空干燥设备投资大、电耗高，同时真空干燥容量一般比较小，目前我国真空干燥的应用相对较少。

7．木材红外线干燥　　木材红外线干燥（infra-red drying）是在红外线的照射下，木材中的水分子吸收了红外线的辐射能，产生共振，从而将电磁能转化为热能来加热木材，以达到干燥木材的目的。红外线是一种电磁波，近红外线波长为 0.72~2.5μm，远红外线波长为 2.5~1000μm。木材干燥使用的是波长为 5.6~25μm 的远红外线。木材红外线干燥的优点是设备简单，干燥基准易于调节；缺点是电能消耗较大，干燥成本较高，红外线穿透木材的深度有限，干燥不均匀，易产生干燥缺陷，还易引起火灾等，目前极少应用。1991 年第三次全国木材干燥学术讨论会指出电热红外线干燥木材，干燥质量差，电耗大，容易引起火灾，不宜再建此类干燥室。

8．木材加压干燥　　木材加压干燥（pressure drying）是 20 世纪 80 年代出现的一种木材干燥方法，它是将木材置于密闭的干燥容器内，一方面提高木材的温度，另一方面提高容器内的压力，使木材中的水分在较高温度条件下开始汽化与蒸发，从而达到干燥木材的目的。这种干燥方法的干燥质量非常好，干燥周期较短，但其能耗较大，容器的容积较小，生产量不大。另外，木材加压干燥后颜色变暗，在节子周围会出现较大裂纹。此种干燥方法的设备腐蚀问题、干燥工艺、干燥基准，还有待进一步研究。

9．木材溶剂干燥　　木材溶剂干燥（solvent drying）是一种很少见的木材干燥方法。它是把湿木材放在嫌水性溶剂中，提高溶剂的温度，加热木材，使木材中的水分汽化和蒸发。这种溶剂的特点是不吸收木材中的水分，也不增加木材的湿度，干燥速率较快，设备简单、易于建造，工艺操作方便，但木材经过干燥后力学强度有所降低，不利于胶合和涂饰。常用的嫌水性溶剂有液体石蜡等。

10．木材热压（压板）干燥　　木材热压（压板）干燥（hot press drying）是将木材置于热压平板之间，并施加一定的压力进行接触加热以干燥木材。特点是传热及干燥速率快，干燥的木材平整光滑。但难干的硬阔叶材干燥时易产生开裂、皱缩等缺陷。此法适合于速生人工林木材的干燥，可以有效地防止木材的翘曲，还可增加木材的密度和强度。

三、木材干燥（学）教学与教材建设历程

东北林业大学于1952年在国内首次开设木材干燥课程,于1954年按照教学计划规定为108学时（每周6学时,18周）,采用苏联1949年版教材,同时编译出《木材干燥学讲义》,由朱政贤先生专职主讲;1960年梁世镇教授编写出版了我国第一部《木材干燥学》;1973年,梁世镇先生任主编,北京林业大学、南京林业大学和东北林业大学三院校合编《木材干燥》统编教材;1981年梁世镇先生任主编,出版《木材干燥》（第一版）;1992年,朱政贤先生任主编出版《木材干燥》（第二版）;2007年,王喜明教授任主编出版《木材干燥学》（第三版）;2008年,高建民教授主编出版普通高等教育"十一五"国家级规划教材《木材干燥学》;2018年,高建民教授和王喜明教授任主编出版科学出版社"十三五"普通高等教育本科规划教材《木材干燥学》（第二版）。在我国木材科学与工程专业高等教育发展历程中,以梁世镇教授、朱政贤教授为代表的先辈为木材干燥（学）教学和教材建设奠定了坚实的基础。

1998年,随着我国高等教育的迅猛发展,教育部根据我国高等教育发展和改革的需要,进行了规模较大的学科专业调整;之后于2012年和2021年又进行了两次学科专业调整。木材科学与工程专业在三次调整中没有发生变化。依据教育部《关于加强高等学校本科教学工作提高教学质量的若干意见》和《关于做好普通高等学校本科学科专业结构调整工作的若干原则意见》文件精神,以及教育部林业工程专业教学指导委员会的意见,为了促进各学校特色发展,加强素质教育,提高学生的实践能力,对开设课程的学时数不再限定。目前在我国开设木材科学与工程专业的16个学校中,木材干燥学课程的学时数为32～56学时。

梁世镇（1916—1996）,湖北沙市人,南京林业大学木材科学与技术学科奠基人之一。1942年毕业于国立中央大学森林系。1945年获该校农学硕士学位,1948年获英国阿伯丁大学木材学博士学位。1948～1955年历任国立中央大学、南京大学、南京林学院副教授;1955～1958年在苏联列宁格勒林学院专修木材干燥学;1959～1960年任南京林学院教务长;1961～1980年先后任南京林学院教授、森林工业系主任,曾任国务院学位委员会第二、三届学科评议组成员。1960年编写出版了我国第一部《木材干燥学》,1978年获全国科学技术大会奖,1982年主持研发完成的"常压过热蒸汽干燥木材"获国家科学技术委员会、国家农业委员会科技成果推广一等奖。1984年获国家科学技术委员会、国家经济贸易委员会、农牧渔业部和林业部科技推广工作先进个人称号。主编有《木材水热处理》等。

朱政贤（1924—　）,安徽舒城人。1951年毕业于安徽大学森林系,统一分配至浙江大学任助教。1952年全国高等院校院系调整,随浙江大学森林系全系师生调至东北林学院,兼任全国木材干燥研究会会长。自1952年,一直从事木材干燥教学与科学研究,建立了木材干燥学科教学体系,创建了木材干燥高新技术企业。他在教学上讲授《木材干燥》《木材水热处理》《木材干燥原理》等课程;主编《木材干燥》（第二版）等高、中等林业院校教材,合编《木材学》,翻译《木材干燥室计算法》,合译《木材学与木材工艺学原理》等译著。他在科研方向上以木材常规干燥为主,兼顾其他干燥方法。曾主持"落叶松材高温干燥"等多项科研项目,获林业部及黑龙江省科技进步奖;主持研制成多种新型木材干燥设备,在全国得到推广应用。

梁世镇教授和朱政贤教授是著名木材干燥学家,在我国木材干燥学界有"南梁北朱"之誉。

四、国际国内木材干燥学术会议概况

国际林业研究组织联盟（IUFRO）第五学部木材干燥会议是国际木材干燥研究领域的专业性学术会议,1987年首先由瑞典吕勒奥理工大学（Luleå University of Technology）承办,迄今

已在欧洲、北美、南美、亚洲等地成功举办多届。2005年第9届国际木材干燥会议在南京林业大学举办，是我国首次承办，来自20余个国家的170多名代表参会交流，为促进我国木材干燥研究领域的国际交流发挥了积极作用。2012年8月，国际林业研究组织联盟第十二次国际木材干燥会议在巴西贝伦举行。会议的主题是"热带木材干燥的挑战与机遇"，会议围绕如何提高木制品附加值、实现热带木材的可持续利用等议题，重点研讨了木材干燥工艺控制、减少有害物质排放、木材含水率测定、减少木材干燥损失与缺陷等问题。

　　中国林学会木材工业分会和中国铁道学会材料工艺委员会于1984年9月在安徽省屯溪市（现黄山市）联合召开了木材保护学术研讨会，木材干燥是会议的主要内容之一。大会期间，中国林学会木材工业分会成立了木材干燥学组（后改名为木材干燥研究会）。1987年，第一次全国木材干燥学术研讨会在哈尔滨召开，会议由东北林业大学和哈尔滨龙江电炉厂承办。以后每隔两年召开一次，至今已成功举办17次。历次木材干燥学术会议概况如表0.1所示。

表 0.1　历次木材干燥学术会议概况

会议名称或序号	开会时间	开会地点	承办单位	出席人数	论文篇数
木材保护学术研讨会	1984年9月 9~12日	安徽屯溪	中国林学会木材工业分会 中国铁道学会材料工艺委员会	27 （干燥）	32 （干燥）
第1次	1987年10月 16~19日	哈尔滨	东北林业大学 哈尔滨龙江电炉厂	73	47
第2次	1989年10月 24~28日	南京	南京林业大学 江苏溧阳平陵林机有限公司	72	49
第3次	1991年9月 9~13日	哈尔滨	东北林业大学 哈尔滨兴华干燥设备厂	90	50
第4次	1993年10月 20~22日	北京	北京林业大学 中国林业科学研究院木材工业研究所	60	27
第5次	1995年10月 24~26日	南京	南京林业大学 江苏溧阳平陵林机有限公司	57	38
第6次	1997年12月 9~11日	广州	华南农业大学 中国科学院广州卫星观测站	52	47
第7次	1999年10月 15~18日	上海	上海申德木业干燥设备公司 上海家具研究所	62	31
第8次	2001年7月 3~5日	内蒙古包头	内蒙古农业大学 内蒙古北方重工业集团公司	60	45
第9次	2003年9月 16~18日	哈尔滨	东北林业大学 哈尔滨兴华干燥设备公司	83	59
第10次	2005年10月 16~19日	北京	北京林业大学	96	52

会议名称或序号	开会时间	开会地点	承办单位	出席人数	论文篇数
第11次	2007年11月4～5日	福州	福建农林大学	71	53
第12次	2009年11月13～15日	广东中山	中山市红木家具工程技术研究开发中心 华南农业大学	101	75
第13次	2011年10月9～12日	南京	南京林业大学	112	64
第14次	2013年10月26～27日	北京	北京林业大学	108	60
第15次	2015年11月13～16日	长沙	中南林业科技大学	140	81
第16次	2017年11月16～19日	海口	中国热带农业科学院橡胶研究所 海南农垦林产集团有限责任公司	148	55
第17次	2019年11月28日～12月1日	江苏镇江	中国林业科学研究院木材工业研究所 镇江市新民洲临港产业园管委会 镇江国林生态产业城有限公司	170	65

五、我国木材干燥技术进展、面临的形势与发展趋势

（一）我国木材干燥技术进展

人类应用干燥技术的历史源远流长，我们祖先早在6000年前就开始应用干燥技术制造陶瓷和晒盐。许多古老的干燥技术至今还在应用，如应用太阳能和风能等的自然干燥技术仍在粮食、盐业、木材工业等方面普遍应用。1949年前，我国工业落后，木材干燥行业根本无从谈起。木材干燥主要靠大气干燥、烟熏干燥和烟道干燥；蒸汽加热的自然循环干燥都很少，强制循环干燥极少。木材干燥作业分散在工匠之中，依附于作坊之内。1948年，上海日晖港木材供应站从美国引进了一间长轴形砖混壳体蒸汽加热木材干燥室。1949年以后（20世纪50～60年代）在苏联专家的指导下，我国在东北等地区建设了一批喷气型木材干燥室，在北京、上海和哈尔滨等地建设了一批长轴形木材干燥室，但这种干燥设备对设计和安装要求较高，电力消耗大，因此逐渐被淘汰。为克服长轴形木材干燥室安装、维修不方便的缺点，同期我国在上海新建了几间短轴形木材干燥室，并在华东地区推广。1964年天津机械木型厂建设了侧向通风型木材干燥室，适宜于中、小型企业使用，在华北和南方有一定程度的推广。为解决侧向通风室气流循环不均匀的问题，1979年我国借鉴了芬兰经验，在南京等地建设了端风型木材干燥室，并在中小企业中普遍推广。1949年后的30年间，我国木材干燥业与国民经济同步发展，兴建了大量的木材干燥。东北林业大学的朱政贤教授在20世纪70年代中期对我国重点地区的木材干燥现状进行了调查，调查结果表明：在各类木材干燥室中周期式占98.2%，连续式占1.8%；在周期式干燥室中，强制循环占75%，自然循环占25%。据估计，到1979年干燥室的设计生产已达到锯材年生产量的15%。改革开放以来，我国木材干燥

行业得到了飞速发展，已形成了一个完善的行业体系；近年来，随着人们环境保护意识的不断增强，锯材用量的逐渐增多，以及新技术、新方法的应用，木材干燥市场可谓繁荣昌盛，我国木材干燥行业的快速发展迎来了新的发展契机，并走向了健康发展之路。中国社会发展进入新时代，木材干燥在节能、降耗、环保、智能化方面的新技术、新工艺、新设备不断涌现。目前，我国木材干燥行业具有以下几个特点。

1）木材干燥在学科、专业及行业中拥有非常重要的地位；基础理论的研究与应用处于国际先进行列。

2）木材常规干燥工艺技术水平日趋完善，接近国际先进水平；特别是我国的常规干燥和除湿干燥设备的设计水平和技术性能已达到了国际先进水平。

3）木材干燥生产的范围与规模迅速扩大，干燥设备制造企业逐渐增多，设备科技含量不断增加，性能不断提高；新建干燥室多采用全金属壳体、三防室内电动机、复合管高效加热器、吊挂式单扇大门、自动和手动双重检测与控制系统、叉车装卸，使干燥室的防腐性、工艺性、保温性、气密性、可靠性都有了明显提高。

4）木材干燥方法呈现以常规干燥为主，除湿干燥、太阳能干燥、真空干燥、高频干燥等其他干燥方法并存的多样化格局；除湿、真空、微波及高频等干燥技术的应用有了较大发展。

5）集中加工、集中干燥的局面初步形成。木材干燥专营企业多采用大容量常规干燥，有利于高新技术和现代化管理系统的应用，有利于保障木材干燥质量，有利于节能和环保，有利于降低干燥成本等。目前，我国在绥芬河、满洲里等一些木材集散地建设了近百家木材干燥专业企业，取得了良好的示范作用，预示着我国木材干燥业已走上了良性发展之路。

6）在"双碳"国家战略下，木材干燥向节能降耗环保方向发展，节能环保干燥方法与技术不断涌现。

7）木材干燥规范化管理标准基本齐备。近20年来，我国先后颁布了《锯材干燥质量》《锯材窑干工艺规程》《锯材气干工艺规程》《木材干燥工程设计规范》《木材干燥术语》《锯材干燥设备通用技术条件》《锯材干燥设备性能和检测方法》《木材干燥室（机）型号编制方法》《木材干燥节能技术规范》《锯材高温干燥工艺规程》等标准和规定，使我国木材干燥技术逐渐走向标准化。

8）木材集中干燥规模初步形成，木材加工企业二次干燥、"平衡或养生"干燥逐渐兴起。

（二）我国木材干燥面临的形势

近年来，我国木材干燥虽然在基础理论、工艺技术的研究、新技术与新方法的应用等方面有了较大的发展，但与先进国家相比，以及就我国对木材节约、产品质量与节能环保的要求而言，还存在许多不容忽视的问题，主要表现在以下几个方面。

1）热能损耗与环境污染严重。木材干燥尤其是木材常规干燥还是以化石能源为主，干燥过程中热能损耗严重，同时对环境造成严重污染，能源问题已成为木材干燥行业发展的瓶颈，已经到了不得不解决的时候了，这也为我国木材干燥行业提供了良好的发展契机。

2）木材干燥能力不足。2020年我国锯材产量7593万m^3，实际木材干燥能力为2500万m^3。

3）传统的木材干燥工艺滞后。近年来我国木材干燥对象主要为进口木材、硬阔叶材和珍贵木材，树种多、批量小、规格不等，主要为实木家具与制品用材，质量要求高。传统干燥基准偏硬，已不适于新形势下木材干燥技术的需求。

4）国家标准和规范的执行力度不够。虽然国家早就颁布了《锯材干燥质量》《锯材干燥设备性能和检测方法》等国家标准，以及与木材干燥相关的行业标准与规范，但是木材生产企业和干燥技术人员没有认真执行国家标准与相关规范，造成不应有的产品质量纠纷，影响到木材干燥行业的健康发展。

5）节能环保意识不强。降低能源消耗、加强环境保护是发展节约型社会的根本，是我国社会主义现代化建设的基本国策；能源消耗也是木材干燥成本的主要构成部分，尤其是较大规模的木材干燥企业，节能增效潜力极为可观，但目前我国木材干燥企业在节能环保方面投入不足、采取的措施不力，节能增效也是我国木材干燥行业今后努力的方向。

6）科学研究与实际生产脱节。主要表现在科研选题脱离生产实际，科研工作注重理论研究而忽视实际应用技术的研究，科研工作者不能深入生产第一线服务于生产，高等院校、科研院所为生产企业服务的意识不强等。

（三）我国木材干燥技术的发展趋势

近年来，我国木材干燥技术发展取得了较好的成果，但我们要清醒地认识到我国木材干燥技术在节能环保、基础理论研究、干燥质量监控、干燥过程管理、干燥设备标准化等诸多方面还存在许多问题，我国木材干燥技术今后的发展方向如下。

1）加强木材干燥基础理论研究。木材干燥基础理论研究是干燥技术进步的基础，应侧重于：①基于内应力的木材干燥过程控制技术；②木材干燥过程的传热传质模型与控制技术研究；③木材干燥过程中的应力在线监测技术研究；④大范围、高精度木材含水率在线监测技术研究；⑤木材干燥质量的无损检测技术研究；⑥木材干燥过程的节能与环保关键技术研究等。

2）推进木材常规干燥技术改造进程。木材常规干燥具有技术成熟、适应性强、可大规模生产等诸多优点，预计在今后相当长的一段时间仍将占主导地位。常规干燥技术的发展目标是干燥过程低能耗、低污染、低成本与高质量，主要研究方向为：①清洁、自然能源替代化石能源技术；②干燥过程的节能与废气减排技术；③进口木材、珍贵木材及硬阔叶难干木材干燥工艺技术；④干燥过程的检测与控制技术；⑤干燥质量的无损检测与评价技术等。

3）加快木材干燥设备制造技术创新与标准化。我国木材干燥设备和配套元器件的设计及制造技术与发达国家相比还有较大差距，应重点开展：①干燥设备尤其是节能干燥设备制造技术的研究；②木材干燥过程检测与控制设备的研究与开发；③木材干燥过程自动控制、多媒体管理及专家诊断等技术的研究与应用；④节能环保与干燥品质为一体的干燥设备开发与应用研究；⑤木材干燥设备综合评价与行业标准的研究；⑥加强对木材干燥设备生产企业的监督管理，正确引导木材干燥设备市场。

4）广泛开展木材干燥新方法研究与推广。木材热泵除湿干燥、真空干燥、热压干燥、溶剂干燥、高频与微波干燥等干燥方法以清洁电能作为能源，各具特色，呈现出了增长趋势。今后的研究重点是：①水源、空气源木材热泵除湿干燥技术的研究与推广；②真空过热蒸汽木材干燥技术的研究与推广；③大规格锯材、原木高频与微波干燥过程传热传质与工艺技术的研究；④难干硬阔叶材热压干燥技术的研究与推广；⑤溶剂干燥对木材改性技术的研究与推广等。

5）节能、减排是木材干燥技术发展永恒的主题。节约现有能源、利用自然能源和开发新能源已成为木材加工业亟待解决的问题，木材干燥过程具有巨大的节能潜力，应积极开展：①以清洁能源、自然能源为热源的木材干燥方法与工艺技术的研究；②具有节能潜力的特种木材干燥方法及联合干燥方法与技术的研究；③清洁能源、太阳能集热与储热技术的研究与推广；④木材干燥设备与工艺节能技术的研究与推广；⑤木材干燥设备保温材料与技术的研究；⑥木材干燥过程的废气排放控制与热能回收技术的研究与推广等。

　　6）木材联合干燥技术符合国际木材干燥技术发展趋势。每一种干燥方法都具有各自的优点和适用范围，联合干燥就是通过整体组合或分段组合的方式将两种或两种以上干燥方法组合起来，发挥各自的优点而避其缺点，可获得最优的干燥效果。因此应广泛开展：①大气干燥与其他干燥方法分段组合干燥技术的研究与推广；②太阳能与其他干燥方法组合干燥技术的研究与推广；③高频及微波干燥与其他干燥方法组合干燥技术的研究与推广；④太阳能水源热泵与空气源热泵木材联合干燥技术的研究与推广等。

　　7）进一步推进木材干燥生产的规模化和专业化建设。木材干燥生产的规模化和专业化有利于高新技术和现代化管理技术的应用，有利于保障木材干燥质量，有利于节能和环保，有利于降低干燥成本。一些发达国家如美国、加拿大等都有专营木材干燥的公司，根据用户订货要求干燥不同规格的板材或方材。而各种小型木材加工企业不必自备大型木材干燥设备，既降低了成本又保证了干燥质量。

　　8）强化浸渍材干燥过程中，热质传递及固化规律等方面的基础研究；开展针对不同树脂处理材的定向干燥基准及工艺的编制；重视木材高温干燥及热处理过程中挥发性有机物（VOC）产生机制及防治技术的研发与推广；加强树脂浸渍增强处理与热处理相结合的组合改性技术研发。

　　9）做好木材干燥设备能效标准与能效标识，把木材干燥设备尽快纳入国家能效标识产品目录。能效标准与能效标识已被证明是在降低能耗方面成本效益最佳的途径，同时将带来巨大的环境效益，也为消费者提供了积极的回报。作为木材加工业中的耗能大户，木材干燥占木材加工能耗的 40%～70%，而干燥的热效率普遍偏低，通常在 30%～40%；此外，干燥过程造成的污染又常常是中国环境污染的一个重要来源，以年干燥能力为 1 万 m^3 的蒸汽干燥车间为例，每小时排出的有害物质：烟尘量约为 40kg、二氧化碳约为 $1900m^3$、二氧化硫约为 $45m^3$，还有少量的氧化氮，这些物质是造成大气温室效应、酸雨和臭氧破坏的主要因素。研究结果表明，到 2020 年，能效标准与标识的实施总共将减少 1.10 亿多吨的碳排放量；氮氧化物的减排量将达 170 万多吨；硫氧化物的减排量将达 1833 万 t；大气颗粒物减排量将达 1035 万 t。这些大气污染物排放量的显著减少能够大大缓解温室效应、光化学烟雾、酸雨等环境问题，对改善环境质量、提高人民生活质量作用非浅。

思　考　题

1. 木材干燥学研究的对象和主要内容是什么？
2. 简述木材干燥及其原理。
3. 木材干燥的目的和意义有哪些？
4. 大气干燥和人工干燥方法主要有哪些？
5. 简述我国木材干燥技术进展与发展趋势。

主要参考文献

顾炼百．2003．木材加工工艺学．北京：中国林业出版社．

张璧光．2002．我国木材干燥技术现状与国内外发展趋势．北京林业大学学报，24（5/6）：262-266．

张璧光．2004．木材科学与技术研究进展．北京：中国环境科学出版社．

张璧光．2005．实用木材干燥技术．北京：化学工业出版社．

张齐生．2003．中国木材工业与国民经济可持续发展．林产工业，30（3）：3-6．

朱政贤．1992．木材干燥．2 版．北京：中国林业出版社．

朱政贤. 2000. 我国木材干燥工业发展世纪回顾与展望. 林产工业，27（2）：3.

朱政贤. 2008. 朱政贤文集. 哈尔滨：东北林业大学出版社.

Mujumdar A S, Passos L. 1999. Drying: Innovative Technology and Trends in Research and Development'99 the First Asian—AVS—tralia Drying Conference. Indonesia: 4-14.

Takuoku H. 2001. Present State of the Wood Drying in Japan and Problem to be Solved. 7th. International IUFRO Wood Drying Conference: 14-19.

第一章 木材干燥介质与热媒

十燥介质是在干燥过程中能将热量传给木材、同时将木材中排出的水汽带走的媒介物质。在木材干燥过程中，常用的干燥介质主要有过热蒸汽、湿空气和炉气。

热媒又称热载体，是用来传递和运输热量的中间媒体。工业上，将热媒分为有机热媒和无机热媒两大类。有机热媒又可分为矿物型热媒和合成型热媒，导热油是有机热媒的典型代表；无机热媒有水及水蒸气、湿空气、炉气及熔融盐类等。

第一节 过 热 蒸 汽

一、水的性质和参数

水是木材常规干燥的介质基础，干燥过程中所涉及的过热蒸汽、水蒸气和湿空气等都与水有关。

水是一种无味无色的液体，天然水多呈浅蓝绿色。水的生成热很高，热稳定性很大，在2000K 的高温下离解度不足 1%。0～100℃的水是理想的热载体，在此温度范围内，水与其他热载体相比具有最优性质，如比热容高、导热系数高、黏度低及经济的应用条件，如价廉、无毒等。

在正常大气压条件下，水结冰时体积增大 11% 左右，冰融化时体积又减小。据实验，在封闭空间中，水在冻结时变为冰，体积增加所产生的压力可达 2500 个大气压(1 个大气压为 10^5Pa)。水的冻结温度随压力的增大而降低，大约每升高 130 个大气压，水的冻结温度降低 1℃。水的这种特性使大洋深处的水不会冻结。另外，水的沸点与压力呈直线变化关系，沸点随压力的增加而升高。

（一）水的形态、冰点、沸点

纯净的水是无色、无味的透明液体。在 1 个大气压时，水在 0℃（273.15K）以下为固体，0℃为水的冰点。0～100℃为液体（通常情况下水呈液态），100℃以上为气体（气态水），100℃（373.15K）为水的沸点。

（二）水的比热容

单位质量的水温度升高（或降低）1℃时所吸收（或放出）的热量，称为水的比热容，简称比热，水的比热为 4.2×10^3J/（kg·℃）。

（三）水的汽化潜热

水从液态转变为气态的过程称为汽化，水表面的汽化现象称为蒸发，蒸发在任何温度下都能进行。在一定温度下单位质量的水完全变成同温度的气态水（水蒸气）所需的热量，称为水的汽化潜热。

（四）冰（固态水）的溶解热

单位质量的冰在熔点时（0℃）完全融化为同温度的水所需的热量，称为冰的溶解热。

（五）水的密度

水同其他物质一样，受热时体积增大，密度减小。纯水在 0℃时密度为 999.87kg/m³，在沸点时密度为 958.38kg/m³，密度减小了 4%，水的物理性质如表 1.1 所示。

表 1.1　水的物理性质

温度 T/℃	密度 ρ/（kg/m³）	动力黏度 μ/（N·s/m²）	运动黏度 υ/（m²/s）
0	999.9	1.787×10^{-3}	1.787×10^{-6}
4	1000.0	1.519×10^{-3}	1.519×10^{-6}
10	999.7	1.307×10^{-3}	1.307×10^{-6}
20	998.2	1.002×10^{-3}	1.004×10^{-6}
30	995.7	7.975×10^{-4}	8.009×10^{-7}
40	992.2	6.529×10^{-4}	6.580×10^{-7}
50	988.1	5.468×10^{-4}	5.534×10^{-7}
60	983.2	4.665×10^{-4}	4.745×10^{-7}
70	977.8	4.042×10^{-4}	4.134×10^{-7}
80	971.8	3.547×10^{-4}	3.650×10^{-7}
90	965.3	3.147×10^{-4}	3.260×10^{-7}
100	958.4	2.818×10^{-4}	2.940×10^{-7}

在一个大气压条件下，4℃时水的密度最大，为 1000kg/m³。0～4℃时水的密度随温度升高而增大，但密度小于 1000kg/m³；4℃以上时水的密度随温度的升高而减小，但密度也小于 1000kg/m³。冰的密度比水小，因此冰融化时体积缩小。

（六）水的压强

水对容器底部和侧壁都有压强（单位面积上受的压力称为压强）。水内部向各个方向都有压强；在同一深度，水向各个方向的压强相等；深度增加，水压强增大；水的密度增大，水压强也增大。

二、水蒸气的性质和参数

水蒸气简称蒸汽，通常是由锅炉产生的。由于蒸汽容易获得，不污染环境，具有良好的膨胀性及载热性等优点，因此水蒸气在工业上的应用非常广泛。

水蒸气在状态上可分为饱和蒸汽（saturated steam）和不饱和过热蒸汽（unsaturated superheated steam）。当液态水在密闭的容器中汽化时，在一定温度下，从液体逸出的蒸汽分子数与返回液体的分子数相等，即处于汽液平衡状态，这种状态称为饱和状态。饱和状态下的蒸汽称为饱和蒸汽，饱和状态下的水称为饱和水；饱和状态时的压力和温度分别称为饱和压力与饱和温度。

在饱和水汽化的过程中，容器中同时存在着饱和水和蒸汽的混合物，含有悬浮沸腾水滴的蒸汽称为湿饱和蒸汽，不含水滴的饱和蒸汽称为干饱和蒸汽（简称饱和蒸汽）。饱和蒸汽的温度、密度、比容、汽化潜热及焓都随蒸汽压力的大小而异，饱和蒸汽的各项参数见表1.2。

表 1.2　饱和蒸汽的各项参数

压力/MPa	温度/℃	密度/（kg/m³）	比容/（m³/kg）	汽化潜热/（kJ/kg）	焓/（kJ/kg）
0.001	6.9	0.0077	129.3	2484	2514
0.002	17.5	0.0149	66.97	2460	2533
0.005	32.9	0.0355	28.19	2423	2561
0.01	45.8	0.0681	14.68	2393	2584
0.02	60.1	0.131	7.65	2358	2609
0.05	81.3	0.309	3.242	2305	2646
0.10	99.6	0.590	1.694	2258	2675
0.12	104.8	0.700	1.429	2244	2684
0.14	109.3	0.809	1.236	2232	2691
0.16	113.3	0.916	1.091	2221	2697
0.18	116.9	1.023	0.977	2211	2702
0.20	120.2	1.129	0.885	2202	2707
0.25	127.4	1.392	0.718	2182	2717
0.30	133.5	1.651	0.606	2164	2725
0.35	138.9	1.908	0.524	2148	2732
0.4	143.6	2.163	0.462	2134	2738
0.45	147.9	2.416	0.414	2121	2744
0.5	151.8	2.669	0.375	2108	2749
0.6	158.8	3.169	0.316	2086	2756
0.7	165.0	3.666	0.273	2066	2763
0.8	170.4	4.161	0.240	2047	2768
0.9	175.3	4.654	0.215	2030	2773
1.0	179.9	5.139	0.1946	2014	2777
1.2	188.0	6.124	0.1633	1985	2783
1.5	198.3	7.593	0.1317	1946	2790
2.0	212.4	10.04	0.0996	1889	2797
2.5	223.9	12.5	0.0799	1839	2801

如果对饱和蒸汽继续加热，则蒸汽温度又开始上升，比容继续增大，这时蒸汽温度已超过

饱和温度，温度高于相同压力下饱和温度的蒸汽称为过热蒸汽（superheated steam）。也就是说，过热蒸汽是在一定的操作压力下，继续加热已沸腾汽化的饱和蒸汽达到沸点以上的温度、完全呈气体状态的水。例如，在一个大气压下，水在100℃时开始沸腾（严格地说，并不能达到100℃，一般情况下以 100℃作为水的沸点），当继续加热供给其保证沸腾的热量（汽化潜热），则水面上的空气被蒸发的水蒸气完全置换，即容器内的空间完全被水蒸气所覆盖。如果体系处于理想的隔热状态，沸腾蒸发的水完全变为气体状态的水蒸气（干蒸汽）；如果有热损失的情况存在，根据热损失的程度不同，气体状态的水部分凝结为微小的水滴，此时，体系内为气体-水混合状态（湿蒸汽）。因此，即使水蒸气的温度同样为100℃，根据水蒸气湿度（水滴存在的比例）的不同，水蒸气所含有的热量不同。只要供给湿蒸汽中存在的微小水滴完全汽化所需的热量，水蒸气则变为100℃的干蒸汽，若强迫此饱和蒸汽通过加热器继续加热，则变为100℃以上气体状态的干蒸汽，该状态下的水蒸气即为过热蒸汽。图1.1表示了水蒸气在定压下的发生过程，图中过冷水即为未饱和水；t_s为定压下的饱和蒸汽温度。此种压力为一个大气压、温度高于100℃的蒸汽称为常压过热蒸汽；压力高于一个大气压、温度高于相同压力下饱和温度的蒸汽称为高压过热蒸汽或压力过热蒸汽，在这种情况下，就要求系统的密封性和耐压性等性能要好。表1.3列举了水的沸点与压力的关系。

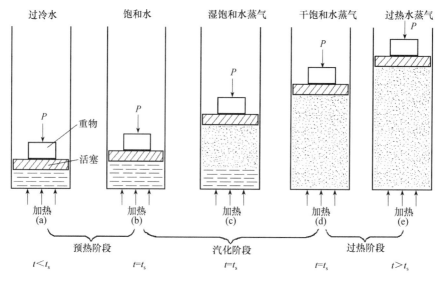

图 1.1　水蒸气在定压下的发生过程

表 1.3　水的沸点与压力的关系

压力/kPa	沸点/℃	压力/kPa	沸点/℃
49.0	80.9	196.1	119.6
101.3	100	490.3	151.1
117.7	104.2	980.6	179.0

　　过热蒸汽是不饱和蒸汽，焓大，且不含氧气，有容纳更多水蒸气分子而不致凝结的能力。过热蒸汽温度与同压力下饱和蒸汽温度之差值称为过热度。过热度越大，容纳水蒸气的能力越大。

　　过热蒸汽的密度与同温度的饱和蒸汽密度的比值或过热蒸汽的压力与同温度的饱和蒸汽压

力之比称为过热蒸汽的饱和度，用 φ 表示，单位为%，见公式 1.1。

$$\varphi = \frac{\rho_s}{\rho_0} = \frac{P_s}{P_0} \tag{1.1}$$

式中，ρ_s 为过热蒸汽的密度（kg/m^3）；ρ_0 为同温度的饱和蒸汽的密度（kg/m^3）；P_s 为过热蒸汽的压力（Pa）；P_0 为同温度的饱和蒸汽的压力（Pa）。

过热蒸汽的饱和度表示过热蒸汽被水蒸气饱和的程度，在物理意义上相当于相对湿度。但由于过热蒸汽干燥时木材干燥室内充满了蒸汽，严格地说不存在空气相对湿度的概念。在实际应用中，为了反映过热蒸汽的吸湿能力，多数情况下仍借用湿空气相对湿度的概念，但它与湿空气相对湿度的含义不同：湿空气作干燥介质时，其相对湿度与空气温度和空气中的水蒸气含量有关；而以过热蒸汽作干燥介质时，其相对湿度与过热蒸汽的温度和干燥介质的压力有关。

三、过热蒸汽的性质和参数

完全作为一种气体的过热蒸汽，它的物理性质和空气等其他气体并没有太大的差别。人们所熟悉的氧气和氮气的沸点（液化点）分别为 −183℃和 −195.8℃。与其相比较，虽然作为物质的水（H_2O）具有沸点高达 100℃的显著特性，但在沸点以上温度的水的气体，即过热蒸汽的性质却和其他一般的气体有相同之处。就像空气中可以混合氧气和氮气一样，过热蒸汽也可以任意比例和 100℃以上的其他气体进行混合，甚至包括由液态水汽化的气体，这也正是人们能够利用过热蒸汽进行干燥的原理所在。常压下过热蒸汽的沸点（液化点）为 100℃，相反，也就意味着即使在 100℃的高温条件下，过热蒸汽也可以很容易冷却凝结变为液态的水。这是过热蒸汽非常显著的性质之一，和空气等沸点较低的气体有所不同。

过热蒸汽的密度，约为热空气密度的 2/3，这和二者分子质量之比基本相当；过热蒸汽的定压比热约为空气的 2 倍，但由于相同单位质量气体的摩尔数，过热蒸汽更多，因此，在气体的体积流速相同的情况下，伴随加热气体的温度变化（状态不发生变化）所需要的显热并无太大差别。但是，产生同一温度的高温过热蒸汽和热空气所必需的热量却具有较大的差异。常压过热蒸汽的饱和度、密度、比容、焓都随其温度而异，见表 1.4。常压过热蒸汽和高温湿空气的相对湿度 φ（饱和度）见表 1.5。

表 1.4　常压过热蒸汽参数（$P = 0.1$MPa）

过热蒸汽温度 /℃	过热度/℃	饱和度/%	密度/（kg/m^3）	比容/（m^3/kg）	过热蒸汽焓/（kJ/kg）	过热部分焓/（kJ/kg）
99.6	0	1.000	0.590	1.695	2675	0.0
100	0.4	0.992	0.589	1.697	2676	0.8
102	2.4	0.916	0.586	1.709	2679	5.0
105	5.4	0.814	0.581	1.722	2683	11.3
110	10.4	0.677	0.573	1.746	2691	21.8
115	15.4	0.566	0.565	1.770	2698	31.8
120	20.4	0.477	0.557	1.794	2706	41.9
125	25.4	0.405	0.550	1.818	2713	51.9
130	30.4	0.346	0.543	1.842	2721	62.0

续表

过热蒸汽温度 /℃	过热度/℃	饱和度/%	密度/（kg/m³）	比容/（m³/kg）	过热蒸汽焓/ （kJ/kg）	过热部分焓/ （kJ/kg）
135	35.4	0.298	0.536	1.866	2727	72.0
140	40.4	0.258	0.529	1.890	2734	81.7
145	45.4	0.224	0.522	1.914	2740	91.4
150	50.4	0.196	0.515	1.938	2746	101.0

热空气的传热，主要是对流传热的速度问题；而过热蒸汽的传热，除对流传热外，还必须同时考虑热辐射和凝结放热（图 1.2）。空气主要由对称分子的氮气、氧气等构成，其与热辐射相关的辐射率（吸收系数）基本为零，而由非对称分子构成的过热蒸汽有一定的辐射率，具有辐射传热的特性，其热辐射的程度与温度有关，过热蒸汽的温度越高，辐射传热的程度越显著；另外，当过热蒸汽与 100℃ 以下的物体接触时，很容易凝结放热，此凝结时的放热与被处理物的加热状态有密切的影响关系。所以，过热蒸汽的传热效果，要比同温同量的热空气高。此外，不论使用热空气还是过热蒸汽，在密闭装置内进行热处理的情况下，装置内面材料的辐射传热都不可忽略。

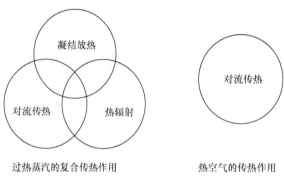

过热蒸汽的复合传热作用　　　　　　　　热空气的传热作用

图 1.2　过热蒸汽和热空气的传热方式

例 1-1　过热蒸汽流入流出材堆时的温度分别为 $t_1＝115℃$，$t_2＝110℃$，请求出从材堆中蒸发 1kg 水分所需要的过热蒸汽的量。

解　木材干燥室内的过热蒸汽是被干燥木材中排出的水分经过汽化、过热而成的，也可以直接向干燥室内供给过热蒸汽，生产实践中一般采用前者。

蒸发水分前 1kg 常压过热蒸汽（$t＞100℃$）的焓 h_1 为

$$h_1 = h'＋\lambda＋c(t_1－100)＝419＋2257＋2(t_1－100)$$

而蒸发水分后过热蒸汽的温度由流入材堆时的 t_1 降到流出材堆时的 t_2，其焓 h_2 则为

$$h_2 = h'＋\lambda＋c(t_2－100)＝419＋2257＋2(t_2－100)$$

式中，h' 为沸腾时液体的焓（kJ/kg）；λ 为汽化潜热（kJ/kg），可由表 1.2 查出，c 为蒸汽的定义比热。

蒸发水分后过热蒸汽焓的减少量 Δh（kJ/kg）为

$$\Delta h＝h_1－h_2＝2(t_1－t_2) \tag{1.2}$$

表 1.5　常压过热蒸汽与高温湿空气的相对湿度（饱和度）

（单位：%）

湿球温度/℃ \ 干球温度/℃	97	98	99	100	101	102	103	104	105	106	107	108	109	110	111	112	113	114	115	116	117	118	119	120	121	122	123	124	125	126	127	128	129	130	131	132	133	134	135	136	137	138	139	140
100					97	93	90	87	84	81	79	76	73	71	69	66	64	62	60	58	56	55	53	51	50	48	47	45	44	42	41	40	39	38	37	35	34	33	32	32	31	30	29	28
99				97	94	90	87	84	81	78	76	73	71	68	66	64	62	60	58	56	54	53	51	49	48	46	45	44	42	41	40	38	37	36	35	34	33	32	31	30	30	29	28	27
98			96	93	90	87	84	81	78	75	73	70	68	66	64	62	60	58	56	54	52	51	49	48	46	45	43	42	41	39	38	37	36	35	34	33	32	31	30	29	28	27	27	26
97		96	93	90	87	84	81	78	75	73	70	68	66	64	61	59	57	56	54	52	50	49	47	46	44	43	42	40	39	38	37	36	35	34	33	31	30	30	29	27	26	26	26	25
96	96	93	90	87	83	81	78	75	72	70	68	65	63	61	59	57	55	53	52	50	49	47	46	44	43	42	40	39	38	37	36	35	34	32	31	30	29	28	27	26	26	25	24	24
95	93	90	86	83	81	78	75	73	70	68	65	63	61	59	57	55	53	52	50	48	47	45	44	43	41	40	39	38	36	35	34	33	32	31	30	29	28	27	26	26	25	24	23	23
94	90	86	83	80	78	75	72	70	67	65	63	61	59	57	55	53	51	50	48	47	45	44	42	41	40	39	38	36	35	34	33	32	31	30	29	28	28	27	26	25	24	23	23	22
93	86	83	80	78	75	72	70	67	65	63	61	59	57	55	53	51	50	48	46	45	44	42	41	40	38	37	36	35	34	33	32	31	30	29	28	27	26	26	25	24	24	23	22	22
92	83	80	77	75	72	70	67	65	63	61	59	57	55	53	51	49	48	46	45	43	42	41	39	38	37	36	35	34	33	32	31	30	29	28	27	26	26	25	24	23	22	22	21	21
91	80	77	74	72	69	67	65	62	60	58	56	54	52	51	49	48	46	45	43	42	40	39	38	37	36	34	33	32	31	30	30	28	28	27	26	25	24	24	23	22	21	21	20	20
90	77	74	72	69	67	64	62	60	58	56	54	52	50	49	47	46	44	43	42	40	39	37	36	35	34	33	32	31	30	29	28	27	27	26	25	24	24	23	22	21	21	20	19	19
89	74	72	69	67	64	62	60	58	56	54	52	50	49	47	46	44	43	41	40	39	37	36	35	34	33	32	31	30	29	28	27	26	25	25	24	23	22	22	21	20	20	19	19	18
88	71	69	66	64	62	60	58	56	54	52	50	49	47	45	44	42	41	40	38	37	36	35	34	33	32	31	30	29	28	27	26	25	24	24	23	22	21	21	20	20	19	18	18	18
87	69	66	64	62	60	57	55	53	51	50	48	47	45	44	42	41	39	38	37	36	35	34	33	32	31	30	29	28	27	26	25	24	24	23	22	21	21	20	20	19	18	18	17	17
86	66	64	61	59	57	55	53	51	50	48	46	45	43	42	41	39	38	37	36	35	33	32	31	30	29	28	28	27	26	25	24	24	23	22	21	21	20	19	19	18	18	17	17	16
85	64	61	59	57	55	53	51	49	48	46	45	43	42	40	39	38	37	35	34	33	32	31	30	29	28	27	27	26	25	24	23	23	22	21	20	20	19	19	18	17	17	16	16	16
84	61	59	57	55	53	51	49	48	46	44	43	42	40	39	38	37	35	34	33	32	31	30	29	28	27	26	26	25	24	23	23	22	21	21	20	19	19	18	17	17	17	16	16	
83	59	57	55	53	51	49	47	46	44	43	41	40	39	37	36	35	34	33	32	31	30	29	28	27	26	25	25	24	23	22	22	21	20	20	19	19	18	18	17	16	16			
82	56	54	53	51	49	47	46	44	43	41	40	38	37	36	35	34	32	31	31	30	29	28	28	27	26	25	24	23	22	21	21	20	20	19	18	18	17	17	16					

因此，从木材中蒸发出 1kg 的水分所需的过热蒸汽量 L 为

$$L(\mathrm{kg/kg}) = \frac{h_1 - 419}{\Delta h} = \frac{2676 + 2(t_1 - 100) - 419}{2(t_1 - t_2)} \approx \frac{1029 + t_1}{t_1 - t_2} \tag{1.3}$$

由公式 1.3 可求出从材堆中蒸发 1kg 水分所需要的过热蒸汽的量为

$$L(\mathrm{kg/kg}) = \frac{1029 + t_1}{t_1 - t_2} = \frac{1029 + 115}{115 - 110} \approx 229$$

由例 1-1 可知，从木材中蒸发 1kg 水分所需过热蒸汽量约为 229kg，量相对较多，如此多的过热蒸汽如果不是由木材中排出的水分经汽化、过热而成，将很不经济。

第二节　湿　空　气

湿空气是指含有水蒸气的空气。湿空气中的水蒸气在一定条件下会发生集态变化，可以凝聚成液态或固态。

一、湿空气的性质

湿空气是干空气和水蒸气的混合物，这里的干空气主要是由 N_2、H_2、O_2、CO_2、CO 等和微量的稀有气体组成，各组成气体之间不发生化学反应。一方面，通常情况下，这些气体都远离液态，可以看作理想气体；另一方面，在一般情况下，自然界的湿空气中水蒸气的含量很少，水蒸气的分压力很低（0.003～0.004MPa），而其相应的饱和温度低于当时的空气温度，所以湿空气中的水蒸气一般都处于过热状态，也很接近理想空气的性质。因此，在研究处于大气压力或低于大气压力下工程中的湿空气时，可做如下假设：①将湿空气这种气相混合物作为理想气体处理；②干空气不影响水蒸气与其凝结相的相平衡，相平衡温度为水蒸气分压力所对应的饱和温度；③当水蒸气凝结成液相水或固相冰时，其中不含有溶解的空气。

这样，关于湿空气的讨论和计算可以遵循理想气体的规律，其状态参数之间的关系用理想气体状态方程式（克拉珀龙方程）表述，见公式 1.4。

$$Pv = RT \tag{1.4}$$

式中，P 为气体的压力（Pa）；v 为气体的比容（$\mathrm{m^3/kg}$）；R 为气体常数，表示 1kg 气体在压力不变的条件下，当其温度升高 1℃时，因膨胀所做的功，以 J/（kg·K）计。当干空气的气体常数 R_a 等于 287.14J/（kg·K），水蒸气的气体常数 R_v 等于 461.5J/（kg·K）。T 为湿空气的热力学温度（$273 + t$）K。

以上假设简化了湿空气的分析和计算，计算精度也能满足工程上的要求。为了叙述方便，在下面的讨论中分别以下标 a、v、s 表示干空气、水蒸气和饱和蒸汽的参数，无下标时则为湿空气参数。

湿空气的总压力等于干空气的分压力 P_a 与水蒸气的分压力 P_v 之和，见公式 1.5。

$$P = P_a + P_v \tag{1.5}$$

如果湿空气来自环境大气，其压力即为大气压力 P_b，见公式 1.6。

$$P_b = P_a + P_v \tag{1.6}$$

由于湿空气中的水蒸气含量（表现为分压力的高低）及温度不同，或处于过热状态，或处于饱和状态，因此湿空气有未饱和与饱和之分。干空气与过热蒸汽组成的是未饱和湿空气。即湿空气中的水蒸气分压力 P_v 低于其温度 t（湿空气温度）所对应的饱和压力 P_s 时处于过热蒸汽状态，这种湿空气称为未饱和湿空气；未饱和湿空气具有吸收水分的能力。这时的水蒸气密度

ρ_v 小于饱和蒸汽的密度 ρ_s，即 $\rho_v < \rho_s$ 或 $\upsilon_v < \upsilon_s$。

如果湿空气温度 t 保持不变，而湿空气中的水蒸气含量增加，则水蒸气的分压力 P_v 增大，当水蒸气分压力 P_v 达到其温度所对应的饱和压力 P_s 时，水蒸气就达到了饱和蒸汽状态，这种由干空气和饱和蒸汽组成的湿空气称为饱和湿空气；饱和湿空气中水蒸气与环境中液相水达到了相平衡，即吸收水蒸气的能力已经达到极限，若再向其加入水蒸气，将凝结为水滴从中析出，这时水蒸气的分压力和密度是该温度下可能有的最大值，即 $P_v = P_s$，$\rho_v = \rho_s$，P_s 和 ρ_s 可根据温度 t 在饱和蒸汽参数表（表 1.2）上查得。

二、湿空气的状态参数

（一）绝对湿度与湿容量

湿度是指空气的潮湿程度，与空气中所含水蒸气的量有关。

单位体积湿空气中所含水蒸气的质量称为空气的绝对湿度，也就是指湿空气中水蒸气的密度 ρ_v，见公式 1.7。

$$\rho_v = \frac{G_v}{V} = \frac{1}{\upsilon_v} = \frac{P_v}{R_v T} \tag{1.7}$$

式中，G_v 为湿空气中水蒸气的质量；V 为湿空气的容积；R_v 为水蒸气的气体常数；P_v 为湿空气中水蒸气的分压力。

绝对湿度只能说明湿空气中所含水蒸气的多少，不能表明湿空气所具有的吸收水分的能力大小。

饱和湿空气的绝对湿度又称为湿容量，用 ρ_s 表示。湿容量表示湿空气容纳水蒸气的能力，即在一定温度下单位体积湿空气（空间）中所含干饱和蒸汽的质量。湿容量与温度有关，随着温度的升高明显增加，反之则迅速降低。湿空气与湿容量对应关系如表 1.6 所示。

表 1.6　湿空气温度（t）与湿容量（ρ_s）对应关系表（朱政贤，1992）

$t/℃$	$\rho_s/(kg/m^3)$	$t/℃$	$\rho_s/(kg/m^3)$
-30	0.29	40	51.1
-20	0.81	50	83.0
-10	2.1	60	130
0	4.8	70	198
10	9.4	80	293
20	17.3	90	423
30	30.4	100	598

（二）相对湿度

相对湿度是指绝对湿度与相同温度下可能达到的最大绝对湿度（同温下饱和湿空气的绝对湿度）之比，用 φ 表示，单位为%，见公式 1.8。

$$\varphi = \frac{\rho_v}{\rho_s} \times 100\% = \frac{P_v}{P_s} \times 100\% \qquad (1.8)$$

式中，P_s 为湿空气中水蒸气在湿空气温度下可能达到的最大分压力，即湿空气温度下的水蒸气的饱和压力。

　　显然，相对湿度反映了湿空气中所含水蒸气量接近饱和的程度，其值为 0～1，φ 值越小，湿空气越干燥，吸收水分的能力越强；反之就越潮湿。当相对湿度 $\varphi = 0$ 时即为干空气；$\varphi = 100\%$ 时，空气已达到饱和湿空气状态，不再具有吸收水分的能力。所以，不论温度如何，φ 值的大小直接反映了湿空气的吸湿能力。同时，也反映出湿空气中水蒸气含量接近饱和的程度，故也称为饱和度。

干球温度计　湿球温度计

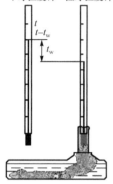

图 1.3　干湿球湿度计

　　工程上湿空气的相对湿度用干湿球湿度计（dry-and-wet-bulb thermometer）测量。干湿球湿度计是两支相同的普通玻璃管温度计，如图 1.3 所示。一支用浸在水槽中的湿纱布包着，称为湿球温度计；另一支即普通温度计，相对前者称为干球温度计。将干湿球温度计放在通风处，使空气掠过两支温度计。干球温度计所显示的温度 t 即湿空气的温度，湿球温度计的读数为湿球温度 t_w（wet-bulb temperature）。由于湿纱布包着湿球温度计，当空气为不饱和空气时，湿纱布上的水分就要蒸发，水蒸发需要吸收汽化热，从而使纱布上的水温度下降。当温度下降到一定程度时，周围空气传给湿纱布的热量正好等于水蒸发所需要的热量，此时湿球温度计的温度维持不变，这就是湿球温度 t_w。因此，湿球温度 t_w 与水的蒸发速度及周围空气传给湿纱布的热量有关，这两者又都与相对湿度 φ 和干球温度 t 有关，即相对湿度 φ 与 t_w 和 t 存在一定的函数关系，$\varphi = \varphi(t_w, t)$。

　　在测得 t_w 和 t 后，可通过附在干湿球温度计上的或其他 $\varphi = \varphi(t_w, t)$ 列表函数查得 φ 值，也可参照表 1.7 查得湿空气的 φ 值。

　　湿球湿度计的读数和掠过湿球的风速有一定关系，具有一定风速时湿球温度计的读数比风速为零时低些，风速超过 2m/s 的宽广范围内，其读数变化很小。

　　在现代工业及气象、环境工程中，也有采用温湿度仪（温湿度传感器＋变送器）测量温湿度的。

　　例 1-2　已知干燥室内循环空气的干球温度为 80℃，湿球温度为 72℃，查表求相对湿度。

　　解　$\Delta t = t - t_w = 80 - 72 = 8℃$，则根据 $t = 80℃$、$\Delta t = 8℃$ 查表 1.7 得 $\varphi = 70\%$。

　　例 1-3　已知某干燥阶段循环空气的干球温度为 56℃，相对湿度为 53%，此时空气湿球温度为多少？

　　解　根据 $t = 56℃$、$\varphi = 53\%$，查表 1.7 得 $\Delta t = 11℃$，因此湿球温度 $t_w = t - \Delta t = 56 - 11 = 45℃$。

（三）湿含量

　　以湿空气为工作介质的干燥、吸湿等过程中，干空气作为载热体或载湿体，其质量或质量流量是恒定的，发生变化的只是湿空气中水蒸气的质量。因此，湿空气的一些状态参数，如含湿量、焓、气体常数、比体积、比热容等，都是以单位质量干空气为基准的。

表 1.7　空气相对湿度表 φ

（单位：%）

干球温度 t/℃	干湿球温度差 Δt/℃（气流速度为 1.5~2.5m/s）																													
	0	1	2	3	4	5	6	7	8	9	10	11	12	13	14	15	16	17	18	19	20	22	24	26	28	30	32	34	36	38
30	100	93	87	79	73	66	66	55	50	44	39	34	30	25	20	16														
32	100	93	87	80	73	67	62	57	52	46	41	36	32	28	23	19	16													
34	100	94	87	81	74	68	63	58	54	48	43	38	34	30	26	22	19	15												
36	100	94	88	81	75	69	64	59	55	50	45	40	36	32	28	25	21	18	14											
38	100	94	88	82	76	70	65	60	56	51	46	42	38	34	30	27	24	20	17	14										
40	100	94	88	82	76	71	66	61	57	53	48	44	40	36	32	29	26	23	20	16										
42	100	94	89	83	77	72	67	62	58	54	49	46	42	38	34	31	28	25	22	19	16									
44	100	94	89	83	78	73	68	63	59	55	50	47	43	40	36	33	30	27	24	21	18									
46	100	94	89	84	79	74	69	64	60	56	51	48	44	41	38	34	31	28	25	22	20	16								
48	100	95	90	84	79	74	70	65	61	57	52	49	46	42	39	36	33	30	27	24	22	17								
50	100	95	90	84	80	75	70	66	62	58	54	50	47	44	40	37	34	31	29	26	24	19	14							
52	100	95	90	84	80	75	71	67	63	59	55	51	48	45	41	38	36	33	30	27	25	20	16							
54	100	95	90	84	80	76	72	68	64	60	56	52	49	46	42	39	37	34	32	29	27	22	18	14						
56	100	95	90	85	81	76	72	68	64	60	57	53	50	47	43	41	38	35	33	30	28	23	19	15						
58	100	95	90	85	81	77	73	69	65	61	58	54	51	48	44	42	39	36	34	31	29	25	20	17						
60	100	95	90	86	81	77	73	69	65	61	58	55	52	49	45	43	40	37	35	32	30	26	22	18	14					
62	100	95	91	86	82	78	74	70	66	62	59	56	53	50	46	44	41	38	36	33	31	27	23	19	16					
64	100	95	91	86	82	78	74	70	67	63	60	57	54	51	47	45	42	39	37	34	32	28	24	20	17					
66	100	95	91	86	82	78	75	71	67	63	60	57	54	51	48	46	43	40	38	35	33	29	25	22	18	15				
68	100	95	91	87	83	78	75	71	68	64	61	58	55	52	49	46	44	41	39	36	34	30	26	23	19	16				
70	100	96	91	87	83	79	76	72	68	64	61	58	55	52	49	47	44	41	39	37	35	31	27	24	20	17				
72	100	96	91	87	84	79	76	72	69	65	62	59	56	53	50	47	45	42	40	38	36	32	28	25	21	18				

续表

干湿球温度差 Δt/℃（气流速度为 1.5~2.5m/s）

干球温度 t/℃	0	1	2	3	4	5	6	7	8	9	10	11	12	13	14	15	16	17	18	19	20	22	24	26	28	30	32	34	36	38
74	100	96	92	87	84	80	76	72	69	65	63	60	56	53	50	48	46	43	41	39	37	33	29	26	22	19	14			
76	100	96	92	87	84	80	77	73	70	66	64	61	57	54	51	49	47	44	42	40	38	34	30	27	23	20	15			
78	100	96	92	88	84	80	77	73	70	66	64	61	58	55	52	50	48	45	42	40	38	34	31	27	24	21	16			
80	100	96	92	88	84	80	77	73	70	66	64	61	58	55	53	50	48	45	43	41	39	35	31	28	25	22	17			
82	100	96	92	88	84	80	77	74	71	67	65	62	59	56	53	51	49	46	44	42	40	36	32	29	26	23	18			
84	100	96	92	88	84	80	77	74	71	68	65	62	59	56	54	51	49	46	44	42	40	36	32	29	26	23	19	14		
86	100	96	92	88	84	80	78	74	72	69	66	63	60	57	54	52	50	47	45	43	41	37	33	30	27	24	20	15		
88	100	96	92	89	85	81	78	75	72	69	66	63	60	57	55	52	50	48	46	44	42	38	34	31	28	25	21	16		
90	100	97	93	89	85	81	79	75	72	70	66	63	61	58	55	53	51	49	47	45	43	39	35	32	29	26	22	18		
92	100	97	93	90	86	82	79	76	73	70	67	64	62	59	56	54	52	50	47	45	43	39	36	33	30	26	22	19	16	
94	100	97	93	90	86	82	79	76	73	70	67	65	62	60	57	54	52	50	48	46	44	40	37	33	30	27	23	20	17	
96	100	97	93	90	87	83	80	76	73	71	68	65	62	60	57	55	53	51	48	46	44	41	37	34	31	28	24	21	18	
98	100	97	93	90	87	83	80	77	74	71	68	65	63	60	58	55	53	51	49	47	45	41	38	34	31	28	25	22	19	16
100	100	97	93	90	87	83	80	77	74	72	68	66	63	61	58	56	54	52	49	47	45	42	38	35	32	29	26	23	20	17
102			94	91	88	84	81	78	75	72	69	67	64	62	59	56	54	52	50	48	46	42	38	35	32	29	26	23	21	18
104					88	84	81	78	75	72	69	67	64	62	59	57	55	53	50	48	46	42	39	35	32	29	27	24	22	19
106							81	78	75	72	69	67	64	62	60	57	55	53	50	48	46	43	39	36	33	30	27	24	22	20
108									75	72	69	67	64	62	60	57	55	53	51	49	46	43	40	36	33	30	28	25	23	21
110											69	67	65	63	61	58	56	54	51	49	46	43	41	37	34	31	29	26	24	21
112												67	65	63	61	58	56	54	52	50	47	44	42	38	35	31	30	27	24	22
114															61	58	56	54	52	50	48	45	42	38	35	33	30	27	25	22
116																	57	55	53	51	49	46	43	39	36	34	31	28	25	23

续表

干球温度 t/℃	干湿球温度差 Δt/℃（气流速度为 1.5～2.5m/s）																													
	0	1	2	3	4	5	6	7	8	9	10	11	12	13	14	15	16	17	18	19	20	22	24	26	28	30	32	34	36	38
118																			53		50	46	43	40	37	34	32	29	26	23
120																				51	50	47	44	41	38	35	32	29	26	24
125																								41	38	35	33	30	27	25
130																										35	33	31	28	26
20		88	78	67	57	47																								
22		89	79	69	60	50																								
24		90	80	71	62	53	45																							
26		91	81	73	64	56	48	40																						
28		91	82	74	66	58	51	43																						
30		92	83	75	68	60	53	46	39																					
32		92	84	76	69	62	55	49	42																					
34		92	85	77	71	64	57	51	45	39																				
36		93	85	78	72	65	59	53	47	41																				
38		93	86	89	73	67	61	55	49	44	39																			
40		93	87	80	74	68	62	57	51	46	41																			
42		93	87	81	75	69	63	58	53	49	43																			
44		93	87	81	75	70	64	59	54	50	45	40																		
46		94	88	82	76	71	66	61	56	51	47	42																		
48		94	88	82	77	72	67	62	57	53	49	44	40																	
50		94	88	83	78	73	68	63	59	54	50	46	42																	
52		94	89	83	78	73	69	64	60	55	51	48	44																	
54		94	89	84	79	74	69	65	61	56	52	49	45	41																

续表

干湿球温度差 Δt/°C（气流速度为 1.5～2.5m/s）

干球温度 t/°C	0	1	2	3	4	5	6	7	8	9	10	11	12	13	14	15	16	17	18	19	20	22	24	26	28	30	32	34	36	38
56		95	90	84	79	74	70	66	62	57	53	50	46	43																
58		95	90	85	80	75	71	67	63	58	56	51	47	44	41															
60		95	90	86	80	75	71	67	63	59	56	52	48	45	42															
62		95	90	85	81	76	72	68	64	60	57	53	49	46	43	40														
64		95	90	86	81	76	73	69	65	61	58	54	51	47	44	41														
66		95	91	86	82	77	73	69	65	62	58	56	52	48	45	42	40													
68		96	91	86	82	77	73	70	66	62	59	57	53	49	46	43	41													
70		96	91	87	82	78	74	71	66	63	60	57	54	50	47	44	42	39												
72		96	91	87	83	78	74	71	67	64	60	58	55	51	48	45	43	40												
74		96	91	87	83	79	75	72	67	65	61	58	55	52	49	46	44	41	39											
76		96	91	87	83	79	75	72	68	65	62	59	56	53	50	47	45	42	40											
78		96	91	87	84	80	76	73	68	66	63	60	56	54	50	48	46	43	41	39										
80		96	91	88	84	80	76	73	69	66	63	60	57	55	51	49	47	44	42	39										
82		96	92	88	84	80	77	74	69	67	64	61	58	55	52	50	47	45	42	40	38									
84		96	92	88	84	81	77	74	70	68	64	61	58	56	53	51	48	46	43	41	39									
86		96	92	88	85	81	78	74	70	68	65	62	59	56	53	51	49	46	44	42	40									
88		96	92	88	85	81	78	75	71	68	66	62	59	57	54	52	49	47	45	43	40									
90		96	92	88	85	82	78	75	71	69	66	63	60	57	55	53	50	48	45	43	41									

湿含量是指含有 1kg 干空气的湿空气中水蒸气的质量（又称为含湿量、比湿度），用 d 表示，见公式（1.9）。

$$d=1000\times\frac{G_v}{G_a}=1000\times\frac{M_v n_v}{M_a n_a} \qquad (1.9)$$

式中，G_v 和 G_a 分别为湿空气中水蒸气和干空气的质量；M_v 和 M_a 分别为水蒸气和干空气的摩尔质量，$M_v=18.016\text{g/mol}$，$M_a=28.97\text{g/mol}$；n_v 和 n_a 分别为湿空气和干空气中的物质的量（mol）。

由分压力定律可知，理想气体混合物中各组分的摩尔数之比等于分压力之比，且 $P_a=P-P_v$，所以

$$d=622\times\frac{P_v}{P_a}=622\times\frac{P_v}{P-P_v} \qquad (1.10)$$

可见，总压力一定时，湿空气的含湿量 d 只取决于水蒸气的分压力 P_v，并且随着 P_v 的升降而增减，即

$$d=f(P_v)\quad(P=常数) \qquad (1.11)$$

将式（1.8）代入式（1.10），则

$$d=622\times\frac{\varphi P_s}{P-\varphi P_s} \qquad (1.12)$$

因为 $P_s=f(t)$，所以压力一定时含湿量取决于 φ 和 t，即 $d=f(\varphi,t)$。

（四）热含量

湿空气的热含量（也称为焓）代表它所携带的能量，它和温度、压力、比容等参数一样，也是一个状态参数。用 H 和 h 分别表示湿空气的焓和比焓。湿空气的焓等于干空气的焓和水蒸气的焓之和。比焓是指含有 1kg 干空气的湿空气的焓值，它等于 1kg 干空气的焓和 dg 水蒸气的焓值总和。因为湿空气的焓以 1kg 干空气为计算单位，故实际上是计算（$1+0.001d$）kg 湿空气的焓值 H。它等于 1kg 干空气的焓与 $0.001d$kg 水蒸气的焓之和，见式（1.13）。

$$H=h_a+0.001dh_v \qquad (1.13)$$

式中，h_a 和 h_v 分别为湿空气中干空气和水蒸气的比焓（kJ/kg）。

湿空气的焓值以 0℃时的干空气和 0℃时的饱和水为基准点，单位为 kJ/kg 干空气，则任意温度 t 的干空气比焓，见式（1.14）。

$$h_a=c_{p,a}\cdot t=1.005t \qquad (1.14)$$

式中，$c_{p,a}$ 为干空气的定压比热容，在温度变化的范围不大（通常不超过 100℃）时，$c_{p,a}=1.005\text{kJ/}$（kg·K），t 为湿空气从 0℃开始的温升。

任意温度水蒸气的比焓可用式（1.15）近似计算。

$$h_v=h_s+c_{p,v}\cdot t \qquad (1.15)$$

式中，h_s 为 0℃时饱和水蒸气的比焓，$h_s=2501\text{kJ/kg}$；$c_{p,v}$ 为水蒸气处于理想气体状态下的定压比热容，常温低压下水蒸气的平均定压比热容 $c_{p,v}=1.86\text{kJ/}$（kg·K）。

将式（1.13）～式（1.15）合并求得含有 1kg 干空气的湿空气焓（kJ/kg 干空气）的计算式，见式（1.16）。

$$H=1.005t+0.001d\cdot(2501+1.86t) \qquad (1.16)$$

式中，d 的单位为 g 水蒸气/kg 干空气。

（五）密度 ρ 与比容 υ

湿空气的密度 ρ 是指单位体积的湿空气所具有的质量，其单位是 kg/m^3。湿空气的比容 υ 指在一定湿度和压力下，1kg 干空气及其含有的水蒸气（kg）所占有的体积，即 1kg 干空气与压力为 P_v 的 $d$kg 水蒸气占据着同样的容积，见式（1.17）。

$$\upsilon=(1+d)\cdot\frac{RT}{P} \tag{1.17}$$

式中，R 为湿空气的气体常数。

三、焓湿图

在工程上为了计算方便，常采用湿空气的状态参数坐标图确定湿空气的状态及其参数，并对湿空气的热力过程进行分析计算。最常用的状态参数坐标图是湿空气焓湿图，如图 1.4 所示。该焓湿图的纵坐标是空气温度，单位为℃；横坐标是含湿量 d，单位为 g 水蒸气/kg 干空气。为使图形清晰，两坐标夹角为 135°。

焓湿图是针对某确定大气（湿空气）压力 P_b，根据式（1.12）、式（1.15）绘制而成的。压力不同图也不同，使用时应选用与当地大气压力相符（或基本相符）的 h-d 图，也可参考湿空气通用焓湿图，如图 1.5 和图 1.6 所示。

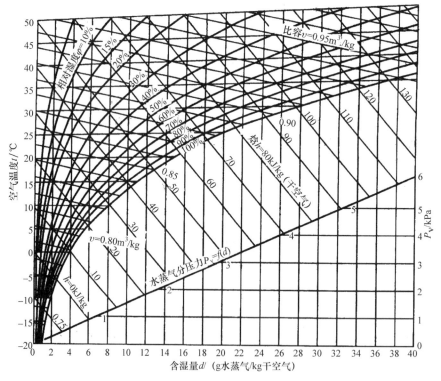

图 1.4　湿空气焓湿图

一般情况下，h-d 图主要由下列线簇（图 1.5）组成。

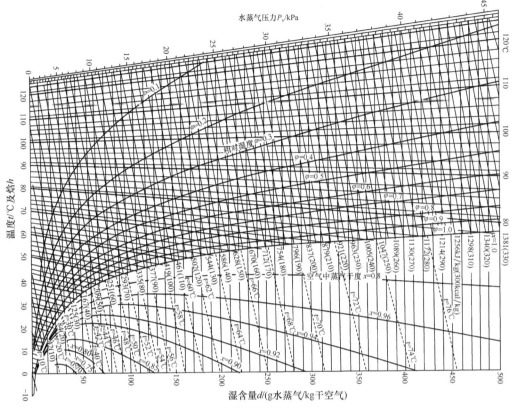

图 1.5　湿空气的焓湿图（$P=0.1\mathrm{MPa}$）

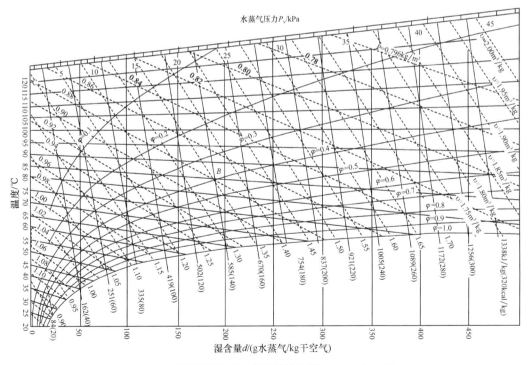

图 1.6　补充有密度和比容线的焓湿图（$1\mathrm{cal}\approx4.186\mathrm{J}$）

（一）等湿度线（等 d 线）

等 d 线是一组平行于纵坐标的直线群。

（二）等焓线（等 h 线）

绝热增湿过程近似为等 h 过程，湿空气的湿球温度 t_w（近似等于绝热饱和温度 t_w）是沿着等 h 线冷却到 $\varphi=100\%$ 时的温度。因此，焓值相同，状态不同的湿空气具有相同的湿球温度。

（三）等温线（等 t 线）

等温线是一组直线。湿空气干球温度 t 为定值时，h 和 d 间呈直线变化关系。t 不同时斜率不同，等 t 线是一组互不平行的直线，t 越高，则等 t 线斜率越大。

（四）等相对湿度线（等 φ 线）

等 φ 线是一组上凸形的曲线，总压力 P 一定时，$\varphi=f(d, t)$。$\varphi=100\%$ 的等 φ 线称为临界线，代表湿空气饱和状态的相对湿度。它将 h-d 图分成两部分，上部是未饱和湿空气（$\varphi<1$）；$\varphi=100\%$ 曲线上的各点是饱和湿空气；下部没有实际意义，因为达到 $\varphi=100\%$ 时已经饱和，再冷却则水蒸气凝结成水析出，湿空气本身仍保持 $\varphi=100\%$。

（五）等水蒸气分压线

由式（1.10）绘制出 P_v-d 的关系曲线，等水蒸气分压线和等湿含量线一一对应，为清晰起见，其值标注在图的最上方。

除等焓线簇与含湿量线簇外，焓湿图上还有等干球温度（等温线）簇、等相对湿度线簇、水蒸气的等分压力线簇等。

由于通过湿空气的 h-d 图查得湿空气的状态参数比较直观，因此经常应用于在对所求数据要求精度不高的工程计算中。如果要求精度相对较高时，通过 h-d 图查得的参数则满足不了要求，这时往往通过湿空气热力性质表来查得相对精确一些的参数值。湿空气压力为 1×10^5Pa 时的湿空气热力学性质表见附录1，表中 t 为湿空气的温度，t_λ 和 t_w 分别表示湿空气的干球温度（$t_\lambda<0$℃）和湿球温度（$t_w>0$℃），d 为湿含量，H 为湿空气的焓，φ 为湿空气的相对湿度。

例1-4 已知湿空气的温度 $t=61$℃，湿含量 $d=89$g 水蒸气/kg 干空气，在 h-d 图上查出其余参数。

解 在图1.5中找出 $t=61$℃线和 $d=89$g 水蒸气/kg 干空气线的交点，然后由此点沿着等焓线向着图的右下方求出 h 的值为293kJ/kg 干空气，沿着等 φ 线求出的值为60%，沿着 P 线垂直向上求出 P_v 的值为12 800Pa。同理，在图1.6上可求出相应的密度值 $\rho=0.99$kg/m³，比容值 $\upsilon=2.1$m³/kg 干空气。

四、焓湿图的应用

（一）加热和冷却过程

在木材干燥过程中，利用湿空气作干燥介质干燥木材时，首先需要将湿空气加热，这个湿空气的加热（或冷却）过程是在湿含量 d 保持不变的情况下进行的，在 h-d 图上过程沿等 d 线方向上下移动（图1.7）。加热过程中湿空气温度升高，焓增加，相对湿度减小，为图1.7中的 1→2。冷却过程相反，为图 1.7 中的 1→2'。过程中吸热量（或放热量）即下式的 q，等于焓的增量，见式（1.18）。

$$q = \Delta h = h_2 - h_1 \qquad (1.18)$$

式中，h_1 和 h_2 分别为初、终状态湿空气的焓值。

（二）绝热加湿（蒸发）过程

在木材干燥过程中，木材的干燥过程也就是湿空气的绝热加湿过程（图 1.8）。这种加湿过程往往是在压力基本不变，同时又和外界基本绝热的情况下进行的。湿空气将热量传给水，使水蒸发变成水蒸气，水蒸气又加入空气中，过程进行时与外界没有热量交换，因此湿空气的焓不变，湿含量增大，温度下降，相对湿度增加，如图 1.8 中 1→2 所示（绝热喷水过程）；在喷入蒸汽时，湿空气的焓、湿含量和相对湿度均增大，如图 1.8 中 1→2'所示（绝热喷蒸汽过程）。

图 1.9 是一种绝热加湿过程的绝热饱和冷却器示意图。

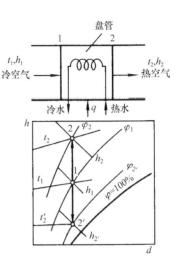

图 1.7　加热（或冷却）过程

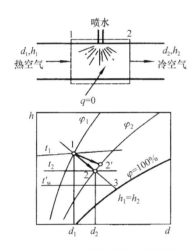

图 1.8　湿空气的绝热加湿过程

主体是绝热良好的容器，内置一多层结构，以保证水和空气有足够的接触面积和时间。来自底部的循环水和补充水经水泵送到容器的上部并喷淋而下，未饱和空气（t_1、d_1、h_1、$\varphi < 1$）则自下而上流过，其在中部填料层中接触，因为空气尚未饱和，水分不断汽化进入湿空气。又因容器是绝热的，水分汽化所需潜热只能来自空气中的热量，使空气温度逐渐降低，湿含量逐渐增大，水分汽化潜热又被蒸汽带回了空气中，所以湿空气的焓值几乎不变，因此，可以认为该过程是等焓增湿降温过程。当接触时间足够长时，最终湿空气达到饱和后流出，空气温度也不再下降，维持循环水和补充水的温度与空气的温度相等。这时测得出口饱和空气的温度称为初始状态湿空气的绝热饱和温度，也称为冷却极限温度（cooling limit temperature），以 t_w 表示。该过程的空气状态变化在 h-d 图上的表示与绝热加湿（蒸发）过程相同。湿空气由未饱和状态到饱和状态的过程如图 1.8 的 2→3 所示（绝热饱和过程），点 3 所对应的状态参数（t'_w，d_3，h_2）为湿空气处于饱和时的状态参数。

在绝热饱和过程稳定进行时，每流过 1kg 干空气的能量平衡式为

$$h_2 = h_1 + h'_w = h_1 + \frac{d_3 - d_1}{1000} \cdot c_{p,a} t'_w \qquad (1.19)$$

相对于一定的湿空气进口状态，绝热饱和温度有完全确定的值，所以说，它是湿空气的重要状态参数之一。由于 $\dfrac{d_3 - d_1}{1000}$ 通常都比较小，特别当温度较低时，h'_w 比起 h_1 来常可以忽略，因而 $h_2 \approx h_1$，即湿空气的绝热饱和过程近似等焓。

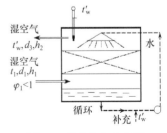

图 1.9　绝热饱和冷却器

一般情况下，绝热饱和温度的测定比较困难，经验表明，便于测量的湿球温度与绝热饱和

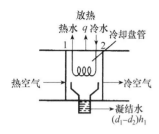

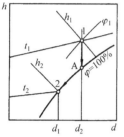

图 1.10　冷却去湿过程

温度非常接近，通常都用湿球温度来代替绝热饱和温度，以致人们在说湿球温度时实际上指的是绝热饱和温度。

（三）绝热去湿过程

对于未饱和湿空气，在保持湿空气中水蒸气分压力 P_v 不变的条件下，若降低湿空气的温度 t，可使水蒸气从过热状态达到饱和状态，这个状态点所对应的湿空气状态称为湿空气的露点 d。露点所处的温度称为露点温度，用 T_d 或 t_d 表示，它是湿空气中水蒸气分压力对应的饱和温度。在湿空气温度一定条件下，露点温度越高说明湿空气中水蒸气压力越高、水蒸气含量越多，湿空气越潮湿；反之，湿空气越干燥。因此，湿空气露点温度的高低可以说明湿空气的潮湿程度。

当湿空气被冷却到露点温度，空气为饱和状态，若继续冷却，将有水蒸气凝结析出，达到冷却除湿的目的（图 1.10）。过程沿 A→2 方向进行，温度降到露点 A 后，沿 $\varphi=100\%$ 的等 φ 线向 d、t 减小的方向并一直保持饱和湿空气状态。析出的凝结水带走的热量为

$$q=(h_1-h_2)-(d_1-d_2)\cdot h_1 \tag{1.20}$$

式中，h_1 为凝结水的比焓；$(d_1-d_2)\cdot h_1$ 为凝结水带走的热量。

湿空气达到露点后再冷却，有水滴析出，形成所谓的"露珠""露水"。这种现象在夏末秋初的早晨，经常在植物叶面等物体表面看到，也会出现在保温性能不好的木材干燥室内壁上。同样，利用除湿设备干燥木材的过程也是利用冷却去湿过程的原理，通过将湿空气中的水蒸气凝结析出，降低湿空气的相对湿度，加速木材表面水分的蒸发，达到干燥木材的目的。

（四）绝热混合过程

几种不同状态的湿空气流绝热混合，一般忽略混合过程中微小的压力变化，混合后的湿空气状态取决于混合前各种湿空气的状态及流量比。

设混合前两种气流中干空气的流量分别为 q_{m1}、q_{m2}，含湿量分别为 d_1、d_2，焓分别为 h_1、h_2；混合后气流中干空气的流量为 q_{m3}，含湿量为 d_3，焓为 h_3。根据质量守恒和能量守恒定律可得

$$q_{m1}+q_{m2}=q_{m3}（干空气质量守恒） \tag{1.21}$$

$$q_{m1}d_1+q_{m2}d_2=q_{m3}d_3（湿空气中水蒸气质量守恒） \tag{1.22}$$

$$q_{m1}h_1+q_{m2}h_2=q_{m3}h_3（湿空气能量守恒） \tag{1.23}$$

在焓湿图中可以利用图解的方法来确定混合后的湿空气的状态。将式（1.21）~式（1.23）联立求得

$$\frac{q_{m1}}{q_{m2}}=\frac{d_3-d_2}{d_1-d_3}=\frac{h_3-h_2}{h_1-h_3} \tag{1.24}$$

式（1.24）是连接焓湿图上点 1 和点 2 的直线方程，绝热混合后的状态 3 就落在这条直线上，直线距离 $\overline{32}$ 和 $\overline{31}$ 之比就等于流量 q_{m1} 和 q_{m2} 之比，即（$\overline{32}/\overline{31}$）$=q_{m1}/q_{m2}$，参照图 1.11。设两种空气状态的混合比例系数为 n，则

$$n = \frac{q_{m1}}{q_{m2}} = \frac{d_3 - d_2}{d_1 - d_3} = \frac{h_3 - h_2}{h_1 - h_3} \tag{1.25}$$

也可根据已知的 n，求 h_3 和 d_3：

$$h_3 = \frac{h_2 + nh_1}{1 + n} ; \quad d_3 = \frac{d_2 + nd_1}{1 + n} \tag{1.26}$$

当有三种或多于三种状态的湿空气进行混合时，可采取两两依次混合计算或图解的方法求解。

（五）混合点的虚假状态与真实状态

当用上述方法求出的混合点 c' 位于 $\varphi = 100\%$ 等湿度线的下方时（图 1.12），那么这一点是不真实的。因此，需要通过 c' 点引一条直线沿等 h 线向上与 $\varphi = 100\%$ 线相交得 c 点，这个 c 点才是混合气体的真实状态点。

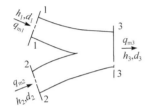

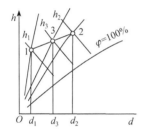

图 1.11　两种状态湿空气绝热混合过程

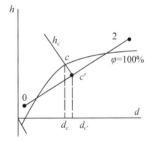

图 1.12　混合点真实状态

（六）空气与蒸汽的混合

将水蒸气喷入湿空气中与其混合时,湿空气的焓、含湿量、相对湿度均增大,如图1.8中1→2'所示。根据质量守恒定律，有

$$\frac{q_{mv}}{q_{ma}} = d_{2'} - d_1 \tag{1.27}$$

根据能量守恒定律，有

$$h_{2'} - h_1 = (d_{2'} - d_1) \times h_v \tag{1.28}$$

如果混合前湿空气的状态 h_1 和 d_1 为已知，混合后的状态 $h_{2'}$ 和 $d_{2'}$ 预先设定，而喷入的水蒸气的焓 h_2 也可以从水蒸气的参数表中查得，那么，可以得出混合比例系数，即

$$n = \frac{h_{2'} - h_2}{h_1 - h_{2'}} \tag{1.29}$$

$$n = \frac{d_{2'} - d_2}{d_1 - d_{2'}} \qquad (1.30)$$

设混合前的湿空气量为 q_1，如果要达到预先设定的混合后状态 $h_{2'}$ 和 $d_{2'}$，则需要混入的蒸汽量为 q_2，即 $q_2 = \dfrac{q_1}{n}$。

例 1-5　干燥用的湿空气进入加热器前，$t_1 = 25^\circ\text{C}$，$t_{w1} = 20^\circ\text{C}$，在加热器中被加热到 $t_2 = 90^\circ\text{C}$ 后进入烘箱，出烘箱时 $t_3 = 40^\circ\text{C}$，如图 1.13 所示。设当地大气压 $P = 0.1013\text{MPa}$，求①d_1、h_1、t_d、P_{v1}；②1kg 的干空气在烘箱中吸收的水分；③烘箱中每吸收 1kg 水分所用的湿空气及在加热器中吸收的热量。

解　1）在图 1.14 上，由 $t = 20^\circ\text{C}$ 的等温线与 $\varphi = 100\%$ 的等湿度线的交点 a 得 $h_1 = 56.5\text{kJ/kg}$ 干空气。该等焓线与 $t' = 25^\circ\text{C}$ 的等温线相交于点 1，通过点 1 的等湿含量线与 $\varphi = 100\%$ 的等湿度线交于 A，即为露点，直接读出 $t_{d1} = 17^\circ\text{C}$，通过点 1 的等湿含量线与水蒸气分压线交于点 B，得 $P_{v1} = 1.9\text{kPa}$。

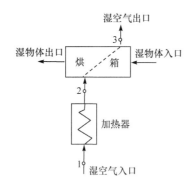

图 1.13　干燥装置示意图

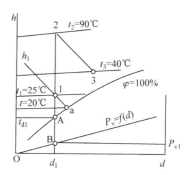

图 1.14　干燥过程在 h-d 图上的表示

从点 1 向上作垂线与 $t_2 = 90^\circ\text{C}$ 的等温度线相交于点 2 得出

$$h_2 = 123.5\text{kJ/kg 干空气}$$
$$d_2 = d_1 = 12.5\text{g 水蒸气/kg 干空气}$$

由点 2 沿等焓线与 $t_3 = 40^\circ\text{C}$ 的等温线相交于点 3，得 $d_3 = 32.5\text{g 水蒸气/kg 干空气}$。

2）1kg 干空气吸收的水分为

$$\Delta d = d_3 - d_2 = d_3 - d_1 = 32.5\text{g} - 12.5\text{g} = 0.02\text{kg 水蒸气/kg 干空气}$$

3）每吸收 1kg 水分所需的干空气量

$$m_a = \frac{1}{\Delta d} = \frac{1}{0.02} = 50\text{kg}$$

在加热器中的吸热量

$$Q = m_a(h_2 - h_1) = 50\text{kg} \times (123.5\text{kJ/kg} - 56.5\text{kJ/kg}) = 3350\text{kJ}$$

第三节　炉　　气

炉气是指煤炭、燃油、燃气、木材及其他燃料在燃烧炉中燃烧时所生成的湿热气体。炉气的主要成分有氮（N）、氧（O）、二氧化碳（CO_2）、一氧化碳（CO）、二氧化硫（SO_2）、水蒸气（H_2O）及灰分等。

在木材干燥生产中，炉气可以通过换热管路作为载热体为木材干燥装置提供热量，也可以直接与木材接触作为干燥介质被利用。在实际生产中，生成用作干燥介质的炉气时，要求燃烧完全，不能有烟或最大限度降低炉气中烟尘的含量，不能有火花，避免烟尘堵塞气道、污染木材、引起火灾等；同时，炉气的温度和流量也要符合生产装置正常运行的要求。

目前，国内外一些用炉气作为干燥介质干燥木材的木材加工企业主要是利用木材加工剩余物即木废料（制材、木制品加工车间产生的树皮、锯屑、不能被利用的小板条、碎木材及人造板生产车间产生的碎单板、边条、砂光木粉等）作为生成炉气的主要原料。这些加工剩余物在木材加工企业中数量很大，根据企业的最终产品不同可以达到原木加工总量的 35%～50%。把木废料作为燃料加以利用，还可以减轻对环境的污染。这里简要介绍木废料及所产生的炉气性质及相关知识。

一、木废料的化学成分及其燃烧

（一）木废料的化学成分

木材加工生产中产生的木废料的化学成分与木材一样，是一种复杂的有机化合物。主要组成是高分子聚合物，有纤维素、半纤维素和木质素，占绝干木材质量的 91%～99%；次要组成是少量的低分子物质，主要是木材抽提物（如芳香族化合物的单宁、萜烯化合物、酸类等）和无机物（燃烧后成为灰分，如钠、钾、钙、镁的碳酸盐等），见表1.8。

表 1.8　针、阔叶树材中的高分子聚合物含量　　　　　　　　　　（单位：%）

高分子聚合物	针叶树材	阔叶树材
纤维素	42±2	45±2
半纤维素	27±2	30±5
木质素	28±3	20±4
木材抽提物		1.1～9.6
无机物		0.1～2.0

不同树种的木废料元素组成比较相近，不同部位的绝干木材中主要化学元素组成见表1.9。作为燃料用的木废料水分含量的多少用相对含水率表示。

表 1.9　不同部位的绝干木材中主要化学元素组成　　　　　　　（单位：%）

主要化学元素	木材	树皮
碳	50.8	51.2
氧	41.8	37.9
氢	6.4	6.0
氮	0.4	0.4
灰分	0.9	5.2

（二）木废料的燃烧

木废料的燃烧是木材中所含的碳、氢、氧等可燃性元素在空气中发生剧烈氧化并同时伴有烟或火焰产生的化学反应，这一过程同时伴有物质转换和能量转换。

木废料的燃烧过程大致可分为以下三个阶段。

1. 预热阶段　　木材只有达到一定的温度后才能发生剧烈的氧化反应——燃烧，所以木材被投入燃烧炉后，先要经历一个预热阶段，当加热到一定温度时，木材中所含的水分开始蒸发，不断逸出木材表面。这一过程不但不能释放热量，反而因水分蒸发还要吸收大量的热量，导致木材本身温度比较低，不能燃烧。

2. 热分解阶段　　当木材在预热阶段吸收了大量的热量后，其所含的水分蒸发成水蒸气，木材自身的温度也迅速上升，使高分子聚合物的分子发生热运动，分子碰撞加剧，造成分子链断裂，原来的大分子转变成简单的小分子，发生热分解反应。

在这个过程中，最初温度较低时（150～200℃）开始产生不燃性气体二氧化碳（CO_2）、微量甲酸（CH_3OH）、乙酸（C_2H_5OH）和水蒸气（H_2O）等。当温度高于 200℃时，碳水化合物开始分解产生焦油液滴和可燃性气体（如 CO、H_2、CH_4 等），形成可燃性挥发物从木材中逸出。

3. 有焰燃烧和无焰燃烧阶段　　在热分解阶段的后期逸出的可燃性挥发物与燃烧炉内的空气混合后形成可燃性混合物，在可燃性混合物的温度继续升高达到燃点时，发生燃烧，形成明亮的光和炽热的火焰，释放出大量的热量。这时释放出的热量占木材发热量的 2/3 以上，热值约为 12.5MJ/kg。与此同时，在有焰燃烧后的木材热分解残留物炭化层的表面，也发生着缓慢的氧化反应（称为无焰燃烧或红热燃烧，也称为表面燃烧），呈辉光，没有火焰和烟雾，缓慢地释放出一定的热量，直至木材全部燃烧后只留下少量的灰分。在燃烧过程中还发生一种无可见光但产生含有一定热量烟雾的徐徐燃烧，称为发烟燃烧。

我们在木材燃烧过程中有时会看到白烟或黑烟，这是由于来不及燃烧的高温焦油液滴吸湿性很强，当其悬浮在空气中时，其四周聚集了一圈蒸汽，形成白烟，含水量大时，白烟较大；当热分解速度过快，携带了大量游离的炭微粒时则形成黑色的烟雾。在热分解过程中产生的一氧化碳（CO）燃烧时产生的烟雾呈青白色。

（三）木废料的发热量

木废料在燃烧时产生的热量也是木材的正常发热量。因为这些木废料一般都含有一定的水分，所以在其完全燃烧后产生的烟气所含的发热量包括水蒸气汽化潜热，被称为高位发热量，用 $Q_{高}$ 表示。绝干木材的高位发热量为 18 000～20 511kJ/kg，通常针叶材的发热量比阔叶材稍大一些，通常取 18 837kJ/kg 作为平均量，树皮的高位发热量约为 17 581kJ/kg。按照木废料的化学组成计算它的高位发热量，见式（1.31）。

$$Q_{高}(kJ/kg)=339 \cdot C+1256 \cdot H+109 \cdot O \qquad (1.31)$$

式中，C、H、O 分别是绝干木废料中碳、氢、氧含量的百分率。

在近似计算木废料作为燃料的高位发热量时可用式（1.32）表示。

$$Q_{高}(kJ/kg)=198 \times (100-MC_0)=\frac{1980000}{100+MC} \qquad (1.32)$$

式中，MC_0 为木材相对含水率（%）；MC 为木材绝对含水率（%）。

在实际生产中燃烧烟气高位发热量中所含有的汽化潜热不能被利用，可以利用的热量只是从高位发热量中扣除水蒸气汽化潜热后剩余的部分，称为低位发热量，用 $Q_{低}$ 表示，见式（1.33）。

$$Q_{低}(kJ/kg)=Q_{高}-25.1 \times (9H+MC_0) \qquad (1.33)$$

式中，H 为木废料中氢的百分含量，绝干木材的 H 为6.1%。相对含水率为 MC_0 的木燃料中氢的百分含量按 $H=6.1\times(1-MC_0/100)$ 计算。$25.1\times(9H+MC_0)$ 为燃料燃烧生成的水蒸气的热量。

木废料可利用的发热量受其含水率的影响，相对含水率 MC_0 越高，可利用的低位发热量 $Q_{低}$ 越少。

（四）木废料燃烧所需空气量

木废料在燃烧时需要大量的含有氧气的空气，这些空气和热分解过程中生成的可燃性挥发物混合成可燃性气体，保证有焰燃烧的进行。在无焰燃烧和发烟燃烧的过程中也许要消耗一定的氧气。理想条件下的完全燃烧过程所必需的最少空气量称为理论空气量 G_0；实际燃烧过程所必需的最少空气量称为实际空气量 G_α。两者关系见式（1.34）。

$$G_\alpha = \alpha \cdot G_0 \tag{1.34}$$

式中，α 为过量空气系数；实际燃烧过程中需要超过理论空气量的过量空气，使空气能与可燃性挥发物充分混合和满足燃烧所需要的氧气供应，保证木废料的充分燃烧。实际空气量 G_α 和理论空气量 G_0 之比即为过量空气系数 α。

木废料完全燃烧时所需的理论空气量 G_0 见式（1.35）。

$$G_0(\text{kg}/\text{kg}) = 0.115\times C + 0.345\times H - 0.043\times O \tag{1.35}$$

式中，C、H、O 分别为木废料中碳、氢、氧元素的质量百分比。

将表1.9中的相关数值代入式（1.35），求得燃烧绝干木材所必需的理论空气量为6.26kg干空气/kg木废料，折合标准空气体积 L_0 为5.2Nm³/kg。

木废料燃烧时，过量空气系数 α 一般取 $1.25\sim2.0$；过量空气不足时，燃烧不充分，量太大又会导致炉膛温度降低，燃烧不稳定，燃烧效率下降。在考虑了过量空气系数后，木废料燃烧实际需要的空气量 $L_\alpha = 7\sim10$ Nm³/kg。

二、炉气的生成量及含有的水蒸气量

（一）炉气的生成量

所谓炉气的生成量也就是炉气发生炉（燃烧炉）在燃烧木废料时产生炉气的量。木废料在燃烧时生成的理论炉气量 V_0 见式（1.36）。

$$V_0(\text{Nm}^3/\text{kg}) = \frac{0.213}{1000}\times Q_{低} + 1.65 \tag{1.36}$$

实际燃烧时，炉气的生成量 V_α 见式（1.37）。

$$V_\alpha(\text{Nm}^3/\text{kg}) = V_0 + (\alpha-1)L_0 = \frac{0.213}{1000}\times Q_{低} + 1.65 + (\alpha-1)L_0 \tag{1.37}$$

（二）炉气含有的水蒸气量

炉气含有的水蒸气量，包括1kg木燃料燃烧生成的水蒸气和由空气带来的水蒸气两部分。1kg木燃料燃烧生成的水蒸气量（G'_n）只由它的含水率来确定，见式（1.38）。

$$G'_n(\text{kg}/\text{kg}) = 0.549 + 0.0045MC_0 \tag{1.38}$$

空气（湿含量为 d_0）带来的水蒸气量（G''_n）见式（1.39）。

$$G''_n(\text{kg}/\text{kg}) = 0.0000596\alpha d_0(100-MC_0) \tag{1.39}$$

因此，炉气含有的水蒸气量（G_n）见式（1.40）。

$$G_n(\text{kg/kg}) = G'_n + G''_n = 0.549 + 0.0045 \text{MC}_0 + 0.0000596 \alpha d_0 (100 - \text{MC}_0) \quad (1.40)$$

三、炉气状态参数

（一）炉气的热含量和温度

木废料完全燃烧后生成的炉气热含量 h 与含水率 MC_0 无关，由过量空气系数 α 和混入燃烧炉内新鲜空气的热含量 h_0 来确定，见式（1.41）。

$$h(\text{kJ/kg}) = \frac{Q_{\text{高}} + \alpha V_0 h_0}{V_\alpha} \quad (1.41)$$

木废料完全燃烧时所产生炉气的温度 t 在不考虑热损失时，主要与木材含水率和过量空气系数有关，其最高理论燃烧温度 $t_{\max}$ 在 $\alpha = 1$、$d = 0$、$\text{MC}_0 = 0$ 时，若 $h_0 = 0$，大约为 3100℃。由于热量损失和过量空气的影响，燃烧炉的燃烧室内实际温度大约为理论温度的一半。在燃烧炉热效率为 80%、$\text{MC}_0 = 40\%$、$\alpha = 2$ 时，$t \approx 1000$℃。

（二）炉气的湿含量

气炉中的水蒸气除燃料燃烧所产生的水蒸气外，还有空气带入的水蒸气。空气带入的水蒸气不仅与其湿含量 d_0 有关，还与过量空气系数 α 有关，炉气的湿含量见式（1.42）。

$$d(\text{g/kg干空气}) = \frac{\dfrac{9210 + 75.7 \text{MC}_0}{\alpha(100 - \text{MC}_0)} + d_0}{1 + \dfrac{0.072}{\alpha}} \quad (1.42)$$

在生产应用上可简化为式（1.43）。

$$d(\text{g/kg干空气}) = \frac{9210 + 75.7 \text{MC}_0}{\alpha(100 - \text{MC}_0)} \quad (1.43)$$

思 考 题

1. 简述木材干燥介质及其分类。

2. 湿空气的主要状态参数有哪些？湿空气 h-d 图有什么应用？

3. 水蒸气的性质及其主要参数是什么？

4. 简述常压过热蒸汽及其形成过程。

5. 如何在 h-d 图上表示木材干燥过程中湿空气状态变化？

6. 已知湿空气温度 $t = 80$℃，湿球 $t_w = 75$℃，求空气的相对湿度 φ、含湿量 d 及焓 h 值。

7. 已知湿空气温度 $t = 40$℃，相对湿度 $\varphi = 25\%$，求湿空气的露点温度 t_d。

8. 已知湿空气温度 $t = 30$℃，相对湿度 $\varphi = 60\%$，$P = 0.1013$MPa，求湿空气的 d、t_d、h、P_v、P_a。

9. 已知湿空气温度 $t = 15$℃，$t_w = 12$℃，$P = 0.1$MPa，求 d、φ、P_v、P_a。

10. 已知湿空气温度 $t = 100$℃，$t_d = 20$℃，总压力 $P = 0.1$MPa，试在 h-d 图上确定湿空气的状态点 A。

11. 已知含 100kg 干空气的湿空气初始状态为 $t_1 = 40$℃、$\varphi = 65\%$，经加热器加热至 $t_B = 80$℃，求空气的吸热量 Q_a。

12. 已知含 1000kg 干空气的湿空气进入材堆前的参数为 $t_B = 80$℃，$\varphi_B = 30\%$时，离开材堆时温度 $t_B =$

60℃，求空气流经材堆吸收的水分 m。

主要参考文献

高建民. 2008. 木材干燥学. 北京：科学出版社.

高建民，王喜明. 2018. 木材干燥学. 北京：科学出版社.

顾炼百. 1998. 木材工业实用大全·木材干燥卷. 北京：中国林业出版社.

满久崇磨. 1983. 木材的干燥. 马寿康，译. 北京：中国轻工业出版社.

王喜明. 2007. 木材干燥学. 北京：中国林业出版社.

张振涛，杨俊玲. 2020. 热泵干燥技术与装备. 北京：化学工业出版社.

朱政贤. 1992. 木材干燥. 北京：中国林业出版社.

第二章　木材与水分

　　木材与水分的关系是木材科学中最重要的基础课题之一，木材干燥的目的就是将木材中的水分含量和分布控制在一个合理的水平上以便加工和利用，因而了解木材与水分的关系是从事木材干燥方面科研与实践的前提。本章从木材的水分含量与干湿等级着手，介绍了木材中的水分状态、吸湿性和干缩湿胀特性等木材与水分关系中的基本概念，同时简单讨论了含水率对木材主要物理力学性能的影响，为后续章节的学习提供必要的基础知识。

第一节　木材的水分含量与干湿等级

　　树木在生长过程中需要水分参与光合作用，因而树干中存有大量水分，活树被伐倒以后，一部分或大部分水分仍保留在木材内部，这就是木材中水分的来源。木材中水分的多少，对木材的物理性能、运输成本、可加工性和市场价值都有显著影响，因此，本节首先介绍水分含量的计算测量方法和木材干湿程度的分级。

一、水分含量的计算测量方法

　　木材中的水分含量称为含水率或含湿量（moisture content），用水分的质量与木材质量之比的百分数表示。

　　木材含水率可以以绝干木材的质量为基础，按式（2.1）进行计算，算出的结果称为绝对含水率，简称含水率，用字母 MC 表示。

$$MC = \frac{G_w - G_d}{G_d} \times 100\% \qquad (2.1)$$

式中，G_w 和 G_d 分别表示含有一定水分的木材试样的质量（湿材质量）和该试样的绝干质量（g）。

　　含水率也可以湿材质量为基础，按式（2.2）进行计算，算出的结果称为相对含水率，用字母 MC_0 表示。

$$MC_0 = \frac{G_w - G_d}{G_w} \times 100\% \qquad (2.2)$$

　　在木材加工和人造板领域中一般采用绝对含水率表示木材中的水分含量，而相对含水率则多用在制浆造纸和生物质能源领域中。

　　木材含水率的常用测量方法是称重法和电测法。

（一）称重法

　　称重法通过直接称出湿材和绝干材质量得到木材含水率。最常见的称重法为烘干法（oven-dry method），它也是木材含水率的标准测定方法（GB/T 1931—2009），是将木材试样称重后在一定温度下烘至绝干，得到绝干重，再用式（2.1）计算木材含水率。

　　烘干法操作简便，结果可靠，在科研工作中应用广泛，但它是一种破坏性的测量方法，待测试样必须从板材中截取下来，而且该方法测量周期较长，有时可长达数天，在生产作业等需要对木材含水率进行实时检测的场合，就需要采用电测法等快速无损的检测方法来测量木材含水率。然而，尽管电测法已获得了普遍应用，但烘干法相比而言仍然是一种更加可靠的含水率测量方法，还可用于其他无损检测方法的校正。关于称重法测量木材含水率的详细讨论可参见 Thybring 等（2018）的讨论。

（二）电测法

电测法利用木材的电学性质，如电阻率、介电常数等与木材含水率的关系，测定木材含水率。

用电测法测定木材含水率的仪器主要有两类。一类是直流电阻式，它利用在一定的含水率范围内，木材的电阻率（即单位长度、单位横截面积的木材电阻）随含水率的增加而降低，两者呈近似线性关系来测定木材的含水率［图 2.1（a）］。

（a）　　　　　　　　　　　　　　　　　　（b）

图 2.1　电测法木材含水率测定仪
（a）直流电阻式；（b）交流电容式

在使用直流电阻式含水率测定仪时须注意以下 4 点，以获得更精确的含水率数值。

（1）注意适用测量范围　　当木材含水率高于 30%或低于 6%时，木材电阻与含水率之间不再呈线性关系，因而只有当木材含水率为 6%～30%时，才能获得较为精确的测量值。

（2）需要进行温度校正　　除木材含水率影响木材电阻外，木材的温度也会影响电阻大小。当木材含水率不变化时，温度越高，木材的电阻率越小。以 20℃为准，温度每升高 10℃，测出的读数约减少 1.5%。通常含水率测定仪制造商会将温度校正值标注在仪表表面上。

（3）需要进行树种校正　　不同材种木材的密度不同，抽提物含量也不同，其变化都会影响含水率读数。

（4）含水率测定仪测针插入木材的深度和方向　　干燥后的板材在厚度方向上含水率分布是不均匀的，表层含水率高于内部含水率。所以在测量时，含水率测定仪的测针插入木材厚度的 1/4～1/3，读数才能代表木材含水率的平均值。又因为木材横纹方向的电阻率是顺纹方向的 2～3 倍，故测针的插入方向需根据仪器制造商的操作说明来确定。

另一类含水率电测法根据高频电场中木材的电容与含水率的关系来测定木材含水率［图 2.1（b）］，相应的测量仪表称为交流电容式含水率测定仪（capacitance-type moisture meter）。电容式含水率测定仪测量的是木材的介电常数（dielectric constant）或交变电流的功率损耗。与电阻法相似，电容法也需要根据材种的不同进行校正，它的测量范围略宽于电阻式，无须用测针插入木材内部，只需用平板式电极贴在木材表面即可进行测量，因而破坏性更小，时效性更高。

二、木材干湿程度的分级

木材可按水分含量的多少分为以下 6 个干湿程度等级。

生材（green wood）：活树刚采伐下来时，木材细胞壁中的水分处于饱和状态，细胞腔中也存有水分，此时木材称为生材。不同树种，甚至同一树种间的生材含水率差异往往很大，从约 30% 到超过 200%。表 2.1 所示生材含水率中，心材含水率为 70%～130%，边材含水率差异更大，为 90%～200%。生材含水率对于木材采伐和运输设备的设计，按重量计价的木材交易及木材运输都具有重要意义。

表 2.1　中国东北地区 5 种主要木材的生材含水率　　　　　（单位：%）

材种	含水率		
	心材	边材	平均
红松	70	200	135
臭冷杉	130	200	165
春榆	125	100	113
槭木	90	90	90
紫椴	130	130	130
5 个材种平均			127

湿材（unseasoned timber）：长期置于水中，含水率大于生材的木材。原木可能因存贮或运输的需要而长期置于水中，此时就会处于湿材状态。在胶合板等生产过程中需要对木材进行浸泡或水煮处理，也会使木材达到湿材状态。

半干材（half timber）：木材采伐后由于水分向外蒸发，含水率逐渐降低，但尚未达到稳定的干燥状态，可称为半干材。处于半干状态的木材当含水率降低到一定程度（约为 20%）时就可有效防止变色、霉变和腐朽，因此一些锯材企业在出厂之前先将锯材干燥至该含水率水平，以避免木材在运输过程中出现质量问题，同时可以降低物流成本，该含水率状态称为装运干燥（shipping dry）。

气干材（air-dried timber）：长期在大气中干燥，基本上停止蒸发水分的木材。因各地的气候干湿不同，含水率一般为 8%～18%。

室干材（kiln-dried timber）：采用干燥装置在一定温度、湿度和气流环境下经干燥处理后的木材，含水率一般为 7%～15%。室干含水率是根据木材的用途和应用环境而确定的，是木材在加工和使用过程中的含水率状态，对于木材的加工利用具有重要的应用价值。

全干材（oven-dry wood）：也称绝干材，即含水率为 0 的木材。木材在存贮、加工和使用过程中极少处于绝干状态。全干材的制备通常是由于测试分析的需要，如含水率测定或某些仪器分析对样品制备的要求。

第二节　木材与水分的关系

一、水分的存在状态和纤维饱和点

木材是生物质多孔体材料，木材的细胞腔、细胞间隙及细胞壁中的空隙组成了错综复杂的毛细管系统，木材中的水分就包含在这些毛细管系统之内。木材中的毛细管可分为两大类：一类由相互连通的细胞腔及细胞间隙构成，孔径约为几微米到几十微米，它们对水分的束缚力很小甚至无束缚力，称为大毛细管系统；另一类由细胞壁内微纤丝之间的微小孔隙构成，尺寸只有几十纳米，对水分有较大的束缚力，称为微毛细管系统。

大毛细管系统内的水分称为自由水（free water）。自由水状态接近于常压条件下的液态水，与木材的结合并不紧密，容易从木材中逸出。而且大毛细管系统只能向空气中蒸发水分，不能从空气中吸收水分。微毛细管系统中的水分称为吸着水（bound water）。吸着水与木材细胞壁通过吸附作用力结合，其中最主要的结合形式为氢键。微毛细管系统既能向空气中蒸发水分，也能从空气中吸收水分。

当细胞腔等大毛细管系统内液态的自由水含量为 0，而细胞壁微毛细管系统内的吸着水处于饱和状态时，木材的含水率称为纤维饱和点（fiber saturation point）。纤维饱和点因树种和温度而异。通常来讲，在空气温度为 20℃，空气湿度为 100%时，纤维饱和点的平均值为 30%。

纤维饱和点是木材干燥和性能研究中的一个重要概念。在纤维饱和点以上，除密度外，木材的尺寸和主要物理力学性能都不因含水率的变化而变化，而在此之下，随着含水率的降低，木材的尺寸会不断收缩，力学强度、电学性能、热学性能等主要性能也都随之变化。木材性能随含水率变化的具体情况将在本章第四节中讨论。

纤维饱和点的概念最早由美国林产品实验室研究员 Tiemann 于 1906 年提出，虽然年代久远，但无论是它的物理意义还是实际测量都还存在大量的讨论与尝试，其概念也在这一过程中不断调整。有关的详情可参见 Engelund 等（2013）的讨论。

二、木材的吸湿性

木材是一种吸湿性材料（hygroscopic material），可以和周围的空气交换水分。当较干的木材存放在潮湿的空气中时，木材微毛细管内的水蒸气分压小于周围空气的水蒸气分压，微毛细管就能从周围空气中吸收水分，水蒸气在微毛细管内凝结成凝结水。这种细胞壁内的微毛细管系统能从湿空气中吸收水分的现象称为吸湿（moisture absorption）。吸湿过程初始时进行得很强烈，即木材的吸着水含水率增加得很快；随着时间的延续，吸湿过程逐渐缓慢，最后达到动态平衡或稳定，此时木材的含水率称为吸湿稳定含水率，用 $MC_{吸}$ 表示。

若木材含水率较高，存放在较干燥的空气中，木材细胞壁微毛细管中的水蒸气分压大于周围空气中的水蒸气分压，则微毛细管系统能向周围空气中蒸发水分，这种现象称为解吸（desorption）。解吸过程初始时，木材向周围空气的水分蒸发得很强烈，即木材的吸着水下降很快；随着时间的延续，解吸过程逐渐变慢，最后达到动态平衡或稳定，此时木材的含水率称为解吸稳定含水率，用 $MC_{解}$ 表示。需要注意的是，解吸与干燥是两个不同的概念：解吸仅指细胞壁中吸着水的排除，而干燥则可能包括木材中自由水和吸着水两者的排除。

木材的吸湿性可以从以下两个方面来解释。

1）木材细胞壁中有许多吸湿性基团构成的吸湿点位，其中数量最多、分布最广的是纤维素、半纤维素和木质素分子链中的自由羟基（—OH），它们在一定温度和湿度条件下具有很强的吸湿能力。在干燥的木材中，从环境空气中进入细胞壁的水分子首先通过氢键与细胞壁各吸湿点位上的吸湿基团结合。随着含水率的增加，细胞壁中的自由羟基等吸湿基团都与水分子充分结合时，后续进入细胞壁的水分子则与已吸附在细胞壁中的水分子相互结合，形成水分子团簇。通过这种方式，细胞壁中的每个吸湿点在饱和状态下可吸引多达 6～10 个水分子。

2）木材内部存在大毛细管系统和微毛细管系统，具有很高的空隙率和巨大的内表面。在高湿环境中，木材在吸收水分时，会在最细小的微毛细管中形成凹形弯月面，产生毛细管的凝结现象而形成毛细管凝结水，但通过这种机制进入木材细胞壁的水分在吸着水中所占的比例极少，基本可以忽略不计。

木材吸湿过程中的吸湿稳定含水率或多或少地低于在同样空气状态下的解吸稳定含水率，这种现象称为吸湿滞后（adsorption hysteresis）。吸湿滞后的数值与树种无关，但随环境温度的升高而减小，当环境温度高于75℃时，吸湿滞后现象消失。室干锯材的吸湿滞后较明显，其数值随先前干燥温度的升高而加大，为1%～5%，平均为2.5%。

产生吸湿滞后的原因与木材微观结构、内部水分状态、应力水平及细胞壁大分子的流动性密切关联，目前还没有一个公认的物理模型能够解释这一现象，但可以从以下两个方面较为直观地认识吸湿滞后产生的原因：①吸湿的木材有过干燥历史，在干燥过程中，木材的微毛细管系统内的空隙已部分地被渗透进来的空气所占据，这就妨碍了木材对水分的吸收；②木材在先前的干燥过程中，用于吸收水分的羟基借氢键彼此直接相连，使部分羟基相互饱和而减弱了以后对水分的吸着性。

三、木材平衡含水率及其应用

木材在吸湿或解吸过程中达到与周围空气相平衡时的含水率称为平衡含水率（equilibrium moisture content，EMC），即木材在一定空气状态下最后达到的吸湿稳定含水率或解吸稳定含水率。木材平衡含水率在不同树种间差异很小，主要随环境温度和相对湿度的变化而变化，所以说，木材平衡含水率是空气温度和湿度的函数。根据木材平衡含水率与空气温度和湿度的关系，可绘制出平衡含水率图表，知道了空气的干球温度和湿球温度（或相对湿度），可查图2.2求出木材的平衡含水率。也可根据表2.2，由空气的干球温度和干湿球温差查出木材的平衡含水率。在环境温度和相对湿度两个变量中，相对湿度对EMC的影响更为明显，EMC随着空气相对湿度的升高而增大，由表2.2，若环境温度为24℃，当干湿球温差为1℃（相对湿度92%）时，木材EMC为21.1%，当干湿球温差扩大到15℃（相对湿度4%）时，木材EMC仅为0.9%，接近绝干。当相对湿度一定时，木材的平衡含水率随着温度的升高而减小，但变化相对较小。同样由表2.2，当温度为24℃，干湿球温差为4℃（相对湿度69%）时，木材EMC为12.7%，当温度上升到100℃时，在相同的相对湿度条件下，木材EMC仍可达7.5%。

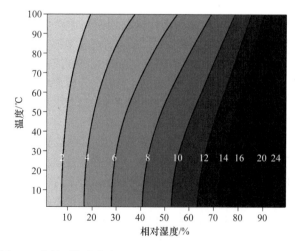

图2.2　木材平衡含水率（Forest Products Laboratory，2021）

表2.2 木材平衡含水率表（改编自梁世镇，1994）

（单位：%）

干球温度/°C	温度计差/°C																										
	0	1	2	3	4	5	6	7	8	9	10	11	12	13	14	15	16	17	18	19	20	21	22	23	24	25	26
120																						4	4	4	3.5	3.5	3
118																			4.5	4.5	4.5	4	4	4	4	3.5	3.1
116																	5	5	5	4.5	4.5	4	4	4	4	3.5	3.1
114															5.5	5.5	5.5	5	5	4.5	4.5	4	4	4	4	3.5	3.2
112											7.5	7	6.5	6.5	6	5.5	5.5	5	5	4.5	4.5	4.5	4.5	4	4	3.5	3.2
110									8.5	8	7.5	7	6.5	6.5	6	5.5	5.5	5	5	5	4.5	4.5	4.5	4	4	4	3.3
108							10	9.5	8.5	8	7.5	7	6.5	6.5	6	5.5	5.5	5	5	5	4.5	4.5	4.5	4	4	4	3.3
106					11.5	11	10	9.5	8.5	8	7.5	7	6.5	6.5	6	5.5	5.5	5.5	5	5	4.5	4.5	4.5	4	4	4	3.3
104				13	11.5	11	10	9.5	9	8.5	7.5	7	6.5	6.5	6	5.5	5.5	5.5	5	5	4.5	4.5	4.5	4	4	4	3.4
102			14.5	13	12	11	10	9.5	9	8.5	7.5	7	6.5	6.5	6	6	5.5	5.5	5	5	4.5	4.5	4.5	4	4	4	3.4
100	22	16.5	15	13.5	12	11	10	9.5	9	8.5	8	7.5	7	6.5	6	6	5.5	5.5	5	5	4.5	4.5	4.5	4	4	4	3.4
98	22.5	17	15	13.5	12	11.5	10	9.5	9	8.5	8	7.5	7	6.5	6	6	5.5	5.5	5	5	4.5	4.5	4.5	4	4	4	3.3
96	23	17	15	14	12	11.5	10.5	10	9	8.5	8	7.5	7	6.5	6	6	5.5	5.5	5	5	4.5	4.5	4.5	4	4	4	3.3
94	23	17.5	15.5	14	12	11.5	10.5	10	9	8.5	8	7.5	7	6.5	6.5	6	5.5	5.5	5	5	4.5	4.5	4.5	4	4	4	3.3
92	23.5	18	15.5	14	12	11.5	10.5	10	9.5	8.5	8	7.5	7.5	6.5	6.5	6	5.5	5.5	5	5	4.5	4.5	4.5	4	4	3.5	3.3
90	24	18	15.5	14	12.5	11.5	10.5	10	9.5	8.5	8	7.5	7.5	6.5	6.5	6	6	5.5	5.5	5	4.5	4.5	4.5	4	4	3.5	3.3
88	24	18.5	15.5	14.5	12.5	11.5	11	10	9.5	8.5	8	8	7.5	7	6.5	6	6	5.5	5.5	5	4.5	4.5	4.5	4	4	3.5	3.3
86	24.5	18.5	16	14.5	12.5	11.5	11	10	9.5	9	8.5	8	7.5	7	6.5	6	6	5.5	5.5	5	4.5	4.5	4.5	4	4	3.5	3.3
84	24.5	19	16	14.5	13	11.5	11	10	9.5	9	8.5	8	7.5	7	6.5	6	6	5.5	5.5	5	4.5	4.5	4.5	4	4	3.5	3.3
82	24.5	19	16	14.5	13	12	11	10	9.5	9	8.5	8	7.5	7	6.5	6.5	6	5.5	5.5	5	4.5	4.5	4.5	4	4	3.5	3.3
80	25	19	16	15	13	12	11	10	9.5	9	8.5	8	7.5	7	6.5	6.5	6	5.5	5.5	5	5	4.5	4.5	4	4	3.5	3.3
78	25	19	16	15	13	12	11	10	9.5	9	8.5	8	7.5	7	6.5	6.5	6	5.5	5.5	5	5	4.5	4	4	4	3.5	3.2
76	25	19.5	16.5	15	13	12	11	10	9.5	9	8.5	8	7.5	7	6.5	6.5	6	5.5	5.5	5	5	4.5	4	4	4	3.5	3.2

续表

干球温度/℃	温度计差/℃																										
	0	1	2	3	4	5	6	7	8	9	10	11	12	13	14	15	16	17	18	19	20	21	22	23	24	25	26
74	25.5	19.5	16.5	15	13	12	11	10	9.5	9	8.5	8	7.5	7	6.5	6.5	6	5.5	5.5	5	5	4.5	4	4	4	3.5	3.2
72	25.5	20	17	15	13.5	12.5	11	10	9.5	9	8.5	8	7.5	7	6.5	6.5	6	5.5	5.5	5	5	4.5	4	4	4	3.5	3.2
70	26	20	17	15.5	13.5	12.5	11	10.5	9.5	9	8.5	8	7.5	7	6.5	6.5	6	5.5	5.5	5	5	4.5	4	4	4	3.5	3.2
68	26	20	17.5	15.5	13.5	12.5	11.5	10.5	9.5	9	8.5	8	7.5	7	6.5	6.5	6	5.5	5.5	5	5	4.5	4	4	4	3.5	3.1
66	26.5	20.5	17.5	15.5	13.5	12.5	11.5	10.5	10	9	8.5	8	7.5	7	6.5	6.5	6	5.5	5.5	5	5	4.5	4	4	4	3.5	2.9
64	26.5	20.5	17.5	15.5	13.5	12.5	11.5	10.5	10	9	8.5	8	7.5	7	6.5	6.5	6	5.5	5.5	5	5	4.5	4	4	4	3.5	2.8
62	27	21	17.5	15.5	13.5	12.5	11.5	10.5	10	9	8.5	8	7.5	7	6.5	6.5	6	5.5	5.5	5	5	4.5	4	4	4	3.5	2.7
60	27	21	18	15.5	14	12.5	11.5	10.5	10	9.5	8.5	8	7.5	7	6.5	6.5	6	5.5	5	5	4.5	4.5	4	4	3.5	3.5	2.6
58	27	21	18	15.5	14	12.5	11.5	10.5	10	9.5	8.5	8	7.5	7	6.5	6.5	6	5.5	5	5	4.5	4.5	4	3.5	3.5	3.5	2.4
56	27.5	21	18	15.5	14	13	11.5	10.5	10	9.5	8.5	8	7.5	7	6.5	6.5	6	5.5	5	5	4.5	4	4	3.5	3.5	3	2.2
54	27.5	21.5	18	16	14	13	11.5	10.5	10	9.5	8.5	8	7.5	7	6.5	6	6	5.5	5	4.5	4.5	4	3.5	3.5	3	3	2
52	28	21.5	18	16	14	12.5	11.5	10.5	10	9	8.5	8	7.5	7	6.5	6	5.5	5.5	5	4.5	4.5	4	3.5	3.5	3	2.5	1.6
50	28	21.5	18.5	16	14	12.5	11.5	10.5	10	9	8.5	8	7.5	7	6.5	6	5.5	5	5	4.5	4	4	3.5	3	3	2.5	1.3
48	28	21.5	18.5	16	14	12.5	11.5	10.5	10	9	8.5	8	7.5	7	6.5	6	5.5	5	4.5	4.5	4	3.5	3.5	3	2.5	2	0.9
46	28.5	21.5	18.5	16	14	12.5	11.5	10.5	9.5	9	8.5	8	7.5	7	6.5	6	5.5	5	4.5	4	4	3.5	3	2.5	2.5	2	0.4
44	28.5	22	18.5	16	14	12.5	11.5	10.5	9.5	9	8.5	7.5	7	6.5	6	5.5	5.5	4.5	4.5	4	3.5	3	2.5	2.5	2		
42	28.5	22	18.5	16	14	12.5	11.5	10.5	9.5	9	8	7.5	7	6.5	6	5.5	5.5	4.5	4.5	4	3.5	3	2.5	2			
40	29	22	18.5	16	14	12.5	11.5	10.5	9.5	9	8	7.5	7	6.5	6	5.5	4.5	4.5	4	3.5	3	2.5	2				
38		21.5	18	15.6	13.8	12.4	11	10.3	9.4	8.8	8	7.4	6.9	6.3	5.7	5.2	4.5	4	3.5	3.1	2.4	1.6	0.7				
35		21.5	18	15.6	13.8	12.2	10.9	10.2	9.3	8.6	7.9	7.1	6.6	5.9	5.3	4.8	4	3.4	2.9	2.2	1.5						
32		21.5	17.8	15.4	13.5	12	10.8	10	9.1	8.3	7.6	6.8	6.3	5.5	4.9	4.2	3.4	2.6	2	1.2	0.4						
29		21.4	17.6	15.2	13.3	11.8	10.6	9.7	8.8	8	7.2	6.4	5.8	5	4.3	3.4	2.5	1.5	0.8								
27		21.2	17.4	15	13.1	11.5	10.2	9.3	8.4	7.6	6.8	5.9	5.1	4.3	3.4	2.4	1.2	0.3									
24		21.1	17.2	14.7	12.7	11.2	9.9	8.9	8	7.1	6.2	5.2	4.3	3.3	2.2	0.9											
21		20.8	16.9	14.4	12.3	10.9	9.5	8.5	7.5	6.5	5.5	4.4	3.2	2	0.6												

　　由上可知，木材的平衡含水率是环境温度和相对湿度的函数，但是由于吸湿滞后现象的存在，平衡含水率与温湿度的关系不是一一对应的，而是需要考虑木材在达到某一温湿度条件前的吸湿历史。根据木材在某一温度下的平衡含水率和环境相对湿度的关系绘制而成的曲线，称为吸湿等温线（sorption isotherm）。图 2.3 是西加云杉木材在 25℃的吸湿等温线，它由吸湿曲线和解吸曲线两部分构成，并形成一个闭环。图中木材平衡含水率随环境相对湿度的增加而提高，但两者并不是简单的线性关系，吸湿和解吸曲线都呈"S"形，其他木材的吸湿等温线的形状与该曲线基本相同。在吸湿性材料中，符合这种曲线形状特征的吸湿等温线被称为 II 型吸湿等温线。由于这一特征，在不同相对湿度条件下木材的吸湿滞后性具有显著差异，在图中吸湿平衡含水率和解吸平衡含水率的最大差值在 4 个百分点左右，而在接近绝干和饱和状态下仅为几个百分点。

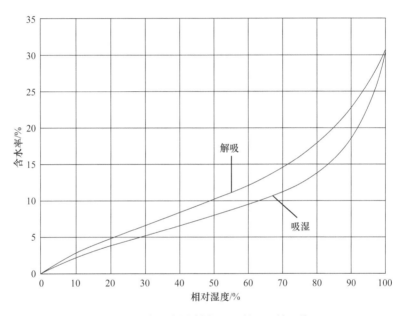

图 2.3　西加云杉木材在 25℃的吸湿等温线

　　木材平衡含水率在木材加工利用上很有参考价值。木材在制成木制品之前，必须干燥到一定的终含水率，且此终含水率必须与木制品使用地点的平衡含水率相适应，即符合（EMC－2.5%）＜$MC_终$＜EMC。例如，使用地点的平衡含水率为 15%，则干燥的终含水率以 13%较为适宜。在这样的含水率条件下，木制品的含水率能基本保持稳定，从而其尺寸和形状也基本保持稳定。按气候资料查定的木材平衡含水率可作为确定干燥锯材终含水率的依据。附录 3 列出了我国 300 个主要城市木材平衡含水率的气象值，可供参考应用。需要指出的是，附录 3 中的平衡含水率是根据各地区的气候条件得出的结论，实际上我国很多地区室内环境有相当长的时间通过暖气进行调节，采暖时室内温度为 18～20℃，相对湿度约为 28%，对应的木材平衡含水率只有 6%，此时室内小气候和室外大气环境相差很大。

第三节　木材的干缩湿胀

　　木材干燥时，首先排除细胞腔内的自由水，这时木材的尺寸不变。当细胞壁内的吸着水开始从木材中排出时，木材的尺寸随之减小，这是由于细胞壁内的微纤丝之间的空隙因吸着水的排出而缩减，细胞壁变薄，引起木材的干缩。在纤维饱和点以下，随着吸着水含水率的降低，木材干缩量随之增大，直至木材含水率为零时，其干缩量达最大值。在木材由绝干状态逐渐吸湿到纤维饱和点的过程中，由于水分子进入细胞壁引起微纤丝之间的距离扩大，因此可以观察到木材的膨胀现象，这称为木材的湿胀。

干缩和湿胀是木材的固有特性。这种性质使木制品的尺寸不稳定，给加工和使用带来了不利的影响。例如，南京的木材加工厂为北京和海口各制造一批衣橱，根据附录 3，北京、南京和海口的木材平衡含水率年平均值分别为 10.3%、14.5%和 16.8%，若木材干燥时未考虑到使用地与生产地的环境差异，仅根据南京的气候环境确定干燥木材的终含水率，那么这批家具在北京使用时就会继续收缩，导致变形、开裂；在海口使用时就会吸湿膨胀，柜门和抽斗会不易开闭。因此，木材干燥时要按木制品使用地点的气候条件，干燥到相应的终含水率，以最大限度地减小木材的干缩或湿胀。

木材的干缩湿胀随材种的不同存在很大差异。通常硬阔叶树材的干缩大于针叶树材。密度大的木材干缩大于密度小的木材。但也有例外，如椴木密度较小，但干缩不小。另外，抽提物含量高的树种，如桃花心木，其干缩较小。

一、木材干缩湿胀的各向异性

木材的干缩水平可以用木材尺寸变化百分比来表示，称为干缩率，按式（2.3）进行计算：

$$y_w = \frac{L_1 - L_m}{L_1} \times 100\% \qquad (2.3)$$

式中，y_w 为干缩率（%）；L_1 为木材初始尺寸（mm）；L_m 为木材干燥至含水率为 m%后的尺寸（mm）。

木材自生材状态干燥至绝干状态时的干缩率称为绝干干缩率。在纤维饱和点以下，含水率每减少 1%，引起的木材干缩率称为干缩系数（coefficient of shrinkage），按式（2.4）进行计算：

$$K = \frac{y_w}{MC_1 - MC_m} \qquad (2.4)$$

式中，K 为干缩系数（%）；MC_1 为木材初始含水率（%）；MC_m 为木材干燥后的含水率（%）。

木材在不同方向的干缩率和干缩系数具有显著差异。木材沿纵向的干缩极小，生产上在配料时无须考虑顺纹理方向的干缩余量。木材沿着年轮方向的干缩称为弦向干缩；沿着树干半径方向或木射线方向的干缩称为径向干缩。整块木材由湿材状态到绝干状态时体积的干缩称为体积干缩。

木材干缩和湿胀在不同方向上差异显著，称为木材干缩和湿胀的各向异性。木材纵向干缩最小，绝干干缩率为 0.1%～0.3%；径向干缩的绝干干缩率为 4.5%～8%；弦向干缩最大，绝干干缩率为 8%～12%。

木材胀缩的这种各向异性主要是由木材构造特点造成的。由于木材细胞壁中次生壁的中层（S₂层）厚度最大，且 S₂层的微纤丝方向与木材纵向几乎平行，当木材微纤丝在失水相互靠拢时，木材长度方向收缩很小，横纹方向收缩很大。尽管正常木材纵向干缩很小，但应力木和幼龄材的纵向干缩相当大，可达 1%～1.5%。当前，人工林木材的应用越来越广泛，幼龄材的应用也越来越多，其较大的纵向干缩及其对翘曲的影响已成为较严重的问题。

木材径弦向干缩的差异，主要是由以下两点造成的。

（1）木射线对径向收缩的抑制　　因木射线是沿径向排列的细胞，木射线的纵向（即树干的径向）收缩小于其横向（弦向）收缩。

（2）晚材收缩量大，增加了弦向干缩　　木材的干缩量与其细胞壁物质含量有关，晚材密度大于早材，其细胞壁物质含量大于早材，因此晚材的干缩大于早材。早晚材在弦向是并联的，晚材较大的干缩迫使早材与它一起干缩。

知道了干缩系数和干缩率，可算出木材加工中应留的木材干缩余量。我国主要木材树种的木材密度与干缩系数见附录 4 。

例 2-1　水曲柳抽斗面板的成品厚度为 20mm，成品含水率为 10%，求生材下锯时，板材厚度应为多少？

解　由表 2.3 查出水曲柳的径向干缩系数为 0.184%，弦向干缩系数为 0.338%，为保证尺寸，用弦向干缩系数计算。根据式（2.4），由生材到 10% 的干缩率（FPS 为纤维饱和点的英文简写）：

$$y_{10} = K(\text{FSP} - \text{MC}_{10}) = 0.338\%(30 - 10) = 6.76\%$$

设板材的刨削余量为 3mm，则刨削前干板的厚度为 20+3=23mm，则由式（2.3）可算得湿板厚度：

$$L_{\text{FSP}} = \frac{L_{10}}{1 - y_{10}} = \frac{23}{1 - 0.0676} = 24.7\text{mm}$$

表 2.3　我国常用树种的木材密度、干缩系数及干燥特性

| 树种 | 试材采集地 | 密度/（g/cm³） | | 干缩系数/% | | | 干燥特性 |
		基本	气干	径向	弦向	体积	
杉松冷杉	东北长白山		0.390	0.122	0.300	0.437	易干
柳杉	福建、安徽	0.294	0.352	0.090	0.248	0.362	易干
杉木	湖南、安徽、江西、广西、四川、贵州、广东	0.300	0.369	0.124	0.276	0.421	易干
柏木	湖北、贵州	0.474	0.567	0.134	0.194	0.348	不易干，易翘曲
兴安落叶松	东北大、小兴安岭	0.528	0.669	0.178	0.403	0.604	较难干，常有表裂、端裂、环裂缺陷
长白落叶松	东北长白山		0.594	0.168	0.408	0.554	较难干，常有表裂、端裂、环裂缺陷
长白鱼鳞云杉	吉林	0.378	0.467	0.198	0.360	0.545	易干
红皮云杉	东北小兴安岭、吉林	0.352	0.426	0.139	0.317	0.470	易干
红松	东北小兴安岭、长白山	0.360	0.440	0.122	0.321	0.459	易干，常有端裂、湿心缺陷，高温干燥时性脆易断
马尾松	湖南、安徽、江西、广西、贵州、广东	0.431	0.536	0.156	0.300	0.486	易翘曲、开裂，高温干燥时脆易断
樟子松	黑龙江	0.376	0.467	0.144	0.324	0.491	易干

续表

树种	试材采集地	密度/（g/cm³）		干缩系数/%			干燥特性
		基本	气干	径向	弦向	体积	
云南松	云南、贵州	0.483	0.594	0.198	0.352	0.570	易干，常有翘裂缺陷
铁杉	四川、湖南、湖北	0.460	0.526	0.165	0.284	0.468	较易干
槭木（色木）	东北、安徽	0.616	0.749	0.200	0.332	0.544	不易干，易变形、翘曲，有端裂及内裂
桤木	安徽、云南	0.424	0.518	0.126	0.279	0.425	易干
硕桦	黑龙江	0.590	0.698	0.272	0.333	0.650	不易干，易变形、翘曲
白桦	黑龙江、吉林、陕西、甘肃	0.495	0.607	0.208	0.284	0.433	不易干，易变形、翘曲
香樟	湖南、安徽	0.469	0.558	0.132	0.236	0.389	不易干，易变形
水曲柳	东北长白山、黑龙江	0.509	0.665	0.184	0.338	0.548	难干，易生翘曲及内裂
胡桃楸	东北长白山、黑龙江	0.420	0.527	0.191	0.296	0.491	不易干，有湿心、内裂、弯曲、皱缩等缺陷
枫香树	湖南、安徽	0.473	0.603	0.165	0.333	0.528	不易干，易变形、翘裂
黄檗	东北长白山	0.430	0.449	0.128	0.242	0.368	不易干，有湿心
山杨	黑龙江、吉林	0.396	0.442	0.156	0.292	0.489	不易干，常有皱缩缺陷
麻栎	安徽、陕西	0.684	0.896	0.192	0.370	0.578	难干，常有表裂、内裂及纵向扭曲
柞木	东北长白山、黑龙江	0.603	0.757	0.190	0.317	0.555	难干，易翘曲，常有表裂及内裂
栓皮栎	安徽、贵州、陕西	0.707	0.895	0.203	0.403	0.620	难干，易翘曲，常有表裂及内裂
刺槐	北京、陕西	0.667	0.802	0.184	0.267	0.472	较难干
木荷	湖南、福建、安徽	0.502	0.624	0.172	0.284	0.481	难干，易翘曲，常有表裂及内裂
紫椴	黑龙江、长白山	0.355	0.476	0.194	0.257	0.470	易干

木材径弦向干缩的差异也是干燥过程木材发生变形的主要原因之一。如图 2.4 所示，板材 1 为标准径切板，因为木材上下表面收缩基本一致，所以在干缩后没有发生变形。板材 2 也是径切板，但由于髓心的影响，宽度方向上中心部位收缩较小，两端收缩较大。圆材 3 断面为圆形，由于径向收缩小于弦向收缩，干燥后断面变为椭圆形。同样地，方材 4 在干燥后截面形状由正方形变为菱形。如果方材接近标准径切材，则在干燥后断面仍可保持方正，但由于径弦向的干

缩差异，断面形状变为矩形，如方材 5。板材 6 为半径切/半弦切板，由于上下表面的收缩不一致，在干燥后产生一定程度的瓦弯。板材 7 由于上下表面相比，上表面更接近弦切面，上下表面在干燥过程中出现显著的收缩差异，板材变形也最明显。

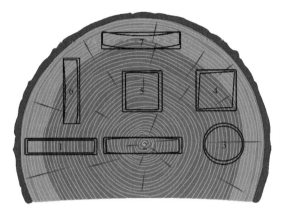

图 2.4　不同部位和断面形状的木材径弦向干缩的差异

二、水分对胀缩的影响

理论上来讲，木材只有含水率降到纤维饱和点以下时才发生干缩，并且对于同一材种，木材的干缩量与含水率之间基本上呈线性关系。但在生产实际中，锯材往往在含水率还远高于纤维饱和点时就已发生干缩。这主要是因为锯材干燥时，如果在厚度方向上有较大的含水率梯度，当锯材平均含水率远高于纤维饱和点时，其表层含水率早已降到纤维饱和点以下，发生了干缩，从而使整块锯材发生干缩，此时木材的干缩率与含水率之间不再呈线性关系，而是呈现类似图 2.5 所示特征。图中收缩曲线的具体形状受板材尺寸形状、材种和干燥条件等因素的影响。

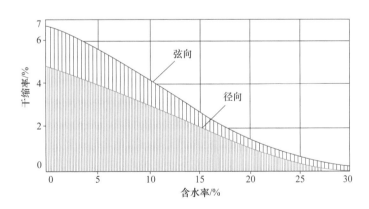

图 2.5　木材（南方松）的干缩量与含水率的关系（Peck，1947）

因此，很难精确预测单个木材随含水率的变化而产生的干缩量。木材的干缩基本上与细胞壁吸着水的蒸发量成正比。高密度材种由于细胞壁较厚，含水率每下降单位值时所蒸发水分的绝对值也相对较高，木材产生的干缩量往往要高于低密度材种。举例来说，兴安落叶松和红松的气干密度分别为 0.669g/cm³ 和 0.440g/cm³（表 2.3），假设两者处于相同环境中，达到气干状态时含水率为 15%，则将 1cm³ 兴安落叶松和红松木材烘至绝干后两者蒸发的水分量分别为 0.087g 和 0.057g。兴安落叶松的体积干缩系数为 0.604%，而红松为 0.459%，表明两者的尺寸收缩水平与单位含水率下降时的水分蒸发量密切相关。

然而，有时水分蒸发量与木材尺寸收缩值的这种关系也会出现反例。仍以表 2.3 中的材种为例，枫香树的气干密度为 0.603g/cm³，体积干缩系数为 0.528%，刺槐的气干密度为 0.802g/cm³，显著高于枫香树，但体积干缩系数仅为 0.472%。这表明密度的大小未必都能反映含水率变化引起的水分蒸发量水平，木材的细胞壁结构和化学组成的差异都会对干缩尺寸变化产生影响。

第四节　水分对木材性能的影响

一、木材的物理力学性能

（一）木材密度及强度

密度是木材最基本的物理性能，木材大多数性能都与密度紧密相关。木材的强度和刚性随密度的增加而增加，木材的导热性和燃烧热值也随密度的增加而提高。密度也影响木材的干缩，很多情况下高密度的材种都具有更高的干缩率。

木材细胞壁物质的密度约为 1520kg/m³，但由于木材是生物多孔体材料，具有较高的孔隙率，因而按实际体积计算的木材密度要低得多，我国常用材种的密度值可参见表 2.3。表中木材的气干密度从 0.352g/cm³（柳杉）至 0.896g/cm³（麻栎），代表了绝大多数温带商品材的密度范围。不同材种木材的密度差异可能极大，轻木的绝干密度仅为 0.160g/cm³，而很多热带硬阔叶材则超过 1g/cm³，可沉于水中。

作为吸湿性材料，木材的质量和体积都随含水率的变化而变化。这使得木材在进行密度计算时都必须明确含水率水平。一个常用的木材密度有绝干密度和气干密度，分别表示木材含水率为 0 和达到气干平衡状态时的密度。另一个常用的密度为基本密度，以木材的绝干质量除以湿材体积获得。

和密度相近的概念是比重（也称相对密度），它是一个材料的密度和 4℃水的密度的比值。比重是一个无量纲数，由于 4℃水的密度以 g/cm³ 为单位计时正好为 1g/cm³，因此材料的比重在数值上等于以 g/cm³ 为单位的密度值。与其他材料不同的是，木材的比重并非以实际密度与水的密度相比进行计算，而是以绝干质量与体积相除后再与水的密度相比。按照这一定义，木材的比重随含水率的增加而逐步降低，当木材细胞壁达到饱和时木材体积膨胀达到最大值，比重最低，此时木材的密度值等于基本密度，相应的比重称为基本比重。在确定了木材的基本比重和含水率后，可以用图 2.6 查得不同含水率的木材比重。

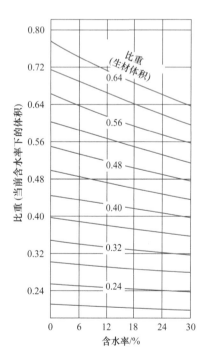

图 2.6　不同含水率的木材比例
（Forest Products Laboratory，2021）

强度也是木材在应用过程中的重要性能，它与木材的密度紧密关联。强度与密度的比值称为强重比，木材是一种具有很高强重比的材料，单位质量木材的强度要远高于钢材等金属材料。

就木材自身而言，密度越大往往强度也越高，这是因为密度越大意味着木材单位体积中含有的细胞壁物质量越多，孔隙率则相应降低。但是这一规律只适用于纹理通直、没有明显缺陷的木材。此外，对于抽提物含量比较高的材种，抽提物给密度带来的变化几乎对木材强度没有影响。

含水率也是影响木材强度的一个重要因素。在纤维饱和点以下时，木材的强度基本都随含水率的降低而上升。但是部分木材强度指标并不会随含水率的下降而持续升高，特别是当木材含水率降至 12% 以下时，某些强度指标可能在达到最大值后随含水率的进一步降低而下降。表 2.4 列出了南方松和北美鹅掌楸强度最高值对应的含水率。

表 2.4　南方松和北美鹅掌楸强度最高值对应的含水率（Forest Products Laboratory，2021）

强度性能	强度最高值对应的含水率/%	
	南方松	北美鹅掌楸
顺纹抗拉强度	12.6	8.6
横纹抗拉强度	10.2	7.1
横纹拉伸弹性模量	4.3	—
顺纹压缩弹性模量	4.3	4.0
剪切模量	10.0	—

（二）木材的黏弹性

如果木材持续受力，在恒定的外力下，木材的变形会随时间的延长而增加，这种现象称为蠕变。当应变保持恒定时，其应力随时间而减小，这种现象称为应力松弛。完全弹性材料不会产生松弛和蠕变。但如果不是完全弹性材料，在给予一定的应变后，材料开始像弹性体那样产生应力，内部处于紧张状态，但紧张状态随时间而松弛，趋于一种自由的内部状态。另外，当给予这种材料一定的应力时，其会像黏性流体那样随时间继续应变。这种兼具弹性和黏性的力学性质称为黏弹性，具有黏弹性的物质称为黏弹性体。

木材是一种黏弹性材料（viscoelastic material），它受外力作用时有 3 种变形：瞬时弹性变形、黏弹性变形及塑性变形。木材承载时，产生与加荷速度相适应的变形称为瞬时弹性变形，它遵循胡克定律。如果加荷，木材产生随时间而变化的黏弹性变形，这种变形是可逆的，与弹性相比它有时间滞后。而卸载后木材所造成的不可恢复的变形称为塑性变形，该变形不可逆转。

木材产生塑性变形需要的载荷比产生黏弹性变形要大，这是纤维素分子链间相互滑动的缘故。当塑性变形出现后，纤维素的结构被破坏，因此，载荷超出木材的持久强度，木材终究会被破坏，载荷超过得越多，破坏得越快。

含水率对木材的黏弹性具有显著影响。在干湿交替的周期性含水率变化条件下，经过若干周期后，木材的蠕变量会明显增大。任何一个周期中木材的含水率变高时，蠕变量也较高，说明水分在木材内部的运动也促进了蠕变的发生。水分在木材内部从一个吸着点移动到另一个吸着点时，伴随着氢键的松散和破坏，木材的强度削弱，在载荷下产生微小变形。

（三）木材振动性能

当一定强度的周期机械力或声波作用于木材时，木材会被激励而受迫振动，其振幅的大小取决于作用力的大小和振动频率。木材受到瞬间的冲击（如敲击）后，也会按照其固有的频率发生振动。由于内部摩擦的能量衰减作用，振幅不断地减小，直至振动能量全部衰减消失为止

（图 2.7）。木材的声共振及其传播特性在建筑隔声、室内音响、乐器声学品质和木材缺陷检测等领域都有重要应用价值。

　　动态弹性模量（dynamic modulus of elasticity，E'）和损耗因子（loss factor，$\tan\delta$）是表征木材振动性能的两个最基本的指标。前者反映木材的刚性，和声波传播速度的平方成正比；后者反映木材振动过程中的机械阻尼或内部摩擦。动态弹性模量可运用欧拉-伯努利理论（Euler-Bernoulli theory）进行计算，见式（2.5）：

$$E' = \frac{48\pi^2 L^4 \rho f_{rn}^2}{m_n^4 h^2 10^6} \tag{2.5}$$

式中，E' 为动态弹性模量（MPa）；L 为木材的长度（m）；ρ 为木材的密度（kg/m³）；f_{rn} 为木材在 n 阶振动模式下的共振频率（Hz）；h 为木材的厚度（m）；n 为自由振动的阶数；m_n 由自由振动的阶数决定，对于一阶自由弯曲振动，$m_1=4.730$。

　　损耗因子可根据敲击振动时域信号的衰减[图 2.7（a）]或频域信号中的半功率带宽[图 2.7（b）]来确定，具体算法见式（2.6）：

$$\tan\delta = \frac{\Delta f}{f_r} = \frac{\lambda}{\pi} \tag{2.6}$$

式中，Δf 为半功率带宽（Hz）；λ 为振幅的对数衰减，根据式（2.7）计算：

$$\lambda = \frac{1}{n}\ln\left(\frac{A_0}{A_n}\right) \tag{2.7}$$

式中，n 为时域信号中第 n 次振动；A_0 为时域信号中初次振动的振幅（μm）；A_n 为时域信号中第 n 次振动的振幅（μm）[图 2.7（a）]。

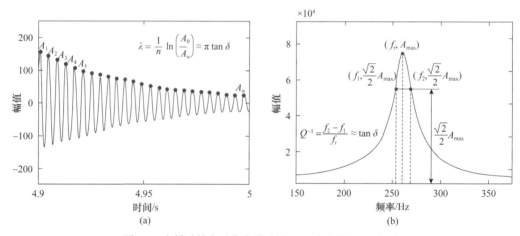

图 2.7　木材受敲击后产生的时域（a）和频域（b）信号

　　含水率对木材的振动性能具有显著影响。水分子在木材内部起到增韧剂的作用，对细胞壁化学组分大分子的相对移动起到促进作用，使木材的刚性下降，表现为动态弹性模量降低。同时大分子之间的相对滑移也使木材内部热耗损增加，表现为损耗因子增加，因而降低含水率有助于提高木材的刚性和内部机械振动的效率，减少信号的衰减，改善木材的声学性能。通常乐器用干燥锯材的含水率为 5%～10%，当含水率为 5% 时，木材内部摩擦损耗最小，声学性能达到最优。如果进一步降低含水率，由于木材内部易产生细微开裂，声学性能又会有所下降。

　　木材的振动性能也可用于木材干燥过程中的质量控制。木材在干燥过程中会产生干燥应力，且在不同的干燥阶段和不同的干燥速率下有不同的应力水平，如果内部应力过高就会产生开裂等缺陷。木材在发生开裂或破坏前，其内部首先产生肉眼不可见的微小变形或裂缝，随后变形或裂缝逐渐扩大，最后形成肉眼可见的宏观变化。木材在产生宏观开裂之前，由于内部的变形能被释放出来，一般会产生微弱的脉冲声波信号（弹性波），称为声发射。干燥应力不同，声发射的发射频率及发生总数就不同。通过对这种声发射信号进行检测，可以及时了解并控制干燥过程，防止木材在干燥过程中开裂。

二、木材的热学性能

进行木材干燥时，需了解热从空气或其他介质传递到木材内部的速度及温度在木材内部扩散的速度等有关问题，从而确定木材处理的条件。为此，首先需要了解木材热学性质的一些基本参数，如木材的比热容、导热系数、导温系数等。

（一）比热容

木材的比热容（specific heat capacity）是把单位质量的木材温度升高 1 ℃所需要的热量。木材是有机多孔性材料，其比热远比金属材料大。木材的比热取决于温度和含水率水平，而与树种、密度及树干中的部位无关。

绝干材的比热容随温度的升高而增大，比热容的经验计算公式为

$$c_0 = 1.112 + 0.00485t \tag{2.8}$$

式中，c_0 为绝干材的比热容 [kJ/（kg・℃）]；t 为温度（℃）。

生产实践中的木材都会含有一定水分，比热容大于绝干木材，在纤维饱和点以下其数值是绝干木材和水的比热容之和。由于吸着水和木材细胞壁化学物质之间还存在氢键连接，因而在计算公式中还需加上一个调整因子 [式（2.9）]：

$$c_p = \frac{c_0 + c_w \mathrm{MC}}{1 + \mathrm{MC}} + A_c \tag{2.9}$$

式中，c_w 为水的比热容 [4.18kJ/（kg・℃）]；MC 为木材含水率（%）；A_c 为调整因子，可按式（2.10）计算：

$$A_c = \mathrm{MC}\,(-0.06191 + 2.36 \times 10^{-4}T - 1.33 \times 10^{-4}\mathrm{MC}) \tag{2.10}$$

上述公式适用于环境温度 7～147℃、含水率低于纤维饱和点的木材。若木材含水率大于纤维饱和点，则超出部分对木材比热容的影响可通过简单叠加进行计算。

（二）导热系数

导热系数（thermal conductivity，λ）表示木材传递热量的能力，是指在木材单位厚度上，温度变化 1 ℃时，单位时间内通过单位面积上的热量。

由于木材中仅有极少的易于传递能量的自由电子，而且又是多孔性物质，因此其导热系数很小，含水率为12%的针叶材导热系数水平在 0.10～0.14W/（m・℃），远低于铝 [235W/（m・℃），表 2.5] 等金属材料，和石棉 [0.043W/（m・℃）] 等常用保温材料相比也仅高出 2～3 倍。

木材的导热系数与木材密度、含水率、温度、热流方向等多个因素有关。木材的密度、含水率和温度的升高都会使导热系数增加。木材沿顺纹方向的导热系数为横纹方向的 2～3 倍。在纤维饱和点以下，如木材的相对密度大于 0.3，温度 24℃左右，木材的横纹导热系数可按式（2.11）计算：

表 2.5　部分材料热学性质

材种/材料	比热容/ [kJ/ (kg · ℃)]	导热系数/ [W/ (m · ℃)]	导温系数/ (×10⁻⁵ m²/s)
铝	0.9	235	9.7
水	4.19	0.598	0.014 3
空气	1	0.026	2.17
樟子松	1.708	0.099 1	0.015 11
水曲柳	1.771	0.176 8	0.014 36
红松	1.666	0.116 3	0.001 536
泡桐	1.725	0.088 4	0.001 736

*表中木材含水率 12%，导热系数和导温系数为径向数值，其他材料热学性质为 20℃数值

$$\lambda = G_0(0.1941 + 0.0004\text{MC}) + 0.01864 \tag{2.11}$$

式中，G_0 为按实际体积和绝干重计算的木材相对密度；MC 为木材含水率（%）。

木材导热系数随温度的升高而增大。在 −50～100℃可按式（2.12）进行计算，由公式可以看出温度对木材导热系数的影响较小，温度每上升 10℃，导热系数仅增加 2%～3%。

$$\lambda_1 = \lambda_2\left[(1 - 1.1 - 0.98G_0)\frac{t_1 - t_2}{100}\right] \tag{2.12}$$

式中，λ_1 和 λ_2 分别为温度为 t_1 和 t_2 时的导热系数。

（三）导温系数

导温系数，又称热扩散系数（thermal diffusivity）表示木材使其内部各点的温度趋于一致的能力。导温系数越大，在同样外部加热或冷却的条件下，木材内部温度差异就越小，温度变化速度越快。它与木材的导热系数、比热及密度之间的关系如式（2.13）所示：

$$a = \frac{\lambda}{c\rho} \tag{2.13}$$

式中，a 为导温系数（m²/s）；λ 为导热系数 [W/ (m · ℃)]；c 为比热容 [J/ (kg · ℃)]；ρ 为密度（kg/m³）。

与金属、石材等常用材料相比，木材的导温系数要低很多（表 2.5），这使得木材在受热或冷却时摸起来不会立刻感觉冰手或烫手。影响木材热扩散的因素有木材密度、含水率、温度和热流方向。

（1）木材密度的影响　　木材的导温系数通常随密度的增加而略有减小。因为木材是多孔性材料，密度小时孔隙率大，孔隙中充满空气，而静态的空气导温系数非常大（表 2.5），比木材大两个数量级，所以密度低的木材，其导温系数也就相应高一些。

（2）含水率的影响　　水的导温系数比空气的导温系数小两个数量级（表 2.5），含水率的增加使得木材中部分空气被水所代替，则导致木材的导温系数降低。木材中的水分在纤维饱和点以上和以下有着不同的存在形式，因而在不同的含水率变化范围内，导温系数的降低程度也不同。

（3）温度的影响　　导温系数与温度的关系，可看成温度与导热系数、比热容及密度三者关系的综合。由于温度变化对密度的影响甚微，而导热系数和比热容均随温度的上升而增大，温度对比热容的影响又大于对导热系数的影响，因此导温系数随温度升高而下降。

（4）热流方向的影响　　热流方向对导温系数的影响与对导热系数的影响相同。顺纹的导

温系数最大，其次是径向和弦向。在木材干燥过程中，木材的长度远大于宽度和厚度，热流传导的主方向为横向，因此通常仅测定木材的横向导温系数和导热系数。

三、木材的电学性能

绝干木材是良好的绝缘体，湿木材近于导电体。了解木材的电学性质对木材干燥作业中的含水率测量、高频或微波加热具有实用价值。

（一）直流电学性能

木材的电传导用电阻率或电导率来表示。电阻率等于单位长度、单位截面积的均匀导线的电阻值，单位为 $\Omega \cdot m$。电阻率的倒数称为电导率，用 K 表示，单位为 S/m。

木材导电中起重要作用的是离子的移动。木材内有吸附在结晶区表面的结合离子，还有处于游离状态、在外电场作用下可产生电荷移动的自由离子。电导率与自由离子的数目成正比。木材和纤维素的电导率，在低含水率情况下，自由离子数目起主要作用；在高含水率情况下，离子迁移率起主要作用。

木材的直流电导率不仅受木材构造、含水率、密度、温度和纤维方向等的影响，还受电压和通电时间等电场条件的影响。

（1）含水率　　如图 2.8 所示，含水率与直流电导率有极其密切的关系，从绝干状态到纤维饱和点，木材电导率随含水率增加而急剧上升，可增大几百万倍；从纤维饱和点至最大含水率，电导率的上升较缓慢，仅增大几十倍。木材的电导率的对数与纤维饱和点以下的含水率呈直线关系。

（2）温度　　木材电阻率随温度升高而变小。因木材属离子导电，在一定含水率范围内（MC＜10%）的温度效应也可说明木材导电是借助于离子的活化过程。在 0℃以上，温度对绝干材的影响最为显著；从绝干材至纤维饱和点，随含水率的增加，温度影响变小。

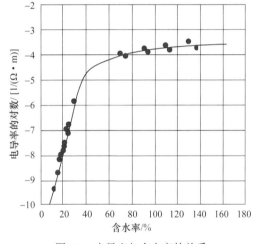

图 2.8　电导率与含水率的关系

（3）木材纹理　　木材横纹理的电阻率较顺纹理大。针叶树材横纹理的电阻率为顺纹理电阻率的 2.3～4.5 倍；阔叶树材通常达到 2.5～8.0 倍。阔叶树材的差异一般大于针叶树材。而弦向电阻率大于径向。中等密度针叶树材弦向电阻率比径向大 10%～12%，高密度树种的这种差异减小。

（4）密度　　密度的影响与含水率的影响相比小得多。通常密度大者，电阻率小，电导率大。原因是密度大，木材实质多，空隙小，而木材细胞壁实质的电阻率远比空气小。

（5）水溶性电解质含量　　木材的电导率还受存在于木材中水溶性电解质含量的影响。心材水溶性电解质含量高，因此心材比边材的电导率高。

（二）交流电学性能

射频是频率很高的电磁波，又称为高频。在木材工业中用于高频电加热的频率通常为 1～40MHz；用于微波干燥的频率为 915MHz 或 2.45GHz。

木材的介电常数是在交变电场中，以木材为电介质所得电容量与在相同条件下以真空为介质所得电容量的比值，用 ε 表示。介电常数是表明木材在交变电场下介质极化和储存电能能力的一个量。由于空气为介质和真空为介质两者相差甚微，为了简化起见，常以空气的电容或电量代替真空的电容或电量。

介电常数按式（2.14）计算：

$$\varepsilon = \frac{11.3 \times d \times c \times 10^{12}}{A} \tag{2.14}$$

式中，A 为极板的面积（cm^2）；d 为两块极板间的距离（cm）；c 为电容（F）。

绝干材的介电常数约为 2，水的介电常数为 81。介电常数值越小，电绝缘性越好。木材的介电常数因木材的含水率、密度、纹理方向和频率而异。

（1）含水率　　含水率对介电常数的影响十分明显。在温度和频率不变的条件下，木材介电常数随含水率的增加而增大。含水率在 5% 以下时，介电常数较小，仅为 2～3。含水率在 5% 以上至纤维饱和点时，介电常数随含水率的增加呈指数形式增大。含水率在纤维饱和点以上时，介电常数呈直线形式增大，如图 2.9 所示。

（2）密度　　各种木材的介电常数随木材密度增加而变大。同一密度的不同树种，木材介电常数几乎没有差别。在一定频率下，介电常数受含水率和密度的共同影响。例如，频率 $f=2MHz$，当 $\rho_0=0.3g/cm^3$，$MC=17.5\%$ 时，$\varepsilon=3$；当 $\rho_0=0.4g/cm^3$，$MC=12.5\%$ 时，$\varepsilon=3$。

（3）纹理方向　　在木材的温度、含水率、密度和电加热频率相同时，当电场方向为顺纹时，其介电常数比横纹大 30%～60%。

（4）频率　　一般来说，介电常数随频率的增加而减小。在射频范围内，木材含水率越低，介电常数受频率的影响越小。只有在频率差异很大时，才显示出较明显的差别。若含水率较高，尤其是含水率在 20% 以上时，频率对介电常数的影响才变得很明显，如图 2.9 所示。

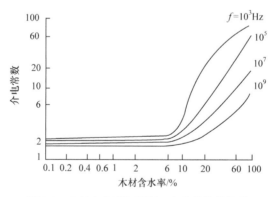

图 2.9　木材含水率与频率、介电常数的关系

反映木材能量损失的介电损耗率在数值上等于介电常数与介质损耗角正切的乘积。所以射频下木材的介质损耗通常以损耗角正切 $tg\delta$ 来表示，其基本定义为：介质在交流电场中每周期内热消耗的能量与充放电所用能量之比，在数值上等于热耗电流与充放电电流之比。

在相同的频率下，木材的损耗角正切 $tg\delta$ 在纤维饱和点以下时随含水率的增加明显增大，而在纤维饱和点以上时这种变化很小。此外，损耗角正切 $tg\delta$ 随电场频率、密度和木材纹理方向的变化而变化。我国主要树种木材的介电性见表 2.6。

表2.6　我国主要树种木材的介电性*

树种	含水率/%	绝干密度/(kg/m³)	电阻率/(MΩ·m)	介电常数 ε	损耗角正切 $tg\delta$
红松	12.1	420	0.154	2.80	0.045
杉木	12.0	400	0.138	2.67	0.049
马尾松	12.6	530	0.096	3.77	0.050
泡桐	11.4	260	0.136	1.95	0.066
糠椴	14.8	380	0.220	3.28	0.220
小叶杨	15.5	450	0.051	3.64	0.111
白桦	16.9	590	0.060	5.11	0.059
槭木	16.5	600	0.029	5.22	0.125
水曲柳	18.5	650	0.009	6.41	0.312
柞木	18.1	680	0.009	7.51	0.269

*径向，频率 $f=1$MHz

思　考　题

1. 用称重法和直流电阻式含水率测定仪测定木材含水率各有何优缺点？

2. 何谓木材的纤维饱和点？它有何实用价值？

3. 何谓平衡含水率及吸湿滞后？它们在木材工业中有何实用价值？

4. 在南京生产的一批木制品，其木材室干到 10% 的终含水率，运到北京和广州使用后，其含水率会有什么变化？

5. 宽度为 200mm 的马尾松湿材弦切板，干燥到 12% 的终含水率，其终了宽度为多少？

6. 某木材加工厂要干燥一批水曲柳地板，终含水率为 10%，净厚度为 16mm，如果加工余量为 3mm，求地板材的毛料厚度为多少？

7. 在原木横断面上，不同位置锯出的锯材，干燥后会发生什么样的变形？

8. 什么是木材的介电常数？它与木材的哪些性质有关？

9. 木材的导温系数受哪些因素的影响？导温系数大的木材传热是快还是慢？

主要参考文献

顾炼百. 2011. 木材加工工艺学. 2版. 北京：中国林业出版社.

李坚. 2014. 木材科学. 3版. 北京：科学出版社.

Engelund E T, Tygesen L G, Svensson S, et al. 2013. A critical discussion of the physics of wood-water interactions. Wood Sci Technol, 47: 141-161.

Forest Products Laboratory. 2021. Wood handbook-wood as an engineering material. General Technical Report FPL-GTR-282. Madison, U. S. Department of Agriculture, Forest Service, Forest Products Laboratory.

Peck E G. 1947. Shrinkage of Wood. Madison, Wis.: USDA Forest Products Laboratory Report 1650.

Shmulsky R，Jones P D. 2011. Forest Products and Wood Science: An Introduction. 6th ed. Chichester, UK: John Wiley & Sons, Inc.

Thybring E E, Kymalainen M, Rautkari L. 2018. Experimental techniques for characterising water in wood covering the range from dry to fully water-saturated. Wood Sci Technol, 52:297-329.

第三章　木材干燥过程的物理基础

木材常规干燥过程，是木材与干燥介质间热量转移与质量转移的过程。例如，干燥室内干燥介质对木材的加热，透过干燥室壳体的热损失，干燥过程中木材内部水分的迁移及木材表面水分向干燥介质中的蒸发等。掌握木材干燥过程物理、热学、力学等学科的相关理论基础，即干燥过程中热转移、质转移和木材内部应力的变化规律，对于改进和完善干燥设备、合理制定和可靠实施干燥工艺等具有重要意义。

第一节　热转移的基本规律

复杂的热转移过程可归纳为三种基本的热传递方式：热传导（导热）、热对流和热辐射。在实际热转移过程中，这三种基本方式往往并非单独进行，而是在具体场合下进行不同组合。木材常规干燥过程中，干燥介质向木材传递热量就同时存在着三种热传递的方式，其中干燥介质将热量传递到木材表面时，是综合了导热（边界层）与热对流两种热传递方式的复杂对流换热；而木材表面的热量传递到木材内部时，是以导热方式进行热量传递的。

一、热传导（导热）

热传导简称导热，宏观上，是指热量由物体的高温部分向低温部分或由一个高温物体向与其接触的低温物体的传递。微观上，指物体各部分之间在不发生相对位移时，依靠分子、原子和自由电子等微观粒子的热运动而产生的热量传递现象。对于非金属晶体如木材，热量是依靠晶格的热振动波来传递的，即依靠原子、分子在其平衡位置附近的振动所形成的弹性波来传递；对于金属固体，热量依靠晶格热振动波进行传递的量很少，主要是通过自由电子的迁移来传递。在导热方式中，物体必须彼此接触，即接触换热；物体内部各部分之间没有宏观相对运动。

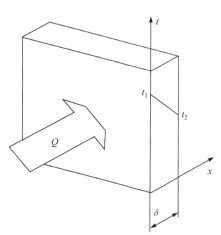

图 3.1　单层平壁稳态导热

通过图 3.1 所示固体传导的热量，用导热基本定律［傅里叶定律（Fourier law）］来计算。其含义是：单位时间内在物体内部两平行等温面间传递的热量（热流量或导热速率），与垂直热流方向的热流面积和温度差成正比，与等温面间的距离成反比，即

$$Q(\text{W})=A\lambda\frac{\Delta T}{\Delta x}=A\lambda\frac{\Delta t}{\Delta x}=A\lambda\frac{t_1-t_2}{\delta} \tag{3.1}$$

式中，A 为垂直热流方向的物体热流面积（m^2）；λ 为导热系数（热传导率）［$\text{W}/(\text{m}\cdot\text{K})$，或 $\text{W}/(\text{m}\cdot\text{℃})$］；$T$ 为热力学温度（K）；t 为摄氏温度（℃）；δ 为等温面间距离（m）。

式（3.1）表明，温差 ΔT 或 Δt（在数值上两者相等）为单层平壁导热的热动势（热转移势）。若用 q 表示物体热流密度（热通量），即单位时间内通过物体垂直热流方向单位热流面积的热量

（Q/A），据式（3.1）有

$$q(\mathrm{W/m^2}) = \lambda \frac{\Delta t}{\Delta x} = -\lambda \frac{t_2 - t_1}{\delta} = -\lambda \frac{\mathrm{d}t}{\mathrm{d}x} \qquad (3.2)$$

式中，$\dfrac{\mathrm{d}t}{\mathrm{d}x}$ 是一维导热时垂直热流方向的两等温面温度差 Δt 与等温面距离 Δx 之比的极限，称为温度梯度。式中的负号，表示热流方向（温度降低的方向）与温度梯度的方向（温度升高的方向）相反。若为多维导热，温度梯度则为 $\dfrac{\partial t}{\partial x}$，其中热量沿 x 方向的传导分量为

$$q(\mathrm{W/m^2}) = -\lambda \frac{\partial t}{\partial x} \qquad (3.3)$$

导热基本定律表明，在木材干燥的传热过程中，加热木材的介质温度与木材芯部温度差越大，木材的厚度越小，传热越快，即薄板材在较高的温度下被加热到预定温度所用时间较短。

不同物质的导热系数不同，其按物质的分类排序为金属＞非金属固体＞液体＞气体。常温下纯铝的导热系数为 204W/（m・℃）。红砖、玻璃的导热系数为 0.6～1.0W/（m・℃）。羽毛、干木材和保温材料为多孔材料，孔隙内充满空气，导热系数一般小于 0.2W/（m・℃）。影响木材导热系数的因素，见第二章第四节。

常用建筑材料的导热系数，可由表 3.1 查得。

表 3.1 常用建筑材料的导热系数

材料名称	密度/（kg/m^3）	导热系数/[W/（m・℃）]
膨胀珍珠岩散料	300	0.116
膨胀珍珠岩散料	120	0.058
膨胀珍珠岩散料	90	0.046
水泥膨胀珍珠岩制品	350	0.116
水玻璃膨胀珍珠岩制品	200～300	0.056～0.065
岩棉制品	80～150	0.035～0.038
矿棉	150	0.069
酚醛矿棉板	200	0.069
玻璃棉	100	0.058
沥青玻璃棉毡	100	0.058
膨胀蛭石	100～130	0.051～0.07
沥青蛭石板	150	0.087
水泥蛭石板	500	0.139
石棉水泥隔热板	500	0.128
石棉水泥隔热板	300	0.093
石棉绳	590～730	0.10～0.21
碳酸镁石棉灰	240～490	0.077～0.086
硅藻土石棉灰	280～380	0.085～0.11
脲醛泡沫塑料	20	0.046
聚苯乙烯泡沫塑料	30	0.046
聚氯乙烯泡沫塑料	50	0.058
锅炉炉渣	1000	0.290

材料名称	密度/（kg/m³）	导热系数/ [W/（m·℃）]
锅炉炉渣	700	0.220
矿渣砖	1100	0.418
锯末	250	0.093
软木板	250	0.069
胶合板	600	0.174
硬质纤维板	700	0.209
松和云杉（垂直木纹）	550	0.174
松和云杉（顺木纹）	550	0.349
玻璃	2500	0.67～0.71
混凝土板	1930	0.79
水泥	1900	0.30
石油沥青油毡、油纸、焦油纸	600	0.174
建筑用毡	150	0.058
浮石填料（每块 10～20mm）	300	0.139
纯铝	2710	236
建筑钢	7850	58.16
铸铁件	7200	50.00
砖砌圬工	1800	0.814
空心砖墙	1400	0.639
矿渣砖墙	1500	0.697
水泥砂浆	1800	0.930
混合砂浆	1700	0.872
钢筋混凝土	2400	1.546

二、热对流及对流换热

热对流是指依靠流体（液体或气体）的宏观运动（不同部位的相对位移），使冷热流体相互掺混所引起的热量传递（由高温处传递到低温处）过程。热对流只能发生在流体介质中。

在木材干燥中常发生的是流体（干燥介质）流过固体（木材、干燥室壳体等）表面时对流和导热联合起作用的热量传递现象，称为对流换热。

对流换热的特点是：①导热（固体表面形成的流体界层间）与热对流（流体其他部位与流体界层表面间）同时存在的复杂热传递过程；②必须有直接接触（流体与固体表面）和流体宏观运动；③必须有温差。

对流换热的热流密度 q 通常用牛顿公式计算：

$$q(\mathrm{W/m^2}) = \alpha\Delta t = \alpha(t_1 - t_2) \tag{3.4}$$

式中，a 为对流换热系数，简称换热系数（放热系数）[W/（m²·K），或 W/（m²·℃）]；t_1 为与固体接触的流体的温度（℃）；t_2 为固体表面的温度（℃）。参数如图 3.2 所示。

换热系数取决于流体界层表面流体流动的性质、流体界层厚度及其导热系数等。

实际干燥生产过程中，木材表面与干燥介质的对流换热和木材内部的导热是依次进行的，如图 3.3 所示。

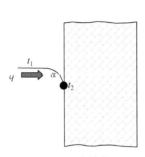

图 3.2　对流换热

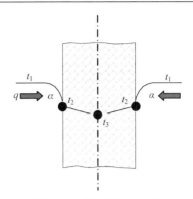

图 3.3　木材一维稳态传热

三、热辐射

物体通过电磁波传递能量的方式称为辐射。物体会因各种原因发出辐射能，其中因热而发出辐射能的现象称为热辐射。热辐射是由温度差而产生的电磁波在空间的传热过程，是远距离传递能量的主要方式，如太阳能就是以热辐射形式，经过宇宙空间传给地球的。热辐射与导热及对流换热的明显区别在于，前者是非接触换热（在真空中最有效），而后者是接触换热。由于常规干燥过程中加热器与其周围低温物体、木材与干燥室内壁等存在温差，因此热辐射存在于整个干燥过程。

描述热辐射的基本定律是斯特藩-玻尔兹曼定律（Stefan-Boltzmann law）：理想辐射体（黑体，电磁波波长 $0.4\sim40\mu m$）向外辐射的能量密度 q（热辐射通量，辐射传热热流密度）与物体热力学温度的 4 次方成正比，即

$$q(\mathrm{W}/\mathrm{m}^2)=\sigma_0 T^4 \tag{3.5}$$

式中，σ_0 为黑体的辐射常数，称为斯特藩-玻尔兹曼常数，其值为 $5.67\times10^{-8}\mathrm{W}/(\mathrm{m}^2\cdot\mathrm{K}^4)$；$T$ 为黑体表面的绝对温度（K）。

式（3.5）仅适用于绝对黑体，且只能应用于热辐射。实际物体的辐射能量流密度可用经验修正公式（3.6）计算：

$$q(\mathrm{W}/\mathrm{m}^2)=\varepsilon\sigma_0 T^4 \tag{3.6}$$

式中，ε 为实际物体的黑度（发射率），其值小于 1。

两无限大黑体间的辐射传热热流密度为

$$q(\mathrm{W}/\mathrm{m}^2)=\sigma_0(T_1^4-T_2^4) \tag{3.7}$$

式中，T_1、T_2 为黑体 1、黑体 2 表面的绝对温度。

两无限大具有相同黑度 ε 的实际物体间的辐射传热热流密度为

$$q(\mathrm{W}/\mathrm{m}^2)=\varepsilon\sigma_0(T_1^4-T_2^4) \tag{3.8}$$

第二节　质转移的基本规律

在多孔固体中，流体（液体或气体）在某种驱动力（动势）下由高动势区域向低动势部位的转移过程称为质量传递，简称传质。其包括毛细管系统内部液体在毛细管张力梯度、水蒸气压力梯度等驱动下及气体在水蒸气压力梯度等驱动下的流动（渗流），多孔固体中流体在浓度梯度、水蒸气压力梯度等驱动下的扩散，液、气界面上液体在液面温度所对应的饱和蒸汽压力与

液面上方空气中水蒸气分压之差推动下的蒸发。即质转移具有渗流、扩散及蒸发等多种形式，分别由不同驱动力推动。

一、多孔固体中流体流动（渗流）的基本规律

（一）多孔固体中流体的流动强度

多孔固体中流体在压力梯度下将产生流动（渗流）。其流动强度 J（也称流量密度，等于 $\dfrac{Q}{A}$，即 $\dfrac{G}{\tau A}$，τ 为时间，G 为流体质量，A 为流体所通过的面积，Q 为流量），即流体单位时间通过单位面积流动的质量或容量。根据达西定律（Darcy law），可用如下偏微分方程表示。

$$J\,[\mathrm{kg/(m^2 \cdot s)}] = -k\frac{\partial P}{\partial x} \tag{3.9}$$

式中，P 为作用于流体上的毛细管张力、水蒸气压力或加压、负压产生的静压力（Pa）；x 为流体流动的距离（m）；k 为流体在多孔固体中的渗透性 $[\mathrm{m^3/(m \cdot Pa \cdot s)}]$。

（二）多孔固体渗透性

如式（3.9）所示，多孔固体中流体的流动强度，由固体渗透性（渗透率，permeability）和压力梯度（驱动力）决定。所以，多孔固体渗透性是决定其内部流体流动难易程度的重要性能。

渗透性是描述多孔固体（如木材）中流体在静压力梯度作用下渗透难易程度的物理量。无论将流体自多孔固体内排除（如木材干燥），还是将流体注入多孔固体（如木材防腐、染色等），渗透性都起着很重要的作用。

多孔固体可渗透的充分必要条件是孔隙率（孔隙体积与固体总体积的百分比）大于零，且孔隙彼此相连通。例如，针叶树材内的自由水在静压力梯度下可通过各细胞腔及连通细胞腔的纹孔膜上小孔流动，即具有渗透性。但如果纹孔膜上的小孔被抽提物等堵塞或纹孔闭塞而成为封闭的细胞结构，则其渗透性接近于零。

多孔固体渗透性理论以达西定律为基础而建立。

1. 达西定律　　达西定律可描述流体在多孔固体内的稳态流动，应用于多孔固体时需要满足下述附加条件：①流体在多孔固体中的稳态流动为层流；②流体是均匀不可压缩的；③固体中的孔隙是均匀的；④流体与多孔固体间不发生相互作用；⑤渗透性与流动方向上的固体长度无关。

液体达西定律可表示为

$$k = \frac{Q/A}{\Delta P/L} = \frac{QL}{A\Delta P} \tag{3.10}$$

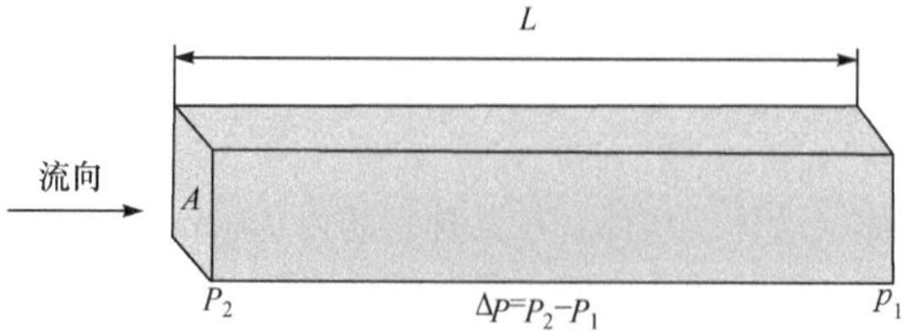

图 3.4　达西定律参数示意图

式中，各参数如图 3.4 所示，k 为渗透性 $[m^3/(m \cdot Pa \cdot s)]$；$Q$ 为容积流量（m^3/s）或质量流量（kg/s）；L 为试件在流动方向上的长度（m）；A 为试件垂直于流动方向的横截面积（m^2）；ΔP 为压力差（Pa）。

当达西定律应用于气体流动时，因气体在木材内的流动过程中膨胀，其压力梯度和容积流量连续变化，所以，达西定律取微分形式。

$$k_g = -\frac{Q/A}{dP/dx} \qquad (3.11)$$

式中，k_g 为气体渗透性 $[m^3/(m \cdot Pa \cdot s)]$；$x$ 为流动方向上的长度（m）；负号是因为气体流动方向与压力梯度方向（压力升高方向）相反。

据理想气体状态方程得到气体容积 V 与压力 P 和温度 T 的关系，即 $V = nRT/P$，n 为气体摩尔数，将其代入式（3.11），积分求解可得气体达西定律，即

$$k_g = -\frac{nRT dx}{\tau A P dP} \longrightarrow k_g P dP = -\frac{nRT}{\tau A} dx \longrightarrow k_g \int_{P_1}^{P_2} P dP = -\frac{nRT}{\tau A} \int_L^0 dx$$

积分求解，得到

$$k_g \frac{P_2^2 - P_1^2}{2} = \frac{nRTL}{\tau A}$$

将 $VP = nRT$ 代入，整理得到

$$k_g = \frac{VLP}{\tau A \Delta P \bar{P}} = \frac{QLP}{A \Delta P \bar{P}} \qquad (3.12)$$

式中，$\Delta P = P_2 - P_1$；$\bar{P} = \dfrac{P_2 + P_1}{2}$；$P$ 为流量为 Q 处的压力（Pa）。

2. 泊肃叶定律（Poiseuille law）　　如果多孔固体中的孔隙为平行均布的圆形毛细管，则通过这些毛细管的流体流量，即上述达西定律中的流量，可用泊肃叶定律来计算。

液体的泊肃叶定律为

$$Q = \frac{N \pi r^4 \Delta P}{8 \mu L} \qquad (3.13)$$

式中，Q 为容积流量（m^3/s）；N 为相互平行的均布毛细管数；r 为毛细管半径（m）；L 为毛细管长度（m）；ΔP 为毛细管两端压力差（Pa）；μ 为液体的黏度（$Pa \cdot s$）。

流量 Q 除以毛细管横截面积 $N\pi r^2$ 得平均流速 $\bar{v}$，即

$$\bar{v} = \frac{r^2 \Delta P}{8 \mu L} \qquad (3.14)$$

若该定律应用于 $L/r < 100$ 的短毛细管时，考虑到因毛细管两端黏滞损耗所引起的压力降，需用修正长度 L' 代替 L，即

$$Q = \frac{N \pi r^4 \Delta P}{8 \mu L'} \qquad (3.15)$$

式中，$L' = L + 1.2r$。

则液体流过 $L/r < 100$ 的短毛细管的平均流速为

$$\bar{v} = \frac{r^2 \Delta P}{8 \mu L'} \qquad (3.16)$$

与气体达西定律 [式 (3.12)] 一样, 泊肃叶定律用于气体时也要考虑气体膨胀, 所以用于气体的泊肃叶定律为

$$Q = \frac{N\pi r^4 \Delta P \bar{P}}{8\mu L P} \qquad (3.17)$$

式中, $\bar{P}P$、P 与式 (3.12) 中的参数相同; μ 为气体的黏度 (Pa·s)。

将式 (3.13) 代入式 (3.10) 得

$$k = \frac{N\pi r^4}{A8\mu} = \frac{n\pi r^4}{8\mu} \qquad (3.18)$$

式中, n 为每单位横截面积的毛细管数量 ($n = N/A$); μ 同前。

由式 (3.18) 可知, 多孔固体渗透性除取决于其构造外, 还与流体黏度有关。为消除后者的影响, 将渗透性与液体黏度相乘, 并称其为比渗透性或渗透系数。即

$$K = k\mu \qquad (3.19)$$

式中, K 为比渗透性或渗透系数 (m^3/m)。

将式 (4.18) 代入式 (4.19) 得

$$K = \frac{n\pi r^4}{8} \qquad (3.20)$$

由式 (4.20) 可见, 当多孔固体为均布且相互平行的圆形毛细管结构时, 比渗透性仅为单位横截面积的毛细管数量 n 及半径 r 的函数, 即与 n 及 r^4 成正比。

综上所述, 液体或气体通过平行均布圆形毛细管的流量及比渗透性与毛细管半径的 4 次方、毛细管横截面积的平方成正比, 若横截面积增加一倍, 则流量及比渗透性增加 4 倍。

(三) 多孔固体中流体流动的驱动力

多孔固体内孔隙为一系列半径不等的毛细管。若毛细管系统中存在着液体及一定数量的气体, 则气液界面 (弯液面) 处存在着毛细管张力, 其是液体流动的主要驱动力。

1. 表面张力　　液体的表面张力是作用于液体表面, 使液体表面积缩小的力。其由表面层 (与气体接触的液体表面薄层) 分子间的吸引力即范德瓦耳斯力 (van der Waals force) 引起, 表面层里的分子比液体内部的稀疏, 分子间距比液体内部的大, 导致表面层分子间产生内聚力 (相互引力), 使得表面层具有收缩趋势。表面张力的方向与液面相切, 并与液面的任意两部分界线垂直, 其呈现为拉力, 即两侧液面受相互的牵拉作用; 表面张力 F (国际上称为表面张力合力) 大小与界线的长度 x 成正比, 比例系数称为表面张力系数 (国际上称为表面张力), 物理意义为单位长度界线两侧液面间的表面张力 (表面张力合力), 即

$$\gamma(N/m) = \frac{F}{x} \qquad (3.21)$$

式中, F 为长度 x 的界线两侧液面间的表面张力 (表面张力合力) (N); x 为界线长度 (m)。

毛细管中液体的表面张力系数是液体-气体-固体界线 (环线) 单位长度上的界线处作用于球冠状液体的表面张力合力, 方向与液面 (球面) 相切 [图 3.5 (a)、图 3.5 (b)]。

2. 毛细管张力　　如果毛细管中液体与管壁润湿 (如木材毛细管中的水分), 由于表面张力 F 的作用, 液体在毛细管中升起。此时, 作用于其上的力相平衡 [图 3.5 (a)], 以弯液面冠状液体为受力对象进行受力分析 [图 3.5 (b)]。

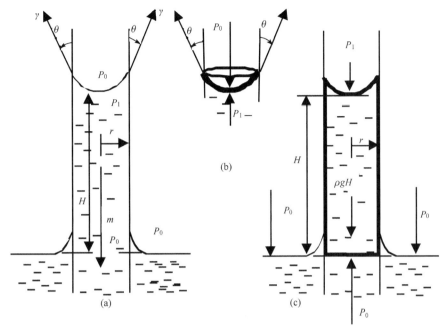

图 3.5　毛细管张力

据式（3.21）可得，液体-气体-固体界线（环线）处作用于球冠状液体的表面张力合力沿毛细管轴向分力为 $2\pi r\gamma\cos\theta$；球冠状液体上方气相压力及弯液面处液相应力（毛细管张力）都为沿液面法线单位面积上的作用力，采用球面积分法可得到其作用于球冠状液体总作用力沿毛细管轴向分力为 $(P_0-P_1)\pi r^2$。弯液面液体平衡时上述两个分力相等，即

$$2\pi r\gamma\cos\theta=(P_0-P_1)\pi r^2 \tag{3.22}$$

式中，P_0 为弯液面上方气相压力（Pa）；P_1 为弯液面处液相应力，也称为毛细管张力（该式假定为压力，若计算结果为负值，则为拉应力）（Pa）；θ 为液体与壁面的润湿角（接触角）；r 为毛细管半径（m）；γ 为液体的表面张力系数（表面张力）（N/m）。

整理上式可得应力差

$$P_0-P_1=\frac{2\gamma\cos\theta}{r} \tag{3.23}$$

如图 3.5（c）所示，以弯液面下方毛细管内液体（液柱）为受力对象，按前述假定，弯液面处液相应力（毛细管张力）为压力，可得

$$(P_0-P)\pi r^2=\rho\pi r^2 gH$$

即

$$P_0-P=\rho gH$$

将其与式（3.23）联立可得

$$H=\frac{2\gamma\cos\theta}{\rho gr} \tag{3.24}$$

式中，H 为毛细管内液柱高度（m）；ρ 为毛细管内液体密度（kg/m³）；g 为重力系数（N/kg），等于 9.8N/kg（通常取 10N/kg）。

润湿角 θ 与润湿毛细管壁的液体种类、毛细管壁的光洁度、温度等有关。液体若为水，θ 小

于 90°，其与玻璃接触角 θ 近似为 0°。

表面张力系数 γ 与液体的种类、温度有关（随温度升高而降低），20℃时水的表面张力系数约为 0.073N/m。

毛细管半径 r 与应力差 P_0-P_1、毛细管张力 P_1、液柱高度 H 成反比，且对影响程度很大。若近似地取润湿角 θ 为 0°，表面张力系数 γ 近似地取 0.073N/m，其关系如表 3.2 所示。

表 3.2　毛细管半径与毛细管张力及液柱高度的关系

毛细管半径/μm	液柱高度/m	应力差 P_0-P_1/atm	毛细管张力 P_1/atm	毛细管张力状态
1	14.86	1.456	-0.456	拉应力
<1.456	>10	>1	<0	拉应力
1.456	10	1	0	无应力
>1.456	<10	<1	>0	压应力
10	1.486	0.1456	0.8544	压应力

表 3.2 表明，在润湿角 θ 为 0°，表面张力系数 γ 为 0.073N/m 的条件下，毛细管张力 P_1 为 0（无应力）所对应的毛细管半径（临界半径）r_0 等于 1.456μm；r_0 小于该值，毛细管张力为拉应力，且随半径的减小而增大；r_0 大于该值，毛细管张力为压应力，且随半径在一定范围内的增大而增大。随着液体温度升高，γ 减小，毛细管临界半径 r_0 减小。

　　3．其他驱动力　　如上所述，多孔固体中毛细管系统内液体流动的主要驱动力为毛细管张力。然而，加热引起的水蒸气压力升高，加压、负压等引起的流体静压力的变化等也对流体流动强度有影响，它们与毛细管张力共同作用驱动流体流动。尤其是流体仅为气体时，毛细管张力不存在，流动驱动力仅为后者。

二、多孔固体中流体扩散的基本规律

由分子运动而引起的质量传递过程称为质扩散（或分子扩散）。微观上是构成物质的大量分子，由于其在不同空间区域内所具有的能量分布不均而做不规则运动，相互碰撞，迫使其由能量大的区域向能量小的区域转移，最后达到均匀分布。当流体作素流或层流流动时，质交换不仅依靠分子扩散，而且依靠流体各部分间的宏观相对位移（质量对流运动）来实现。这种由分子扩散和质量对流而引起的质量传递称为质对流（或对流扩散）。由于物质的能量可以用多种形式表示，因此传质过程中推动力的表达形式也有很多。常用菲克定律（Fick law）描述扩散规律，即浓度梯度等扩散势对扩散强度（扩散通量）的影响规律。

（一）扩散强度

扩散进行的快慢用扩散强度（扩散通量）来衡量，扩散强度的定义为，单位时间内通过垂直于扩散方向的单位截面积扩散的物质量，即

$$J=\frac{\mathrm{d}m}{\mathrm{d}\tau}=\frac{M}{\tau A} \tag{3.25}$$

式中，J 为扩散强度 [kg/（m²·s）]；M 为在时间 τ 内穿过物体（木材）扩散的物质（水分）质量（kg）；A 为物体（木材）垂直扩散方向的截面积（m²）；τ 为扩散时间（s）。

（二）扩散驱动力（扩散势）

菲克定律所描述的物质扩散驱动力（扩散势）主要为浓度梯度，该定律用于描述木材干燥

过程水分扩散时，还常用含水率梯度、水蒸气压力梯度作扩散势（见本章第四节）。接下来对扩散势之一的浓度梯度进行概述。

1）浓度梯度中的浓度通常用质量浓度 ρ（kg/m³）和物质的量浓度［旧称体积摩尔浓度（molarity）］c（kmol/m³）表示，定义式分别为

$$\rho_i = m_i / V \tag{3.26}$$
$$c_i = n_i / V \tag{3.27}$$

式中，m_i 为混合物容积 V 中某组分 i 的质量（kg）；n_i 为混合物容积 V 中某组分 i 的物质的量（以前称摩尔数）（kmol），n＝质量/摩尔质量。

2）浓度梯度为扩散方向上单位扩散距离内浓度的变化量，即 $\dfrac{\mathrm{d}\rho_i}{\mathrm{d}z_i}$。

（三）菲克（Fick）定律

1855 年，法国生理学家菲克（Fick，1829—1901）提出了描述扩散规律的基本公式——菲克定律。由两组分 A 和 B 组成的混合物，在恒定温度、总压条件下，若组分 A 只沿 z 方向扩散，浓度梯度为 $\dfrac{\mathrm{d}\rho_A}{\mathrm{d}z}$，则任一点处组分 A 的扩散强度与该处 A 的浓度梯度成正比，此定律称为菲克定律（菲克第一定律），数学表达式为

$$J_A = -D_{AB} \frac{\mathrm{d}\rho_A}{\mathrm{d}z} \tag{3.28}$$

式中，D_{AB} 为比例系数，称为扩散系数（diffusion coefficient）（m²/s）；负号表示扩散方向（沿着组分 A 浓度降低的方向）与浓度梯度方向（沿着组分 A 浓度升高的方向）相反。

菲克定律是在食盐溶解实验中发现的经验定律，只适用于双组分混合物的稳态扩散。该定律在形式上与牛顿黏性定律、傅里叶热传导定律类似。

气体的扩散系数与其物理性质及混合气体的温度和压力有关，如水蒸气，当它在压力 P 的空气内扩散时：

$$D_{AB} = D_0 \left(\frac{T}{273} \right)^2 \left(\frac{760}{P} \right) \tag{3.29}$$

式中，D_0 为在 0℃ 及大气压力 101.325kPa 下的扩散系数，近似等于 0.08m²/h。

多孔固体中流体的扩散包括稳态扩散和非稳态扩散两类。所谓稳态扩散，是指流体的扩散势场（浓度场或水蒸气压力场等）不随时间变化的扩散；而非稳态扩散则是指扩散势场随时间和空间变化的扩散。

1. 稳态扩散　　等温稳态扩散，其扩散强度可用菲克定律来确定，即

$$J = -D_c \frac{\mathrm{d}c}{\mathrm{d}x} \tag{3.30}$$

或

$$J = -D_P \frac{\mathrm{d}P}{\mathrm{d}x} \tag{3.31}$$

式中，D_c 为物质的量浓度梯度下的流体扩散系数，D_P 对应流体压力梯度；$\dfrac{\mathrm{d}c}{\mathrm{d}x}$ 为流体扩散方向

的物质的量浓度梯度 $[kmol/(m^3 \cdot m)]$；$\dfrac{dP}{dx}$ 为流体扩散方向的压力梯度（Pa/m）。

上述各式适用于一维等温稳态扩散，若为多维稳态扩散，则各式中扩散势如浓度梯度、压力梯度中的 d 用 ∂ 替代，即沿 x 方向扩散的各梯度分别为 $\dfrac{\partial c}{\partial x}$、$\dfrac{\partial P}{\partial x}$。

2. 非稳态扩散　　一维非稳态扩散，可用菲克第二定律描述。菲克第二定律是在第一定律的基础上推导出来的，该定律指出，在非稳态扩散过程中，在距离 x 处，浓度随时间的变化率等于该处的扩散通量随距离变化率的负值，即 $\dfrac{\partial c}{\partial \tau} = -\dfrac{\partial J}{\partial x}$，将式（3.30）的偏微分形式 $J = -D_c \dfrac{\partial c}{\partial x}$ 及式（3.31）的偏微分形式分别代入，得

$$\frac{\partial c}{\partial \tau} = \frac{\partial}{\partial x}\left(D_c \frac{\partial c}{\partial x}\right), \quad \frac{\partial c}{\partial \tau} = \frac{\partial}{\partial x}\left(D_P \frac{\partial P}{\partial x}\right) \tag{3.32}$$

式中，D 为流体扩散系数，同式（3.30）、式（3.31）。若其与浓度 c 及压力 P 无关，则式（3.32）可表示为

$$\frac{\partial c}{\partial \tau} = D_c \frac{\partial^2 c}{\partial x^2}, \quad \frac{\partial c}{\partial \tau} = D_P \frac{\partial^2 P}{\partial x^2} \tag{3.33}$$

三、湿物体表面液体蒸发的基本规律

所谓蒸发是指在液体或湿物体表面进行的比较缓慢的汽化现象。蒸发在任何温度下都可以进行，它是由液体或湿物体表面上具有较大动能的分子，克服了邻近分子的吸引力，脱离液体或湿物体表面进入周围空气而引起的。液体从自由液面或从湿物体表面蒸发，只有当液面或湿物体表面上方的空气没有被液体的蒸汽所饱和（空气的相对湿度 $\varphi < 100\%$）时才能发生。φ 越小，表明空气中液体的蒸汽分压也越小，蒸发速度就越快。自由液面及湿物体表面的蒸发强度（单位时间内由单位面积蒸发的液体质量）与蒸发温度下液体的饱和蒸气压 P_s 和周围空气的液体蒸气分压 P_0 之差（$P_s - P_0$）成正比。另外，蒸发强度还受液面上或湿物体表面上气流速度 ω 影响，因与液面或湿物体表面接触的空气层通常被液体的蒸汽所饱和，即形成一层薄薄的饱和湿空气界层，该界层液体的蒸汽分压大于周围空气中液体的蒸汽分压，结果产生蒸汽扩散，扩散强度小于水分的自由蒸发强度，即界层阻碍表面液体的蒸发，气流速度越大，界层就越薄，液体蒸发就越快。

大气压下自由液表面液体的蒸发强度可近似用道尔顿公式计算：

$$i = B(P_s - P_0) \tag{3.34}$$

式中，i 为液体的蒸发强度 $[kg/(m^2 \cdot s)]$；B 为液体的蒸发系数 $[kg/(m^2 \cdot h \cdot Pa)]$；$P_s - P_0$ 为蒸发势（Pa）。

液体蒸发势的确定较困难，为方便分析计算，常用干燥势（drying power）即干湿球温度差 $\Delta t = t_d - t_w$ 来代替。若液体为水，当水蒸气分压 $p_0 < 60kPa$ 时，两者有下述关系：

$$P_s - P_0 = \Delta t(65 - 0.0006 P_0)$$

代入式（3.34）得

$$i = B \Delta t(65 - 0.0006 P_0) \tag{3.35}$$

当气流方向平行于蒸发表面和温度在 60～250℃ 时，蒸发系数 B 近似为

$$B = 0.0017 + 0.0013 \omega \tag{3.36}$$

式中，ω 为蒸发表面上的气流速度（m/s）。

当气流方向垂直于蒸发表面时，蒸发系数约加大一倍。

第三节　木材干燥过程的热、质传递

木材常规干燥过程中，在风机的作用下，干燥介质通过对流换热的方式将热量传递到木材表面，然后通过导热方式进入木材内部加热木材，这个过程就是热量传递过程。当木材得到热量之后，内部水分移动到木材表面，然后通过对流传质的方式进入干燥介质中，被干燥介质带走，经过上述的热量和质量的不断传递，最终完成木材的干燥过程。

一、木材常规干燥过程热量传递

（一）干燥过程室壳体热损失

1. 平壁干燥室壳体热损失　木材干燥过程中，干燥室内部温度均大于环境温度，使得热量通过室体散失到环境中。如图 3.6 给出了一个常规木材干燥室（砖混土建），干燥室由内墙、保温层和外墙组成，干燥室内介质温度为 t_{f1}，环境温度为 t_{f2}，热量通过对流换热的形式传递到干燥室墙体的内侧表面，然后通过导热的形式传递到干燥室外墙外侧表面，再经过对流换热将热量传递到环境中。假定干燥过程中，室内干燥介质温度和环境温度均不发生变化，因此，干燥室壳体内热量传递属于一维稳态导热。

根据牛顿公式，干燥室内壁与干燥介质的对流换热热流密度为 $q_1 = a_1(t_{f1} - t_{s1})$，干燥室外壁与环境介质的对流换热热流密度为 $q_5 = a_2(t_{s2} - t_{f2})$；根据傅里叶导热定律，内墙的导热热流密度为 $q_2 = \lambda_a \dfrac{t_{s1} - t_2}{a}$，保温层的导热热流

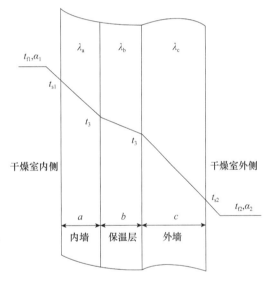

图 3.6　干燥室壳体温度分布情况

密度为 $q_3 = \lambda_b \dfrac{t_2 - t_3}{b}$，外墙的导热热流密度为 $q_4 = \lambda_c \dfrac{t_3 - t_{s2}}{c}$。由于干燥室墙体内部属于稳态导热，流入和流出每个界面的热量相等，因此

$$q_1 = q_2 = q_3 = q_4 = q_5 = q = \frac{1}{\dfrac{1}{\alpha_1} + \dfrac{a}{\lambda_a} + \dfrac{b}{\lambda_b} + \dfrac{c}{\lambda_c} + \dfrac{1}{\alpha_2}}(t_{f1} - t_{f2}) = k(t_{f1} - t_{f2}) \tag{3.37}$$

式中，α_1 和 α_2 分别为干燥室内壁和外壁与介质的对流换热系数。对于 α_1，当干燥室内干燥介质为湿空气时取 11.63W/（$m^2 \cdot$ ℃），为常压过热蒸汽时取 14W/（$m^2 \cdot$ ℃）；对于 α_2，干燥室建于露天时取 23.26W/（$m^2 \cdot$ ℃），在厂房内时 11.63～23.26W/（$m^2 \cdot$ ℃）。a、b 和 c 分别为干燥室内墙、保温层和外壁厚度（m）；λ_a、λ_b 和 λ_c 为干燥室内墙、保温层和外壁的导热系数[W/（m·℃）]；k 为干燥室传热系数［W/（$m^2 \cdot$ ℃）]，传热系数的倒数 r_k 为传热（导热）热阻，即

$$r_k = \frac{1}{\alpha_1} + \frac{a}{\lambda_a} + \frac{b}{\lambda_b} + \frac{c}{\lambda_c} + \frac{1}{\alpha_2} \tag{3.38}$$

若干燥室壳体为复杂的多层复合结构，由式（3.35）可推知其传热系数 k 和热阻 r_k 分别为

$$k = \frac{1}{\dfrac{1}{\alpha_1} + \sum \dfrac{b_i}{\lambda_i} + \dfrac{1}{\alpha_2}} \tag{3.39}$$

$$r_k = \frac{1}{\alpha_1} + \sum \frac{b_i}{\lambda_i} + \frac{1}{\alpha_2} \tag{3.40}$$

式中，b_i 为干燥室壁各层厚度（m）；λ_i 为干燥室壁各层材料的导热系数 [W/（m·℃）]。

2. 圆筒壁干燥室壳体热损失　　干燥室的外形除平壁之外，经常会出现圆筒形壁，如真空干燥、木材改性和木材压力式处理装置，其壳体热损失可用式（3.37）表示

$$q_1 = \frac{1}{\dfrac{1}{\pi d_1 \alpha_1} + \dfrac{1}{2\pi} \sum \dfrac{1}{\lambda_i} \ln \dfrac{d_{i+1}}{d_i} + \dfrac{1}{\pi d_{n+1} \alpha_2}}(t_{f1} - t_{f2}) = \frac{t_{f1} - t_{f2}}{r_k} = k(t_{f1} - t_{f2}) \tag{3.41}$$

式中，q_1 为单位管长热流量（W/m）；α_1 和 α_2 为壳体与介质的对流换热系数 [W/（m²·℃）]；d_i 为干燥室壁各层内径（m）；λ_i 为干燥室壁各层的导热系数 [W/（m·℃）]。

（二）干燥过程热量传递机理

温度是影响木材干燥速率和干燥质量的重要因素之一。因此，掌握木材干燥过程中其内部的热量传递规律及木材内部温度分布和变化规律，对完善干燥工艺、提高干燥质量和减少干燥能耗具有重要的意义。木材干燥过程中，既存在木材表面与干燥介质之间的对流换热、辐射传热，也存在木材内部的热量传递。常规干燥过程中，木材的传热机理可近似为，干燥介质中的热量以对流换热形式传到木材表面（辐射传热较少，可忽略），木材表面的热量以导热形式向木材内部传递。木材干燥过程从开始到结束，木材内部热量主要用于加热木材及木材内部的水分和水分蒸发，使得木材内部不同位置的温度在不同时刻不一样，属于非稳态传热过程。木材实际干燥过程中，其长度和宽度比厚度大很多，为了求解方便，有时可忽略长度和宽度方向的热量传递，进而将三维热量传递转化为一维热量传递。

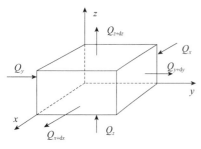

图 3.7　微元平行六面体的导热分析

（三）干燥过程热量传递基本规律

1. 导热微分方程　　干燥过程中，木材被放置于具有一定温度的干燥介质中，木材从各个方向（x，y，z）都能得到热量，为了了解木材内部各点温度随着时间的变化规律，下面根据傅里叶导热定律和能量守恒定律，得到木材内部温度场的导热微分方程。

从木材中取出一个任意的微元平行六面体来分析（图 3.7），如空间任一点的热流密度矢量可以分解为三个坐标方向的分量一样，任一方向的热流量也可以分解为 x、y 和 z 坐标轴方向的分热流量，用 Φ_x、Φ_y 和 Φ_z 分别表示通过 $x=x$、$y=y$ 和 $z=z$ 三个微元表面导入微元体的热流量，根据傅里叶定律

$$\Phi_x = -\lambda_x \frac{\partial t}{\partial x} \mathrm{d}y\mathrm{d}z \tag{3.42}$$

$$\Phi_y = -\lambda_y \frac{\partial t}{\partial y} dx dz \tag{3.43}$$

$$\Phi_z = -\lambda_z \frac{\partial t}{\partial z} dx dy \tag{3.44}$$

流出微元体三个表面 $x=x+dx$、$y=y+dy$、$z=z+dz$ 的热流量［台劳级数展开式的前两项（后续项为高级无穷小、可忽略）］为

$$\Phi_{x+dx} = \Phi_x + \frac{\partial \Phi}{\partial x} dx = \Phi_x + \frac{\partial}{\partial x}\left(-\lambda_x \frac{\partial t}{\partial x} dy dz\right) dx \tag{3.45}$$

$$\Phi_{y+dy} = \Phi_y + \frac{\partial \Phi}{\partial y} dy = \Phi_y + \frac{\partial}{\partial y}\left(-\lambda_y \frac{\partial t}{\partial y} dx dz\right) dy \tag{3.46}$$

$$\Phi_{z+dz} = \Phi_z + \frac{\partial \Phi}{\partial z} dz = \Phi_z + \frac{\partial}{\partial z}\left(-\lambda_z \frac{\partial t}{\partial z} dx dy\right) dz \tag{3.47}$$

对于微元体来说，按照能量守恒定律得：流入微元体的能量＋微元体内热源产生的热＝流出微元体的能量＋微元体内内能的增加。

其中，微元体内内能的增加（木材及其内部水分温度升高所需热量）为

$$Q_1 = \rho c \frac{\partial t}{\partial \tau} dx dy dz \tag{3.48}$$

微元体内热源产生的热量为

$$Q_2 = \overline{\Phi} dx dy dz \tag{3.49}$$

将所有式子代入能量方程式，即可得到笛卡儿坐标系中木材三维非稳态导热微分方程的一般形式

$$Q_1 = \rho c \frac{\partial t}{\partial \tau} dx dy dz \tag{3.50}$$

$$\Phi_x + \frac{\partial}{\partial x}\left(-\lambda_x \frac{\partial t}{\partial x} dy dz\right) dx + \Phi_y + \frac{\partial}{\partial y}\left(-\lambda_y \frac{\partial t}{\partial y} dx dz\right) dy + \Phi_z + \frac{\partial}{\partial z}\left(-\lambda_z \frac{\partial t}{\partial z} dx dy\right) dz$$
$$+ \rho c \frac{\partial t}{\partial \tau} dx dy dz = \Phi_x + \Phi_y + \Phi_z + \overline{\Phi} dx dy dz \tag{3.51}$$

即

$$\rho c \frac{\partial t}{\partial \tau} = \frac{\partial}{\partial x}\left(\lambda_x \frac{\partial t}{\partial x}\right) + \frac{\partial}{\partial y}\left(\lambda_y \frac{\partial t}{\partial y}\right) + \frac{\partial}{\partial z}\left(\lambda_z \frac{\partial t}{\partial z}\right) + \overline{\Phi} \tag{3.52}$$

式中，t 为某时刻的温度；ρ 为微元体的密度；c 为比热容；τ 为时间；λ_x、λ_y 和 λ_z 分别为 x、y 和 z 三个方向的导热系数；$\overline{\Phi}$ 为单位时间，单位体积内热源产生的热量。

根据木材干燥过程中的具体情况，导热微分方程有几种特殊形式，主要包括：①各个方向导热系数为常数，稳态导热，无内热源；②各个方向导热系数为常数，非稳态导热，无内热源；③导热系数为常数，有内热源。在不同情况下导热微分方程形式，详见研究生教材《木材干燥理论》所述（何正斌和伊松林，2016）。

据式（3.48）可知，微元体内能的增加，仅为微元体木材及其内部水分温度升高所需热量，而未考虑内部水分量和状态的变化。所以，式（3.52）导热微分方程，仅适用于忽略木材传质的加热和冷却过程，而不能应用于木材实际干燥过程。木材热质传递过程中，实际上存在着热质耦合变化。即热量变化会引起水分状态的变化及迁移，后者又会影响热量和温度的变化。考

虑水分量和状态变化时，应确定单位时间单元体内水分的变化量、蒸发量或细胞壁吸湿凝结量，并在上述关系式基础上据能量守恒方程增加汽化潜热项和微分吸着热项。此外，木材内部水分含量的变化会引起比热容、密度及导热系数的变化。所以，求解上述关系式时，应先分别确定三者与含水率的关系。

2. 导热方程的求解

（1）一维稳态导热　　木材干燥过程中由于其内部温度场随着时间在变化，因此稳定状态存在比较少，只有在加热器管壁、干燥室墙体和一些特殊情况下存在稳态导热。通过平行壁面壳体的稳态导热热流密度按式（3.37）等计算。

例 3-1　木材干燥过程中，干燥室墙体内壁温度为 $t_1=85℃$，外壁温度 $t_2=20℃$，墙体从内到外由 $\delta_1=120$mm 的钢筋混凝土［导热系数 $\lambda_1=1.546$W/（m·℃）］、$\delta_2=100$mm 厚的岩棉［导热系数 $\lambda_2=0.035$W/（m·℃）］和 $\delta_3=250$mm 的砖［导热系数 $\lambda_3=0.814$W/（m·℃）］组成，求干燥室墙体内部的温度场分布和热流密度。

解　由于干燥室墙体的内侧和外侧温度恒定，因此干燥室墙体导热属于一维稳态导热，设钢筋混凝土与保温岩棉接触位置的温度为 t_3，保温岩棉与砖接触位置的温度为 t_4，则热流密度 q 为

$$q=\frac{1}{\dfrac{\delta_1}{\lambda_1}+\dfrac{\delta_2}{\lambda_2}+\dfrac{\delta_3}{\lambda_3}}(t_1-t_2)=\frac{1}{\dfrac{0.12}{1.546}+\dfrac{0.1}{0.035}+\dfrac{0.25}{0.814}}\times(85-20)=20.05$$

钢筋混凝土墙体内部（$x=0\sim0.12$m）

$$t_3=t_1-q\frac{\delta_1}{\lambda_1}=85-20.05\times\frac{0.12}{1.546}=83.44$$

对于岩棉内部（$x=0\sim0.1$m）

$$t_4=t_3-q\frac{\delta_2}{\lambda_2}=83.44-20.05\times\frac{0.1}{0.035}=26.15$$

$$t=t_3-\frac{t_3-t_4}{\delta_2}x=83.44-\frac{83.44-26.15}{0.1}x=83.44-572.9x$$

对于砖墙内部（$x=0\sim0.25$m）

$$t=t_4-\frac{t_4-t_2}{\delta_3}x=26.15-\frac{26.15-20}{0.25}x=26.15-24.6x$$

式中，x 表示每种材料内部坐标位置，其中材料左侧为坐标原点 0，右侧用 x 表示任意位置。

例 3-2　木材干燥过程中，干燥室操作间温度为 $t_1=20℃$，操作间内蒸汽管道内的蒸汽温度为 $t_2=140℃$，管道的导热系数为 $\lambda=0.035$W/（m·℃），厚度为 $\delta=50$mm，求管道内部的温度场分布和热流密度。

解　管道内部温度和外部温度保持不变，属于一维稳态导热；操作间内无空气流动，所以不考虑蒸汽管外壁面与空气的对流换热，且近似认为两者温度相等。

$$q=\lambda\frac{t_2-t_1}{\delta}=0.035\times\frac{140-20}{0.05}=84$$

$$t=\frac{t_2-t_1}{\delta}x+t_1=20+2400x$$

式中，x 表示管壁坐标，其中管壁最外侧坐标为 0，最内侧坐标为 0.05m。

（2）一维非稳态导热

1）一维非稳态导热微分方程形式变换。木材一维非稳态导热示意图见图 3.8。设有一块厚为 2δ 的木材，木材导热系数为 λ，密度为 ρ，比热容为 c，初始温度为 t_0，将其放入温度为 t_w（$t_w > t_0$）的环境中进行干燥，木材与干燥介质的对流换热系数 α 为常数，现在来确定板材内部温度场随着时间的变化规律。

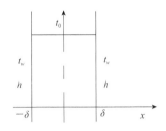

图 3.8 木材一维非稳态导热示意图

忽略水分变化对热量传递的影响，对于木材表面来说，通过对流换热的热量与从木材表面导入木材内部的热量相当，木材干燥过程中的一维非稳态导热微分方程可表示为

$$\begin{cases} \dfrac{\partial t}{\partial \tau} = \dfrac{\lambda}{\rho c}\dfrac{\partial^2 t}{\partial x^2} \\ t(x,0) = t_0 \\ \dfrac{\partial t(x,\tau)}{\partial x}\bigg|_{x=0} = 0 \\ \alpha[t(x,\tau) - t_w] = -\lambda \dfrac{\partial t(x,\tau)}{\partial x}\bigg|_{x=\delta} \end{cases} \tag{3.53}$$

引入过余温度 $\theta(x,\tau) = t(x,\tau) - t_w$，将式（3.49）变为

$$\begin{cases} \dfrac{\partial \theta}{\partial \tau} = \dfrac{\lambda}{\rho c}\dfrac{\partial^2 \theta}{\partial x^2} \\ \theta(x,0) = \theta_0 \\ \dfrac{\partial \theta(x,\tau)}{\partial x}\bigg|_{x=0} = 0 \\ \alpha\theta(x,\tau) = -\lambda \dfrac{\partial \theta(x,\tau)}{\partial x}\bigg|_{x=\delta} \end{cases} \tag{3.54}$$

采用分离变量法得

$$\frac{\theta(x,\tau)}{\theta_0} = 2\sum_{n=1}^{\infty} e^{-\beta_n^2 \mathrm{Fo}}\frac{\sin\beta_n}{\beta_n + \sin\beta_n\cos\beta_n}\cos\left(\beta_n \frac{x}{\delta}\right) \tag{3.55}$$

式中，傅里叶数 $\mathrm{Fo} = \dfrac{a\tau}{\delta^2}$。

式（3.55）是个无穷级数，计算量比较大。但当傅里叶 $\mathrm{Fo} > 0.2$ 后，采用该级数的第一项与采用完整级数计算的温度差别小于 1%，因此可以用第一项来代替所有项之和，即

当 $\mathrm{Fo} > 0.2$ 时

$$\frac{\theta(x,\tau)}{\theta_0} = \frac{2\sin\beta_1}{\beta_1 + \sin\beta_1\cos\beta_1}e^{-\beta_1^2 \mathrm{Fo}}\cos\left(\beta_1 \frac{x}{\delta}\right) \tag{3.56}$$

$$\frac{\theta(0,\tau)}{\theta_0} = \frac{2\sin\beta_1}{\beta_1 + \sin\beta_1\cos\beta_1}e^{-\beta_1^2 \mathrm{Fo}} \tag{3.57}$$

因此

$$\frac{\theta(x,\tau)}{\theta(0,\tau)} = \cos\left(\beta_1 \frac{x}{\delta}\right) \tag{3.58}$$

2）一维非稳态导热微分方程求解。为便于计算，工程技术采用按照分析解的级数第一项绘制成海斯勒（Heisler）图。以无限大平板为例，首先根据式（3.53）给出 $\theta(0,\tau)/\theta_0$ 随着 Fo 及 Bi 变化的曲线，然后根据式（3.53）确定 $\theta(x,\tau)/\theta(0,\tau)$ 的值，求得平板中任意一点的 $\theta(x,\tau)/\theta_0$ 的值为

$$\frac{\theta(x,\tau)}{\theta_0}=\frac{\theta(0,\tau)}{\theta_0}\frac{\theta_0}{\theta(x,\tau)}$$

无限大平板的 $\theta(0,\tau)/\theta_0$ 和 $\theta(x,\tau)/\theta(0,\tau)$ 的计算图线如图 3.9 和 3.10 所示，图中 $\theta(0,\tau)$ 记为 θ_m，毕渥数 $\text{Bi}=\dfrac{\alpha\delta}{\lambda}$。利用图 3.9 可方便求得加热时间为 τ 时物料（水分不发生变化的木材）厚度上中心层面的温度，或已知木材中心层面温度求得加热或冷却时间；木材厚度上其他层面温度及加热冷却时间，需将图 3.9 和图 3.10 结合求解。

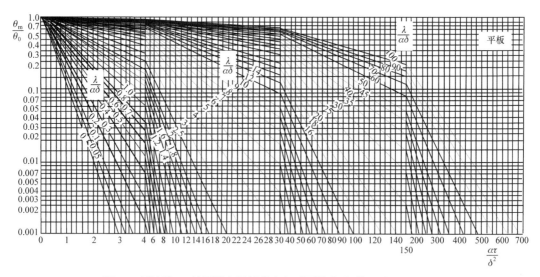

图 3.9　厚度为 2δ 的无限大平板的中心平面温度 $\theta_m/\theta_0=f(\text{Bi}, \text{Fo})$

例 3-3　木材厚度 $2\delta=40\text{mm}$，密度 $\rho=380\text{kg/m}^3$，导热系数 $\lambda=0.18\text{W/（m·℃）}$，木材初始温度 $t_0=20℃$，干燥介质的温度 $t_1=90℃$，干燥过程中的对流换热系数 $\alpha=5.0\text{W/（m}^2\text{·k）}$，导温系数 $a=0.0017\times10^{-4}\text{m}^2/\text{s}$，求木材表面温度达到 $50℃$ 所需要的时间，并计算此时剖面上的最大温差。

解　由于干燥过程木材为对称受热，因此，对于木材来说：

$$\text{Bi}=\frac{\alpha\delta}{\lambda}=\frac{5\times0.02}{0.18}=0.56$$

对于木材表面来说：

$$\frac{x}{\delta}=1$$

从图 3.10 查得，在平板表面上

$$\theta_w/\theta_m=0.78$$

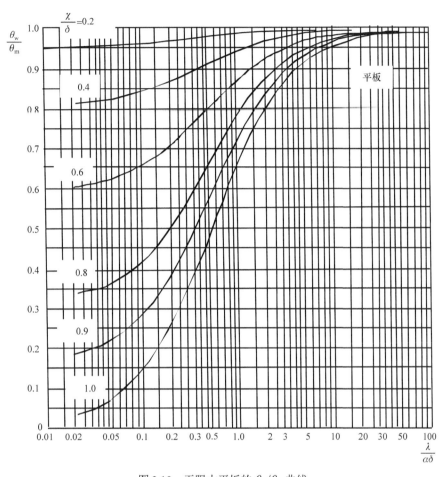

图 3.10　无限大平板的 θ_w/θ_m 曲线

过余温度为

$$\frac{\theta_w}{\theta_0}=\frac{t_w-t_1}{t_0-t_1}=\frac{50-90}{20-90}=0.57$$

由于

$$\frac{\theta_w}{\theta_0}=\frac{\theta_w}{\theta_m}\times\frac{\theta_m}{\theta_0}$$

因此

$$\frac{\theta_m}{\theta_0}=\frac{\theta_w}{\theta_0}\bigg/\frac{\theta_w}{\theta_m}=\frac{0.57}{0.78}=0.73$$

根据 θ_m/θ_0 及 Bi 数的值，从图 5.9 查得 Fo=0.5，所以

$$\tau=\text{Fo}\frac{\delta^2}{a}=0.5\times\frac{(0.02)^2}{0.0017\times10^{-4}}=1176$$

由于

$$\theta_m=\frac{t_m-t_2}{t_0-t_2}=0.73$$

所以

$$t_m = 0.73 \times (t_0 - t_2) + t_2 = 28.1℃$$

所以最大温差为

$$\Delta t = 50 - 28.1 = 21.9℃$$

另外，一维/二维和三维的非稳态导热也可以采用软件（如 ANSYS、COMSOL 和 MATLAB 等）进行数值求解。

二、木材常规干燥过程水分迁移

（一）木材水分迁移机理

木材是一种多孔吸湿性生物质材料,其内部水分含量都会随着周围环境的变化而发生改变,直到最后与环境达到平衡。也就是说，不管在什么状态下，只要木材内部水分与环境未达到平衡，木材内部总是存在一定的驱动力使木材内部水分以不同的形式移动。木材内部水分主要以三种状态存在，木材细胞腔中的毛细管水分、木材细胞腔中的水蒸气和木材细胞壁中的吸着水。在木材干燥过程中，不同形式的水分移动的方式不一样。

水分在木材内部的迁移主要分为两种类型：①在毛细管张力的作用下，水分以体积流或质量流的形式穿过木材组织空隙的流动，也称渗流；②在浓度梯度或含水率梯度等作用下，吸着水在连续细胞壁内进行扩散或水蒸气穿过细胞腔而进行的扩散。可以看到，渗流和扩散完全是两种不同的迁移方式，一种是毛细管力驱动的结果，一种是分子的无规则运动或布朗运动的结果。前者可用达西定律进行描述，后者可用菲克定律进行描述。毛细管张力分布与材料结构紧密相关，对其进行定量描述往往十分困难。但是，从宏观角度看，两者都表现为水分从含水率高的部位向含水率低的部位迁移。因此，木材内部液相水的渗流可理解为液相水的扩散，可用扩散方程描述其渗流过程。木材在干燥过程中，表层含水率很快降到纤维饱和点以下，该部位水分的迁移主要表现为吸着水和水蒸气的扩散，内部水分渗流将会受到外部水分扩散的影响。

1. 木材内部水分移动过程 木材干燥过程中内部水分移动的方式、路径及驱动力与水分状态有关，一般来说，木材在干燥过程中水分的迁移过程以渗透和扩散两种形式存在。

1）当木材含水率在纤维饱和点以上时，木材的大毛细管系统（即细胞腔和细胞间隙）内存在自由水和水蒸气，此时，和自由水相接触的细胞壁处于饱湿状态，因此细胞壁内没有含水率梯度，不存在扩散引起的水分移动，被饱湿的细胞壁包围的细胞腔内的自由水因饱而不蒸发，并且细胞腔内的水蒸气也不移动，只有在含有自由水的毛细管的两端存在压力差即毛细管张力的情况下，自由水才可能移动。当完全被水分饱和的木材在进行干燥时，水分从木材表面自由蒸发，直到木材纤维纹孔膜的微细孔中形成弯液面为止，以后只有在蒸气压下降到能克服相应于纹孔膜的最大孔中形成的弯液面所产生的蒸发阻力时才开始蒸发水分。随着内部木材干燥的进行，水蒸气和吸着水的扩散从木材内发生，湿线（wet line）即自由水和吸着水的交界线逐渐向木材内部移动。

2）当木材含水率处于细胞壁饱和与细胞壁饱湿之间的时候，细胞腔虽然含有自由水，但并没有完全充满，而且细胞壁被吸着水完全饱和。细胞腔内存在自由水蒸气分子，以很大的速度在各个方向作相对自由的布朗运动，被内腔壁面吸着的水蒸气分子虽然不自由，但也在做不规则振动，当这种振动速度大到能产生破坏木材实质和水分子结合的运动能量时，水蒸气分子就逃逸到细胞腔内。同时，当细胞腔内自由的水蒸气分子失去了在细胞腔内存在所必需的速度时，就会被细胞腔内表面的木材实质分子吸着。由于细胞腔内部是饱和蒸汽压，因此从细胞腔表面逃脱的分子数和被吸着的分子数相等。

3）当木材含水率在纤维饱和点以下时，木材内的水分主要以吸着水的扩散为主。此时水分靠浓度梯度的扩散作用而移动，而这种浓度梯度在细胞壁内就是含水率梯度，在细胞腔内是水蒸气压力梯度。一般认为，在纤维饱和点以下，木材内的水分扩散率虽然几乎完全取决于吸着水的扩散，但这并不是不进行水蒸气的扩散，而是意味着缓慢的吸着水的扩散控制着全扩散的速度。在木材干燥过程中，木材干燥速率的快慢与木材的渗透性密切相关，而纹孔闭塞的程度支配着木材的渗透性，一旦纹孔闭塞木材对流体的渗透性会变得很低。

2. 木材表面水分的蒸发　　在木材干燥过程中，当环境中的湿空气没有被水蒸气饱和的时候，木材表面水分开始向环境中蒸发，直到环境中的相对湿度达到100%。在蒸发过程中，木材表面水分蒸发强度与水分蒸发温度下的饱和蒸汽压和周围干燥介质中的水蒸气分压之差成正比。同时，木材表面水分蒸发速率还与木材表面气流速度有关，气流速度越大，对木材表面边界层扰动越强，干燥介质中的水分越容易带走，水蒸气浓度越低，使得木材表面水分被带走的速率越快，从而使得木材表面水分干燥越快。

（二）木材水分蒸发规律

1. 对流传质系数　　木材干燥过程中，当木材表面水分的物性参数（包括质量浓度、物质的量浓度、质量分数、摩尔分数等）c_s 与干燥介质中的对应物性参数 c_∞ 不相等的时候，就会发生因对流引起的传质，为了计算水分传质速率，与传热过程中建立对流换热系数的概念一样，在传质过程中建立对流传质系数概念，其表示方法为

$$m = h_m(c_s - c_\infty) \tag{3.59}$$

式中，m 为对流传质速率；h_m 为对流传质系数（m/s）；c_s 为木材表面水分物性参数；c_∞ 为干燥介质中的水分物性参数。

2. 木材表面水分蒸发　　干燥初期，木材内部含有大量的自由水，木材干燥速率主要取决于木材表面水分蒸发速率，此时，木材表面对流传质系数（木材干燥过程中最大对流传质系数）可以表示为

$$h_{H_2O,air} = \frac{0.664 D_{H_2O,air} \, Re^{0.5} \, Sc^{1/3}}{L_s} \tag{3.60}$$

式中，$h_{H_2O,air}$ 为平均对流传质系数（m/s）；$D_{H_2O,air}$ 为水蒸气在干燥介质中的扩散系数（m²/s）；Re 为雷诺数，$Re = L_s \cdot v \cdot \rho_a / \mu$；Sc 为施密特数，$Sc = \mu / (\rho_a D_{H_2O,air})$；$L_s$ 为木材表面的长度（m）。

Dushman 通过对水蒸气在空气中的扩散系数的研究得到 $D_{H_2O,air}$ 表达式为

$$D_{H_2O,air} = 2.2 \times 10^{-5} \times \left(\frac{1.013 \times 10^5}{P}\right)\left(\frac{T}{273}\right)^{1.75} \tag{3.61}$$

式中，P 为湿空气的总压力（Pa）；T 为干燥介质的开尔文温度（K）；v 为干燥介质速度（m/s）；ρ_a 为干燥介质密度（kg/m³）；μ 为干燥介质的动态黏滞系数（Pa·s）。

例 3-4　木材常规干燥过程中，干燥介质流经材堆的速度为 2m/s，而且风速流经材堆方向的宽度为 1000mm，干燥介质温度为 70℃，介质相对湿度为 20%，求干燥过程中木材表面的对流传质系数。

解　　查湿空气相关资料得温度为 70℃，相对湿度为 20% 条件下，湿空气中的湿含量为 41.34g/kg，密度为 1.005kg/m³，动态黏滞系数为 20.03×16⁻⁶ Pa·s。

$$\mathrm{Re} = \frac{L_s \cdot v \cdot \rho_a}{\mu} = \frac{1\mathrm{m} \times 2\mathrm{m/s} \times 1.005\mathrm{kg/m^3}}{20.03 \times 10^{-6}\mathrm{Pa \cdot s}} = 1.0 \times 10^5$$

$$D_{\mathrm{H_2O,air}} = 2.2 \cdot 10^{-5} \cdot \left(\frac{1.013 \cdot 10^5}{1.013 \cdot 10^5}\right)\left(\frac{273+70}{273}\right)^{1.75} = 3.28 \times 10^{-5}\mathrm{m^2/s}$$

$$\mathrm{Sc} = \frac{\mu}{\rho_a D_{\mathrm{H_2O,air}}} = \frac{20.03 \times 10^{-6}\mathrm{Pa \cdot s}}{1.005\mathrm{kg/m^3} \cdot 3.28 \times 10^{-5}\mathrm{m^2/s}} = 0.608$$

$$h_{\mathrm{H_2O,air}} = \frac{0.664 D_{\mathrm{H_2O,air}}\,\mathrm{Re}^{0.5}\,\mathrm{Sc}^{1/3}}{L_s} = \frac{0.664 \times 3.28 \times 10^{-5}\mathrm{m^2/s} \cdot 100000^{0.5} \cdot 0.608^{1/3}}{1\mathrm{m}} = 5.83 \times 10^{-3}\mathrm{m/s}$$

（三）水分流动（渗流）规律

1. 自由水及水蒸气的移动 木材属于多孔介质，其内部具有丰富的毛细管系统。水分能够完全润湿木材，使得毛细作用对木材内部自由水的移动有着重要的作用。木材干燥初期，由于木材内部被水分饱和，只有在含有自由水的毛细管的两端存在压力差即在毛细管张力的情况下，自由水才移动，自由水移动过程如图 3.11 所示。图 3.11（a）表示木材毛细管内水分的受力情况，由于毛细作用，水-干燥介质界面上的表面张力对毛细管内部水分产生一个向上的拉力。当处于平衡状态的时候，毛细管内部水分会产生一个大小相等而相反的力，从而达到平衡（向下的箭头）。在绝大多数情况下，由于水分的重量相比毛细管张力小很多，因此水分的重量可以忽略。

干燥初期，毛细管表面的自由水开始在其弯月面向干燥介质中蒸发［图 3.11（b）］，此时弯月面的曲率半径 r_i 比较大，毛细管张力比较小。随着干燥的进行，毛细管内部水分继续蒸发，曲率半径继续减小，直到曲率半径减小到毛细管口直径大小，此时毛细管张力达到最大［图 3.11（c）］，随着干燥的继续进行，毛细管内部水分继续蒸发，曲率半径反而变大，毛细管张力也相应变小［图 3.11（d）］。

图 3.11（e）到图 3.11（l）给出了生材干燥过程中毛细管内部水分的移出过程。最初，木材内部空腔，除有两个不同大小的空气泡外，大部分被水填充［图 3.11（e）］。此时，干燥只在暴露于空气中的木材表面进行，细胞其余部分都被封闭，当大毛细管水通过敞开的细胞蒸发出去，空气-水分界面上即形成很多凹的弯月面。当表层细胞腔中的水分排除殆尽，蒸发面转移到纹孔口［图 3.11（f）］，此时蒸发表面的曲率半径减小并接近内部溶解的大气泡的半径。随着水分的进一步蒸发，毛细管内部半径减小，毛细管张力增大，这个张力不但作用在毛细管管壁，还作用在整个木材内部的所有气体-液体界面上。由于气体气泡的半径较大，因此其内部的表面张力较小，这使得气泡发生膨胀［图 3.11（g）］，而且气泡半径越大，其周围的张力越小，故大的气泡先行膨胀，大气泡所在的细胞先行排空［图 3.11（h）］，气泡周围的水分主要通过相邻细胞向蒸发表面迁移。因此，木材内部深处细胞的大毛细管水的排除可能比靠近表层的领先。

当大半径的气泡充分膨胀，其所在的细胞排空，弯月面就向纹孔内部推移，液面曲率半径又减小，系统内毛细张力进一步增大以致足以使小的气泡膨胀［图 3.11（i）］，迫使水分沿着相邻细胞壁和纹孔通道迁移，最后从蒸发面蒸发出去［图 3.11（j）］。在蒸发与弯月面向纹孔通道内部推移的过程中，由于邻近细胞没有气泡，因此以气泡增大的方法缓解这个张力，毛细张力进一步增大。当蒸发面推移到充满水的细胞腔的时候，蒸发面即向其中扩展［图 3.11（k）］，结果曲率半径增大，毛细张力逐步减小。同时，大毛细管系统中也存在的水蒸气扩散，虽不能直接扩散到木材表面，但可破坏连续的自由水两端液气界面处毛细管张力的平衡，促进水分移动，使得水分一方面从表层向大气中蒸发，一方面以水蒸气的形式由内向外移动 [图3.11（1）]。按照这个方式，木材内部大毛细管内所有水分从木材中排出。

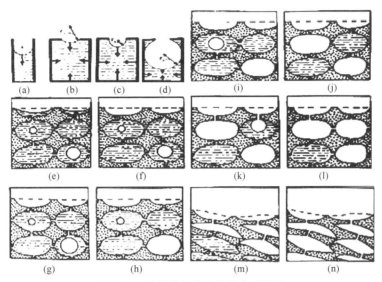

图3.11　木材内部自由水蒸发过程图

2．自由水流动强度　　从前面可以看出，自由水迁移过程中的主要动力来源于木材内部毛细管张力产生的压力差，结合式（3.9）的达西定律，自由水迁移可以表示为

$$J = -E \frac{\partial p}{\partial x} \tag{3.62}$$

$$E = \frac{K \rho}{\eta} \tag{3.63}$$

式中，J 为自由水流动强度 [kg/（m^2·s）]；$\frac{\partial p}{\partial x}$ 为自由水移动方向上的压力梯度；E 为自由水流动的有效渗透性；K 为木材自由水的比渗透性或渗透系数（m^3/m）；ρ 为自由水的密度（kg/m^3）；η 为自由水的黏度（Pa·s）。

木材是一种复杂的多孔生物质材料，内部包含大孔、介孔和微孔，自由水移动过程中的毛细管半径很难精确测量，致使作为驱动力的毛细管张力很难得到，根据式（3.62）得到自由水流动强度也比较困难。同时，自由水迁移控制方程与吸着水迁移的菲克扩散定律形式一致，因此可借助吸着水扩散知识对自由水流动强度进行计算。从式（3.63）也可以看出，自由水迁移强度与自由水流动的有效渗透性呈正相关，其与木材的渗透性有着很大的关系。

3．木材渗透性及渗透性的改善　　木材内部水分移动比木材表面水分蒸发困难很多，因此在木材干燥过程中，内部水分移动的难易程度制约着木材干燥速率，而木材渗透性是决定内部自由水移动难易程度的重要指标。木材渗透性理论以达西定律为基础，同时又是根据木材流体的渗透特点对达西定律的形式进行修正而得到的。

（1）木材干燥过程中的渗透模型

1）简单平行毛细管模型。当木材的纵向结构近似为相互平行的均匀圆形毛细管时（图3.12），可用简单平行均匀毛细管模型进行描述，平行均匀圆形毛细管模型是最简单的模型，它适用于阔叶散孔材畅通的导管。由式（3.20）可知，比渗透性与毛细管（导管）数量 n 和 r^4 成正比。Smith 和 Lee（1958）采用本模型对阔叶树材纵向透气率进行了研究，并将 n 和 r 的理论计算值和实测值作了比较，从多个树种的检测结果来看，吻合度均一致。

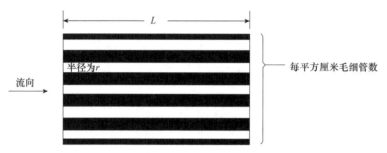

半径为 r

流向

每平方厘米毛细管数

图 3.12　平行均匀圆形毛细管纵向流动模型

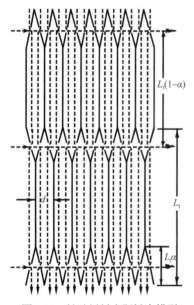

图 3.13　针叶树材康斯托克模型

2）针叶树材康斯托克（Comstock）模型。液体在针叶树材内的迁移基本上是在管胞内进行，管胞之间通过相邻的纹孔对连接起来，而纹孔口的直径与细胞腔相比非常小，故可以认为所有的阻力都在纹孔口。因此，纹孔口的数量和状态决定着木材渗透性的高低。Comstock（1970）模型假设所有纹孔口都分布在梢端径面上，且所有的纹孔口大小一样，每根管胞上有 4 个纹孔对通道，每个纹孔对跨两根管胞，每根管胞上分摊 2 个纹孔对（图 3.13）。纵向和弦向渗透率都随着垂直于迁移方向单位截面面积上并联纹孔对数量的增加而提高，随沿迁移方向单位长度上串联纹孔对数量的增加而降低。

对于纵向而言，每根管胞有 2 个并联的通道，即单位截面积上的数量为 $2/(2r_1)^2$，其中 r_1 为管胞半径。单位长度串联的纹孔数量为 $1/[L_t(1-\alpha)]$，其中 L_t 为管胞长度，α 为重叠部分所占比例，纵向渗透性 k_L 为

$$k_L \propto \frac{1/2r_t^2}{1/L_t(1-\alpha)} = \frac{L_t(1-\alpha)}{2r_t^2} \quad (3.64)$$

从式中可以看出，具有该模型的木材纵向渗透性与管胞有效长度成正比，与管胞横截面积成反比。

对于横向而言，每根管胞只有一个通道，单位截面积上的纹孔口数目为 $1/[2r_tL_t(1-\alpha)]$，单位长度串联的纹孔口数量为 $1/r_t$，横向渗透性 k_T 为

$$k_T \propto 1/[2L_t(1-\alpha)] \quad (3.65)$$

从式中可以看出，具有该模型的木材横向渗透性与管胞有效长度成反比。

因此，木材纵向和横向（弦向）渗透性之比为

$$\frac{k_L}{k_T} = \frac{L_t^2(1-\alpha)^2}{r_t^2} \quad (3.66)$$

假设管胞的长径比为 100，则 $L_t/r_t = 200$，此时，式（3.63）可以简化为

$$\frac{k_L}{k_T}=40000(1-\alpha)^2 \tag{3.67}$$

从式(3.64)可见,随着α从最大值0.5减小到0,k_L/k_T在10 000～40 000变化,这和Comstock(1970)的结果一致。

从上面可以看出,导管为侵填体所堵塞的阔叶树材,扩散只能在有纹孔对相连的木纤维细胞之间进行,Comstock模型也可使用,对于具有开口导管的阔叶树材,k_L/k_T非常高,可以达到10^6:1。

(2)木材渗透性的改善方法 如前所述,提高木材渗透性可有效提高木材内部水分的迁移速度。提高木材渗透性的常见方法有压缩法、微波处理法、高温干燥法、汽蒸爆破法、刻痕法、微生物法等。

1)压缩法是对木材组织破坏和纹孔膜的破裂压缩技术,从而使得木材流体渗透性提高。研究表明,压缩造成的纹孔膜破裂、无纹孔细胞壁破裂及弹性恢复过程是木材渗透性提高的原因。木材渗透性随压缩率和恢复率的增大而增大。

2)微波处理法。利用高强度微波辐照木材时,木材内部的水分在短时间内吸收大量的微波能而升温并快速汽化,使木材细胞内部的蒸汽压升高,在蒸汽膨胀动力的作用下,木材的微观构造产生不同程度的裂隙,因而在木材内部形成新的流体通道。微波处理后,蒸汽压力对纹孔结构的破坏和对纹孔塞位置的改变提高了水分在木材内部的横向和纵向输导能力;导管中侵填体的破坏和重新分布,使流体在导管中的流通更通畅;射线薄壁细胞和轴向管胞/木纤维之间的胞间层、轴向管胞/木纤维之间的胞间层破坏分离,也增加了水分迁移的通道。细胞壁的破裂,进一步加快了水分在木材内部的迁移速率,从而使木材整体的渗透性得到显著提升。

3)高温干燥法。高温干燥使得木材内部水蒸气分子运动加快,增强蒸汽渗透木材组织的能力,把热量由木材表面迅速传入木材内部,加快水分流动的速度,使木材内水蒸气压破木材胞壁,从而形成通道,以增加木材渗透性。

4)汽蒸爆破法。利用高温高压水蒸气或其他气相介质渗透到木材内的孔隙形成高压气体,当瞬时降压时,孔隙内气体急剧膨胀,膨胀气体以冲击波形式作用于木材,使纹孔缘与细胞壁、纹孔塞与塞缘和交叉场纹孔出现裂痕或裂隙,局部破损木材最薄弱的纹孔膜及薄壁组织,从而改善木材渗透性。

5)刻痕法。刻痕法是利用刀具或激光在木材表面刻画许多一定大小和深度的裂隙状凹穴以提高木材渗透性的方法。此法可提高改性剂渗透深度和分布均匀性,同时可减少素材的开裂,增加气干速度。研究表明,刀具和激光刻痕均可显著提高木材渗透性而不影响木材力学性质,且激光刻痕改善效果更均匀。

6)微生物法是利用真菌、霉菌及细菌等微生物对木材的薄壁组织、木材管胞的具缘纹孔或射线细胞的纹孔轻度侵蚀,以产生渗透通道的原理来提高木材渗透性的方法。在木材上接种真菌的孢子,真菌会侵入木材,其菌丝穿过细胞腔向木材内部扩散,并且分泌酶,这些酶可以降解纹孔膜的组分,打通闭塞的纹孔,提高木材的孔隙度,从而提高木材的渗透性。酶处理是在木材上接种选定的酶,酶会降解纹孔膜及纹孔塞的主要成分,打通闭塞的纹孔塞,提高木材的渗透性。细菌侵蚀处理也称水存处理,是将木材贮存于贮木池中,池水里的细菌会使木材细胞的纹孔塞和具缘纹孔膜结构及射线薄壁细胞分解或降解,增加其孔隙,从而改善木材的渗透性。研究表明,微生物法破坏了纹孔膜、纹孔塞及薄壁组织等部位,提高了渗透性,且对木材力学性质影响甚微。但此法受微生物侵蚀木材不可控制性的限制,渗透性改变不均匀。

（四）木材水分扩散规律

1. 稳态扩散

（1）等温稳态扩散　　木材中吸着水的移动被普遍认为是浓度引起的扩散，可采用菲克扩散定律进行研究，其一维形式可表示为

$$J = -D_{MC}\frac{\partial MC}{\partial x} \tag{3.68}$$

式中，J 为稳态水分扩散通量 $[kg/(m^2 \cdot s)]$；D_{MC} 为含水率梯度下的水分扩散系数（m^2/s）；$\dfrac{\partial MC}{\partial x}$ 为水分扩散方向的含水率梯度（%/m），也可以用压力梯度 $\dfrac{\partial P}{\partial x}$ 或浓度梯度 $\dfrac{\partial c}{\partial x}$ 代替。

因此，木材内部水分扩散的快慢与水分扩散系数和含水率梯度、压力梯度或浓度梯度等因素有关。

菲克第一定律给出了在稳态条件下，物质质量流量与浓度的关系，对于木材内部水分扩散过程可表示为

$$D_c = \frac{w/(\tau \cdot A)}{\Delta C/L} \tag{3.69}$$

式中，D_c 为水分扩散系数（m^2/s）；w 为时间 τ 内水分通过木材内部的质量（kg）；A 为水分通过的横截面（m^2）；L 为扩散方向的长度（m）；τ 为时间（s）；ΔC 为浓度梯度（kg/m^3）。

水分的浓度梯度可以用含水率梯度来表示

$$\Delta C = \Delta MG\rho_w/100 \tag{3.70}$$

式中，ΔM 为含水率梯度；G 为含水率为 M 时木材的相对密度；ρ_w 为水的密度（kg/m^3）。

所以，扩散系数可以表示为

$$D_c = \frac{100wL}{\tau A\Delta MG\rho_w} \tag{3.71}$$

（2）非等温稳态水分扩散　　木材常规干燥过程中同时伴随着热量传递和水分迁移，且木材主要是通过对流换热的形式与干燥介质进行热量传递，使木材内部的温度分布不均，此时温度梯度和含水率梯度均会对水分扩散产生作用，非等温稳态水分扩散可表示为

$$J = -D_{MC}\left(\frac{\partial MC}{\partial x} + \delta\frac{\partial T}{\partial x}\right) \tag{3.72}$$

式中，J 为稳态水分扩散通量 $[kg/(m^2 \cdot s)]$；D_{MC} 为含水率梯度下的水分扩散系数（m^2/s）；$\dfrac{\partial MC}{\partial x}$ 为含水率梯度（%/m）；$\dfrac{\partial T}{\partial x}$ 为温度梯度（℃/m）；$\delta = -\dfrac{\Delta MC}{\Delta T}$ 为热力梯度系数或热湿传导系数（%/℃）。

（3）吸着水在细胞壁中的扩散　　木材内部水分总是朝着自由能减少的方向移动，其移动快慢主要取决于对应吸附点焓的大小，焓越小，当分子吸收一定能量后就越容易跃迁到其他水分子吸附点。同时，木材中含水率越高，吸着水的扩散系数越大（图3.14）。从图中可以看出，当木材含水率在5%～25%变化时，水分扩散系数随着含水率的增加呈指数增长，阿伦尼乌斯方程给出了吸着水的活化能与扩散系数的关系为

$$D_{BL} = D_0\exp(-E_s/RT) \tag{3.73}$$

式中，D_0 是常数，取决于吸附点处的水分浓度，E_s 是活化能，从式中可以看出水分活化能稍微改变，水分的扩散系数就变化很大。

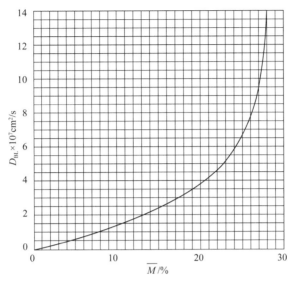

图 3.14　木材纵向吸着水扩散系数随着含水率变化图

根据 Choong（1965）和 Stamm（1959）得出的结论，当木材含水率为 10%，温度为 300K时，水分的活化能为 8500cal/mol。因此，水分扩散系数与活化能的关系为

$$D_{BL} = 0.19\exp(-E_s/RT) \tag{3.74}$$

Siau（1984）通过实验，得到了当木材含水率在 5%～25% 变化时的一个近似值 $E_s = 9200 - 70M$。所以，水分扩散系数与温度和含水率的关系可以表示为

$$D_{BL}(\mathrm{cm^2/s}) = 0.19\exp[-(9200 - 70M)/RT] \tag{3.75}$$

Stamm（1990）研究表明，木材纵向的水分扩散系数是横向的 2.5 倍。因此，木材吸着水横向扩散系数与温度和含水率的关系为

$$D_{BL}(\mathrm{cm^2/s}) = 0.076\exp[-(9200 - 70M)/RT] \tag{3.76}$$

（4）水蒸气在细胞腔中的扩散　　木材干燥过程中，细胞腔中的水蒸气随机做布朗运动，对于两个不同水蒸气浓度的区域，高浓度区域向低浓度区域移动的水分子更多，使得高浓度区域的含水率不断降低，最后实现木材干燥。水蒸气的扩散速率与水蒸气的浓度差和蒸汽压差成正比，水蒸气扩散可表示为

$$J = -D_{vc}\frac{\partial c}{\partial x} \text{ 或 } J = -D_{vm}\frac{\partial \mathrm{MC}}{\partial x} \tag{3.77}$$

式中，D_{vc} 和 D_{vm} 分别为水蒸气在浓度梯度和含水率梯度下的扩散系数。

为了解细胞腔水蒸气扩散系数，Dushman（1962）按水蒸气在空气中的相互扩散系数进行计算，导出如下方程

$$D_v = 0.220\left(\frac{76}{P}\right)\left(\frac{T}{273}\right)^{1.75} \tag{3.78}$$

式中，D_v 为水蒸气扩散系数（$\mathrm{cm^2/s}$）；P 为总压力（cmHg）；T 为绝对温度。

图 3.15 给出了木材横向（弦向）水分扩散系数 D_{BT} 和细胞腔水蒸气扩散系数 D_v 随含水率和温度变化情况，从图中可以看出，D_{BT} 比 D_v 小三到四个数量级，其原因是细胞壁中的水分浓

度比与其平衡的细胞腔中的水分浓度高很多。此外，D_v 在含水率和温度较低时随含水率的增加而增加，接着急剧下降，这与 D_{BT} 随含水率的增加而增加形成鲜明的对照。

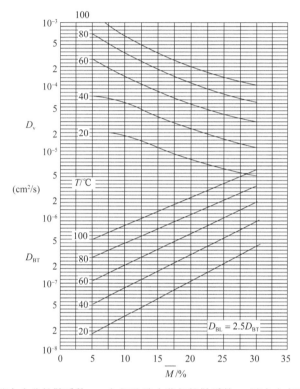

图 3.15　木材弦向水分扩散系数 D_{BT} 与细胞腔水蒸气扩散系数 D_v 随含水率和温度的变化图

2. 非稳态扩散　　随着木材干燥的进行，木材内部很多参数都发生了变化。因此，木材干燥过程中大多情况为水分非稳态扩散过程，非稳态扩散在木材干燥过程中比稳态扩散的意义更大，根据菲克第二定律，非稳态扩散方程可表示为

$$\frac{\partial MC}{\partial \tau}=\frac{\partial}{\partial x}\left(D_x \frac{\partial MC}{\partial x}\right)+\frac{\partial}{\partial y}\left(D_y \frac{\partial MC}{\partial y}\right)+\frac{\partial}{\partial z}\left(D_z \frac{\partial MC}{\partial z}\right) \qquad (3.79)$$

式中，D_x、D_y 和 D_z 表示木材中厚度、长度和宽度方向的水分扩散系数。

由于木材干燥过程中，大多情况下木材长度和宽度远远大于厚度，木材中的水分主要沿着厚度方向进行干燥，为了便于计算，非稳态扩散方程可表示一维形式

$$\frac{\partial MC}{\partial \tau}=\frac{\partial}{\partial x}\left(D_{MC} \frac{\partial MC}{\partial x}\right) \qquad (3.80)$$

式中，MC 为木材某一时刻的含水率（%）；D_{MC} 为水分扩散系数；τ 为时间（s）。

第四节　木材常规干燥过程

木材含水率高于纤维饱和点和低于纤维饱和点时，常规干燥过程中内部水分迁移机理不同，热量传递性能也有区别，导致木材常规干燥不同阶段含水率分布、干燥速率和温度分布变化不同。下面结合图 3.16 所示木材厚度方向上的含水率分布曲线和干燥曲线（drying curve），即木材含水率和温度随干燥时间的变化曲线分别叙述。图 3.16（b）中，温度为木材表层温度，t_c 为

干燥介质温度，含水率为木材平均含水率。

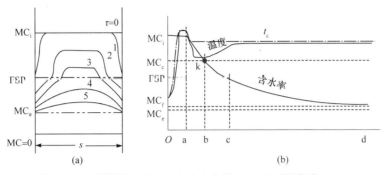

图 3.16　木材厚度上的含水率分布曲线（a）和干燥曲线（b）

一、含水率高于纤维饱和点的干燥过程

（一）预热阶段

木材干燥开始时首先要用温度比干燥开始阶段干燥基准规定值高 5～8℃的接近饱和或饱和湿空气（相对湿度接近或等于 100%）对其进行规定时间的预热处理，在尽量减少木材表面水分蒸发的前提下将其热透，并从其保存温度（环境温度）加热至干燥所需温度（预热目的和工艺条件，详见第五章第三节）。该阶段中木材含水率基本无变化，近似为初含水率 MC_i ［图 3.16（a）中 $\tau=0$、图 3.16（b）Oa 段］；若初含水率较高，则含水率有所降低。木材表层温度略低于干燥介质（湿空气）温度。

（二）等速干燥阶段

预热结束转入干燥阶段（按开始阶段干燥基准实施）后，木材表层的水分向周围空气中蒸发，表层含水率降低，当其降低到纤维饱和点时，木材内部细胞腔内还充满着液态自由水，而表层的大毛细管系统内的液态自由水已几乎蒸发完毕。这时内部和表层之间产生了毛细管张力差，木材内部自由水在其及加热引起的水蒸气压力差等作用下由内部向表层移动（流动）。这一阶段内，表层含水率保持在接近纤维饱和点的水平，并且内部有足够数量的自由水移动到木材表面，供在表面蒸发，干燥速率保持不变且由木材表面的蒸发强度来决定。木材表层含有自由水时，其就像湿球温度计的吸湿纱布一样，温度一直保持在湿球温度水平，因而此阶段水分的蒸发强度正比于干燥介质的干湿球温度差。该阶段开始时，表层温度随干燥介质温度下降而缓慢降低，并略高于介质温度，很快就在被吸收大量蒸发潜热后快速降低至湿球温度水平并维持不变。该阶段中木材厚度上的含水率分布如图 3.16（a）中曲线 1 所示，干燥曲线如同图 3.16（b）中 ab 段所示。

（三）减速干燥阶段

等速干燥阶段后，随着水分蒸发面向木材内部的深入，水分由内部向表面移动的速度逐渐减小，且低于蒸发面的蒸发速度，木材的表层含水率降到纤维饱和点 FSP 之下。此后，木材厚度上形成了两个区域：含水率低于纤维饱和点的外层和含水率高于纤维饱和点的内部。木材横断面上出现了明显的交界线——"湿线"，如图 3.17 所示。"湿线"外部水分在含水率梯度等作用下向外作扩散（或同时在水蒸气压力差下向外流动）；而内部的自由水在毛细管张力等作用

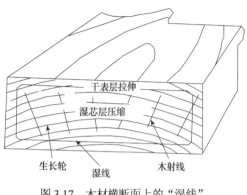

图 3.17　木材横断面上的"湿线"

下，由内向外移动到"湿线"（移动蒸发界面）处，一部分在此处蒸发为水蒸气，并沿大毛细管路径向外扩散（或扩散＋流动）；另一部分则以吸着水形式在外层的细胞壁内向外扩散（占比很小）。该阶段内，木材心部向蒸发界面移动的水分量小于在蒸发界面的蒸发强度，因而干燥速率逐渐减小。随着蒸发界面的逐渐内移，蒸发潜热对表层温度的影响逐渐减小，使表层温度逐渐升高至接近干燥介质温度。该阶段中木材厚度上的含水率分布如图 3.16（a）中曲线 2、3，干燥曲线如图 3.16（b）中 bc 段。

等速干燥阶段结束、减速干燥阶段开始这一瞬间的含水率，叫作临界含水率 W_c（critical moisture content）。由于木材厚度上含水率分布不均匀，当表层含水率低于 FSP 时，整块木料的平均含水率可能还远高于 FSP，因此临界含水率常高于 FSP。木材越难干燥、干燥基准越硬、含水率越不均匀（如木材越厚、密度越大、表面水分蒸发强度越大），临界含水率 MC_c 就越接近初含水率（initial moisture content）MC_i，等速干燥期就越短。在实际常规干燥过程中，难干硬阔叶材厚度在一定尺寸（25mm）以上时，等速干燥期实际上几乎是不存在的。

实际干燥生产中，木材平均含水率接近 FSP 时需进行中间湿热处理，处理过程及之后的干燥过程初期，木材温度和含水率分布、干燥速率等都有明显变化，本节不涉及对此的分析。

二、含水率低于纤维饱和点的干燥过程

当含水率低于纤维饱和点时，木材内不含自由水，细胞腔内充满着空气和水蒸气。由于表层水分快速蒸发，形成了木材横断面上的含水率梯度。在含水率梯度等作用下，水分由内部向表面扩散，木材整个断面上的含水率也随之降低，如图 3.16（a）中的 4、5。随着含水率的降低，干燥速率越来越慢，干燥曲线越来越平缓 [图 3.16（b）中的 cd 段]。当木材含水率接近于周围干燥介质相应的平衡含水率 W_e 时，干燥速率趋近于零。该阶段木材表面温度维持接近干燥介质温度。本节不涉及中间处理、平衡处理及终了处理等热湿处理过程对含水率和温度分布变化的影响。

三、影响木材干燥速率的因子

木材干燥过程中，一方面木材内部的水分向移动蒸发界面移动，另一方面在该界面蒸发并向木材周围干燥介质中扩散（或扩散+流动）。必须兼顾两者，协调促进这两方面的进展，才能合理地加快干燥速率。影响干燥速率的因子有外因也有内因。外因有干燥介质的温度、湿度和流速；内因有木材的树种、厚度、含水率、温度、心边材和纹理方向等。

（一）干燥介质温度

干燥介质温度是影响木材干燥速率的主要因素。温度升高，在湿度不变的条件下木材蒸发界面上水分蒸发势增大，木材中水蒸气压力升高，液态自由水的黏度降低、渗透性增大，吸着水和水蒸气扩散系数增大，有利于促进木材中水分的流动、扩散及液态水的蒸发，能明显提高干燥速率。但温度过高，会引起木材的开裂和变形、降低力学强度、引起变色等，应适当控制。

（二）干燥介质湿度

相对湿度是影响木材干燥速率的重要因子。在温度与气流速度相同的情况下，相对湿度越高，介质内水蒸气分压越大，蒸发势降低，木材表面的水分越不易向介质中蒸发，干燥速率越慢；相对湿度低时，表面水分蒸发快，表层含水率降低，含水率梯度增大，水分扩散势等增大，干燥速率加快。但相对湿度过低，会造成开裂及蜂窝裂等干燥缺陷的发生或加重。

（三）干燥介质循环速度

介质循环速度（circulation velocity）与木材表面水分蒸发系数正相关，是另一个影响木材干燥速率的因素。高速气流能破坏木材表面上的饱和蒸汽界层，从而改善介质与木材之间传热、传质条件，加快干燥速率。但对于难干材或当木材含水率较低时，由于木材内部水分移动困难限制着干燥速率提升，通过提高介质流速来加快表面水分的蒸发速率没有实际意义，反而会加大含水率梯度，增大产生干燥缺陷的危险性，并且会浪费能源。因此，难干材不需要很大介质循环速度。对于所有材种，随着其含水率的降低，气流循环速度对其干燥速率的影响都会减小，因而可在干燥末期采用降低风速的方式来节能。

上述三个因子是可以人为控制的外因，控制得当，可在确保木材干燥质量的前提下加快干燥速率。例如，干燥针叶材或软阔叶材薄板时，因木材内部水分移动较易，可适当提高介质干球温度、降低湿度、提高介质循环流速，以加快干燥速率。但干燥硬阔叶材或厚板时，宜采用较低的温度、较高的湿度和较小的气流循环速度，以免产生干燥缺陷。

（四）木材树种及构造特征

1. 树种和密度　　不同树种的木材具有不同构造，它的纹孔大小与数量及纹孔膜上微孔的大小都有很大差异，因此水分沿上述路径移动的难易程度有别，即木材树种是影响干燥速率的主要内因。由于环孔硬阔叶树材（如栎木）导管和纹孔中充填物多、纹孔膜上微孔的直径小，因此其干燥速率明显小于散孔阔叶树材和大部分针叶树材。在同一树种中，密度增大，孔隙率低，大毛细管内水分流动阻力增大，细胞壁内水分扩散路径延长，难于干燥。

2. 木材心边材　　阔叶树心材细胞中内含物较多，针叶树心材中的纹孔容易闭塞（纹孔塞贴紧纹孔口），所以心材较边材难干燥。

3. 木材纹理方向　　木射线有利于水分传导，沿木材径向的水分传导比沿弦向大 15%～20%，所以，弦切板通常比径切板干燥速率快。

4. 木材厚度　　木材常规干燥过程可近似认为是沿材厚方向的一维传热传质过程，厚度增加，传热传质距离变长，阻力加大，干燥速率明显下降。

5. 木材含水率　　如图 3.15 所示，纤维饱和点之下，随着含水率的降低，吸着水的横向扩散系数减小，而水蒸气在细胞腔中的扩散系数则增大。由于干燥过程中吸着水在细胞壁中的扩散系数很小，制约着吸着水的迁移速度，因此含水率对其影响也是对纤维饱和点之下干燥速率的影响，即含水率越低越难干燥。此外，随着含水率降低，木材导热系数减小，并且细胞壁内吸着水解吸（脱吸）除需要提供汽化潜热外还需要提供不断增大的吸湿差热（微分吸附热，differential heat of absorption）等更多能量，这些也导致木材纤维饱和点之下越来越难干燥。

第五节　木材干燥应力与应变

木材干燥过程中，其任何部分的含水率降到纤维饱和点以下时，就将产生正常干缩。其横断面上含水率分布的不均、构造上的各向异性、温度分布不均及生长应力等，导致相互间内应力的产生；当木材的一部分受到抗拉应力（tensile stress）时，则其相邻部分就受压应力（compressive stress）；木材受应力时会产生应变及开裂变形等。按传统观点应变分为两种：一种是弹性应变，受短时间的应力作用而产生，且在弹性极限范围内，当应力消除后，此应变消失。此应变也被习惯性称为湿应变，对应的应力叫湿应力。其中的比例极限范围（线弹性范围）内，应力和应变的关系可用胡克定律描述。另一种是蠕变应变，应力超过了弹性极限，或虽在此范围内但作用时间很长，应力消除后随着时间的延长缓慢恢复的应变为黏弹性蠕变应变，最终不能恢复的应变为机械吸附蠕变应变，也称为残余应变或塑化固定。

木材干燥过程中，影响干燥质量的既有弹性应力，又有残余应力。干燥过程结束且木材厚度上的含水率分布均匀后，弹性应力、应变已经消失，此后继续影响干燥质量的是残余应力。

一、木材干燥应力应变产生的机理

干燥过程中，木材应力主要是由含水率分布不均及干缩异向性（径弦向干缩不一致）所引起的非同步干缩所致，而生长应力已基本释放，温度分布不均导致的热应力也极其微小，对干燥应力的影响可以忽略。

（一）木材厚度上含水率不均引起的应力与变形

干燥过程中，不考虑木材干缩的各向异性，并假定仅在木材厚度上发生水分移动，则木材厚度上含水率分布、应力分布、梳齿及齿形（叉齿）形状的变化如图 3.18 所示，可按 4 个阶段分析。

1. 干燥初期尚未产生应力阶段　干燥初期，木材各部位含水率均在纤维饱和点之上，无应力阶段。如图 3.18（干燥初始 I）所示，此阶段中尽管表层含水率低，厚度上含水率分布不均，但都在纤维饱和点之上，不产生干缩，因而不产生应力，应力梳齿检验片及应力齿形（叉齿）检验片齿形无变化。

2. 干燥前期应力外拉内压阶段　干燥过程前期木材应力外拉内压阶段的含水率分布、应力分布、梳齿和叉齿形状的变化如图 3.18（干燥前期 II）所示。干燥过程开始后，木材表面自由水先蒸发，经过一段时间（取决于干燥介质的温度、相对湿度和木材内部自由水向外流动的速度）后，表层含水率降到纤维饱和点之下，断面上含水率梯度增大且出现"湿线"（图 3.17），"湿线"以外区域降到纤维饱和点以下，以内区域仍高于纤维饱和点。随着干燥的进行，"湿线"不断向内移动。

木材表层因含水率在纤维饱和点以下要产生干缩，但因内部各层含水率高于纤维饱和点且尺寸不变而受到牵制，所以表层因该牵制受拉应力，内部则同时受压应力。又因为干燥初期木材横断面上，含水率降到纤维饱和点以下的区域较薄，相应受拉应力的区域较小，而受压应力的区域较大，且总拉力与总压力相平衡，所以，内部单位面积上的压应力较小，而表层单位面积上的拉应力相当大，且很快发展、达到最大值。当该应力大于表层抗拉强度极限时，即产生裂纹。这也是干燥前期易产生表裂（surface check）的主要原因。

该阶段，若将应力检验片（stress section）剖成梳齿形，刚剖开后由于表层拉应力消除，弹性拉应变消失，因此表层齿长缩短，而内部各层齿长由于压应力的消除，弹性压应变消失，恢复到接近原长度。若将应力检验片剖成叉齿，刚剖开后，由于表层拉应力消除，弹性拉应变消失，则两齿外张，且外张程度与表层拉应力大小呈正相关。由于木材是弹性-塑性体，当表层拉应力超过其弹性极限时，就会产生塑性变形，或拉应力虽没超过弹性极限，但受力时间长会产生蠕变，并产生某种程度的塑化固定（机械吸附蠕变）。若已产生塑化固定，则梳齿形应力检验片，在其含水率均匀及黏弹性蠕变恢复后，表层因拉伸塑化固定而没有达到自由干缩尺寸，而内层则可达到同含水率所对应的自由干缩尺寸，甚至会产生某种程度压缩塑性变形，因此外层齿较内层齿长。同理，叉齿应力检验片两齿向内弯曲，且弯曲程度随表层拉伸塑化固定程度的加重而增大。

随着干燥过程的进行，"湿线"不断内移，即表层以内的一些区域也逐渐降到纤维饱和点之下，受拉应力的区域逐渐扩大，而内部在纤维饱和点以上受压应力作用的区域则逐渐减小。因此，表层单位面积上的拉应力逐渐减小，而内部单位面积上的压应力逐渐增大，并达到最大值，但内层压应力发展较慢。

3. 干燥中期内外应力暂时平衡阶段 干燥过程中期木材内外应力暂时平衡阶段的含水率分布、应力分布、梳齿和叉齿形状的变化如图 3.18（干燥中期Ⅲ）所示。该阶段木材内外应力的平衡，结合图 3.19（a）进行分析：假定该阶段表层含水率为 $MC_表$，低于内层含水率 $MC_内$，则非受限干缩率（自由干缩率），表层为 $Y_{MC表}$，大于内层的 $Y_{MC内}$。由于前期表层

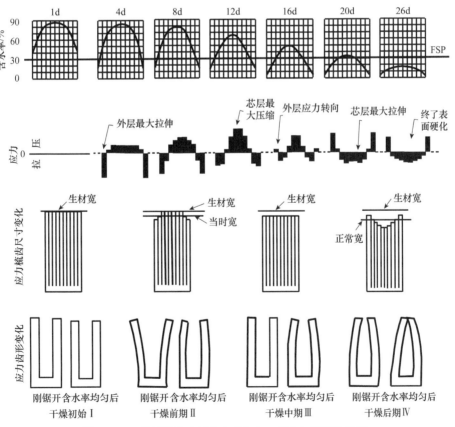

图 3.18 干燥过程中木材含水率分布、应力与变形的发展

在拉应力下产生了某种程度的塑化固定，即产生了受限干缩，因此表层的梳齿长度比自由干缩应该达到的尺寸长，即表层受限干缩率较其自由干缩率减小 ΔY，暂时与内层干缩率 $Y_{MC内}$ 相等（$Y_{MC表实际}＝Y_{MC内}$），因而此时木材中内外层的应力暂时平衡。此时，梳齿形应力检验片各层梳齿在刚锯开时长度相等。叉齿应力检验片刚锯制后齿形平直，但此时内层含水率还高于表层，当含水率均匀后，内部含水率的降低进一步缩短了尺寸，使得两齿向内弯曲，即叉齿应力检验片两齿内弯是其外层产生了拉伸塑性变形，在含水率均匀一致后较内层长所致。注意，若内层于前期在压应力下产生了压缩塑性变形，则内外应力暂时平衡时刻将提前，即内层含水率在高于 $MC_内$ 时，其实际尺寸即与外层的实际尺寸暂时相等。

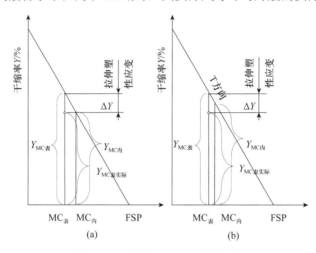

图 3.19　干缩率和含水率关系曲线

4. 干燥后期应力外压内拉阶段　　该阶段的含水率分布、应力分布、梳齿和叉齿形状的变化如图 3.18（干燥后期Ⅳ）所示。由干燥中期的内外应力暂时平衡阶段继续干燥，"湿线"继续内移，木材横断面上含水率梯度减缓。由于表层塑化固定已停止了干缩，因而硬化的表层及纤维饱和点之上的芯层牵制了中间层的收缩，中间层产生拉应力、表层及芯层产生压应力，表层和中间层发生了应力转变。继续干燥（后期），"湿线"消失，即木材各部位含水率都降到纤维饱和点之下，此时内部各层都在表层牵制下产生受限干缩［图 3.19（b）］，内层的干缩率 $Y_{MC内}$ 大于表层的实际干缩率 $Y_{MC表实际}$，因而都受拉应力，表层迅速达到最大压应力，内部拉应力也相继达到最大值。

当内部拉应力大于内部抗拉强度极限时，即产生裂纹。这也是干燥后期易产生内裂的理论原因。由此可知，内裂尽管产生在干燥后期，但却主要由干燥前期（the early stage of drying）表层的严重塑化固定引起。

此阶段的梳齿形应力检验片，刚锯开时中间的一些齿在解除了拉应力后，拉伸弹性应变消失，因而尺寸短，而表层由于塑化固定，尺寸与锯开前基本一致。叉齿应力检验片的两齿，刚锯开时由于内侧拉伸弹性应变消失、尺寸缩短而向内弯曲。含水率平衡、黏弹性蠕变消除后，由于在干燥前期外层产生了严重拉伸塑化固定，内部产生了某种程度的压缩塑化固定，而后期内层在拉应力下的塑性变形很小，因此检验片齿形内弯程度较刚锯开时更大、但较干燥前期制取（含水率均匀且黏弹性蠕变消除）的齿形应力检验片内弯程度减小。

综上所述，可用叉齿等应力检验片的齿形变化来判断干燥过程中木材内外层的应力方向、在应力下的塑性变形情况。若刚锯开时两齿外张，表明此时外层受拉应力，内层受压应力。含水率均匀一致、黏弹性蠕变消除后,若两齿平行,表明应力为弹性应力（无塑性变形),两齿内弯,表明表层拉伸应力超过了弹性极限,产生了拉伸塑性变形,弯曲程度越大塑性变形越严重。若刚锯开时两齿内弯,表明此时外层受压应力,内层受拉应力。含水率均匀一致、黏弹性蠕变消除后,两齿内弯加剧,表明干燥前期外层产生了严重拉伸塑化固定,内部产生了某种程度的压缩塑化固定。

（二）木材径弦向干缩不一致引起的应力与变形

根据木材弦向干缩系数约是径向的2倍的特性,分析三种木材的干缩、应力与变形情况。

（1）**径切板** 两个板面都是径切面,板厚都为弦向,干缩均匀,不会引起前述应力应变之外的附加应力和变形。

（2）**弦切板** 外板面（靠近树皮的面）接近弦向,其干缩率大于接近径向的内板面（靠近髓心的面）,因此,干燥时其力图向外板面翘曲［图3.20 (a)],但实际干燥生产中,板材都堆积成材堆,并在其顶部放置压块以防止其翘曲变形,因而板材的外板面就产生附加拉应力,而内板面则产生附加压应力,这种应力与含水率梯度无关。外板面由于附加拉应力与干燥前期含水率不均匀引起的表面拉应力相叠加,很容易引起表裂。

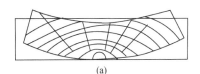
(a)

（3）**带髓心的方材** 4个表层干缩方向接近弦向,其干缩率比直径方向的大,干燥时4个表层的干缩受到内部直径方向木材的抑制,结果在表层区域产生附加的拉应力,中心区域产生附加的压应力。这种应力同样与含水率梯度无关。带髓心方材表层由于这种附加的拉应力与干燥初期含水率梯度引起的拉应力相叠加,很易引起开裂。所以,大断面含髓心方材,干燥时很容易产生缺陷［图3.20 (b)]。

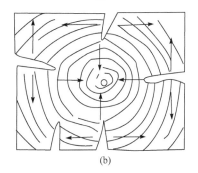
(b)

图3.20 干缩异向性引起的应力及开裂

二、干燥应力检测

干燥应力（drying stress）的发生及发展与干燥工艺有关,并直接影响干燥质量。因此,干燥过程中必须了解和掌握应力的变化情况,以便确定适宜基准和湿热处理条件。干燥结束后的质量检验,也需要检测其残余干燥应力。

干燥应力、应变测定的方法可归纳为实测法、切片分析法和梳齿分析法三种。

干燥过程中在材堆中的规定位置放置应力检验板,干燥过程的关键时刻取出按图3.21所示截取的制作应力检测检验片,检测分析应力及应变。截取应力检验片后的检验板,用硅胶等端封（最好用干燥材补足原长度）后放回原位继续干燥。

应力检验板的选取、设置原则、切片分析法、叉齿分析法及间接分析应力的分层含水率的检测法参看第五章第一节。

实测法是根据胡克（虎克）定律（Hook's law）,测出应力检验片厚度上各层应力切片长度（检验板宽度）方向的弹性模量和应变量（图3.21实测法应力切片）,从而求出各层的应力值,并绘出木材厚度上各层宽度方向的应力分布图。此法虽可直接测出应力值,但测量麻烦、费时间,并且最主要的是某些层切片所受应力可能会超出比例极限,或虽未超出该极限但作用时间较长而产生某种程度蠕变,因而超出胡克定律的应用范围,此外,难以把握干燥过程中木材各层的弹性模量，所以难以应用。

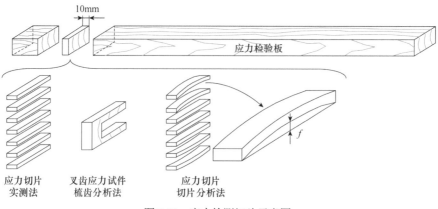

图 3.21　应力检测切片示意图

　　近年来，有些科技工作者，试图将电测技术应用于木材干燥应力测量，其方法之一是在木材表面贴大标距的电阻应变片，用应变仪来测量表层的应变。这种方法的关键在于应变片与木材的黏结方法和传感系统的设计。木材含水率较高时，一般胶黏剂难以黏牢。若采用高强度胶黏剂，胶层太硬又影响测量结果。又因粘贴应变片处木材不能蒸发水分，影响正常收缩，使其测量结果失真。为解决这些技术问题，涂登云（博士学位论文）曾尝试将表面贴有应变片的弹性元件一端固定，另一端（自由端）随木材的表层变形同步位移，产生挠度，应变片处产生应变，应变仪将该弹性元件产生的应变转换成电信号，并通过二次仪表 YJR5 静态电阻应变仪显示所测数据。经过适当标定，YJR5 静态电阻应变仪可显示木材干燥过程中表面位移量，可在线测出干燥过程中木材表面的应变。较直接在木材表面贴应变片法要精确可靠，使用时需进行零漂检测、温度修正等。木材干燥过程中，运用数字图像相关（digital image correlation，DIC）技术，在线采集材堆中代表性锯材表面的图像，可较精准解析表面不同位置的特征点、线之位移及应变等信息。该技术运用于木材干燥过程实际干缩应变在线检测的研究，在我国刚刚起步（东北林业大学木材干燥研究团队已有初步研究成果），具有广阔的应用前景。上述几种方法检测的都是木材干燥过程中表层的实际干缩应变（受限干缩应变），需测得其对应的自由干缩应变，获得两者差值才更有实际意义。因为自由干缩应变与实际干缩应变之差是弹性应变、黏弹性蠕变应变和机械吸附蠕变应变（残余应变）的综合反映。

三、应变理论的新发展

　　较新的应变理论认为，木材干燥时的总应变即自由干缩应变由受限干缩应变、弹性应变、黏弹性蠕变应变和机械吸附蠕变应变组成。自由干缩应变是与木材含水率有关的木材固有特性。弹性应变及黏弹性蠕变应变见第二章第四节。后者与干燥时间有关，随着时间的延续而增加，是可恢复的应变（应力消除后，随着时间的延长该应变缓慢恢复）。机械吸附蠕变应变是永久的残余应变，其与木材含水率及温度有关。

　　上述应变可用切片法来测定（图 3.23）：①先在刨光的湿材应力检验板上沿长度画干燥过程不同时期需截取应力检验片的位置线，沿这些线测量检验板宽度，即应力检验片的初始长度 L_0；②干燥过程中定期取出应力检验板，按标画位置线截取应力检验片，画厚度上分层线，测定劈开前各层长度 L_1；③沿线将各层劈开，测定劈开后各层（试条）即时长度（劈开后立即测量的长度）L_2；④将劈开的试条在确保其平均含水率不变的条件［放入密封袋中抽出空气密封，或置于恒温恒湿箱内（介质状态所对应的平衡含水率等于试条劈解时的平均含水率）〕下放置至长度稳定（黏弹性蠕变消除）后测其长度 L_3；⑤检验片基本干缩（自由干缩）长度 L_4，是干燥前在同一块检验板上截取的对应层试条，缓慢气干至与上述过程④的试条同含水率时的长度，是无约束的自由干缩。如果上述对应层试条难以制取，可将上述过程④的各层试条置于恒温恒湿箱内（介质状态所对应的平衡含水率等于测过 L_3 的各层试条平均含水率 EMC_{L3}）至重量稳定，测各层长度 L_{3E}，用水浸泡 24h、汽蒸 10 余小时（近似认为塑性变形消除）后，置于恒温恒湿箱内（介质状态所对应的平衡含水率等于 EMC_{L3}）至重量稳定，测各层长度 L_{4E}。

　　切片的长度变化如图 3.22 所示。可用千分表测量（图 3.23），操作较便利，但精度低；较精确的测量方法是将检验板划线并确定各试条长度测量的 2 个基准点，用数码相机拍照，劈解后或劈解的试条含水率平衡后用弹力卡具将各试条夹紧连同刻度尺拍照，将图片输入计算机并用图形分析软件计算各试条 2 个基准点间的距离。测出上述各长度后，可据下列公式计算各种应变，即自由干缩应变：

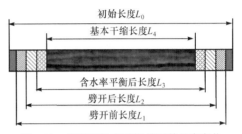

图 3.22　应变切片在干燥前后的长度变化

$$\varepsilon = \varepsilon_S + \varepsilon_E + \varepsilon_C + \varepsilon_M \tag{3.81}$$

式中，ε_S 为受限干缩应变（实际干缩应变）；ε_E 为弹性应变；ε_C 为黏弹性蠕变应变；ε_M 为机械吸附蠕变应变。

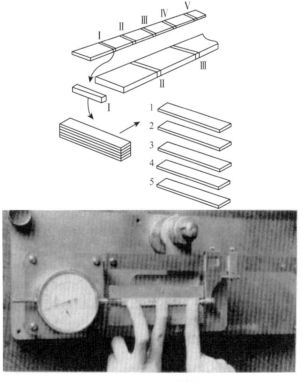

图 3.23　切片长度检测

$$\varepsilon_S = \frac{L_0 - L_1}{L_0} \qquad\qquad (3.82)$$

$$\varepsilon_E = \frac{L_1 - L_2}{L_0} \qquad\qquad (3.83)$$

$$\varepsilon_C = \frac{L_2 - L_3}{L_0} \qquad\qquad (3.84)$$

$$\varepsilon_M = \frac{L_3 - L_4}{L_0} \qquad\qquad (3.85)$$

四、木材干燥应力的消除

如一、木材干燥应力应变产生的机理所述，常规干燥过程中，木材含水率分布不均和干缩异向性导致前期表层产生拉应力、内部产生压应力，而干燥后期则应力转向，即内拉外压。由此可知，干燥应力的削弱应从增大木材中水分均匀性和减小干缩异向性（差异干缩系数）入手。

（一）干燥过程中木材水分分布均匀性的改善

干燥过程中采用较软的干燥基准（见第五章第二节）缓慢干燥，可有效改善木材中水分分布的均匀性，减小干燥应力。但干燥速率过慢，影响干燥效率。所以实际干燥生产中较适宜的干燥基准都兼顾了干燥速率，即在确保干燥质量等级要求的前提下尽可能提高干燥速率、缩短干燥周期。具体措施为，干燥介质的温度较高、相对湿度较低，含水率梯度较大，只是在木材将产生开裂前进行适宜的湿热处理，以削弱应力，确保干燥质量。例如，干燥过程前期在表层拉应力将大于抗拉强度前进行适宜的湿热处理（第1次中间处理，见第五章第三节），以增大含水率的均匀性、削弱干燥应力、抑制表裂；干燥后期在将产生内裂前进行适宜的第二次中间湿热处理，以增大含水率的均匀性、消除或部分消除干燥前期表层产生的拉伸塑性变形，削弱应力，减小内裂。

（二）干缩异向性的减小

有研究表明，木材适当温度的饱和湿空气或常压饱和蒸汽处理对差异干缩系数的减小有一定作用，而更有效的化学处理，人们还在不断研究中。

（三）动态黏弹性对应力松弛的作用

对于弦切板、含髓心方材及树盘，由于其干缩异向性，干燥过程中即使其含水率分布均匀，仍然会产生由弦、径向非同步干缩而引起的应力，并导致开裂。这种干燥过程中应力无法消除的木材，只能采取措施减小应力以抑制开裂。

理论上，上述木材在干燥过程中，如果在开裂前进行适当软化处理，使其产生蠕变和应力松弛，将能使开裂得到有效抑制。生产实际中，日本在对含髓心方材（建筑用柱材）的干燥过程中有实际运用。例如，断面120mm含髓心柳杉方材的干燥，干燥前进行5~7h的常压饱和蒸汽或约8h的95℃饱和湿空气软化处理，之后进行干球温度120℃、湿球温度90℃的干燥变定处理（快速干燥），18~24h后进行常规干燥。该实用技术能有效抑制表面开裂，但工艺有待进一步优化，抑制开裂机理尚不明确，需深入研究。关于开裂抑制机理，日本一些学者认为，软化及干燥处理使得木材形状固定，不再因含水率降低而收缩，因而抑制其干燥开裂。东北林业大学木材干燥研究团队的初步研究结果则表明，干燥变定初期很快产生表层拉伸应力，但在软化状态下产生蠕变和应力松弛，这是有效抑制表层开裂的主要原因。

思　考　题

1. 热量的传递方式有哪些？
2. 如何计算多层复合室壁的散热损失？
3. 试述木材中热量和水分传递的基本规律。
4. 木材内部水分移动和表面水分蒸发的影响因子有哪些？
5. 木材干燥时产生应力变形的原因是什么？
6. 木材干燥中产生的表裂和内裂可能各在什么阶段发生？原因是什么？

主要参考文献

鲍甫成，赵有科，吕建雄．2003．杉木和马尾松木材渗透性与微细结构的关系研究．北京林业大学学报，（1）：1-5.

北京林学院．1983．木材学．北京：中国林业出版社.

曹文．2015．微波处理对两种木材干燥特性的影响．杭州：浙江农林大学硕士学位论文.

段云佳，卢昊，蔡英春，等．2022．基于数字图像相关技术的蒙古栎锯材干燥端面应变规律研究．木材科学与技术，36（3）：58-64.

傅秦生，何雅玲，赵小明．2001．热工基础与应用．北京：机械工业出版社.

高应才．1983．数学物理方程及其数值解法．北京：高等教育出版社.

顾炼百．1998．木材工业实用大全（木材干燥卷）．北京：中国林业出版社.

顾炼百．2003．木材加工工艺学．北京：中国林业出版社.

何盛．2014．微波处理改善木材浸注性及其机理研究．北京：中国林业科学研究院博士学位论文.

何正斌，伊松林．2016．木材干燥理论．北京：中国林业出版社.

江宏俊．1983．流体力学：上册．北京：高等教育出版社：96-162.

连之伟，张寅平，陈保明．2009．热值交换原理与设备．2版．北京：中国建筑工业出版社.

刘一星，赵广杰．2004．木质资源材料学．北京：中国林业出版社.

骆介禹．1992．森林燃烧能量学．哈尔滨：东北林业大学出版社.

齐华春．2011．落叶松木材高温高压蒸汽脱脂干燥机理的研究．哈尔滨：东北林业大学博士学位论文.

沈维道，蒋智敏，童钧耕．2001．工程热力学．3版．北京：高等教育出版社.

隋文杰．2016．生物质物料特性与汽爆炼制过程关系的研究．北京：中国科学院研究生院（过程工程研究所）博士学位论文.

翁翔．2020．微波处理对杉木干燥特性的影响机制研究．北京：中国林业科学研究院博士学位论文.

吴玉章，屈伟，蒋明亮，等．2018．一种木材表面微创装置和木材表面处理方法：CN2015100195682. 2018-07-06.

辛荣昌，陶文铨．1993．非稳态导热充分发展阶段的分析解．工程热物理学报，14（1）：80-83.

闫丽，曹金珍，余丽萍，等．2008．微生物侵蚀处理对木材渗透性影响研究进展．林业机械与木工设备，（3）：7-10.

严家骠，王永清．2004．工程热力学．北京：中国电力出版社．

严家骠，余晓福．1989．湿空气和燃气热力性质图表．北京：高等教育出版社．

严家骠，余晓福．1995．水和水蒸气热力性质图表．北京：高等教育出版社．

杨世铭，陶文铨．1998．传热学．3 版．北京：高等教育出版社．

伊萨琴科 B Ⅱ．1981．传热学．王丰，翼守礼，周筠清，等译．北京：高等教育出版社．

约翰·F. 肖若．1989．木材传热传质过程．肖亦华，等译．北京：中国林业出版社．

张璧光，乔启宇．1992．热工学．北京：中国林业出版社．

张璧光．2005．实用木材干燥技术．北京：化学工业出版社．

张洪济．1992．传热学．北京：高等教育出版社．

张熙民，任泽霈，梅飞明．1993．传热学．2 版．北京：中国建筑工业出版社．

赵学瑞，廖其奠．1983．粘性流体力学．北京：机械工业出版社：268-359．

郑昕，曹金珍．2008．木材液体渗透性的改善方法．林业机械与木工设备，（11）：33-35．

周桥芳．2011．木材对流加热干燥热质迁移规律的研究．哈尔滨：东北林业大学硕士学位论文．

朱政贤．1992．木材干燥．2 版．北京：中国林业出版社．

Comstock G L. 1970. Directional permeability of softwoods. Wood Fiber, 1: 283-289.

Siau J F. 1984.Transport Process in Wood. New York: Springer-Verlag.

Siau J F. 1995. Wood: influence of moisture on physical properties. Department of Wood Science and Forest Products Virginia Tech.

Skaar C, Babiak M. 1982. A model for bound-water transport in wood. Wood Sci Technol, 16: 123-138.

Skaar C. 1954. Analysis of methods for determining the coefficient of moisture diffusion in wood. For Prod J , 4: 403-410.

Stamm A J. 1959. Bound-water diffusion into wood in the fiber direction.For Prod J, 9: 27-32.

第四章　木材常规干燥设备

从人们利用空气对流的方法干燥木材开始，几十年来随着科学技术的进步，各种新的干燥方法诸如真空干燥、微波干燥、除湿干燥、太阳能干燥等不断问世，并在工业上逐步得到应用。然而，由于采用对流方法的常规蒸汽干燥历史悠久，技术比较成熟，从干燥的经济性、干燥质量等指标来综合衡量，与其他干燥方法相比仍然占有优势，在目前及今后相当长的时期内仍然占有主导地位。本章节就木材常规干燥设备进行介绍与分析。

第一节　木材干燥室的分类

木材干燥室（窑）（wood drying kiln）是指具有加热、通风、密闭、保温、防腐蚀等性能，在可控制干燥介质条件下干燥木材的建筑物或容器。在木材常规干燥室内装备有通风和加热设备，能够人为地控制干燥介质的温度、湿度及气流速度，利用对流等传热作用对木材进行干燥处理。

图 4.1 为完整的木材干燥室总体布置图，由干燥室、控制室、加热房和料仓 4 部分组成。以木材加工剩余物包括刨花、锯屑及板皮等碎料或油为燃料，以蒸汽为热源。待干木材采用组堆堆积，叉车装卸。

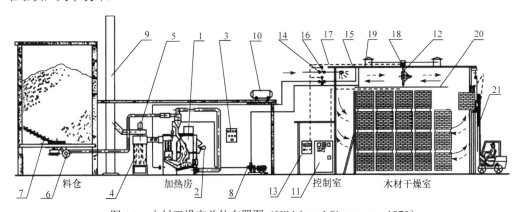

图 4.1　木材干燥室总体布置图（Hildebrand-Singapore，1970）

1. 炉灶；2. 备用油燃烧器；3. 控制器；4. 旋风分离器；5. 排气风机；6. 进料风机；7. 料仓螺旋出料器；8. 加热循环泵；9. 烟囱；10. 伸缩贮罐；11. 强电柜；12. 风机；13. 电子控制器；14. 加热器控制阀；15. 加热器；16. 喷蒸控制阀；17. 喷蒸管；18. 排湿执行器；19. 进/排气口；20. 顶板；21. 室门

常规蒸汽干燥是长期以来使用最普遍的一种木材干燥方法，这种传统干燥方法就是把木材置于几种特定结构的干燥室中进行干燥。其主要特点是以湿空气作为传热介质，传热方式以对流传热为主。其干燥的过程是：待干木材用隔条（sticker）隔开，堆积于干燥室内，干燥室装有风机，风机使空气流经加热器，升高温度，经加热的空气再流经材堆，把热量部分地传给木材，并带走从木材表面蒸发的水分，吸湿后的部分空气通过排气口排出，同时，相同质量流量的新鲜空气又进入干燥室，再与干燥室内的空气混合，成为温度和湿度都较低的混合空气，该混合空气再流经加热器升温，如此反复循环，达到干燥木材的目的。干燥室安装有喷蒸系统，在室内相对湿度过低时，向室内喷蒸汽或水雾。

一、常规干燥设备的分类

木材干燥室是对木材进行干燥处理的主要设备，一般按照下列主要特征来分类。

（一）按照作业方式分类

可分为周期式干燥室（compartment kiln）和连续式干燥室（progressive kiln）。周期式干燥室是指干燥作业按周期进行，湿材从装室到出室为一个生产周期，即材堆一次性装室，干燥结束后一次性出室。周期式干燥室有叉车装材和轨道车装材两种作业方式，在我国这种形式的干燥室数量最多，分布也最为普遍。

连续式干燥室长度较长，通常在 20m 以上，有的甚至达 100m，待干木材在如同隧道一样的干燥室内连续干燥，部分干燥好的木材由室的一端（干端）卸出，同时由室的另一端（湿端）装入部分湿木材，干燥过程是连续不断进行的。连续式干燥室在结构上主要有三种类型：①空气横向可逆循环，材堆纵向放置；②空气纵向逆行循环，材堆纵向放置；③空气纵向逆行循环，材堆横向放置。

图 4.2 所示为连续式干燥室结构示意图。室内用顶板将干燥室分成上下两部分，下部为干燥间，放置多个材堆。上部为循环风道，布置有循环风机、加热器等。湿端的空气在循环风机的带动下，经加热器流向干端，而后向下流到干燥间，逆着材堆的移动方向依次穿过材堆，流到湿端，再被风机所吸取。必要时打开进排气口，进行换气。材堆的堆积须在板材之间留出空格，以便空气循环。材堆与墙壁、顶板之间的空隙宜小，能容材堆通过即可，不使空气从材堆外面空流而过。

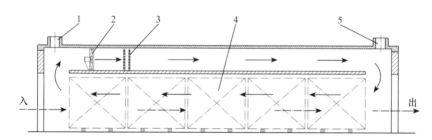

图 4.2　连续式干燥室结构示意图（伊松林，2017）
1. 进气口；2. 循环风机；3. 加热器；4. 材堆；5. 排湿口

图 4.3 所示为节能型连续式木材干燥室示意图（俯视）。该干燥室采用空气横向可逆循环，材堆纵向放置的方式，其显著特点是干燥室内部的材堆为两列式排列，且其行进方向相反，即 A、B 列对向行进。在干燥室长度方向上可分为三个区段，前、后两段为换热段，中间为干燥段。在前、后两段内，通过风机的循环作业，干材堆的余热可用于湿材堆的预热；而湿材堆中蒸发出来的水分，又可用于干材堆木材的平衡调湿处理。湿材进室和干材出室可基本实现"常温"的进出，即对外界环境的排放热能可显著减少，进而实现节能。目前该类型连续式木材干燥室已在国内个别企业实际应用，节能效果良好。

连续式木材干燥室可用于大批量均质木材（特别是针叶材或竹材）的干燥，经济效果比较显著。但此类干燥室空气介质条件的控制不如周期式干燥室精确，而且使用时，应尽可能地使待干木材的树种、厚度及初含水率都相同，否则木材的干燥周期很难确定。

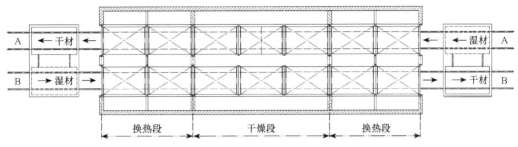

图 4.3 节能型连续式木材干燥室示意图

（二）按照干燥介质的种类分类

按照干燥介质的种类可分为空气干燥室（air kiln）、炉气干燥室（furnace gas kiln）和过热蒸汽干燥室（superheated steam kiln）。

空气干燥室是以常压湿空气作为干燥介质，室内设有加热器，通常以蒸汽、热水、热油或炉气间接加热作为热源，用加热器加热干燥介质；炉气干燥室的干燥介质为炽热的炉气，通常室内不安装加热器，把燃烧所得到的炉气，通过净化与空气混合，然后直接通入干燥室作为干燥介质；过热蒸汽干燥室的干燥介质是常压过热蒸汽，其通常以蒸汽为热源，特点是散热面积较大，以保证使干燥室内蒸汽过热，并能保持干燥室内的过热度。就目前而言，由于干燥质量和设备的原因，炉气干燥室和过热蒸汽干燥室在我国应用较少。

（三）按照干燥介质的循环特性分类

按照干燥介质的循环特性可分为自然循环干燥室（natural circulation kiln）和强制循环干燥室（forced circulation kiln）。

自然循环干燥室如图 4.4 所示，干燥室内的气流循环是通过冷热气体的重度差异而实现的，这种循环只能引起气流上、下垂直流动。循环气流通过材堆的速度较低，仅为 0.2～0.3m/s，新建干燥室基本不再采用此种通风方式。

在强制循环干燥室室内装有通风设备，循环气流通过材堆的速度在 1m/s 以上。通风机可以逆转，定期改变气流方向，进而保证被干材均匀地干燥，获得较好的干燥质量。

我国木材干燥室的应用状况概括为：周期式占绝大多数，按容量估算约占 99%，连续式极少，约占 1%。强制循环室约占 4/5，自然循环室约占 1/5。中、小型室占多数，大型室占少数。目前，新建的干燥室几乎均为强制循环干燥室。

（四）按热媒种类分类

按热媒种类可分为蒸汽干燥室、热水干燥室、炉气干燥室及热油干燥室。

二、常规干燥设备的型号命名

在我国林业行业标准《木材干燥室（机）型号编制方法》（LY/T 1603—2002）中，规定了各类木材干燥室（机）的型号表示法。它包括型号表示法、干燥室分类、风机位置、壳体结构及能源等的代号，主参数与第二主参数的表示法及木材干燥室（机）型号示例等。编制该标准的目的在于，规范木材干燥室（机）的型号，指导木材干燥室（机）生产定型化和标准化，以便用户正确选用木材干燥室（机），常规干燥室的型号命名方法如下。

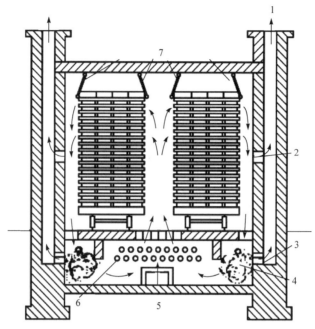

图 4.4　自然循环干燥室（P. 若利和 F. 莫尔-谢瓦利埃，1985）

1. 湿空气排出口；2，3. 湿空气排放阀门；4. 加湿器；5. 新鲜空气进气阀门；6. 加热器；7. 挡风板

（一）干燥室（机）型号

1. 型号表示法　　方法如下，其中：①"□"符号为大写的汉语拼音字母；②"△"符号为阿拉伯数字；③有"（）"的代号或数字，当无内容时不表示，若有内容应不带括号。

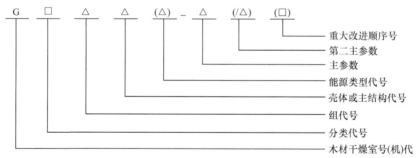

2. 木材干燥室（机）的分类及代号　　木材干燥室（机）共分 7 类，用汉语拼音字母表示，其表示方法应符合表 4.1 的规定。

表 4.1　木材干燥室（机）的分类及代号

常规干燥	除湿干燥	真空干燥	太阳能干燥	高频干燥	微波干燥	其他干燥
C	S	K	T	P	W	Q

注：常规干燥指以常压湿空气作介质，以蒸汽、热水、炉气或热油作热媒，干燥介质温度在 100℃ 以下。其他干燥包括过热蒸汽干燥、温度为 100℃ 以上的高温干燥及目前使用较少的干燥方法

3. 组、型表示方法　　组、型代号均以阿拉伯数字表示。对于常规干燥、高温干燥及太阳能干燥，以风机布置型式来划分组，而对于除湿、真空、高频及微波干燥则以各自的特点来划

分组。

型的划分包括两个方面：①干燥室壳体或主体结构型式；②干燥室加热所用能源的类型，若只有电作能源，则该项不作标注。另外，除湿干燥的能源类型一项是指用于干燥室升温的辅助能源。

4. 主参数表示法　型号中的主参数，位于组、型代号之后，用阿拉伯数字表示，并用"-"号与组、型代号隔开。室内木材以按标准木材（standard timber）计的实材积（m^3）作为主参数。根据中华人民共和国国家标准《锯材干燥设备性能检测方法》（GB/T 17661—1999）的定义，标准木料是指厚度为40mm、宽度为150mm、长度大于1m、按二级干燥质量从最初含水率60%干燥到最终含水率12%的松木整边板材。对于某些干燥方法（如微波干燥），其木材采用传送带式（或转动式）连续干燥，则以每小时干燥（从含水率50%降至10%）的实材积（m^3/h）作为主参数。

5. 第二主参数表示方法　第二主参数，用阿拉伯数字表示，详见表4.2。第二主参数的计量单位：功率以千瓦（kW）计、单位材积的集热器面积以平方米/立方米（m^2/m^3）计。

6. 重大改进序号　若木材干燥设备在性能、结构等方面与原型号相比确有重大改进，可在原型号之后加重大改进序号。用大写的汉语拼音字母 A、B、C……的顺序标示。

7. 联合干燥表示法　凡两种或两种以上方法联合的干燥，其型号表示法是在两种或几种干燥方法的代号之间用"-"号相连。符号的先后顺序按它在干燥中的重要顺序排列。

8. 木材干燥室（机）示例

示例1：木材常规蒸汽干燥室、顶风式、金属壳体、实材积100m^3，干燥室内风机总功率6×2.2kW，其型号为：GC111-100/13.2。

示例2：木材常规热水干燥室，侧风式，砖砌体铝内壳，实材积40m^3，干燥室内风机总功率5×1.1kW，热水供热功率为235kW，其型号为：GC232-40/5.5。

示例3：木材除湿干燥室，双热源（热泵除湿式）高温型，实材积50m^3，用蒸汽热源作辅助加热，除湿机的压缩机功率15kW，除湿机经过第一次改进设计，其型号为：GS121-50/15A。

示例4：微波真空联合干燥机，多点式谐振腔加热，方形壳体，从初含水率50%到终含水率10%，每小时干燥的实材积0.1m^3/h，微波和真空总功率8kW，其型号为：GW23-K32-0.1/8。

（二）干燥室（机）的类、组、型划分

木材干燥室（机）类、组、型等，应符合表4.2的规定。

表4.2　木材干燥室（机）类、组、型划分

类	组		型			主参数	第二主参数
	代号	名称	代号	壳体（或主结构）型式	能源类型		
C	1	顶风式	1	金属型壳体	蒸汽	实材积/m^3	干燥室风机总功率/kW
			2	砖混壳体	热水		
			3	砖砌体铝内壳	炉气		
			4	其他	其他		
	2	侧风式	1	金属型壳体	蒸汽		
			2	砖混壳体	热水		
			3	砖砌体铝内壳	炉气		
			4	其他	其他		

类	组		型			主参数	第二主参数
	代号	名称	代号	壳体（或主结构）型式	能源类型		
C	3	端风式	1	金属型壳体	蒸汽	实材积/m³	干燥室风机总功率/kW
			2	砖混壳体	热水		
			3	砖砌体铝内壳	炉气		
			4	其他	其他		
	4	其他	1	金属型壳体	蒸汽		
			2	砖混壳体	热水		
			3	砖砌体铝内壳	炉气		
			4	其他	其他		
S	1	高温≥70℃	1	单热源（除湿式）	蒸汽		压缩机功率/kW
			2	双热源（热泵除湿式）	热水		
			3		炉气		
			4		电热		
	2	中温 50～70℃	1	单热源（除湿式）	蒸汽		
			2	双热源（热泵除湿式）	热水		
			3		炉气		
			4		电热		
	3	低温 <50℃	1	单热源（除湿式）	蒸汽		
			2	双热源（热泵除湿式）	热水		
			3		炉气		
			4		电热		
K	1	对流加热	1	圆形金属壳体	蒸汽	实材积/m³	装机功率/kW
			2	方形金属壳体	热水		
			3	其他	电热		
	2	热压板加热	1	圆形金属壳体	蒸汽		
			2	方形金属壳体	热水		
			3	其他	电热		
	3	高频或微波加热	1	圆形金属壳体			
			2	方形金属壳体			
			3	其他			
T	1	顶风式	1	集热器与室体分离型	蒸汽	实材积/m³	单位材积的集热器面积/（m²/m³材）
			2	半温室型	热水		
			3	温室型	炉气		
			4		其他		
	2	侧风式	1	集热器与室体分离型	蒸汽		
			2	半温室型	热水		
			3	温室型	炉气		
			4		其他		

类	组		型			主参数	第二主参数
	代号	名称	代号	壳体（或主结构）型式	能源类型		
T	3	端风式	1	集热器与室体分离型	蒸汽	实材积/m³	单位材积的集热器面积/（m²/m³ 材）
			2	半温室型	热水		
			3	温室型	炉气		
			4		其他		
P	1	单一式	1	极板垂直布置		实材积/m³	高频输出功率/kW
			2	极板水平布置			
			3	极板水平，上一块板可活动			
	2	联合式	1	极板垂直布置			
			2	极板水平布置			
			3	极板水平，上一块板可活动			
W	1	单一式	1	隧道式		实材积/m³	微波输出功率/kW
			2	谐振腔曲折波导			
			3	多点式谐振腔			
	2	联合式	1	隧道式			
			2	谐振腔曲折波导			
			3	多点式谐振腔			

注：①除湿机的高温、中温和低温型是根据除湿机的最高供风温度来划分的，是指在不加辅助热源的情况下，除湿机冷凝出口处可能达到的最高风温。②高温干燥的组、型划分和代号与常规干燥相同

第二节　典型常规干燥室的结构

目前在国内外应用最广泛的木材干燥室是周期式强制循环空气干燥室，一般按照通风设备在室内外的配置情况加以分类。生产中使用的周期式强制循环空气干燥室可分为顶风式、侧风式、端风式三种室型，目前新建的干燥室几乎全部为顶风式。

通风设备设在室内顶部的周期式强制循环空气干燥室，称为顶风机型干燥室（drying kiln with top fan）。我国的顶风机型干燥室有长轴型和短轴型两种，长轴型干燥室（line-shaft kiln）的所有风机都沿着室的纵向串联安装在一根长轴上，由一台电动机驱动；短轴型干燥室（cross-shaft kiln）的风机则与干燥室的纵向成 90º 安装在各自的短轴上，各用一台电动机驱动。它们的优点是技术性能比较稳定，气流循环比较均匀，干燥质量好，容量大；缺点是设备多集中在干燥室的上部，施工和安装维修困难。两者相比，长轴型干燥室只用一台电动机，动力消耗小，但长轴的安装调整不易平衡，轴承易磨损，易出故障。短轴型干燥室机轴短，安装时容易平衡，轴承磨损小，故障少，可以认为是对长轴型干燥室的改进。随着电动机性能的提高，短轴型干燥室已多采用防潮耐热特种电动机与风机直联，一起安装在室内，从而具有更多优点，已逐渐代替长轴型，并得到更广泛的应用。

侧风机型干燥室（drying kiln with side fan），其结构特点是轴流风机安装在材堆的侧边，每台风机配用一台电动机，根据风机位置高度可以分为风机位于堆高中部和堆高下半部两种，侧风机型干燥室的最大缺点在于材堆内循环速度分布不均，可逆循环效果较差，影响木材均匀

干燥。

20世纪80年代初,在我国出现了端风机型干燥室(drying kiln with end fan),它是一种适合作中、小容量木材干燥室的室型,其特点是结构简单,安装和维修保养方便,干燥效率一般较高,干燥均匀度介于顶风机型和侧风机型之间,并与结构设计是否合理有关,若斜壁设计合理,也可取得较好的干燥效果。目前,在我国形成了顶风机型、侧风机型、端风机型三大主要类型的发展趋势。针对这一情况,本节重点对以上三种室型的干燥室进行介绍与分析。

一、顶风机型干燥室

如图 4.5 所示为顶风机型强制循环干燥室示意图。它的结构特点是:顶板将干燥室分为上下两间,上部为通风机间,下部为干燥间;每台风机由一台电机带动;进排气口在干燥室上部两列式排列。

在图 4.5 中,图(a)为叉车装室、图(b)为轨道车装室。用叉车直接装室比较简单,所以大型干燥室(材积 50~60m³ 以上)都趋于用这种装室方式。叉车装室的优点是:无须设置转运车、材车、相应的轨道及与此相应的土建投资。缺点是:装材、出材所需时间较长;叉车直接进入干燥室,若操作不当,可能会对室体造成损坏;提升高度较大时,门架升得太高,无法全部利用干燥室的高度。轨道车装室的优点是:在干燥室外堆积木材,可确保堆积质量,装室质量好;湿材装室和干材出室十分迅速,干燥室的利用率较高,干燥针叶材最好用这种装室法。缺点是:干燥室前面一般需要有与干燥室长度相当的空地或需要预留出转运车的通道;干燥室内部材车轨道或转运车轨道需要打地基,土建工程量大;材车或转运车造价较高,投资额较大。对于一些小型的干燥室,个别厂家通常采用在干燥室内直接堆垛的方式装室,室的容积利用系数不高,堆积质量难以保证,且劳动强度较大,装室效率低。实际上木材的堆积质量与干燥质量之间关系密切,木材在干燥过程中产生的弯曲变形、表裂、端裂、局部发霉及干燥不均等缺陷均与堆积质量直接相关。因此,在可能的情况下尽量不要选用直接在室内堆垛的装室方式。

顶风机型干燥室的优点是:气流分布良好,室内空气循环比较均匀,如干燥基准制定合理,干燥工艺实施得当,则其干燥质量能满足高质量的用材要求。而且电机与风机叶轮之间可采用短轴或直联方式,安装和维修较为方便。缺点是:每台通风机要配置一台电动机,动力消耗大;若采用室外型电机,需设电机夹间,占地面积大,若电机与风机叶轮之间采用直联方式,则不存在这一问题。由于通风机间的存在,容积利用率低于侧风机型和端风机型干燥室;建筑费用高于侧风机型和端风机型干燥室。

二、侧风机型干燥室

图 4.6 为侧风机型强制循环干燥示意图。它的结构特点是:风机在干燥室的一侧安装;无通风机间,其建筑高度低于顶风机型干燥室;进排气口在室顶二列式排列;若采用室外型电机,在干燥室一侧需设电机夹间。侧风机型干燥室气流循环特点是:气流通过风机一次,流过材堆两次,材堆高度上的通气断面等于减小一半,干燥介质的体积可以减小一半,因而风机的功率也可减小。

侧风机型干燥室的优点是:结构简单、室内容积利用系数较高,投资较少;设备的安装和维修方便;气流的循环速度比较大,干燥速率较快。缺点是:气流速度分布不均,有气流 $V=0$ 的区域,即"死区"存在,干燥质量低于顶风机型;气流一般为不可逆流动,不如可逆循环干燥效果好;若采用室外型电机,需要增设电机夹间,非直接生产性占地面积较大。

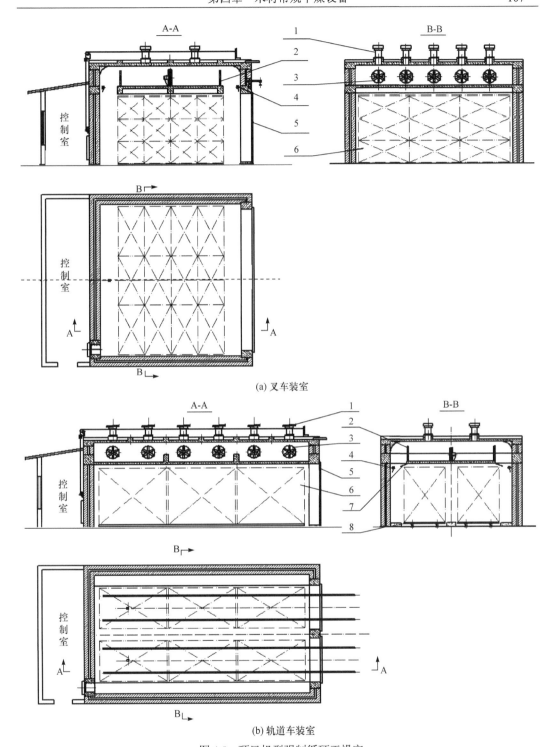

(a) 叉车装室

(b) 轨道车装室

图 4.5　顶风机型强制循环干燥室

1. 进排气口；2. 加热器；3. 风机；4. 喷蒸管；5. 大门；6. 材堆；7. 挡风板；8. 材车

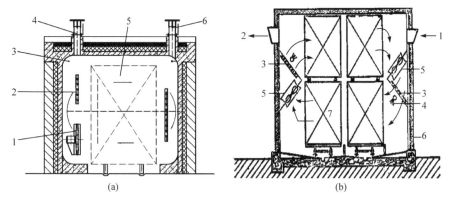

图 4.6 侧风机型强制循环干燥

（a）风机位于堆高下半部：1. 轴流风机；2. 加热器进气道；3. 喷蒸管；4. 排气道；5. 材堆；6. 排气道。
（b）倾斜侧装风机：1. 新鲜空气进口；2. 湿空气排放口；3. 加热器；4. 喷蒸管；5. 轴流风机；6. 干燥室壳体；7. 材堆

三、端风机型干燥室

图 4.7 为端风机型干燥室示意图。端风机型干燥室是对侧风机型结构的改进。其结构特点是：轴流风机安装在材堆的端部，即风机间在材堆的端部；进排气口通常位于风机间顶部，轴流风机的两侧或端墙上。

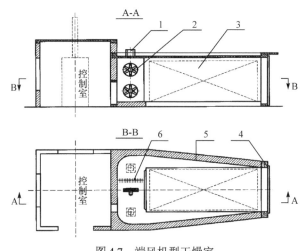

图 4.7 端风机型干燥室

1. 进排气口；2. 轴流风机；3. 材堆；4. 大门；5. 斜壁；6. 加热器

端风机型干燥室的优点是：空气动力学特性较好，能形成"水平－横向－可逆"的气流循环，若斜壁设计合理，气流循环比较均匀，干燥质量较好；设备安装与维修方便，容积利用系数高；投资较少。缺点是：干燥室不宜过长，为确保干燥质量，材堆长度通常不能超过 6m，装载量较小；若斜壁角度设计不当，材堆断面气流不均，进而会降低木材干燥质量。

端风机型干燥室斜壁斜度直接影响干燥室内气流循环的均匀性，因此相关问题的研究非常重要。赵寿岳对端风机型干燥室斜壁斜度的确定进行了一定的理论研究，并给出了设计的依据和方法。

四、木材干燥室内空气的流动特性

为了确保干燥质量，提高整个材堆容积内木材干燥的均匀性，要尽量使材堆长度和高度上的空气分布均匀。

在干燥室长度方向上均匀分配空气方面，对于目前广泛采用的短轴型干燥室，主要方法是分散放置多台平行作用的通风机。根据《木材干燥工程设计规范》(LY/T 5118—1998)，一间干燥室安装多台风机时，风机中心距一般为风扇直径的 2～2.5 倍。

在材堆高度方向上均匀分配空气方面，从干燥室的侧部空间自上而下或自下而上地沿着材堆高度均匀分配空气很有困难。材堆与墙壁之间的侧面空间，起着短而宽的气道作用，从材堆的一侧配（进）气，从材堆的另一侧吸气。通常短配气道内的静压力沿着空气流动线路逐渐增大，因此在图 4.8（a）中的左边，空气以较大的速度冲向下部，大部分空气由材堆下部流过。此外，在干燥室的上部，空气温度较高，热交换和质交换加速。材堆下部空气速度大的影响，在某种程度上可以平衡材堆上部温度高的影响。通过改变空气速度的大小，在一定程度上可调整材堆高度方向上的均匀性。

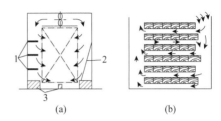

图 4.8　周期式干燥室气流动力图
（a）抑流配置；
（b）伸出材堆的板材对空气分配的影响。
1. 隔板，按空气流动逐渐增宽；2. 导流板；3. 挡风墩

当材堆与墙壁之间的空隙增加时，沿材堆的空气分配较为均匀。经验指出，这种空隙不小于材堆整个高度方向上全部隔条总厚度的一半。例如，材堆高 2.6m，木材和隔条的厚度均为 25mm，这样隔条的总厚度为 1.3m，因此，材堆与墙壁间的空隙应为 0.65m。通过采用抑流配置、导流板等措施，也可以改善空气在材堆高度上的均匀分配。

材堆侧边不齐，空气在各层板子之间的强制流动就会不均，甚至会出现逆流，如图 4.8（b）所示。空气向突出的板边冲击，将使板子前面的动压力部分变为静压力，这层板子前面的空气速度就会增大，下层板子的空气速度会减少甚至无风，因此，上述空气进入材堆的示意图表明，材堆侧边堆积不齐，将会导致空气循环不均，木材干燥速率不一致。

在木材干燥过程中，随着空气向材堆内部的移动并蒸发木材中的水分，空气的温度和干湿球温度差将逐渐减小，如此将会减缓以后的水分蒸发。因此，在空气流程上的材堆，不同部位木材的干燥速率存在差异。空气沿着木材的流动速度越大，在材堆内的流程越短，木材干燥越均匀。Кречетов 对此进行了理论分析，并以宽度为 1.8m 的材堆为例，依据计算结果绘制了含水率落差的计算图，如图 4.9 所示。

木材干燥室采用空气速率的数值，对于加速单块板材的干燥过程并不是主要的，因为对于锯材来说，实际上是没有等速干燥期的，而排除吸附水（吸着水）时，空气的速度对于加速干燥过程的影响总体来说不大。这个参数主要是影响到整批木材同时干燥时的干燥时间及锯材干燥的质量。

五、木材干燥室类型分析

木材干燥室的类型结构，直接关系到干燥室内的气流动力学特性，最终关系到干燥效果。按照气流动力学特性，周期式干燥室可以分为顶风机型、端风机型和侧风机型三种类型，图 4.10 所示为周期式干燥室气体流动示意图。

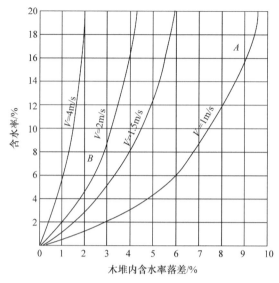

图4.9 单向循环时材堆内被干木材的含水率落差（Кречетов，1972）

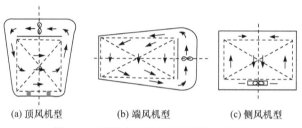

(a) 顶风机型   (b) 端风机型   (c) 侧风机型

图4.10 周期式干燥室气体流动示意图

（一）三种类型干燥室的气流动力学特性比较

林伟奇（1997）等对顶风机型与端风机型干燥室进行了气流动力特性的实验分析。通过对具体选定的国产顶风式短轴型干燥室的测试结果表明，顶风机型干燥室材堆内进口方向的平均风速为2.43m/s，出口方向的平均风速为1.90m/s，均方差分别为0.56m/s和0.44m/s。可见，我国这种比较狭长的顶风式短轴型干燥室，其空气动力学特性是好的。对所选定的端风机型干燥室进行测试，结果表明，端风机型干燥室可获得很大的风速，材堆进口的平均风速可达4.48m/s，出口风速为2.06m/s，远比顶风机型的大，但均匀性比顶风机型的差，特别是靠近风机端的材堆和靠近大门的材堆，风速差异很大，进口风速为1.67~8.5m/s，出口风速为0.85~3.39m/s，因而导致端风机型干燥室的均方差和变异系数都较大，对木材干燥的均匀性会造成不良的影响。以上资料表明，端风机型干燥室的空气动力学特性比顶风机型差一些，但它建造容易，安装维修方便，容积利用系数较高，投资较少，近年来在我国发展较快。

朱大光等（1995）对端风机型和侧风机型干燥室的空气动力学特性进行了对比分析。两者对比的结果表明，大多数端风机型干燥室平均风速的变异系数为20%~30%。测试结果最好的一种端风机型干燥室，其出口反转平均风速的变异系数为13.81%。而大多数侧风机型干燥室平均风速的变异系数为35%~50%，且离散程度较大。因此，端风机型干燥室的空气动力特性优于侧风机型干燥室。在风速不均方面，程度前者也较后者小，而且端风机型干燥室在用较小电机功率的前提下，可获较高的气流循环速度。

实验证明，风机位于室顶的顶风机型干燥室［图4.10（a）］，气体动力特性最好，在材堆整个断面上，干燥介质分布比较均匀，干燥后木材终含水率（final moisture content）均匀性好。风机位于室端的端风机型干燥室［图4.10（b）］基本可以消除干燥介质在材堆长度乃至高度上不能得到均匀的分配的情况，但室内材堆总长度一般不能超过 6m，否则沿材堆长度上气流循环不均匀。在风机位于材堆侧面的侧风机型干燥室［图4.10（c）］内，干燥介质在材堆长度乃至高度上不能得到均匀的分配，循环速度差异明显，这样就不会有相同的干燥速率。

研究指出，为使干燥质量和生产量能够达到最好，干燥室内干燥介质的设计计算循环速度至少应为 4m/s。有的资料建议采用下列方法计算循环速度：非高温干燥时为 4m/s，高温干燥时为 5m/s，干燥硬阔叶树材时为 2.5～3m/s。

（二）提高干燥室气流循环均匀性的措施

实际上周期式干燥室内的循环空气有 1/3～2/3 从材堆外面的空隙处空流而过，这样循环速度明显降低，整个材堆干燥不均，板端干得快，容易形成较深的端裂，对干燥周期和干燥质量都有严重的影响。为了消除这种缺陷，可以采取下列几点改进措施。

1）在材堆与材堆之间及材堆与端墙或门之间设置挡板（图4.11）。挡板用铝板（厚2mm）制作，悬挂在两根臂杆上，有铰链可以转动，臂杆固定在顺沿侧墙的钢管上（Φ50mm），钢管外端有手轮，转动手轮可使挡板贴近材堆，遮住材堆之间及材堆与端墙之间的空隙，不让空气空流过去。卸料时可使挡板靠近墙边。

2）在堆顶两侧置活动挡板（图4.12），挡板的上边连接在顶板上。可以转动，下边搭在材堆上，并使它伸出材堆侧部，遮住堆顶与顶板之间的空隙，不让空气流过。

3）在材堆下部设置弧形挡板或台阶（图4.12），挡住堆底空隙，防止空气流失。另外将干燥室顶部两角改为圆弧形或类似功能的导流装置，以减小空气流动阻力。

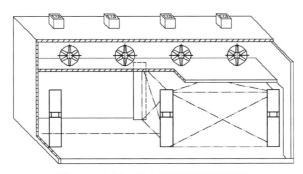

图4.11　木材干燥室侧面挡风板装置图

（Соколов et al.，1971）

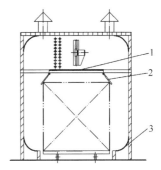

图4.12　干燥室结构改进示意图

（中国林业科学研究院木材工业研究所，1966）

1. 顶板；2. 活动挡板；3. 弧形挡板

4）可采用斜侧壁结构（斜挡板），或在材堆两侧增设可调导流装置，以提高材堆高度方向上的气流分布均匀性。

李磊和陈广元（2010）在材堆两侧合理设置升降式多级弧形导流板导流装置，把顶风机型干燥室中的材堆两侧气流循环气道分隔成若干小气道，并通过导流板的导向作用使通过每个小气道的介质气流向材堆不同高度的进气口一侧单独供风，在一定程度上改善了干燥室内沿材堆高度方向气流循环动力学的特征。

综上所述，除加大风机能量外，改善干燥室的结构、安装导流装置、合理组织气流循环，对于加强和均匀循环速度、提高干燥效果具有重要的意义。对于周期式干燥室，可用调速电动机，在干燥过程后期（FSP以下时）减低转速，降低材堆的循环速度，可以节省30%的电力消耗，特别是对于干燥硬阔叶树材和大断面难干木材的干燥室比较合适。

第三节　干燥室壳体结构和建筑

木材干燥室是在温、湿度经常变化的气体介质中工作的。常规干燥室的温度在室温至100℃变化，相对湿度最高为100%。此外，干燥室内的空气介质还含有由木材中溢出的酸性物质，并以一定的气流速度不断在室内循环。因此，木材干燥室的壳体除要满足坚固、耐久、造价低等一般要求外，还必须保证干燥室对密闭性、保温性、耐腐蚀性的要求。

干燥室壳体保温的原则是确保在高温高湿的工艺条件下室的内表面不结露。因为结露意味着冷凝水所释放的凝结热已大部分通过壳体传出室外，既造成热损失，也使室内温度难以升高，因冷凝水的渗透使壳体易遭腐蚀。

目前干燥室的壳体主要有三种结构形式，即砖混结构的土建壳体、金属装配式壳体和砖混结构铝内壁壳体。我国干燥室早期多为砖结构或钢筋混凝土结构，近年来金属结构壳体的干燥室已得到了较广泛的使用。

一、砖混结构的土建壳体

砖混结构是最常用的干燥室壳体结构，它造价低，施工容易，但在建筑结构的设计和施工时，要防止墙壁、天棚开裂。通常采用的室体结构及施工要求如下。

（一）墙体

为加强整体的牢固性，大、中型干燥室最好采用框架式结构，即室的四角用钢筋混凝土柱与基础圈梁、楼层圈梁、门框及室顶圈梁连成一体。对多座连体室，应每2～4室为一单元，在单元之间的隔墙中间留20mm伸缩缝，自基础至屋面全部断开。墙面缝嵌沥青麻丝后再做粉刷，屋面按分仓缝防水处理。

墙体采用内外墙带保温层结构，即内墙一砖（墙厚240mm），外墙一砖（墙厚240mm），中间保温层100mm。外墙采用实体砖墙，砖的标号不低于75#，水泥砂浆的标号不低于50#，并在低温侧适当配筋，保温层填塞膨胀珍珠岩或硬石，墙上少开孔洞，避免墙体厚度急剧变化。在圈梁下沿的外墙中，应在适当位置预埋钢管或塑料管，作为保温层的透气孔。连体室的隔墙可用一砖半厚（370mm）。在高寒地区，干燥室应建在室内。如建在室外，应根据当地冬季温度，重新计算确定室内壁不结露所需的保温层厚度。注意不要用空心砖砌室墙，那样容易开裂；也不要留空气保温层，墙体的大面积空气保温层会因为空气的对流换热而降低保温效果。

对混凝土梁、钢梁，要设置足够大的梁垫；在天棚下设置圈梁，地耐力较差时在地面以下设置基础圈梁，对门洞设置封闭的混凝土门框；钢筋混凝土构件本身要有足够的刚度，在进行结构计算时应充分考虑温度应力；墙体内层表面作20mm厚水泥砂浆抹面，并仔细选择其配合比，尽量满足隔气、防水、防龟裂的要求；墙砌体采用1:（20～25）普通硅酸盐水泥砂浆并掺入0.8%～1.5%无水纯净的三氧化二铁砌筑，以增加密实性。墙内预埋件要严密封闭。

为保证壳体内部的抗腐蚀能力，内壳体表面可涂刷沥青或环氧树脂涂料，以增强防腐效果。壳体内表面涂刷沥青操作简单，但须定期涂刷，且会污染环境，因此涂刷沥青的使用效果不如涂刷环氧树脂。这里介绍一种利用环氧树脂和呋喃树脂进行混合改性处理的方法（张爱莲，2002），在保持环氧树脂优良性能的基础上，用呋喃树脂混合改性，使其耐温性能得到显著改善，从而满足木材干燥室内防腐的要求。采用手工铺贴法，利用呋喃改性环氧树脂玻璃钢在木材干燥室内壁成型，这种方法无须特殊的工艺设备，不受干燥室内壁形状、尺寸的限制，可进行随意的局部加强，操作简便，容易掌握，对玻璃钢防腐层的整体性和密封性有较好的保证。

（二）室顶

必须采用现浇钢筋混凝土板，不能用预制的空心楼板。室顶应作保温、防水屋面。保温层必须用干燥的松散或板状的无机保温材料，常用膨胀珍珠岩，但不能用潮湿的水泥膨胀珍珠岩。应在晴天施工，施工时压实并做泛水坡。

（三）基础

木材干燥室是跨度不大的单层建筑，但工艺要求壳体不能开裂，因此，基础必须有良好的稳定性，不允许发生不均匀沉降。通常采用刚性条形砖做基础，并在离室内地坪以下 5cm 处做一道钢筋混凝土圈梁。在做基础，包括地面基础时，必须做防水、防潮处理。在永久冻土层上做基础时，必须做特殊的隔热处理。基础埋置深度由地基结构情况、地下水位、冻结线等因素决定，南方可为 0.8～1.2m，北方可为 1.6～2.0m。基础深埋可增加地基承载能力，加强基础稳定性，但造价也随之增加，且施工麻烦。因此，在满足设计要求的情况下，应尽量将基础浅埋，但埋深不能少于 0.5m，以防止地基受大气影响或可能有小动物穴居而受破坏。

（四）地面

室内地面的做法一般分三层：基层为素土夯实；垫层为 100mm 的厚碎石；面层为 120mm 厚素混凝土。混凝土浇筑时要用振动棒插入其中捣实，排出混凝土中的空气，以免日后固结时留下气泡影响强度，捣实后立即跟上后道的"抹平（光）"工序，即随捣随光。单轨干燥室的地面开一条排水明沟，双轨干燥室开两条，坡度为 2%，以便排水。干燥室地面也要根据需要做防水和保温处理。

对于采用轨道车进出室的干燥室，干燥室地面载荷由材堆及材堆装入、运出设备确定，其轨道通常埋在混凝土中，轨头标高与地坪相同，防止室内介质对钢轨的腐蚀。而叉车装干燥室，通常要求地面平整，并具有足够的承载能力。

二、金属装配式室体

对于金属装配式室体，其构件先在工厂加工预制，现场组装，施工期短，但需要消耗大量的合金铝材，价格较贵。对金属壳体的一般要求是：必须采用能够抗氧化的铝板，壳体内壁应采用厚度为 0.8～1.5mm 纯度较高的铝板，外壁可用厚度大于 1.2mm 的一般铝板或镀锌钢板制造，大门外层的铝板必须采用厚度为 1.2mm 以上的压花板，以增强大门的保温性能和强度。内、外壁间填以对壳体无腐蚀作用的保温材料，干燥室壳体和大门铝板之间应采用保温材料岩棉板填充，且岩棉板的容重应在 40kg/m³ 以上。砖砌体干燥室壳体中间的保温夹层也应采用这种岩棉板填充。壳体内壁一般采用焊接，焊缝不得漏气、渗水。用于常温干燥（normal temperature drying）、高温干燥（high temperature drying）的内壁，在制造时要压制成凸凹形表面，对组合壳体要用有机硅密封膏等密封材料对结合处进行密封；组装后的壳体内壁表面在最不利的工况下不得结露。

通常的做法是，先用混凝土做基础和面，然后通过现场焊接或用不锈钢螺钉连接的方式，在基础上安装用合金铝型材预制的框架；再安装预制的壁板和顶板及设备。预制板由内壁平板、外壁瓦楞板和中间保温板（或毡）组成，可以是一块整板，也可以不是整板，于现场先装内壁板，然后装保温板，最后装瓦楞板。内壁板不能用抽芯铆钉连接，而是采用合金铝横梁或压条靠螺钉连接，将壁板或顶板夹在框架上。预制壁板也可采用彩塑钢板灌注耐高温聚氨酯泡沫塑料做成。

三、砖混结构铝内壁壳体

这种室的做法是先在基础圈梁上安装型钢框架，然后用 1.2mm 厚的防锈铝板现场焊接成全封闭的内壳，并与框架连接。内壁做完后再砌砖外墙壳体，并填灌膨胀珍珠岩或硅石板保温材料。内壁与框架的连接通常采用抽芯铆钉直接铆接，但是这种连接方式会破坏内壁的全封闭，而且铝板的热膨胀易将抽芯铆钉剪断，一旦内壁有孔洞或破损，水蒸气进入壳体保温层，就会引起框架和壁板的腐蚀，也可在内壁板后面焊些"翅片"，通过翅片与框架铆接。后一种连接方法较好，但施工麻烦。

铝内壁的砖混结构室要求铝内壁全封闭，施工难度大，对焊接技术要求高，只适用于中、小型室。

四、大门

干燥室的大门要求有较好的保温和气密性能，还应能耐腐蚀、不透水及开关操作灵活、轻便、安全、可靠。大门归纳起来有 5 种类型，即单扇或双扇铰链门、多扇折叠门、多扇吊拉门、单扇吊挂和单扇升降门。目前，生产中常用的大门是双扇铰链门和吊挂门，如图 4.13 所示。

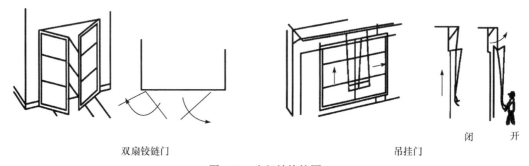

双扇铰链门　　　　　　　　　吊挂门

图 4.13　大门结构简图

干燥室大门一般以金属门使用效果较好；以型钢或铝型材制成骨架，双面包上 0.8～1.5mm 厚的铝板或外表面包以镀锌钢板，用超细玻璃棉或离心玻璃棉板作保温材料（也可用彩塑钢板灌注耐高温聚氨酯泡沫塑料）。内面板的拼缝用硅橡胶涂封，门扇的四周应嵌密封圈，室门的密封圈通常用耐高温橡胶特制的"Ω"形空心垫圈，可装于门扇内表面四周的"嵌槽"中，门内缝隙须用耐腐、耐温与耐湿的密封材料做密封处理。对砖混结构室，可直接用钢筋混凝土门框，也可在混凝土门框上嵌装合金角铝或角钢门框。

第四节　干燥室设备

除壳体之外，木材干燥室设备包括供热与调湿设备、气流循环设备、木材运输与装卸设备、检测设备等。

一、供热与调湿设备

木材干燥室内的供热与调湿设备主要包括加热器、疏水器、干燥室调湿设备、蒸汽管路等。

如图4.14所示是蒸汽为热媒时供热系统组成示意图。由图中可见，来自锅炉系统的饱和蒸汽，经由蒸汽管路系统送至干燥室，干燥室内部的加热器可分成若干组，多采用并联的方式联结，以确保干燥室内加热升温的一致性。干燥室内的干燥介质（湿空气）通过加热器与热媒（饱和蒸汽）实现热量交换，湿空气被加热升温后用于干燥木材，而放出热量的饱和蒸汽则变为冷凝水后汇入回水管，并通过疏水阀排出。回水管路中设有快速疏水阀门，以满足不同处理的需求。

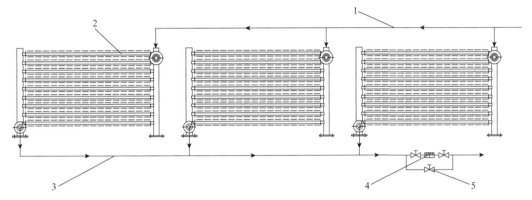

图4.14　蒸汽为热媒时供热系统组成示意图（伊松林，2017）
1.蒸汽管；2.加热器；3.回水管；4.疏水阀；5.快速疏水阀门

（一）加热器

木材干燥室安装加热器，用于加热室内空气，提高室内温度，使空气成为含有足够热量的干燥介质，或者使室内水蒸气过热，形成常压过热蒸汽作为干燥介质干燥木材。加热器要根据设计干燥室时的热力计算配备，以保证其散热面积和传热系数；加热器的安装要求操作时能灵活可靠地调节放热量的大小，并且当温度变化幅度比较大时，加热器的结合处不松脱。

1. 加热器的分类　用于木材干燥室内的加热器，可分为铸铁肋形管、平滑钢管和螺旋翅片这三种。其中铸铁肋形管、平滑钢管是早期干燥室中常用的加热器，现已应用较少。目前新建干燥室，几乎全部采用螺旋翅片加热器，如图4.15所示。

铸铁肋形管加热器有圆翼管、方翼管两种，其优点是：坚固耐用、散热面积大；缺点是：质量大，易积灰尘。平滑钢管加热器（无缝钢管）的优点是：构造简单，接合可靠，安装、维修方便；传热系数大，不易积灰尘；缺点是：散热面积小。螺旋翅片加热器有绕片式和整体式两种，绕片式是在无缝钢管外绕钢带（或铜、铝带）成螺旋片状，并经镀锌（或锡），使钢管和翅片连接成一体，即成为绕片管，再由绕片管焊接成整体的加热器；整体式加热器是用轧制式散热管制成的，金属散热管表面经过粗轧、精轧多道工序，轧出翅片，可获得优良的传热性能，是一种理想的散热器。通常有单金属翅片管散热器和双金属翅片管散热器两种类型。

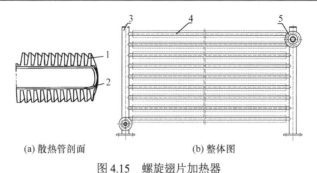

(a) 散热管剖面　　　　　　　　　　(b) 整体图

图 4.15　螺旋翅片加热器

1. 翅片；2. 基管；3. 分配管；4. 散热管；5. 法兰

单金属翅片管是由一根铝管或铜管轧制而成，不存在接触热阻的问题，大大提高了翅片管的换热性能。常见的单金属翅片管有铝翅片管和铜翅片管两种。双金属翅片管是由两种不同材料的金属管复合轧制而成。它的基管种类有铜、铜合金、不锈钢、碳钢等；翅片材料为纯铝；将铝管套在基管上，然后在表层的铝管上轧制出翅片。螺旋翅片加热器的优点是：形体轻巧，安装方便，散热面积大，热阻小，传热性能良好；缺点是对气流阻力大，翅片间隙易被灰尘堵塞，降低加热器效应。从目前应用情况来看，整体式（扎片式）螺旋翅片加热器应用最多。

2. 加热器散热面积的计算

$$放出的热量 Q = F \cdot K \cdot (t_{蒸} - t_{空气})$$

$$加热器的散热面积：F = \frac{Q \cdot C}{K \cdot (t_{蒸} - t_{空气})}$$

式中，F 为加热器表面积（m^2）；Q 为加热器应放出的热量（kJ/h）；$t_{蒸}$ 为加热器材管道内蒸汽的平均温度（℃）；$t_{空气}$ 为干燥介质的平均温度（℃）；C 为后备系数，取为 1.1～1.3；K 为加热器的传热系数[W/（$m^2 \cdot$ ℃）]。

在上式中，由于加热器应放出的热量 Q 是干燥室设计中的已知条件，因此运用上式在进行加热器散热面积的计算时，关键是要确定出加热器的传热系数 K。由于加热器的布置形式、流经加热器外表面的介质流速及加热管内热媒性质等因素的不同，传热系数 K 的计算公式繁多。具体在确定传热系数 K 时，可参考生产厂家提供的样本说明。

例如，天津某厂生产的 IZGL-1 型加热器的管盘外形及安装尺寸如图 4.16 所示。它是以蒸汽为热媒加热空气的换热装置，广泛应用于化工食品、建筑等工业的生产之中，也可以成为集中和局部空调的组成部分。其梯形的助片截面，可获得更好的传热性能，产品质量可靠，性能优良，具有传热性能高、耐腐蚀、耐高温、寿命长等特点。IZGL-1 系列产品有 5 种宽度，9 种长度及 2、3 排两种厚度，共 30 种规格。产品可根据用户的使用需要任意串、并联组合。表 4.3 列出了 IZGL-1 型管盘的性能参数，以便参考。

表 4.3　IZGL-1 型管盘性能参数

管排数	传热系数 K/［W/（$m^2 \cdot$ ℃）］	空气阻力 Δh/Pa
2	$k = 23.54 \cdot V_r^{0.301}$	$\Delta h = 12.16 \cdot V_r^{1.43}$
3	$k = 19.64 \cdot V_r^{0.409}$	$\Delta h = 17.35 \cdot V_r^{1.55}$
4	$k = 19.46 \cdot V_r^{0.412}$	$\Delta h = 27.73 \cdot V_r^{1.51}$

注：V_r 为迎风面质量流速，kg/（$m^2 \cdot$ s）

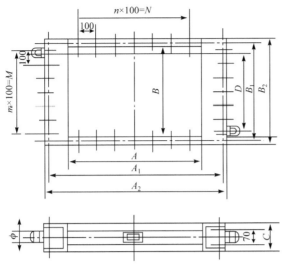

盘管厚度尺寸/mm		
管排数	2	3
厚度	120	166

图 4.16 IZGL-1 型加热器管盘外形及安装尺寸图（天津暖风机厂，单位为 mm）

3. 加热器的配备与安装 加热器面积的配备，因被干木材的树种、厚度及选用加热器的类型而异。选用光滑管或绕片式散热器时，一般每立方米实际材积需要 2～6m² 散热面积；用铸铁散热器时一般需要 7～10m²；如果采用高温干燥时，散热器的面积要增加一倍。

干燥所需的热量随木材的树种和规格、室型与结构、地区气候、木材的最初和最终含水率等因素而变化。一般蒸发 1kg 水分需 2～3kg 的蒸汽量；强制循环干燥室蒸发 1kg 水分需 3768～5024kJ（900～1200kcal）热量，参见表 4.4 及表 4.5。

表 4.4 蒸发木材中水分所需的热量

树种	含水率/%	季节	热量消耗/（kJ/kg）	用于蒸发水分/%	热损失/%	加热空气/%	其他/%
栎木（厚 100mm）	18～65	冬	4962	53	25	8	14
		夏	3815	69	19	6	16
云杉（厚 17～25mm）	10～50	冬	4568	58	11	10	29
		夏	3655	71	8	8	13

表 4.5 木材室干基本能耗（何定华，1987）

能耗项目	比热耗/（kJ/kg）					
	红松				水曲柳	
	年平均	%	冬季	%	年平均	%
木材及残留水分加热	239	5.1	289	5.3	209	4.0
蒸发水分加热	264	5.7	565	10.5	222	4.2
水分蒸发	2 320	49.8	2 320	42.9	2 345	44.6
新鲜空气加热	272	5.8	335	6.2	389	7.4
壳体热损失	846	18.4	1 084	20.1	1 030	19.6

续表

能耗项目	比热耗/（kJ/kg）					
	红松				水曲柳	
	年平均	%	冬季	%	年平均	%
终了处理喷蒸热耗	285	6.1	322	6.0	590	11.2
其他	423	9.1	490	9.0	477	9.0
合计	4 649	100	5 405	100	5 262	100
每立方米木材能耗/kJ	1 673 640		1 945 800		2 841 480	
每立方米木材需要的蒸汽/kg	783.8		911.3		1 330.8	

注：表列数值以北京一间纵轴干燥室干燥厚 5cm 红松和水曲柳齐边板材为例，容重分别取为 360kg/m³ 和 540kg/m³，初含水率 80%，终含水率 10%，干燥周期 168h 和 360h

干燥室中若安装热量回收装置，则热量可节省 12%～30%。不同类型干燥室中热消耗量的数值，参见表 4.6。

表 4.6　不同类型干燥室在干燥松木时蒸发 1kg 水分所需的热消耗量　　（单位：kJ/kg）

周期式干燥室（常温）		连续式干燥室		高温干燥室
		无热回收	有热回收	
夏季	3868	3375	2973	2604
冬季	6351	4999	4007	3458

4. 加热器在安装时应注意的问题　　安装人员要进行必要的技术培训，理解并掌握干燥室加热器的安装意义与技术要求。此外，安装人员还要具有一定的文化程度和职业素质，以保证生产设备安装完好，满足用户的使用要求。

1）为保证沿干燥室的长度方向散热均匀。在安装加热器时，一般应从大门端进气，补偿大门处热量的漏失，这样可减少在干燥室长度方向上的温度差。

2）加热器应布置在循环阻力小，散热效果好，且便于维修的位置；各种热媒的加热器在安装时均不可与支架呈刚性连接，以便于热胀冷缩。

3）蒸汽为热媒的加热器应以加热器上方接口为蒸汽进端，下方接口为蒸汽冷凝水出端，并按蒸汽流动方向留有 0.5%～1%的坡度。

4）热水或热油为热媒的加热器应以加热器下方接口为热媒进端，上方接口为热媒出端。按热媒流动方向上扬 0.5%～1%的坡度，并在加热器超过散热片的适当位置加放气阀。

5）大型干燥室加热器宜分组安装，自成回路，可根据所需的干燥温度，全开或部分打开加热器。

6）加热器管线在温度变化时，长度上应能自由伸缩，长度超过 40m 的主管道应设有伸缩装置。

此外，管道通过墙壁的孔眼，必须在砌墙时预先留好，待管道安装好后，将孔眼严密堵塞。堵塞物料可用蛭石粉拌水泥，以 3∶1 配比为宜，以便修理时拆除；室外管道安装完后，用石棉等保温材料包扎厚 25mm 以上，防止冻裂。

（二）疏水器

疏水器（阀）是安装在加热器管道上的必需设备之一，其作用是排除加热器中的冷凝水，阻止蒸汽损失，以提高加热器的传热效率，节省蒸汽。

疏水器的类型较多，根据其工作原理的不同，可分为机械型、热静力型、热动力型三种。机械型通过凝结水液位的变化启闭阀门；热静力型通过凝结水温度的变化启闭阀门；热动力型通过凝结水动态特性的变化启闭阀门。在木材干燥生产中通常使用的是热动力型和机械型中的自由浮球式。

1. 热动力型疏水器　　热动力型疏水器具有体积小、排水量大的自动阀门。它能阻止蒸汽管道中的干热蒸汽通过，又能及时排除管道中的凝结水，并可防止水击现象产生及凝结水对管道的腐蚀作用。其型式有热动力式（S19H-16）和偏心热动力式等。现以 S19H-16 热动力式疏水器为例，说明如下。S 代表疏水器；1 代表内螺纹；9 代表热动力式；H 代表密封件材料；16 代表能承受的压力。它适用于蒸汽压力不大于 $16kg/cm^2$（1.6MPa），温度不大于 200℃的蒸汽管路及蒸汽设备。安装位置在室内或室外皆可，不受气候限制。其结构见图 4.17 所示。

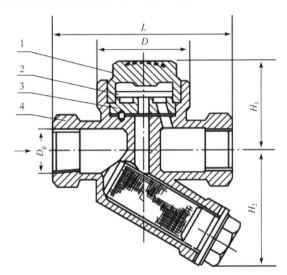

图 4.17　S19H-16 热动力式疏水器剖面图（采暖通风设计经验交流会，1979）
1. 阀盖；2. 阀片；3. 阀座；4. 阀体

此种疏水器的工作原理如图 4.18 所示。当装置启动时，管道出现冷却凝结水，凝结水靠工作压力通过进水孔 6 推开阀片 2，凝结水经过环形槽 5 从出水孔 3 迅速排放。当凝结水排放完毕后，蒸汽随后排放，蒸汽可通过阀片与阀盖 1 之间的缝隙进入阀片上部的汽室 4，因蒸汽比凝结水的体积和流速大，阀片上下产生压差，阀片在蒸汽流速的吸力下迅速关闭。当阀片关闭时，阀片受到两面压力，阀片下面的受力面积小于上面的受力面积。因疏水阀汽室里面的压力来源于蒸汽压力，所以阀片上面受力大于下面，阀片紧紧关闭。当疏水阀汽室里面的蒸汽降温成凝结水，汽室里面的压力下降。凝结水靠工作压力推开阀片，凝结水又继续排放，循环工作，间断排水，此种疏水器的性能曲线见图 4.19。此种疏水器的选用主要根据疏水器进出口的压力差 $\Delta P = P_1 - P_2$ 及最大排水量而定。

（1）疏水器进出口的压力差

$$\Delta P = P_1 - P_2$$

式中，P_1取比加热器进口压力小（1/20～1/10）0.1MPa 的数值；P_2 取 $P_2=0$（排入大气）；$P_2=$ 0.03～0.06MPa（排入回水系统）。

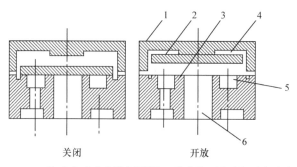

图 4.18　S19H-16 热动力式疏水器剖面图（采暖通风设计经验交流会，1979）

1. 阀盖；2. 阀片；3. 出水孔；4. 汽室；5. 环形槽；6. 进水孔

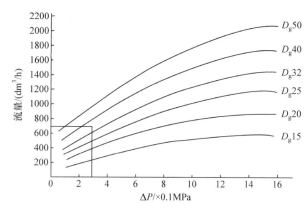

图 4.19　S19H-16 热动力式疏水器的性能曲线（采暖通风设计经验交流会，1979）

（2）水流量 Q　因为蒸汽设备开始使用时，管道中积存有大量的凝结水和冷空气，如按出水常量选用，则管道中积存的凝结水和冷空气不能在短时间内排出，因此，按凝结水常量加大 2～3 倍选用，即实际的 Q 比计算的 $Q_{计}$ 大 2～3 倍。

例 4-1　已知干燥室加热器的平均蒸汽消耗量为 200dm³/h，进入干燥室的蒸汽压力为 0.32MPa，凝结水自由地倾泻入水箱，试选疏水器型号。

解　已知蒸汽压力为 0.32MPa（3.2kg/cm²），疏水器进口压力 $P_1=0.95\times3.2\approx0.3$MPa（3kg/cm²），压力差 $\Delta P=(P_1-P_2)=0.3-0=0.3$MPa（3kg/cm²），疏水器最大排水量$=200\times2=$ 400dm³/h（kg/h）。

根据已知的压力差 0.3MPa 及最大排水量 400dm³/h，查图 4.19 可知，应选用公称直径 D_g20 的 S19H-16 热动力式疏水器。

2. 自由浮球式疏水器　其工作原理是利用凝结水液位的变化而使浮子（球状或桶状）升降，从而控制启闭件工作。

S41H-16C 型自由浮球式疏水器的结构见图 4.20，其在不同压差下的最大连续排水量见表 4.7。这种疏水器适用于工作压力不大于 1570kPa、工作温度不大于 350℃的蒸汽供热设备及蒸汽管路，它结构简单，灵敏度高，能连续排水，漏汽量小但抗水击能力差。

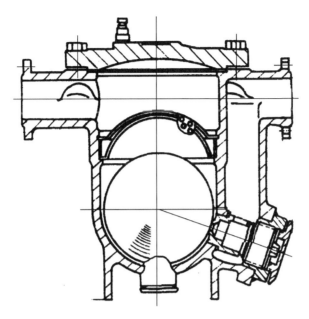

图 4.20 S41H-16C 型自由浮球式疏水器的结构图

表 4.7 不同压差下的最大连续排水量

最高工作压力差/kPa	B	D	F	G
	通径 D_g/mm	通径 D_g/mm	通径 D_g/mm	通径 D_g/mm
	15、20、25	25、40、50	50、80	80、100
150	1 110	5 640	19 500	27 600
250	1 000	5 350	18 000	25 100
400	950	4 700	17 000	22 700
640	810	3 590	14 300	18 200
1 000	660	3 190	11 870	16 600
1 600	550	2 740	9 180	12 900

注：B、D、F、G 为球体的类型

3. 疏水器的安装 疏水器安装得是否正确，对其能否发挥性能功效有很大的关系。安装时，疏水器的位置应低于凝结水排出点，以便能及时排出凝结水。

为使疏水器在检修期间不停止加热器的工作，须在疏水器的管路上装设旁通管（图 4.21）。旁通管须装在疏水器的上面或在同一平面内，不可装在疏水器的下面。

正常使用时，应打开疏水器管道上的 1、3 号阀门，关闭 4 号阀门。注意检查疏水器是否失灵，方法是关闭 4 号阀门，打开 1、3 号阀门。如果只有凝

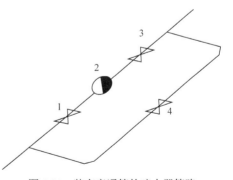

图 4.21 装有旁通管的疏水器管路
1、3、4. 阀门；2. 疏水器

结水排出，疏水器是正常的。如果凝结水和水蒸气同时排出，说明疏水器失灵。此时必须关闭 1、3 号阀门，打开 4 号阀门，使凝结水从旁通管流出，将疏水器卸下修理。

定期检查疏水器的严密性。定期清洗滤网和壳体内的污物。在冬季要做好防冻工作，如静水力式疏水器在不用时应将内部存水放尽，以免冻裂。

疏水器的质量或用户选型和安装的不当，则可能产生漏汽与冷凝水排除不畅等情况。通过对蒸汽排水系统进行合理设计、对疏水阀等排水装置进行合理选型，可以较大降低工厂运行中蒸汽损失造成的经济和能源损失。选择疏水器时，必须考虑疏水器的使用条件、与使用条件相适应的容量及良好的耐用性等方面，切不可只根据管径大小来套用疏水器。另外，疏水器可并联安装，不可串联安装。

（三）干燥室调湿设备

1. 喷蒸管或喷水管　喷蒸管（steam spray pipe）或喷水管是用来快速提高干燥室内的温度和相对湿度的装置。在干燥过程中，为克服或减少木材的内应力发生，必须及时对木材进行预热处理（preheating）、中间处理（intermediate treatment）和终了处理（final treatment），这就需要使用喷蒸管或喷水管向干燥室内喷射蒸汽或水雾，以便尽快达到要求的温度和相对湿度。

喷蒸管是一端或两端封闭的管子，管径一般为 1.25～2in（1in＝25.4mm），管子上钻有直径为 2～3mm 的喷孔，孔间距为 200～300mm；喷水管与喷蒸管的不同之处在于，喷水管的水喷出位置要安装雾化喷头，在实际应用中常采用农用喷头来产生雾化效果。

喷蒸管或喷水管的喷蒸流量取决于干燥室容积和规定的喷蒸时间。在使用喷水管进行加湿时要注意，由于水雾在干燥室内蒸发为水蒸气时要吸收一定的热量，这会略微降低干燥室内的温度。此外，为达到良好的增湿效果，喷水管的水压必须达到 3～5kg/cm^2。如达不到这一压力，或喷管设计不当，不但达不到增湿效果，反而会将木材浇湿。

喷蒸管或喷水管安装应符合以下规定：①喷孔或喷头的射流方向应与干燥室内介质循环方向一致；②在干燥室长度方向上喷射应均匀；③不应将蒸汽或水直接喷到被干燥的木材上。否则将使木材发生开裂或污斑。

通常在强制循环干燥室内两侧各设一条喷蒸管，根据气流循环方向使用其中的一根。喷蒸管的喷孔容易被水垢和污物堵塞，应当经常检查及时清除。

厚度大的阔叶树板材一般要求低温干燥，宜用喷水管调湿，既可很快提高温度，还可节省蒸汽能源。或在干燥过程中需要进行热湿处理，如用喷蒸管提高介质的湿度，相应的温度也会上升，并常高于干燥基准规定的温度，此时即使关闭加热器，温度一时也难以降下来。因此，采用喷水管进行调湿也是可以的，国外一些国家已将纯水液压技术中的最新研究成果即高压细水雾化技术应用于木材干燥系统，与普通低压雾化喷水管相比，其增湿效果好，同时可降低水的消耗。

2. 进排气系统　在木材干燥过程中，进气口用于向干燥室导入新鲜空气，而排气口用于排放湿空气。干燥室中进排气口的大小、数量及位置是影响木材干燥的重要因素，直接影响到干燥室的技术性能。通常进排气口成对布置在风机的前、后方。根据干燥室的结构，可以设在室顶，也可设在室壁上。

图 4.22 为一种利用弹簧复位的进排气系统工作示意图。图 4.23 为利用角执行器控制开关的进排气口系统照片。由于从木材中释放出来的酸性物质腐蚀性较强，因此进排气口一般应用铝板制作。进排气口需设置可调节的阀门，干燥室的进气量和排气量应维持在木材干燥所必需的最低水平。它取决于干燥木材的树种、初含水率、需达到的终含水率、木材的厚度及材堆的堆积密度等。通过调节阀门控制排气量，使排气量稳定在为保持干燥室内空气介质的规定相对湿度所需的最佳值。

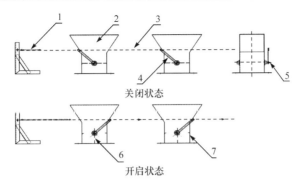

图 4.22　进排气系统工作示意图
1. 复位弹簧；2. 排气口；3. 钢丝绳；4. 拉杆；5. 转轴；6. 翻板；7. 限位角铝

（a）方形　　　　　　　　　　（b）圆形　　　　　　　　　　（c）实景应用
图 4.23　利用角执行器控制开关的进排气口系统照片

　　通常情况下，进排气口直径和数量应满足按需要排除水分计得的排风量要求。排气口必须设在风机的风压所及范围内，以利于在风机驱动下，将湿空气排出。同样，进气口应设在风机能抽取到新鲜空气的地方，使干燥空气得以借风机之力而进入干燥室。使用逆转风机，由正转变为逆转时，进气口变为排气口，排气口变为进气口。

　　铝制进排气道装于砖混结构室体的预埋孔中时，应在室内侧进排气道周边的缝隙中嵌塞沥青麻丝后用防水水泥砂浆涂封。此外，进排气道室外部分应能有效地防雨和防风。

（四）蒸汽管路

　　常规木材干燥室使用的蒸汽压力为 0.3～0.5MPa，过热蒸汽室为 0.5～0.7MPa。若蒸汽锅炉压力过高，需在蒸汽主管上装减压阀，减压阀前后要装压力表。蒸汽主管上应安装蒸汽流量计，以便核算蒸汽消耗量。干燥车间应根据需要设置分汽缸，以便给各组散热器及喷蒸管均匀配汽。分汽缸下面应装有疏水器，以排除蒸汽主管中的凝结水。管道沿蒸汽及冷凝水流动方向须带 2‰～3‰的坡度，以便凝结水的排除，蒸汽管道的安装可参考图 4.24。

二、气流循环设备

　　用对流加热的方法干燥木材必须要有干燥介质的流动，在木材干燥室中，安装通风机能促使气流强制循环，以加强室内的热交换和木材表面水分的蒸发。通风机按其作用原理与形状可分为离心式通风机和轴流式通风机两种；根据其压力可分为高压（3kPa 以上）、中压（1～3kPa）和低压（不大于 1kPa）三种。木材干燥室一般多采用低压和中压通风机。

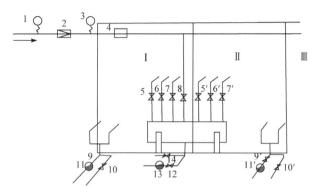

图 4.24　干燥室蒸汽管道图

1、3. 压力表；2. 减压阀（若压力不高，可省略）；4. 蒸汽流量计；5、6 和 5′、6′. 散热器的供汽阀门；

7、7′. 喷蒸管供汽阀门；8. 蒸汽主管阀门；9、9′、12. 疏水器前的阀门；11、11′、13. 疏水器；10、10′、14. 旁通管阀门

通风机的性能常以气体的流量 Q（m³/h）、风压 H（Pa）、主轴转速 n（r/min）、轴功率 N（kW）及效率 η 等参数表示。尺寸大小不同而几何构造相似的一系列通风机可以归纳为一类。每一类通风机的风量 Q、风压 H、转数 n、轴功率 N 之间存在着一定的相互关系，见表 4.8。

表 4.8　风机性能参数的关系（Кречетов，1980）

按介质相对密度 γ 换算	按转数 n 换算	按叶轮直径 D 换算	换 γ、n、D 换算
$Q_2 = Q_1$	$Q_2 = Q_1 \dfrac{n_2}{n_1}$	$Q_2 = Q_1 \left(\dfrac{D_2}{D_1}\right)^3$	$Q_2 = Q_1 \dfrac{n_2}{n_1}\left(\dfrac{D_2}{D_1}\right)^3$
$H_2 = H_1 \dfrac{r_2}{r_1}$	$H_2 = H_1 \left(\dfrac{n_2}{n_1}\right)^2$	$H_2 = H_1 \left(\dfrac{D_2}{D_1}\right)^2$	$H_2 = H_1 \dfrac{r_2}{r_1}\left(\dfrac{n_2}{n_1}\right)^2\left(\dfrac{D_2}{D_1}\right)^2$
$N_2 = N_1$	$N_2 = N_1 \left(\dfrac{n_2}{n_1}\right)^3$	$N_2 = N_1 \left(\dfrac{D_2}{D_1}\right)^5$	$N_2 = N_1 \dfrac{r_2}{r_1}\left(\dfrac{n_2}{n_1}\right)^3\left(\dfrac{D_2}{D_1}\right)^5$
$\eta_2 = \eta_1$	$\eta_2 = \eta_1$	$\eta_2 = \eta_1$	$\eta_2 = \eta_1$

注：①注脚符号"1"表示已知的性能及其参数关系，注脚"2"表示所要计算的性能及关系参数。②风机性能一般均指在标准状态下的风机性能，标准状态系指大气压力 P=7.6kPa，大气温度 t=20℃，相对湿度 ϕ=50%时的空气状态。标准状态下的空气相对密度为 γ=1.2kg/m³

例 4-2　某型号的风机，叶轮直径 D_1=800mm，转数 n_1=600r/min，流量 Q_1=8000m³/h，风压 H_1=120Pa，轴功率 N_1=1kW，若将叶轮直径放大到 D_2=1600mm，转数放慢为 n_2=300r/min，求流量、风压及轴功率有何变化？

解　本例中空气的状态没有改变，故 $r_1=r_2$，因为

$$Q_2 = Q_1 \frac{n_2}{n_1}\left(\frac{D_2}{D_1}\right)^3$$

改变后的流量为

$$Q_2 = 8000 \times \frac{300}{600} \times \left(\frac{1600}{800}\right)^3 = 32000 \text{m}^3/\text{h}$$

又因为

$$H_2 = H_1 \frac{r_2}{r_1}\left(\frac{n_2}{n_1}\right)^2\left(\frac{D_2}{D_1}\right)^2$$

改变后的风压

$$H_2 = 120 \times \left(\frac{300}{600}\right)^2 \times \left(\frac{1600}{800}\right)^2 = 120\text{Pa}$$

又因为

$$N_2 = N_1 \frac{r_2}{r_1}\left(\frac{n_2}{n_1}\right)^3\left(\frac{D_2}{D_1}\right)^5$$

改变后的功率

$$N_2 = 1 \times \left(\frac{300}{600}\right)^3 \times \left(\frac{1600}{800}\right)^5 = 4\,\text{kW}$$

该例说明，若相似风机的叶轮直径增加到 2 倍，同时把主轴转数减小一半，则风量可增大到 4 倍，风压不变，功率消耗也增大到 4 倍。因此，当干燥室内气流阻力不大时，利用加大风机叶轮直径并适当降低主轴转数的方法（即大风机低转数）来提高风量，从而提高流过材堆的气流速度是经济有效的。

（一）轴流式通风机

轴流式通风机如图 4.25 所示，是与回转面成斜角的叶片转动所产生的压力使气体流动，气体流动的方向和机轴平行。其叶轮由数个叶片组成，轴流式通风机的类型很多，其主要区别在于叶片的形状和数量。通常使用的有 Y 系列低压轴流式通风机和 B 系列轴流式通风机等。风机叶片数目为 6~12 片，叶片安装角一般为 20°~23°（Y 系列）或 30°~35°（B 系列）。Y 系列轴流式通风机可用于长轴型、短轴型或侧向通风型干燥室；B 系列轴流式通风机由于所产生的风压比较大（大于 1kPa），一般可用于喷气型干燥室（jet kiln）。与离心式通风机相比，轴流式通风机具有送风量大而风压小的特点。

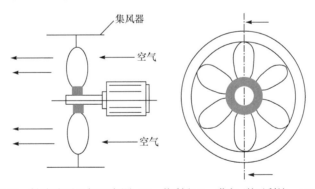

图 4.25　轴流式通风机示意图（P．若利和 F．莫尔-谢瓦利埃，1985）

木材干燥室所采用的轴流式通风机可分为可逆转（双材堆）和不可逆转（单材堆）两类。可逆转通风机的叶片横断面的形状是对称的，或者叶片形状不对称而相邻叶片在安装时倒转 180°。可逆转通风机无论正转或逆转都产生相同的风量和风压。不可逆转通风机叶片横断面是不对称的，它的效率比可逆通风机的高。

木材干燥用轴流式通风机不同于普通轴流式通风机，它要求能够频繁地进行正反风工作，有尽量一致的正风、反风性能，以满足强制循环干燥室中木材干燥的工艺要求。1988 年，东北林业大学和黑龙江省林业设计研究院对我国木材干燥行业所采用的典型的干燥通风机进行实际测试，测试结果表明，木材干燥风机所采用的对称型、三角平板型和正反向相间安装的机翼型叶轮风机的风机效率均明显偏低。最高仅达 41%，而且叶轮笨重，流量系数偏小，是耗能耗材的非节能产品。针对木材干燥行业使用风机的现状，李景银等（1996）将一种适用于正反双向通风的新型翼型用于木材干燥可逆转轴流式通风机，并应用最优控制理论合理地组织空间气流，设计了新型木材干燥可逆轴流机。试验表明，该新型风机可直接正反转，其正反向旋转时空气的流量、压力、效率基本相同，具有结构简单、调节方便、叶轮轻巧、安装维护方便、造价较低、效率高等优点。它较老式风机的综合性能指标有大幅度提高，完全能满足现在木材干燥行业对风机的性能要求，是一种新型的节能、降耗、性能优良的木材干燥轴流式通风机。

目前国内的多个厂家已开发出能耐高温、高湿的木材干燥专用轴流式风机，常用型号有 No6～No10，其选用铝合金和不锈钢制作，具有耐高温高湿、风量大、效率高、风压稳定、维护方便等特点。由于叶轮直径、叶片安装角度、主轴转速不同，其风量、风压及动力消耗也不同，经实际生产运用完全能满足木材干燥的使用要求。

（二）离心式通风机

离心式通风机如图 4.26 所示，由叶轮与蜗壳等部分组成。当叶轮离心式通风机工作时，叶轮在蜗壳形机壳内高速旋转，迫使叶轮中叶片之间的空气跟着旋转，因而产生了离心力，使充满在叶片之间的空气在离心力的作用下沿着叶片之间的流道被甩向叶轮的外线，进而使空气受到压缩，这是一个将原动机的机械功传递给叶轮内的空气，使空气的压力增高的过程。这些高速流动的空气，在经过断面逐渐扩大的蜗壳形机壳时，速度逐渐降低，因此，流动的空气中有一部分动压转化为静压，最后以一定的压力（全压）由机壳的排出口压出。与此同时，叶轮的中心部分由于空气变得稀薄而形成了负压区，入口呈负压，使外界的空气在大气压力的作用下立即补入，再经过叶轮中心而去填补叶片流道内被排出的空气。于是，由于叶轮不断地旋转，空气就不断地被吸入和压出，从而连续地输送空气。离心式通风机在木材干燥生产上主要用于喷气型干燥室，一般安装在室外的管理间或操作室内。

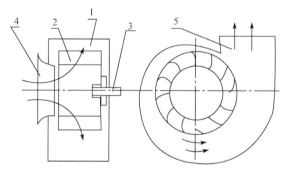

图 4.26　离心式通风机原理图（李维礼，1993）
1. 蜗壳；2. 叶轮；3. 机轴；4. 吸气口；5. 排气口

在木材干燥室的设计过程中，风机的选择、风量和风压的确定是一个非常重要的问题。通常情况下，干燥室内的干燥介质，在风机的带动下通过加热器并穿过材堆时，其载荷的下降量是很大的。因此，为干燥室配备风机时，必须认真选择。有时，干燥室并不理想，但风机选得好，可显著改善木材的干燥效果。一般说，轴流风机的送风量较大，风压较小；离心式风机则相反，风压较大，而送风量较小。

根据通风机的送风量和风压等参数，可绘制出反映风机性能的曲线即风机的性能参数曲线。从曲线图即可查出以下数据：①在一定风速条件下的风机总风压，它取决于送风量，还可能与静压力及动压力有关；②不同送风量所需的输入功率；③风机效率。在通风机的具体选型时，首先要对干燥室进行准确的动力计算，根据干燥室内气流的循环方式及流经材堆的风速，确定出风机所需的流量，根据风速及干燥室内设备选型及布置的情况，计算出气流经过加热器、材堆等处的沿程阻力和局部阻力，进而确定出风机所需的风压。之后，参考生产厂家提供的产品说明书及风机的性能参数曲线，最终选定循环风机。

在干燥室内的小气候条件是相当恶劣的。一方面，温湿度都很高；另一方面，木材还会放出若干腐蚀性酸类。所以，用于制作风机的材料必须是耐腐蚀的。特别要注意的是，如风机的驱动电机和周围空气接触，更是要防止锈蚀。在生产中，应经常保持通风机的清洁，对通风机、电动机和传动装置要经常检查、润滑，发现电动机过热或通风机发生异响时，应该迅速停电，进行检修。

（三）风机的传动和安装

风机产生的风量 Q 和风压 H 取决于风机的类型结构和叶轮的圆周速度。叶轮的周围速度又取决于其直径和转数。风机每秒钟的风量 Q，计算式如下：

$$Q_s \ (\text{m}^3/\text{s}) = V_c \cdot F_c$$

式中，F_c 为风机出口的横截面积（m^2）；V_c 为风机出口处的气流速度（m/s）。

风机所需的理论功率 N_n，按下式计算：

$$N_n(\text{kW}) = \frac{Q_s \cdot H}{102\eta} = \frac{Q \cdot H}{3600 \times 102\eta}$$

式中，Q_s 和 Q 分别为风机每秒钟的流量（m^3/s）和每小时的流量（m^3/h）；H 为风机的全风压（Pa）；η 为风机的效率。

驱动风机所需要的电动机的功率 N，则

$$N(\text{kW}) = \frac{N_{理论} \cdot K}{\eta_c}$$

式中，η_c 为传动效率，其值如下：风机叶轮直接安装在电动机轴上，$\eta_c = 1$；用联轴器与电动机连接，$\eta_c = 0.95$；用三角胶带传动，$\eta_c = 0.9$；用平皮带传动，$\eta_c = 0.85$。K 为起动时的功率后备系数，按表4.9选取。

若安装电动机的管理廊的温度高于35℃时，按上式算出的电动机功率 N 的数值，还应乘以如下系数：温度 $t = 36 \sim 40$℃时，乘以1.1；$t = 41 \sim 45$℃时，乘以1.2；$t = 46 \sim 50$℃时，乘以1.25。

表4.9 起动时的功率后备系数

电动机功率/kW	功率后备系数 K	
	轴流风机	离心风机
0.50 以下	1.20	1.50
0.51～1.00	1.15	1.30
1.01～2.00	1.10	1.20
2.01～5.00	1.05	1.15
大于 5.00	1.05	1.10

有条件的干燥室，建议采用双速电动机：木材干燥第一阶段（由初含水率 MC 初到 MC = 20%），风机用高转数，使室内保持较高的气流速度，促使木材表面水分的最大蒸发；而在干燥

第二阶段（由 MC=20%到终了），采用较低的转数，这样可节省约 30%的电能。

轴流风机转动时，会产生一定的轴向推力，同时风机轴难免有微量的径向跳动（靠近风机一端），因此可以自动调芯；而另一端的轴承采用双列圆锥滚子轴承，可以承受双向的轴向推力。风机过墙处，要有气密装置，以达到气密目的。

国内外越来越多的工厂把轴流风机直接安装在耐热防潮电动机上，电动机装在干燥室内，使风机的传动结构大为简化，且效率高，但对电动机的耐热和防潮性能要求较高，此类电动机国内已专业化生产。

（四）木材干燥室内通风机的节电方法

在常规干燥中，木材干燥的能耗包括蒸汽消耗和运行期间的电耗两部分，而电耗中除干燥工作期间的照明、控制线路系统的用电外，大部分就是风机运转产生的电耗，因此，有关专家学者通过研究提出，在整个木材干燥过程中，可针对不同的干燥阶段或含水率阶段，采用不同的风速，从而在保障快速干燥木材的同时又可以降低风机的电耗。在高含水率阶段（木材平均含水率≥30%），通风机采用高转速，使室内保持较高的介质循环速度，促使木材表面的大量水分快速蒸发；而在低含水率阶段（木材平均含水率<30%），由于从木材中蒸发出来的水分明显减少，这时可采用较低的风机转速，进而达到节电的目的。

目前，我国木材干燥室使用的风机电机都是异步电机，电机转速是按最大风量要求设计的，一般选转速为 1400r/min，每台电机功率在 2.2kW 或 3kW 左右。虽然每间干燥室使用的电机数量不等，但一般是几台电机同时运行。以木材干燥周期 15d 为例，多台电机连续长时间的运转，其耗电量是很大的。因此，风机电机节电具有十分显著的经济效益。姜艳华（2000）等对木材干燥室内通风机的节电方法进行了系统研究，提出通过采用变频装置、调整电源的频率来改变电动机的转速，达到低含水率阶段、低气流速度的要求，也可以采用双速或三速电机来改变电机转速。

木材干燥工艺理论研究和实践证明，在木材干燥的后期大约占整个干燥周期的 1/2 时间，如能降低室内风速，即降低风机电机转速，既可以降低风机能耗，又对木材干燥质量有益。所以，在不影响木材干燥总体要求的前提下，风机转速降得越低，节电效果越显著。

依据风机特性可知，负载转矩与转速的平方成正比；轴功率与转速的立方成正比（表 4.8），设电机转速为 n 时，输入功率为 N，下调至 n'时，输入功率降至 N'，则 $N'=N (n'/n)^3$。若风速减少 20%，实际转速为原来的 80%，则（0.8）$^3 \times 100\% \approx 51\%$，即风机可节电达 50%。若实际转速为 50%，则（0.5）$^3 \times 100\% \approx 13\%$，风机可节电 87%。

三、木材运输与装卸设备

木材运输和材堆装卸是木材干燥生产中消耗劳动力最多的工序，亟待机械化作业。为此，介绍几种国内外常用的、切实可行的运输和装卸设备。

（一）木材运输

木材干燥生产中，木材的运送和材堆进出干燥室一般是通过铁路线作业。木材事先在载料车上堆好，然后由转运车沿轨道转运，推入干燥室。木材运输作业所用轨道与铁道轨道类似，但轨距宽度无统一标准，由材堆尺寸而定。

周期式干燥室内铺设铁轨时应保持水平，以利载料车进出。连续式干燥室内则须把铁路线沿材堆运行方向做 0.005°～0.1°的倾斜度，使载料车易于移动。为保证载料车顺利运行，铁路线的宽度应该一致，应该常用轨距尺进行检查。转运车的轨面应在同一水平面上，以免发生材堆歪斜和材堆碰撞门挡或导向板等事故。

1．载料车　载料车指直接承载材堆的小车，有时也叫作材车。载料车可以与木材一起进出干燥室，该形式有固定式和组合式；也可以是过渡型的，即由载料车沿轨道将材堆送入干燥室后，材堆留在室内，材车退出，待干燥结束时，载料车仍由轨道进入干燥室将材堆拉出，运送到指定地点后与材堆分离。

固定式载料车是指根据室的大小和相应木材长度所设计的有固定尺寸的材车。优点是使用方便，不需临时组合；缺点是无法根据材长调整自身尺寸，且多为一室一车，但室的大小不同时无互换性。另外，因其是和个别的干燥室配合的，无统一标准可循，必须自行设计。尽管如此，由于使用方便且我国中小规模的木材加工企业很多，室的深度和宽度较为单一，因此此型车的使用仍很普遍。

组合式载料车是指用单线车经由横梁组合而成的材车。优点是可根据室的大小、木材长度等临时进行组合，缺点是需现场组合，使用不便。

用于组合式载料的单线车是一种放在单根轨道上的双轮小车，有标准长度的（1.8m）和较短的（1.4m）两种。其构造和组合的情况见图4.27。

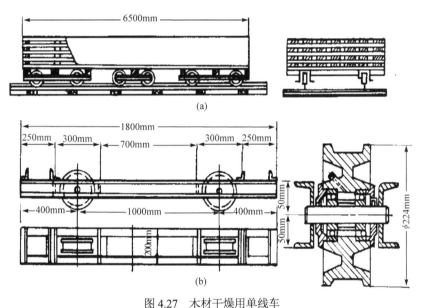

图4.27　木材干燥用单线车
（a）材堆在单线车上的堆置；（b）单线车的结构

单线车的框架由槽钢做成。车轮由铸铁或钢做成，有一个或两个轮缘，安装在有轴承或轴瓦的轴上，成对的单线车可用横梁连接成载料车。横梁断面为140mm×160mm，长度等于材堆宽度，6m 长的材堆可用 3 对单线车（两长一短）放置。单线车的高度即由轨头到材堆底部的距离一般不超过 260mm，以充分利用干燥室的容积。堆底横梁上平面应保持水平，以免材堆倾斜。

过渡型载料车由子母车组成，该系统由液压系统、升降装置、行走装置和电气控制系统组成。使用过渡型载料车必须在干燥室和材堆准备场地铺设有可以让子母车通行的铁轨和堆放材堆的水泥墩座，铁轨在水泥墩座的中间，水泥墩座沿铁轨两旁布置，待干燥的木材预先按规定尺寸整齐地堆垛并放在水泥墩座上。启动行走按钮，载料车沿铁轨至材堆底部并停稳，此时，启动升降装置中的上升按钮，使子车上升并抬起材堆，使子车在抬起状态下行走至干燥室内部的确定位置停下，再启动下降按钮，使子车下降，材堆平稳地下降搁置到干燥室内的水泥墩座上。子车继续下降至与母车完全结合的位置，材堆与子车彻底分离，再启动行走按钮，使子母车空车退出干燥室，以同样方式继续运送下一个材堆。

2. 转运车　　将载料车由一条铁路线转运到另一条铁路线的车称为转运车。转运车上铺有轨道，轨距宽度与干燥室内和装卸场上的相同。转运车上铁轨的轨面应与干燥室铁轨轨面在同一水平面上。装上载料车的转运车可沿着干燥室大门前沿移动，当对准干燥室的材堆进室轨道时即可将载料车转运到室内，或将已干好的材堆从室内拉出，并沿线运送至干料仓库后卸料场。

目前生产上采用的是电动转运车，其结构见图4.28。电动转运车主要包括下列部分：电动机、离合器、制动器、牙嵌式离合器、卷扬机、轴承、转运车主架与车轮、电路系统。

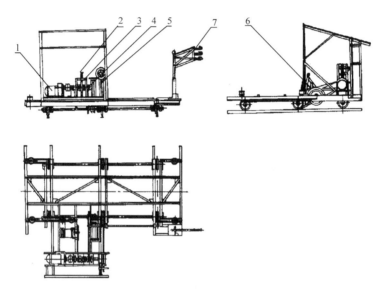

图 4.28　电动转运车
1. 电动机；2. 离合器操纵杆；3. 牙嵌式离合器；4. 主动轴轴承；5. 制动器；6. 卷扬机；7. 电路系统

电动转运车包括两种操作，即使载料车移动和使转运车本身移动，当电动机1运转时，使离合器操纵杆2与卷扬机6连接，卷扬机转动，使卷扬机上的钢索通过滑轮和干燥室内的载料车挂上，通过钢索的牵引即可使载料车从室内拉出。当载料车装在转运车的轨道上后，再操纵离合器使车轮和主轴部分相连，转运车即可沿干燥室前沿的转运线移动。

3. 叉车　　近几年来，叉车工业发展迅速。叉车优点很多，如操作方便、作业灵活、占用空间小、不需铁路线、不受场地和距离限制等，且种类、规格多样，可根据需要任意选用，因此在木材运输中，转运车已逐渐被叉车所取代。在大型干燥室内，材堆的进出干燥室也可直接使用叉车，从而又可将载料车省去。

叉车又称叉式装卸机，它以货叉作为主要的取物装置，依靠液压起升机实现物品的托取和升降，由轮胎式运行机构实现物品的水平运输。叉车除使用货叉外，还可装换成各种类型的取物装置，因此，它可以装卸搬运各种不同形状和尺寸的成件或包装物品，包括装载、卸载、堆垛、拆垛和水平运输等多项作业。

叉车的类型，按结构形式可分为正面叉车、侧面叉车和其他特种型式的叉车。正面叉车的特点是：货叉朝向叉车运行的前方，货叉从叉车的前方横向装卸货物；按动力形式可分为电瓶叉车、内燃叉车和人力叉车。其中内燃叉车的动力可分为汽油机和柴油机两种。一般说来，载重量小的叉车多用蓄电池或汽油机作动力，重量大的叉车则多采用柴油机作动力。

叉车的重量为 0.1～40t，国内常用叉车的载重量为 0.5～5t，物品起升高度为 2～4m。木材工业中目前应用的主要是正面叉车和侧面叉车，动力装置有蓄电池、汽油机和柴油机。

说明叉车性能的主要技术参数有额定载重量、最大起升高度、载荷中心距、门架倾角、行驶速度、最小转弯半径及外形尺寸等。可以预见，在未来的木材运输设备中，叉车将起着越来越重要的作用。

周期式干燥室有叉车装室和轨道车装室这两种装室方式，用叉车直接装室比较简单，所以大型干燥室（50～60m³ 以上）都趋于用这种装室方式。轨道车及转运车是最老的装室及运载设备，也是迄今为止应用最广的设备，它几乎适用于所有类别和尺寸的干燥室的装室作业。

（二）装卸设备

在干燥生产上，材堆的工人堆置和拆卸是一项繁重费时的工作。为减轻劳动强度，缩短作业时间，应尽量使装卸过程机械化或半机械化。

基于木材堆积的重要性，有些大型企业正致力于木材堆积和拆垛的自动化。于是出现了木材的堆积和拆垛机械。堆积机械应根据各企业的具体情况设置。堆积机械分自动化和半自动化两类。其主要区别在于：自动化堆积机械是自动放置隔条，而半自动化堆积机械是人工放置隔条。

升降机是一种既可装又可卸的常用机械设备。升降机上铺有与干燥室轨距相同的铁轨。装料车可直接由干燥室的铁路线或经由转运车推送到升降机的铁轨上，然后载料车将随升降机一起升降，从而使工作面处于最有利于工人装卸的水平面上，以方便工人操作，加速木材装卸。

螺旋式升降机的主要部件有电动机、伞齿轮传动减速器、伞齿轮弯角减速器、（左旋及右旋各两根）丝杆及丝母、升降机的支柱及托梁等。在升降机的梁上连接有升降机铺板，铺板上装有铁轨，轨距与干燥室轨距相同，载料车可经由铁路线推送到升降机的铺板上。

螺旋式升降机的结构见图 4.29。当电动机 1 运转，通过伞齿轮传动减速器 2 减速，再传动到伞齿轮弯角减速器 3，通过蜗轮蜗杆运动而改变方向并带动丝杆旋转。而升降机铺板 10 与其上梁 9 及横托梁 8 连接，横托梁 8 又与托梁承重板丝母 6 连接，当丝杆旋转时，就带动丝母沿丝杆运动。载料车是放在升降机的铺板上的，因此也随之上升或下降，使工作面处于最利于工人操作的水平面上，从而方便转卸。

螺旋式升降机技术规格举例：

载重量	23t
升降速度	1130mm/min
承重平台外形尺寸	6200mm×1800mm
转载干燥车车轨距	1000mm
电动机 J072-420kW	1440r/min
设备占用空间	6340mm×3670mm×4210mm
设备重量	6835kg

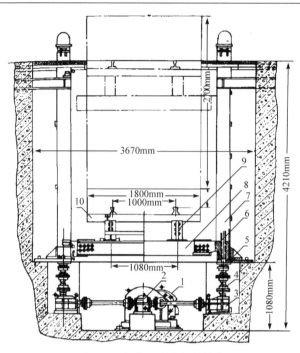

图 4.29　螺旋式升降机的结构

1.电动机；2.伞齿轮传动减速器；3.伞齿轮弯角减速器；4.伞齿轮传动减速器；5.升降丝杆支承组合；
6.托梁承重板丝母组合；7.升降立柱；8.升降横托梁；9.升降上梁；10.筛浆机铺板

图 4.30 为木材堆积流水线示意图。目前，各企业木材堆积的机械化程度很不平衡，从需要人工放置隔条的简单堆积机械到全自动木材堆积流水线都能见到。干燥后材堆的拆垛比较简单。先用带液压传动装置的平台将材堆掀起，使其倾斜，板材靠自重滑落到运输带上，运往加工车间。隔条则滑落到隔条收集箱内。木材厂使用拆垛机比用堆积机更加普遍，小型企业通常直接采用人工方式进行拆垛。

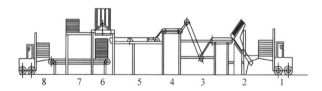

图 4.30　木材堆积流水线示意图（P.若利和 F.莫尔-谢瓦利埃，1985）

1.叉车将板材送到堆积流水线始端；2.升降台倾斜，板材靠自身重力滑落；3.传送中将板材分开；
4.检验将等外材剔出；5.传送带；6.隔条放置位置；7.升降台；8.叉车将材堆送往干燥室

四、检测设备

木材的人工干燥，是在一定的干燥设备中，根据制定的干燥基准，通过调节控制干燥介质的温度、相对湿度和气流速度，使其与被干木材的含水率变化和干燥应力变化相适应，在保障质量的前提下，使木材变干的过程。对于干燥设备来说，需要评价其干燥性能，如温湿度的调节范围和其分布均匀性，以及通过材堆的气流速度及其分布均匀性等。干燥过程的实施，首先需要随时测知木材含水率的变化和干燥介质的温湿度，其次还必须掌握木材内部干燥应力的发生和发展情况，把干燥应力控制在容许的范围内，以避免或减轻干燥缺陷。

（一）温度、相对湿度、气流速度的测量

温度、相对湿度、气流速度的测量，主要是通过选择合适的仪表并掌握其合理的安装与使用方法。干燥介质温度和相对湿度的测量及其注意事项，详见第六章第二节所述。而关于气流速度的测量详见本章第五节所述。

1. 温度的测量　　木材室干温度通常不高于 130℃，测温范围定在 −50~150℃ 较合适，对于中、低温干燥，如除湿干燥和太阳能干燥，也可定在 −50℃~100℃。温度计的分度值应不大于 2℃。温度测量仪表的选用应考虑适用性、可靠性和经济性。适用性主要考虑测温范围、精确度，并符合安装及使用要求。

图4.31 所示为热电阻温度计，其由热电阻温度传感器、连接导线和测温仪表三部分组成。其原理是基于导体或半导体的电阻值与温度呈一定的函数关系的性质，即介质的温度通过热电阻转变成电流信号，由连接导线传递到测温仪表，换算成温度值指示出来。

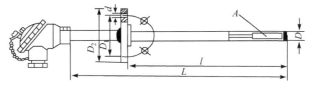

图 4.31　热电阻温度计

2. 相对湿度的测量　　常规干燥过程中干燥介质湿度测量的常用方法为干湿球温度计法、平衡含水率法、电子式湿敏传感器法。图4.32 所示为干湿球温度计，由两支相同的温度计组成。其中一支温度计的感温端包着纱布，纱布的下部浸在水中，使纱布保持潮湿，这支温度计叫作湿球温度计，而未包纱布的另一支叫作干球温度计。由于湿球温度计的纱布水分蒸发，需要消耗汽化潜热，因此湿球温度计的读数比干球温度计低。此差值叫作干湿球温度差，其大小与气体介质的压力、气流速度和相对湿度有关。当介质压力和气流速度为一定值时，相对湿度越低，湿纱布的水分蒸发越强烈，干湿球温度差越大。反之，相对湿度越高，干湿球温度差就小。当气体介质达到饱和时，干湿球温度差为零。即相对湿度与干湿球温度差有一定的函数关系。应用时只要根据所测的干球温度和干湿球温度差，查湿度表，就可得知气体介质的相对湿度。

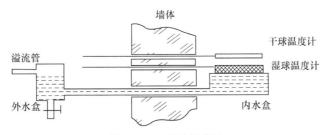

图 4.32　干湿球温度计

温、湿度检测装置安装应符合以下规定。

1）温、湿度计的安装，测量部分的传感元件应布置在被干燥锯材的侧面且具有代表性的位置，并与干燥介质流动方向垂直。对于可逆循环室，材堆两侧都应装温、湿度计，以便任何时候都能以材堆进风侧的温、湿度作为执行干燥基准的依据。温、湿度计的显示部分应在操作间

容易平视观察的位置，以便于观测和避免视差。

2）湿球温度传感器应与水盒的水位保持 20～50mm 的距离。若太小，会妨碍湿纱布处空气的流通，太大则难以保持湿纱布潮湿。

3）纱布不能包得太厚，以 3～4 层医用脱脂纱布为宜。纱布和水质须保持干净，并注意加水保持水杯的水位，以确保纱布始终潮湿。

平衡含水率是气体介质温、湿度的函数，是用木材含水率表示的气体介质状态。可用平衡含水率测量装置直接测量（详见第六章第二节），其测量原理与电阻式含水率测定仪相同。这种测量装置可与电阻温度计一起装在干燥室内，用来代替传统的干、湿球温度计，测量并控制干燥介质状态，尤其适用于计算机控制的干燥室。

3. 气流速度的测量　　木材干燥室内气流速度的大小及其分布的均匀性，是衡量干燥室性能的一项重要技术指标。材堆中气流速度的大小，直接影响对流传热传质的强度，这与木材干燥速率密切相关。通常要求通过材堆的气流速度在 1m/s 以上，以使气流能达到紊流状态。

测量材堆中的气流速度最常用的仪器是热球式风速仪。它由测杆和便携式测量仪表两部分组成。测杆的头部有一个直径约为 0.6mm 的玻璃球，球内绕有加热玻璃球用的镍铬丝线圈和两个串联的热电偶，通过测杆的连接导线与仪表连接。当一定大小的电流通过加热线圈后，玻璃球的温度升高，升高的程度与气流速度有关。气流速度小时温升大，反之，气流速度大时，温升就小。温度升高的大小，通过热电偶输入测量仪表，以换算后的气流速度值显示出来。测量时须注意将测杆头部的缺口对着气流方向，使玻璃球测量元件直接暴露在气流中。这种风速仪的测杆头可直接伸入材堆中的水平气道，使用方便，测量精确可靠（详见本章第五节）。

干燥室内气流速度的分布均匀度，直接影响温度分布均匀度，这两者共同影响木材干燥均匀度。因此，要提高干燥均匀度，必须合理布置通风机和加热器，并适当设置挡风板，使气流速度和温度分布均匀。

（二）含水率的测量

在木材干燥过程中，含水率的实时检测数据是执行木材干燥基准的重要依据之一。测量木材含水率的方法很多，主要有重量法、电测法、干馏法及滴定法等。目前，木材加工的生产单位通常采用的是重量法和电测法（详见第二章第一节）。

重量法是最传统、最基本的木材含水率测定方法。我国林业行业标准及国家标准中都规定以称重法测量的含水率为准。按照国家标准《锯材干燥质量》（GB/T 6491—2012）规定，在湿木材上取有代表性的含水率检验片（厚度一般为 10～12mm），所谓代表性就是这块检验片的干湿程度与整块木材一致，并没有夹皮、节疤、腐朽、虫蛀等缺陷。一般应在距离锯材端头 250～300mm 处截取。将含水率检验片去除毛刺和锯屑后，应立即称重，之后放入温度为（103±2）℃的恒温箱中烘 6h 左右，再取出称重，并作记录，然后再放回烘箱中继续烘干。随后每隔 2h 称重并记录一次，直到两次称量的质量差不超过 0.02g 时，则可认为是绝干。称出绝干重后，代入公式计算即可。

电测法是根据木材的某些电学特性与含水率的关系，设计成含水率测定仪直接测量木材含水率的方法。依据木材电学特性的不同，电测法可分为：电阻式含水率测定仪和介电式含水率测定仪两种。该法测量方便、快速，且不破坏木材，但测量范围有限。目前在我国应用比较广泛的几种含水率测量方法都有各自的优缺点，具体分析如表 4.10 所示。

表 4.10　含水率测定方法的优缺点比较

项目	重量法	电测法	干馏法
定时性	差	好	好
有效测量范围	无限制	6%～30%	0%～60%
准确性	木材含水率均值	探针两端间含水率值	含水率均值
代表性	较好	较差	较好
操作人为影响	大	较大	较大
适用范围	无限制	外购木材或简单参考	外购木材或一般测量用
仪器费用	较高	较低	高

第五节　干燥设备的选型及性能检测

木材干燥室的结构、类型多种多样。选择干燥室的型式是生产中常常碰到的问题，由于各种类型的干燥室都有各自的优缺点，对于某一类型的干燥室来说，可能在这种情况下是适用的，但在另一种情况下可能就不适用。必须根据具体情况进行具体分析，然后选用比较合适的干燥室。

一、干燥设备的选型要求

为了使木材得到良好的干燥，获得最佳的木制品质量，必须通过一定的手段去选择干燥室的型式。首先，应该明确干燥木材的自身品质、要求和用途，选择技术性能达到目标要求的木材干燥室（设备），实现生产品质和性能符合企业要求的干燥木材，这一基本要求为质量要求。其次，企业生产产量对于木材干燥设备的选择是另一个关键要素，它不仅决定设备的规模大小，还决定设备的结构和形式，它是产量要求。最后，木材干燥设备是高耗能装置，其能耗占木材总能耗的 40%～70%，选择合适企业所在地区和企业性质的能源形式，是木材干燥设备选择的能源要素，它决定着企业的经济要素。以上三点是木材干燥设备选择必须考虑的基本要求。除以上三点基本要求外，木材干燥设备性能和质量是木材干燥生产的基本保证。

（一）木材干燥设备的基本要求

《锯材干燥设备通用技术条件》（LY/T1798—2008）对常规干燥与除湿干燥设备的制造质量、安装和运行工况进行了规定。选择一个干燥设备必须从设备的工艺性能、使用维护性能、节能效果和价格等方面进行综合考虑。工艺性能包括干燥室的温度范围、湿度范围、风速和温度分布均匀性、干燥速率及干燥的均匀度等；使用维护性能包括设备使用是否稳定可靠、设备无故障运行的时长、是否方便对干燥关键技术参数（如温湿度）进行调节与维护、设备选用的材料好坏及使用寿命、设备使用的安全性等；而设备的节能效果与设备的材料、结构及保温墙体使用的保温材料等有关。要保证干燥室的工艺性能，必须保证三个基本条件，即室体的气密性、室体内一定的气流速度和一定的温度，这也是木材干燥的三个基本要素及任何干燥设备应满足的基本条件。

（二）被干燥木材的材性和质量要求

企业生产中如果木材的树种和规格比较杂，要求干燥周期比较短时，宜选用端风机型干燥室；树种和规格比较单一，且一次性干燥量比较大时宜选用顶风机型干燥室。企业生产中如果木材经常是厚板材或难干材，可参考选用常、低温干燥室；如果木材经常是薄板材或易干材，可参考选用常、高温干燥室。常、低温干燥室的温度范围为45~80℃，一般可在65~75℃范围内运行。国外进口的干燥设备大多都属于此类范围。常、高温干燥室的温度范围为60~120℃，一般可在60~110℃范围内运行，国内生产的大部分干燥设备都能满足这个要求。

木材产品遍布人们日常生产生活的方方面面，可同时适应满足人们的不同层次和水平的需求。以我国实木木材最大的产品对象——家具来说，有高档的红木家具，也有一般的实木家具。因为木材自身价值和价格的差异，对于其所选用的木材干燥设备也有很大的不同。

红木等名贵木材的密度均较大、结构致密、细胞组织内含物较多，从而导致水分传递困难。因此，一般采用低温长周期的干燥模式。同时由于其产量低、价格与价值高、产品干燥质量风险大，因此低温除湿干燥和真空干燥等设备常常被考虑。即使选择蒸汽室干，其规模尺寸均以小型化为主。

普通针叶材因结构较为疏松、密度较小、能承受高温干燥而不致产生严重干燥缺陷，可以选择大型的蒸汽室干设备，甚至可以选择以木材加工剩余物为能源的炉气间接加热干燥设备。

对于被干木材的规格而言，主要考虑的是厚度因素。厚度大的木材较难干燥。干燥速率与干燥质量难以同步保证，这是人们经常遇到的难题。对于透气性好的硬阔叶材厚板或易皱缩的木材，可考虑真空干燥。对于在常规干燥中降等、报废率大的难干材，也可考虑微波或高频干燥。用低温干燥法干燥初含水率很高的木材，经济效果最好。特别是除湿干燥法，在木材含水率较高的情况下，设备的热效率较高。如果采用其他干燥方法，热效率就较低。特别是在干燥的开始阶段，需要排出的水分量很大，因此需要消耗大量热能。到了干燥后期，提高干燥温度是促进水分在木材中移动的最主要手段，如采用低温干燥法，要将木材干燥到很低的终含水率（8%~10%），效果较差。这时，常规室干是最适用的。另外，水分在木材中的移动速度还因周围空气压力的降低而加快。因此采用真空干燥法可使木材快速达到较低终含水率。

（三）企业生产规模要求

与质量要求相对应的是企业的生产规模，也是木材干燥设备选择的重要因素。若干燥的木材量较大，如年干燥量5000m³以上时，为了减少设备投资和降低干燥成本，原则上来讲应建大容量的干燥室，选大型的干燥设备。因此，只有采用常规蒸汽干燥或热水干燥这两种方法比较理想。对于中、小型的干燥产量，则首选以木材加工剩余物为能源的加热方式干燥，以降低投资和干燥成本。也可视具体情况选择小型热水加热干燥、除湿或真空干燥。干燥室大小首先应根据生产能力和干燥木材的尺寸（主要是长度）而定，其次还受干燥室类型、通风方式、装室方式等的影响。干燥室的大小直接与建室成本相关。因为劳动力成本的提高，企业应选择大型木材干燥设备，它可以提高干燥效率，降低干燥成本。但大型设备干燥质量的可控性和可能造成的风险，也是企业必须考虑的要素。企业也可选择高温水加热干燥和蒸汽干燥。低温干燥法，因干燥室内的气候条件有利于真菌的发展，当木材含水率较高时，往往导致木材发生蓝变，不宜用于大规模的针叶材。对于中、小型的干燥产量，也可选择热水加热干燥、除湿或真空干燥。选择适合企业发展和服务市场的干燥规模，进而选择合适的设备是必须考虑的问题。

（四）能源要求

木材加工企业每年要产生大量的加工剩余物，这些加工剩余物常作为锅炉的燃料，生产廉价热能。在没有蒸汽锅炉或没有足够的余汽用于木材干燥的情况下，选择以木材加工剩余物为能源的热水或炉气间接加热木材干燥室最为合适。上述两种干燥方法，不但清除了工厂的废料垃圾，减少木材干燥设备投资，降低了能耗和干燥成本，而且做到了能源自给。例如，工厂年加工 2 万 m^3 原木制造木制品，约可产生 4416t 绝干木废料（折算），燃烧后产生的热量约相当于 3500t 标准煤，约可满足 4.4 万 m^3 板材干燥的热源需要。但随着环境污染治理力度的加大，直接燃烧木材加工剩余物受到严格限制。《高污染燃料目录》中，木材剩余物的直接燃烧已经被列其中。能源选择也将影响木材干燥设备的选型。应该结合企业所在地的具体情况选择干燥能源，我国西部地区有丰富的天然气资源和水电资源，可选择以天然气为能源的直燃式干燥法干燥针叶树锯材，或选用除湿干燥法干燥阔叶树锯材。若工厂已有足够的蒸汽用以干燥锯材，则首选蒸汽干燥。太阳能是清洁能源，如果条件允许可以优先考虑。

二、设备选择及干燥成本核算

（一）常规干燥设备的选择

目前，蒸汽室干设备仍然是使用面最广的木材干燥设备，下面就其选择要求提出以下意见。

1．选择气密性良好的室体　　无论何种类型的周期式干燥室都必须满足以下 4 个条件。

1）良好的密封性，便于实施木材干燥过程的灵活准确控制。

2）保温性，必须满足冬季最低温度条件下干燥室内壁不结露。

3）耐腐蚀性，干燥室的内壁用耐腐蚀材料制成，使其不被木材干燥过程中挥发出的酸性气体所腐蚀，确保干燥室的密封性、保温性，目前多采用高纯度铝板、不锈钢板、耐高温沥青漆涂料等。

4）室体内壁呈流线型气流通道，如为砌体结构室可采用增设弧形导流板来减少气流阻力，以提高材堆气流速度，还可改善沿着材堆高度与长度方向上的气流均匀度，有利于加快干燥速率，提高干燥质量。

2．适宜的气流速度　　材堆内只有具有一定的气流速度，才能把木材内部不断向表面移动的水分带走。气流速度的高低因树种、板厚、干燥阶段的不同而不同，一般情况下出口风速为 1～3m/s，这是由不同的板材在干燥过程水分移动的规律所决定的，一般规律是：各种木材在干燥前期水分移动快，风速要求高一些；干燥后期，即含水率在木材的纤维饱和点以下时，水分移动慢，风速要求低一些；针叶材及软阔叶材风速可高一些；硬阔叶材风速可低一些；薄板适于风速高些；厚板适于风速低些。

上述这些是一般规律，但是也有特殊情况。针对上述规律，设计上多采用变速电机或双速电机带动风扇，目的是满足不同干燥工艺条件下的要求，尽可能节约能源，降低干燥成本。无论气流速度高低，都必须均匀地通过材堆，即材堆上下、左右、前后每层板之间风速尽可能地均匀一致，就是要使材堆置于气流中，而不是气流在材堆中。因此，进行干燥室的设计时必须合理组织气流，否则即使有了气密性的室体、安装了好的变速电机，也达不到预期的干燥效果。合理组织气流首先要确保材堆的尺寸与室体相适应。以顶风机型干燥室为例，要使通风间的高度留有足够的通风面积，而且与风机的直径相适应；材堆侧面垂直气道的面积不应小于材堆隔条间隙的面积之和；材堆与通风间底板之间、材堆与端墙、两节材堆之间及材堆下面与地平面之间都须加挡风板，防止气流从材堆以外的地方通过，这也叫作有序强制循环，这样不但保证了材堆具有一定的风速，而且提高了风速的均匀性，缩短了干燥周期，提高了干燥质量与效率。

3. 适宜的温度及散热面积配比　　木材中水分移动与蒸发必须要在一定的温度作用下进行，干燥过程中随着温度的提高，木材内部水蒸气分压增大而排出水分，这也就是温度梯度的作用。除此作用外，还有含水率梯度，在这两个梯度的作用下木材得以快速干燥。形成这两个梯度的条件就是温度，所以木材干燥室必须配备足够加热面积的散热器，散热器位置的摆放及散热面积的大小直接影响干燥效果。一般来讲，散热面积大、温度高，干燥周期就短。散热面积的大小又受到干燥室容积的大小、散热器的种类等因素的制约。无论选用何种形式的散热器，都必须遵循以下三点：①耐腐蚀；②循环阻力小；③散热效率高。散热器应放在室内风速较高处。散热面积配备的一般规律是：快干的针叶材可大一些，阔叶材厚板可小一些。根据国内外的实践经验，每立方米木材以光滑管散热器为例，常规干燥室一般是 $1\sim3m^2$，薄板为 $3m^2$，厚板为 $1\sim1.5m^2$，实践证明，这样配比的散热面积基本符合各种板材的要求。如果木材批量大、种类多，可以在设计时对干燥室进行分组，专门设散热面积大的快干室与散热面积小的慢干室，木材批量小的企业可以设计通用室，使散热器能分组控制。

干燥室的供汽温度对散热器面积配置的影响较大，散热器面积的配置设计，必须考虑锅炉供热管网中的蒸汽温度。表 4.11 不同材积及蒸汽温度对应的单位材积散热器面积。

表 4.11　不同材积及蒸汽温度对应的单位材积散热器面积

材积/m³	散热面积/（m²/m³ 木材）			
	120℃	130℃	140℃	150℃
40	4.843	3.874	3.229	2.767
60	4.708	3.767	3.139	2.609
80	4.717	3.773	3.144	2.695
100	4.762	3.810	3.175	2.721

干燥室壳体类型对散热器面积的配置影响很大。表 4.12 是不同地区不同干燥室类型对应的单位材积散热器面积。就目前常用的 3 种壳体类型来看，单位材积配置散热器面积排序为：金属＜砖混＜砖体。所处地区的气候温度越低，散热器面积配置应越大。如在东北地区，金属壳体结构所需散热器面积较砖体结构干燥室的小 36.5%，主要是金属壳体的预制板保温性能相对较好，故所需散热器面积小。同时，壳体内保温材料的种类和厚度，对其保温性能影响也较大。同一种保温材料，其厚度越大，保温性能越好，反之则越差；同一厚度，导热系数小的，其保温性能优于导热系数大的，如聚氨酯发泡材料优于聚苯板材料。因此，寒冷地区尤其需要重视壳体类型的选择。

表 4.12　不同地区不同干燥室类型对应的单位材积散热器面积　　　　　（单位：m²/m³材）

壳体类型	东北	华北	长江	华南	西南	西北
砖体	3.931	3.809	3.683	3.563	3.661	4.029
砖混	2.811	2.767	2.724	2.680	2.715	2.846
金属	2.496	2.475	2.453	2.431	2.449	2.513

干燥室内风速对散热器面积的配置也有一定的影响，但增大风速会增加电机的能耗，需综合考虑干燥工艺进行配置。以砖混壳体结构为例，风速在 $1.3\sim2.0m/s$ 变化时，所需配置散热器面积的计算结果列于表 4.13。

表 4.13　不同风速时干燥室单位材积所需配置的散热面积

风速/（m/s）	散热面积/（m²/m³ 木材）	风速/（m/s）	散热面积/（m²/m³ 木材）
1.3	2.826	1.7	2.635
1.4	2.776	1.8	2.591
1.5	2.727	1.9	2.549
1.6	2.680	2.0	2.508

　　干燥室散热器配置与木材干燥节能关系密切，干燥设备加工企业需要依据干燥室类型、壳体、热源、风速、散热器种类、被干燥木材树种、期望的干燥周期及当地气候条件等，确定干燥室散热面积的配置，如能通过系统的研究与开发，将其编写成软件，则会发挥更大的作用。

　　4. 室型的选择　　木材干燥室的类型结构，直接关系到室内的气体动力学特性，最终关系到干燥效果。蒸汽加热木材干燥法的主要优点是技术性能稳定，工艺成熟，操作方便（温、湿度易于调节和控制），干燥质量有保证；干燥室的容量较大，节能效果较好，干燥成本适中或偏低。缺点是需要蒸汽锅炉。因此，蒸汽加热干燥法是国内外应用最普遍的木材干燥方法。对现代周期式强制循环干燥室来说，在类型结构上的基本要求是室内干燥介质能实现均匀的横向循环。实践证明，顶风机型干燥室气体动力特性最好；材堆长度和高度上气流循环速度均匀，能实现可逆循环，材堆两侧气流速度也均匀，干燥后锯材终含水率均匀性好。但室内设备的安装和维修不太方便，适合于干燥锯材容量较大的场合，国内这类室的锯材实际容量为 50~200m³，国外可达 700 m³。适于大、中型木材加工企业选用，如年干燥量大于 1000 m³ 的加工企业。

　　侧风机型干燥室材堆长度或高度上及材堆两侧气流循环速度不均匀，干燥后锯材终含水率相差较大，因此，这类室近来新建的较少。

　　端风机型干燥室基本可消除气流速度沿材堆长度和高度分配不均匀的缺陷，又因为室内气流循环是可逆的，故材堆各部位的锯材干燥较均匀；室内结构简单，安装、维修方便；但室内材堆总长度一般不能超过 6m，否则沿材堆长度上气流循环不均匀。因此，这类室锯材实际容量一般较小，通常不超过 45m³。适于中小型木材加工企业选用，具体来说就是年干燥木材量在 1000 m³ 以下时较为适宜。

（二）干燥成本核算

　　干燥设备的好坏主要用技术经济性能来衡量。不同类型的干燥室适合于不同的应用场合，必须根据企业的规模、可提供能源的种类、被干燥木材的特点及质量要求等来确定，在确保干燥质量的前提下，干燥成本的准确核算非常重要。

　　根据《锯材干燥设备性能检测方法》（GB/T 17661—1999）的规定。1m³ 标准木材的干燥成本为 D（元/m³），包括设备折旧费（F_1）、保养维修费（F_2）、能耗费（F_3）、工资费用（F_4）、木材降等费（F_5）及管理费（F_6），按下式确定：

$$D = F_1 + F_2 + F_3 + F_4 + F_5 + F_6 \tag{4.1}$$

　　1. 设备折旧费　　设备折旧费（F_1）按下式确定：

$$F_1（元/m³） = \frac{T}{N_{yz} \times Y} \tag{4.2}$$

式中，T 为设备总投资（元）；N_{yz} 为全部干燥室（机）标准木材年总生产量（m³/年）；Y 为设备使用年限（年）。对于常规、除湿、太阳能干燥室及其室内设备：砖砌混凝土壳体取为 15~20 年，金属壳体为 8~10 年（外钢板内铝板或内外彩色钢板）或 10~15 年（内外铝板，外铝板内不锈钢板），砖砌外壳铝板内壳取为 10～15 年。对于真空干燥机及其附属设备取为 8～10 年。

2. 保养维修费　　保养维修费（F_2）按下式确定：

$$F_2(元/m^3) = \frac{TW}{N_{yz}} \tag{4.3}$$

式中，W 为保养维修费占设备总投资的比率（％），数值如下：常规蒸汽干燥设备取为 1％～2％；除湿干燥设备取为 3％～4％；真空干燥设备取为 2％～3％。

3. 能耗费　　能耗费（F_3）包括燃料或蒸汽费（$F_{3.1}$）及电费（$F_{3.2}$）。

（1）燃料或蒸汽费　　燃料或蒸汽费（$F_{3.1}$）按下式确定：

$$F_{3.1}(元/m^3) = \frac{Q \times P_1}{E_y} \tag{4.4}$$

式中，Q 为一间（台）干燥室（机）一次干燥木材耗用的燃料量（kg）或蒸汽量（kg），用实际计量或按蒸汽流量计确定；P_1 为每千克燃料或蒸汽的价格（元/kg）；E_y 为干燥室（机）标准木材容量（m³）。

（2）电费　　电费（$F_{3.2}$）按下式确定：

$$F_{3.2}(元/m^3) = \frac{I \times P_2}{E_y} \tag{4.5}$$

式中，I 为一间（台）干燥室（机）一次干燥木材所用的总电量（kW·h），用电度表查得；P_2 为每度电的价格[元/（kW·h）]。

如已知干燥室（机）全部电动机的安装总功率 N_2 及风机的运行时间（n），可用下式确定 I：

$$I(kW·h) = N_2 \times \rho \times n \times 24$$

式中，ρ 为风机的荷载系数，实测求出，或取为 0.8；n 为电动机运行天数（d）；24 为一天等于 24h。

则 $F_{3.2}$ 按下式确定：

$$F_{3.2}(元/m^3) = \frac{N_2 \times \rho \times n \times P_2 \times 24}{E_y} \tag{4.6}$$

4. 工资费用　　工资费用（F_4）按下式确定：

$$F_4(元/m^3) = \frac{C \times m \times \tau}{E_y \times 30} \tag{4.7}$$

式中，C 为工人的月平均工资额（元/人）；m 为工人数量，包括堆积、运输、干燥室操作等工人；τ 为干燥周期（d）；30 为每月天数。

5. 木材降等费　　木材降等费（F_5）按下式确定：

$$F_5(元/m^3) = \frac{M \times P_3}{E_y} \tag{4.8}$$

式中，M 为一次干燥的降等木材以标准木材计的数量（m³）；P_3 为降等木材以标准木材计的降等前后差价（元/m³）。

锯材等级按《针叶树锯材》（GB/T 153—2019）及《阔叶树锯材》（GB/T 4817—2019）分等划分。

6. 管理费　　管理费按下式确定：

$$F_6(元/m^3)=(F_1+F_2+F_3+F_4+F_5)\times S \qquad (4.9)$$

式中，S 为管理费比率，一般取为 3%～5%。

选择干燥室类型的依据主要是被干木材的树种、规格、数量、用途、对干燥质量的要求及生产单位的具体情况等。

三、干燥设备的性能检测

（一）风速、风压、风量的测量

要检验干燥室的性能，需要测定通过材堆的风速，而干燥设备的设计和制造需要测知风机的风压和风量。

1. 风速的测量　影响木材干燥的外部因素，除干燥介质的温度、相对湿度和压力外，还有介质的流动速度，即气流速度。气流速度的大小，不仅影响对流换热强度，也影响木材表面的饱和蒸汽黏滞层，这两者都与木材干燥速率直接相关。通常要求通过材堆的气流速度在 1m/s 以上，以使气流能达到紊流状态。在高含水率阶段，如果能使通过材堆的气流速度达到 3～5m/s，则干燥效率将会提高。然而，气流速度高，会使电耗大大增加，一般认为 1.5～3m/s 较合适。也可采用变速电机，高含水率阶段，采用较高的气流速度，干燥后期可适当地降低气流速度。

由此可见，材堆中气流速度的大小及分布均匀度，是干燥室性能的一项重要技术指标，新建干燥设备一般都需要进行这项测量。

测量材堆中气流速度最常用的仪器是热球式风速仪。国产 QDF-2A 型热球式风速仪（图 4.33）的测量范围为 0.05～10m/s。它由测杆和便携式测量仪表组成。

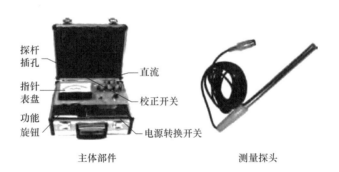

图 4.33　QDF-2A 型热球式风速仪

风速分布均匀度的测量是在室内材堆的进风侧和出风侧的前、中、后、上、下，每侧 9 个点的材堆水平气道内，分别测量各点的气流速度 v_1，再分别计算进风侧和出风侧的风速平均值 $\bar{v}_{in}$ 和 $\bar{v}_{ou}$，并求其均方差 S_{in} 和 S_{ou} 及变异系数 V_{in} 与 V_{ou}。用 $\bar{v}_{in} \pm S_{in}$ 和 V_{in} 表示进风侧风速分布均匀度，用 $\bar{v}_{ou} \pm S_{ou}$ 和 V_{ou} 表示出风侧风速分布均匀度。

2. 风压的测量　木材工业中常常由于使用环境和工艺参数要求的特殊性，难以买到符合要求的定型产品风机。因此，为数不少的干燥室采用自行设计或仿制的风机，这种自制风机的性能参数并不十分清楚，尤其是非标准设计的新型风机，要求进行风压和风量的测量。

简单的测量方法是做一段与风机整流罩壳形状和大小相同的试验风筒，相当于整流罩壳的原状延长。用毕托管连接倾斜压力计进行测量，如图 4.34 所示，毕托管中心通孔的末端用橡皮管与压力计的大液面相连，如此测得的是全压；如只连接管外周的小孔，测得的是静压；将管中心的通孔和管外周围的小孔分别连接压力计的两端，则测得的是两者的压力差，即动压。倾

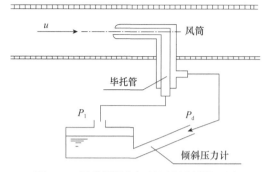

图 4.34　用毕托管和倾斜压力计测量风压
（测量动压 P_d 的接法）

斜压力计中所填充的液体通常是乙醇或煤油，其测量范围可达 196～392Pa，设测压时液柱移动的距离为 L（mm），倾斜管与水平线的夹角为 α，压力计内所填充液体的密度为 ρ（g/m³），则测得的压力值为

$$P(\text{Pa}) = L\rho g \sin\alpha \qquad (4.10)$$

式中，g 为重力加速度，$g=9.81\text{m/s}^2$。

在室温下（温度 $t=20℃$，空气的密度 $\rho=1.2\text{kg/m}^3$时）测得的全压就是规格风机压头的压力，风机的压头应能克服循环系统的全部阻力损失。

3. 风量的测量　　同测量风压一样，用毕托管测量试验风筒内的动压 P_d（Pa），求得气流速度：

$$v(\text{m/s}) = \sqrt{\frac{2P_d}{\rho}} = \sqrt{\frac{2P_d}{1.2}} = 1.29\sqrt{P_d} \qquad (4.11)$$

由于边界层的影响，试验风筒内的流速分布是不均匀的。贴近壁面处的速度几乎等于零，管道中心处的速度最大。因此，测量时须将风筒假设分成若干个等截面积的圆环（一般分成 5 个），如图 4.35 所示。于各等截面圆环的平均半径处（即将各圆环的面积再分成两个面积相等的同心环，均分面积的圆环半径就是原圆环的平均半径），测量其动压值。由该动压值求出该圆环的平均速度，再由各圆环的流速，求整个风筒断面的平均流速。于是，就可求得风机的风量：

$$Q = 3600A\bar{v}$$

$$= 3600 \times 1.29\frac{A}{5}\left(\sqrt{P_{d1}} + \sqrt{P_{d2}} + \sqrt{P_{d3}} + \sqrt{P_{d4}} + \sqrt{P_{d5}}\right)$$

$$= 928.8A\left(\sqrt{P_{d1}} + \sqrt{P_{d2}} + \sqrt{P_{d3}} + \sqrt{P_{d4}} + \sqrt{P_{d5}}\right)$$

$$(4.12)$$

式中，A 为风筒截面积（m²）；$\bar{v}$ 为风筒截面上的平均流速（m/s）；$P_{d1} \sim P_{d5}$ 为各圆环测点处的动压（Pa）。

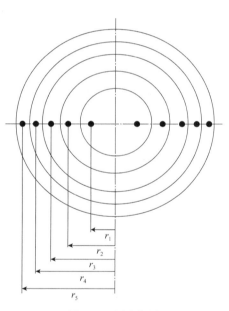

图 4.35　测点位置

测点的位置可以这样确定：设风筒半径为 R，因风筒面积被均分成 $\dfrac{\pi R^2}{2 \times 5} = \dfrac{\pi R^2}{10}$ 个面积相同的圆环，则每个圆环的面积为

$$\frac{\pi R^2}{10} = \pi r_1^2 = \pi(r_2^2 - 2r_1^2) = \pi(r_3^2 - 4r_1^2)$$

$$= \pi(r_4^2 - 6r_1^2) = \pi(r_5^2 - 8r_1^2)$$

化简上述各等式，便可得

$$r_1 = 0.574r_2 = 0.447r_3 = 0.378r_4 = 0.333r_5 = 0.173R$$

测点的位置取在风筒相互垂直的直径上。一般对于直径较小的风筒，只在水平直径上取 10 点，每个等截面同心环测 2 点，取平均值；对于较大直径的风筒，应在竖直和水平方向上共取 20 个测点，每个等截面圆环测 4 点，取平均值。

（二）蒸汽流量的测量

在综合性木材加工企业里，常常有若干个工序或工段由同一台锅炉供汽。为了对各类产品进行经济核算，或实行经济承包责任制，有必要在各供汽支路上安装蒸汽流量计。在木材干燥车间里，有时为了对某一个干燥室或某一种干燥工艺进行热平衡测试，也需要测量其蒸汽流量。

测流体流量的仪器有差压式流量计、涡街流量计、容积式流量计、浮子式流量计、涡轮流量计、电磁流量计、超声流量计、科里奥利质量流量计、热式质量流量计、插入式流量计、明渠流量计、靶式流量计等多种。测量蒸汽流量的仪器也有多种，应用比较广泛的主要是差压式流量计和涡街流量计。

1. 差压式流量计

（1）概述　　差压式流量计（differential pressure flowmeter，DPF）是根据安装于管道中流量检测件产生的差压、已知的流体条件和检测件与管道的几何尺寸来测量流量的仪表。DPF 由一次装置（检测件）和二次装置（差压转换和流量显示仪表）组成。通常以检测件的型式对 DPF 分类，如孔板流量计、文丘里流量计及均速管流量计等。二次装置为各种机械、电子、机电一体式差压计、差压变送器和流量显示及计算仪表，它已发展为系列化、通用化及标准化程度很高的、种类规格庞杂的一大类仪表。差压计既可用于测量流量参数，也可测量压力、物位、密度等其他参数。

DPF 按其检测件的作用原理可分为节流式、动压头式、水力阻力式、离心式、动压增益式和射流式等几大类，其中以节流式和动压头式应用最为广泛。

节流式 DPF 的检测件按其标准化程度分为标准和非标准两大类。所谓标准节流装置是指按照标准文件设计、制造、安装和使用，无须经实流校准即可确定其流量值并估算流量测量误差的检测件；非标准节流装置是成熟程度较差，尚未列入标准文件中的检测件。我们通常称 ISO5167《用安装在圆形截面管道中的差压装置测量满管流体流量》（GB/T 2624—2006）中所列节流装置为标准节流装置，其他的都称为非标准节流装置。非标准节流装置不仅是指那些节流装置结构与标准节流装置相异的，如果标准节流装置在偏离标准条件下工作也应称为非标准节流装置，如标准孔板在混相流或标准文丘里喷嘴在临界流下工作的都是非标准节流装置。

（2）基本原理　　充满管道的流体，当它流经管道内的节流件时（图 4.36），在节流件处，流速局部收缩，因而流速增加，静压力降低，于是在节流件前后便产生了压差。流体流量越大，产生的压差就越大，所以根据测量孔口前、后的静压差 $P_1 - P_2$ 就可求出管中流体的流量。这种测量方法是以流动连续性方程（质量守恒定律）和伯努利方程（能量守恒定律）为基础的。压差的大小不仅与流量有关，还与其他许多因素有关，如当节流装置形式或管道内流体的物理性质（密度、黏度）不同时，在同样大小的流量下产生的压差也是不同的。

差压式流量计的流量方程如下：

$$q_m = \frac{C}{\sqrt{1-\beta^4}} \varepsilon \frac{\pi}{4} d^2 \sqrt{2\Delta P_{\rho 1}} \tag{4.13}$$

$$q_v = \frac{q_m}{\rho} \tag{4.14}$$

式中，q_m 为质量流量（kg/s）；q_v 为体积流量（m³/s）；C 为流出系数；ε 为可膨胀性系数；β 为

直径比，$\beta=d/D$，D 为工作条件下上游管道内径（m）；d 为工作条件下节流件的孔径（m）；ΔP 为差压（Pa）；ρ_1 为上游流体密度（kg/m³）。

　　由式（4.13）和式（4.14）可见，流量为 C、ε、d、ρ、ΔP、β（或 D）6 个参数的函数，此 6 个参数可分为实测量 d、ρ、ΔP、β（或 D）和统计量 C、ε 两类。

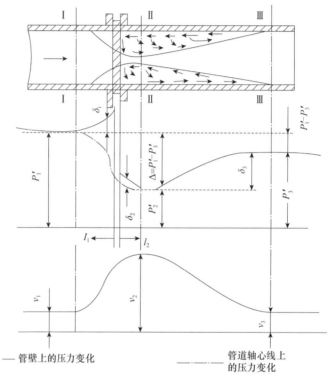

图 4.36　孔板附近的流速和压力分布

　　d、D：式（4.13）中 d 与流量呈平方关系，其精确度对流量总精度影响较大，误差值一般应控制在 ±0.05% 左右，还应考虑工作温度对材料热膨胀的影响。标准规定管道内径 D 必须实测，需在上游管段的几个截面上进行多次测量求其平均值，误差不应大于 ±0.3%。除对数值测量精度要求较高外，还应考虑内径偏差对节流件上游通道形成的不正常节流现象所带来的严重影响。因此，当不是成套供应节流装置时，在现场配管时应充分注意这个问题。

　　ρ：ρ 在流量方程中与 ΔP 处于同等位置，所以当追求差压变送器高精度等级时，绝不要忘记 ρ 的测量精度也应与其相匹配。否则 ΔP 的提高将会被 ρ 的降低所抵消。

　　ΔP：差压 ΔP 的精确测量不应只限于选用一台高精度差压变送器。实际上差压变送器能否接受真实的差压值还取决于一系列因素，其中正确的取压孔及引压管线的制造、安装及使用是保证获得真实差压值的关键，这些影响因素中很多是难以定量或定性确定的，只有加强制造及安装的规范化工作才能达到目的。

　　C：统计量 C 是无法实测的量（仅按标准设计制造安装，不经校准使用），在现场使用时最复杂的情况为实际的 C 值与标准确定的 C 值不相符。它们的偏离是由设计、制造、安装及使用一系列因素造成的。应该明确，上述各环节全部严格遵循标准的规定，其实际值才会与标准确定的值相符合，然而现场一般是难以完全满足这种要求的。应该指出，与标准条件的偏离，有的可定量估算，可进行修正，有的只能定性估计（不确定度的幅值与方向）。但是在现实中，有时不仅一个条件偏离，这就带来非常复杂的情况，因为一般资料中只介绍某一条件偏离引起的误差。如果许多条件同时偏离，则缺少相关的资料可查。

ε：可膨胀性系数 ε 是对流体通过节流件时密度发生变化而引起的流出系数变化的修正，它的误差由两部分组成：其一为常用流量下 ε 的误差，即标准确定值的误差；其二为由于流量变化，ε 值将随之波动带来的误差。一般在低静压高差压情况，ε 有不可忽略的误差。当 $\Delta P/P \leqslant 0.04$ 时，ε 的误差可忽略不计。

（3）分类　　差压式流量计分类如表 4.14 所示，其中最常用的为标准孔板流量计，下面将重点介绍。

表 4.14　差压式流量计分类表

分类原则	分类类型
按产生差压的作用原理分类	节流式、动压头式、水力阻力式、离心式、动压增益式、射流式
按结构形式分类	标准孔板、标准喷嘴、经典文丘里管、文丘里喷嘴、锥形入口孔板、1/4 圆孔板、圆缺孔板、偏心孔板、楔形孔板、整体（内藏）孔板、线性孔板、环形孔板、道尔管、罗洛斯管、弯管、可换孔板节流装置、临界流节流装置
按用途分类	标准节流装置、低雷诺数节流装置、脏污流节流装置、低压损节流装置、小管径节流装置、宽度范围节流装置、临界流节流装置

（4）标准孔板流量计　　标准孔板流量计由标准孔板节流装置（孔板及取压装置）、差压计及导压管等部分组成。

1）标准孔板节流装置。标准孔板是一块加工成圆形同心的具有锐利直角边缘的薄板，又称为同心直角边缘孔板，多为不锈钢制成。孔板开孔的上游侧边缘应是锐利的直角。开孔直径 d 小于管径 D（直径比 $\beta = d/D = 0.2 \sim 0.8$）。为从两个方向的任一个方向测量流量，可采用对称孔板，节流孔的两个边缘均符合直角边缘孔板上游边缘的特性，且孔板全部厚度不超过节流孔的厚度。

2）孔板取压方式。标准孔板前、后面有低碳钢等做成的取压室。有如下几个取压方式：环室、盘式、角接、法兰及 $D-D/2$ 取压。环室取压，适用于测量表压为 6276kPa（64kg/cm²）以下、管道直径为 50~520mm 的蒸汽流量；盘式取压，适用于测量表压为 2452kPa（25kg/cm²）以下、管道直径为 50~1100 mm 的蒸汽流量。

3）标准孔板流量计流量。标准孔板流量计流量管中流体的流量由式（4.1）简化为式（4.3）。

$$q_{m} = \alpha \varepsilon \frac{\pi}{4} d^{2} \sqrt{2g\rho(P_{1}-P_{2})} \qquad (4.15)$$

式中，q_{m} 为饱和水蒸气的质量流量（kg/s）；d 为工作条件下节流件（孔板）直径（m）；g 为重力加速度（m/s²）；ρ 为水蒸气密度（kg/m³），由孔板前的水蒸气压力决定；$P_{1}-P_{2}$ 为孔板前、后水蒸气压力差（Pa），由差压计测得；α 为流量系数，由孔口直径 d 与管径 D 之比决定，参照表 4.15；ε 为流束膨胀系数，对于压力大于 294.2 kPa（3kg/cm²）表压的蒸汽，当 $P_{1}-P_{2}$ 值较小，且 $d/D < 0.5$ 时，取 $\varepsilon = 1$，否则取 $\varepsilon = 0.95$。

表 4.15　表中孔板流量计流量系数

d/D	α	d/D	α
0.20	0.598	0.55	0.635
0.30	0.601	0.60	0.649

d/D	α	d/D	α
0.35	0.605	0.65	0.668
0.40	0.609	0.70	0.692
0.45	0.616	0.75	0.723
0.50	0.624	0.80	0.764

　　测量孔口前、后静压差的压差计有多种类型，最简单的是U形管差压计，但工业上通常采用由差压计变送器和二次仪表（指示、记录和流量积算装置等）组成的差压计等。部分国产差压计的基本特征见表4.16。

表4.16　部分国产差压计的基本特征

仪表名称	仪表型号	显示形式	测量范围		精度级 /kPa	工作压力/MPa
			流量/（t/h）	差压/kPa		
U形管差压计	CGS-50			0～47	±0.3	1.0
双波纹管差压计	CWC-282 CWC-612	带积算装置　指示式 记录式	1.0，1.25， 1.6，2.0，	62，98，157， 245，392	147	6.0
膜片式差压计	CM-4	输出毫伏 配电子差动仪	2.5，3.2， 4.5，6.3	98，157，245， 392，618	147	6.4
电动平衡差压变送器		输出0～10mA直流电流， 配电动仪表显示		0～2.0 0～6.0	9.8	2.5

　　孔板流量计的结构简单，制造容易，使用方便，价格便宜，应用比较广泛。它的主要缺点是流体经孔口后压头损失较大，测量的重复性、精确度在流量计中属于中等水平，范围小，现场安装条件要求较高，检测件与差压显示仪表之间的引压管线为薄弱环节，易产生泄漏、堵塞、冻结及信号失真等故障。近年来仪表开发者采取了很多措施，使上述缺点在一定程度上得到了弥补。该种流量计在选用时应考虑仪表性能、流体特性、安装条件、环境条件和经济因素等。

　　2. 涡街流量计　　也叫作蒸汽旋涡流量计，它是由旋涡流量变送器和二次仪表流量计算器配套而成。旋涡流量变送器包括旋涡发生体、旋涡检验器和前置放大器三部分，其构造原理如图4.37所示。旋涡发生体是一断面不变的长杆，沿管道径向通过管道中心插入。长杆的断面形状为非流线，见图4.37（b），当流体通过时，会在尾流中产生交替排列的两列旋涡，即卡门涡街。其旋涡交替发生的频率与流速成正比：

$$f = \frac{v S_t}{d} \tag{4.16}$$

式中，S_t为斯特拉哈尔常数；d为非流线体长杆的宽度。

　　当雷诺数为$5 \times 10^3 \sim 5 \times 10^5$时，$S_t$近似为常数。因此，可通过测定旋涡发生频率来测知流速，从而测得流量。

　　由图4.37（c）可看出，旋涡发生体的上部装有一圆盘，两侧有一对导压孔，分别连通圆盘室的上、下方。当旋涡交替发生时，旋涡发生体两侧便有一交变的压差，该压差通过导压孔使圆盘上、下振动。圆盘的振动由电磁式传感器感应，产生交流电压信号，经过放大、整形、倍频后，以方形脉冲信号输出。脉冲信号经过二次仪表的处理、转换，就可测量出累积值和瞬时

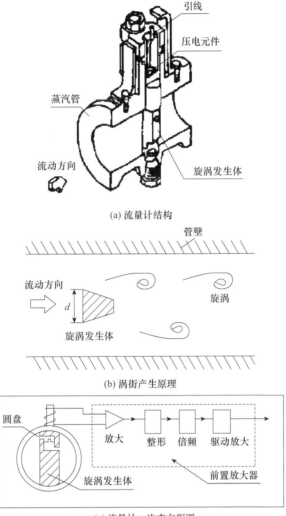

(a) 流量计结构

(b) 涡街产生原理

(c) 流量计一次表方框图

图 4.37　涡街流量计的构造原理

值，也可根据需要再配报警和控制仪表。

旋涡流量变送器的常用规格有 DN50mm、DN80mm 和 DN100mm 等。二次仪表主要有三种型号可供选用，其代号的意义如下。

LXL-02 型：显示累积流量读数，并有 1/1 脉冲输出，可供其他数字仪表使用。

LXL-03 型：除具有 02 型的功能外，增加 0～10mA 模拟信号输出，配电流表可做瞬时显示。

LXL-04 型：除具有 02 型的功能外，还有瞬时流量显示和 4～20mA 模拟输出，并具有自动压力补偿功能，适用于压力变化范围大，测量精度要求高的场合。

旋涡流量变送器安装在水平管道上，在流量计本体的前、后需配置一定的直管段。在流量计后面的直管段长度应大于 5D，前面的直管段长度，当有弯头时应大于 40D，当有闸阀时应大于 50D。安装流量计必须在工艺管道清洗之后进行，并注意方向不能装反。流量传感器在管道上可以水平、垂直或倾斜安装，但测量液体和气体时为防止气泡和液滴的干扰，安装位置要注意。

蒸汽旋涡流量计是一种比较理想的蒸汽计量仪表，它的测量范围宽，适用于流体种类多，如液体、气体、蒸汽和部分混相流体，而且结构简单，旋涡发生体坚固耐用，可靠性高，并容易维护；与节流式差压流量计相比较，不需要导压管和三阀组等，减少泄漏、堵塞和冻结等。但有下述局限性：其不适用于低雷诺数测量，故在高黏度、低流速、小口径情况下应用受到限制。

（三）干燥设备性能检测的项目与方法

根据国家标准《锯材干燥设备性能检测方法》（GB/T 17661—1999）的规定，锯材干燥设备性能检测的具体项目如表 4.17 所列，以下就干燥室（机）容量、材堆平均循环风速、介质温度分布、密闭性能、保温性能、干燥成本等项摘录如下。

表 4.17　锯材干燥设备性能检测的具体项目表

序号	项目名称	序号	项目名称	序号	项目名称
1	干燥室（机）容量，m^3	13	干燥室（机）防腐蚀性能	25	平均燃料耗量，kg/m^3
2	干燥室（机）年产量，m^3/a	14	干燥时间，h/d	26	最高送汽温度，℃
3	容积利用系数	15	干燥质量	27	最大排水量，kg/h
4	材堆平均循环风速，m/s	16	电耗量，$kW \cdot h/m^3$	28	单位脱水平均电耗，$kW \cdot h/kg_水$
5	材堆风速分布，m/s	17	干燥成本，元$/m^3$	29	真空度，Pa
6	介质最高温度，℃	18	单位建筑面积，m^2/m^3	30	热板温度，℃
7	介质温度分布，℃	19	单位投资，元$/m^3$	31	高频振荡功率，kW
8	介质温差，℃	20	最大蒸汽耗量，kg/h	32	高频振荡频率，MHz
9	材堆进出口介质温差，℃	21	平均蒸汽耗量，kg/m^3	33	最大耗用功率，kW
10	介质温度升高速度，℃$/min$	22	加热面积，m^2	34	集热器面积，m^2
11	干燥室（机）密闭性能	23	单位加热面积，m^2/m^3	35	集热器单位面积，m^2/m^3
12	干燥室（机）保温性能	24	最大燃料耗量，kg/d	36	集热器进口温度，℃

（1）干燥室（机）容量　　干燥室（机）容量指一间（台）干燥室（机）的木材装载量，为实际材积。分实际木材容量（E）和标准木材容量（E_y）两种，在干燥室的设计、试验和评定及计划生产中，以标准木材容量为准。

所谓标准木材是指厚度为 40mm、宽度为 150mm、长度大于 1m、按二级干燥质量从最初含水率 60%干燥到最终含水率 12%的松木整边板材。

（2）材堆平均循环风速　　材堆平均循环风速的测定如图 4.38 所示，系在材堆侧面的长度上取 5~9 个测点（根据干燥室的长度），在高度上取 5（顶风机型、端风机型、风机位于堆高中部的侧风机型）~6（风机位于堆高下半部的侧风机型）个测点；长度上两端的测点距材堆端面 400~500mm，高度上的上、下测点距离堆顶及堆底大约 150mm（约二、三层木板），测点之间均布。测点标记在木板的侧边上，位于水平放置的两根垫条之间的空隙处。风速用热球式风速计进行测定，精度 0.001m/s，测定时在测点所在木板的上、下两面空隙处各测一次，用两次测定的平均值作为该测点的风速，并记录在统计表中，然后进行统计。风速测定以标准木材为准（厚 40mm），垫条厚度为 25mm。对于其他厚度的锯材，可按求得的材堆平均循环风速乘以相应折算系数来确定，见表 4.18 所列。

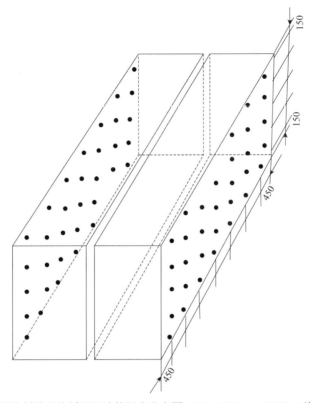

图 4.38　测定材堆平均循环风速的测点分布图（GB/T 17661—1999）（单位：mm）

表 4.18　材堆平均循环风速折算系数表

锯材厚度/mm	折算系数	锯材厚度/mm	折算系数
15	0.615	35	0.923
18	0.663	40	1.000
20	0.693	45	1.078
22	0.724	50	1.156
25	0.770	55	1.234
30	0.848	60	1.310

　　材堆循环风速包括材堆出口风速和进口风速，以出口风速为准。干燥针叶树与软阔叶树的中、薄厚度锯材时，无论单堆或双堆干燥室（即在气流方向上放置一个或两个材堆），其出口风速均不应小于 1m/s。干燥针叶树厚材与硬阔叶树锯材时，双堆或多堆干燥室的材堆出口风速不应小于 0.8m/s。每次测定应在材堆的两个侧面分别测定出口风速与进口风速。测定风速时应同时用转速计测定风机转速，并记明风机转动方向是正转或反转（气流通过叶轮流向电动机及轴系时为反转，反之为正转）。采用双（多）速电动机时，应分别测定不同转速下的风速。

　　对于用叉车装载小堆的干燥室，进口风速在迎着气流方向的第一列小堆侧面测定，出口风速在沿气流方向的最后一列小堆的侧面测定。

　　（3）介质温度分布　　干燥室内介质温度分布的测定是在有载和开动风机及加热器的干燥过程运行条件下进行的。如图 4.39 所示，测点分布于材堆的两个侧面上，在材堆高度的上、中、下，长度的前、中、后共取 9 个测点。上、下测点距堆顶及堆底约为材堆高度（H）的 1/20，一般为 130mm（堆高 2.6m）、150mm（堆高 3m）或 200mm（堆高 4m）左右。前、后测点距材堆端面约为材堆长度（L）的 1/20，一般为 200mm（堆长 4m）或 300mm（堆长 6m）或 400mm（堆长 8m）左右。测点位于上下两层木材及左右两根垫条之间的空隙处。

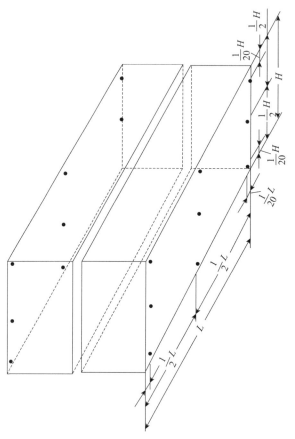

图 4.39 测定介质温度的测点分布图（GB/T17661—1999）

测定方法：可用多点数字温度计在材堆一侧或两侧同时进行测定。即将每台多点数字温度计的 9 个感温探头分别固定在材堆每侧的 9 个测点位置上，等气流稳定后，在室外尽快依次读取各点温度值，并做好记录。如无多点数字温度计，也可用玻璃温度计进行测定。即将 9 或 18 支玻璃温度计固定在材堆一侧或两侧的各个测点位置上，干燥室内每侧进入三人，每人负责一列上、中、下三个测点，等气流稳定后，同时开始尽快读取温度值。测定时干燥室内的介质温度规定在 45～50℃（多点数字温度计）或 30～35℃（玻璃温度计），相对湿度不超过 85%。温度计的最小分度为 1℃，测温精度为 ±1℃。

干燥室（机）内介质温差为材堆侧面的最高温度（t_{max}）与最低温度（t_{min}）的差值。不宜超过 6℃[单堆干燥室（机）]～8℃[双堆或多堆干燥室（机）]，详见 GB/T 17661—1999。

（4）干燥室（机）密闭性能 干燥室（机）密闭性能按介质温度升高速度（℃/min）的测定结果来检验，在无载条件下进行，蒸汽压力保持在 0.4～0.5MPa，测定前应将干燥室内的介质温度预热到 20℃（冬季），或 30℃（北方夏季）～40℃（南方夏季）。测定时紧闭室门及进、排气道，打开通风机、加热器及喷蒸管。每隔 2～5min 观测干、湿球温度一次并记录。当干球温度小于等于 100℃时，室内能够形成 100%的相对湿度，并能保持 30～60min；当干球温度大于 100℃时，湿球温度应能稳定在 98～100℃来衡量。

（5）干燥室（机）保温性能　　干燥室（机）保温性能是在无载或有载情况下，室内介质温度达 100℃或以上时，按干燥室（机）壳体外表面的平均温度与环境温度的温差不超过 20℃来衡量。

测量方法：将干燥室（机）壳体的外表面按 500～1000mm 边长划分成等面积的矩形或方形块，用半导体点温度计在矩形或方形块的中点测量表面温度，同时用玻璃温度计测量干燥室（机）壳体周围环境（管理间）的温度[应不低于室温（20℃）]，然后统计比较。

（四）木材室干的热平衡测试

木材人工干燥，是木材加工企业中能耗较大的一个环节。对木材室干过程进行热平衡测试，在充分了解室干过程能耗分配及室干热效率的基础上，寻求节约能耗的途径，已越来越被人们所重视。以蒸汽干燥为例，热平衡测试包括以下项目。

1. 进入加热器的能量

$$Q_1(\mathrm{J})=M_1 i_1 \tag{4.17}$$

式中，M_1 为 1 个干燥周期内进入加热器的干饱和水蒸气的数量（kg），由蒸汽流量计测得；i_1 为蒸汽的平均热焓（J/kg），可由蒸汽的绝对压力平均值查干饱和蒸汽参数表得知。

2. 喷蒸消耗的能量

$$Q_2(\mathrm{J})=M_2 i_2 \tag{4.18}$$

符号意义同式（4.8）。喷蒸供汽管路需另装蒸汽流量表，若以成本核算为目的，蒸汽流量表可装在总进汽管上，则加热与喷蒸可合并测量。

3. 通风机消耗的能量

$$Q_2(\mathrm{J})=AX \tag{4.19}$$

式中，A 为热功当量，3600kJ/（kW·h）或 860kcal/（kW·h）；X 为风机消耗的电能（kW·h），由电度表测得。

4. 预热木材所需的能量　　当环境温度在冰点以上时：

$$Q_4(\mathrm{J})=V_{\rho_j}(\mathrm{MC}_1+1)C_{\mathrm{MC1}}(t-t_0) \tag{4.20}$$

式中，V 为室被干木材的材积（m³）；ρ_j 为木材的基本密度（kg/m³）；MC_1 为以小数计的木材平均初含水率；C_{MC1} 为初含水率状态下的木材比热，由式（4.9）求得

$$C_{\mathrm{MC1}}[\mathrm{J}/(\mathrm{kg}\cdot℃)]=\frac{\mathrm{MC}_1+(C_{\omega0}+4.85t)}{\mathrm{MC}_1+1} \tag{4.21}$$

式中，$C_{\omega0}$ 为 0℃时绝干木材的比热，为 1113J/（kg·℃）或 0.266kcal/（kg·℃）；4.85 为系数，若以 kcal 为热量单位时，则为 0.00116；t 为木材预热温度（℃），取平均干燥温度，即基准第三阶段介质温度；t_0 为环境平均温度（℃）。

若被干木材为毛边板且长度参差不齐，难以确定材积时，应称量装室前的木材重量（kg），那么式（4.21）应改为

$$Q_4(\mathrm{J})=G_1 C_{\mathrm{MC1}}(t-t_0) \tag{4.22}$$

当环境温度在冰点以下时，按（4.23）计算：

$$Q_4(\mathrm{J})=V_{\rho_j}\left\{(\mathrm{MC}_1+1)C_{\mathrm{MC1}}(t-t_0)+(\mathrm{MC}_1-0.3)[r_{\mathrm{ic}}-(C_{\mathrm{wa}}-C_{\mathrm{ic}})(0-t_0)]\right\} \tag{4.23}$$

式中，0.3 为纤维饱和点，$V_{\rho_j}(\mathrm{MC}_1-0.3)$ 为冰冻时的重量；r_{ic} 为冰的溶解潜热，等于 334 720J/kg；

C_{wa} 为水的比热，等于 4184J/（kg·℃）；C_{ic} 为冰的比热，等于 2092J/（kg·℃）。

若直接称量木材重量 G_1，则式（4.23）应改为

$$Q_4(\text{J}) = G_{1_j}\left\{C_{\omega 1}(t-t_0) + \frac{MC_1-0.3}{MC_1+1}[r_{ic}-(C_{wa}-C_{ic})(0-t_0)]\right\} \tag{4.24}$$

5. 蒸发木材中的水分所消耗的能量

$$Q_5(\text{J}) = M_5\left(1000\frac{I-I_0}{d-d_0} - C_{wa}t\right) \tag{4.25}$$

M_5 为一个干燥周期内木材中蒸发的水分。

$$M_5(\text{kg}) = V_{\rho_j}(MC_1-MC_n) \tag{4.26}$$

式中，MC_n 为木材含水率（以小数计）；I、d 分别为排气状态下的湿空气热焓（J/kg）平均值和湿含量（g/kg）平均值，可近似地由干燥第三阶段的介质状态（t，φ）查 $I\text{-}d$ 图或 tp 图；I_0、d_0 为新鲜空气的热焓平均值和湿含量平均值，由环境平均温度、湿度查 $I\text{-}d$ 图或 tp 图。

6. 室干热效率

$$\eta = \frac{Q_4+Q_5}{Q_1+Q_2+Q_3} \times 100\% \tag{4.27}$$

第六节　干燥设备的维护与保养

由于干燥室内的设备需长期在高温、高湿的环境中运行，再加上木材中排出的有机酸对室内设备的腐蚀作用，这种恶劣的环境将严重影响到设备的使用寿命。因此，对干燥室设备及壳体的正确使用和维护保养，已成为当前木材干燥生产中备受重视的问题。对于砖混结构室体和有黑色金属构件的干燥室，应有维修制度，可根据干燥室的耐久性能等级制定，只有这样，才能延长干燥室的使用寿命。

对于干燥设备的正确使用和保养，要根据设备的具体情况进行。在木材装室之前，首先要对干燥室进行检验和开动前的检查，以保证干燥过程的正常进行，如有问题应及时检修。否则，在干燥过程中，加热、通风、换气等机械设备会出现故障。检查工作主要包括以下几方面。

一、干燥室壳体的检查

干燥室壳体系指屋顶、地面和墙壁等，它们起围护作用。应检查墙壁、天棚的隔热情况。如发现有裂缝、漏气及防腐涂料脱落或沥青脱落现象，应及时用水泥砂浆等抹平堵塞，再用防腐涂料涂刷；干燥室大门如发现因长期使用出现变形、漏气或关闭不严，应及时维修，需要时及时更换密封胶条；室内地面应清扫干净。如有塌陷或凸凹不平，应及时修补；轨道如不符合要求，应修理校正。

1. 动力系统的检查　　应检查风机运转是否平稳，如有螺丝松动、挡圈松脱、轴承磨损等现象，应及时修理或调换；检查进、排气道，如闸板、电动执行器、钢丝绳是否损坏，如操纵不灵，要修理、调整；检查电动机的地脚螺丝、地线、电线接头等。

2. 热力系统的检查　　热力系统包括加热器、喷蒸管、回水管路、疏水器、控制阀门及蒸汽管路等。检查加热器时，应向加热器内通入蒸汽，时间需 10～15min，以观察是否能均匀热透和有无漏气现象；检查喷蒸管时，应将喷蒸管阀门打开，进行 2～3min 的喷汽试验，观察全部喷孔是否能均匀射流；疏水器最易出问题，若在供汽压力正常的情况下，操作也正常，但

却升温、控温不正常，这有可能是疏水器工作不正常所致，要定期检查和维修，清除其内部污物，发现有零件磨损失灵时，应及时修理或调换；回水管路如有堵塞现象，应及时疏通，以便及时排除冷凝水。

3．测试仪表系统的检查　　如干燥室内采用干湿球温度计来测量干燥介质状态，则注意干湿球温度计的湿球纱布应始终保持湿润状态，但不能使湿球温包浸在水中。应对湿度计的干球和湿球两支温度计刻度指数做定期的检查，校正指数误差，以求得准确读数。此外，感温元件与水盒水位的距离不得大于 50mm，感温元件一般安装在材堆侧面，感温元件与气流方向垂直放置，室内露出部分的长度必须大于感温体长度的 1/3；含水率测定仪在使用前要检查电池电压是否能满足要求，如电压不够，应及时更换。此外，在木材干燥过程中还应注意：装、卸材堆或进、出室时，不得撞坏室门、室壁和室内设备；当风机改变转向时，应先"总停"2～3min，待全部风机都停稳后再逐台反向启动；风机改变风向后，温湿度采样应跟着改变，即始终以材堆进风侧的温、湿度作为执行干燥基准的依据；干燥过程中，如遇中途停电或因故停机，应立即停止加热或喷蒸，并关闭进排气道，防止木材损伤降等（degrade）；对于蒸汽干燥室，干燥结束时应打开疏水器旁通阀门和管系中弯管段的排水旁通阀门，排尽管道内的余汽和积水；干燥室长期不用时，必须全部打开进、排气道，保持室内通风透气，以保持室内空气干燥、室内壁和设备表面不结露。

二、干燥室壳体的防开裂措施

干燥室壳体的开裂和腐蚀是木材干燥设备最常见也较难解决的问题。干燥室若出现开裂，就会因腐蚀性气体的侵袭而加速壳体的破坏，并使热损失增大，工艺基准也难以保障。因此，一般干燥室不允许开裂。

干燥室壳体的开裂主要与基础发生不均匀沉降、壳体热胀冷缩、壳体结构不牢固和壳体局部强度削弱使应力集中等因素有关。防止开裂采取的主要措施如下。

1）基础设计须合理、可靠，为确保基础稳定，可增设基础圈梁。

2）外墙采用实体砖墙，砖的标号不低于 75#，水泥砂浆标号不低于 50#，并在低温侧适当配筋。

3）在砌好的墙上少开孔洞，避免墙体厚度急剧变化，尽量不在墙体内做进、排气道。

4）采用框架式结构，对混凝土梁、钢梁，要设置足够大的梁垫。

5）设法减小连续梁的温差，应以 2～4 座室为一单元，做出温度伸缩缝。

6）内层表面作 20mm 厚水泥砂浆抹面，并仔细选择其配比，尽量满足隔气、防水、防龟裂的要求。

三、干燥设备的防腐蚀措施

干燥室壳体的防腐蚀，主要是防止水蒸气和腐蚀性气体的渗透。

对金属壳体或铝内壁壳体，关键是处理好拼缝和螺丝、铆钉孔的密封，可现场焊接做成全封闭，并用性能好的耐高温硅橡胶涂封铆钉孔和拼缝。对砖混结构室体，一方面室墙内表面须用 1∶2 的防水水泥砂浆粉刷。另一方面，还须选用耐高温和抗老化性能好、着力强的防水防腐涂料涂刷壳体内表面。

目前防水涂料的新产品很多，如乳化石棉沥青、JG 型冷胶料、建筑胶油、聚醚型聚氨酯防水胶料、再生橡胶沥青防水胶料、氯丁橡胶沥青防水涂料等。这些涂料都采用冷施工，既省时又省料，各项性能指标均优于以往采用的热沥青涂刷。在诸多牌号的涂料中，JG-2 型冷胶料较适合干燥室使用，既可用于涂刷室内表面，也可用作屋面防水层，如配用玻璃纤维布做二布三油屋面防水代替二毡三油的老式做法，可降低造价为原来的 50%～75%，并可延长使用寿命。

室内设备的防腐蚀，主要是选用耐腐蚀材料，如选用铝、铜、不锈钢和铸铁制品。较先进的干燥室几乎不用黑色金属构件和设备。但我国现阶段的木材干燥室还不可能完全不用黑色金属材料，生产上还保留有许多老式干燥室，所用的黑色金属材料更多。因此，室内设备的防腐蚀，仍然是一个不容忽视的问题。

对于钢铁件的防腐蚀，通常用以下办法处理。

1. 表面油漆法　　这个是最常用、最简单易行的办法。处理得好，可获得良好的效果。油漆效果好坏的关键，取决于涂漆前除锈是否干净，以及对油漆涂料的选用是否合适。对于表面已有铁锈的钢件，可采用 H06—17 或 H06—18 环氧缩醛除锈底漆（西安、天津、杭州等地油漆厂生产）除锈。对于锈厚为 25～150μm 的，尤其是在 70μm 左右的，用此法除锈效果极佳。环氧缩醛漆只起除锈作用，还须再涂刷底漆和面漆。油漆的种类繁多，针对干燥室的工作环境，比较好的选择是：采用 F53—31 红丹酚醛防锈漆或 Y53—31 红丹油性防锈漆作为底漆。这两种漆的防锈性和涂刷性好，附着力强，能防水隔潮。红丹酚醛漆干燥快，漆膜硬；红丹油性漆干燥慢，漆膜软。面漆可采用 F82—31 黑酚醛锅炉漆或 F83—31 黑酚醛烟囱漆。这两种漆的附着力和耐候性能好，耐热温度可达 400℃，防锈效果较好。施工时，在钢铁表面彻底除锈的基础上，涂刷底漆和面漆各二道。王广阳等对防腐环氧树脂涂料进行了试验研究。实践证明，该涂层不流失、不起泡。与同期用于防腐的沥青涂料相比较，使用时间可延长 2～3 年，如能定期涂刷，效果还会更好一些。该防腐环氧树脂涂料的原料种类、配比、调制及涂刷方法如下。

原料：E-44（或 E-42）环氧树脂、乙二胺、邻苯二甲酸二丁酯、丙酮、滑石粉。配比见表 4.19。

表 4.19　环氧树脂涂料配比表（王广阳等，1997）

原料名称	比例/份	允许范围/%	备注
E-44（或 E-42）环氧树脂	100		
邻苯二甲酸二丁酯	10	5～15	1. 允许范围为环氧树脂的百分含量
丙酮	10	5～10	2. 滑石粉一般在黏接时加入且加入量不定
乙二胺	7	6～8	
滑石粉		35	

调制方法：先取 100 份环氧树脂与 10 份邻苯二甲酸二丁酯相混合，在 50℃下水溶解，加热并充分搅拌 10min 左右。然后取 7 份乙二胺与 10 份丙酮，待上述溶液冷却至 30℃以下时，将丙酮倒入，同时缓缓加入乙二胺，并充分搅拌 15min 左右后，即可使用。

涂刷方法：涂刷时按涂料的状态（水质、黏稠或糊状）及被涂零部件的面积、大小、形状及部位的要求，采用涂刷或喷涂方法，涂层要均匀，防止局部缺胶或有气泡。在保证形成连续胶层的情况下，保持一定的厚度，一般涂层厚度在 0.10～0.15mm 为宜。涂刷要进行 2 次，第 1 次干透以后再涂刷第 2 次。调制好的胶液应在规定时间 2h 以内用完。

2. 表面喷铝法　　此法是用一支特制的喷枪，一方面向喷枪内送进铝丝，另一方面送进乙炔、氧和压缩空气，铝丝在乙炔氧焰下被熔化，在压缩空气作用下，通过喷嘴将熔化的铝液喷在金属表面上，形成厚度为 0.3～1mm 的铝膜，用以保护铁件不受腐蚀。喷铝防腐效果的好坏，主要与铝膜的结合强度有关，受除锈是否干净及喷涂时的风压、喷距、角度、预热及铝丝质量等因素的影响。其缺点是喷铝设备及操纵技术比较复杂，成本较高，在生产上应用不多。

第七节　其他类型干燥室

一、简易干燥室

木材干燥是木制品生产过程中最为重要的工艺环节，木材含水率的高低，直接影响着木材制品及各种木制品的质量。而通常的干燥设备对于小型木材加工厂来说，价格较高，难以接受，这使它们产品的质量受到严重的影响，在市场上没有竞争力。而这些小型木材加工厂具有数量可观的木材加工剩余物，如能建一些利用加工剩余物作能源的简易、实用的木材干燥室，则不但设备投资小、干燥成本低，而且也清除了工厂的垃圾。这对于小型木材加工厂来说，是一种简单易行、经济实用的木材干燥方法。

在具体介绍简易干燥设备之前，首先要对简易干燥设备的热源，即木材加工剩余物的燃烧特性及影响因素进行分析，以便为正确使用简易式干燥设备打下一定的理论基础。

木材加工剩余物是指制材和木制品车间的树皮、锯屑、刨花、边条及人造板车间的边条、截头、砂光木粉等，是一种数量大、热值高的能源。其元素组成为：碳51%、氧42%、氢6%、氮和灰分1%。绝干木材加工剩余物的高热值为18 000～20 000kJ/kg。通常针叶树材的热值比阔叶树材稍高。根据顾炼百等的研究：木材加工剩余物在燃烧时，其燃烧的速度和效果受到一系列因素的影响。主要包括以下几点：

1）木材加工剩余物含水率。含水率增加，加工剩余物的热值显著减小。此外，燃烧时水分的大量蒸发，阻碍了燃料温度的升高，使着火时间延长，且燃烧不充分、易冒黑烟，当炉膛温度较低时，甚至不能燃烧。因此，尽可能利用干的加工剩余物作燃料，进而提高燃料的利用率，减少环境污染。含水率较高的加工剩余物最好先经预干处理，以降低其含水率。

2）燃烧空气量。顾炼百等的研究表明，1kg木材加工剩余物燃烧所需的理论空气量为6.26kg，折标准空气体积为5.2m³。为了保证加工剩余物的充分燃烧，其所需的过量空气系数为1.25～2.0，故实际所需空气量为6.5～10.4m³/kg。若空气量不足，木废料燃烧不完全，燃烧效率降低；空气量太大，会降低炉气体的热含量及炉膛温度，使燃烧不稳定。

3）炉膛温度。炉膛温度增高，木材加工剩余物的氧化反应速度加快，着火时间缩短。例如，350℃时，针叶树加工剩余物的着火时间为3～5min，而550℃时，只需12～20s。当炉膛温度低于木材着火温度，通常为290～310℃时，不能燃烧。因此，要增强燃烧炉的耐高温和绝热性能，以提高炉温及减少辐射热损失。

4）木材加工剩余物的尺寸和形状。加工剩余物越细碎、膨松，则与空气接触的表面积越大，氧化反应速度越快，越容易着火。

设计简易干燥室的指导思想是：在满足正规干燥室要求的基本条件的前提下，尽量降低建室成本，并做到简单易建，就地取材。下面就介绍几种以木材加工剩余物燃烧为热源的简易式干燥室。

炉气间接加热的木材干燥室，根据其燃烧炉及散热管的布置方式，大体可分为布置于干燥室内和室外这两种情况。散热管布置于干燥室内的炉气间接加热干燥室，按照风机在干燥室内的安装位置来划分，常见到的是顶风式和端风式两种室型。从目前的生产情况来看，尤其以端风式的干燥室较为多见。

图4.40为燃烧炉内置的炉气间接加热干燥室。此类干燥室多为端风机型斜壁室，若采用长

方形结构，则需在侧墙位置设置一组或多组气流导向板，以提高气流分布的均匀性。干燥室内可设 1～2 台轴流通风机，若设两台风机则需在同一垂直线上，上下布置。这种燃烧炉由钢板卷焊而成，燃烧室内可不砌耐火砖，筒外也不需要保温材料，它既是燃烧装置，又是散热器，因此，室内的散热管与常规干燥室相比数量可大大减少。木材加工剩余物在炉内充分燃烧，产生的炽热炉气体通过散热管和烟囱排往大气。

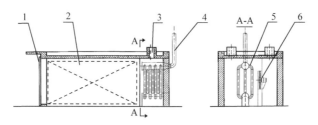

图 4.40　燃烧炉内置的炉气间接加热干燥室
1. 大门；2. 材堆；3. 进排气口；4. 烟囱；5. 散热管；6. 循环风机

　　在轴流风机前后两侧的室顶部或端墙上，设有一对进排气口。当室内干燥介质湿度太高时，可打开进排气口，以排除室内潮湿的废气（exhaust air）。当室内干燥介质空气湿度太低时，可由开动管道泵，通过雾化喷头向室内喷雾化水，以提高干燥介质的相对湿度。

（一）燃烧炉内置的炉气间接加热干燥室

　　干燥室在运行过程中，室内的干燥介质在轴流风机的带动下，可垂直冲刷散热管，实现炉气体和干燥介质之间的间接换热。为强化传热效果，散热管采用叉排布置。烟囱中增设控制炉气体流量的阀门，根据物料燃烧和干燥室所需温度的情况，进行适当调节以减少热量的损失。

　　经实际运行表明，上述类型的干燥室具有结构简单、投资费用较少、运转费用低等一系列突出的优点，适宜中、小型木材加工企业使用。然而由于燃烧炉及散热管的结构型式很多，换热效果差异会很大。散热管布置的主要原则是有利于换热和清灰。

　　燃烧炉内置的炉气间接加热木材干燥室，虽然具有结构简单、投资费用较少、运转费用低等一系列的突出优点，但从理论和实际使用的情况来看，存在一定的不足。主要表现在：温度控制不够精确，室内温度受燃料燃烧情况等因素的影响，波动较大。特别是当室内温度达到干燥基准要求的温度时，控温不灵活，即便是通过减少燃料，甚至是采用停炉降温的方法，在一段时间内，由于热交换的作用，仍会有多余的热量进入干燥室。因此，此类型干燥室最好用于干燥易干的针叶材。针对燃烧炉内置的炉气间接加热木材干燥室的不足，编者设计了一种能灵活控温的燃烧炉外置的顶风式炉气间接加热干燥室。

（二）燃烧炉外置的炉气间接加热干燥室

　　燃烧炉外置的炉气间接加热干燥室多采用顶风式和端风式结构。图 4.41 所示为一种燃烧炉外置的顶风式炉气间接加热干燥室，其主要由干燥室本体和立式热风炉供热系统两部分组成。

　　干燥室本体部分，为较常见的顶风式干燥室结构。本设计与其他类型的炉气间接加热干燥室最大的不同之处在于：干燥室内部的轴流式循环风机和离心式供热风机是分别独立运行的。即室内气流的循环流动，主要的动力是室内的轴流式循环风机；离心式供热风机仅用于供热。采用这种结构设计可以实现对室内温度较为精确的控制。例如，当干燥室内的温度达到工艺要求的温度时，即可关闭供热风机，仅开动循环风机，进而维持正常的干燥过程。当室内干燥温度降低时，再重新启动供热风机即可。

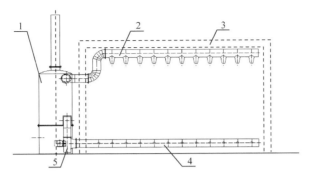

图 4.41　燃烧炉外置的顶风式炉气间接加热干燥室
1. 燃烧换热炉；2. 送气管；3. 壳体；4. 回气管；5. 供热风机

立式热风炉供热系统，是本设计的核心部分。主要由立式燃烧换热炉、离心式供热风机及干燥室内的回气管和送气管等部分组成。室内干燥介质被加热的过程是：启动离心式供热风机，在供热风机的带动下，干燥室内待升温的干燥介质由室内回气管，进入燃烧换热炉，在炉内与炽热的烟气进行间接换热，之后再通过送气管，重新回到干燥室。如此往复循环，逐渐将干燥室升温。

立式燃烧换热炉是一种新型的燃烧、换热一体化的热风炉，如图 4.42 所示。其下炉体为燃烧区，上炉体为换热区。在换热区内竖立多根散热管，炽热的烟气从散热管内通过，在换热区顶部重新汇合后，从烟囱排出；待加热的干燥介质在供热风机的驱动下，沿热风炉的切线进入换热区，并以高速状态垂直冲刷散热管。为进一步强化传热，在换热区内设气流导向板，如图 4.42（b）所示。此结构导向板迫使待加热的干燥介质形成螺旋上升气流，多次冲刷散热管。实践证明：设置该气流导向板可使热风炉换热效率大幅提高。

经实际使用表明，该干燥设备除保持了燃烧炉内置的木材干燥室的一系列优点之外，最大的优势在于室内温度控制的准确性。这一点对于确保木材干燥质量具有重要的意义。

二、预干室

预干室是指配备有加热和通风装置可对材堆进行低温干燥的大型简易干燥设备。

木材加工企业若位于气温较高或气候较干燥的地方，则可将气干和常规室干结合起来，先气干，再二次室干，可大大缩短干燥周期，降低能耗。如果气干板院管理得当，还可改善常规室干的质量。已有的实践表明：先将锯材气干，使含水率达到 20%～30%，之后再进行室干，可提高干燥室生产率约 40%，减少降等损失 60%。

有条件的企业还可将低温预干与二次室干结合起来。即在大型低温预干室内预干锯材，预干室内干燥温度一般不超过 40℃，材堆气流速度为 0.5～1m/s，然后在常规干燥室内二次干燥。硬阔叶树材的生材含水率一般都较高，通常在 90%以上。若生材锯材直接进室干燥，不但干燥周期长、能耗大，而且干燥质量难以保证。因此，硬阔叶树材进行常规干燥前，最好先实施预干处理，可显著提高干燥质量，降低能耗。

低温预干室一般很大，木材实际容量有数百甚至数千立方米，好比大型锯材仓库。因为温度不高，故同一室内可装树种、规格不同的锯材；但要分区堆放，以便装卸和管理。美国和加拿大普遍采用大型低温预干室干燥难干的硬阔叶树材（如栎木等），我国也有家具厂使用预干室干燥硬阔叶材的先例，效果都很好。

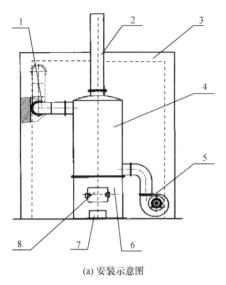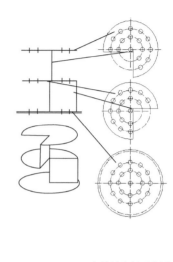

(a) 安装示意图　　　　　　　　　　　　　　　　(b) 气流导向板示意图

图 4.42　　立式热风炉原理图

1. 运气管；2. 烟囱；3. 壳体；4. 上炉体；5. 供热风机；6. 下炉体；7. 出灰口；8. 进料口

　　如图 4.43 所示为中央风机型预干室结构示意图。利用预干室将木材从湿材（或生材）状态干燥到含水率为纤维饱和点或略低于纤维饱和点。然后，再送至常规干燥室干燥至所需终含水率。在图 4.44 中风机安装在预干室的中部，而加热器安装在中部及两端。通常情况下，活动盖板可处于关闭状态，当夏季室外温度较高时，活动盖板打开，预干室即可成为改良的气干室。

　　如图 4.44 所示为大型预干室结构示意图。预干室中间设有中央通道，以方便运载叉车的进出，侧墙设置的百叶窗，主要作用是补充新风，从木材中蒸发出来的水分主要由屋顶排气口排出。如预干室容量较大，可将预干室分隔成若干个不同的区域，按区域码放不同树种的木材。该预干室也可作为木材平衡室使用，以实现对干燥后板材的储存或养生。

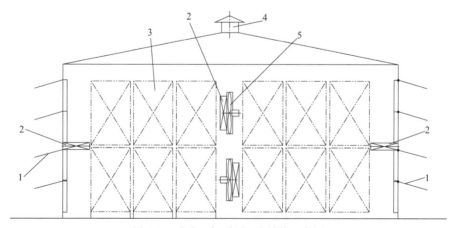

图 4.43　　中央风机型预干室结构示意图

1. 活动盖板；2. 加热器；3. 材堆；4. 屋顶排气口；5. 中央循环风机

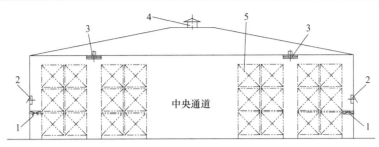

图 4.44　大型预干室结构示意图

1. 加热器；2. 百叶窗（新风入口）；3. 循环风机；4. 屋顶排气口；5. 材堆

木材预干室的优点：①由于预干室的干燥温度较低，气流循环速度也较慢，因此可在一定限度内将不同树种和厚度（但差别不能太大）的木材放在一起预干。大型预干室还可做成库房。随着加工的需要，逐步将木材取出，送至常规干燥室，干燥至终含水率；②在木材干燥的开始阶段，水分排出比较容易，和大气干燥相比，能节约大量时间。实践表明，利用预干室，将 27mm 厚的半硬质材从初含水率为 70%～80%预干至含水率为 20%～25%，仅需 20d 左右；③由于预干室的干燥条件比较适宜，比较有规律，干燥质量优于大气干燥。

木材预干的缺点：①须有足够的木材储存量；②低温干燥周期长，资金周转较慢；③对于容易干燥的针叶树材和软阔叶树材及寒冷地区，采用预干室的效果不太理想。

预干室特别适合于对硬阔叶树材、大断面木材、干燥质量要求较高的木材的联合干燥。例如，柞木不适合高温干燥，而常规干燥时的降等报废率较大，采用预干室先行预干，而后进行常规干燥效果良好。

目前，国内外均有对生材进行高温快速预干的案例，但个别易干材适用，难干材则不能采用。

三、汽蒸室

国内外的很多研究及工业化应用的实际效果显示，板材干燥前在室内用饱和蒸汽进行汽蒸处理，可以改善木材的某些品质，提高其使用价值，或一定程度上打通木材内部水分的通道，改善木材的渗透性，有利于干燥速率的提高。汽蒸处理还可促进气干桉木皱缩的恢复及应力的消除，可以使山毛榉的材色发红，产生类似于红榉的颜色，广受用户欢迎。木材汽蒸还可以实现杀虫、除菌、防霉、消毒的目的。对松木（马尾松、落叶松）而言，通过汽蒸可取得较好的脱脂效果，已在国内外被广泛采用。

汽蒸处理尽管有较好的应用效果，但可能会较大幅度地增加用汽量，进而导致干燥成本的上升，而且对于一些难干的硬阔叶树湿材如栎木等，在高温汽蒸时，因强度降低和水分的快速蒸发（在饱和蒸汽及饱和湿空气环境中，木材的平衡含水率均低于 30%），很容易产生表裂等缺陷，加上较长时间的汽蒸还会使木材颜色加深，故不宜随便使用。

有条件的企业建议建造专用的汽蒸室，用于对木材的汽蒸处理。汽蒸室的结构类似于干燥室，室内可不设风机，但需设置通气口（常闭或微开），以起到泄压或防爆的作用。汽蒸室内壁宜采用防锈铝板制作，墙体要求有较好的密闭和保温性能。木材的汽蒸室根据其内部处理蒸汽的来源，大致可分为蒸汽直喷式和间接加热式两种。蒸汽直喷式汽蒸室结构比较简单，主要是在室体下部，沿气道长度方向均匀设置喷蒸管，并注意喷孔的射流方向，不应将蒸汽直接喷到木材上，室体底部需做好排水，以利于冷凝水的排出；间接加热式的汽蒸室结构相对复杂一些。

如图 4.45 所示为间接加热式木材汽蒸室结构示意图。间接加热式汽蒸室的显著特点是在室

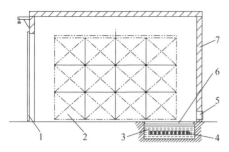

图 4.45　间接加热式木材汽蒸室结构示意图
1. 大门；2. 材堆；3. 蒸发水池；
4. 加热器；5. 通气口；6. 格栅；7. 墙体

体后部设有蒸发水池 3，蒸发水池上部与地面平齐处设有可承重的格栅 6，水池内部设有加热器，液态水在加热器的加热之下转变为蒸汽，通过格栅孔进入汽蒸室，用于对木材的汽蒸处理，室内的冷凝水又可回流至蒸发水池，重新被加热气化，实现循环利用；位于墙体下部的通气口 5 可起到泄压或防爆的作用；间接加热式木材汽蒸室控温稳定，冷凝水对外排放少，环保性好。

四、平衡室

平衡室又可称为"养生室"。木材经过室干处理后，尽管其平均终含水率已经达到工艺要求，但因受木材自身材性、干燥室类型及结构、干燥工艺及操作过程等因素的影响，同一干燥室内的同批次木材仍然存在着含水率分布不均匀及残余应力未充分消除的情况，这可能会使后续机械加工及产品使用过程中的变形、开裂等现象发生，因此木材后续的平衡养生处理不容忽视。

木材平衡养生处理的主要目的有两个，一是释放内应力；二是平衡板材中的含水率。其养生过程可通过干燥后的陈放，或强制生产原料和成品的含水率平衡来实现。

一般的陈放过程可在干料库内进行，如干料库内没有加温设备，至少需配备除湿机，以控制室内的平衡含水率；对于能够控制环境温、湿度的干料库，建议室内的温度应控制在 35～40℃、相对湿度 40%～50%为宜。具体养生所需时间，需依据材种及厚度等情况确定，通常建议常温下的养生周期不少于 1 个月。

对于密度较大的硬阔叶材，可能会出现平衡养生周期很长或养生效果不明显的情况，此种情况下为确保养生效率和效果，建议建造专用的平衡室，对生产原料和成品进行强制含水率平衡。强制平衡室内的温度控制在 40～50℃，相对湿度应根据木材最终含水率而定，循环风速可取为 0.5m/s，具体平衡时间需根据材种及厚度情况而定。对于有条件的企业，也可在干燥室内采用合适的温、湿度进行养生或二次干燥。

如图 4.46 所示为笔者设计的以太阳能为热源的木材平衡室结构示意图。该平衡室骨架部分采用轻钢单元式结构，大门 6 北向开启，墙体及顶部材料均为多层结构的 PC 阳光板 3，用于透光取热。养生室内安装有循环风机 5、进气口 4、排气口 2 及除湿机 7 等设备或装置。循环风机前部布置有辅助加热管，排气口可采用风扇强制排湿，以满足所需平衡养生工况，以及不同季节和气候条件下的使用要求。

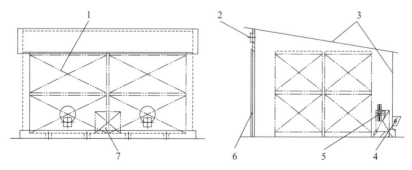

图 4.46　木材平衡室结构示意图
1. 材堆；2. 排气口；3. PC 阳光板；4. 进气口；5. 循环风机；6. 大门；7. 除湿机

思　考　题

1. 常规木材干燥设备如何进行分类和命名？
2. 简述典型的常规木材干燥室结构及特点。
3. 哪种干燥室的空气分布均匀性更好？如何提高干燥室的气流均匀性？
4. 木材干燥对壳体有哪些要求？
5. 简述木材干燥室通风设备的种类及特点。
6. 简述木材干燥室供热设备的组成及特点。
7. 简述木材干燥室调湿设备的组成。
8. 简述疏水器的原理及选用方法。
9. 如何降低木材干燥过程中的能量消耗？
10. 汽蒸室和平衡室的作用是什么？

主要参考文献

艾沐野，宋魁彦．2004．试论常规木材干燥室的合理选用.国际木材工业，(6)：31-33.

顾炼百．2002．木材干燥——-锯材窑干前的预处理．林产工业，29（2）：46-47.

顾炼百，杜国兴．2003．木材干燥——锯材干燥方法、窑型及设备的选择．林产工业，30（1）：49-51.

高建民，王喜明．2018．木材干燥学.2版．北京：科学出版社.

国家质量技术监督局.1999.锯材干燥设备性能检测方法：GB/T 17661—1999．北京：中国标准出版社.

何定华，滕通濂，郭焰明．1987．毛白杨和沙兰杨木材气干过程和窑干工艺的研究．木材工业，(2)：8-15.

黄建中，黄景仁．2007．木材干燥室的设计与合理使用．林产工业，(6)：39-41.

姜艳华，徐鹏．2000．木材干燥窑风机的节电方法．林业机械与木工设备，28（5）：28-29.

李景银，赵德文，李超俊，等．1996．新型木材干燥轴流风机的优化设计．林产工业，23（1）：31-34.

李磊，陈广元．2010．改善顶风机型木材干燥室空气流动特性研究．森林工程，26（3）：26-28.

梁世镇，顾炼百．1998．木材工业实用大全·木材干燥卷．北京：中国林业出版社.

林伟奇，林磊硕．1997．顶风机型与端风机型干燥窑特性的分析．林产工业，(2)：20-24.

刘相东，李占勇．2021．现代干燥技术.3版．北京：化学工业出版社.

木材干燥工程设计规范：LY/T 5118—1998．北京：中国标准出版社.

木材干燥室（机）型号编制方法：LY/T1603－2002.

帅定华，雷斌．1990．RJC-25-1型运材车在大型木材干燥窑中的应用．木材加工机械，(1)：22-25.

王广阳，刘庆义．1997．木材干燥室防腐环氧树脂涂料．林业科技，22（4）：57-59.

王喜明．2007．木材干燥学．北京：中国林业出版社.

翁文增．2014．木材干燥窑的技术经济分析．林产工业，11：38-42.

许美琪．2006．我国家具行业的木材干燥问题．木材工业，20（4）：22-24.

杨文斌，马世春，刘金福．2006．木材干燥设备的质量评价．数学的实践与认识，36（1）：75-79.

伊松林．2017．木材常规干燥手册．北京：化学工业出版社.

伊松林，张璧光，何正斌．2021．太阳能干燥技术及应用．北京：化学工业出版社.

伊松林，张璧光，张志成．2000．小型移动木材干燥设备．林产工业，27（4）：40-41.

张爱莲．2002．对木材干燥窑壳体结构设计的探讨．林业机械与木工设备，(4)：19-20.

张璧光. 2005. 实用木材干燥技术. 北京：化学工业出版社.

赵寿岳. 1990. 斜壁型窑窑壁斜度的确定. 南京林业大学学报, 14（2）：98-103.

周永东, 张璧光, 李梁, 等. 2010. 木材常规蒸汽干燥室散热器面积配置的分析. 木材工业, 24（3）：25-27.

朱大光, 韩建涛, 张晓明. 1995. 端风和侧风机型木材干燥室性能的对比分析. 木材加工机械, （3）：12-15.

朱政贤. 1987. 我国木材干燥常用三种轴流风机性能测试与分析. 林产工业, （2）：32-36.

朱政贤. 1989. 木材干燥. 2 版. 北京：中国林业出版社.

朱政贤. 2000. 我国木材干燥工业发展世纪回顾与前瞻. 林产工业, 27（1）：7-10.

P. 若利, F.莫尔-谢瓦利埃. 1985. 木材干燥——理论、实践和经济. 宋闯, 译. 北京：中国林业出版社.

Кречетов И.В. 1980. СушкаДревесины. Лесная Промышленность.

第五章 木材常规干燥工艺

常规干燥是指以常压湿空气为干燥介质，以蒸汽、炉气（生物质燃气）、热水或热油为热媒，在具有加热、通风、排气、测控等功能且密闭、保温、防腐的建筑物或金属容器内，人工控制干燥介质的温度、湿度及气流循环速度，主要以对流换热的方式，对木材进行干燥处理的过程。国内外木材干燥方法的种类繁多，但其干燥工艺及干燥过程的控制和检测方法大同小异。常规干燥具有历史悠久、工艺技术成熟、易于实现大型工业化干燥等特点，在国内外木材干燥行业中占主要地位。因此，本章主要介绍木材常规干燥工艺。

第一节 干燥前的准备

一、干燥室壳体和设备的检查

同使用任何设备一样，木材干燥室在使用前也要进行壳体和内部设备的检查，特别是对长期运行的木材干燥室的状态必须进行检查，以保证干燥生产过程的正常运行。

（一）木材干燥室壳体

木材干燥室壳体包括室顶、地面、墙壁和大门，对木材干燥室壳体要进行定期的检查和维修。常见砖砌干燥室壳体的损坏有墙壁出现的裂隙、抹光层灰泥脱落、内壁涂饰的防护层脱落、暴露的砖块粉碎及大小门使用后腐蚀和关闭不严等。金属干燥室壳体的损坏有：铆焊处开裂、局部损坏、壳体与地基间出现裂隙等。上述损坏如果出现，应及时修复，以确保木材干燥室壳体的保温性、密封性和使用寿命，充分发挥木材干燥室和内部各种设备的性能，保证木材干燥工艺的正常实施。

（二）通风设备

通风设备包括通风机、机架和导流板等。通风机要求运转平稳，定期加注润滑剂，检查导流板是否变形。

（三）供热和调湿设备

供热和调湿设备包括加热器、散热片、疏水器、喷蒸管或喷水管和喷头等。在干燥过程中，加热器在阀门打开 10～15min 后，应均匀热透，如果加热器配置和安装不合理，或长期使用造成表面积有污垢和内部冷凝水淤积等，将会使加热器的局部或大面积不热，从而降低和阻碍加热器的传热和放热能力；散热片发生变形应及时修理或更换；疏水器要定期检查维修，清除内部污物和水锈，磨损失灵的部件要及时更换，或换用新的疏水器；喷水管或喷蒸管工作时，全部喷头应均匀地喷出雾化水或蒸汽，不能直接喷向材堆。在热力输送管道中，法兰和弯头连接处易发生漏气和漏水，应及时进行修理。

（四）测控设备与仪表

测控设备与仪表包括温度计、湿度计、自动控制系统、含水率测定仪、蒸汽流量测定仪等，这些仪表要定期校正。湿球温度计上的纱布要始终保持湿润状态，并定期更换。平衡含水率测试的感湿片要每次必换。

二、锯材的堆积

木材的干燥效果与木材干燥室的结构、设备的性能及操作人员的技能有关，同时材堆的堆积方式也直接影响到木材的干燥质量。

（一）材堆的规格和形式

材堆的堆积要有利于循环气流均匀地流过材堆的各层板面，使木材和气流能够充分地进行热湿交换。材堆的规格和形式取决于木材干燥室的室型结构，木材干燥室的室型结构不同，循环空气的动力学特性不同，材堆的规格和形式各异。目前，国内周期式强制循环空气干燥室材堆的装卸有叉车装卸和轨车装卸两种方法，单材堆的形状大同小异，叉车装卸的单元小材堆和轨车装卸的单元小材堆见图 5.1。

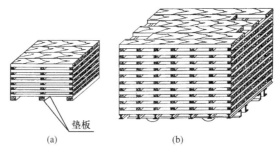

垫板
（a）　　　　　　　　　（b）

图 5.1　叉车装卸和轨车装卸的单元小材堆
（a）用叉车装卸的单元小材堆；（b）用轨车装卸的单元小材堆

由图 5.1 可见，在材堆的高度方向上，每层木材之间用均匀分布的隔条隔开，形成了材堆高度方向上的水平气流通道；干燥介质流过气流通道时，一方面与木材表面进行充分的热湿交换，另一方面带走木材表面蒸发出来的水蒸气。

材堆的外形尺寸是根据木材干燥室的结构和内部尺寸确定的，是在设计木材干燥室时就确定下来的技术参数。对于轨车式装材的木材干燥室，材堆的宽度与材车等宽，材堆的长度与材车等长，对于较长的木材，也可两个材车联合使用。

对于叉车式装材的木材干燥室，材堆设计为单元小材堆，如图 5.1（a）所示；通常单元小材堆的尺寸是长 2~4m，宽 1.2~1.5m，高 1.2~1.5m。单元小材堆由叉车横向装入木材干燥室，木材干燥室的内部宽度即单元小材堆长度的总和，通常装 2~4 节；干燥室进深方向是单元小材堆宽度的总和，通常装 3~4 列，列与列之间错开 200~300mm，以防止在干燥室进深方向上形成节与节之间的较大气流通道（防止在气流方向形成较大的气流通道）；高度方向上约装 3 个单元小材堆，材堆顶至隔板的距离为 200mm 左右。

对于轨车式装材进出的木材干燥室，在设计木材干燥室时，材堆的外形尺寸可参考如下经验数据：与门框之间的间隙为 100mm；与顶板或室顶的间隙为 200mm；与侧墙之间的距离为 400~600mm、500~800mm（侧风型）；材堆底部与轨面的距离为 300mm。

（二）隔条

在材堆中，相邻两层木材要用隔条均匀隔开，在材堆的高度方向上形成水平气流通道。在这些通道中间干燥介质和木材表面进行着有利于木材逐渐变干的热湿交换。

1. 隔条的作用

1）在上下木材之间形成水平方向气流循环通道。

2）使材堆中的各层木材互相夹持，防止或减轻木材的翘曲和变形。

3）使材堆在宽度方向上稳定。

2. 隔条的断面尺寸　　隔条尺寸一般取 25mm×（30~40mm），应四面刨光，厚度公差为±1mm。

3. 隔条的间距　　按树种、材长、材厚确定。一般阔叶树木材及薄材应小一些，针叶树木材及厚材应大一些，厚度 60mm 以上的针叶树木材可以加大到 1.2m，易翘曲的木材可取 0.3~0.4m。

在实际生产中，隔条反复经受高温与高湿的作用。因此要求隔条材的物理力学性能好，材质均匀，纹理通直，能经久使用。一般使用变形小、硬度高的干木材制作，也可用不锈钢、铝合金等材料制作。

（三）木材堆积时的注意事项

木材堆积得是否合理，直接影响到木材的干燥质量，对于堆积作业有如下要求：

1）在同一个干燥室的材堆中，木材的树种、厚度要相同，或树种不同而干燥特性相近。木材厚度的容许偏差为木材平均厚度的 10%，初含水率力求一致。

2）材堆中，各层隔条在高度上应自上而下地保持在一条铅垂线上，并应着落在材堆底部的支撑横梁上。

3）支持材堆的几根横梁，高度应一致，因而应在一个水平面上。

4）木材越薄，要求的干燥质量越高，配置的隔条数目应该越多，沿材堆长度横置的隔条，一般采取表 5.1 所配置的数量。

表 5.1　隔条配置数量表

木材厚度/mm	木材长度/m					
	2	2.5	3	4	5	6
	隔条数量（针叶材/阔叶材）/根					
30 以下	4/4	5/5	6/6	8/9	10/11	12/13
30 以上	4/4	5/5	6/6	8/8	10/10	11/12

仅木材厚度而言，25mm 厚的木材，隔条间距不应超过 0.5~0.7m；50mm 厚的板材隔条间距可按 0.7~0.9m 布置，60mm 以上的厚木材，隔条间距可取 1.2m。

5）材堆端部的两行隔条，应与板端齐平，以免发生端裂。若木材长短不一，应把短料放在中部，长料放在两侧。

6）为防止材堆上部几层木材发生翘曲，材堆装好后，应在材堆顶部加压重物或压紧装置，重物应放在有隔条的位置上，不要放在两个隔条的中间。如无压顶，最上面 2~3 层应为质量较差的木材，或要求干燥质量不高的木材。

7）将含水率检验板放在合适的位置，以便准确测量干燥过程木材的含水率。采用含水率测定仪和电测含水率法在线检测时，应在干燥室中布置 6 个含水率测量点，并预先将探针装好。人工检测时，通过检验门将含水率检验板放置在木材材堆预留放置检验板的位置上。

8）干燥毛料时，若木材的厚度小于 40mm、宽度小于 50mm，毛料可作为隔条，若毛料尺寸超过上述数据，应放置隔条，否则会影响板材的干燥质量。

三、干燥前的预处理

木材干燥前根据不同的树种、用途和质量要求分别进行不同的预处理，可达到缩短干燥周期、降低干燥成本、保证干燥质量或提高产品档次的效果。

（一）预干处理

硬阔叶树材的生材含水率一般都比较高，若生材直接进入木材干燥室干燥，不但干燥周期长、能耗大，而且干燥质量难以保证。因此，硬阔叶树材进行常规室干之前，最好先实施预干处理。预干的方法有两种，气干预干和低温室预干。木材预干从生材干燥到 20%～30% 的含水率，然后再进入常规干燥室进行二次干燥，这样可缩短常规室干周期约 50%，总能耗也可得到大幅度降低，特别是木材的干燥质量得到了显著改善。西方国家（如美国、加拿大）普遍采用大型低温预干室干燥难干的硬阔叶树材（如栎木等），我国也有部分家具厂使用低温预干室干燥栎木的先例，效果都很好。

1）气干预干。气干预干投资和运转费很低，但需较大场地，且木材周转期长，资金积压。详细请参考第七章。

2）低温室预干。将木材堆放在具有一定温度和气流循环速度的低温预干室中进行的低温干燥处理。低温预干比气干预干的质量高、预干周期较短、预干过程易于控制，但预干能耗较高，投资也比较大。

低温预干室一般很大，木材实际容量有数百立方米，大型的低温预干室可达数千立方米，好比是一个大型的木材仓库。低温预干室内装有散热器（由蒸汽或热水供热）和轴流式循环风机；室内空气温度通常不超过 37.5℃，气流循环速度约为 0.5m/s。因为温度不高，故同一室内可以装树种、规格不同的木材，但要分区堆放，以便装卸和管理。

（二）预刨处理

预刨处理主要适用于硬阔叶材的干燥，即在室干前先将硬阔叶材经过粗刨加工，使其厚度均匀，然后再进入木材干燥室干燥。预刨处理通常用于硬木地板和实木家具面板的干燥。

预刨处理的特点：①缩短了木材的干燥周期。通常锯制的板材厚度误差都比较大，如地板毛坯，如果规定的名义厚度为 22mm，可实际生产中带正公差的板材厚度达到 23～24mm，个别板材的厚度甚至达到 25mm；而带负公差的板材厚度只有 21mm。如果将厚板材的多余厚度刨去，一律预刨成 21mm，则可显著缩短室干周期。②可降低木材干燥的能耗（由于缩短了木材的干燥周期）。③可防止板材在干燥过程中的翘曲变形。如果板材的厚薄不均，则隔条只能夹持较厚的板材，而较薄的板材就会在没有束缚的状态下干燥而发生翘曲；如果板材预刨至厚度均匀一致，则全部板材都受到隔条的夹持，从而可防止或减少板材干燥时的翘曲变形。④可降低干燥中板材表面开裂的危险性。由于锯制的板材表面都有锯齿切削时引起的板材表面的微小撕裂，因此在干燥过程中，这些微小撕裂会扩大引起板材表面开裂；而经过预刨处理后，这些微小撕裂都被刨去，形成光滑的表面，可有效地降低板材表面开裂的危险。⑤可增加干燥室的有效容量。板材经过预刨处理后，刨去了过厚的部分，从而增加了干燥室的净容量。

预刨处理在国内外实际生产中得到了一定的应用，这一处理方法不仅在技术上可行，而且对确保干燥质量和提高经济效益具有一定的实际意义。

（三）预浸泡处理

预浸泡处理就是在木材室干前将木材浸泡在一定温度及不同溶剂的水溶液中，以获得防变色、防霉变和脱脂等的特殊效果。

（1）防变色的预浸泡　　对于某些易变色的木材，如泡桐、三角枫等木材中含有会引起木材变色的抽提物（大多数学者认为是多元酚类或单宁等物质），干燥后木材板面会发生红、灰或黑等的变色，使用价值大幅度下降。因此，在室干前可将木材堆放在水池中用清水浸泡 10～14d，其间可换清水漂洗 2～3 次；或用碱性溶液（如浓度为 0.25%的洗衣粉，或碳酸氢钠 0.225%＋烧碱 0.02%的浓度）浸泡 5～10d（依水溶液的温度高低而异）；之后再用清水漂洗 2～3 次；然后取出经预干处理约 15d，至含水率 30%左右，即可进行室干处理。

（2）防霉、防蓝变的预浸泡　　某些木材，如橡胶木、三角枫等，含有丰富的糖类物质，很容易生霉和蓝变；还有些木材，如马尾松、樟子松等，边材颜色黄白，在温暖潮湿且不通风的环境中很容易蓝变。这分别是由霉菌和蓝变菌引起的。目前我国多用五氯酚钠溶液蘸渍处理，即在沟槽中盛放五氯酚钠溶液，用抱材车抱起一堆板材，从沟槽中开过，板材表面就蘸上了药液。这种药液防霉、防蓝变效果较好，价格也不贵，但毒性较大，对环境有污染。

国外也有用二甲基二癸基氯化铵（DDAC）的，这是一种高效广谱杀菌剂，是最具潜力的木材抗变色药剂。这种药剂固定作用较慢，预浸泡时间长达 1～2 周。采用 DDAC 与惰性胶乳（作为黏合剂）配合制成的药剂，可渗透到木材中，有效抗蓝变，对木材表面和内部均能起到保护作用，对腐朽菌、霉菌、蓝变菌均具有很好的效果，适用于松木和栎木防霉变和防蓝变。

（3）脱脂浸泡处理　　有些木材，如马尾松、落叶松，含有丰富的树脂，不仅影响到木材的干燥质量，还影响到木材的加工利用，故在干燥前需进行脱脂浸泡处理。脱脂的化学药剂主要为碱性溶液，常用的有碳酸氢钠和过氧化氢等；药剂浓度大，其脱脂效果好，但会引起板材表面发黄，且失去光泽，常用的浓度为 0.2%～0.5%；常温脱脂浸泡处理时，药液不易渗入木材，且不利于松脂的溶解，故生产中常采用热水药液浸泡处理，且温度越高，脱脂效果越好。浸泡温度可控制在 70～90℃，浸泡时间约为 8h。药物浸泡处理后，除脱脂外，还有漂白的效果；木材脱脂后，需用清水漂洗以免板面泛黄。然后取出经预干处理约 15d，至终含水率 30%左右，即可进行室干处理。

（四）预汽蒸处理

预汽蒸处理就是在实施干燥工艺过程前将木材置于密闭的容器中用饱和蒸汽进行处理，或在干燥过程的预热阶段用饱和蒸汽对木材进行处理。这样不仅可以改善木材的某些品质，提高其使用价值，而且在一定程度上提高了木材的干燥速率。例如，松木（马尾松、落叶松等）通过汽蒸处理可取得较好的脱脂效果，同时汽蒸处理在一定程度上改善了木材的渗透性，有利于提高干燥速率；汽蒸处理可以使三角枫、山毛榉等材色发红，受到广大用户的欢迎；汽蒸处理还可以起到杀虫、除菌、防霉、消毒等作用，但汽蒸处理会对木材干燥室或预处理容器有特殊的要求，如气密性和防腐性能，还可能会增加一些辅助设备，并较大幅度地增加了干燥过程的用汽量，提高了木材干燥的成本。另外，一些难干的硬阔叶树材如栎木等，在饱和蒸汽处理时，因木材强度降低和水分蒸发（在饱和蒸汽及饱和湿空气环境中，木材的平衡含水率均低于30%），很容易产生木材表面开裂；加上较长时间的汽蒸还会使木材颜色加深，故在使用预汽蒸处理前，应对木材物理性能和干燥特性进行测试，不宜随便使用。松木（马尾松、落叶松）的汽蒸脱脂在国内外被广泛采用，且获得较满意的效果，现重点介绍如下。

松木汽蒸脱脂：松脂的主要成分是树脂酸（松香）和松节油，在温度较高的条件下，松节油就会被溶解而渗到木材表面，影响木制品表面油漆质量和胶合质量，造成沾手；除去松节油可防止松脂的渗出，确保木制品的表面质量；故脱脂实质上是脱"油"；松节油是由多种沸点不同的组分组成，沸点是 150～230℃，但如果与水共存，其共沸点则可降到 100℃ 以下（约为 95℃）。因此，可用常压饱和蒸汽汽蒸，即蒸馏脱除。

需脱脂的松木含水率越高，其脱脂效果越好，因此尽量用生材脱脂，不需要大气干燥；脱脂可与室干结合进行，木材堆垛（与常规室干相同）入室后，先将室温升至 50～60℃，随后向室内喷射饱和蒸汽，使室内介质的干、湿球温度均达 95～100℃（即为常压饱和湿空气）；因松木生材的初含水率很高，加上高温的湿空气与温度较低的木材表面接触，在木材表面产生冷凝水滴，其热量被木材吸收，木材中的松脂黏度降低，渗至木材表面。其中松节油和水在木材内部及表面产生共沸现象，松节油和水蒸气一道蒸发出来；汽蒸时间越长，脱脂效果越好；但随着时间延长，木材的颜色加深，且强度下降，能耗增大，故应权衡考虑。从室内干、湿球温度升到 95～100℃ 起算，木材每厚 1cm 汽蒸约 1h；汽蒸后即刻转入第一阶段的干燥过程。这种与干燥过程结合起来的汽蒸脱脂方法，简单易行，效果较好，且不像碱液浸泡法那样有环境污染，故国、内外生产单位广泛采用。

（五）预分选处理

预分选处理主要用于针叶树木材，因针叶树木材初含水率相差比较大，特别是速生人工林木材存在有不规则的湿心材，其湿心部分的含水率比正常的生材约高出 1 倍。若与正常材同室干燥，当正常材终含水率达到要求时，湿心材的含水率可能还在纤维饱和点以上。另外，由于初含水率相差比较大，湿心材与正常材同室干燥时，还会产生开裂等比较严重的干燥缺陷。因此，针叶树材（特别是速生人工林木材）干燥前应进行预分选，将高含水率的湿心材与正常材区分开，使其与正常木材分室干燥。

区别湿心材最简便的方法是根据其重量与声音确定。因其含水率很高，故重量比同样规格的正常材大得多。

四、检验板的选制与使用

常规木材干燥室通常可装载几十甚至上百立方米的木材。为了掌握干燥过程中木材干燥质量和含水率的变化，生产中通常需要设置检验板，并通过测定检验板的含水率和应力的变化来进行干燥过程的操作。用于检验木材含水率的检验板，叫作含水率检验板（moisture content sample board）。设置含水率检验板就是为了检测干燥过程中木材含水率的变化，以作为实施干燥基准阶段转换和结束干燥过程的依据。用于检验木材干燥应力的检验板，叫作应力检验板（stress sample board）。设置应力检验板是为了检测干燥过程中木材应力的大小，以作为干燥过程中实施调湿处理的依据。在干燥过程中，应该按时（每班或每天）测定检验板的含水率变化情况，以此作为干燥基准，调节干燥介质温度、相对湿度的依据；同时还要按时（每一阶段）测定检验板的应力变化情况，以此来确定木材是否需要进行中间处理（或终了调湿处理），并确定处理时间的长短。因此，检验板（含水率检验板、应力检验板）的选制和使用对木材干燥质量至关重要。

（一）检验板的选制

在实际干燥工艺操作过程中，特别是按含水率基准操作的工艺过程中，必须使用检验板。

挑选锯制检验板的木材，应具有代表性，对材质的要求如下。

1）无腐朽，无裂纹，无虫蛀，非偏心材，无涡纹，少节疤。

2）含水率较高的边材。

3）材质密实，干燥缓慢的树基部材。

4）弦切板材（板面是弦切面）。

检验板和检验片的截取按国家标准《锯材干燥质量》（GB/T 6491—2012）规定的方法进行，先把木材的一端截去250～500mm，然后按图5.2分别截取。

图5.2 检验板和检验片的锯制

1，5（10～15mm）. 应力检验片；2，4（10～12mm）. 含水率检验片；3，6（1.0～1.2m）. 检验板

2，4含水率检验片采用称重法测定其含水率，取两检验片含水率的平均值作为检验板的初含水率；1，5应力检验片采用切片法测定其应力大小，作为被干木材预热处理条件制定的依据；3，6检验板（块）称重后按设定位置放在材堆中进行干燥。

（二）检验板的使用

在木材干燥过程中，检验板是操作人员随时掌握干燥过程的依据，必须保证检验板的完整性。从理论上讲，检验板应放在易于取放的位置；用于检测含水率的检验板最好放置在木材干燥室材堆中的水分蒸发最慢的部位，以确保被干木材终含水率均达到要求；用于检测应力的检验板最好放置在木材干燥室材堆中的水分蒸发最快的部位，以防止干燥缺陷的发生。

在检验板的实际使用过程中，对于新的材种或规格、新建干燥设备、探索新的工艺、检查对比或科学试验等情况时，采用9块含水率试验板；对于材种和规格、干燥设备及干燥工艺等条件基本固定并掌握了干燥规律等情况时，采用5块含水率试验板。试验板在材堆中的放置位置见图5.3。

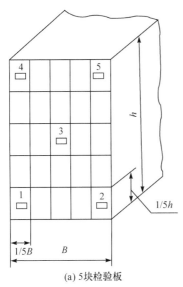

(a) 5块检验板

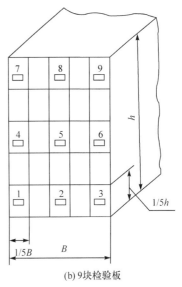

(b) 9块检验板

图5.3 试验板放置位置

B为材堆宽度；h为材堆高度

检验板经干燥后，按如图 5.4 所示方法锯制最终含水率检验片、分层含水率检验片及应力检验片。

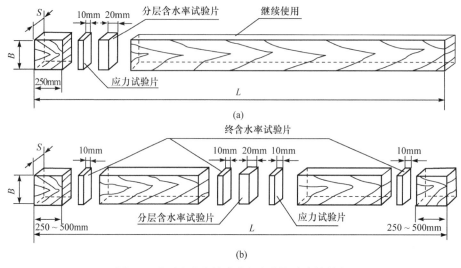

(a)

(b)

图 5.4　分层含水率检验片和应力检验片的制取

（a）干燥过程检验；（b）干燥终了检验。B 为木材的宽度（mm）；S 为木材的厚度（mm）；L 为木材的长度（mm）

当木材的宽度 $B \geqslant 200 \mathrm{mm}$ 时，按图 5.5 的方法锯制应力检验片，含水率和分层含水率检验片也可以按此法进行。

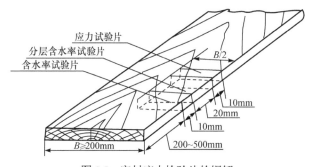

图 5.5　宽材应力检验片的锯解

1. 含水率检验板的使用　　含水率检验板是用来测定干燥过程中木材含水率变化情况的。由于它的长度比被干材短，为使检验板尽量接近所代表木材的实际情况，生产上把检验板的两个端头清除干净后，涂上耐高温不透水的涂料，防止从端头蒸发水分。

经过上述处理后的检验板，用天平或普通台秤称出其最初质量 $G_初$，然后放在材堆中预先留好的位置上，使含水率检验板与被干木材经受同样的干燥条件，这样干燥过程中木材含水率的变化情况就可以通过测定含水率检验板的含水率变化情况来了解。

（1）木材初含水率的确定　　使用含水率检验板时，首先要确定检验板的初含水率。干燥木材初含水率采用称重法进行测定，称重法按照国家标准《锯材干燥质量》（GB/T 6491—2012）中的规定进行。

$$\mathrm{MC}_初 = \frac{G_初 - G_干}{G_干} \times 100\% \qquad (5.1)$$

为了正确反映检验板的初含水率，应取两块检验片的含水率的平均值。

（2）含水率检验板的使用　　根据已知检验板的 $MC_初$ 为检验片的平均含水率；$G_初$ 为检验板的最初质量，按下式可以算出检验板的绝干质量，用 $G_干$ 代表。

$$G_干 = \frac{G_初}{1 + MC_初} \tag{5.2}$$

推算出检验板绝干质量的目的，是为了计算干燥过程中任何时刻检验板的含水率。

假设 $MC_当$ 为测定当时的检验板含水率，那么，当时含水率可用下面公式计算：

$$MC_当 = \frac{G_当 - G_干}{G_干} \times 100\% \tag{5.3}$$

若要了解干燥过程中任何时刻被干木材的含水率情况，只需把含水率检验板从干燥室中取出，迅速、准确地称量当时的质量 $G_当$，把 $G_当$ 的数值代入公式，就可计算出检验板当时的含水率 $MC_当$。$MC_当$ 的数值可以认为代表被干木材当时的含水率状态。举例说明如下：

假设，①号含水率检验片的最初质量为 18g，在干燥箱中干燥至绝干质量为 10g；②号含水率检验片的最初质量为 30g，在干燥箱中干燥至绝干质量为 20g。可根据式（5.1）和式（5.2）计算：

①号检验片的初含水率：$MC_初 = \dfrac{G_初 - G_干}{G_干} \times 100\% = \dfrac{18-10}{10} \times 100\% = 80\%$

②号检验片的初含水率：$MC_初 = \dfrac{G_初 - G_干}{G_干} \times 100\% = \dfrac{30-20}{20} \times 100\% = 50\%$

把①号检验片的初含水率和②号检验片的初含水率取其平均值：（80%＋50%）/2＝65%；则检验板的平均初含水率为 65%。

若含水率检验板的初始质量为 10kg，根据公式可以算出检验板的绝干质量 $G_干$：

$$G_干 = G_初 / (1 + MC_初) = 10 / (1+65\%) = 6.06\text{kg}$$

假设，检验板在干燥室内干燥到第 3 天时，当时称出的质量为 9kg，根据式（5.3）可以计算出检验板当时的含水率为

$$MC_当 = \frac{G_当 - G_干}{G_干} \times 100\% = \frac{9-6.06}{6.06} \times 100\% = 48.5\%$$

这就是说，检验板（即被干木材）在干燥室内干燥到第 3 天时，含水率由原来的平均 65%下降到 48.5%，值班操作工此时可以根据当时含水率判断是否调节干燥介质的温度、相对湿度。

通过每班或每天定期对检验板的观察和称重，可以掌握被干木材的干燥速率，以便调节和控制干燥介质的温度和相对湿度。这种方法简单，迅速，但在实际干燥作业时，还需注意以下两点：①用检验板的含水率代表该批量被干木材的含水率，不论在干燥前或干燥过程中，都会存在偏差；②因检验板比被干木材短，尽管两端头经过封闭处理，实际上还是比材堆内的木材干得快。同时在每次定期称量时，检验板暴露在大气之中，此时蒸发水分的速度比材堆内的木材要快，所以实际上检验板的含水率一般低于被干木材的含水率，特别是干燥后期，误差明显。为调整误差，干燥到后期，可以从被干木材中锯切检验片，进行误差核对；也可以凭操作经验，妥善调节干燥基准。

2. 应力检验板的使用　　由于木材是各向异性材料，在气态介质对流传热的条件下进行干燥时，弦、径和纵向不能同步收缩，将在木材内部产生内应力。了解木材在干燥过程中发生的内应力和沿木材厚度上的含水率梯度情况，以作为决定进行中间处理和终了处理的依据，必

须从应力检验板上锯制应力检验片和分层含水率检验片。

应力检验板在使用过程中,理论上应该放在水分蒸发最快的地方。在干燥过程中应力检验板允许锯割,在检查应力时,取出应力检验板,先锯去端头,锯去的端头长度一般为10～20cm,然后锯取内应力检验片;通常应力检验片锯制成应力切片和叉齿(prong),根据切片和叉齿的变形来判断木材干燥应力的性质和大小。

木材干燥应力的性质可以根据刚刚锯制的应力切片和叉齿的变形(是向内弯曲还是向外弯曲)来判断;应力的大小可根据应力切片和叉齿的弯曲程度来判断,并且可以判断被干木材开裂的可能性。

3．干燥应力的测量　　干燥应力是木材由湿变干的过程中内、外层干燥和收缩的不同步造成的。干燥应力的发生及发展与干燥工艺有关,干燥应力的大小直接影响干燥质量。因此,无论是实际生产还是工艺性试验,都必须了解和掌握干燥过程中应力的变化情况。干燥结束后的质量检验,也需要测量木材残余干燥应力。

测定木材干燥应力的方法很多,主要包括切片法、叉齿法、贴应变片法、声发射法和电介质特性法等。下面主要介绍生产中常用的切片法和叉齿法。

(1)**切片法**　　是利用分层含水率检验片,比较其切开当时及烘干后检验片形状变化来判断干燥应力的方法。如果木材内部有干燥应力存在,检验片切开时会立即变成弓形。变形的程度与应力大小、含水率梯度和表面硬化(即表层发生塑性变形)的程度等有关。因此,由检验片变形的程度便可分析木材干燥应力的大小。为便于比较木材干燥应力的大小,我们可把切片变形的挠度 f 与切片原长度 L 比值的百分率定义为应力指数 Y。应力切片的制作如图5.6所示。

$$Y = \frac{f}{L} \times 100\% \tag{5.4}$$

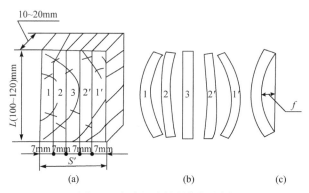

图 5.6　应力切片的制作与分析
(a)划线;(b)切片风干后;(c)测量变形挠度

残余应力是在消除检验片的含水率梯度之后测得的。即应力检验片切取后,在(103±2)℃的干燥箱内烘干2～3h,或在室温通风处气干24h以上,使其含水率分布均衡,然后再按上述方法测量其应力指数。这样测得的是残余干燥应力指数。

应力切片分析法简单易行,可与分层含水率同时测量,沿木材厚度各层均可测量。

(2)**叉齿法**　　实际生产中应用最为普遍的应力检验方法是叉齿法。干燥过程中需要检验干燥应力时,取出应力检验板,如图5.4所示锯制应力检验片,然后按图5.7所示锯制叉齿应力检验片。

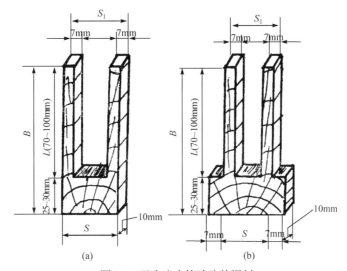

图 5.7　叉齿应力检验片的锯制

（a）板厚＜50mm 时的叉齿尺寸；（b）板厚≥50mm 时的叉齿尺寸

　　叉齿应力检验片锯制后，在（103±2）℃的干燥箱内烘干 2～3h，或在室温通风处气干 24h 以上，使叉齿内、外层的含水率分布均衡后，便可根据叉齿变形的程度测量其应力指标 Y。

　　残余应力指标即叉齿相对变形（Y）按式（5.5）计算。

$$Y(\%)=\frac{S-S_1}{2L} \tag{5.5}$$

式中，S 为叉齿未变形时两齿端外侧的距离，即两齿根外侧的距离（mm）；S_1 为叉齿变形后两齿端外侧距离（mm）；L 为叉齿未变形时的外侧长度（mm）。取残余应力指标的算术平均值（$\overline{Y}$）为确定干燥质量的合格率的残余应力指标。

　　若（$\overline{Y}$）＜2%，说明干燥应力很小，可不进行处理；若（$\overline{Y}$）＞5%，干燥应力较大，应进行调湿处理，将其消除。国家标准《锯材干燥质量》（GB/T 6491—2012）对不同等级的干燥木材规定有干燥应力指标的允许范围。

　　4. 分层含水率的检测　　分层含水率的检测是对应力测试的补充，分层含水率就是木材沿厚度上的不同部位的含水率。及时检查被干木材分层含水率的分布情况，不论在干燥前或干燥过程中的工艺操作分析，以及干燥结束后的干燥质量检查都很有用。

　　干燥前，被干木材的分层含水率，可用锯制含水率检验板时截取的分层含水率检验片来测定。

　　干燥过程中，不能从含水率检验板上锯取分层含水率检验片。因为含水率检验板在称初重后，一直作为干燥过程中含水率变化的测定对象，故需保持它的完整性。分层含水率检验片，可以从被干木材或者从内应力检验板上截取。

　　测定试材在不同厚度上的含水率，通常将检验片等厚分成 3 层或 5 层，用称重法测定每一层的含水率，以此求得木材的分层含水率偏差。分层含水率检验片的制取方法如图 5.8 所示。干燥木材厚度上含水率偏差（ΔMC_h）按式（5.6）计算：

$$\Delta MC_h=MC_s-MC_b \tag{5.6}$$

式中，MC_s 及 MC_b 为芯层及表层含水率（%）。

　　厚度上含水率偏差按其平均值（$\overline{\Delta MC_h}$）来检查，按式（5.7）计算：

$$\overline{\Delta MC_h} = \frac{\sum\limits_1^n MC_s - MC_b}{n} \tag{5.7}$$

式中，n 为分层含水率检验片数。

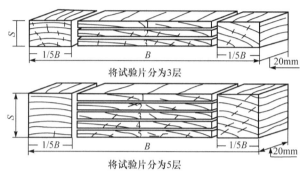

将试验片分为3层

将试验片分为5层

图 5.8　分层含水率检验片锯制图

B. 板材宽度；S. 板材厚度

　　木材厚度上的含水率偏差 ΔMC_h 越小，表明干燥木材厚度上的含水率分布越均匀，意味着干燥工艺和干燥基准合理，干燥质量也就越好。如果沿木材厚度的含水率偏差 ΔMC_h 过大，干燥过程中必然会产生很大的内应力，则应调整干燥介质参数，及时进行调湿处理，使木材表面有限吸湿，均衡厚度上的含水率分布，以确保木材的干燥质量。干燥结束以后，沿木材厚度上的含水率偏差越小，说明木材干燥得越均匀，在加工时变形的可能性也就越小。

　　表 5.2 列出了几种木材不同含水率范围时的分层含水率分布的参考值（超出下述范围则需要调湿处理）。

表5.2　ΔMC 允许范围表　　　　　　　　　　（单位：%）

树种	平均MC>30%			平均MC<30%	
	外层	次外层	中心层	外层	中心层
松	20～25	40～45	60 以上	10～15	20～30
红松	15～20	25～35	50 以上	10	30～40
水曲柳	15～20	20～30	40～50	10～15	25～35
柞木	20～30	35～40	45～50	10～13	20～25

第二节　干　燥　基　准

　　木材干燥是一个复杂的工艺过程。首先需要根据树种、木材规格、干燥质量和用途编制或选用合理的干燥基准；然后按干燥基准的要求制定出合理的干燥工艺。通过实施制定的干燥工艺，实现木材的干燥。干燥基准就是根据干燥时间或木材含水率的变化而编制的干燥介质温度和湿度变化的程序表。在实际干燥过程中，正确执行这个程序表，就可以合理地控制木材的干燥过程，从而保证木材的干燥质量。

一、干燥基准分类

　　木材干燥基准（drying schedule）主要是按干燥过程的控制因素来进行分类的，目前生产中应用比较广泛的干燥基准主要是含水率干燥基准（moisture content drying schedule）和时间干燥基准（time drying schedule）。下面对常用干燥基准进行简要的介绍。

1. 含水率干燥基准　　含水率干燥基准就是按木材含水率变化来控制干燥过程，制定干燥介质的状态参数。即把整个干燥过程按含水率的变化幅度划分成几个阶段，每一含水率阶段规定了干燥介质的温度、相对湿度。含水率干燥基准示例见表 5.3。

表 5.3　含水率干燥基准（40mm 厚柞木）

含水率/%	干球温度/℃	干湿球温差/℃	平衡含水率/%
40 以上	60	3	15.3
40～30	62	4	13.8
30～25	65	7	10.5
25～20	70	10	8.5
20～15	75	15	6.3
15 以下	85	20	4.9

含水率干燥基准是长期以来在木材干燥生产中使用最为普遍的一种干燥基准，在干燥工艺实施过程中可根据木材干燥的实际情况随时调整，是一种具有安全性和灵活性的干燥基准，尤其适用于无干燥经验木材的干燥。

如果将整个干燥过程划分为 2 个或 3 个含水率阶段的干燥基准叫作双阶段或三阶段干燥基准。这两种干燥基准适用于厚度较薄和易干燥的木材。双阶段与三阶段干燥基准示例见表 5.4 和表 5.5。

表 5.4　双阶段高温干燥基准（40mm 厚云杉）

第一阶段（MC>20%）			第二阶段（MC<20%）		
t/℃	Δt/℃	φ/%	t/℃	Δt/℃	φ/%
110	10	69	118	18	53

表 5.5　三阶段干燥基准（40mm 厚柞木）

含水率/%	干球温度/℃	干湿球温差/℃	相对湿度/%
30	62	4	82
30～20	70	10	61
20	80	18	43

含水率干燥基准中还包括波动干燥基准（fluctuant drying schedule）。即在整个含水率阶段，干燥介质的温度做升高、降低反复波动变化的基准；而干燥介质的温度在干燥的前期逐渐升高，在干燥后期（the latter stage of drying）做波动变化的基准，叫作半波动干燥基准（semi-fluctuant drying schedule）。对于硬阔叶树材的厚木材，因其干燥较为困难，在干燥过程中容易产生很大的含水率梯度，为了加快干燥速率，避免产生较大的含水率梯度，可采用波动干燥基准。

木材波动式干燥工艺是使干燥介质的温度和相对湿度不断波动变化，即周期性地反复进行"升温—降温—恒温"的过程，升温过程只加热木材而不干燥木材，当木材中心温度接近介质温度时，即转入降温干燥阶段，当干燥介质的温度降到一定程度再保持一段时间，以便充分利用木材内高外低的温度梯度。当木材中心层的温度降低，温度梯度平缓时，须再次升温，如此周而复始，以确保内高外低的温度梯度。波动干燥工艺在干燥前期对提高干燥速率比较明显，后期则不甚明显。但前期波动须确保一定的相对湿度，否则木材易产生开裂。后期波动则安全，在生产上，通常采用半波动工艺，即在干燥的前期采用常规含水率干燥基准，而后期采用波动式干燥基准。

2. 时间干燥基准　　时间干燥基准就是按干燥时间控制干燥过程，制定干燥介质的状态参数。即把整个干燥过程分为若干个时间阶段，每一时间阶段规定了干燥介质的温度、相对湿度。时间干燥基准示例见表 5.6。

表 5.6　时间干燥基准（30mm 厚桦木）

时间/h	干球温度/℃	干湿球温差/℃	相对湿度/%
72（预热处理 10h）	60	5	77
48	65	9	63
48	74	14	51
72（平衡处理 10h）	85	20	41

时间干燥基准是在长期使用含水率基准的基础上总结出的经验干燥基准。操作者对使用的干燥设备和被干木材的性能要相当了解，只要按干燥时间控制干燥过程就可以干燥出合格的木材。

3. 连续升温干燥基准　　在木材的干燥过程中，根据木材的树种、规格和干燥质量要求，规定了介质的初始温度、最高温度和升温速度，从基准初始温度开始，等速提升介质的温度，以保持干燥介质温度和木材温度之间的温差为常数，从而确保干燥介质传给木材的热流量不变，并使木材的干燥速率基本保持一致。但要求干燥介质以层流状态流过材堆，不改变气流方向。连续升温干燥基准（continuously rising temperature drying schedule）是一种方法简单、操作方便、干燥快速和节能的干燥基准。在美国广泛应用于针叶树材的干燥。连续升温干燥基准示例见表 5.7 和表 5.8。

表 5.7　连续升温干燥基准（30mm 厚红松）

空气参数	工艺过程			
	开始温度/℃	升温速度/（℃/h）	最高温度/℃	终了处理 2h 后的温度/℃
干球温度	43	3	123	100
湿球温度	34	2	86	95

表 5.8　连续升温干燥基准（50mm 厚红松）（唐一夫，1985）

空气参数	工艺过程			
	开始温度/℃	升温速度/（℃/h）	最高温度/℃	终了处理 2h 后的温度/℃
干球温度	45	1.5	118	90
湿球温度	37	1.0	85	86

对 30mm 和 50mm 厚的红松板材用连续升温干燥基准进行初步试验，并与含水率干燥基准比较，有如下特点：①干燥时间比较短；②干燥的木材物理力学性能无明显区别；③连续升温干燥基准可采用较高的介质循环速度。

4. 干燥梯度基准　　干燥梯度基准（drying gradient schedule）主要应用于木材干燥过程的自动控制。干燥梯度基准通常也是按含水率来划分阶段的，可视为含水率基准的特例。干燥梯度是指木材的平均含水率与干燥介质状态对应的木材平衡含水率之比。干燥梯度的大小反映了木材干燥速率的快慢，对控制木材干燥过程具有重要的意义。

在自动控制木材干燥过程中，木材的含水率可以采用电测法实现动态测量，而干燥介质状态对应的木材平衡含水率可以通过调节介质的温、湿度进行控制，即可获得动态的木材干燥梯度。在干燥梯度基准中，规定了不同阶段的干燥梯度，通过调节干燥介质状态对应的木材平衡含水率来控制木材的干燥速率。

干燥梯度是根据木材的厚度和干燥的难易程度及不同含水率阶段木材中水分移动的性质制定的，使干燥梯度维持在一定的范围内，从而保证木材的干燥质量。德国 GANN 公司安置在 Hydromat TKV-2 型自动控制装置上的干燥基准为干燥梯度基准，干燥梯度基准示例见表 5.9。干燥梯度基准的选用是根据木材树种选择其基准组，见表 5.10。根据木材的厚度选择干燥强度，厚度在 60mm 以上的选用软基准，厚度在 30～60mm 的选用适中基准，厚度在 30mm 以下的选用硬基准。

表 5.9 干燥梯度基准

基准组别		各含水率阶段的平衡含水率值（斜线上方，%）和干燥梯度（斜线下方）								
		60%	50%	40%	30%	25%	20%	15%	10%	6%
第一组	软	14.3	14	13.7	13.3 / 2.3	13.1 / 1.9	10.5 / 1.9	7.4 / 2.0	4.2 / 2.4	1.7 / 3.5
	中	13.3	13	12.7	12.3 / 2.4	12.1 / 2.1	9.5 / 2.1	6.4 / 2.3	3.2 / 3.1	0.7 / 9
	硬	12.3	12	11.7	11.3 / 2.7	11.1 / 2.3	8.5 / 2.4	5.4 / 2.8	2.2 / 4.5	0
第二组	软	11.7	11.4	11.1	10.8 / 2.8	10.6 / 2.4	8.4 / 2.4	5.8 / 2.6	3.2 / 3.1	1.1 / 5
	中	10.7	10.4	10.1	9.8 / 3.1	9.6 / 2.6	7.4 / 2.4	4.8 / 3.1	2.2 / 4.5	0.1 / 60
	硬	9.7	9.4	9.1	8.8 / 3.4	8.6 / 2.9	6.4 / 3.1	3.8 / 3.9	1.2 / 8.0	0
第三组	软	9.3	9.1	8.9	8.7 / 3.4	8.5 / 2.9	6.7 / 3.0	4.5 / 3.3	2.4 / 4.2	0.6 / 10
	中	8.7	8.1	7.9	7.7 / 3.9	7.5 / 3.3	5.7 / 3.5	3.5 / 4.3	1.4 / 7.0	0
	硬	7.3	7.1	6.9	6.7 / 4.5	6.5 / 3.8	4.7 / 4.3	2.5 / 6.0	0.4 / 25	0

资料来源：GANN，Hydromat TKV-2

表 5.10 干燥梯度基准选用表

树种	树种组别	基准组别	最初温度/℃	最终温度/℃	树种	树种组别	基准组别	最初温度/℃	最终温度/℃
赤杨	3	2	50～60	70～80	栎木	3	1	45～55	60～70
白蜡树	3	2	50～60	65～75	三角叶杨	3	2	60～70	70～80
椴木	2	3	55～65	70～80	苹果木	3	1	50～60	60～70
桦木	3	2	60～70	70～80	榆木	3	1	50～60	65～75
黑桤木	3	2	50～60	70～80	七叶树	3	2	40～50	65～75

树种	树种组别	基准组别	最初温度/℃	最终温度/℃	树种	树种组别	基准组别	最初温度/℃	最终温度/℃
黑刺槐	3	1	50～55	65～75	冬青	3	1	35～40	55～60
黑核桃	3	2	45～55	65～75	月桂树	3	2	60～70	70～80
蓝桉木	3	1	35～45	50～55	红栎	2	1	40～45	60～70
变色桉木	3	1	35～40	60～65	白栎	2	1	40～45	60～70
山核桃	2	1	45～55	65～75	梨木	2	1	50～60	60～70
核桃	3	2	45～55	65～75	李木	3	1	50～60	65～75
黄杨木	2	1	40～50	55～65	柚木	2	1	50～55	65～75
樟木	3	2	50～60	70～80	紫树	3	2	45～50	65～70
杨木	3	2	60～70	70～80	香槐	3	1	45～50	65～70
铁树	3	3	60～70	70～80	紫杉	3	2	45～50	60～70
槭树	3	1	45～55	60～70	红松	3	3	60～70	75～85
红木	3	3	60～70	75～80	白松	3	3	65～75	75～80
橡胶木	1	3	50～60	65～75	落叶松	3	2	60～70	70～80
木棉	3	3	65～75	75～85	铁杉	3	3	60～70	70～80
栗树	2	2	50～60	70～80	云杉	3	3	65～75	75～85

二、干燥基准的编制方法

对于新的树种和规格的木材干燥需要制定新的干燥基准。在制定新干燥基准时，需了解木材的性质和干燥特性，特别是木材的基本密度、干缩系数和干缩性等性质，并以性质相近木材的干燥基准作为参考，制定出初步干燥基准，或者锯取小试样木材放在干燥箱内，在一定温度条件下进行干燥，观察木材试样的干燥状况，进行分析制定出初步的干燥基准。还可以根据特定的图表来确定出初步的干燥基准。初步的干燥基准经实验室条件下的小试与基准调整，再经过实际生产条件下的中试与基准调整，即可成为合理的干燥基准。

1. 比较分析法　　如果被干木材没有现成的干燥基准可以参考，干燥基准的制定首先从研究木材性质和干燥特性开始，然后用分析和试验相结合的方法在实验室进行干燥基准试验。

木材性质主要指木材的基本密度、弦向和径向干缩系数；木材的干燥特性主要指干燥的难易程度和难干木材易产生的干燥缺陷种类。通过测试被干木材性质和干燥特性，参考性质和干燥特性与其相近木材的干燥基准，确定出被干木材初步的干燥基准。干燥基准的制定步骤如下。

1）根据测试拟干木材性质、干燥特性，参考与其相近木材的干燥基准，通过分析和比较制定出被干木材的初步干燥基准。

2）初步干燥基准在实验室条件下进行多次小试，将各个含水率阶段的分层含水率的结果绘成含水率梯度曲线，并注明各个阶段发生的干燥缺陷的性质和数量。

3）根据小试结果进行统计和分析，对初步干燥基准进行重新修订。

4）比较几次试验的结果，将干燥缺陷最小、含水率梯度最大的曲线设为标准曲线。

5）根据含水率标准曲线确定干燥基准各含水率阶段的介质状态参数，确定为初步应用干燥基准，进行生产性试验。

6）如果生产性试验成功，就可认为初步应用干燥基准是合理的，并在生产上继续考察和修改，最终确定为该树种和规格的干燥基准。

举例：某针叶树木材，厚度为 30mm；初含水率为 65%。用比较分析法编制出其初步干燥基准。

1）测试拟干木材基本密度、弦向干缩系数和径向干缩系数分别为：0.377g/cm³、0.188%、0.360%。从弦向和径向干缩系数可以看出拟干木材干缩变异性比较小，属于易干木材。

2）确定参照木材的树种。查附录 4 得到拟干木材的基本密度、弦向和径向干缩系数与表中长白鱼鳞云杉非常接近，确定以长白鱼鳞云杉木材作为拟干木材的参照树种。

3）编制拟干木材的初步干燥基准。查表 5.20 得长白鱼鳞云杉木材的干燥基准号为 1-2，查附录 5 得拟干木材的初步干燥基准，见表 5.11。由于两个树种的干燥特性比较相近，不对该干燥基准进行调整。

表 5.11　拟干木材的初步干燥基准

MC/%	t/℃	Δt/℃	EMC/%
40 以上	80	6	10.7
40～30	85	11	7.5
30～25	90	15	8.0
25～20	95	20	4.8
20～15	100	25	3.2
15 以下	110	35	2.4

该基准还需经实验室条件下小试与修订和生产性中试与修订后方可使用。

2. 图表法　　根据凯尔沃思（Keylwerth）的研究，干燥基准可以通过图表直接查到。这种方法是根据被干木材沿厚度平均含水率规律，由图 5.9 确定表征干燥介质状态的平衡含水率 EMC 和干燥梯度 DG。

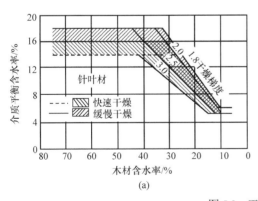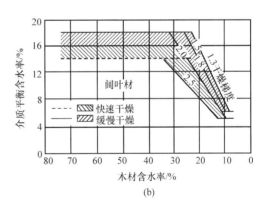

图 5.9　干燥基准推荐图
（a）适用于针叶材；（b）适用于阔叶材

依据木材的初含水率，根据图 5.9 确定介质的平衡含水率，当木材的含水率在纤维饱和点以上时，介质的平衡含水率取定值，一般为 14%～18%；木材的含水率在纤维饱和点以下时，介质的平衡含水率随木材含水率的变化而变化，但它们的比例关系表征干燥基准软硬程度的干燥梯度基本保持不变，此值由树种和干燥速率要求来确定，同时可得介质的平衡含水率值。

干燥梯度的取值为1.3～4，当干燥质量要求较高时，建议按如下取值。

针叶材：DG＝2；阔叶材：DG＝1.5。

当木材厚度小于30mm时，若可以进行快速干燥，建议按如下取值。

针叶材：DG＝3.0～4.0；阔叶材：DG＝2.0～3.0。

表5.12是推荐的干燥介质参数，根据干燥温度和平衡含水率再由图5.10查出对应的相对湿度和对应的湿球温度，从而制得干燥基准。

表 5.12   干燥温度推荐表

树种	最初温度/℃	纤维饱和点以下的最高温度/℃
栎木	t_1 40	50
黄杨、桉木	t_2 40	60
巴西松	t_3 50	70
黑胡桃	t_4 50	80
山毛榉、鸡爪槭、山核桃	t_5 60	80
桦木、落叶松、松木	t_6 70	80
黄杉属、松木	t_7 70	90
冷杉、云杉、松木	t_8 100	120

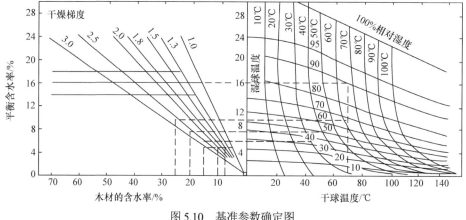

图 5.10   基准参数确定图

举例：已知桦木木材厚度30mm；初含水率50%；终含水率8%。用图表法确定其干燥基准。

1）确定干燥温度。由表5.9查得最初温度为70℃，最高温度80℃。

2）确定干燥条件。纤维饱和点以上，取平衡含水率EMC＝2.5%。

3）划分阶段。纤维饱和点以上为一阶段，纤维饱和点以下每降低5%含水率为一阶段。

4）确定相对湿度和湿球温度。纤维饱和点以上，由图5.10纵坐标EMC＝16%引水平线，与横坐标干球温度70℃处的垂线相交，由该交点查得相对湿度为90%，湿球温度为68℃。对于纤维饱和点以下各阶段，须先由横坐标左右的含水率值引垂线与DG＝2.5斜线相交，再过交点引水平线与右图干球温度值的垂线相交，交点处的相对湿度和湿球温度值即为所求的值。

5）所查得的干燥基准见表5.13。

表 5.13　桦木木材初步干燥基准（30mm 厚）

MC/%	t/°C	Δt/°C	EMC/%	DG/干燥梯度
50～30	70	2	16	3.1～1.9
30～25	75	5	12～10	2.5
25～20	75	8	10～8	2.5
20～15	80	12	8～6	2.5
15～10	80	18	6～4	2.5
10～8	80	24	4～3.2	2.5

　　我们还可以根据经验对由该法查得的基准做适当的修正。例如，在含水率 30%～40% 时，将平衡含水率降到 20% 以后，将干燥梯度提高到 3。这样可以加快干燥速率而不影响干燥质量，使基准更为合理。当应力改变方向时，应及时变更干燥阶段；桦木不易发生内裂，后期可较大幅度地提高干燥速率。

　　3. 百度试验法　　百度试验法是寺沢真教授（1965）根据 37 种树种的木材干燥特性，采用欧美干燥基准系列，经过多年的实验和研究，总结出了一种预测木材干燥基准的方法。该方法简便易行，可快速编制未知树种木材的干燥基准，对从事木材干燥生产及研究工作者有一定参考价值。百度试验法的要点是把标准尺寸的试件（200mm×100mm×20mm 的弦切板）放置在干燥箱内，在温度为 100°C 的条件下进行干燥并观察其初期开裂（端裂与表面开裂）的情况，干燥终了后，锯开试件观察其中央部位的内部开裂（蜂窝裂）和截面变形（塌陷）状态，以确定木材在干燥室干燥时的温度和相对湿度。也就是说，百度试验法是根据试材的初期开裂（端裂与表面开裂）、内部开裂、截面变形等破坏与变形的程度而决定干燥基准的初期温度、初期干湿球温度差（相对湿度）和后期最高温度。用标准试件所确定出的是厚度为 25mm 被试验树种的试用干燥基准，其他厚度的木材，可在此基础上进行修正。生产上，还需要进行小试和中试，在试用干燥基准基础上进行修改和优化。另外，根据试件在干燥过程中含水率的变化和干燥时间的关系，还可以估计被试树种木材在进行室干时所需的时间。

　　根据北京林业大学戴于龙等研究结果及对多年来百度试验法使用情况的总结，百度试验法编制木材干燥基准的详细方法介绍见第十六章的实验一。

三、干燥基准的选用与评价

（一）干燥基准的选用

　　对木材进行干燥时，首先是根据被干木材的树种和规格选择适宜的干燥基准。基准选择得是否合理，直接影响到干燥室的生产量和木材的干燥质量。例如，一般用途的木材，干燥时选用了软干燥基准（mild drying schedule），会延长干燥时间，影响干燥室的产量。因此，干燥时应该考虑保持木材良好的机械性质和力学强度，应确保木材的干燥质量。所以，干燥重要的国防军工用材时，应当选用相对的软干燥基准。

　　对于缺乏干燥经验的木材和操作经验不足的干燥室来说，应选用软干燥基准试干，然后逐步调整，最后制定出合理的干燥基准。对于借用其他单位的干燥基准，只能参考使用。

　　木材干燥基准可通过查表获得，首先从表 5.14 和表 5.16 中查找某树种和规格对应的基准号，根据基准号查附录 5 和附录 6 中的木材干燥基准表，即可获得该树种和规格木材的干燥基准。

表 5.14　针叶树木材基准表的选用

树种	材厚/mm					
	15	25、30	35、40	40、50	60	70、80
红松	1-3	1-3		1-2	2-2*	2-1*
马尾松、云南松	1-2	1-1		1-1*	2-1*	
樟子松、红皮云杉、鱼鳞云杉	1-3	1-2		1-1*	2-1*	2-1*
臭冷杉、杉松冷杉、杉木、柳杉	1-3	1-1		1-1	2-1	3-1
兴安落叶松、长白落叶松		3-1、8-1*	8-2*	4-1*	5-1*	
长苞铁杉		2-1		3-1*		
陆均松、竹叶松	6-2	6-1		7-1		

注：①初含水率高于80%的锯材，基准第1、2阶段含水率分别改为50%以上及50%～30%。②有*号者表示需进行中间处理。③其他厚度的锯材参照表列相近厚度的基准。④表中 8-1* 和 8-2* 为落叶松脱脂干燥基准，适用于厚度在 35mm 以下的锯材。汽蒸处理时间应比常规干燥预处理时间增加 2～4h。经高温脱脂后的锯材颜色加深。

举例：落叶松木材，厚度 28mm，初含水率为 85%；确定其干燥基准。
1）确定干燥基准号。查表 5.14，选定基准号为 3-1。
2）确定干燥基准。查附录 5，并修改第 1、2 阶段的含水率，该基准见表 5.15。

表 5.15　28mm 厚落叶松木材干燥基准

MC/%	t/℃	Δt/℃	EMC/%
40 以上	70	3	14.7
40～30	72	4	13.3
30～25	75	6	11.0
25～20	80	10	8.2
20～15	85	15	6.1
15 以下	95	25	3.8

表 5.16　阔叶树木材基准表的选用

树种	材厚/mm				
	15	25、30	40、50	60	70、80
椴木	11-3	12-3	13-3	14-10*	
加杨	11-3	12-3（11-2）	12-3		
石梓、木莲	11-2	12-2（11-1）	13-2（12-1）		
白桦、枫桦	13-3	13-2	14-9*		
水曲柳	13-3	13-2*	13-1*	14-8*	15-1*
黄菠萝	13-3	13-2	13-1	14-8*	
柞木	13-2	14-9*	14-8*	15-1*	
色木（槭）木、白牛槭		13-2*	14-9*	15-1*	
黑桦	13-5	13-4	15-9*	15-7*	
核桃楸	13-6	14-2*	14-13*	15-8*	
甜锥、荷木、灰木、枫香、拟赤杨、桂樟		14-8*	15-1*		

续表

树种	材厚/mm				
	15	25、30	40、50	60	70、80
樟叶槭、光皮桦、野柿、金叶白兰、紫茎					
檫木、苦楝、毛丹、油丹		14-9*	15-1*		
野漆		14-9	15-2*		
橡胶木		14-9	15-2	16-2	
黄榆	14-6	15-5*	16-5*	16-7	
辽东栎	14-4	15-4*	16-5*	17-1	
臭椿	14-5	14-11*			
刺槐	14-1	14-3*	15-6*		
千金榆	14-7	14-12*			
裂叶榆、春榆	14-10	15-3	16-3		
毛白杨、山杨	14-10	16-4	17-4（18-3）		
大青杨	15-10	16-1	16-6	16-8	
水青冈、厚皮香、悬铃木		16-2*	17-3*	18-2*	
毛泡桐	17-5	17-5	17-5		
马蹄荷		17-2*			
米老排、麻栎、白青冈、红青冈、稠木、高山栎		18-1*			
兰考泡桐	19-1	19-1	19-1		

注：①选用 13～19 号基准时，初含水率高于 80% 的锯材，基准第 1、2 阶段含水率分别改为 50% 以上和 50%～30%；初含水率高于 120% 的锯材，基准第 1、2、3 阶段含水率分别改为 60% 以上，60%～40%，40%～25%。②有 * 号者表示需进行中间处理。③其他厚度的锯材参照表列相近厚度的基准。④毛泡桐、兰考泡桐室干前冷水浸泡 10～15d，气干 5～7d。不进行高湿处理

（二）干燥基准的评价

干燥基准的使用效果可以用效率、安全性和软硬度三个指标进行评价。

效率：用干燥延续时间的长短作为评价标准。在同一干燥室内用两个不同的基准干燥同一种木材，在同样质量标准下，干燥延续时间短的基准效率高。

安全性：木材在干燥过程中不发生干燥缺陷，用干燥过程中木材内部存在的实际含水率梯度与使木材产生缺陷的临界含水率梯度的比值来表示，比值越小，安全性越好。

软硬度：软硬度是在一定干燥介质条件下，木材内水分蒸发的程度。当木材的树种、规格和干燥设备性能相同时，干湿球温度差大和气流速度快的干燥基准为硬基准；反之为软基准。同一干燥基准对某一树种或规格的木材是软基准，对另一规格或树种的木材可能就是硬基准。

第三节　干燥过程的实施

在干燥过程实施之初，首先须进行以下操作：①关闭进、排气道；②启动风机，对有多台风机的可逆循环干燥室，应逐台启动风机，不能数台风机同时启动，以免电路过载；③关闭疏

水器阀门，打开疏水器旁通管的阀门，并缓慢打开加热器，使加热系统缓慢升温同时排出管路内的空气、积水和锈污，待旁通管有大量蒸汽喷出时，再关闭旁通管阀门，打开疏水器阀门，使疏水器正常工作。

在干燥工艺实施过程中，应适当打开加热器阀门，把干燥室内干球温度升到40～50℃时，保温0.5h，使室内壁和木材表面预热。然后再逐渐开大加热器阀门，并适当喷蒸，使干、湿球温度同时上升到预热处理要求的介质状态。处理结束后进入干燥阶段，按基准要求进行操作。

一、预热阶段

木材干燥室启动后，首先对木材进行预热处理（preheating）。预热前应对室内设备、室壁及木材表面加热至40℃左右，防止室内设备、室壁及木材表面产生水分凝结。预热处理的目的主要通过喷蒸，或喷蒸与加热相结合，使干球温度、相对湿度同时升高到要求的介质状态，并保持一定时间，让木材热透，使含水率梯度和温度梯度的方向保持一致，消除木材的生长应力。对于半干材和气干材还有消除表面应力的作用。同时预热处理也可以降低木材的FSP和水分的黏度，使木材表面的毛细管扩张，提高木材表面水分移动速度。在预热处理过程中，木材表面的水分一般不蒸发，且允许有少量的吸湿。预热阶段干燥介质状态如下：

温度：应略高于干燥基准开始阶段温度。硬阔叶树木材可高5～8℃，软阔叶树木材及厚度60mm以上的针叶树木材可高至8～10℃，厚度60mm以下的针叶树木材可高至15℃。

相对湿度：预热处理时，介质的相对湿度根据木材的初含水率确定，含水率在25%以上时，相对湿度为98%～100%。木材初含水率在25%以下时，相对湿度为90%～92%。

预热时间：决定于锯材的树种、厚度和最初温度，可用下式计算：

$$Z=0.1\times S\times C\times 24 \tag{5.8}$$

式中，Z 为包括升温时间在内的预热时间（h）；S 为锯材厚度（cm）；C 为升温时间系数，取1.5～2。

预热时间也可以参考生产经验获得，即从干燥室温度达到预热规定温度起，锯材的预热时间大约是：针叶树木材及软阔叶树木材夏季材厚每1cm约为1h；冬季木材初始温度低于−5℃时，增加20%～30%。硬阔叶树木材及落叶松木材，按上述时间增加20%～30%。

由于周期式强制循环木材干燥室在预热阶段消耗的能量是干燥阶段消耗量的1.5～2倍；因此，几间干燥室不能同时进行预热处理。

预热结束后，应将介质温、湿度降到基准相应阶段的规定值，且由预热处理转到干燥基准第1含水率阶段，时间不得少于2h，即进入干燥阶段。

二、干燥阶段

1．干燥阶段的实施　　木材经预热处理后，已处于干燥的最佳状态，可以按干燥基准进行操作，进入干燥阶段。在干燥过程中，干燥介质参数的调节严格按照干燥基准进行。在做温度转换时，不允许急剧地升高温度和降低湿度。否则，木材表面水分蒸发强烈，造成表面水分蒸发太快，易发生表裂。

按含水率干燥基准控制的干燥过程，干燥介质的温度逐步提高，相对湿度逐步降低。温度提高和相对湿度降低的速度，根据被干木材的树种和厚度确定，调节误差：温度不得超过±2℃；相对湿度不得超过±5%。

温度上升速度：软杂木，木材厚度3.5cm以下2℃/h，木材厚度3.5cm以上1℃/h；硬杂木，木材厚度3.5cm以下1.5℃/h，木材厚度3.5cm以上1℃/h。

相对湿度下降速度：软杂木，木材厚度 3.5cm 以下每小时下降 3%，木材厚度 3.5cm 以上每小时下降 2%；硬杂木，木材厚度 3.5cm 以下每小时下降 2%，木材厚度 3.5cm 以上每小时下降 2%。

2. 干燥阶段的调湿处理［中间处理（intermediate treatment）］　　在木材干燥过程中，由于木材表面水分的蒸发速度远大于内部水分的移动速度，因此，木材表层的含水率首先降到 FSP 以下，并开始产生干缩，而此时木材内部含水率远高于 FSP，内部将制约表层的干缩，而使表层产生拉应力，干燥基准越硬，这种现象越突出，表层所受拉应力越大，木材发生开裂的可能性越大。

因此，在干燥过程中，要根据木材的干燥状态，及时对木材进行调湿处理（即中间处理），也就是对木材进行喷蒸处理，使木材表面的水分蒸发停止，甚至有一点吸湿，让木材内部的水分向木材表面移动，减小含水率梯度，并让已经硬化的表层得到消除，从而减小干燥应力。防止产生表裂，并可以减小后期表层硬化对内部干缩的制约，防止后期发生内裂或断面凹陷。经中间处理后再转入干燥室，在一定的时间内，干燥速率明显加快而不会引起木材的开裂。

中间处理干燥介质的状态如下。

温度：要和木材当时的含水率适应。干球温度等于当时干燥阶段的温度，或比当时干燥阶段的温度高 5～10℃，但干球温度最高不超过 100℃。

相对湿度：木材含水率 35% 以上，相对湿度为 95%～100%；木材含水率 25%～35%，相对湿度 90%～95%；木材含水率小于 25%，相对湿度为 80%～90%。

处理时间：是指介质湿度达到要求后维持的时间。参照木材终了处理时间，见表 5.23。可近似地依照经验估计：针叶材和软阔叶材厚板及厚度不超过 50mm 厚的硬阔叶材，中间处理时间为每 1cm 厚度 1h 左右；厚度超过 60mm 的硬阔叶材和落叶松，每 1cm 厚度为 1.5～2h。

中间处理的次数：根据木材的树种、厚度、木材用途（即对干燥质量的要求）和已经存在的应力大小来定。中间处理的全过程需要应力检验板检验处理的效果，从应力检验板的齿形就可以判断处理的效果。中间处理主要以改善干燥条件为主，只需在含水率减少 1/3～1/2 时处理 1 次即可。针叶材和软阔叶材的中、薄板及中等硬度的阔叶材薄板，可以不进行中间处理。对于中等硬度的阔叶材中、厚板材，处理 1～2 次，可分别在含水率降低 1/3 时和含水率降到 25% 时进行。对于硬阔叶材中、厚板，应处理 3 次或 3 次以上，可考虑在含水率为 40%、35%、30%、25%、15% 附近进行。具体操作时应通过应力检验，在表面张应力达到最大值时，或当表面硬化比较严重时（残余应力较大）进行处理。

中间处理的效果：从应力检验片的齿形变化状况来判断，如图 5.11 所示。在未处理以前木材中存在较大的应力，经中间处理后，应力消除［图 5.11（b）］或减少［图 5.11（c）］，如果中间处理过度，则会出现［图 5.11 中（d）］所示的情况。如果处理时间不够，应力只有一部分消除，齿形的弯曲程度缓和了一些，仍应延长处理时间，直到应力完全消除。但是，切记不能处理过度，不然，使应力向相反方向发展，造成反应力，木材塑化固定，难以矫正。

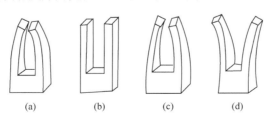

　　　(a)　　　　　　　(b)　　　　　　　(c)　　　　　　　(d)

图 5.11　中期处理前后应力检验片齿形的变化

三、终了阶段

1. 终了平衡处理（equalization treatment）　　　随着木材干燥过程的进行，当检验板中含水率最低的木材含水率降至允许的终含水率下限值时，如果继续干燥木材，必然会使一部分木材含水率偏低。而此时结束干燥，势必会使部分木材含水率高于要求终含水率的上限值。因此，当检验板中含水率最低的木材含水率降至允许的终含水率下限值时，木材干燥进入终了阶段，需进行平衡处理，使含水率较低的木材不再继续干燥，含水率偏高的木材水分进一步降低到要求范围，从而提高木材的干燥均匀度和沿厚度上含水率分布的均匀度。

平衡处理时干燥介质状态如下。

温度：等于干燥基准最后阶段温度或比基准最后阶段高 5～8℃；但干球温度最高不超过100℃。对于硬阔叶树木材中、厚板，对干燥质量要求较高，处理温度最好不要超过基准最后阶段的温度。

相对湿度：按室内介质对应的木材平衡含水率等于允许的终含水率下限值确定。介质平衡含水率等于木材终含水率下限值。例如，当要求木材干燥到终含水率为 8%～12%，那么，平衡处理的介质对应的平衡含水率应为 8%。

处理时间：理论上，需要将检验板中含水率最高的木材水分干燥到小于允许的终含水率上限值，平衡处理才能结束。生产上，考虑到生产周期和干燥成本，可以参照木材终了处理时间，见表 5.17。可凭经验，按每 1cm 厚度维持 2～6h 估计，并在室干结束后进行检验，以便总结和修正。

表 5.17　终了处理时间　　　　　　　　　　（单位：h）

树种	材厚/mm			
	25、30	40、50	60	70、80
红松、樟子松、马尾松、云南松、云杉、杉木、柳杉、铁杉、陆均松、竹叶松、毛白杨、椴木、石桦、木莲、冷杉、山杨、加杨、大青杨	2	3～6	6～9*	10～15*
拟赤杨、白桦、枫桦、橡胶木、黄波罗、枫香、白兰、野漆、毛丹、油丹、檫木、米老排、马蹄荷、苦楝、黑桦	3	6～12*	12～18*	
落叶松	3	8～15*	15～20*	
水曲柳、核桃楸、色木、荷木、灰木、桂樟、紫荆、野柿、裂叶榆、春榆、水青冈、厚皮香、柞木、白牛椒、樟叶槭、光皮桦、甜锥、黄榆、千金榆、臭椿、刺槐、悬铃木、辽东栎	6*	10～15*	15～25*	25～40*
白青冈、红青冈、稠木、高山栎、麻栎	8*			

注：①表列值为一、二级干燥质量木材的处理时间，三级干燥质量木材的处理时间为表列值的 1/2。②有*号者表示需要进行中间处理，处理时间为表列值的 1/3

对于针叶材和软阔叶材薄板，或次要用途的木材干燥，可不进行平衡处理。

2. 终了调湿处理　　　平衡处理结束后，材堆内木材之间和木材厚度上含水率已经达到终含水率要求，并且水分分布均匀。但木材内部还存在残余应力，影响木材后续加工和使用，因此，当木材干燥到终含水率时，要进行终了处理（final treatment）。终了处理的目的：消除木材内的残余应力，并进一步提高木材横断面上含水率分布的均匀性。要求干燥质量为一、二和三级的木材，必须进行终了处理。

终了处理时干燥介质的状态如下。

温度：等于平衡处理时的温度或比干燥基准最后阶段的温度高 8～10℃，但不超过 100℃。

相对湿度：按室内木材平衡含水率高于终含水率平均值的 4%～6%确定。高温下相对湿度达不到要求时，可适当降低温度。例如，当要求木材终含水率为 8%～12%，平均值为 10%，那么终了处理介质的平衡含水率应为 14%～16%，再由温度和平衡含水率查平衡含水率图可确定介质的相对湿度。

时间：可参考表 5.17，也可按树种和厚度近似估计，针叶树材和软阔叶树材厚度小于 60mm 时，每 1cm 厚度处理 1h，厚度大于 60mm 时，每 1cm 厚度处理 1.5h。中等硬度的阔叶材和落叶松薄板，每 1cm 处理 1h，中、厚板，每 1cm 处理 1.5h～3h，木材越厚处理时间越长。对于硬阔叶材，每 1cm 厚度处理 2～5h，处理时间随材质的硬度和木材的厚度增加而增加。

终了处理后，应在干燥基准最后阶段的介质状态下继续干燥，并在和终含水率相平衡的空气状态中使锯材保持若干小时，进行调节处理（modifying treatment），使含水率偏高的木材变干、过干（overdrying）的木材吸湿，使木材断面分布均匀。

在木材干燥生产中，将上述干燥前的预热处理、干燥过程中的中间处理和干燥终了阶段的终了处理称为"三期处理"，"三期处理"是提高木材干燥质量和生产效率的关键手段。

3. 降温、卸料及干木材存放　　干燥过程结束以后，关闭加热器和喷蒸管的阀门。为加速木材冷却卸出，让风机继续运转，进排气口呈微启状态。待室内温度降到不高于大气温度 10～15℃时方可卸料。

干木材存放期间，技术上要求含水率不发生大幅度变化。因此，要求存放干木材的库房气候条件稳定，力求和干木材的终含水率相平衡，不使木材在存放期间含水率发生大的变化。这样，就要求有空气调节设备，或安装简易的通风采暖装置，使库房在寒冷季节能维持不低于 5℃ 的温度，相对湿度维持在 35%～60%。对于贮存时间较长的木材，应按树种、规格分别堆成互相衔接的密实材堆，可以减轻木材的变化程度。

四、木材干燥操作规程

1. 木材干燥室内介质温、湿度的调节　　在木材干燥过程中，木材干燥室内的温度和相对湿度要符合干燥基准表规定的要求，这是实际操作中一项最主要的工作。木材干燥室内温度和相对湿度主要依靠操作人员经常观察和测定木材干燥室内温度、相对湿度的变化情况，进行合理的调节与控制（全自动控制系统除外）。

通常情况下，木材干燥室内温度调节误差，不得超过±2℃；相对湿度调节误差，不得超过±5%（或干湿球温度差±1℃）。具体调控方法见表 5.18。

表 5.18　干燥介质状态调节顺序表

序号	温度/t	相对湿度/φ	加热器阀门	喷蒸管阀门	进排气道
1	正常	正常			
2	正常	偏高	微开[2]		开[1]
3	正常	偏低	微关[3]	微开[2]	关[1]
4	偏高	正常	微关[1]		微开[2]
5	偏高	偏高	关[1]		开[2]
6	偏高	偏低	关[1]	微开[3]	微关[2]
7	偏低	正常	微开[1]		微关[2]
8	偏低	偏高	微开		微开
9	偏低	偏低	微开	微开	微关

注：表中文字上角标表示操作顺序

2．木材干燥室操作的注意事项

1）在进行干燥生产之前，必须对木材干燥室及设备进行检查，避免带故障的干燥设备进行干燥生产。干燥设备检测项目包括：壳体、室门、加热器及加热阀、雾化水喷头、风机及电机、进排气道、含水率测量导线、干湿球温度传感器、测量仪表、湿球温度纱布及水箱进水管路等。干燥设备检测无故障，方可进行干燥生产。

2）干燥室要求供气表压力在 0.3～0.5MPa，应尽量使供气压力稳定。

3）干球温度由加热阀门调节，相对湿度或干湿球温度差由进、排气道和喷蒸管调节。

4）为使介质状态控制稳定，并减少热量损失，操作时应注意加热、喷蒸、进排气三种执行器互锁。即在干燥阶段，加热时不喷蒸，喷蒸时不加热，喷蒸时进排气道必须关闭，进排气道打开时不喷蒸。

5）应尽量减少喷蒸，充分利用木材中蒸发的水分来提高木材干燥室内的相对湿度。当干湿球温度差大于基准设定值1℃时，就应关闭进排气道，大于2℃时再进行喷蒸，若大于3℃，除采取上述措施外，还应在停止加热的同时打开疏水器旁通阀，排净加热器内的余气，用紧急降温的办法来提高相对湿度。

6）若干、湿球温度一时难以达到基准要求的数值，应首先控制干球温度不超过基准要求的误差范围，然后再调节干湿球温度差在要求的范围内。

7）注意风机运行情况，如发现声音异常或有撞击声时，应立即停机检查，排除故障后再工作。

8）注意每4～6小时改变一次风向，先"总停"3min 以上让风机完全停稳后，再逐台反向启动风机。风机改变风向后，温、湿度采样应跟着改变，即始终以材堆进风侧的温、湿度作为执行干燥基准的依据。

9）若在压力正常的情况下，操作也正常，但升温、控温不正常，这有可能是疏水器工作不正常所致，需修理或更换。应定期检测、维修疏水器，防止疏水器损坏造成蒸汽浪费或影响正常干燥生产。

10）如遇停电或因故停机，应立即停止加热和喷蒸，并关闭进排气道。

11）采用干湿球湿度计的木材干燥室，必须采用吸水性好的纱布，并要每次更换纱布，湿球温度计水箱应清洁且达到要求的水位，保持湿球温度计与水面 3～5cm 的距离。

12）对于自动控制干燥室，除应正确设定输入参数外，还要注意经常检查各含水率测量点的读数，如出现异常读数，应立即取消。

五、木材干燥时间的理论计算

木材干燥时间是指每一干燥周期所需要的天数或小时数。这是木材干燥生产企业比较重视的问题，主要因为干燥周期与干燥成本、企业的经济效益关系重大。下面从理论和实践两方面介绍木材干燥时间的确定。

（一）木材干燥时间的理论确定

1．周期式干燥室低温干燥过程　　对于多堆室干，采用高硬度干燥基准（干燥过程终期相对湿度 $\varphi=0.3\sim0.4$），湿球温度 t_{w} 不变时，根据湿转移方程式求干燥时间的基本计算公式为

$$\tau=\frac{C_{\tau}\cdot S_1^2\cdot K}{a'_{\mathrm{M}}\cdot10^6}C\cdot A_p\cdot A_{\varphi}\cdot\lg\frac{\mathrm{MC_h}}{\mathrm{MC_k}} \tag{5.9}$$

式中，τ 为干燥时间（h）；C_{τ} 为多维修正系数；a'_M 为木材导水系数（即水分转移系数），按干燥过程中的平均湿球温度确定（cm²/s）；S_1 为木材的厚度（cm）；K 为厚度（S_1）系数；C 为多

堆干燥比单独干燥的延迟系数；A_p 为循环特性（可逆或不可逆）系数；A_φ 为介质最初饱和度系数；MC_h、MC_k 为木材初、终含水率。

设 B_1 为

$$B_1 = \frac{S_1^2 \cdot K}{a'_m \cdot 10^6} \qquad (5.10)$$

则式（5.9）可改写为

$$\tau = C_\tau \cdot B_1 \cdot C \cdot A_p \cdot A_\varphi \cdot \lg \frac{MC_h}{MC_k} \qquad (5.11)$$

为方便计算，将式（5.11）中的数值绘成曲线图，并按下列次序进行计算。

1）按照已知的厚度与宽度之比 S_1/S_2 来确定 C_τ。当 $MC_h > 50\%$ 和 $MC_k = 8\% \sim 20\%$ 时，用图 5.12（a）确定；当 $MC_h < 50\%$ 和 $MC_k < 8\%$ 或 $MC_k > 20\%$ 时，用图 5.12（b）确定。

$$\overline{E} = \frac{MC_k - MC_p}{MC_h - MC_p} \qquad (5.12)$$

式中，MC_p 为干燥最后阶段的平衡含水率，按图 2.2 确定。

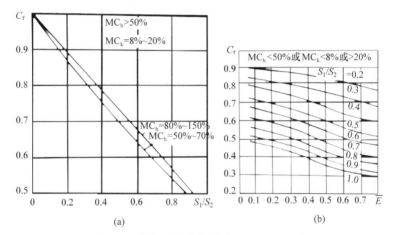

(a)　　　　　　　　　　　　　　(b)

图 5.12　系数 C_τ 的确定图（Llnumo，1985）

2）按照树种、已知的数值 t 和木材厚度，根据图 5.13 确定 B_1。

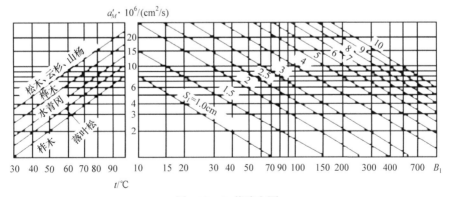

图 5.13　B_1 值确定图

3）求出 $C_\tau \cdot B_1$ 的积，并根据 $C_\tau \cdot B_1$、干燥介质沿木材循环速度 ω_M 及材堆宽度 B，按

图 5.14 确定干燥延迟系数 C。

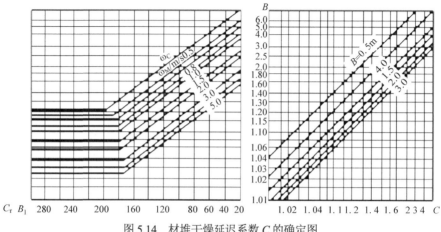

图 5.14 材堆干燥延迟系数 C 的确定图

4）确定数值 A_p，可逆循环时取 1.0，不可逆循环时取 1.1。

5）根据介质最初饱和度 φ_h 及木材最初含水率 MC_h，按图 5.15 确定介质最初饱和度系数 A_φ。

6）按图 5.16 确定数值 $\lg \dfrac{MC_h}{MC_k}$。

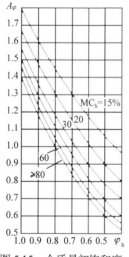

图 5.15 介质最初饱和度
系数 A_φ 的确定图

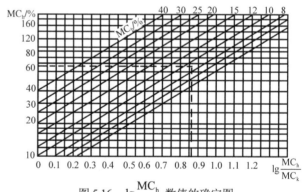

图 5.16 $\lg \dfrac{MC_h}{MC_k}$ 数值的确定图

上述干燥时间的计算也适用于横向循环连续式干燥室。

例 5-1 松木锯材，断面规格 $S_1 \cdot S_2 = 5\text{cm} \times 12\text{cm}$，由初含水率 $MC_h = 65\%$ 干至终含水率 $MC_k = 9\%$，湿球温度 $t_w = 60℃$，最初相对湿度 $\varphi_h = 80\%$，在可逆循环干燥室内干燥，$\omega_m = 1\text{m/s}$，材堆宽度 $B = 1.8\text{m}$，确定干燥时间。

解 由已知条件可知，$S_1/S_2 = 0.417$，查图 5.12（a）可确定 $C_\tau = 0.76$；查图 5.13 可确定 $B_1 = 165$；当 $C_\tau \cdot B_1 = 125$ 时，查图 5.14 可确定干燥延迟系数 $C = 1.28$；干燥室可逆循环，$A_p = 1.0$；

查图 5.15 可确定介质最初饱和度系数 $A_\varphi=1.02$；查图 5.16 可确定数值 $\lg\dfrac{\mathrm{MC_h}}{\mathrm{MC_k}}=0.86$。因此，用式（5.11）可得

$$\tau(\mathrm{h})=C_\tau\cdot B_1\cdot C\cdot A_p\cdot A_\varphi\cdot\lg\frac{\mathrm{MC_h}}{\mathrm{MC_k}}=0.76\times165\times1.28\times1.0\times1.02\times0.86\approx141$$

在实际情况下，特别是在干燥过程中湿球温度变化时（包括落叶松干燥），较为精确的图解计算可按式（5.13）～式（5.15）分阶段计算，并求和计算出总干燥时间。采用三阶段干燥基准时，干燥基准第一阶段的干燥时间 τ_1 为

$$\tau_1=C_{\tau1}\cdot\frac{65S_1^2}{a'_{M1}\cdot10^6}\cdot C_1\cdot A_p\cdot\lg0.81\frac{\mathrm{MC_{h1}}-\mathrm{MC_{p1}}}{\mathrm{MC_{k1}}-\mathrm{MC_{p1}}} \qquad (5.13)$$

当 $\mathrm{MC_{h1}}$ 较低 $\left(\dfrac{\mathrm{MC_{h1}}-\mathrm{MC_{p1}}}{\mathrm{MC_{k1}}-\mathrm{MC_{p1}}}<1.4\right)$ 时，式（5.13）中的数值 0.81 改用 1。

干燥基准第二阶段的干燥时间 τ_2 为

$$\tau_2=C_{\tau2}\cdot\frac{65S_1^2}{a'_{M2}\cdot10^6}\cdot C_2\cdot A_p\cdot\lg\frac{\mathrm{MC_{h2}}-\mathrm{MC_{p2}}}{\mathrm{MC_{k2}}-\mathrm{MC_{p2}}} \qquad (5.14)$$

干燥基准第三阶段的干燥时间 τ_3 为

$$\tau_3=C_{\tau3}\cdot\frac{65S_1^2}{a'_{M3}\cdot10^6}\cdot C_3\cdot A_p\cdot\lg\frac{\mathrm{MC_{h3}}-\mathrm{MC_{p3}}}{\mathrm{MC_{k3}}-\mathrm{MC_{p3}}} \qquad (5.15)$$

总干燥时间 τ 为

$$\tau=\tau_1+\tau_2+\tau_3 \qquad (5.16)$$

式中，a'_{Mi} 为干燥基准第 i 阶段的木材导水系数，按干燥基准各阶段的介质温度查图 5.13（左边部分）确定；$\mathrm{MC_{hi}}$、$\mathrm{MC_{ki}}$ 为干燥基准各阶段的木材初、终含水率，采用常规干燥基准时，$\mathrm{MC_{h2}}=\mathrm{MC_{k1}}=35\%$，$\mathrm{MC_{h3}}=\mathrm{MC_{k2}}=25\%$；$\mathrm{MC_{pi}}$ 为干燥基准各阶段的木材平衡含水率，按表 2.2 确定；$C_{\tau i}$ 为干燥基准各阶段的多维修正系数，按无因次含水率 $\overline{E}$ [式（5.17）] 及 S_1/S_2 查图 5.14 确定；C_i 为干燥基准各阶段的干燥延迟系数，按 $C_{\tau i}nB'_i$ [式（5.18）]，循环速度 ω_M 及材堆宽度 B 查图 5.14 确定。

$$\overline{E}=\frac{\mathrm{MC_{ki}}-\mathrm{MC_{pi}}}{\mathrm{MC_{hi}}-\mathrm{MC_{pi}}} \qquad (5.17)$$

$$C_{\tau i}\cdot B'_i=C_{\tau i}\frac{65S_1^2}{a'_{Mi}\cdot10^6}\times1.31 \qquad (5.18)$$

2. 周期式干燥室高温干燥过程 通过近似求解斯蒂芬问题和干燥过程热湿转移系列方程，可求得计算干燥时间的基本方程。对于成堆室干和 $\mathrm{MC_h}>\mathrm{MC_e}$ 及 $\mathrm{MC_k}<\mathrm{MC_e}$，干燥时间的计算方法如下。

干燥过程前期，干燥时间 $\tau_{前期}$ 为

$$\tau_{前期}=C_\tau\frac{S_1\cdot\rho_j r_0\,(\mathrm{MC_h}-\mathrm{MC_e})}{72\,(t_c-t_K)}\left(\frac{1}{\alpha}+\frac{S_1}{400\lambda}\right)\cdot C\cdot A_p \qquad (5.19)$$

干燥过程后期，干燥时间 $\tau_{后期}$ 为

$$\tau_{后期}=C_\tau\frac{S_1\cdot\rho_j r_0\,(\mathrm{MC_e}-\mathrm{MC_p})}{72\,(t_c-t_K)}\left(\frac{1}{\alpha}+\frac{S_1}{200\lambda}\right)\cdot2.3\lg\frac{\mathrm{MC_e}-\mathrm{MC_p}}{\mathrm{MC_k}-\mathrm{MC_p}}\cdot C\cdot A_p \qquad (5.20)$$

式中，$\tau_{前期}$ 和 $\tau_{后期}$ 为干燥过程前期和后期的干燥时间（h）；t_c 为介质温度（℃）；t_k 为木材中水分的沸腾温度（对于松木、云杉、桦木，$t_k=100℃$）（℃）；r_0 为气化潜热（MJ/kg）；MC_e 为干燥前、后期之间的过渡含水率，在生产中计算时可取 20%；α 为干燥时介质与木材之间的对流换热系数[W/（$m^2 \cdot K$）]；λ 为干燥区域的木材导热系数[W/（$m \cdot K$）]。

取 $t_k=100℃$，$MC_e=20\%$，并设

$$B=\frac{S_1 \cdot \rho_j \cdot r_0}{72(t_c-100)} \tag{5.21}$$

$$D_1=\frac{1}{\alpha}+\frac{S_1}{400\lambda} \tag{5.22}$$

$$D_2=\frac{1}{\alpha}+\frac{S_1}{200\lambda} \tag{5.23}$$

$$E=(20-MC_p)\times 2.3 \lg \frac{20-MC_p}{MC_k-MC_p} \tag{5.24}$$

则式（5.19）式（5.20）可改写为

$$\tau_{前期}=C_\tau(MC_h-20) \cdot B \cdot D_1 \cdot C \cdot A_p \tag{5.25}$$

$$\tau_{后期}=C_\tau \cdot B \cdot D_2 \cdot E \cdot C \cdot A_p \tag{5.26}$$

高温干燥时可使用固定干燥基准和双阶段干燥基准。使用固定干燥基准时，总干燥时间 τ 为

$$\tau=\tau_{前期}+\tau_{后期}=C_\tau \cdot B \cdot C \cdot A_p [(MC_h-20)D_1+D_2 \cdot E] \tag{5.27}$$

使用双阶段干燥基准时（$MC_e=20\%$），总干燥时间 τ 为

$$\tau=\tau_{前期}+\tau_{后期}=C_\tau \cdot C \cdot A_p [(MC_h-20)B_1 \cdot D_1+B_2 \cdot D_2 \cdot E] \tag{5.28}$$

终含水率 $MC_k>20\%$ 时（无干燥后期），干燥（过程前期）时间为

$$\tau=\tau_{前期}=C_\tau \frac{S_1 \cdot \rho_j \cdot r_0(MC_h-MC_k)}{72(t_c-100)} \cdot \left[\frac{1}{\alpha}+\frac{S_1}{400\lambda}\left(\frac{MC_h-MC_k}{MC_h-20}\right)\right] \cdot C \cdot A_p \tag{5.29}$$

设

$$D'=\frac{1}{\alpha}+\frac{S_1}{400\lambda} \cdot \frac{MC_h-MC_k}{MC_h-20} \tag{5.30}$$

则式（5.29）可表示为

$$\tau=\tau_{前期}=C_\tau(MC_h-MC_k) B \cdot D' \cdot C \cdot A_p \tag{5.31}$$

当 $MC_k=20\%$ 时，式（5.30）可化为式（5.22），则式（5.31）简化为式（5.25）。

如果 $MC_h \leqslant 20\%$，则可使用式（5.26）计算，式中 E 值可按式（5.24）计算，并用 MC_h 的实际数值代替其中的 MC=20%。

式（5.13）～式（5.28）及式（5.31）中的主要数值均可用曲线图确定，利用这些曲线图可按下列顺序进行计算。

1）按照 S_1/S_2 的值查图 5.12（a）（当 $MC_h>50\%$ 及 $MC_k=8\%～20\%$ 时）或查图 5.12（b）（当 $MC_h<50\%$ 及 $MC_k>20\%$ 时）确定 C_τ。图中的 $\overline{E}=(MC_k-MC_p)/(MC_h-MC_p)$，式中的 MC_p 按图 2.2 查定，当确定总干燥时间时，MC_p 为干燥过程后期的平衡含水率，当只确定第一阶段干燥时间时，则 MC_p 为干燥过程前期的平衡含水率。

2）按照厚度 S_1、木材树种及介质温度查图 5.17 确定 B 值（采用双阶段干燥基准时为 B_1 和 B_2）。

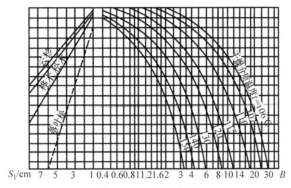

图 5.17　B 值确定图

3）按照厚度 S_1、木材树种及循环速度 ω_M 查图 5.18 确定 D_1（D'）和 D_2。这里的 D' 按

$$S_1 \cdot \frac{MC_h - MC_k}{MC_h - 20}$$ 确定，D_2 则按 $2S_1$ 确定。

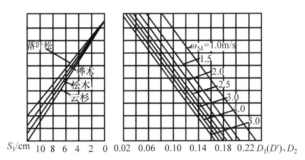

图 5.18　D_1（D'）和 D_2 值确定图

4）确定木材的计算厚度 S_p。

$$S_p = S_1 \cdot \overline{C_\varphi} \tag{5.32}$$

式中，$\overline{C_\varphi}$ 为形状系数；当 C_τ 按图 5.12（a）查定时，$\overline{C_\varphi}$ 按图 5.19（a）确定，当 C_τ 按图 5.12（b）查定时，$\overline{C_\varphi}$ 按图 5.19（b）确定。$\overline{C_\varphi}$ 也可用公式 $\overline{C_\varphi} = \sqrt{C_\tau}$ 计算。

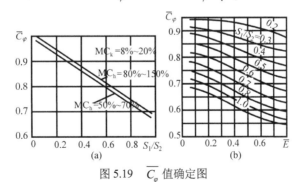

图 5.19　$\overline{C_\varphi}$ 值确定图

5）按照木材计算厚度 S_p、循环速度 ω_M 和材堆宽度，查图 5.20 确定全部树种（落叶松除外）的材堆干燥延迟系数 C。落叶松的干燥延迟系数 C_l 按式（5.33）确定：

$$C_l = 1 + \frac{C-1}{2} \tag{5.33}$$

式中，C 为按图 5.20 确定的数值。

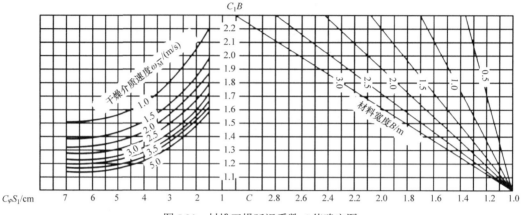

图 5.20　材堆干燥延迟系数 C 值确定图

6）根据循环性质确定系数 A_p。

7）根据介质温度 t_c、湿球温度 t_m 和终含水率 MC_k 按图 5.21 确定 E 值。

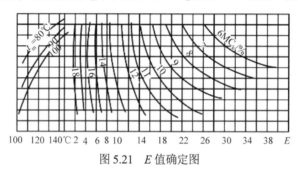

图 5.21　E 值确定图

例 5-2　松木锯材，断面规格为 $S_1 \cdot S_2 = 5\text{cm} \times 12\text{cm}$，在常压过热蒸汽介质中用固定温度 $t_c = 110℃$ 进行干燥，沿着木材的可逆循环速度 $\omega_M = 2.0\text{m/s}$，$MC_h = 80\%$，$MC_k = 25\%$，$B = 2\text{m}$，求干燥时间。

解　查图 2.2，可得 $MC_p = 7\%$，则

$$\overline{E} = \frac{MC_k - MC_p}{MC_h - MC_p} = \frac{25\% - 7\%}{80\% - 7\%} = 0.247$$

由于 $S_1/S_2 = 0.417$，查图 5.12（b）可得

$$C_\tau = 0.74$$

按图 5.17 可得

$$B = 6.3$$

由于

$$S_1 \cdot \frac{MC_h - MC_k}{MC_h - 20} = 5 \times \frac{80 - 25}{80 - 20} = 4.6\text{cm}$$

且 $\omega_M = 2.0\text{m/s}$，查图 5.18 可得

$$D' = 0.105$$

由于

$$S_p = S_1 \cdot \overline{C_\varphi} = S_1 \cdot \sqrt{C_\tau} = 5 \times \sqrt{0.74} = 4.3\text{cm}$$

且 $\omega_M = 2.0\text{m/s}$，材堆宽度 $B = 2.0\text{m}$，查图5.20可得

$$C = 1.52$$

由于 $A_p = 1.0$，则按式（5.31）计算干燥时间为

$$\tau = C_\tau \cdot (\text{MC}_h - \text{MC}_k) \cdot B \cdot D' \cdot C \cdot A_p = 0.74 \times (80 - 25) \times 6.3 \times 0.105 \times 1.52 \times 1.0 = 40.9\text{h}$$

例5-3　松木锯材，断面规格为 $S_1 \cdot S_2 = 5\text{cm} \times 12\text{cm}$，在常压过热蒸汽介质中用固定温度 $t_c = 110℃$ 进行干燥，沿着木材的可逆循环速度 $\omega_M = 2.0\text{m/s}$，$\text{MC}_h = 80\%$，$\text{MC}_k = 10\%$，$B = 2\text{m}$，求干燥时间。

解　按 $S_1/S_2 = 0.417$，查图5.12（a）可得

$$C_\tau = 0.78$$

按 $S_1 = 5\text{cm}$，$t_c = 110℃$，查图5.17可得

$$B = 6.3$$

按 $S_1 = 5\text{cm}$，$2S_1 = 10\text{cm}$，查图5.18可得

$$D_1 = 0.11; \quad D_2 = 0.166$$

由于

$$S_p = S_1 \cdot \overline{C_\varphi} = S_1 \cdot \sqrt{C_\tau} = 5 \times \sqrt{0.78} = 4.4\text{cm}$$

且 $\omega_M = 2.0\text{m/s}$，材堆宽度 $B = 2.0\text{m}$，查图5.20可得

$$C = 1.48$$

按 $t_c = 110℃$，$t_m = 100℃$，$\text{MC}_k = 10\%$，查图5.21可得

$$E = 20$$

由于 $A_p = 1.0$，则按式（5.27）计算干燥时间为

$$\tau = C_\tau \cdot B \cdot C \cdot A_p \left[(\text{MC}_h - 20) D_1 + D_2 \cdot E\right]$$
$$= 0.78 \times 6.3 \times 1.48 \times 1.0 \times \left[(80 - 20) \times 0.11 + 0.166 \times 20\right] = 72.1\text{h}$$

例5-4　松木锯材，断面规格为 $S_1 \cdot S_2 = 5\text{cm} \times 12\text{cm}$，在常压过热蒸汽介质中用双阶段干燥基准进行干燥，干燥前期温度 $t_{c1} = 110℃$，干燥后期温度 $t_{c2} = 120℃$，沿着木材的可逆循环速度 $\omega_M = 2.0\text{m/s}$，$\text{MC}_h = 80\%$，$\text{MC}_k = 10\%$，$B = 2\text{m}$，求干燥时间。

解　按 $S_1/S_2 = 0.417$，查图5.12（a）可得

$$C_\tau = 0.78$$

按 $S_1 = 5\text{cm}$，$t_{c1} = 110℃$，$t_{c2} = 120℃$，查图5.17可得

$$B_1 = 6.3; \quad B_2 = 3.7$$

按 $S_1 = 5\text{cm}$，$2S_1 = 10\text{cm}$，查图5.18可得

$$D_1 = 0.11; \quad D_2 = 0.166$$

由于

$$S_p = S_1 \cdot \overline{C_\varphi} = S_1 \cdot \sqrt{C_\tau} = 5 \times \sqrt{0.78} = 4.4\text{cm}$$

且 $\omega_M = 2.0\text{m/s}$，材堆宽度 $B = 2.0\text{m}$，查图5.20可得

$$C = 1.48$$

按 $t_{c2} = 120℃$，$t_m = 100℃$，$\text{MC}_k = 10\%$，查图5.21可得

$$E = 16.6$$

由于 $A_p = 1.0$，则按式（5.28）计算干燥时间为

$$\tau = C_\tau \cdot C \cdot A_p \left[(\text{MC}_h - 20) \cdot B_1 \cdot D_1 + B_2 \cdot D_2 \cdot E\right]$$

$$=0.78\times1.48\times1.0\times\left[(80-20)\times6.3\times0.11+3.7\times0.166\times16.6\right]=59.8h$$

（二）木材干燥时间的参考确定

由于木材的树种繁杂，相同树种下木材的厚度又不同，其干燥周期也就不尽相同。树种和厚度不同，干燥周期不一样；树种不同但厚度相同，难干材的干燥周期要比易干材的干燥周期长；树种相同但厚度不同，厚度大的锯材要比厚度小的干燥周期长。对于干燥周期来说，木材干燥的原则是：在保证干燥质量的前提下尽量缩短干燥周期。干燥时间可以利用公式进行计算，但计算比较麻烦，经过多年的技术研究和生产实践的总结，有关人员编制了一个干燥时间定额表以便实际生产中参考使用，同时也作为设计新干燥室的参考数据。

利用查表法确定干燥时间是比较简单的方法。表5.19列出了一些常用木材树种和厚度的干燥时间，以小时为计算单位。

表5.19　干燥时间定额表　　　　　　　　（单位：h）

树种板厚/mm	红松、白松、椴木		水曲柳		榆木、色木、桦木、杨木、落叶松		楸木		栎木、海南杂木、云南杂木	
	初含水率/%		初含水率/%		初含水率/%		初含水率/%		初含水率/%	
	<50	>50	<50	>50	<50	>50	<50	>50	<50	>50
22以下	50	80	80	120	60	90	70	90	163	209
23~27	64	108	96	140	72	117	90	120	205	289
28~32	82	130	115	168	87	142	122	167	242	335
33~37	105	156	156	209	110	180	164	209	282	397
38~42	125	172	264	315	149	202	207	274	372	504
43~47	150	206	338	421	190	261	292	365	479	628
48~52	195	246	413	532	265	334	377	457	579	755
53~57	234	283	489	619	335	420	464	569	612	806
58~62	265	311	543	698	445	525	552	669	646	857
63~67	281	342	598	767	488	625	607	752		
68~72	309	376	693	910	542	703	658	833		
73~77	340	450	787	1052	596	781	757	983		
78~82	408	495	1102	1471	691	840	856	1194		
83~87	450	565			787	938				
88~92	498	624								
93~97	557	695								
98~102	615	766								
103~112	634	789								

表5.19中的干燥时间是在木材的初含水率大于或小于50%的情况下，把木材的终含水率干燥到10%~15%时所需要的时间。经过多年的实践证明，按表中所列的干燥时间控制，一般能把木材的终含水率干燥到12%~15%，能达到10%的较少。而现在大多数的生产企业，都需要把木材的终含水率干燥到8%左右，所以实际干燥时间都要比表中确定的时间长。由于木材在较低的含水率状态下干燥速率越来越慢，尤其是到干燥后。因此，木材的含水率由10%或12%

干燥到 8%附近的具体时间应该是多少，目前没有比较精确的计算数据。以天数计算，一般需要 2~4d，主要根据木材的树种和厚度来掌握。难干材和厚板材时间要长一些，易干材和薄板材时间会短一些。

表 5.19 中所列的干燥时间的具体数值只能作为一个参考数据，企业在安排木材干燥生产时，应当根据企业木材干燥生产的实际情况和被干木材的实际情况及对木材干燥质量的要求等合理地确定木材干燥生产量和实际干燥生产周期，以满足企业的正常生产。

表 5.20 和表 5.21 列出了一些长度为 1m，不同宽度的常用木材从初含水率大于 50%干至最终含水率分别为 10%、9%、8%、7%、6%时各自需要的干燥时间（h）。根据所采用干燥基准的软硬度不同，干燥时间也不同。通过计算发现，对于厚板材来说，木材的宽度对干燥时间影响是较大的，有的相差 24h 左右，甚至更多。

表 5.20 和表 5.21 中的数据是根据中华人民共和国国家标准《锯材干燥设备性能检测方法》（GB/T 17661—1999）中有关干燥时间的计算公式和相关参数计算出来的。它只适合干燥木材长度为 1m 时所需要的干燥时间。对于木材长度在 1m 以上的干燥时间，还需要进一步参考有关公式和参数通过比较详细的计算才能初步确定。采用三阶段干燥基准，其干燥时间可以参考这两个表进行计算。

表 5.20 和表 5.21 中列出的树种是木材加工生产中比较常见的树种，但近年来人们又开发应用了一些树种资源，大多数树种的干燥时间还没有确定。对于一些干燥时间还不清楚的木材树种，可以参考与其基本密度和气干密度相近的已知木材的干燥时间，并根据具体情况调整得到比较合理的干燥时间，以满足生产要求。

表 5.20 采用软干燥基准时常规低温干燥时间表 （单位：h）

板厚/mm	锯材宽度为 60~70mm 终含水率/%					锯材宽度为 80~100mm 终含水率/%					锯材宽度为 110~130mm 终含水率/%				
	10	9	8	7	6	10	9	8	7	6	10	9	8	7	6
松木、云杉、冷杉、雪松															
25	80	84	91	97	106	84	89	96	102	111	86	91	98	105	114
32	97	103	110	118	128	104	110	119	127	137	117	124	133	143	154
40	131	139	149	160	173	139	147	158	170	183	142	151	162	173	187
50	154	163	176	188	203	164	174	187	200	216	171	181	195	209	226
60	168	178	192	205	222	188	199	214	229	248	201	213	229	245	265
落叶松															
25	160	170	182	195	211	161	171	183	196	213	162	172	184	198	214
32	175	186	200	214	231	187	198	213	228	247	195	207	222	238	257
40	230	244	262	281	304	257	272	293	314	339	280	297	319	342	370
50	317	336	361	387	418	390	412	445	476	515	446	473	508	544	589
60	396	420	451	483	523	513	544	585	626	677	609	646	694	743	804
山杨、椴木、白杨															
25	98	104	112	120	129	101	107	115	123	133	105	111	120	128	139
32	138	146	157	168	182	145	154	165	177	191	152	161	173	185	201
40	144	153	164	176	190	157	166	179	192	207	162	172	185	198	214

板厚/mm	锯材宽度为60~70mm 终含水率/%					锯材宽度为80~100mm 终含水率/%					锯材宽度为110~130mm 终含水率/%				
	10	9	8	7	6	10	9	8	7	6	10	9	8	7	6
50	162	172	185	198	214	184	195	210	224	243	196	208	223	239	259
60	183	194	209	223	242	216	229	246	264	285	236	250	269	288	312
桦木、赤杨															
25	123	130	140	150	162	131	139	149	160	173	144	153	164	176	190
32	147	156	168	179	194	152	161	173	185	200	160	170	180	195	211
40	162	172	185	198	214	173	183	197	211	228	174	184	198	212	230
50	196	208	223	239	259	227	241	259	277	300	246	261	280	300	325
60	261	277	298	318	345	315	334	359	384	416	359	381	409	438	474
水青冈、槭木、裂叶榆、白蜡、糖榆、核桃楸、黄菠萝															
25	173	183	197	211	228	175	186	200	214	231	180	191	205	220	238
32	196	208	223	239	259	209	222	238	255	276	215	228	245	262	284
40	225	239	257	275	297	249	264	284	304	329	271	287	309	331	358
50	296	314	337	361	391	347	368	396	423	458	392	416	447	478	517
60	427	446	480	514	556	499	529	569	609	659	572	606	652	698	755
柞木、胡桃木、千金榆、水曲柳															
25	239	253	272	292	315	253	268	288	309	334	261	277	298	318	345
32	322	341	367	393	425	359	381	409	438	474	383	406	437	467	506
40	417	432	475	509	550	479	508	546	584	632	522	553	595	637	689
50	636	674	725	776	840	751	796	856	916	991	851	902	970	1038	1123
60	948	1005	1081	1157	1251	1145	1214	1305	1397	1511	1310	1389	1493	1598	1729

表 5.21　采用标准干燥基准时常规低温干燥时间表　　　　（单位：h）

板厚/mm	锯材宽度为60~70mm 终含水率/%					锯材宽度为80~100mm 终含水率/%					锯材宽度为110~130mm 终含水率/%				
	10	9	8	7	6	10	9	8	7	6	10	9	8	7	6
松木、云杉、冷杉、雪松															
25	47	49	54	57	62	49	52	56	60	65	51	54	58	62	67
32	57	61	65	69	75	61	65	70	75	81	69	73	78	84	91
40	77	82	88	94	102	82	86	93	100	108	84	89	95	102	110
50	91	96	104	111	119	96	102	110	118	127	101	106	115	123	133
60	99	105	13	121	131	111	117	126	135	146	118	125	135	144	156
落叶松															
25	94	100	107	115	124	95	101	108	115	125	95	101	108	116	120
32	103	109	118	126	136	110	116	125	134	145	115	122	131	140	151
40	135	144	154	165	179	151	160	172	185	199	165	175	188	201	218
50	186	198	212	228	246	229	243	262	280	303	262	278	299	320	346
60	233	247	265	284	308	302	320	344	368	398	358	380	408	437	473

续表

板厚 /mm	锯材宽度为60~70mm 终含水率/%					锯材宽度为80~100mm 终含水率/%					锯材宽度为110~130mm 终含水率/%				
	10	9	8	7	6	10	9	8	7	6	10	9	8	7	6
山杨、椴木、白杨															
25	58	61	66	71	76	59	63	68	72	78	62	65	71	75	82
32	81	86	92	99	107	85	91	97	104	112	89	95	102	109	118
40	85	90	96	114	112	92	98	105	113	122	95	101	109	116	126
50	95	101	109	116	126	108	115	124	132	143	115	122	131	141	152
60	108	114	123	131	142	127	135	145	155	168	139	147	158	169	184
桦木、赤杨															
25	72	76	82	88	95	77	82	88	94	102	85	90	96	104	112
32	86	92	99	105	114	89	95	102	109	118	94	100	107	115	124
40	95	101	109	116	126	102	108	116	124	134	102	108	116	125	135
50	115	122	131	141	152	134	142	152	163	176	145	154	165	176	191
60	154	163	175	187	203	185	196	211	226	245	211	224	241	258	279
水青冈、槭木、裂叶榆、白蜡、糙榆、核桃楸、黄菠萝															
25	102	108	116	124	134	103	109	118	126	136	106	112	121	129	140
32	115	122	131	141	152	123	131	140	150	162	126	134	144	154	167
40	132	141	151	162	175	146	155	167	179	194	159	169	182	195	211
50	174	185	198	212	230	204	216	233	249	269	231	245	263	281	304
60	248	262	282	302	327	294	311	355	358	388	336	356	384	411	444
柞木、胡桃木、千金榆、水曲柳															
25	141	149	160	172	185	149	158	169	182	196	154	163	175	187	203
32	189	201	216	231	250	211	224	241	258	279	225	239	257	275	298
40	245	260	279	299	324	282	299	321	344	372	307	325	350	375	405
50	374	396	426	456	494	442	468	504	539	583	501	531	571	611	661
60	558	591	636	681	736	674	714	768	822	889	771	817	878	940	1017

六、木材干燥工艺举例

1. 举例1 水曲柳木材，厚度40mm，初含水率65%，终含水率8%~12%，干燥质量二级；制定其干燥工艺。

（1）确定水曲柳木材的干燥特性　查附录4得：基本密度0.509g/cm³；径向干缩系数0.184%；弦向干缩系数0.338%。属于难干木材，易产生翘曲及内裂。

（2）确定水曲柳木材的干燥基准　查表5.16，选定基准号13-1*；考虑到企业对水曲柳木材干燥质量要求较高，参考附录6给出的工艺参数，把各含水率阶段干燥温度降低10℃，制定40mm厚水曲柳木材干燥基准见表5.22。

表 5.22　40mm 厚水曲柳木材干燥基准表

阶段	MC/%	t/℃	Δt/℃	EMC/%
1	40 以上	55	3	15.5
2	40～30	57	4	14.0
3	30～25	60	7	10.5
4	25～20	65	10	8.5
5	20～15	70	15	6.5
6	15 以下	80	20	5.0

（3）预热处理介质状态　　根据木材预热处理工艺规程中的规定，预热处理介质状态为

预热温度：55＋5＝60℃（取高于基准第一阶段温度 5℃）。

相对湿度：98%（取 Δt＝0.5℃确定介质相对湿度，用 t＝60℃，Δt＝0.5℃查干燥介质湿度表）。

预热时间：6h（按厚度 1cm 处理 1h 增加 30%来计算：4＋4×30%＝5.2h，取为 6h）。

预热处理结束后，将介质干、湿球温度降到基准第一阶段规定的值，进入干燥阶段。

（4）干燥阶段及中间处理　　严格按照干燥基准进行操作；以 1℃/h 速度升温。

中间处理：40mm 厚水曲柳木材属于中等硬度的阔叶树厚木材，根据中间处理工艺规程，确定中间处理 2 次。第一次处理在含水率降低 1/3 时进行，即含水率在 40%（65×2/3＝43%，取 40%）时进行处理；第二次处理在含水率 25%时进行。

第一次中间处理介质状态：

温度：57＋8＝65℃（取高于基准该含水率阶段温度 8℃）。

相对湿度：98%。

时间：5h（查表 5.17，取 15h 的 1/3）

第二次中间处理介质状态：

温度：65＋8＝73℃（取高于基准该含水率阶段温度 8℃）。

相对湿度：90%。

时间：5h（查表 5.17，取 15h 的 1/3）。

（5）终了处理

1）终了平衡处理。根据干燥规程要求，对干燥质量一、二等材应进行终了平衡处理；因此，当检测板中最干木材含水率降至 8%时，开始进行终了平衡处理，终了平衡处理介质状态：

温度：80＋5＝85℃（取高于基准该含水率阶段温度 5℃）。

相对湿度：65%（取 EMC＝8%确定介质湿度；按 t＝85℃，EMC＝8%查图 2.2 确定）。

时间：10h（查表 5.17）。

当检测板中含水率最高的木材含水率达到 12%时，终了平衡处理结束。

2）终了调湿处理。终了平衡处理结束后，立即进行终了调湿处理，终了调湿处理介质状态：

温度：80＋5＝85℃（取高于基准该含水率阶段温度 5℃）。

相对湿度：92%（取介质 EMC 高于木材平均终含水率 5%确定介质相对湿度；按 t＝85℃，EMC＝15%查图 2.2 确定）。

时间：10h（查表 5.17）。

终了处理结束后，结束干燥木材干燥过程。待干燥室内温度降到不高于大气温度 15℃时，木材方可卸料，运出干燥室。

2. 举例 2　陆均松木材，厚度 28mm，初含水率 68%，终含水率 8%～12%，干燥质量

二级；制定其干燥工艺。

（1）确定陆均松木材的干燥特性　　查附录 4 得：基本密度 0.534g/cm³；径向干缩系数 0.179%；弦向干缩系数 0.286%。

（2）确定陆均松木材的干燥基准　　查表 5.16，选定基准号 6-1；查附录 5，选定（28mm 厚）陆均松木材干燥基准见表 5.23。

表 5.23　28mm 厚陆均松木材干燥基准表

阶段	MC/%	t/℃	Δt/℃	EMC/%
1	40 以上	55	3	15.6
2	40～30	60	4	13.8
3	30～25	65	6	11.3
4	25～20	70	8	9.6
5	20～15	80	12	7.2
6	15 以下	90	20	4.8

（3）预热处理介质状态　　根据木材预热处理工艺规程中的规定，预热处理介质状态为

预热温度：55＋10＝65℃（取高于基准第一阶段温度 10℃）。

相对湿度：96%（取 Δt=1℃确定介质湿度，用 t=65℃，Δt=1℃查干燥介质湿度表）。

预热时间：3h（按木材厚每 1cm 约 1h 确定时间，取为 3h）。

预热处理结束后，将介质温湿度降到基准第一阶段规定的值，进入干燥阶段。

（4）干燥阶段　　严格按照干燥基准进行操作；以 2℃/h 速度升温。根据木材中间处理工艺规程中的规定，针叶材的中、薄板可以不进行中间处理。

（5）终了处理

1）终了平衡处理。根据干燥规程要求，对干燥质量一、二等材应进行终了平衡处理，因此，当检测板中最干木材含水率降至 8%时，开始进行终了平衡处理，终了平衡处理介质状态。

温度：90＋5＝95℃（取高于基准该含水率阶段温度 5℃）。

相对湿度：72%（取 EMC=8%确定介质湿度；按 t=95℃，EMC=8%查图 2.2 确定）；

时间：3h（按木材厚每 1cm 约 1h 确定时间，取为 3h）。

当检测板中含水率最高的木材含水率达到 12%时，终了平衡处理结束。

2）终了调湿处理。终了平衡处理结束后，立即进行终了调湿处理，终了调湿处理介质状态。

温度：90＋5＝95℃（取高于基准该含水率阶段温度 5℃）。

相对湿度：93%（取介质 EMC 高于木材终含水率 5%确定介质湿度；按 t=95℃，EMC=15%查图 2.2 确定）；

时间：3h（按木材厚每 1cm 约 1h 确定时间，取为 3h）。

终了处理结束后，结束干燥木材干燥过程。待干燥室内温度降到不高于大气温度 15℃时木材方可运出干燥室。

3. 举例 3　　某红木家具企业，刺猬紫檀木材，家具用材，厚度 40mm，初含水率 42%，要求终含水率 10%～14%，干燥质量二级。干燥设备为蒸汽加热常规干燥设备，蒸汽压力 0.3MPa。

（1）确定刺猬紫檀木材的干燥特性　　查资料得，气干密度 0.85g/cm³；径向干缩率 3.5%，弦向干缩率 7.4%，属于难干木材。

（2）确定刺猬紫檀木材的干燥基准　　选定（40mm 厚）刺猬紫檀木材干燥基准见表 5.24。

表 5.24　40mm 厚刺猬紫檀木材干燥基准表

阶段	MC/%	t/℃	$t_湿$/℃	Δt/℃	EMC/%
1	35 以上	50	47	3	16.0
2	35～30	52	47	5	12.5
3	30～25	54	47	7	10.5
4	25～20	56	46	10	8.5
5	20～15	58	44	14	6.5
6	15 以下	60	44	16	6

（3）干燥过程　　干燥开始时，关闭进排气道及喷蒸阀，微开加热阀，让干球温度以 1℃/h 的速度上升，在升温过程中，由于木材初含水率高，木材中蒸发出来的水分能够保持干、湿球温度同步上升，升温至 40℃后保温 1h，预防冷凝水产生。随后关闭加热阀，微开喷蒸阀，采用喷蒸方法把干球温度和湿球温度同步上升至预热处理阶段要求的干、湿球温度。

（4）预热处理　　根据木材预热处理工艺规程中的规定，预热处理介质状态为

预热温度：50＋5＝55℃（取高于基准第一阶段温度 5℃）。

相对湿度：98%（取干湿球温差 Δt＝0.5℃确定介质湿度，用 t＝55℃，Δt＝0.5℃查干燥介质湿度表）。

时间：6h（按厚度 10mm 处理 1h 增加 30%来计算：4＋4×30%＝5.2h，取为 6h）。

预热处理结束后，将介质温、湿度降到基准第一阶段规定的值，进入干燥阶段。

预热处理注意事项：预热处理时间是指温度达到 55℃，相对湿度达到 98%后维持的时间。预热阶段应关闭进排气道，适当打开喷蒸阀，避免喷蒸过量产生冷凝水。

（5）干燥阶段及中间处理　　严格按照干燥基准表 5.30 进行操作，升温速度控制在 1℃/h 以内，降湿速度控制在 1%/h 以内（或湿球温度降低速度在 0.5℃/h 以内）。

中间处理：40mm 厚刺猬紫檀木材属于难干材、厚木材，根据中间处理工艺规程，确定中间处理 2 次。第一次处理在含水率降低 1/3 时进行，即含水率在 30%（42×2/3＝28%，取 30%）时进行处理；第二次处理在含水率 25%时进行。

第一次中间处理介质状态为

温度：54＋5＝59℃（取高于该基准含水率阶段温度 5℃）。

相对湿度：92%。

时间：6h。

第二次中间处理介质状态为

温度：56＋5＝61℃（取高于该基准含水率阶段温度 5℃）；

相对湿度：88%。

时间：6h。

中间处理的方法是关闭进排气道，关闭加热器阀门，打开喷蒸阀门，采用喷蒸的方法提高干燥介质温度和相对湿度。当干、湿球温度达到要求后，开始计算中间处理时间，中间处理时间为 6h。

中间处理 6h 后，关闭喷蒸阀门，微开进排气道，让干、湿球温度缓慢降低。应注意降湿速度，因为中间处理结束后，温度较高，过快的降湿速度会造成木材开裂，相对湿度降低速度不应超过每小时 1%。当干、湿球温度降至相应的干燥基准阶段，继续按干燥基准表对木材进行干燥。

（6）终了处理

1）终了平衡处理。根据干燥规程要求，对干燥质量一、二等材应进行终了平衡处理，因此，当检测板中最干木材含水率降至10%时，开始进行终了平衡处理，终了平衡处理介质状态为

温度：60＋5＝65℃（取高于该基准含水率阶段温度5℃）。

相对湿度：65%（取EMC＝10%确定介质湿度；按t＝65℃，EMC＝10%）。

时间：当检测板中含水率最高的木材含水率达到14%时，终了平衡处理结束。

终了平衡处理的方法是关闭进排气道、加热阀，打开喷蒸阀门，采用喷蒸的方法提高干燥介质温度和湿度。干、湿球温度达到平衡处理要求的工艺参数后，维持此工艺参数，当水分最高的检测板含水率降至14%时，终了平衡处理结束。

2）终了调湿处理。终了平衡处理结束后，即开始进行终了调湿处理，终了调湿处理介质状态为

温度：65℃（取等于平衡处理阶段的温度）。

相对湿度：86%［取介质EMC高于木材平均终含水率（平均终含水率12%）4%确定介质湿度；按t＝65℃，EMC＝16%］。

时间：6h（指干、湿球温度达到要求工艺参数开始延续的时间）。

终了调湿处理的方法是关闭进排气道、加热阀，打开喷蒸阀，采用喷蒸的方法提高干燥介质湿度。干、湿球温度达到终了调湿处理要求的工艺参数后，维持此工艺参数，处理6h，终了调湿处理结束。

终了调湿处理结束后，即可降温卸料，具体步骤为

1）关闭进、排气道，关闭加热阀，关闭喷蒸阀，关闭风机。

2）在闷室的情况下，让干燥室内温度自然冷却。可根据自然冷却情况，适当打开进、排窗和检测小门，以加快冷却速度。

3）当干燥室内温度自然冷却到比外界温度高10℃时，打开进、排气道，打开风机，吹2h（正反各吹1h）。

4）关闭进、排气道，关闭风机，卸料。

4. 举例4　某家具企业，械木，二次干燥，厚度25mm，初含水率15%～25%，要求终含水率6%～10%，干燥质量二级。干燥设备为蒸汽加热常规干燥设备。

（1）确定械木木材的干燥特性　查资料得，气干密度为0.73～0.83g/cm³；径向干缩系数0.196%～0.208%；弦向干缩系数0.339%～0.340%，属于难干木材。

（2）确定械木木材二次干燥的干燥基准　选定25mm厚械木木材二次干燥基准见表5.25。

表5.25　25mm厚械木木材干燥基准表

阶段	MC/%	t/℃	$t_{湿}$/℃	Δt/℃	EMC/%
1	25～20	65	55	10	8.5
2	20～15	70	56	14	6.5
3	10～15	75	57	18	5.5
4	10以下	80	55	25	3.5

（3）干燥过程　干燥开始时，关闭进排气道，关闭喷蒸阀，微开加热阀。让干球温度每小时上升2～3℃，升温至40℃，后保温1h，预防后续喷蒸时在干燥室内壁产生冷凝水。然后微开喷蒸阀，采用喷蒸和加热器共同加热的方法升高干球温度和湿球温度，升温过程中，应控制干湿球温差3～4℃。

（4）预热处理　　被干木材的含水率为 15%～25%，预热处理介质状态可以参考中间处理介质状态确定方法，确定预热处理介质状态为

预热温度：65＋5＝70℃（取高于基准第一阶段温度 5℃）。

相对湿度：90%。

预热时间：4h（按厚度 1mm 处理 1h 增加 30%计算：2.5＋2.5×30%＝3.25h，取为 4h）。

预热处理结束后，将介质温度和湿度降到基准第一阶段规定的值，进入干燥阶段。

（5）干燥阶段　　严格按照干燥基准表 5.25 进行操作；升温速度控制在 1℃/h 以内，降湿速度控制在每小时 1%以内（或湿球温度降低速度在 0.5℃/h 以内）。

（6）终了处理

1）终了平衡处理。当检测板中最干的木材含水率降至 6%时，开始进行终了平衡处理，终了平衡处理介质状态为

温度：80＋5＝85℃（取高于该基准含水率阶段温度 5℃）。

相对湿度：48%（取 EMC＝6%确定介质湿度；按 t＝85℃，EMC＝6%）。

时间：平衡处理至所有检测板含水率低于 10%，平衡处理结束。

终了平衡处理的方法是关闭进排气道、加热阀，打开喷蒸阀门，采用喷蒸的方法提高干燥介质湿度。干、湿球温度达到平衡处理要求的工艺参数后，维持此工艺参数。当水分最高的检测板含水率降至 10%时，终了平衡处理结束。

2）终了调湿处理。终了平衡处理结束后，即开始进行终了调湿处理。终了调湿处理介质状态为

温度：85℃（取等于平衡处理阶段的温度）。

相对湿度：82%［取介质 EMC 高于木材平均终含水率（平均终含水率 8%）4%确定介质湿度；按 t＝85℃，EMC＝12%］。

时间：4h（指干、湿球温度达到要求工艺参数开始延续的时间）。

终了调湿处理的方法是关闭进排气道、加热阀，打开喷蒸阀，采用喷蒸的方法提高干燥介质湿度。干、湿球温度达到终了调湿处理要求的工艺参数后，维持此工艺参数，处理 4h，终了调湿处理结束。

（7）降温及卸料阶段　　终了调湿处理结束后，即可降温卸料，具体步骤为

1）关闭进、排气道，关闭加热阀，关闭喷蒸阀，关闭风机。

2）在闷室的情况下，让干燥室内温度自然冷却。可根据自然冷却情况，适当打开进排气道和检测小门，以加快冷却速度。

3）当干燥室内温度自然冷却到比外界温度高 10～15℃时，打开进、排气道，打开风机，吹 2h（正反各吹 1h）。

4）关闭进、排气道，关闭风机，卸料。

5. 举例 5　　某实木地板企业，木材供应商多，每个供应商含水率控制不一样，造成实木地板含水率偏差大；为此，需要对实木地板坯料进行平衡处理。

番龙眼木材，木材含水率平衡处理，厚度 19mm，初含水率 5%～14%，要求终含水率 7%～10%，干燥设备为蒸汽加热常规干燥设备。

（1）确定番龙眼木材的干燥特性　　查阅相关资料，气干密度为 0.6～0.81g/cm³；弦向干缩系数 0.339%；径向干缩系数 0.172%。属于难干木材，易产生翘曲及开裂。

（2）确定番龙眼地板坯料平衡处理基准　　番龙眼地板坯料含水率较低，且不均匀，为提高生产效率，可以采用高温平衡处理工艺，其平衡处理的干燥基准见表 5.26。

表 5.26 番龙眼实木地板坯料平衡处理基准表

阶段	处理时间/h	t/℃	$t_湿$/℃	Δt/℃	EMC/%
1	6	50	47	3	16
2	8	65	61	4	13.5
3	16	80	75	5	12
4	24	90	83	7	10
5	96	90	77.5	12.5	7

（3）干燥过程　干燥开始时，关闭进排气道，关闭喷蒸阀，微开加热阀。让干球温度每小时上升 2～3℃，升温至 40℃，后保温 1h，预防后续喷蒸时在干燥室内壁产生冷凝水。然后微开喷蒸阀，采用喷蒸和加热器共同加热的方法升高干球温度和湿球温度，升温过程中，应控制干湿球温差 3～4℃，将温度、湿度升高到平衡处理第 1 阶段。

（4）含水率平衡处理阶段　严格按照平衡处理基准表 5.26 进行操作；升温速度控制在 1℃/h 以内，降湿速度控制在每小时 1% 以内（或湿球温度降低速度在 0.5℃/h 以内）。

（5）降温及卸料阶段　含水率平衡处理结束后，即可降温卸料，具体步骤为

1）关闭进排气道，关闭加热阀，关闭喷蒸阀，关闭风机。

2）在闷室的情况下，让干燥室内温度自然冷却。可根据自然冷却情况，适当打开进排气道和检测小门，以加快冷却速度。

3）当干燥室内温度自然冷却到比外界温度高 10～15℃时，打开进排气道，打开风机，吹 2h（正反各吹 1h）。

4）关闭进排气道，关闭风机，卸料。

第四节　木材干燥质量的检验

木材干燥质量的检测一般在木材干燥结束后进行，根据国家标准《锯材干燥质量》（GB/T 6491—2012）的规定进行检测。

一、干燥质量指标

干燥木材的干燥质量指标，包括平均最终含水率（$\overline{MC_z}$）、干燥均匀度［即材堆或干燥室内各测点最终含水率与平均最终含水率的容许偏差（ΔMC_z）］、均方差 σ、木材厚度上含水率偏差（ΔMC_h）、残余应力指标（Y）和可见干燥缺陷［弯曲、干裂、皱缩等］。各项含水率指标和应力指标见表 5.27，可见干燥缺陷质量指标见表 5.28。

表 5.27　含水率及应力质量指标

干燥质量等级	平均最终含水率 $\overline{MC_z}$/%	干燥均匀度 ΔMC_z/%	均方差 σ/%	厚度上含水率偏差 ΔMC_h/%				残余应力指标 Y/%	
				木材厚度/mm				叉齿	切片
				20 以下	21～40	41～60	61～90		
一级	6～8	±3	±1.5	2.0	2.5	3.5	4.0	不超过 2.5	不超过 0.16
二级	8～12	±4	±2.0	2.5	3.5	4.5	5.0	不超过 2.5	不超过 0.22
三级	12～15	±5	±2.5	3.0	4.0	5.5	6.0	不检查	不检查
四级	20	+2.5/−4.0	不检查	不检查				不检查	不检查

注：对于我国东南地区，一、二、三级干燥木材的平均最终含水率指标可放宽 1%～2%

表 5.28　可见干燥缺陷质量指标

干燥质量等级	弯曲/%								干裂		内裂	皱缩深度/mm
	针叶材				阔叶材				纵裂/%			
	顺弯	横弯	翘曲	扭曲	顺弯	横弯	翘曲	扭曲	针叶材	阔叶材		
一级	1.0	0.3	1.0	1.0	1.0	0.5	2.0	1.0	2	4	不许有	不许有
二级	2.0	0.5	2.0	2.0	2.0	1.0	4.0	2.0	4	6	不许有	不许有
三级	3.0	2.0	5.0	3.0	3.0	2.0	6.0	3.0	6	10	不许有	2
四级	1.0	0.3	0.5	1.0	1.0	0.5	2.0	1.0	2	4	不许有	2

木材干燥质量的 4 个等级分别适用于以下范围。

一级：适用于仪器、模型、乐器、航空用具、纺织、鞋楦、鞋跟、工艺品、钟表壳等的生产。

二级：适用于家具、建筑门窗、车辆、船舶、农业机械、军工、实木地板、细木工板、缝纫机台板、室内装饰、卫生筷、指接材、纺织木构件、文体用品等的生产。

三级：适用于室外建筑用料、普通包装箱、电缆盘等的生产。

四级：适用于远道运输木材、出口木材等的生产。

二、干燥木材含水率

1. 不同用途和不同地区对木材含水率的要求　　干燥木材含水率即木材经过干燥后的最终含水率，按用途和地区考虑确定。以用途为主，地区为辅。我国各地区木材平衡含水率见表 5.29，该值可以作为确定干燥木材含水率的依据。

表 5.29　我国各地区木材平衡含水率

地区名称	平衡含水率/%			地区名称	平衡含水率/%		
	最大值	最小值	平均值		最大值	最小值	平均值
黑龙江	16.7	8.4	12.5	宁夏	14.2	5.4	10.4
吉林	16.6	8	12.6	陕西	19	8.1	13.1
辽宁	19.5	7.9	12.3	内蒙古	18.1	6.2	10.0
新疆	17.1	5.6	9.6	山西	16.1	7.7	11.2
青海	13.6	5.9	10.9	河北	16	6.9	11.3
甘肃	18.6	4.9	11.2	山东	22.1	8.7	12.6
江苏	18.4	11.3	14.5	四川	20.1	5.1	16.1
安徽	21.8	11	14.4	贵州	19.7	13.5	16.4
浙江	17.6	12.6	15.1	云南	18.7	8.7	13.8
江西	18.6	12.5	15.1	西藏	20.1	5.7	9.9
福建	18	12	14.6	北京	12.8	8.5	10.3
河南	18	10	13.2	天津	14.1	9.4	11.6
湖北	16.6	12.7	14.7	上海	15.2	13.4	14.2
湖南	17.9	9.8	15.2	重庆	19.4	13.7	16.7
广东	19.7	11.7	15.1	台湾（台北）	18.5	14.2	16.1
海南	20.8	14.4	17.4	香港	15.7	13.8	15.1
广西	18.3	12.2	14.9	澳门	18.7	12.8	15.57

干燥木材含水率按用途确定见表 5.30。

表 5.30 不同用途的干燥锯材含水率

干燥木材用途	含水率/%		干燥木材用途		含水率/%	
	平均值	范围			平均值	范围
电气器具及机械装置	6	5～10	纺织器材	梭子	7	5～10
木桶	6	5～8		纱管	8	6～11
鞋楦	6	4～9		织机木构件	10	8～13
鞋跟	6	4～9	家具制造	胶拼部件	8	6～11
铅笔板	6	3～9		其他部件	10	8～14
精密仪器	7	5～10	实木地板块	地热地板	5	4～7
钟表壳	7	5～10		室内	10	8～13
文具制造	7	5～10		室外	17	15～20
采暖室内用材	7	5～10	船舶制造		11	9～15
机械制造木模	7	5～10	农业机械零件		11	9～14
飞机制造	7	5～10	农具		12	9～15
乐器制造	7	5～10	汽车制造	客车	10	8～13
体育用品	8	6～11		载重货车	12	10～15
枪炮用材	8	6～12	军工包装箱	箱壁	11	9～14
玩具制造	8	6～11		框架滑枕	14	11～18
室内装饰用材	8	6～12	普通包装箱		14	11～18
工艺制造用材	8	6～12	电缆盘		14	12～18
缝纫机台板	9	7～12	室外建筑用材		14	12～17
细木工板	9	7～12	火车制造	客车室内	10	8～12
精制卫生筷	10	8～12		客车木梁	14	12～16
乐器包装箱	10	8～13		货车	12	10～15
运动场馆用具	10	8～13	弯曲加工用锯材		17	15～20
建筑门窗	10	8～13	铺装道路用材		20	18～30
火柴	10	8～13	远道运送锯材		20	16～22
指接材	10	8～13				

注：干燥锯材含水率应比使用地区的平衡含水率低 2%～3%

2. 干燥木材含水率与残余应力的检测

（1）干燥木材含水率检测　　检测被干木材各项含水率，除分层含水率外，其余均指干燥木材断面上的平均含水率。干燥木材的各项含水率指标，可采用称重法和电测法进行测定，以称重法为准，电测法为辅。采用电阻式含水率电测仪测定木材含水率时，探针（电极）插入木材的深度（D）应为木材厚度（S）的 21%处（距木材表面），可按公式 $D=0.21S$ 进行计算；使用电阻式含水率测定仪测定干燥木材含水率，木材厚度不宜超过 30mm。

同室干燥木材的平均最终含水率（$\overline{MC_z}$）、干燥均匀度（ΔMC_z）、厚度上含水率偏差（ΔMC_h）等干燥质量指标，采用含水率试验板（整块被干木材）进行测定。当被干木材长度≥3m 时，含水率试验板应于干燥前在同一批被干木材中选取，要求没有材质缺陷，其含水率要有代表性。当被干木材长度≤2m 时，含水率试验板从干燥结束后的木堆中选取。

对于用轨车装卸的干燥室，当被干木材长度≥3m 时，采用 1 个材堆、9 块含水率试验板进行测定；对于用叉车装卸的小堆干燥室，当被干木材（毛料）长度≤2m 时，采用 27 个小堆、27 块含水率试验板（每堆 1 块）进行测定。

1）干燥木材的平均最终含水率（$\overline{MC_z}$），可用含水率试验板的平均最终含水率来检测。含水率试验板的平均最终含水率用式（5.34）计算：

$$\overline{MC_z} = \frac{\sum MC_{zi}}{n} \tag{5.34}$$

式中，MC_{zi} 为第 i 块检验片的最终含水率（%）；n 为检验片数量。

2）干燥均匀度（ΔMC_z）可用均方差来检查。均方差（σ）用式（5.35）计算，精确至 0.1%。

$$\sigma = \sqrt{\frac{\sum\limits_{i=1}^{n}(MC_{zi} - \overline{MC_z})^2}{n-1}} \tag{5.35}$$

当 $\pm 2\sigma$ 大于干燥均匀度（ΔMC_z）时（表 5.28），木材必须进行平衡处理或再干燥（re-drying）。

3）干燥木材厚度上含水率偏差（ΔMC_h）按其平均值（$\overline{\Delta MC_h}$）来检查。干燥木材厚度上含水率偏差的计算详见本章第一节四、"检验板的选制与使用"。

4）同室干燥木材的最初含水率、干燥过程中木材含水率的变化及最终含水率，按《锯材干燥质量》（GB/T 6491—2012）的规定进行检测。

（2）干燥木材残余应力检测　　干燥木材的残余应力用检验板锯解应力检验片确定。干燥木材残余应力的检测详见本章第一节四、"检验板的选制与使用"中的干燥应力的测量。按式 5.4 或式（5.5）计算。取其算术平均值（$\overline{Y}$）为确定干燥质量合格率的残余应力指标。

最终含水率、分层含水率及残余应力指标等测定数据，可参见《锯材干燥质量》（GB/T 6491—2012）中的规定进行统计与计算。

三、可见干燥缺陷的检测

干燥木材的可见干燥缺陷质量指标按《锯材干燥质量》（GB/T 6491—2012）中的规定计算。采用可见缺陷试验板或干燥后普检的方法进行检测。

1. 翘曲（warp）的计算　　翘曲包括顺弯（bow）、横弯（cup）及翘弯（crook），均检量其最大弯曲拱高与曲面水平长度之比，以百分率表示，按式（5.36）计算：

$$WP = \frac{h}{l} \times 100 \tag{5.36}$$

式中，WP 为翘曲度（或翘曲率）（%）；h 为最大弯曲拱高（mm）；l 为内曲面水平长（宽）度（mm）。

2. 扭曲（twist）的计算　　检量板材偏离平面的最大高度与试验板长度（检尺长）之比，以百分率表示，按式（5.37）计算：

$$TW = \frac{h}{L} \times 100 \tag{5.37}$$

式中，TW 为扭曲度（或扭曲率）（%）；h 为最大偏离高度（mm）；L 为试验板长度（检尺长）（mm）。

3. 干裂（check）的检算　　干裂是指因干燥不当使木材表面纤维沿纵向分离形成的纵裂和在木材内部形成的内裂（蜂窝裂）等。纵裂宽度的计算起点为 2mm，不足起点的不计，自起点以上，检量裂纹全长；在材长上数根裂纹彼此相隔不足 3mm 的可连贯起来按整根裂纹计算，相隔 3mm 以上的分别检量，并以其中最严重的一根裂纹为准；纵裂裂纹的检算一般沿材长方向检量裂纹长度与木材长度相比，以百分率表示，按式（5.38）计算。内裂不论宽度大小，均予计算。

$$LS = \frac{l}{L} \times 100 \qquad (5.38)$$

式中，LS 为纵裂度（纵裂长度比率）（%）；l 为纵裂长度（mm）；L 为木材长度（mm）。

木材干燥前发生的弯曲与裂纹，干前应予检测、编号与记录，干后再行检测与对比，干燥质量只计扩大部分或不计（干前已超标）。这种木材干燥时应正确堆积，以矫正弯曲；涂头或藏头堆积以防裂纹扩大。对于在干燥过程中发生的端裂，经过热湿处理（conditioning treatment）裂纹闭合，锯解检查时才被发现（经常在木材端部 100mm 左右处），不应定为内裂。

可见干燥缺陷质量指标可参见《锯材干燥质量》（GB/T 6491—2012）中的规定。

四、干燥木材的验收

1. 干燥质量合格率　　按平均最终含水率（$\overline{MC_z}$）、干燥均匀度（ΔMC_z）、厚度上含水率偏差平均值（$\overline{\Delta MC_h}$）及残余应力指标平均值（$\bar{y}$）4 项干燥质量指标，顺弯、横弯、翘曲、扭曲、纵裂、内裂 6 项可见干燥缺陷指标达标的可见缺陷试验板材积与 100 块总材积之比的百分率或 6 项缺陷指标达标的干燥木材材积与干燥室容量之比的百分率确定。

干燥质量合格率不应低于 95%。要求 4 项含水率及应力指标（按平均值）全部达到等级规定，6 项缺陷指标（其中有一项均予计算）超标的可见缺陷试验板或干燥木材的材积与 100 块总材积或干燥室容量之比的百分率不超过 5%。

2. 干燥木材降等率　　根据《锯材干燥质量》（GB/T 6491—2012）缺陷指标和等级。对照检查可见干燥缺陷质量指标，分项计算超标的可见缺陷试验板或干燥锯材的材积与 100 块总材积或干燥室容量之比的百分率，求出总的降等率。例如，一块可见缺陷试验板或干燥木材兼有几项超标指标，则以超标最大的指标分项。

3. 干燥木材的验收　　每批同室被干燥木材于干燥结束后均应对干燥质量进行检查和验收，以保证干燥木材的质量。干燥木材的验收是以干燥质量指标为标准，以木材的树种、规格、用途和技术要求及其他特殊情况为条件。验收标准和条件可根据《锯材干燥质量》（GB/T 6491—2012）中关于干燥木材验收的规定，依据干燥质量合格率和干燥木材降等率进行验收或根据干燥质量合格率进行验收。具体由供需双方协商确定。

第五节　干燥后木材的保管

经干燥后的木材（无论是否经过刨光），如果以平台货车运输必须经防水包装；如果以货柜或车厢运输则可免去。木材加工厂中的气干木材均宜存贮于仓库中（无论户外或仓库贮存），若木材的含水率在 20% 以上，均应适当堆垛使其通风，边贮边干。

一、户外贮存

有时因为贮存设备不够，干燥后的板材需做户外贮存。一般小料或用途粗放的板材可存放于户外，但应注意防水、防潮、防霉和防虫等处理。室干材若存放于户外而不加保护（防湿），必然迅速回潮。任何干燥后的板材经过雨淋必有不利影响，而且使原有的干燥裂缝加深。

密实堆积（木材层间不放隔条）的木材较间层堆积（木材层间放置隔条）的木材更需要防雨和防潮设施。因为密实堆积的板材回潮和淋雨后，水分不易蒸发。另外，雨水渗入木材，可能使其含水率增加到恰好适合变色或腐朽菌生长的水分条件。有些飘浮的细雨，不管材堆上是否有防雨遮盖，仍会渗入木材。因此，户外贮存不宜太久，尤其是密实堆积的木材。假如生材或半干材需要在户外存贮一段较长的时间，必须按照大气干燥的要求进行正确的堆垛等处理。

二、短暂保护

室干木材长距离运输或在集散场地短期放置时，可以用防雨塑料布、防水帆布或柏油纸包装予以防护。但此防水塑料布或柏油纸不可视为长期仓储的代用品，因为此类包装材料容易老化变脆而破损，失去防雨防潮作用。而且，包装破损会漏入并存留雨水，使木材发生回潮的程度比未包装者还要严重。因此，在存贮或搬运期间，必须定期检查适时修补。为了避免雨水存留及堆垛机搬运时将包装纸或包装材料弄破，材堆（通常是 110cm 宽×110cm 高，高、宽随木材而定）底部多不加包装纸而予裸露。当然，此种包装方式若遇存放地点的地面较潮湿而材堆（捆）又离地面过低时，地面上的水汽会渗入木材中，尤以底部为甚。

防水布或纸保护室干木材的安全期限，随气候状况与包装材料的暴露情况及搬运机械或其他意外因素造成的劣化程度而定。

三、敞棚保管

敞棚可以说是具有屋顶的制品贮存场所。除含水率在 12%～14% 及以下的室干材外，所有制品均可贮存于敞棚内。敞棚内的大气情况主要受户外气候影响。假如户外气流能不断循环通过棚内间层材堆，则木材可干燥至和户外气干同样的程度。

密实材堆的室干材，若长期贮存于敞棚内，仍会缓慢回潮，且材堆（捆）外层的回潮程度大于内层。

敞棚可以四面全开（四面无墙），也可仅开一面（三面有墙），可视需要而定。为便于堆高机作业，至少应开放一面或两面。大规模锯木厂的附设场棚（气干棚）的地面通常铺设水泥或柏油，有的在棚内设置架空吊车供装卸材堆之用。家具工厂或制品厂的敞篷地面最好也铺设水泥或柏油。

四、室内保管

1. 常温密闭仓库　　此种仓库通常用以贮存室干材以防止回潮或含水率发生变化。因此，被贮存材必须密实堆放。同时要以包装带适度捆扎以防止松散。

室干材存贮于常温密闭仓库内，仍会受大气影响而吸湿回潮，但较户外贮存减缓很多。以美国 FPL 所做的试验为例：1 英寸（in[①]）厚的南方松板材，密实堆积贮存于密闭仓库内一年后，其含水率由 7.5% 升至 10.5%，而同法堆积贮存于户外的却升至 13.5%。

室干材存贮于密闭仓库内也会减小材捆中最湿和最干材之间的含水率差距，也就是木材之间的水分梯度会缓和。同样以美国 FPL 的试验为例：1in 厚的花旗松，密实堆积贮存于密闭仓库内一年后，其含水率差距由原来的 20% 降为 13%。此差距的减少是高含水率木材中的水分扩散到低含水率木材中而导致的，其中有 95% 的木材，其含水率均有增加。

仓库的屋顶及墙壁吸收太阳的辐射会增加库内温度，但温度较高的空气均滞留于库内上方，必然会因为温度不均匀而形成上下部平衡含水率不等的现象。因此，在库内配置风扇，强制循环气流，可有效地消除此影响。

库内地面必须铺设水泥或柏油，除非建在排水极好的高地。如在低洼地区，有时需铺设架高地板以保持木材与地面间的通风。此外，考虑到木材进出仓库的搬运，可在库内铺设与库外运输系统配合的轨道或车道，以便作业。

---

① 1in＝2.54cm

2. 加温密闭仓库　　如果密闭仓库可以加温，木材平衡含水率自然会降低，被贮存的室干材回潮问题也自可防止。

加温方式可采用蒸汽加热管或独立加热器加热。同时，须在库内配置适当能量的风扇促进气流均匀循环，使每一角落的温度都保持一致，才可获得均匀的平衡含水率。

密闭仓库内的加温系统，通常由简单的自动调温器控制。假如室外温度发生变化，调温器也必须适时调整才能保持仓库需要的木材平衡含水率。若使用热差自动调温器，则比简单的自动调温器方便很多，因为其可自动保持库内温度高出户外温度某一数值，借以获得所需的近似平衡含水率而无须定期调整。若为人工控制，则需随时注意室外干湿球温度变化，估算库内相对湿度并作必要的温度调整。

因为库内加温的目的是降低相对湿度从而获得较低的平衡含水率以防止木材回潮；又因平衡含水率的形成受相对湿度的影响远大于温度，故以自动调湿器来控制库内的温湿度或木材平衡含水率比用自动调温器更为理想。自动调湿器的运转方式如下：当库内相对湿度超过设定标准时，调湿器即传送信号至加温系统的控制阀使库内温度升高，降低相对湿度至设定标准，从而达到所需的木材平衡含水率。

第六节　木材干燥的缺陷及预防

一、干燥缺陷的类型

在木材干燥过程中会产生各种缺陷，这些缺陷大多数是能够防止或减轻的。与干燥缺陷有关的因子是木材的干燥条件、干缩率、水分移动的难易程度及材料抵抗变形的能力等。在同一干燥条件下，木材的密度越大，越容易产生开裂。

1. 木材的外部开裂　　木材在室干过程中发生的初期开裂主要有以下两种情况，如图 5.22 所示。

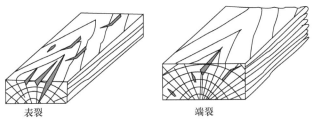

表裂　　　　　　　　　　　　端裂

图 5.22　外部开裂

（1）表裂　　表裂是在弦切板的外弦面上沿木射线发生的纵向裂纹。它是干燥前期表面拉应力过大而引起的。当表面拉应力由最大值逐渐递减时，表面裂纹也开始逐渐缩小。若裂纹不太严重，到干燥的中、后期可完全闭合，乃至肉眼不易察觉。轻度的表裂可在木材刨光时去除，对质量影响不大；重度表裂则会降低木材强度，特别是抗剪强度。此外，表裂还会影响木制品的表面油漆质量，裂纹处会渗入油漆留下痕迹而影响美观，也可因气候变化导致裂纹反复开合进而引起漆膜破裂。

（2）端裂（劈裂或纵裂）　　端裂多数是制材前原木的生长应力和干缩出现的裂纹。当干燥条件恶劣时会发生新的端裂，而且使原来的裂纹进一步扩展。厚度较大的木材，尤其是木射线粗的硬阔叶树材或髓心板，会由于端部的干燥应力和弦、径向差异收缩应力及生长应力互相叠加而发生沿木射线或髓心的端头纵裂。对于数米长的木材来说，端裂在 10～15cm 以内是允许的，因为加工时总要截去部分端头。端裂直接影响木材加工的出材率。

室干时若材堆端头整齐,材堆相连处互相紧靠,或设置挡板,防止室内循环气流从材堆端头短路流过,可在一定程度上减轻端裂。对于贵重木材,可在端头涂刷耐高温的黏性防水涂料(如涂以高温沥青漆或液体石蜡等)以减轻端裂。

2. 木材的内部开裂　　内部开裂是在木材内部沿木射线裂开,如蜂窝状,如图5.23所示。外表无开裂痕迹,只有锯断时才能发现。但通常伴随有外表不平坦、明显皱缩、炭化、质量变轻等现象。内裂一般发生于干燥后期,是表面硬化较严重,后期干燥条件又较剧烈,使内部拉应力过大引起的。厚度较大的木材,尤其是密度大的、木射线粗的或木质较硬的树种,如栎木、水曲柳、柯木、锥木、枫香、柳安等硬阔叶树材,都较易发生内裂。内裂是一种严重的干燥缺陷,对木材的强度、材质、加工及产品质量都有极其不利的影响,一般不允许发生。防止的办法是在室干的中、后期及时进行中间处理,以消除或减小表面硬化。对于厚度较大的木材,尤其是硬阔叶树材,后期干燥温度不能太高。

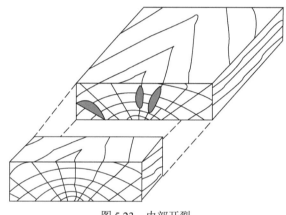

图 5.23　内部开裂

3. 木材的变形　　弯曲变形是由于板材纹理不直、各部位的收缩不同或不同组织间的收缩差异及其局部塌陷而引起的,属于木材的固有性质,其弯曲的程度与树种、树干形状及锯解方法有关。但对于室干材来说,可通过合理装堆(stacking)和控制干燥工艺来避免或减轻这些变形。即利用木材的弹-塑性性质,在将木材压平的情况下使其变干,室干后就可保持原来所挟持的平直形状。被干木材的变形主要有横弯、顺(弓)弯、翘弯和扭曲等几种,如图5.24所示。木材弯曲变形会给木材加工带来一定的困难,并使加工余量增加,出材率明显降低。

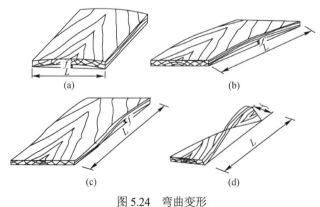

图 5.24　弯曲变形
(a)翘弯;(b)顺(弓)弯;(c)横弯;(d)扭曲

4．木材的皱缩　　皱缩也称溃陷（collapse），是木材干燥时水分移动太快所产生的毛细管张力和干燥应力使细胞溃陷而引起的不正常、不规则的收缩。皱缩通常是在干燥初期，由于干燥温度高、自由水移动速度快而产生的一种木材干燥缺陷，其他木材干燥缺陷都是在纤维饱和点以下产生的，而木材皱缩则是在含水率很高时就有可能产生，且随着含水率的下降而加剧。木材皱缩的宏观表现是板材表面呈不规则的局部向内凹陷并使横断面呈不规则图形；微观表现通常是呈多边形或圆形的细胞向内溃陷，细胞变得扁平而窄小，皱缩严重时细胞壁上还会出现细微裂纹。皱缩不仅使木材的收缩率增大，损失增加 5%～10%，而且因其并非发生在木材所有部位或某组织的全部细胞，因而导致木材干燥时产生变形。皱缩时还经常伴随内裂和表面开裂，开裂使木材强度降低甚至报废。研究结果表明，虽多数木材在干燥时均会发生不同程度的皱缩，但某些木材更易发生，已经发现容易发生皱缩的树种有澳大利亚桉树属、日本大侧柏、美洲落羽杉、北美香柏、北美红杉、胶皮糖香树、杨木、苹果木、马占相思和栎木等。即使是同一种木材，因在树干中的部位不同，其皱缩的程度也不同，其中心材较边材、早材较晚材、树干基部和梢部较中部的木材、幼龄材较老龄材容易发生皱缩；生长在沼泽地区的木材较生长在干燥地区的木材，侵填体含量大的木材、闭塞纹孔多的木材较其他木材容易产生皱缩。木材皱缩的类型如图 5.25 所示。

条沟型皱缩　　　　　　内裂型皱缩　　　　　　均匀型皱缩

图 5.25　皱缩类型

木材细胞的皱缩过程可以通过预处理、干燥工艺或外界条件来实施调控。如通过预冻处理可以在细胞腔内产生气泡，使纹孔膜破裂、细胞的气密性下降；汽蒸处理也可以破坏细胞的气密性；用有机液体代替木材中的水分等。上述预处理均改变了细胞皱缩的基本条件，使本来能够产生皱缩的细胞不发生皱缩。另外，通过调控干燥工艺条件，降低了水分移动的速度，同时降低了毛细管张力，也可以减少皱缩。对木材进行压缩处理可以使木材细胞发生变形，破坏细胞的气密性；在受拉状态下干燥木材时，也可以减少小毛细管张力。

5．木材的变色　　木材经干燥后都会不同程度地发生变色现象。变色主要有两种情况：一种是由于变色菌、腐朽菌的繁殖而发生的变色；另一种是由于木材中抽提物成分在湿热状态下酸化而造成的变色。

在干燥过程中霉菌会使木材变色。某些易长霉的树种，如橡胶木、马尾松、榕树、椰木、云南铁杉等，在高含水率阶段，当大气环境温、湿度较高且不通风时极易长霉。这些树种不宜采用低温干燥方法，尤其是湿材或生材的干燥，干燥温度不应低于 60℃。用高温干燥含水率高的木材时，往往会使木材的颜色加深或变暗，有时也会因喷蒸处理时间过长（湿度过大）或干燥室长期未清扫而使木材表面变黑。

氧化酶也会导致木材表面变色。所变颜色因树种的不同而异，如冷杉边材变黄、槠木变红棕色、柳杉变黑。含水率和湿度是酶变色的重要影响因素。当环境相对湿度达 100%时，木材出现酶变色。温度也影响变色，环境温度在 20℃以下时变色缓慢。

二、干燥缺陷产生的原因及其预防

木材在室干过程中和室干结束以后，易产生的缺陷可分为两大类：一类为裸眼能看见的，称为可见缺陷，如开裂、弯曲、皱缩等。另一类为不可见缺陷，如内应力、木材的机械强度降低等。

　　木材在干燥过程中易产生的干燥缺陷种类繁多，产生干燥缺陷的原因各不相同。本节通过对实际生产中干燥缺陷产生的一般原因和预防、纠正方法进行了归纳和总结，列于表 5.31，仅供使用者参考。

表 5.31　干燥缺陷产生的一般原因和预防、纠正方法

缺陷名称		产生的一般原因	预防、纠正方法
外部开裂	表裂	①多发生在干燥过程的初期阶段，基准太硬，水分蒸发过于强烈 ②基准升级太快，操作不当。干燥室内温度和相对湿度波动较大 ③被干木材的内应力未及时消除或者中间处理不当 ④平衡处理后，被干木材在较热的情况下，卸出干燥室 ⑤干燥前原有的裂纹在干燥过程中扩大	①选用较软基准，或者采用湿度较高的基准 ②改进工艺操作，减少温度和相对湿度的波动 ③及时进行正确的中间处理，消除内应力 ④被干木材冷却至工艺要求后，卸出干燥室 ⑤做好预热处理
	端裂	①基准较硬，木材水分蒸发强烈 ②被干木材顺纹理的端头，水分蒸发强烈 ③堆积不当，隔条离木材端头太远 ④原有的端裂在干燥过程中扩大	①选择较软的基准进行干燥 ②被干木材端头涂上防水涂料；材堆端部的隔条与材堆端面平齐或略突出材堆端面 ③正确堆积材堆 ④严格按照干燥工艺操作
	径裂	径裂是端裂的特殊情况，这种缺陷主要发生在髓心板上，是弦向收缩和径向收缩不一致而引起	对于大髓心板材，无论在气干还是室干过程中都会产生这种缺陷。而这种缺陷只能防止，主要是在木材时，将髓心部分除去或者使髓心位于木材的表面，方可预防这种缺陷的产生
内部开裂		①发生在干燥后期，由于干燥条件较剧烈，木材内部的拉应力超过了木材横纹的极限强度，形成了木材的内部开裂 ②基准太硬，干燥前期速率过快，表面塑化固定 ③被干木材属于较易产生内部开裂的木材	①做好被干木材的预热处理 ②选择较软的基准，控制前期干燥速率，及时进行中间处理 ③对于易产生内裂的被干木材，采用较软的基准。干燥时加强检查，及时调节和控制干燥介质的温度和相对湿度
变形	弯曲	①主要由于径向和弦向干缩不一致而产生的，尤其是弦向板易发生弯曲 ②被干木材的材堆堆积不正确，隔条厚度不均匀，隔条上下位置不在同一条直线上 ③被干木材厚度不均匀 ④终含水率不均匀，有残余应力 ⑤材堆顶部未加配重压块	①按木材堆积工艺要求进行堆垛 ②严格按工艺要求配置隔条，使用厚度一致的隔条 ③在堆垛时确保被干木材厚度一致 ④做好干燥过程的平衡处理 ⑤在材堆顶部加配重压块
	扭曲	①主要由干燥过程中木材干缩不一致造成的板面扭翘不平 ②材堆中温湿度分布不均，干燥介质循环速度缓慢和不均	①在材堆顶部加配重压块 ②确保材堆中温湿度和干燥介质循环速度的均布 ③加快介质循环速度
生霉		干燥室温度低，相对湿度高，干燥介质循环速度较慢	①对已生霉的木材，可在较高湿度的情况下，用60℃的干燥介质将木材热透若干小时，可以消除生霉现象 ②加快介质循环速度

续表

缺陷名称		产生的一般原因	预防、纠正方法
皱缩		①主要是木材受高温的作用，微毛细管排出水分之后处于真空状态，在周围毛细管压力作用下，细胞被压溃而造成的 ②某些硬阔叶树材（如栎木），在高温干燥条件下易产生皱缩	①对于易产生皱缩的木材，一般采用低温和缓慢的干燥工艺；对已发生皱缩的木材，可用 82～95℃的温度和 100%的相对湿度进行长期（约 1昼夜）喷蒸处理，使木材含水率重新达到纤维饱和点，然后再进行低温干燥 ②在被干木材含水率没有降到 25%以前，不采用超过 70℃的温度干燥工艺
干燥不均匀	沿木材长度方向	主要是因为沿干燥室长度方向干燥介质对材堆的加热不均匀	检查加热器的安装，排除加热管中的冷凝水和空气；检查输水器是否失灵，回水管是否堵塞；确保加热器正常工作
	沿材堆宽度方向	主要是由于通过材堆的气流速度太慢，材堆宽度方向上的介质循环速度分布不均	①对于强制循环干燥室，通过材堆的介质循环速度应保持在 1m/s 以上 ②对于干燥较慢的木材，在堆垛时可适当增加隔条的厚度
	沿材堆高度方向	主要原因是沿材堆的高度方向介质的循环速度分布不均	要做好干燥室介质循环的导向。在自然循环干燥室内，材堆沿高度方向的垂直气道不合理，或者没留垂直气道，加热管最好放在材堆底部；在强制循环干燥室内，要注意使介质循环速度沿材堆的高度方向均匀分布，如设置挡风板与导向板，或将干燥室的侧墙做成斜壁等

思　考　题

1. 木材干燥前的准备工作有哪些？
2. 隔条的作用是什么，如何使用？
3. 堆垛时的注意事项有哪些？
4. 木材干燥前的预处理方法有哪些？
5. 检验板的种类及选制原则有哪些？
6. 如何正确使用检验板？
7. 简述木材干燥基准及其分类。
8. 木材干燥基准的编制方法有哪些？
9. 简述木材干燥基准的编制依据。
10. 典型的木材干燥工艺过程包括哪些？
11. 何为木材干燥实施过程中的三期处理，三期处理的作用是什么？
12. 木材干燥质量指标有哪些？
13. 如何正确保管干燥后的木材？
14. 木材干燥不可见缺陷有哪些，可见缺陷有哪些？
15. 简述木材干燥缺陷产生的原因及预防措施。

主要参考文献

艾沐野. 2019. 木材干燥实用技术. 北京：化学工业出版社.

高建民，王喜明. 2018. 木材干燥学. 2版. 北京：科学出版社.

顾炼百. 1998. 木材工业实用大全（木材干燥卷）. 北京：中国林业出版社.

顾炼百. 2002. 木材干燥"第1讲　锯材窑干前的预处理". 林产工业，29（2）：46-47，38.

顾炼百. 2003. 木材加工工艺学. 北京：中国林业出版社.

国家林业和草原局. 2022. 锯材窑干工艺规程：LY/T 1068—2022. 北京：中国标准出版社.

刘一星，赵广杰. 2012. 木材学. 北京：中国林业出版社.

王喜明. 2007. 木材干燥学. 3版. 北京：中国林业出版社.

张璧光. 2005. 实用木材干燥技术. 北京：化学工业出版社.

中华人民共和国国家质量监督检验检疫总局，中国国家标准化管理委员会. 2012. 锯材干燥质量：GB/T 6491—
　　2012. 北京：中国标准出版社.

第六章　木材干燥过程控制

第一节　监控参数及控制要求

木材干燥过程的控制是干燥工序的重要部分，直接关系到木材干燥质量的好坏、干燥周期的长短和干燥能耗的高低。合理的干燥过程控制就是对应于木材不同的含水率阶段，半自动或全自动地控制干燥室中干燥介质的温度、相对湿度状态，从而实现在保证干燥质量的前提下，尽量加快干燥速度，降低干燥成本。木材干燥过程控制的主要目的如下。

1）保证木材干燥的质量。木材干燥质量的主要指标（见第五章第四节）是含水率达到要求，并在允许的误差范围内，而且木材干燥后不能有明显的干燥缺陷，如开裂、变形等，有时对木材干燥后的外观和色泽也有要求，如要求不能变色等。木材干燥控制的首要目的就是在各种干扰条件下，保持干燥后含水率的均匀性，且木材质量无明显降等现象发生，以最大限度减小企业因干燥而引起的经济损失。

2）将干燥过程尽量调节到优化基准状态，以在保证干燥质量的前提下，使干燥设备效率高、能耗低、木材降等损失最小等。

3）节省人力，使人为因素失误的可能性降到最低，同时降低人工成本。

4）提高干燥设备运转的安全性，减少发生火灾、干燥降等、严重机械故障等的发生。

好的控制是操作人员与控制设备的有机结合，因此为达到以上控制目的，木材干燥过程控制的基本要求如下：一是要求操作人员对木材干燥常识有较好的理解和掌握、对干燥设备和控制系统软硬件有较全面的认识；二是要求干燥设备及控制系统能稳定、可靠、迅速地控制木材干燥基准参数达到优化值，包括木材干燥过程中含水率、温度、湿度的精准测量，干燥室内风向及气流的合理控制，及时进行设备操作、维修等。

一、干燥过程中监控参数及主要影响因子

对已经掌握了一定干燥规律和经验的材种可采用时间基准，即干燥介质温、湿度与一定干燥时间相对应。目前采用较多的是含水率基准，即基准表中的介质温、湿度与木材含水率的不同阶段相对应。为避免产生开裂等干燥缺陷，人们正在探索建立"介质温、湿度与干燥不同阶段木材的应力状态相对应"的应力基准。所以，为实现干燥过程介质温、湿度的自动控制，除需自动精确在线检测干燥过程中介质的温、湿度参数外，还需自动精准检测木材的含水率和应力变化。

对于气流通道较长的干燥室，为保证材堆两侧干燥均匀，几乎所有常规干燥设备的自控系统中都设置了风机自动换向装置。当在线检测装置检测到材堆两侧的水分蒸发势相差较大时，风机自动换向装置会自动改变介质的循环方向，从而提高材堆两侧干燥的均匀性。实际生产中，大多数设备都按时间（每隔4～6h）切换风机转向。

综上所述，木材干燥控制系统的监控参数，除木材的含水率（间接控制）、干燥介质的温度和湿度外，实际上从干燥质量总体出发，还应按照特定的基准及工艺间接控制木材的外观、干燥应力、含水率均匀性及干燥缺陷等。目前干燥过程中的主要监控参数包括介质的温度、湿度

和流速（直接控制），木材含水率和干燥应力等（间接控制）。随着干燥技术的发展，木材内部的温度也将成为干燥过程的主要监控参数。

（一）介质的温度

介质的温度是木材常规干燥过程中必须检测和控制的主要参数之一，对于蒸汽供热常规干燥设备来说，通过调控进入加热器内的蒸汽量和压力来控制。首先，温度控制稳定性主要取决于蒸汽压力，以及木材干燥室所配置的加热器散热面积与被干燥木材的容量是否相匹配，在蒸汽压力一定的前提下，如果加热器散热面积配比过小，则介质温度达到设定温度需要的时间长，从而造成温度的下偏差大；面积配比过大，会造成加热的滞后效应加大，即阀门关闭后，加热器内仍充满了较高压力的饱和蒸汽，它还会释放出热量，使介质温度超过设定值很多，造成温度的上偏差大，从而导致介质温度波动性大。其次是温控仪表的控制方式所造成的影响。温度控制过程一般为：温度低于当时的设定下限值时，加热阀门（与加热器相连蒸汽管道上的阀门）开启，直到接近、达到设定上限值时关闭。由于热惯性，同样会造成加热或停止加热的滞后效应，使介质的温度控制稳定性较差。该种加热方式难以自动控制降温速度，若为保证干燥质量而需要紧急降温时，则只能在加热阀门自动关闭后手动打开疏水器旁通阀，适当排除加热器里的蒸汽。

（二）介质的湿度

介质的湿度是木材常规干燥过程中必须检测和控制的另一主要参数，通过调控进排气系统和喷蒸阀门的启闭来控制。在干燥室气密性良好的情况下湿度控制的稳定性主要取决于控制方式，在正常干燥阶段，当干燥室内介质的湿度高于设定值时，在确保喷蒸阀关闭的前提下，分阶段适当开启进排气系统至湿度降到符合干燥要求。当干燥室内介质的湿度低于设定值时，应先关闭进排气系统，利用自木材蒸发出的水分来逐渐增湿，一小段时间后若仍不符合干燥基准要求，可微降干球温度，等待一小段时间后若仍低，再开启喷蒸阀进行喷蒸。影响湿度提升的主要原因是进排气系统关闭不严或干燥室密封及保温不好。

（三）介质的流速

介质的流速也是影响木材干燥质量、周期和能耗的主要参数之一，合理控制流速，可在确保干燥速率、质量的前提下降低能耗。但在干燥设备安装完毕时，除特殊安装有变频电机的设备外，介质流速就已经确定。

木材干燥的控制，就是以人工或自动的方式调节可操作元器件及设备部件，从而补偿各种干扰因素对干燥过程的影响，使各参数尽可能接近于所确定的木材干燥基准参数值，从而在保证木材干燥质量最大限度接近期望值的前提下，缩短干燥周期、降低干燥能耗。

（四）木材的含水率

木材的含水率是干燥过程中干燥基准和热湿处理工艺调控及可靠实施的重要依据，因为含水率基准表中的介质温、湿度是与木材含水率的不同阶段相对应的，湿热处理的时机目前也仍然依据含水率确定。因此，其检测精度直接影响木材的干燥质量和干燥周期。干燥过程多采用电阻式含水率测定仪实现其在线监测（详见本章第二节），并在材堆的规定位置设置含水率检验板，在干燥过程的重要阶段取出称重，以精确把握木材含水率。此内容在参数检测一节里详述。

（五）木材的干燥应力

木材的干燥应力是确保干燥质量的重要参数，人们一直在不断探索其检测技术，但目前尚不完善。

二、木材干燥监测与控制系统的要求

木材干燥监测与控制系统的要求是快速精确地实现参数监测，最大限度地满足控制要求。对控制系统的要求体现在以下几个方面。

1）准确性（稳态性）要求。即要求稳态误差（稳态时系统的期望控制参数值与实际达到的值之差）小。对于控制系统的最基本要求就是木材干燥质量必须符合国家标准或用户的要求，这首先取决于干燥设备的选型是否符合木材干燥的要求及木材干燥工艺的适宜性，但控制系统的准确性也是满足干燥要求的必要条件。

2）稳定性要求。就是在控制过程中不允许出现超出误差范围的波动。如果木材干燥到某阶段时干燥基准所要求的温度和湿度波动太大，会严重影响木材的干燥质量。

3）动态性要求。动态性即反应速度，要求动态性高，即用较短的时间使干燥过程参数尽快稳定到干燥基准所设定的状态，从而减小由于温度或湿度波动而对木材干燥质量产生大的负面影响。

4）可靠性要求。主要是指木材干燥设备在长时间运转过程中，不能有大的性能衰退或某些部件的故障发生，也不允许控制系统误差过大或失效等。

5）可人为调控性要求。在全自控设备运行异常时，允许改为手动人为调控。

第二节　木材干燥过程监控参数测量

控制系统其实是监测与控制的总称，没有设备实时运行参数的监测也就不可能有良好的控制。下面介绍控制系统常用监控参数的测量及注意事项。

一、干燥介质温度和湿度

由于干燥基准中所规定的干燥介质温、湿度是指材堆入口侧介质的状态，因此，温、湿度检测传感器探头在材堆出、入口侧都应设置，且能根据介质循环方向及时自动切换监测数据，以确保其始终为材堆入口侧介质的状态参数值。目前，我国木材常规干燥设备仍不规范，大门大都布置在气道一侧（材堆出、入口侧），致使该侧无法设置检测装置探头。生产实际中使用的干燥设备，一部分仅单侧设置探头，一部分将探头分别设置在大门侧和操作间侧气道的端壁（与材堆端头相对的室壁）上。对于前者，应测试把握干燥过程不同阶段材堆出、入口侧介质的温度差和湿度差的变化规律，并在风机换向时据此适时调整干燥基准；对于后者，则应测试把握气道端部和气道中介质状态的差异，进而适当调整干燥基准。

（一）干燥介质温度监测

温度测量仪表按测温方式可分为接触式和非接触式两大类。接触式测温仪表比较简单、可靠，测量精度较高，但因测温元件与被测介质需要进行充分的热交换，需要一定的时间才能达到热平衡，所以存在测温延迟现象；非接触式测温仪表通过热辐射原理来测量温度，测温元件不需与被测物接触，测温范围广，不会破坏被测物体的温度场，反应速度也比较快，但受到物体的发射率、测量距离、烟尘和水汽等外界因素影响，其测量误差较大。

温度测量仪表的选用应考虑适用性、可靠性和经济性。适用性主要考虑使用环境、测温范围、精确度，并符合安装及使用要求。随着检测技术的发展，同时考虑到上述温度测量仪表的选用原则，在木材干燥的实际生产中，传统的带保护管的工业温度计、双金属温度计、压力式温度计基本上已被淘汰，取而代之的是金属热电阻、金属热电偶等温度计，但由于热电阻温度计或热电偶温度计使用时间较长后易发生漂移现象，故多采用高精度玻璃温度计对其进行定期校正。

常规干燥过程中干燥介质温度监测基本上都用金属热电阻测温系统。其由金属热电阻温度传感器、连接导线和测温仪表三部分组成。热电阻温度传感器是基于金属导体或半导体的电阻值与温度呈一定函数关系的特性来进行温度测量的。金属材料的电阻值随温度的增加而增加，铂、铜等金属的电阻-温度特性呈线性关系，根据金属的这种电阻与温度关系，通过测电阻即可计算出温度。它的主要特点是测量精度高，灵敏度高，性能稳定，不易发生故障，测温可靠。诸多金属中，首先由于铂具有高纯度，易接线，阻值大易检测，不易受温度、电磁场之外的其他因素影响等优点，因此铂热电阻（Pt10、Pt100、Pt1000）不仅在工业上被广泛用于高精度的温度测量，而且还被制成校准的基准仪，适用于中性和氧化性介质，其中 Pt100 应用最广泛；其次是铜热电阻（Cu50 和 Cu100，Cu50 应用最广泛），它具有精度高、适用于无腐蚀介质的特点，但温度超过 150℃易被氧化。热电阻温度计也可实现远距离测量，便于实现多点检测和自动控制和半自动控制；也便于实现温度自动记录和超温自动报警等多种功能，是适合于木材干燥过程控制的一种比较理想的温度计。目前我国常规干燥设备干燥介质温度的监测基本上都选用 Pt100。

热电阻感温元件的引出线等各种导线电阻的变化会给温度测量带来影响。为消除引线电阻的影响，一般采用三线制或四线制。目前木材干燥生产中常采用铠装热电阻，其是由感温元件、引线、绝缘材料、不锈钢套管组合而成的坚实体。其感温元件用细金属丝均匀地缠绕在绝缘材料制成的骨架上而成的，当被测介质中有温度梯度存在时，所测得的温度是感温元件所在范围内介质层中的平均温度。该种热电阻具有体形细长、热响应时间快、抗振动、使用寿命长等优点。

与热电阻配套的测温仪表种类较多，随着计算机技术的发展，传统的动圈式仪表已逐渐被淘汰，微机化、智能化的数显式测温、控温仪表的应用也已相当普遍。

金属热电阻测温系统使用时必须注意以下几点。

1）带金属铠装的热电阻有传热和散热损失，所以，尽可能避免使用较长金属铠装探头将其穿过壳体且部分铠装体裸露室外，以防止室外空气及温度较低壳体沿铠装体导热的影响。应将其安装在固定于壳体内壁的支架上，或用聚四氟乙烯保护管取代金属铠装 ［保护管长度同金属热电偶保护管、感温元件（金属电阻丝及骨架）与管端齐平、感温元件除测温端缘外其他部分及引线与保护管间填充硅胶密封固定］。

2）正确设定仪表参数。主要是在仪表的传感器型号选择项中，选择与所用热电阻相匹配的型号（分度号）。

3）为了消除连接导线电阻变化的影响，建议选用 3 引线热电阻，采用三线制接法。

4）传感器校正。使用前应用高精度温度传感器进行校正：将与仪表正确连接的被校正传感器、1 个标定用高精度传感器的测头用橡皮筋等捆绑在一起（各测头尽可能接近），再将其先后置于沸水和冰水混合物中，分别记录各传感器在两种物体中的温度，使用 Excel 软件建立标定传感器测值为纵坐标、被校正传感器测值为横坐标的曲线及其回归方程，该方程即为对应传感器的校正关系式，干燥过程控制系统应使用该校正关系式对测值进行校正，或操作者据检测值和关系式把握精准值，进而可靠实施干燥基准。

金属热电偶温度传感器很少用于干燥介质温度检测，其多用于检查干燥过程中木材的温度分布及变化（见本节木材温度监测）。

（二）干燥介质湿度监测

常规干燥过程中干燥介质湿度监测的常用方法为干湿球温度监测法、平衡含水率监测法、电子式湿敏传感器监测法。

1. 干湿球温度监测法 干湿球温度监测法监测原理如第一章第二节所述，但目前干燥设备所用干湿球温度传感器已由早先的玻璃管温度计升级为金属热电阻温度传感器（Pt100）。介质相对湿度可根据使用其测得的干球温度、干湿球温差由表 1.7 查得，或据公式（可查阅相关文献获得）计算。监测的主要注意事项如下。

1）监测前应对两个传感器进行校正，方法同上 [见本节（一）]。即使不进行校正，也应至少把握两者基础温差（不包纱布时两者的示数差），并在干燥过程介质温湿度监控时尽可能避免其影响。

2）两个传感器的感温部分（探头）位置应相近，装在干燥室内材堆的进风侧且具有代表性的位置，感湿纱包离干燥设备内壁的距离不小于 100mm，对于可逆循环干燥室，材堆两侧都应装温湿度传感器，以便任何时候都能以材堆进风侧的温湿度作为执行干燥基准的依据。

3）湿球温度传感器上应包覆医用脱脂纱布，层数适宜（经验值为 3～4），要及时更换（每一个干燥周期在装材前进行更换）。若纱布太厚，将无异于把湿球传感器浸于水中；若不及时更换，将因纱布变质而影响吸水性。两者都将反映不出实际干湿球温度差。

4）湿球温度传感器探头据水面距离应适宜（经验值为 30～40mm）并稳定（干燥室内、外水盒间连通管通畅、无泄漏，外水盒（设置在操作间墙壁）最好设置浮子及自动加水装置）；水盒宜用铝、铜或不锈钢做成，避免锈蚀和污染水质。内水盒应加盖，内、外水盒均可排污。

2. 平衡含水率监测法 该方法实质上是使用电阻式含水率测定仪监测置于被测干燥介质中平衡含水率检验片（也称湿敏检验片或感湿片，早期为薄木片、现大都用专用纸片替代）的含水率及介质温度，进而据其查图 2.2 或查表 2.2 确定或计算介质的相对湿度。由于干燥介质状态改变后感湿片达到吸湿或解吸稳定状态需要一定时间，因此该监测法灵敏性较低。测量装置与电阻式温度传感器一起装在干燥室内前述适宜部位，所显示的平衡含水率应该是自动温度补偿后的值。目前我国木材常规干燥基准表中都列出了不同含水率阶段所对应的介质温度、干湿球温差、平衡含水率，部分基准还同时给出了相对湿度，所以实际干燥过程中可直接监控介质温度和平衡含水率，而无须据其换算相对湿度。

平衡含水率测量装置如图 6.1 所示，包括平衡含水率传感器（装于干燥室内）、直流电阻式

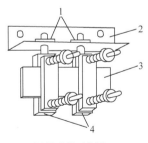  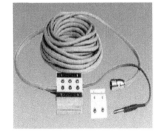

(a) 传感器示意图　　　　　　　　(b) 传感器实物图　　　　　　　　(c) 连接导线

图 6.1 平衡含水率测量装置

1. 接线柱；2. 插座；3. 感湿片；4. 检验片夹

含水率测定仪（装于控制柜内）和连接导线。其中，平衡含水率传感器由感湿片、检验片夹和插座组成。检验片夹，实际上是一对电极，每副夹子两端装有带反力弹簧的压紧螺钉，夹子的一端有弹性插头。

由连接导线将传感器与操作间电控柜内的电阻式含水率测定仪相连接。使用时应注意：①感湿片若为薄木片，安装时应使其纵向木纹与检验片夹相垂直（测量木片的顺纹电阻率）。②传感器上方应装有防护挡板，防止水蒸气或冷凝水滴直接喷溅到或滴到感湿片上。③感湿片要在每一个干燥周期装材前进行更换，以减小其吸湿解吸性能衰减对测量值的影响。④确保接线可靠。

3. 电子式湿敏传感器监测法 电子式湿敏传感器的湿敏元件主要有电阻式、电容式两大类。

（1）湿敏电阻 湿敏电阻的特点是在基片上覆盖一层用感湿材料制成的膜，当空气中的水蒸气吸附在感湿膜上时，元件的电阻率和电阻值都发生变化，利用这一特性即可测量其电阻率并据其计算空气相对湿度。湿敏电阻的种类很多，如金属氧化物湿敏电阻、硅湿敏电阻、陶瓷湿敏电阻等。湿敏电阻的优点是灵敏度高，主要缺点是线性度和产品的互换性差。

（2）湿敏电容 湿敏电容一般是用高分子薄膜电容制成的，常用的高分子材料有聚苯乙烯、聚酰亚胺、醋酸纤维等。当环境湿度发生改变时，湿敏电容的介电常数发生变化，其电容量也发生变化，其电容变化量与相对湿度成正比。传感器的转换电路把湿敏电容变化量转换成电压变化量，传感器的输出为 $0\sim1V$ 的线性变化，对应的相对湿度变化为 $0\sim100\%RH$。湿敏电容的主要优点是灵敏度高、产品互换性好、响应速度快、湿度的滞后量小、便于制造、容易实现小型化和集成化，其精度一般比湿敏电阻要低一些。国外生产湿敏电容的主要厂家有 Humirel 公司、Philips 公司、Siemens 公司等。

（3）其他湿敏元件 除电阻式、电容式湿敏元件之外，还有电解质离子型湿敏元件、重量型湿敏元件（利用感湿膜重量的变化来改变振荡频率）、光强型湿敏元件、声表面波湿敏元件等。

湿敏元件的线性度及抗污染性差，在监测环境湿度时，湿敏元件要长期暴露在待测环境中，很容易被污染而影响其测量精度及长期的稳定性。所以，上述湿敏元件大都被制成集成式湿度传感器，或与铂热电阻等一起被集成为温度-湿度传感器。

总之，湿度传感器正朝着集成化、智能化、高精度、抗干扰、抗污染等方向发展。可据使用条件和要求选用。要注意每次使用前清洗湿敏元件防护滤网、在规定的温度范围内使用。

二、木材干燥应力监测

干燥应力监测的方法可归纳为实测法、切片法和分析法三种（详见第三章第五节）。

三、木材含水率的测量

木材含水率的测量方法很多，但在木材工业中常用的方法是称重法和电测法（详见第二章第一节）。

（一）称重法

称重法是木材含水率测量的基本方法，用该种方法测得的含水率可作为其他方法准确性的校验基准。但测量时应注意：①注意天平的量程并调水平；②避免检验片称重前与环境进行湿交换；③检验片烘至绝干时应及时称重，防止其因热分解而影响含水率测量精度；④检验片锯解时，木材水分损失对称重法测量精度的影响程度随含水率的升高而增大，计算含水率时，应适当考虑这种损失。关于用称重法测量材堆中设置的含水率检验板的平均含水率，由检验板两端截取的初含水率检验片测得的含水率只能作为检验板含水率的推定值，由其和初重计算的绝干重同样为推定值，理论上需在干燥结束后测得实际值，并用其置换之前计算公式中的推定值，以获得精准结果。还需注意的是，检验板规格大，不能直接烘干称重，需将其锯解为小试件，并尽可能减少锯解前后水分损失（锯解前后含水率相等），进而测算得到更接近实际的绝干重。

（二）电测法

电测法又分直流电阻式（简称电阻式）和交流介电式（电容式、高频式）。在实际木材干燥中使用最多的是称重法和电阻法，一般在手动木材干燥控制中使用称重法或便携电阻式、介电式，半自动控制系统中采用便携电阻式、介电式或在线电阻式（带有显示单元），全自动控制系统中绝大部分采用在线电阻式测量木材含水率。虽然电阻式含水率测量准确性稍差，尤其在高含水率范围内，但经过温度校正及树种校正后，基本上能够满足木材干燥过程控制的要求。

在使用电阻式含水率测定仪时应注意以下事项。

1）树种修正。树种的影响主要是木材的构造及所含的电解质浓度，如内含物、灰分及无机盐等，而木材的密度对电阻率的影响尽管较小（含水率不变时，含水率显示值会因密度的增大而略有增大），但也不能忽视。树种的分类可用没有含水率梯度的已知树种气干材，用电阻式含水率测定仪进行分档测试，并与烘干法进行对照实验，偏差最小的档即为该树种的修正档。

2）温度修正。木材的温度升高，电阻率减小（影响程度随含水率的减小而增大），含水率读数增加。因此，必须将测量的读数减去这个数值才是真实的含水率。电阻式含水率测定仪通常是在20℃的室温下标定的，若测量温度不是20℃，须进行修正。

3）纹理方向。横纹方向的电阻率比顺纹方向大2～3倍。弦径向差异较小，一般可忽略不计。仪表的标定通常是以横向电阻率作为依据的，测量时须注意测量方向与纹理方向垂直。若在顺纹方向测量，所测数值将比真实值大。但也有以顺纹电阻率作为仪表设计依据的，如测量平衡含水率的感湿木片，其两个木片夹必须沿横纹理方向夹住木片，即测量木片的顺纹电阻率。

4）探针插入（钉入）木材的深度和两极距离。测量木材含水率通常采用针状电极，将电极插入木材内部。针状电极探测器多为二针二极，有的还配有不同长度的探针，以便适应不同厚度木材的含水率测量。由于电阻率与两电极之间的距离及探针的几何尺寸有关，因此，探针的形状是电阻式含水率测定仪设计时确定的，要求使用时用配套的探针。为便于安装电极，有些干燥室内所用木材干燥过程中含水率测定仪没有配整体式探针，只有分离式探针、电极导线及其头部装、卸探针的卡头。使用时要注意，两电极探针的安装距离及埋入木材深度应符合说明书的要求。探针有绝缘探针，也有无绝缘探针。前者只暴露其端头，可测量木材内某一层次的含水率。而后者全针暴露，所测接近整个插入范围内最湿部分的含水率。若被测木材表面有冷凝水或被水湿润，采用无绝缘探针将会产生较大误差。探针插入深度应为板厚的1/5～1/4，这样所测的含水率将接近于沿整个厚度的平均含水率。若插入厚度是板厚的一半，则测得的是中心层较高的含水率。上述结论适合于常规室干过程中木材的含水率监测，其他干燥方式，由于干燥过程中木材内部含水率分布不同,因此探针插入深度应据实测的含水率分布规律来确定。

5）探针插入木材前预钻孔。为防止探针钉入木材时将木材胀裂，要求在钉入部位预钻孔，孔径略小于探针外径，用木槌（或橡胶锤）将探针轻轻击入孔中。

四、干燥过程中木材温度监测

干燥过程中木材的温度分布及变化的精准监测，对于优化干燥基准、提高干燥质量和缩短干燥周期具有重要意义。我国的木材干燥设备，目前虽尚未对其监测，但将来有增设对其监测的趋势。诸多温度监测装置中，金属热电偶测温元件，由于线径较细、柔软、耐用、不需铠装即可埋入木材需测温部位的预钻孔中，操作便捷，因此推荐使用该种温度传感器实现木材温度的监测。

金属热电偶温度监测系统由热电偶测温元件、补偿导线（非必需）和测温仪表三部分组成。

热电偶测温元件是两种不同材料的导体或半导体金属线（丝），其中一端互相焊在一起，作为工作端（测温端），与被测接触；另一端不焊接，作为自由端（参比端或冷端），直接或通过补偿导线与测温仪表相连接。除两端外的其他部分做绝缘、防水处理。当测温端和参比端存在温差时，就会在回路中产生热电动势和热电流，这种现象称为热电效应。当热电偶的材料及冷端的温度一定时，回路中的热电动势即是测温端温度的单值函数，可通过仪表以毫伏值或直接换算成温度值显示出来。与热电偶配套的测温仪表种类较多，微机化、智能化的数显式测温、控温仪表的应用也已相当普遍。

虽然热电偶温度计因需要冷端温度补偿而精度不及铂电阻温度计，但能满足木材温度监测精度的需要。

常用热电偶的型号及其特点如下，可据需要选择。

最常用 T 型（铜-康铜）热电偶：正极为纯铜丝，负极为铜镍合金丝（铜 55%，镍 45%），测温范围为−200~350℃，特点是测温灵敏度及准确度都较高，尤其是低温性能好，价格便宜。

其次是 E 型（镍铬-康铜）热电偶：正极为镍铬合金丝（镍 90%，铬 10%），负极为铜镍合金丝（铜 55%，镍 45%），测温范围为−200~900℃，特点是热电动势较大，价格便宜。

金属热电偶温度监测系统的使用注意事项如下。

1）测温端正负极合金丝可靠焊接，合金丝与其外部绝缘皮间用硅胶等密封，之后用聚四氟乙烯保护管保护（保护管长度以将其自锯材侧面埋入至所需的最深测点时留在材外部分刚好能用手指捏持为准，测头基本与管端齐平，保护管与绝缘皮间填充硅胶密封固定）。

2）正确接线。热电偶接线有正负极，应将其与支持同型号热电偶测温的信号巡检仪的对应接线端可靠连接。极性的简单判定法：①用颜色来区分，红或绿的多为正极，白或灰的为负极；②用万用表测量；③与巡检仪接线后看显示的温度走势，室温下手捏测温头后若温度升高则极性正确，反之两线调换。

3）正确设定仪表参数。主要在仪表的传感器型号选择项中，选择与所用热电偶相匹配的型号。若所用传感器型号未知，可在该选项中任选一型号，手捏测温头待显示值稳定后，若该值与体温接近则型号匹配正确，否则重选试验，直至仪表配型正确。

4）传感器校正。使用前应用高精度温度传感器进行校正，获得校正关系式，方法见本节一、（一）4）。干燥过程中使用各传感器对木材温度分布的测值需用对应的校正关系式校正。

第三节　木材干燥控制系统

木材干燥是一项包含有多种不定因素的复杂过程，通过改变木材干燥室内的温度和湿度，控制木材内部含水率指标，使其按一定的工艺要求缓慢降低，满足不同用途木材的干燥质量要求。因此，木材干燥过程的控制实际上就是对干燥介质状态的控制。

常规木材干燥室中，干燥工艺条件的核心内容是含水率干燥基准，干燥介质的温度和湿度是与木材在干燥过程中实际含水率的变化相对应的。因此，若对干燥过程进行控制，必须要随时监测木材的实际含水率，根据木材含水率所对应的干燥基准中相应阶段来控制干燥介质的温度和湿度。所以，干燥室控制系统的作用就是适时地测量干燥室内干燥介质的温度、相对湿度或平衡含水率，以及被干木材在干燥过程中的实际含水率等，然后按照给定的干燥工艺条件，控制各执行机构的工作，合理地调节干燥介质的温度、相对湿度或平衡含水率，以完成整个木材干燥过程。干燥室的各执行机构是相对独立的，调整干燥介质的温度由加热器阀门控制加热器内的蒸汽量完成；调整干燥介质的相对湿度由喷蒸管阀门控制喷蒸量和进排气道阀门控制进排气量完成。

木材干燥控制技术的发展自20世纪80年代开始，先后经历了从手动控制、半自动控制、全自动控制，到基于串行通信的分布式计算机远程控制的发展过程。手动控制是最基本的控制方式，也是半自动控制和全自动控制系统的基础。随着计算机网络应用技术的不断发展与普及，利用计算机、网络技术来控制木材干燥过程，能起到保证木材干燥质量、缩短干燥周期、降低能耗、提高生产率的作用。因此，研究开发计算机自动控制、网络远程控制系统及其相关技术，也是木材干燥技术研究领域里的重要课题和方向之一。

一、手动控制

1. 手动控制系统　　干燥室的手动控制也叫人工控制，其主要操作过程是：①根据干燥木材的种类及规格，参考国家林业行业标准《锯材室干工艺规程》或依据企业经验制定干燥基准；②含水率检验板选取及含水率的测量；③按要求堆装及将含水率检验板放置于具有代表性的位置；④干燥过程控制，木材实际含水率的变化通过对检验板的称重并依据初含水率计算或直接用电阻式含水率测定仪测量得到；干燥介质的温度控制是通过观察干球温度计的数值、调节加热器的手动阀门来实现；干燥介质的相对湿度控制根据被干木材是处于热湿处理阶段还是处于干燥阶段这两种情况分别对喷蒸管的手动阀门或进、排气的手动阀门进行操作。处于热湿处理阶段增湿时在进、排气阀门关严后调节喷蒸的手动阀门控制相对湿度；处于干燥阶段降湿时喷蒸阀关闭及调节进、排气阀门开度控制相对湿度。干燥室内气流换向依靠人工间隔一定时间启动或关闭电动机的按钮来完成。

手动控制设备比较简单，成本低，但要求操作者应具备一定的木材干燥基本知识和生产实践经验，操作过程相对比较复杂、技术性比较强。在我国的木材干燥设备中，尤其是小型企业中还有少量应用。近年来随着监控仪表的涌现及成本的不断降低，手动控制也正在逐渐被半自动及全自动控制系统所取代。但由于手动控制直观和可靠性强，几乎所有的半自动及全自动控制系统都将其作为一个备份，即一旦半自动或全自动控制系统失灵或有特殊情况发生，就要用手动来完成；在安装和调试过程中也用来检验半自动或全自动控制系统的精准性。但是手动控制使操作人员劳动负荷较大，主要依靠操作人员凭经验控制干燥过程，从而导致干燥质量不易保证，干燥能耗偏高，给木材干燥带来较大的损失。所以，自动控制系统逐步取代手动控制系统势在必行，是木材干燥技术发展和生产的需要。

2. 手动控制系统示例　　比较典型的手动控制系统包括风机的控制，加热、喷蒸及进排气的控制。风机的控制一般较简单，通过控制箱上的按钮进行操作，控制风机的开启、停止和运转方向。比较复杂的是干燥过程中温度和相对湿度的控制过程，常规干燥中主要是控制加热、喷蒸管路上的阀门及进排气装置的开启与关闭，图6.2中示出了加热和喷蒸控制中截止阀的布置简图。

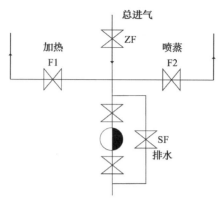

图 6.2　木材干燥手动温度控制系统简图
ZF. 总进气阀；SF. 总管排水阀；
F1. 加热阀；F2. 喷蒸阀

木材干燥前，首先根据所干燥木材的树种、规格及其用途、最终含水率等质量要求，选择和制定相应的干燥基准，本例中所用干燥基准如表 6.1 所示。干燥准备及过程控制如下。

表 6.1　干燥基准示例

含水率/%	干球温度/℃	湿球温度/℃
>40	50	48
40~30	53	50
30~25	58	52
25~20	65	55
20~15	70	55
15~12	75	55
<12	80	58

1）干燥设备的检查，如风机转动是否正常，加热器及管道是否泄漏蒸汽，壳体是否有破损，大门是否密封严实，检测装置工作是否可靠等。

2）干燥室中木材的堆装，是木材干燥质量影响较大的因素之一，按要求用隔条将木材堆装好，并按要求在材堆适当位置放好木材含水率检验板。

3）用称重法或便携电阻式含水率测定仪测量木材试验板含水率数值，如果初含水率大于30%，通常需要进行干燥预处理；如果含水率小于 30%，则依干燥工艺规程规定，从表 6.1 中查得对应的干、湿球温度值（在此假设初含水率为 28%，则从干燥基准表中查得干燥室中干球温度应为 58℃，湿球温度应为 52℃）。

4）开启木材干燥室的风机，开启总进气阀 ZF，开启疏水器旁通阀，放出管道中的水，待有蒸汽排出时，关闭此阀、打开截止阀使疏水器工作，开启加热截止阀 F1，此时不能马上开启喷蒸阀，因为干燥室和木材材堆的温度都不高，容易在表面形成大量的凝结水。

5）先将干燥室内升温至 45℃左右，此时开启喷蒸截止阀 F2，使干、湿球温度同时升高，这时应适当关小加热截止阀的开度，使喷蒸起主导作用，喷蒸启动时不仅增加湿度，同时还会释放出大量的热量使温度升高。当干湿球温差接近木材干燥基准此阶段规定值时（在本例中为 6℃），注意调节加热和喷蒸阀的开度，使它们升温保持同步。当干球温度升至接近设定值（如低于设定值 2℃，应根据干燥设备具体情况而定，如干燥室的加热面积配比较大，则此值应大一些）时，关闭加热阀，因为在干燥室内的散热器中充满着高温高压的水蒸气，即使关闭了加热阀，干燥室中的温度也会继续上升。当湿球温度升至木材基准的规定值时，关闭喷蒸阀，进入正常的木材干燥阶段。

6）木材干燥是水分不断迁出木材的过程，即空气中水分不断增加的过程。随着干燥的进行，湿球温度会不断上升，当超过设定值 2℃时，应打开进排气装置，使干燥室中的湿空气与外界新鲜空气进行交换，从而降低干燥室中的湿度，使湿球温度恢复至设定值（注意：此过程中应确认喷蒸阀处于关闭状态）；当湿球温度降至设定值时应马上关闭进排气装置，一方面因为过多地降低湿球温度会使干燥室中湿度过低，木材干燥中容易出现缺陷，另一方面，也会使干燥室中的温度波动太大，不利于木材干燥的质量控制。

7）在木材干燥过程中要不断检查木材含水率及干燥质量情况，一般每天检查一次即可，如果干燥易干材时可多次。每次检查木材的含水率值，对照干燥基准，进入下一阶段时，及时调整温度值，从而节约干燥时间与干燥能耗。检查干燥质量主要是检查其开裂、变色等缺陷情况，如果发现木材干燥过程中锯材发生缺陷要马上采取必要的措施，如关闭进排气阀门、进行中间湿热处理等，及时进行补救，减少干燥降等损失。

8）在正常干燥过程中，温度下降过程开始时应使加热阀保持一定的开度（不要过大，干燥操作人员应依干燥设备情况摸索经验），以使干燥室中不断有热量补充，这样干燥室中的湿空气的温度和湿度波动就不会太大，从而提高干燥质量。

9）在干燥过程的中后期，即使进排气装置处于关闭状态，湿球温度可能长时间不会有大的变化，只要木材含水率还在继续下降，一般属于正常情况。因为木材干燥室气密性的局限，会有部分湿空气不断地泄漏出去，因此，在湿球温度上看不出较大的变化。

10）在干燥过程中，除非热湿处理阶段，一般应保持喷蒸阀处于关闭状态，主要依靠木材中蒸发出的水分维持湿球温度稳定。

11）依要求对风机进行正反转的定时控制，使木材含水率在材堆宽度方向上能够均匀。

12）干燥结束时，待室内温度下降至规定值后方可打开干燥室大门，否则，会因为木材中心与表层温度差过大而造成开裂，从而引起木材降等造成经济损失。

二、半自动控制

1. 半自动控制系统　　半自动控制是在手动控制基础上，通过温度控制仪表、电动调节阀门和电动执行器来对干燥介质的温、湿度进行操控。温度控制仪表代替了手动控制的只读式温度仪表，电动调节阀门分别安装在加热器和喷蒸管的主管路上，代替了人工控制的手动加热器和喷蒸管的阀门，电动执行器代替了进、排气道的手动开关。木材实际含水率的监测仍需要通过检验板来获得，但现在也有很多的系统安装了木材含水率监测仪表。半自动控制是反馈控制的最基本形式，也是全自动控制的基础。

手动控制过程可归结为测量被控制量——与给定值作比较求出偏差——根据偏差调节控制量以消除偏差等步骤。所谓反馈控制系统就是通过监测这种偏差，并利用偏差去纠正偏差的控制系统。反馈就是指被控制量通过测量装置将信号返回控制量输入端，使其与控制量进行比较，结果就是偏差，控制系统再根据偏差的大小和方向进行调节，以使偏差减小，从而使被控制量与设定值一致，图 6.3 为控制流程图。测量元件检测被控制量，如温度、湿度，将测量值以反馈信号的形式与控制量给定信号做比较得出偏差信号，偏差信号出入到控制装置使其发出控制信号到执行元件，如调节阀门、电动执行器等，根据控制量调节干燥设备，再检测被控制量，完成对干燥设备的调整。如果将手动控制中操作人员的功能以一个自动化装置来对比，温度测量装置类似于人的眼睛，控制装置类似于人的大脑，执行元件类似于人的手，从而构成了一个采用反馈原理的自动控制系统。

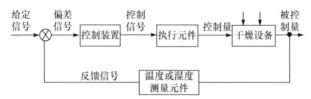

图 6.3　干燥过程参数（温度、湿度等）反馈控制（加热、喷蒸、进排气）流程图

　　半自动控制是根据干燥基准的不同阶段进行分段控制的，也就是当一个阶段的控制结束后，要重新设定下一个阶段需要控制的干球温度和湿球温度的数值（基准值），再进行新的阶段性控制。每一阶段都要设定干球温度和湿球温度的数值（基准值），一直到干燥过程结束。换言之，半自动控制在某一特定干燥阶段内实行的基本上是自动控制，只在改变含水率阶段需要重新设定温、湿度时才由操作人员进行操作。

　　干球温度的控制精度，根据所使用的电动阀的种类不同而有所不同。电动阀有电气调节阀和电磁阀两种。电气调节阀属于连续量调节，这种阀门的控制精度比较高，但较贵。电磁阀属于开关量调节，这种阀门的控制精度低，但也便宜，有的甚至是电动调节阀价格的十几分之一。用于喷蒸管的电动阀，采用电磁阀的较多。但一些进口干燥设备采用的都是电气调节阀。

　　用于进排气道的电动执行器可以做到开关量控制和连续量控制两种方式。以连续量控制为最佳方式，但对安装电动执行器的连杆机构要求的精度要高。否则，易使进排气道盖门（阀板）产生误动作，影响木材干燥过程的正常进行。

　　近几年，出现了采用平衡含水率检测装置与干球温度配合来间接监测干燥室内干燥介质湿度的装置。但平衡含水率检测装置也有不足之处，主要是湿敏检验片的使用环境和测试范围有限，有时还会产生反应滞后的现象。

　　半自动控制方式大大减轻了操作人员的劳动强度，使操作人员有精力去关注木材干燥质量等更重要的因素，而不只单单注意干燥室的运行稳定性，从而提高木材干燥质量。半自动控制系统运行比手动控制稳定了许多，且仪器成本也比自动控制便宜，比较适合于一般干燥设备台数不多的中小型企业应用。半自动控制只是控制湿空气的温、湿度以达到干燥工艺的要求，具体的干燥工艺参数还需有经验的技工来设定，因此操作人员的实际经验对干燥控制过程的各阶段参数设定至关重要。

　　目前应用较多的是采用智能仪表型的半自动控制系统。由于大多为大公司批量产品，仪表质量稳定，价格不太高且性能好，每个仪表均可进行温度设定和实际值的显示，还有位式动作灵敏度设定，上限、下限报警及 PID 调节等功能。

　　此外，利用单片机进行半自动控制木材干燥也发展较快，单片机成本较低，编程也不复杂，配上合适的工艺电路及输入、输出设备，就可直接对木材干燥过程中的温、湿度进行半自动控制，且比仪表型有较大优势，是可以专门设计用于木材干燥控制的。此外，单片机半自动控制系统还可作为二级控制单元成为全自动控制系统的一部分。

　　2. 半自动控制系统示例　　手动控制是半自动控制系统的基础，因此，在半自动控制系统中都包括一个旁路——手动控制部分，用于当半自动系统不正常时，由手动控制来维持和进行干燥过程的操作。半自动控制系统主要也是控制干燥室中的温度和相对湿度。在半自动控制系统运

行时,关闭手动部分截止阀(图 6.4 中 F1 和 F2),
打开半自动部分控制阀(图 6.4 中 F3 和 F4)。

半自动控制系统与手动控制的不同点就
是用仪表来保持干燥设备运行时的稳定性,以
手动控制中的例子来讲,除温、湿度的设定外,
其他均相同,干球和湿球温度值采用仪表设定,
保持截止阀 F3 和 F4 的开启状态,由仪表来调
节电动阀 DF1 和 DF2 的动作,从而达到对干燥
室内温度和湿度的目的。在干湿球控制中,干
球仪表控制加热电动阀的动作,保持干燥室内
温度;湿球仪表控制喷蒸电动阀和进排气装置
的动作,保持干燥室内的湿度。操作人员只要
根据木材含水率所处干燥基准阶段对控制仪表
进行设定即可。其余方面与手动控制相同。半
自动控制大大减轻了操作人员的劳动强度,也

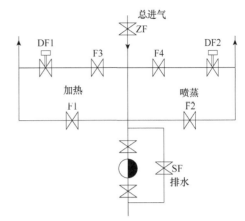

图 6.4 木材干燥半自动控制系统简图
ZF. 总进气阀;SF. 总管排水阀;
F1. 加热截止阀;F2. 喷蒸截止阀;
F3,F4. 截止阀;DF1. 加热电动阀;DF2. 喷蒸电动阀

避免了由于操作人员注意力不集中等因素引起的木材干燥质量问题。

半自动控制系统示意图如图 6.5 所示,该系统分三个分支:①干球温度指示调节器 3、干球
温度传感器 1、电动阀 5 和加热器 8 组成的分支控制干球温度;②湿球温度指示调节器 4、湿球
温度传感器 2、电动阀 6 和喷蒸管 9 组成的分支控制介质的增湿;③湿球温度指示调节器 4、湿
球温度传感器 2、电动执行机构 7 和进排气道 10 组成的分支控制介质的换气降湿。干燥过程中
操作者要注意随时监测木材含水率,并根据基准相应含水率阶段的温湿度要求在温度调节器 3、
4 上设定干球温度和湿球温度值。

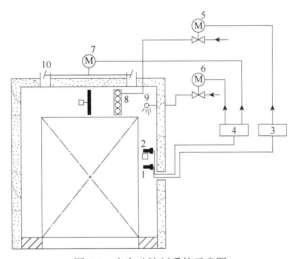

图 6.5 半自动控制系统示意图

1. 干球温度传感器;2. 湿球温度传感器;3. 干球温度指示调节器;4. 湿球温度指示调节器;
5. 加热器电动阀;6. 喷蒸管电动阀;7. 电动执行机构;8. 加热器;9. 喷蒸管;10. 进排气道

三、全自动控制

1. 全自动控制系统 全自动控制系统是在半自动控制的基础上又迈进了一大步,基本

实现了木材干燥过程的全反馈控制。全自动控制干燥设备在运行过程中无须人工操作，只是在开始时由操作人员按被干木材的树种、规格和对干燥质量要求确定合适的干燥基准，并将干燥基准按程序要求输入控制系统中，系统启动运行后一直到结束；当系统停止工作，就说明全部干燥过程结束。因此，全自动控制系统使操作人员能够同时管理多台干燥设备，提高生产效率，是现代大型木材加工企业生产中的首选控制系统。但全自动控制的关键及难点在于干燥应力和含水率梯度的在线监测，目前已有的监测方法都存在一定的缺陷，使全自动控制系统的控制精度和可信度大大降低。所以，今后干燥过程全自动控制的重点将在于解决监控参数在线测试精度这一难题。

20 世纪 90 年代以来，随着工业控制用计算机技术的发展日臻成熟，控制类软件也多种多样，计算机技术开始应用到干燥设备控制系统中。由于应用了计算机技术，木材干燥控制系统的控制水平有了很大程度提高，木材干燥质量得到了进一步保证。计算机自动控制系统是采用光隔离输入输出卡（I/O 卡）及通信接口把外部控制设备及元器件与计算机相连，由计算机中用户编辑好的控制程序通过监测系统对干燥过程中的温度、湿度、含水率等参数定时采集、并输入计算机系统中，然后与存储在计算机中的木材干燥工艺进行对比；当达到相应的阶段时，计算机输出信号，向执行机构发出一定的指令，电动阀或电动执行器根据给定的条件进行加热、喷蒸、排气等动作，从而达到自动控制的目的。控制系统所控制的参数主要包括干燥室内干燥介质的温度、湿度和通风机的运转方向。由于电动机的转速一定，所以气流循环速度一般不作为控制参数。为了便于控制系统中计算机计算，控制系统中引入了干燥梯度（有的也叫干燥强度）这个概念。所谓干燥梯度就是在干燥过程中木材的实际含水率与在当时干燥介质条件下平衡含水率的比值。干燥梯度确定了，木材的实际含水率和所要达到的平衡含水率之间的差距就确定了。这样可以使木材不断得到干燥，但又总不能达到干燥介质的平衡含水率数值，直到将木材干燥到所要求的最终含水率。干燥梯度的大小反映了木材干燥速率的快慢，数值越小，干燥速率慢；数值越大，干燥速率快。在干燥梯度基准中，规定了不同阶段的干燥梯度，通过调节干燥介质状态对应的木材平衡含水率来控制木材的干燥速率。

计算机自动控制系统具有以下优势：①降低干燥能耗。可以通过采集到的干、湿球温度计算出湿空气的焓值、水分含量等各项需要的参数，再与设定的标准值进行对比；同时可以快速计算出所需要的热量及蒸汽量或需排出的湿空气量，再通过加热、喷蒸管路及进排气阀及计量仪表来进行控制和反馈，就能达到精确控制湿空气状态的目的。②提高干燥质量。现行《木材干燥工艺规程》实际上是为手动及半自动控制所编制的基准形式，分为 4～6 个含水率阶段，含水率在 40%以下基本上以 5%为一个干燥阶段，这主要是便于操作人员操作，而计算机控制则可以把含水率阶段分得更细，可把 1%～2%含水率作为一个阶段来进行控制，趋于连续基准干燥，这样木材干燥会更均匀，质量也会更好。因为含水率阶段范围越小，相邻干燥阶段之间干燥工艺参数差别越小，木材中含水率梯度在阶段变化过程中也不会很大，由此产生的干燥应力会显著减小，从而可减少木材干燥缺陷、提高木材干燥质量。③便于控制和管理。所有在干燥过程中遇到的问题及解决方式都可以编程到计算机的用户程序中，当传感元件感受到相应的条件时，即可由计算机向相应的设备发出指令来使对应执行机构动作。此外，计算机还可以自动记录干燥过程中的参数变化情况，便于分析监测干燥过程的执行情况。随着科学技术的发展，个人计算机也将逐渐应用到干燥设备中。

全自动控制系统一般能存储一定数量的木材干燥基准，可通过输入干燥基准编号直接调出使用，也可以根据情况将现有基准进行部分或全部修改。系统有许多互锁机构，以保证木材干燥质量、降低能耗。例如，当风机停止运行时，加热、喷蒸阀及进排气阀门会自动关闭，以保证干燥室内的温度和湿度不会有大的波动。一般都使用电阻式木材含水率测量方式，虽然在高含水率时误差较大，但电测法的方便性可很好地用于自动控制系统中。系统会依木材的含水率阶段自动调整温度和湿度的设定值。全自动控制中，国内外的设备大多采用电动调节阀作为加热和喷蒸的控制机构，因其开启不像电动阀那样迅速，所以不会因蒸汽管道中的高压蒸汽而对加热器或其他设备造成冲击，从而延长了木材干燥设备的寿命。但同时，电动调节阀的成本很高。国内的部分厂家选用电动阀作为控制元件，基本上也能够满足木材干燥控制的要求。

目前比较先进的仪表都是 PID（proportional integral derivative）控制方式，也是反馈控制系统中的核心装置，但是在木材干燥过程中，由于干燥室中的加热器对于干燥过程中温度控制的缓冲很大，再加上木材干燥中一般锅炉蒸汽的压力并不十分稳定，因此还很难做到精确控制。且 PID 方式在稳定性、准确性和快速性三者之间难以协调，加大比例控制作用可减少误差，提高准确性，但降低了稳定性。木材干燥设备中的控制通常是采用仪表本身的上下限报警功能输出信号，继而控制元器件动作，达到控制的目的。同一套控制系统用于不同设备上，控制效果可能差别很大，因此较简单的位式调节（开闭控制）对于木材干燥设备的适应性较好，使用电动阀还可以减少许多的设备费用开支。

在全自动控制系统中又可分为三种不同的方式。

1）时间基准控制系统就是按干燥时间控制干燥过程，确定干燥介质的状态参数，它是根据在长期使用含水率基准的基础上总结出的经验干燥基准来进行过程控制。时间基准的控制系统，较以含水率为基准的控制系统简单易用。

2）干燥梯度控制系统。主要控制干燥梯度，即实际木材含水率与干燥介质状态对应的平衡含水率的比值。系统要连续测量木材干燥室内的温度和平衡含水率及木材含水率，木材含水率以预先设置在选定的几块检验板上的电阻含水率探针所测含水率的平均值为依据；平衡含水率则用平衡含水率测量装置直接测量，其测量原理与电阻式含水率测定仪相同。这种测量装置可与电阻温度计一起装在干燥室内，用来代替传统的干、湿球温度计，测量并控制干燥介质状态，尤其适用于计算机控制的干燥室，这种控制系统目前在生产现场的应用较为广泛。

3）称重为基础的控制系统。此种控制系统是将整个材堆的质量作为基本控制参数。干燥前，初选几块有代表性的木板测得初含水率，而整个材堆或部分材堆则由大型电子秤称重。干燥过程中，根据输出的电压与材堆的质量呈正比关系来连续监测木材干燥过程中的含水率的变化，然后再根据含水率所处阶段设定相应的干湿球温度。此种方式含水率的测量在含水率较高或较低时比电阻法准确可靠。但大型电子秤的精度低，干燥初期为测量含水率需要破坏部分板材，同时，试样的选取、温度对干燥系统的控制影响非常大，木材堆装困难。

目前较先进的全自动控制系统的特点是：利用最新软件技术，集成管理与控制，可监测气流速度、平衡含水率、木材含水率、木材温度、加热器内介质的温度、流量等参数，进行时间基准、含水率基准的控制，可进行干燥费用的计算（热、电消耗等），甚至据用电高峰设计节能程序等。

2. 全自动控制系统示例　　与手动控制和半自动控制相比，全自动控制系统要复杂得多。一般由控制器、控制箱、伺服机构与干燥室构成一个统一整体，目前大多数自动控制系统都配有计算机。图 6.6 是一个较典型的全自动控制系统图。

控制器可根据操作人员指令自动调节干燥室的温度和相对湿度，根据被干燥木材含水率的变化依所选干燥基准自动改变干燥阶段温度和湿度设定值，且当达到木材最终含水率后，自动停止干燥程序。当超过预设的温度和湿度值时，自动停止操作并发出报警信号，一般配有 6 个

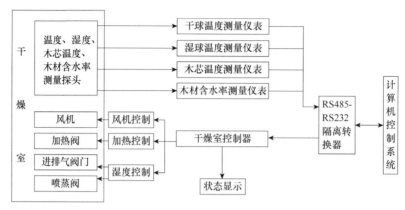

图 6.6　全自动控制系统构成图

木材含水率测点，有特殊需要时可适当增加。一台计算机可同时连接几台控制器，负责将干燥程序和指示输出给每个独立的控制器，同时也将干燥室内的干燥情况记录下来。每个控制器都是完整和独立的，即使其中有的发生故障也不会影响其他控制器运行；而如果控制用的计算机发生故障，每个控制器均可独立完成所控制的干燥室至全部干燥程序完成。有关风机的转向调整方面，有的要手动控制箱的按钮进行，有的则直接由控制器来完成，同时还可设定转向的时间间隔。

全自动控制系统使用较为简单，与手动控制系统一样，先完成前三步的操作，主要的一步还包括在木材堆放时将电阻式含水率测量头（探针）钉在有代表性的木材上，并放在材堆中合适的位置，连接好导线，接通电源，启动系统，选好基准，设定终含水率值及自动记录时间间隔后，开始执行干燥过程。操作人员的主要任务是在干燥执行过程中检查设备及控制系统工作是否正常，检查木材干燥质量，如果出现问题及时采取补救措施。因此，对于自动控制系统，操作者必须要了解木材干燥生产技术的基本知识，熟悉并掌握干燥设备的性能，否则木材干燥过程中一旦出现了问题将束手无策，导致木材产生干燥缺陷、影响干燥质量；同时也不能充分发挥自动控制系统的优势作用。

图 6.7 是美国某公司生产的木材干燥室的全自动控制系统框图。该系统由主机、控制器、PCM（信号采集处理器）、PLC（可编程控制器）及室内设施等组成。各部分的功能如下。

1）主机由 PC 机构成，在 Windows 98 上运行 Lignomat 干燥室控制软件。一台主机最多可控制 4 台控制器，实现如下功能：①人机交互。录入或修改干燥基准；启动或停止干燥室；查询或分析各种记录；检查各室状况；并可随时改变各室设置等。②自动记录各种信息。例如，MC、EMC、温度、风机状态、各启动器状态、各种操作及各种错误等。并提供文字及图形两种方式进行分析。

利用系统提供的各种分析功能，可不断调整干燥基准，提高烘干质量，节约费用，降低木材损耗率，减少人员数目等。

2）控制器由 PC 机构成，运行 DOS 软件。一台控制器最多可控制 16 个干燥室。实现各室的巡回监测和控制。

3）PCM（信号采集处理器）是 Lignomat 专用设备，每室使用一套。用以采集室内的数据及处理该室的控制。

每套 PCM 最多可处理 2 个温度传感器、2 个 EMC 传感器及 8 个 MC 探针，并可控制该室的风机、加热、喷湿及排气设施。

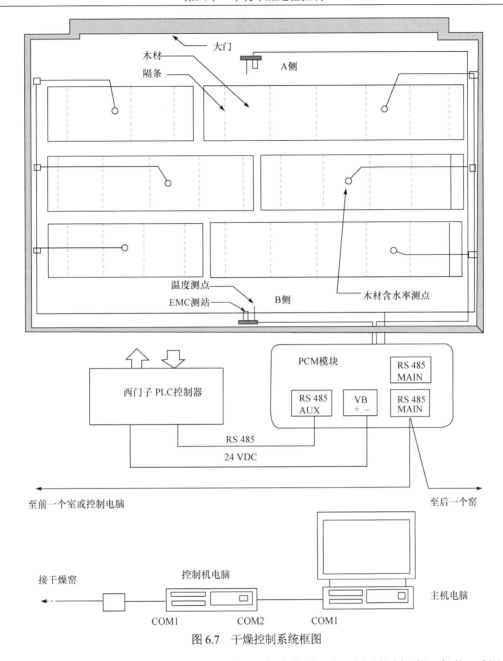

图6.7　干燥控制系统框图

4）PLC（可编程控制器）采用西门子产品，每室使用一个。用于控制风机、加热、喷湿及排气窗等。

5）室内设施包括2个温度传感器、2个EMC测站及6个MC探针等。

该全自动控制系统具有如下特点：系统的组成部分具有高可靠性；采用Windows中文界面，有图形显示，并附有联机帮助，直观易学；操作简便，开启、关闭干燥室等日常操作仅需用鼠标选择室号及木材种类即可；功能强大，实时记录各种信息，并备有多种分析工具，用以不断改善烘干质量、提高效率；使用安全，提供安全密码系统。用户可自行设定和更改操作员密码，防止误操作，保证运行安全；维护性强，除PCM板外，全部采用通用设备。如若万一出现设备故障，用户自己也可以方便地进行更换，节省维护时间。

　　该全自动控制系统的工作原理如下：由 PCM 采集室内的温度、EMC（平衡含水率）、木材含水率等信息，并将其转换为数字信号传送至控制机，同时根据控制机传来的基准要求和当前室内的状态，控制 PLC 来调节风机、加热阀、喷湿阀及排气窗，以保证室内的温度、平衡含水率达到干燥基准的要求。控制机不断查询各个 PCM（最多可查询 16 个 PCM）的数据，并保存和记录各干燥室的运行状态，如是否开启、干燥进程、当前温度、EMC、MC 及风机运行状况等，同时不断刷新各个 PCM 的基准数据，完成干燥过程。即使关闭主机，控制机也可以独立完成整个干燥过程。主机主要用于输入、修改和保存各种干燥基准及干燥记录，提供一个友善的人机交互界面，便于观察、调整各室的状态，并提供多种分析工具，对干燥室及干燥过程进行分析，用以改善干燥过程和进行设备检查及维护。

　　图 6.8 为德国 APEX 木材干燥室及自动控制系统原理示意图，该系统采用平衡含水率控制法。其特点是用木片快速地测出木材的平衡含水率。用一根具备精确电桥和分级阻抗互感器的电阻温度计测量介质的温度。用电阻法测木材的含水率。控制干燥过程的方法就是不断地把木材含水率和平衡含水率同所要求的干燥梯度进行比较，以保证干燥过程总是随时按照实际木材状态的改变而改变，直至达到终含水率的要求。

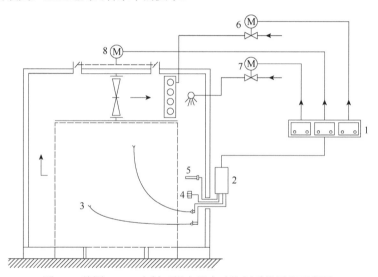

图 6.8　德国 APEX 木材干燥室及自动控制系统原理示意图

1. RGK-31 控制器；2. 单道放大器外壳；3. 含水率测量点；4. 平衡含水率测量装置；

5. 温度计；6. 加热器控制阀；7. 喷蒸管控制阀；8. 带电动机的进排气道控制系统

　　近年来，根据我国木材干燥全自动控制系统还存在着功能性单一、费时、耗能、干燥效果不理想等不足，针对木材干燥种类繁多、工艺复杂及国内用户的实际使用环境等，运用系统设计及触摸屏界面设计技术，结合 MODBUS 通信、触摸屏和变频器等优势，将 PLC 控制、电气柜控制、信号采集、执行机构、系统管理集成为一体化设备。该监控系统首次将材芯温度参与控制，配合干球温度、湿球温度、木材含水率等参数，形成了多参数智能控制模式，解决了现已有的木材干燥方法只利用干球温度、湿球温度（或平衡含水率或相对湿度）和木材含水率进行干燥过程的控制，造成木材的内部和表面发生不同程度开裂的问题。该方法已应用于木材干燥控制系统实际的生产中，可有效提高木材控制精度及干燥质量，加快木材干燥过程，节约干燥成本，降低能耗。

木材干燥全自动控制系统主要包括核心控制器 PLC（LE5708）1 个、干湿球温度传感器各 2 个、材芯温度传感器 6 个、风阀 6 个、电磁阀 2 个、加热电动调节阀 1 个、喷蒸电动调节阀 1 个、触摸屏 1 个、循环风机变频器 1 个、排湿风机变频器 1 个、含水率分析仪 1 个、循环风机 3 个、排湿风机 2 个、木材含水率传感器 6 个、含水率温度补偿传感器 2 个。图 6.9 为该系统的总体设计框架图；图 6.10 为主（核心）控制器 PLC 的程序流程图。

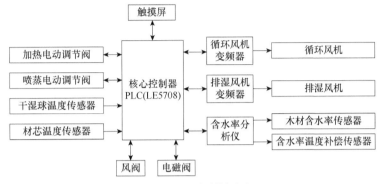

图 6.9 控制系统框图

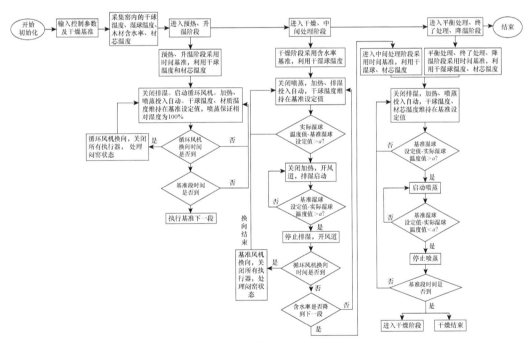

图 6.10 主控制器 PLC 的程序流程图

该系统可存储 150 种干燥基准，大大扩展了干燥基准的存储数量，满足了当今木材加工企业对多种类、多种规格木材的干燥需求，每个干燥基准又细分为 40 个阶段且可随时更改。循环风机和排湿风机的转速可随着干燥的进行根据设定值自动进行调节；监控及操作界面更加智能化，监测信息更加全面且可以存储 46 个月的干燥数据，便于了解木材干燥过程和查询故障。该系统在一定程度上增加了目前国内全自动木材干燥系统的灵活性，提高了智能化程度。在木材干燥业逐步向规模化、产业化发展的进程中，这种干燥效果好、节能性强、可靠性高、开放性强、控制功能全的智能控制系统将广泛应用在生产实践中。

四、木材干燥远程控制技术

　　除全自动控制器外，在干燥设备较多的场合，一般都使用计算机进行网络控制，一台计算机将几台甚至几十台木材干燥设备连接起来，统一管理。在计算机上可设定各干燥室的参数，同时也可自动记录干燥过程中的参数变化情况，为企业分析木材干燥质量提供可靠依据。同时，还可进行网上远程管理，由设备制造商进行系统分析，企业从而省去了一笔很大的用于支付维护的费用。

　　木材干燥远程控制系统一般分为3级：远程控制端、本地遥控端和前端控制器。每间干燥室各配备1个单片机系统，与室内的传感器、执行器相连接。每若干台单片机再通过通信接口，连接到一个主机上。同样，若干台主机可通过互联网，连接到远程服务器上。单片机系统的功能单片机系统位于干燥室测量与控制的前端，执行对木材干燥环境参数、木材状态和设备状态的测量与调节功能。主机通过与各单片机的连接，为各干燥室选用适当的干燥基准，实时了解干燥进程和设备状况，必要时还可对室内设备进行直接控制。主机采用抗干扰性能强的工控机，加上适当的通信接口，可为用户提供详细的有关木材干燥、设备性能等方面的信息与帮助。主机还具有系统演示、操作指南、选择和修订干燥基准、控制单片机系统、监控干燥室内状态、与远程服务器通信、打印和记录等多项功能。干燥专家和学者可以从远程服务器直接登录到各地的主机上，实时观察、会诊干燥室内状况。木材干燥远程控制系统将网络技术与木材干燥智能控制系统相结合，通过网络，干燥专家可利用远程主控设备，对木材干燥系统实施监测、控制，为用户提供咨询服务。

　　木材干燥远程控制系统能够提高木材的干燥质量和干燥效率，能够弥补当前木材干燥自动控制系统的不足，其网络技术的应用，也可使远隔千里的木材干燥厂家通过 Internet 方便地与远程主控工作站的木材干燥专家建立联系，解决生产中出现的问题。木材干燥远程控制系统的研究和应用现处于起步阶段，但得益于其工作状态稳定和工作方式灵活，必将受到业内重视，成为木材干燥控制技术发展的主要方向。

五、现代控制技术简介

　　从理论上看，效果不错的许多控制方式在实际应用过程中会遇到很大困难，与设计初衷有很大差距。这主要是因为：①在木材干燥过程控制系统的设计中，对于干燥过程的复杂性，即非线性和时间的滞后性认识不足；②木材干燥应力等一些木材干燥质量指标不能直接测量反馈到控制系统中；③干燥控制系统的模型是建立在近似的基础上，对实际干燥过程进行了简化处理，忽略了许多因素；④控制量和被控制量不止一个，且互相之间存在着一定的依存关系，互相制约，如利用干、湿球温差来控制湿度时，温度的变化会直接引起相对湿度的变化。为了解决这些困难，人们模仿人类大脑的思维方式研制出了新型控制系统——智能控制系统。在人工智能控制中，用于过程控制的方法主要有三种，它们是模糊逻辑控制、专家系统和神经网络控制系统。

　　1. 模糊逻辑控制　　模糊逻辑控制的数学基础是模糊逻辑，是"软计算"的一个分支。"软计算"是解决复杂控制问题的有力工具。模糊逻辑控制是以模糊集合理论为基础，运用语言变量和模糊逻辑理论，用微机（单片机即可）实现的智能控制，它不需要确知被控对象的数学模型。

　　采用模糊控制可分为3个阶段，在第一阶段，将不精确的系统参数模糊化，转换为表示程度的语言参数（一般为 NB、NM、NS、O、PS、PM、PB 七级）。第二阶段是建立"若 A 且 B 则 C"类型的控制规则，将模糊参数和控制规则按一定的模糊算法进行计算，得出控制量的模糊集合。第三阶段是进行模糊决策，由模糊集合推导出精确的控制量经输出直接去控制对象。

由图 6.11 可见，模糊控制与一般反馈控制组成的基本环节是一致的，即由控制对象、控制器和反馈通道等环节组成。但两者设计方法不同，模糊控制不受控制对象数学模型束缚，而是利用模糊语言，采用条件语句组成的语句模型来确立各参数的控制规则，并在实际调试中反复经人工修正，然后通过计算机采用查表法找出相应的模糊控制量，最后经一定加权运算后得到实际控制量再加到被控对象上。

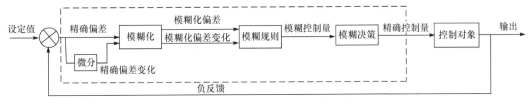

图 6.11　模糊逻辑控制的方框图

木材干燥过程中温度的模糊控制例子如下：先进行采样，获取温度（输入变量）的精确值，并计算误差和误差的变化值；然后将计算的精确值进行模糊处理，变成选定区域上的模糊集合；依模糊控制及推理规则，计算输出控制的模糊量；最后将输出控制模糊量解模糊（查询数据库）得到输出精确控制量（在温度控制中是电动阀的开度大小）。其中最重要的一点是拟定模糊规则，此规则是根据操作人员的经验和科学实验的结果概括和总结出来的。

2. 专家系统　　专家系统可以看作一个计算机程序，具有知识表示与处理的能力，用其来解决系统控制问题，决策水平可同高级的专门技术人员相媲美，如图 6.12 所示。

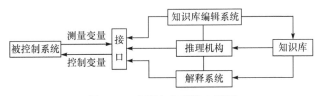

图 6.12　典型专家系统方框图

专家系统的核心是知识库，知识库中按一定的结构储存了尽可能多的人类所掌握的被控制规律等知识，并且人类可以不断注入新的知识，系统本身也可通过自身具备的学习能力积累更新知识。在推理机构的控制下，专家系统自动运用知识库中的知识对输入的多个测量变量进行分析判断，综合作出控制决策，然后输出到被控制系统完成控制动作。专家系统的决策过程模仿了人脑的思维活动，即根据已有的知识和经验分析判断，可以处理复杂的、没有确定数量关系或无规律的问题，而且其决策水平会随着知识积累的增加而提高。

3. 神经网络控制系统　　人工神经网络的概念是受到生物神经网络启发而产生的，人工神经网络是信息处理器件，又称为神经元芯片，它采用简化的数学函数来近似地描述神经在大脑中的行为。生物神经，作为大脑的构件，其计算速度比构成计算机的基本元件数字逻辑电路慢得多。然而，生物神经网络中的推理快于计算机。大脑通过具有大量大规模互连的神经来补偿较慢的计算操作。人工神经网络模仿了大脑的结构和思考过程，它包含有大量处理元件，好似大脑的神经元。每个处理元件都具有简单的计算能力（诸如求加权输入的总和然后放大或对总和施加门限），它们依靠局部信息，并独立于其他处理元件进行计算。元件间以单向通信通道形式进行连接和信息传递，组成多种类型的神经网络。神经网络的三个要素是：①拓扑结构。描述处理元件的数量和特征，组成网络层的组织和层间的连接；②学习。说明信息是如何存储在网络中及训练步骤。③恢复。描述从网络中检索所存储信息的方法。

神经网络在工程中有多种用途，包括信息的分析和控制。例如，神经网络与前述专家系统相结合，智能化处理信息，可以提高专家系统对知识和经验的自组织、自学习能力，也可提高专家系统的推理能力。用神经网络构成的控制器，可以有效地应用于未知模型参数和极其复杂的场合，它可以通过输入经验数据和自学习，在掌握较小的测量变量的条件下估计模型、进行有效的控制，但是，神经网络控制器的控制精度要差于有精确模型的模型控制。

思　考　题

1. 实施木材干燥监控的目的及意义是什么？
2. 木材干燥过程中的主要监控参数有哪些？
3. 简述木材干燥控制系统的分类及特点。

主要参考文献

顾炼百等. 1998.《木材工业实用大全·木材干燥卷》. 北京：中国林业出版社.

顾炼百. 2003. 木材加工工艺学. 北京：中国林业出版社.

韩宇林，韩宁. 2007. 新型木材干燥检测控制系统设计. 林业机械与木工设备，(3)：33-35.

李萍，苏凌峰. 2007. 基于单片机的木材干燥窑湿、温度测量仪表系统的设计. 交通科技与经济，(1)：55-56.

孙丽萍，张少如，张任甫，等. 2017. 多参数智能木材干燥监控系统实现. 西北林学院学报，32 (1)：266-271.

田仲富，马国勇，黎粤华. 2014. 智能木材干燥控制系统的研究与设计. 安徽农业科学，42 (10)：2973-2974.

韦文代，劳眷，梁宏温. 2004. 木材干燥专家系统的建立. 林业科技，29 (3)：49-50.

曾松伟，刘敬彪，周巧娣，等. 2006. 基于 MSP 430 的木材干燥窑测控系统. 浙江林学院学报，23 (6)：673-677.

张璧光，高建民，伊松林，等. 2009. 我国木材干燥节能减排技术研究现状. 华北电力大学学报：自然科学版，36 (3)：35-42.

张璧光，谢拥群. 2008. 国际干燥技术的最新研究动态与发展趋势. 木材工业，22 (2)：5-7.

张璧光. 2005. 实用木材干燥技术. 北京：化学工业出版社.

第七章　木材的大气干燥

木材的大气干燥（air drying）是利用太阳能干燥木材的一种方法，又称天然干燥、自然干燥，简称气干。它是将木材堆放在空旷的板院内或通风的棚舍下，利用环境空气中的热能和风能蒸发木材中的水分使其干燥。木材气干在生产中很早就广泛采用，工艺简单，容易实施。随着现代社会科学技术的发展和进步，木材干燥方法和形式也在不断改进完善，人工干燥在很大程度上替代了大气干燥，成为木材加工行业木材干燥形式的主流。但在场地和工期等条件允许的情况下，对木材进行人工干燥之前预先采用大气干燥，可以缩短干燥周期，减少人工干燥缺陷，有效降低企业干燥生产能耗、减少生产成本，是合理利用木材的一项重要措施。

木材大气干燥根据是否进行人工干预分为自然气干和强制气干（forced air drying）两种。

第一节　大气干燥的原理和特点

在大气干燥过程中，干燥介质的热量来自太阳能，干燥介质的循环靠板垛之间和板垛内形成的小气候。板垛内，白天吸收水分的空气，由于密度增加，此部分湿空气就要下降，温度高的空气就要上升，从而形成气流的循环，并使木材得以干燥。而晚间，板垛内部形成了与白天相反的气流循环，同样使木材得到干燥。

大气干燥的优点：利用太阳能和风能，不需要电与蒸汽；不需要干燥室和设备；操作简单，容易实施；干燥成本低。

大气干燥的缺点：干燥条件受季节及气候的影响大，很难人为控制干燥过程，干燥质量难以保证；干燥周期长，占用场地面积较大；雨季时间长，木材易遭虫、菌侵蚀，会使木材降等；木材的最终含水率受当地木材平衡含水率限制，只能干到含水率13%～17%，一般不能直接使用。

大气干燥受当地气候条件的影响较大，各地大气干燥的特点不同。我国幅员辽阔，各地气候不同，南部沿海地区温暖潮湿，干燥条件适中，大气干燥可以常年进行；东北地区气候干寒，大气干燥的季节较短；西北地区气候干旱，冬季气温较低，每年春夏是大气干燥的最好季节。

各种木材气干终含水率也有显著差别。例如，在干寒的拉萨，平衡含水率的年平均值约为9.5%；而在湿热的海口，平衡含水率的年平均值约为16.8%。受当地平衡含水率的影响，拉萨比海口气干的木材终含水率低许多，因此使用气干时必须针对每一地区的气候与季节特点具体分析。

第二节　大气干燥的锯材堆垛

一、板院

锯材保管、自然干燥和调拨的场地称为板院（lumber yard）。它是制材产品的仓库，也是制材工艺的重要组成部分，锯材经合理保管和自然干燥后，重量约减轻 1/3，强度有显著增加。对加工、油漆、胶合和防腐等均起到良好作用。

板院设置的目的，主要是按树种、规格、质量和用途区分评等后的锯材，以便于合理堆垛，进行自然干燥，使其在板院贮存期间不发生变色、腐朽、翘曲等缺陷，保证不降低锯材原有的质量和使用价值。此外，便于掌握锯材周转情况，及时做到计划调拨。

（一）板院选择的条件

板院地势应平坦，有一定的向外排水坡度（2‰～5‰），四周应有排水沟渠。通风要良好，空气干燥，不宜被高地、林木或建筑物遮挡。板院应杜绝火灾隐患，远离居民区，设置在锅炉房上风方向，并与锅炉房和其他建筑物之间保持一定的距离，距离锅炉房烟囱 100m 以上，距离企业生活区和社会居民区等其他有火源的地方 50m 以上。

（二）板院的规划布置

板院应按木材树种、规格分为若干板垛组，每板垛组内可有 4～10 个小板垛。组与组之间用纵横向通道隔开。纵向通道宜南北向，使板垛正面不受阳光直射，并与主风方向（prevailing wind）平行，与板垛长度方向平行。针叶树种锯材和阔叶树种锯材（板垛间距可根据树种特点适当调整）的板垛分组布置及具体排列如图 7.1 和图 7.2 所示。其中，纵向主通道（main alley）一般 6m、横向通道（cross alley）一般 1.8～6m，可根据企业使用的搬运机械和干燥锯材长度确定。

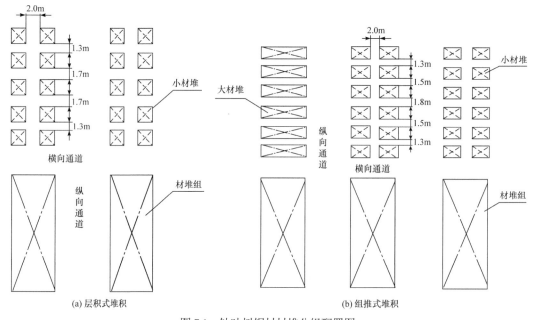

图 7.1　针叶树锯材材堆分组配置图

（三）板院的管理

板院场地树木杂草要及时清除，坑洼处要用砂土或煤渣填平，场内排水不宜设明沟；一旦发现板垛上有霉菌、干腐菌的侵害，应及时分开木材并进行消毒。此外，材堆的周围应设消防水源和灭火工具库。

二、锯材堆垛

锯材合理堆垛可以在最短时间内使锯材获得最良好的干燥及可靠的保存及最小的损坏。板

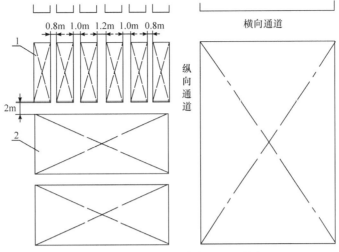

图 7.2　阔叶树锯材材堆分组配置图

垛的结构取决于锯材的用途。堆积方法取决于锯材树种、尺寸、等级及加工性质。锯材板垛一般由三部分组成：板垛基础、板垛和顶盖。

（一）板垛基础（pile foundation）

为使锯材板垛下面留出能保证空气在板垛内部和周围流动所必需的空间，并使地面均匀地承受板垛重量，使板垛保持平稳，板垛应放在结构牢固的基础上，这个基础称为板垛基础或垛基（图 7.3）。它是由台座（post or pier）和搁在台座上的方木（cross beam）所构成。一般要求板垛基础结构简单、价格低、维修方便。

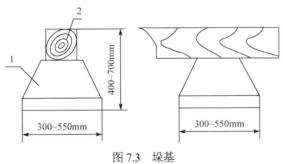

图 7.3　垛基
1. 台座；2. 方木

1. 固定式基础（fixed pile foundation）　适用于长期垛积一种规格的锯材，或用于低洼潮湿、土质排水性差和土壤不稳定的场地，可采用固定式木桩基础和固定式混凝土基础。

2. 移动式基础（removable pile foundation）　移动式基础的特点是，能够根据锯材尺寸及板院场地的变迁，任意挪动基础位置，随时可搭成基础底架，使用方便。因此，在板院地势和土质较好的情况下，选用移动式基础较为合适，可采用移动式混凝土或石块基础和移动式木块基础。

3. 基础高度和台座间隔　基础高度取决于堆积锯材的树种、材种及气候条件。垛基一般应比地面高出 0.4～0.75m，以保证通风良好；易积水板院的垛基高度还应超过积水最高水位。一般来说，黄河流域及以北地区，垛基高度可采用 40～60cm，长江流域及以南地区可采用 50～75cm。木材垛基应进行防腐处理，可涂刷酚油或沥青等。

台座间隔的距离，由锯材规格和堆垛高度决定。台座间距一般为薄材 1.3～1.6m、厚材 1.6～2.1m；堆积硬阔叶和堆垛高度超过 5m 时，为防止基础倾斜下沉，台座间隔应该缩小。台座上方木沿纵向最好有 4%～5% 的倾斜度，便于排水。

（二）板垛（pile）

锯材堆成板垛是为了更好地保管和干燥板材。对板垛形式和堆垛技术的要求是根据不同树种、材种和气候条件，采取合适的基础和堆积方法，以保证锯材达到迅速自然干燥而不降低质量。

为便于锯材干燥，板垛通常都配置通风口。因为经太阳辐射后的热空气，通过板垛内的通风口，使木材中的水分逐步排出而达到干燥。因此，基础的高低、通风口配置正确与否关系到热湿空气循环的效果，从而决定了干燥周期的长短。

1. 锯材板垛的气流循环　　空气在板垛内的流动方向有两种，水平方向和垂直方向。水平方向是由外界风的流动而引起的。而垂直方向取决于板垛的结构，即通风口大小和方向及基础高度，垂直气流对干燥质量的好坏有决定性意义。板垛气流循环情况如下：外界温度较高、湿度较低的热空气从板垛顶端及两侧进入板垛，并与锯材表面接触，使木材吸收热量，蒸发水分，空气的温度降低，相对密度增加，气流逐渐下降，构成垂直气流，由板垛底部流出（图7.4）。但在夜晚，因为大气温度要比板垛内部的气温降低快，形成板垛内的气温比外面高，垛内空气经顶部和四面流出垛外，外面的冷空气经板垛下部及基础流进垛内，构成与白天相反的气流循环。在板垛的加热及冷却过程中，循环气流都把从锯材内蒸发出来的水分带出垛外，并传给大气，使锯材逐渐变干，但夜晚效果不及白天，且靠近板垛上部及两侧的锯材干燥快，而底部及中央下部的干燥较慢。

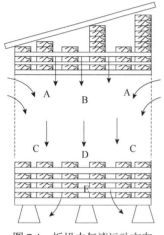

图 7.4　板垛内气流运动方向

2. 通风口的设置　　板垛的通风口包括垛隙、隔条间距、垂直通风口及水平通风口。通风口的大小与木材干燥及保管的好坏有密切关系。通风口过小，容易使木材霉变变质；过大，就增大板垛的空隙，减少垛积容量，增加堆垛保管费用。

（1）垛隙（board spacing）　　在板垛的同一层中，相邻两块锯材之间的距离，称为垛隙，见图7.5。它的大小取决于锯材的含水率、尺寸、树种和气候条件。通常垛隙为板材宽度的 20%～

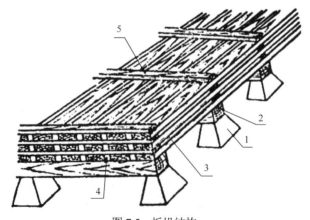

图 7.5　板垛结构

1. 台座；2. 方木；3. 层距；4. 垛隙；5. 隔条

50%。最高不超过100%。一般秋冬季较春夏季稍宽。含水率高的锯材，垛隙应宽些，针叶材略宽于阔叶材。需要快速干燥的薄板，垛隙宽度可加大。松木厚板垛隙最少不小于5cm。板垛的垛隙见表7.1。

表7.1　板垛的垛隙

板材宽度/mm	垛隙/板材宽度	板材宽度/mm	垛隙/板材宽度
250 以下	1/2～3/4	450 以上	1/5～1/3
250～450	1/3～1/2	易表裂的树种	1/12～1/6

（2）层距（course spacing）　板垛中上下相邻两层锯材的间隔，称为层距。层距大小取决于隔条厚度。而隔条厚度又随锯材的情况和板垛的部位不同而变化。通常含水率高、厚度薄的锯材，采用较厚隔条，干燥软材时隔条可以厚些，干燥硬材时隔条应薄些。气候潮湿季节隔条可厚，干旱季节隔条要薄一些；板垛上、下部使用的隔条厚度可不同，板垛下部隔条可厚些，上部隔条可薄些。

隔条的横向间距，要与锯材厚度相适应。厚度薄的锯材，每一层隔条根数要多些，以免引起薄板弯曲。一般情况下，隔条横向间距阔叶树种木材不超过板材厚度的25倍，针叶树种木材不超过板材厚度的30倍。隔条尺寸和间距见表7.2。

表7.2　隔条尺寸和间距

板材厚度/mm	隔条间距/mm	隔条厚度/mm
18～20	300～400	20
20～35	400～500	25
35～50	500～600	30
50～65	700～800	35
65～80	900	40
>80	1000	45

（3）水平通风口　为了增加板垛横向通风，自第一层锯材起，每隔1m设一个厚度为10～15cm的水平通风口。通常堆高5m应具有三个水平通风口。水平通风口是由较厚的隔条或原垛的锯材叠放而成。

（4）垂直通风口（chimney）　为了增强板垛中央部分的气流循环，使锯材干燥均匀，需设置垂直通风口。垂直通风口的宽度一般为40～60cm，它的高度可与板垛高度相同，也可为板垛高度的2/3。垂直通风口主要用于高6m以上的正方形板垛，见图7.6。

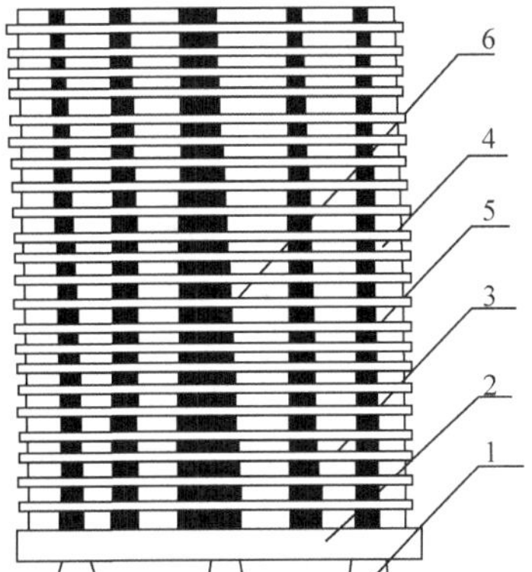

3. 合理堆垛　大气干燥时，锯材堆垛方法与自然循环木材干燥室锯材堆垛方法相似，要根据树种、材种和规格而定，可分为板材、枕木、毛边板和方材堆垛法。但当大气干燥和其他干燥方法实施联合干燥时，板垛一次堆垛成功，与强制循环干燥室板垛堆垛方法相同。

堆垛形式分水平垛（flat stacking）和倾斜垛（slope piling）两种。水平垛应用最广泛，而倾斜垛排水好，但堆垛时比较费工，且不能堆得太高。

图7.6　A字形通风口板垛

1. 台座；2. 方木；3. 隔条；4. 锯材；
5. 边部通风口；6. 中心通风口

对于特殊规格的木材,如尺寸较小的针叶材、软阔叶材和比较不易开裂的硬阔叶材,在数量不大的情况下,可分别选用效果较好的堆垛法,如图 7.7 所示。例如,将木板互相垂直搭靠成交叉形的叉形堆垛法、互相水平搭靠成三角形的三角形堆垛法、枕木堆垛法、家具及建筑用短规格材的堆垛法、锹及铲柄等短小毛坯料采用的井字形堆垛法等。为了防止硬阔叶树板材的开裂,堆垛时须将正板面向下;径切板及长的板材放在板垛的两侧,弦切板及短的板材放在板垛的中间;厚度大于 60mm 的湿板材,当含水率下降到 35% 之后,最好翻垛一次,将上下部、侧中部对换一下。厚度在 40mm 以上的板材其端部可涂沥青、涂料等。

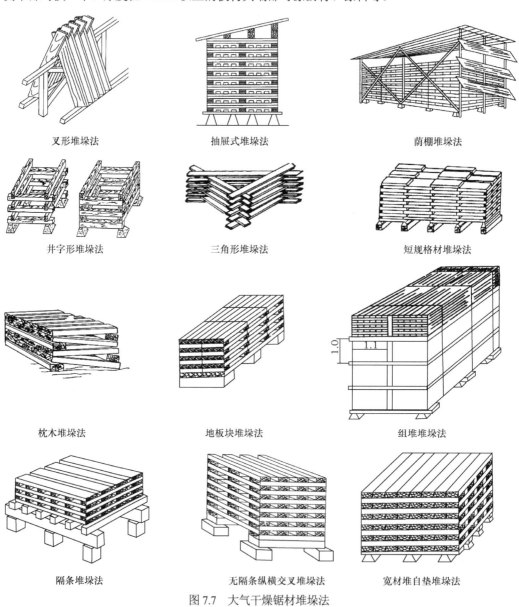

叉形堆垛法　　　　　　抽屉式堆垛法　　　　　　荫棚堆垛法

井字形堆垛法　　　　　　三角形堆垛法　　　　　　短规格材堆垛法

枕木堆垛法　　　　　　地板块堆垛法　　　　　　组堆堆垛法

隔条堆垛法　　　　无隔条纵横交叉堆垛法　　　　宽材堆自垫堆垛法

图 7.7　大气干燥锯材堆垛法

(三)顶盖

顶盖用以防止雨水浸入板垛引起锯材发霉、腐朽,或因日光照射发生板面翘曲。

顶盖分固定式和移动式，单坡形和双坡形，以单坡形应用最广，效果最好，坡度约为12%，见图7.8。

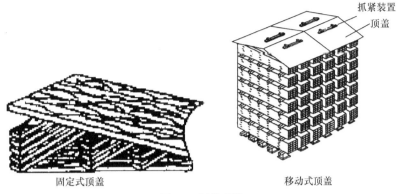

固定式顶盖　　　　　　　　　　移动式顶盖

图 7.8　板垛顶盖

顶盖的倾斜方向为每两垛向外侧倾斜，使雨水流向两侧的道路上，使雨水不流入两垛中间的小道内，见图7.9。

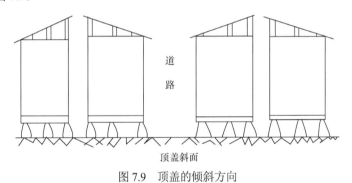

图 7.9　顶盖的倾斜方向

顶盖的材料一般均利用原垛的材料或劣质板材铺设，外加油毡、防水纸等防水层，但过薄的木板不宜采用。

顶盖的大小，应以避免板垛上部及中部不遭雨淋为标准。一般顶盖要向前凸出 0.5～0.75m，向后凸出 0.75～1m，两侧各宽出 0.5～0.75m，顶盖必须牢固地绑缚在板垛上。

第三节　大气干燥的干燥周期

一、影响大气干燥的因素

影响大气干燥速率和干燥周期的因素有气候条件、树种及规格、板院及堆垛等，其中最主要的因素是气候条件。

（一）气候条件

影响大气干燥的气候因素包括空气温度、湿度、风速、降雨量和日照量等，而尤其以空气的温度和湿度最为主要。大气干燥的干燥速率、干燥周期、最终含水率取决于实施锯材大气干燥企业所在地的气候条件。低温、潮湿地区，木材大气干燥速率较慢；炎热、干燥地区则干燥得较快。在高温干燥的季节堆垛进行大气干燥和低温阴湿季节进行大气干燥所需干燥周期也有明显差别。例如，在德国巴伐利亚州进行针叶材大气干燥，分别在 8 月的月初与月底堆垛开始干燥，干燥周期相差 4～5 倍，其中 8 月初堆垛的板垛达到终含水率需 60d，8 月底堆垛则约需 300d。

木材在温、湿度一定的条件下干燥一段时间即达到平衡含水率。锯材在大气干燥时，要达到当地的木材平衡含水率需较长时间。其干燥速率的快慢，主要取决于当地的月平均平衡含水率。例如，美国威斯康星州气干板厚 2.5cm 的栎木，分别在 1 月、5 月、7 月和 10 月堆垛，刚开始干燥后约一个月内，干燥速率几乎相近，但后期的干燥速率差别很大。该地区的气候在 4～9 月较暖，平均平衡含水率为 12.5%，干燥快；而冬季气温多在零度以下，平均平衡含水率为 14%～15%，干燥速率缓慢。此外，平衡含水率还随树种不同而异，即使是同一树种，其心材和边材的含水率也有较大的差异。

在实际生产中，堆积在大气环境中的木材，其含水率总是随环境空气条件而变化，不会达到绝对的平衡状态。因此，所谓气干含水率，即大气干燥最终含水率，实际上是指与该地区某一时期或某一时间段的平均木材平衡含水率相对平衡的含水率状态。

（二）树种及规格

在大气干燥过程中，树种也是对木材气干周期影响较大的因素。密度较低的针叶材比密度较大的硬阔叶材干燥速率快，干燥周期短，且差别较大。锯材厚度对干燥影响也很大，大气干燥时环境温度低，木材内部水分向表层的移动缓慢。干燥锯材的材种为齐边板材时，干燥速率高于毛边板材。心材和边材干燥速率也不同，心材含水率一般较低，干燥速率较慢，边材含的水分较多，干燥速率较快。

（三）板院及堆垛

板院场地选择是否适当，纵横道路配置是否合理，以及通风方向、板垛在板院内的布置等，对于气干质量和效果都有很大的影响。

为保证板院的通风良好，板院的纵向道路应与当地主导风向相平行。不同树种、厚度的锯材，要分区（组）堆放，难干硬阔叶树材、厚板堆在板院中央或比较潮湿的主导风向的下方，易干针叶树材、薄板应堆在板院外围或主导风向上方，以充分利用气候条件和板院小气候的作用，提高干燥速率和减少干燥缺陷。

成材堆垛的正确与否，直接影响到干燥的速率和均匀度。堆垛形式、堆垛密度、板垛尺寸、板垛间距等，应根据气候条件、树种和规格的不同而异。一般要求是：一个板垛应堆放同树种、同规格的成材；当厚度不同的成材须堆在一个板垛上时，薄料、短料应堆在上部，但同一层板材的厚度应当相同；板垛中还应留有气流通道，板材间隙为板垛中间的宽而外边的窄，以保证均匀干燥；使用隔条时，在板垛高度上，隔条应放在同一条垂线上，以免发生板材的翘曲变形。

二、大气干燥周期

锯材大气干燥所需延续时间即所谓的干燥周期，受当地环境气候条件、锯材干燥速率等制约。目前很多企业都是依据本企业以往干燥记录和经验总结推测不同季节、不同树种、不同规格锯材的干燥周期，也可参考环境条件相近地区的干燥生产经验或科研试验成果推测。

中国林业科学研究院在北京地区对东北产的 10 种木材进行气干周期的测定，厚度为 20～40mm 的板材，由初含水率 60% 干燥到终含水率 15%，所需的天数如表 7.3 所示。由于 4、5 月是平衡含水率最低的季节（月平均值各为 8.5%、9.8%），因此在初夏易于干燥。难以气干的树种与易于气干的树种所需干燥周期的比值约为4：1；冬季气干和夏季气干所需干燥周期的比值约为2：1。

表7.3　各树种随堆积季节不同的气干周期（北京地区）

树种	晚冬至初春 干燥周期/d	初夏 干燥周期/d	初秋 干燥周期/d	晚秋至初冬 干燥周期/d
红松	55	16	42	54
落叶松	57	47	66	94
白松	—	13	—	23
水曲柳	59	38	50	102
紫椴	—	12	35	28
裂叶榆	39	16	33	39
桦木	53	22	69	46
山杨	55	—	37	30
核桃楸	52	20	43	43
槭木	—	28	62	58

美国麦迪逊林产品研究所的试验报告中，在相当于法国气候条件下，大气干燥27mm厚不同树种板材，其干燥周期如表7.4所示。法国木材技术中心所进行的锯材大气干燥试验结果如表7.5所示，可供参考。

表7.4　美国麦迪逊林产品研究所锯材大气干燥试验结果

树种	干燥周期/月	树种	干燥周期/月
俄勒冈松	1~6	槭木	2~6
欧洲赤松	2~6	核桃木	3~6
云杉	3~6	桦木	3~7
板栗木	2~5	山毛榉	3~7
白蜡木	2~6	栎木	4~10

表7.5　法国木材技术中心锯材大气干燥试验结果

树种	厚度/mm	木材含水率/%		堆积日期	干燥时间/周
		初含水率	终含水率		
云杉	27	80	13	6月	6
北美黄杉	27	55	13	6月	6
雪松	30	40	16	4月	4
冷杉	27	60	20	7月	2
冷杉	27	100~120	20	7月	3
欧洲赤松	51	100	15	3月	10
海岸松	27	120~170	20~25	11月	10~12
海岸松	27	70~120	17	4月	5
海岸松	27	70~120	13~14	7月	10

续表

树种	厚度/mm	木材含水率/%		堆积日期	干燥时间/周
		初含水率	终含水率		
海岸松	27	70~120	15	8 月	5
杨木	27	80	14	3 月	8
杨木	27	80	14	5 月	4
杨木	40	80	14	4 月	10
杨木	40	80	14	5 月	6
山毛榉	34	120	25	3 月	19~20
栎木	27	82	20	3 月	19
栎木	27	80	18	12 月	26
栎木	27	80	15	12 月	32

法国热带林业技术中心在喀麦隆的杜阿拉和埃泽卡试验场及加蓬的利伯维尔进行了木材气干试验，结果表明，9 月采伐安哥拉密花树，11 月锯解成 30mm 厚的锯材，11 月底堆垛，在喀麦隆的杜阿拉的气干试验结果如表 7.6 所示，干燥 30d 后，木材含水率降为 20%，达到当地使用含水率。

表 7.6 安哥拉密花树木材的自然干燥过程

干燥日数	板垛平均含水率/%	平均气温/℃	空气相对湿度		
			7：00	13：00	19：00
0	112	26	98	74	88
9	40	27	98	70	81
16	26	28	98	70	84
23	20.5	27	97	67	84
30	19.5	26	96	74	85
38	20	27	98	75	84

锯材大气干燥周期除上述通过试验和既往干燥生产经验推测外，还可根据通过试验总结的近似计算公式推测。这些计算公式是根据木材厚度、密度、干燥起始时间、环境木材平衡含水率等要素计算所得，其中的环境平衡含水率仅为某个时期的平均值，且木材每日含水率下降也是凭经验确定的近似值，所以据此所得的干燥周期为近似值，仅供企业生产管理参考。

在理论研究上也有通过近似公式推测自然干燥周期的，因其最后计算结果也为近似值，仍需根据干燥树种的相关大气干燥数据进行修正，故在实际生产中较少采用。

第四节 大气棚干

作为预干的露天大气干燥有利于木材干燥成本的减少，但不能有效保护木材免受阳光和雨水的直接照射，缺少对干燥质量和效率的控制，可将木材置于一定结构大棚内进行大气干燥。这种改进的大气干燥方法有两种：一是采取在大气干燥过程中保护木材不受雨水和阳光影响的简易敞棚；二是采用既保护木材不受雨水和阳光影响，又可通过增加气流来提高干燥速率的风机棚。大气干燥棚其结构上常用的是 T 形棚（T shed）和柱形棚（pole shed）两种。

一、自然棚干

自然棚干也叫简易敞棚（open shed），可以为 T 形棚和柱形棚，这种棚有棚顶，四边或两边敞开没有墙体，较普通大气干燥的质量提高一倍。

T 形棚由棚梁、中间支撑的柱子及屋顶组成；棚梁在柱子的两侧为悬臂结构，见图 7.10。当大气干燥条件不强烈时，可使用这种类型的棚，以保护木材免受阳光和雨水的直接照射，从而减少质量损失。与传统的大气干燥相比，红橡木 T 形棚大气干燥将质量损失从 13% 降低到 3%。

柱形棚，通常比 T 形棚宽；柱形棚堆放的板垛宽度可达 27m。由于单位面积堆放的木材材积越大，气流就越少，因此柱形棚中的木材比露天大气或 T 形棚中木材干燥得更慢。干燥速率慢有利于难干木材的干燥，以免木材遭受严重开裂。但干燥速率的降低，迫使板院增加库存和周转，并增加了某些树种锯材的变色，见图 7.11。

图 7.10　T 形棚

图 7.11　柱形棚

棚屋的设计应考虑到以下几点。

1）木材板垛之间的间距必须足够大，以允许空气流通，防止污渍和霉菌的发展。但间距过大，会产生过多的气流，增加了开裂的风险。

2）叉车应能安全、整齐地堆放木材板垛。

3）棚顶应延伸至足够远的地方，以防止雨或阳光照射在棚屋外排的一侧。

4）屋顶排水沟和排水系统应设计成在强烈的暴风雨中从屋顶和干燥棚排出水的形式。

5）棚子之间的路应该为全天候使用而设计，泥泞的道路可以保持较高的湿度，从而减缓干燥，并影响叉车的工作效率。

6）为降低干燥速率，棚屋的墙壁可部分封闭。

二、强制棚干

为增加板垛内气流量，加快锯材干燥速率，缩短干燥周期，降低木材终含水率，提高干燥均匀度，扩大板院干燥量，可在板垛的旁边设置风机，这种方法叫作强制气干。采用风机棚进行强制气干的方式称为强制棚干，是强制气干常采用的一种形式。根据风机在材堆中位置的不同，强制气干的方式可以分为图 7.12 的几种形式。

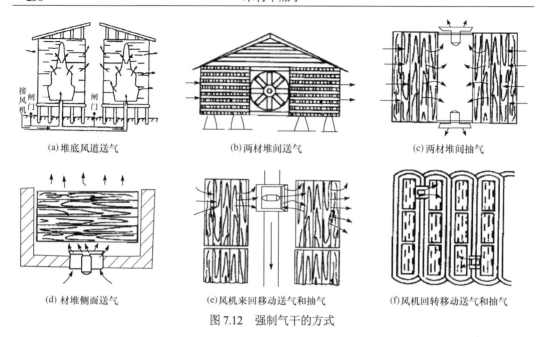

(a) 堆底风道送气　　　　　　(b) 两材堆间送气　　　　　　(c) 两材堆间抽气

(d) 材堆侧面送气　　　(e) 风机来回移动送气和抽气　　　(f) 风机回转移动送气和抽气

图 7.12　强制气干的方式

　　强制气干是大气干燥法的发展。它与常规室干法的不同之处是在露天或在稍有遮蔽的棚舍内进行,既不控制空气的温度,也不控制空气的湿度;它与普通气干法的不同之处是利用通风机在材堆内造成强制气流循环,以利于热湿传递。与普通气干法相比,周期较短,质量较好,但成本稍高。

图 7.13　风机棚

　　强制气干一般采用风机棚(fan shed),风机棚为一个侧边墙壁封闭的柱形棚,其中许多风机安装在一端,少数情况下,风机被安装在棚子中央的墙上,见图 7.13。

　　风机可以把空气从木材中快速带出,气流速度通常超过 3m/s,与预干室的区别是没有加热装置,风机棚主要用于容易干燥的树种,如杨树可由湿材干至含水率 30%以下。

　　对橡木、山毛榉等难干树种,风机棚干比该树种在干燥室中初期干燥时采用的温度、相对湿度基准条件更硬,其过大的气流速度会很快引起被干锯材的严重表裂,故在干燥高含水率湿材时,应将风机停开一周左右,以降低木材产生表裂的风险,或者先采用其他露天气干或自然棚干将木材含水率干至 50%以下。

　　与干燥室中采用的检验板一样,风机棚中的检验板用于检测干燥过程及确定干燥速率,速度若过快,风机必须关闭几个小时或更长时间,以达到一个更合理的干燥速率。

第五节　大气干燥的缺陷及预防

　　木材大气干燥过程中,容易引起的缺陷有开裂、翘曲、扭曲及变色腐朽等。开裂多表现为端裂、细短表裂,这是由于端部干燥收缩较快而发生拉伸应力。翘曲呈现出顺弯、横弯、翘弯等形状。形成原因主要是由于横纹理之间、弦向与径向之间收缩差异。另外，气干时受剧烈阳光的单面照射，或隔条间距太大而上下又没有对齐等均易造成翘曲。针叶树材如松属锯材气干时，若初期干燥较慢，易被蓝变菌侵蚀；而少数阔叶树材受气候条件的影响：如春季或梅雨季节，极易遭菌类、飞虫类的繁殖而造成缺陷。故必须采取相应的预防措施，如表 7.7 所示。

表 7.7　大气干燥缺陷的预防

缺陷名称	预防措施
开裂	①板垛宽度应加大；②板垛之间间距应减小（0.5～0.6m）；③板材之间的间隙须小，板垛上部相应缩小；④将两端隔条靠近板材的端面；⑤顶盖要能遮住风、雨及阳光；⑥尽量使用箱型堆积；⑦板材端面用防裂涂料涂抹或钉上防裂板条
翘曲	①隔条应放置在横梁上，并要求上下垂直；②隔条的间隔相应要小些；③板材的厚度、隔条的厚度均应一致；④必须设置顶盖；⑤板垛顶部所压重物前后应均匀
变色	①板垛宽度要小；②板材之间间距要大；③板垛之间的距离应大些；④板垛下部通风应良好；⑤辅助通道要宽敞；⑥堆积前，板材用防腐剂处理

思　考　题

1. 大气干燥在木材干燥生产中的意义和作用是什么？
2. 影响大气干燥速率和周期的因素有哪些？
3. 大气干燥的木材堆积应注意哪些问题？

主要参考文献

艾沐野．2016．木材干燥实践与应用．北京：化学工业出版社．

高建民，王喜明．2018．木材干燥学．2 版．北京：科学出版社．

高建民．2008．木材干燥学．北京：科学出版社．

梁世镇，顾炼百．1998．木材工业实用大全·木材干燥卷．北京：中国林业出版社．

满久崇磨．1993．木材的干燥．马寿康，译．北京：中国轻工业出版社．

南京林产工业学院．1980．制材学．北京：中国林业出版社．

王喜明．2007．木材干燥学．3 版．北京：中国林业出版社．

朱政贤．2003．木材干燥．2 版．北京：中国林业出版社．

第八章　木材太阳能干燥

　　木材干燥是木材加工环节中耗能最多的一道工序，而太阳能是清洁、廉价的可再生能源，取之不尽，用之不竭。随着全球能源与环境问题日趋严重，太阳能以其节能环保的特性而越来越受到关注，太阳能也逐渐被广泛应用到木材干燥中。

第一节　我国的能源状况与太阳能资源特点

一、我国的能源与环境状况

　　干燥作业不仅是木材加工的必备工序，也是大批工农业产品不可或缺的基本生产环节，干燥作业所用能源占国民经济总能耗的 12% 左右。另外，干燥过程造成的污染也是我国环境污染的重要来源。

（一）我国的能源状况

　　能源是人类社会赖以生存的物质基础，是经济和社会发展的重要资源，也是世界各国面临的五大社会问题之一。目前在世界各国的能源消费结构中，基本上都以化石能源为主，然而化石能源是不可再生资源。目前世界已探明的化石能源中，石油可用 40～50 年，天然气可用 60～70 年，煤可用 200 余年，且煤、石油和天然气等常规能源不可再生，最终将面临枯竭。目前，我国是世界上第二大能源消费国，同时也是世界能源生产大国，我国能源总量居世界第三，但由于人口众多，人均占有量仅为世界平均水平的 50%。自 1993 年起，中国由能源净出口国变成净进口国，能源总消费已大于总供给，能源需求的对外依存率迅速增大，这对我国的发展是一个很大的制约因素，因此近年来能源安全问题也日益成为国家乃至全社会关注的焦点。

（二）我国环境状况

　　我国能源需求迅速增长，由此造成的环境污染也日趋严重，我国正面临着前所未有的巨大的能源与环境的双重压力，能源问题日益成为制约我国经济可持续发展的瓶颈。因此，科学家都把目光投向了寻找一种可再生能源，希望这种可再生能源能改变人类的能源结构，维持长远的可持续发展。中国要在 21 世纪实现社会、经济的可持续发展，采取行之有效的措施解决能源问题已刻不容缓。虽然从目前来说，常规能源仍然在国民经济中发挥着不可替代的作用，但从长远来看，以消耗化石能源为基础的传统能源结构，由于存在资源有限、不可再生且污染严重等问题，必将被一个持久的、可再生的、多样化的、清洁的新能源所代替。自 1992 年召开联合国环境与发展大会后，我国政府在"提高能源利用效率，改善能源结构"的条款中明确提出：因地制宜地开发利用和推广太阳能、风能、地热能、潮汐能、生物能等清洁能源技术。同时国际的油价上涨和世界范围内对可再生能源产业的积极支持，为我国可再生能源产业的发展带来了前所未有的机遇。

　　在上述能源中，太阳能以其独有的清洁性、廉价性、高效性和储量丰富性，成为人们关注的焦点。事实上，太阳能是地球上各种可再生能源中最重要的基本能源，煤、石油中的化学能是由太阳能转化而成的，风能、生物质能、海洋温差能、波浪能等究其根源也都来自太阳能，最重要的是太阳能是人们能够自由利用的资源之一。

（三）我国干燥行业的能耗与用能对策

1. 我国干燥行业的能耗　　干燥作业涉及国民经济的广泛领域，是许多工业行业不可缺少的工序。在食品、果品、药材、木材、皮革、橡胶和陶瓷等许多工业产品的加工处理过程中，干燥作业对产品的质量和成本影响很大。干燥作业能耗高，据不完全统计，全球 20%～25%的能源用于工业化的热力干燥，热力干燥是我国的耗能大户之一，所用能源占国民经济总能耗的 12%左右。有的行业如造纸业耗能约占企业总能耗的 35%，木材干燥占木制品生产总能耗的 40%～70%。另外，干燥过程造成的污染也常常是我国环境污染的重要来源。以年干燥能力为 10 000m³ 木材的蒸汽干燥车间为例，约需配 4t 锅炉，锅炉每小时排出大量的烟尘、二氧化碳、二氧化硫及少量的氮氧化物，这些物质是造成大气温室效应、酸雨和臭氧破坏的主要因素。由于能源对环保的贡献率可达 70%～80%，因此，木材干燥技术的节能与环保转型十分重要。

2. 我国干燥行业的用能对策　　面对如此严峻的能源与环境状况，我国干燥行业必须走节约能源和开发利用新能源的可持续发展道路，实施高效与绿色干燥的发展战略。

1）从干燥设备和工艺上进行改造，改变传统粗放型的干燥方式，逐步向循环经济的方向过渡，实现无废弃物、零污染排放、高效用能和优质生产。

2）进行全面、多层次的节能技术改造，将木材干燥设备排气余热进行回收，实现循环经济，提高能源利用率，逐渐淘汰落后设备。同时，加大对开发先进干燥设备的技术投入和推广力度。

3）大力发展应用可再生能源，太阳能是清洁、廉洁的可再生能源，具有非常大的发展潜力。

二、我国太阳能资源及太阳能干燥原理

（一）我国太阳能资源

我国有较丰富的太阳能资源，约有 2/3 的国土年辐射时间超过 2200h，年辐射总量超过 5000MJ/m²。全年照射到我国广大面积的太阳能相当于目前全年的煤、石油、天然气和各种柴草等全部常规能源所提供能量的 2000 多倍。全国各地太阳年辐射总量为 3340～8400MJ/m²，中值为 5852MJ/m²。从我国太阳年辐射总量的分布来看，西藏、青海、新疆、宁夏南部、甘肃、内蒙古南部、山西北部、陕西北部、辽宁、河北东南部、山东东南部、河南东南部、吉林西部、云南中部和西南部、广东东南部、福建东南部、海南岛东部和西部及台湾省的西南部等广大地区的太阳辐射总量很大。尤其是青藏高原地区最大，这里平均海拔在 4000m 以上，大气层薄而清洁，透明度好，纬度低，日照时间长，太阳能资源丰富。全国以四川和贵州两省及重庆市的太阳年辐射总量最小，尤其是四川盆地，那里雨多、雾多、晴天较少。其他地区的太阳年辐射总量居中。

我国的太阳能资源可划分为 5 个资源带。表 8.1 中的一、二类地区，太阳能资源很丰富，最适宜用太阳能，三类地区也有用太阳能的优势，四类地区较差，五类地区最差，不宜用太阳能。表 8.2 为我国 7 个气象区内部分大城市的日照情况，表中相对日照时数是指全年实际日照时数与最大可能日照时数（每天 12h）之比。

表8.1　我国太阳能资源区划

地区分类	全年日照时数/h	年太阳辐射总量/（MJ/m²）	相当燃烧标煤*/kg	包括的地区
一	2800～3300	6700～8400	230～280	宁夏甘肃北部、新疆东南部、青海西藏西部
二	3000～3200	5900～6700	200～230	河北山西北部、内蒙古宁夏南部、甘肃中部、青海东部、西藏东南部、新疆南部
三	2200～3000	5000～5900	170～200	山东、河南、河北东南部、山西南部、新疆北部、吉林、辽宁、云南、陕西北部、甘肃东南部、广东和福建南部、江苏和安徽北部、北京
四	1400～2200	4200～5000	140～170	湖北、湖南、江西、浙江、广西、广东北部、陕西江苏和安徽三省的南部、黑龙江
五	1000～1400	3400～4200	110～140	重庆、四川和贵州

*指每平方地表水平面获得的太阳能相当的标准煤量

表8.2　我国7个气象区内部分大城市的日照情况

气候区	城市	日照时数		阴晴天数/d		云量
		平均日照时数/h	相对日照时数	晴天	阴天	
东北地区	长春	2739.9	62%	131.4	80.8	——
	沈阳	2642.8	58%	141.9	75.8	——
	大连	2739.6	62%	136.9	82.8	——
蒙新地区	锡林浩特	2882.8	65%	100.3	64.2	4.6
	乌鲁木齐	2802.8	63%	99.3	82.0	4.9
	哈密	3205.8	75%	119.0	72.7	4.2
黄河流域地区	北京	2700.0	61%	141.7	81.5	4.7
	太原	2800.9	64%	107.1	87.6	4.8
	济南	2668.0	60%	151.8	71.2	5.4
长江流域地区	上海	1885.2	43%	72.8	155.7	7.0
	武汉	1958.0	45%	53.6	167.3	6.3
	成都	1152.2	26%	24.7	244.6	8.4
华南地区	福州	1850.2	41.70%	58.7	186.3	6.9
	广州	1891.0	43%	59.4	178.4	6.8
	台中	2477.0	56%	52.0	125.9	6.0
云南高原和横断山区	康定	1727.2	39%	29.5	212.5	7.0
	昆明	2527.0	57%	70.7	152.0	5.9
	西宁	2647.3	61%	66.4	108.3	5.6
青藏高原地区	昌都	2262.4	52%	64.6	116.6	5.9
	拉萨	2982.8	68%	108.5	98.8	4.8

（二）我国太阳能资源的特点

我国太阳能资源分布总的趋势是西高东低，北高南低，高海拔（如西藏高原）高于低海拔地区。

1）太阳能的高值中心和低值中心都处在北纬 22°～35°。这一带，青藏高原是高值中心，四川盆地是低值中心。

2）太阳年辐射总量，西部地区高于东部地区，而且除西藏和新疆两个自治区外，基本上是南部低于北部。

3）由于南方多数地区云多雨多，在北纬 30°～40°地区，太阳能的分布情况与一般的太阳能随纬度变化的规律相反，太阳能不是随着纬度的升高而减少，而是随着纬度的升高而增加。

（三）太阳能来源与太阳能干燥原理

1．太阳能来源　　太阳是太阳系的核心恒星，也是离地球最近的一个恒星。它的直径大约为 139 万 km，是地球直径的 109 倍，它的体积是地球体积的 130 万倍，质量为地球质量的 33 万倍。太阳是一个主要由氢和氦组成的炽热气态球，其中氢约占 78%，氦约占 20%。太阳内部不断进行热核反应，并释放出巨大的能量。太阳中心区域温度达几千万摄氏度，压力为 3000 亿个大气压，表面平均温度约 6000K。太阳内部的热核反应，最主要的是氢核聚合成氦核的反应。太阳每秒钟将 6 亿多吨氢变为氦，损失质量 427 万 t，这些质量转化为能量发射出来，总功率相当于 3.9×10^{20}MW。太阳内部热核反应产生的巨大能量以电磁波的形式向外传递，由于太阳与地球之间的距离约为 1.5 亿 km，因此地球大气上界只能接收到太阳辐射能的 1/20 亿。由于能量穿越大气层时的衰减，因此最后仅约有 8.5×10^{3}kW 的能量到达地球表面，这个数值相当于全世界发电量的数十万倍。

2．太阳能光谱　　太阳发射出的白光是由许多不同的单色光组合起来的，这些由各种颜色排列起来的光，都是人的眼睛可以看得见的，所以叫作可见光谱，它的波长为 0.38～0.78μm。在可见光中，波长较长的部分为红光，波长较短的部分为紫光。可见光只占太阳光谱中一个极窄的波段，波长比红光更长的光叫作红外线，波长比紫光更短的光叫作紫外线，整个太阳光谱波长范围非常宽，可从几米到几十米。

虽然太阳光谱的波长范围很宽，但是辐射能的大小按波长的分配却不均匀。其中辐射能量最大的区域在可见光部分，波长在 0.46μm 左右。辐射能从最大值处向长波方向减弱较慢，向短波方向减弱较快。实际上，0.2～2.6μm 这一波段的能量，几乎代表了太阳辐射的全部能量，这一部分光谱分布如图 8.1 的曲线所示。太阳光的辐射波长属于短波辐射，它能穿过玻璃、塑料薄膜等透明材料。

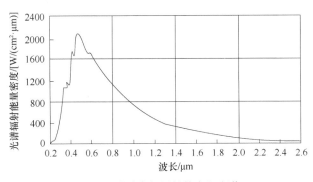

图 8.1　地球大气层外的太阳光谱

3．太阳能干燥原理　　太阳能干燥是指以太阳能为能源，被干燥的湿物料在温室内直接吸收太阳能并将它转换为热能，或者通过太阳集热器将所加热的空气进行对流换热而获得热能，被干物料获得热量后进行干燥。因此，太阳能干燥过程实际上是一个传热、传质的过程，它包括以下几点。

1）太阳能直接或间接加热物料表面，热量由物料表面传至内部。

2）物料表面的水分首先蒸发，并由流经表面的空气带走。此过程的干燥速率主要取决于空气温度、相对湿度和空气流速及物料与空气接触的表面积等外部条件。

3）物料内部的水分获得足够的能量后，在含水率梯度（浓度梯度）或蒸汽压力梯度的作用下，由内部迁移至物料表面。此过程的速率主要取决于物料性质、温度和含水率等内部条件。

物料干燥速率的大小取决于上述两种控制过程当中的主要矛盾方面，即由两个过程中较慢的一个速率控制。一般来说非吸湿性的疏松性物料，两种速率大致相等。而吸湿性的多孔物料，如黏土、谷物、木材和棉织物等物料干燥的前期取决于表面水分汽化速率，后期物料内部水分扩散传递速率滞后于表面水分汽化，导致干燥速率的下降。

太阳能干燥是热空气与湿物料间的对流换热，热量由物料表面传至内部，物料内的温度是外高内低，其含水率也是内高外低，而物料内的水分是由内向外迁移。由于温差和湿度差对水分的推动方向正好相反，因此温差削弱了内部水分扩散的推动力。当物料内部温差不大时，温差的影响可以忽略不计。另外，在干燥工艺上可以采取一些措施来减少这种影响。

物料太阳能干燥过程中，水分不断地由物料转移至空气中，使空气的相对湿度逐渐增大，因此需要及时排出一部分湿空气，同时从外界吸入一部分新鲜空气，降低干燥室空气的相对湿度，从而使干燥过程连续进行。

第二节　太阳能集热装置及供热系统

太阳能集热装置是太阳能热利用系统的关键部件，用于吸收太阳辐射并将产生的热能传递到传热工质。供热系统是指将太阳能集热器产生的热能通过传热工质传给被干物料的供热装置。

一、太阳能集热装置

（一）太阳能集热器的分类

太阳能集热器的类型分为很多种。

1）按集热器中传热工质类型分为以液体作为传热工质的液体集热器和以空气作为传热工质的空气集热器。其中，液体集热器一般用水作为工质，也就是太阳能热水器，是目前太阳能热利用中最重要的一种方式，如用来洗浴、供暖等；空气集热器是以空气为热载体的太阳能集热器，主要应用在干燥、太阳能建筑、太阳能空调等领域。

2）按进入采光口的太阳辐射是否改变方向分为聚光型集热器和非聚光型集热器。其中，聚光型集热器是利用反射器、透镜或其他光学器件将进入采光口的太阳辐射改变方向并汇聚到吸热体上的太阳集热器。聚光型集热器主要应用于太阳能中高温热利用领域，如太阳能热发电、太阳灶等。非聚光型集热器是进入采光口的太阳辐射不改变方向也不集中射到吸热体上的太阳集热器。

3）按集热器内是否有真空空间分为平板型集热器和真空管集热器。其中，平板型集热器以其简单、廉价和安装方便的特性在全世界获得了广泛的应用；真空管集热器是一种较新的太阳能集热装置，由于其卓越的集热性能和耐候性，因此在国内市场的应用已远远超过了平板型集热器。真空管集热器分为全玻璃真空管集热器和热管式真空管集热器。

4）按集热器工作温度分为低温集热器、中温集热器和高温集热器。

由于平板型集热器和真空管集热器被广泛用于木材干燥中，因此本节着重介绍这两种集热器的特点。

（二）平板型集热器

平板型集热器是直接接收自然阳光照射而加热工作流体的集热器，其吸收太阳辐射的面积和采集太阳辐射的面积相等。由于地面上太阳辐射能的密度十分稀薄，因此平板型集热器的集热温度一般多在100℃以下。平板型集热器工作时，太阳辐射穿过透明盖板后投射在吸热板上，被吸热板吸收并转化成热能，然后将热量传递给热板内的空气或流道内的液体，从而使工质的温度升高，最后作为集热器的有用能量输出。

1. 平板型集热器的结构　　平板型集热器的种类较多，其基本结构主要为透明盖板系统、吸热板、保温材料和外壳四部分，如图8.2所示。

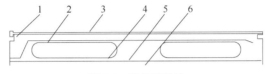

图 8.2　集热器结构

1. 集热器主体；2. 吸热板；3. 玻璃盖板；4. 保温盖板；5. 绝热材料；6. 底板

（1）吸热板结构和材料　　吸热板是平板型集热器内吸收太阳辐射能并向传热工质传递热量的部件，吸热板通常为平板形状，为了增加吸收辐射的面积，也可以做成瓦楞状、散热片状等。平板型液体集热器的吸热板还安装有换热介质的流道，传热流体通常从集热器的下部通过一排平行的排管或一根蛇形管流向集热器的上部。在设计流体管道时必须考虑到使集热器中的空气能自由地向上流出集热器，同时集热器内的流体可以方便地排出，防止集热器在冬季冻坏。根据吸热板的功能及工程应用的需求，吸热板应该具有太阳能吸收比高、热传递性能好、与传热工质的相容性好、有一定的承压能力和加工工艺简单等特点。

1）吸热板材料。吸热板的材料种类很多，有铜、铝合金、铜铝复合材料、不锈钢、镀锌钢、塑料、橡胶等。因为铜具有极高的导热系数和抗腐蚀能力，所以吸热板一般选用铜。

2）吸收涂层。为使吸热板最大限度地吸收太阳能并将其转换成热能，在吸热板上通常覆盖有深色的涂层，称为太阳能吸收涂层。太阳能吸收涂层可分为非选择性吸收涂层和选择性吸收涂层。

非选择性吸收涂层是指其光学特性与辐射波长无关的吸收涂层，通常是根据需要自行配制的无光黑漆。这种非选择性黑漆制造工艺非常简单，将选用的颜料和黏合剂按一定的颜料体积浓度混合，然后加入溶剂，稀释到可以喷涂的黏稠度即可，而且通过降低涂层的厚度和颜料体积浓度，能够使涂层发挥较为满意的光学性能。

选择性吸收涂层则是指其光学特性随辐射波长的不同而发生显著变化的吸收涂层，如体吸收型涂层、干涉型吸收涂层、金属-陶瓷涂层、多层渐变涂层和光学陷阱涂层，体吸收型涂层是一种吸收范围为 $1\sim3\mu m$ 的半导体薄膜，在大于红外波段表现出很高的反射特性。薄膜材料本身具有光吸收选择性，主要分为半导体材料如硅、锗、硫化铅等及过渡金属，如铁、镍、锌等；干涉型吸收涂层是利用光的干涉原理，由非吸收的介质膜与吸收复合膜及金属底材或底层薄膜组成。通过严格控制每层膜的折射率和厚度，使其对可见光谱区产生破坏性的干涉效应，降低对太阳光波长中心部分的反射率；金属-陶瓷涂层一般为高吸收的金属颗粒和电介质的复合物，如在陶瓷基体中含有细小金属颗粒的复合涂层；多层渐变涂层由表层到底层的折射率 n、消光系数 k 逐渐增加的若干层光学薄膜构成；光学陷阱对太阳能的吸收，不仅取决于物体的颜色，还取决于表面状况，它影响物体的吸收和反射性能，光滑面比粗糙面的反射率高出好几倍。所以，控制涂层表面的形状和结构，使其呈"V"形沟、圆筒形空洞、蜂窝结构或者形成树枝状显微表面，对太阳辐射起陷阱作用，从而大大提高对太阳能的吸收率。

（2）透明盖板　　透明盖板是平板型集热器中覆盖吸热板并由透明（或半透明）材料组成的板状部件。它的功能主要包括：透过太阳辐射，使太阳光投射在吸热板上；保护吸热板，使其不受灰尘及风雪的侵蚀；形成温室效应，阻止吸热板在温度升高后通过对流和辐射向周围环境散热。透明盖板具有太阳透射比高、红外透射比低、导热系数低、冲击强度高和耐候性能好等特点。

1）透明盖板的材料。用于透明盖板的材料主要包括平板玻璃、钢化玻璃、玻璃钢板和PC阳光板。平板玻璃具有红外透射比低、导热系数小、耐候性能好等特点，普通平板玻璃的冲击强度低，易破碎；钢化玻璃抗冲击强度为普通玻璃的4～5倍，抗弯曲强度为普通玻璃的3倍，用钢化玻璃代替普通玻璃可以减小厚度，从而使透光率提高并减轻重量，但价格较高；玻璃钢板具有太阳透射比高、导热系数小、冲击强度高等特点，但其红外透射比相比平板玻璃高很多，且其使用寿命也不能跟作为无机材料的平板玻璃相比；PC阳光板（聚碳酸酯中空板）以聚碳酸酯为主要材料，重量轻、强度好、透光度高，阳光板的重量是同厚度玻璃重量的1/12 或 1/15，抗冲击强度是玻璃的 80 倍，透光度达 75%以上。阳光板特有的中空结构，使板材具有良好的隔热、保温性能，能有效地减少能源消耗。该板几乎不受紫外线破坏，寿命可达 15 年，具有良好的耐老化性能。

2）透明盖板的层数。透明盖板的层数取决于太阳集热器的工作温度及使用地区的气候条件。绝大多数情况下，都采用单层透明盖板。如果需集热器的工作温度较高或者在气温较低的地区使用，如木材太阳能干燥作业、我国南方进行太阳能空调或者在我国北方进行太阳能取暖，宜采用双层透明盖板。一般情况下，较少采用三层或三层以上透明盖板，因为随着层数增加，虽然可以进一步减少集热器的对流和辐射热损失，但同时也会大幅度降低实际有效的太阳透射比。

（3）保温材料　　保温材料的作用是减少吸热板向周围环境散热。保温材料应具有导热系数低、防潮、防水性能好、不易变形、不易挥发、更不能产生有害气体的特点。保温材料通常包括岩棉、矿棉、聚苯板、聚氨酯、聚苯乙烯等。其中，岩棉、矿棉的防潮性很差，不宜用于太阳能集热器及风管保温，而聚苯板、聚氨酯、聚苯乙烯等防潮性较好，适于露天工作。

保温材料的厚度应根据选用的材料种类、集热器的工作温度、使用地区的气候条件等因素来确定。应当遵循保温材料的导热系数越大、集热器的工作温度越高、使用地区的气温越低，保温隔热层的厚度就要求越大的原则。一般来说，底部隔热层的厚度选用 3～50mm，侧面隔热层的厚度与其大致相同。

（4）外壳　　外壳是集热器中保护及固定吸热板、透明盖板和隔热层的部件，需具有一定的强度和刚度，有较好的密封性及耐腐蚀性，而且有美观的外形。用于外壳的材料有铝合金板、不锈钢板、碳钢板、塑料、玻璃钢等。为了提高外壳的密封性，有的产品已采用铝合金板一次模压成型工艺。

2. 平板型集热器的分类　　平板型集热器应安全可靠、结构简单、成本较低。平板型集热器集热温度较低，吸热体和透明盖板之间存在较多对流散热，多用于低温系统，其分类如下。

（1）平板型空气集热器　　平板型空气集热器是典型的常规空气集热器。吸热板与透明盖板之间形成一个扁平通道，空气流过通道时被加热，为了把热损失减至最小，必须在集热器的周围侧面和底部安装隔热层，主要分为以下几种。

1）平板型集热器。平板型集热器顶部有一层或两层透明盖板，底部为隔热层，两者之间即为吸热板。根据设计要求，空气可在吸热板上方或下方流动，也可以同时在上方和下方流动，结构如图 8.3 所示。

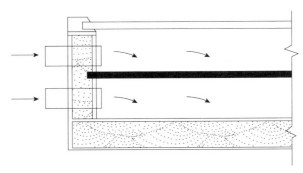

图 8.3　平板型集热器

2）带肋的平板型集热器。为了强化空气与吸热板之间的换热，可采用带肋的吸热板（图 8.4）。这不仅增大了空气流与吸热板的接触面积，也加强了空气流的扰动，从而强化了空气流与吸热板之间的换热。

3）波纹状吸热板集热器。如图 8.5 所示，将吸热板做成波纹状，有助于提高太阳辐射的吸收率。因为射入"V"形槽的太阳直射辐射要经过多次反射后才能离开"V"形槽，而热辐射是半球形的。若采用光谱选择性吸收表面，吸热板的选择性辐射特性会进一步改善。此外，吸热板与底板组成的空气通道呈倒"V"形，可增加空气的扰动，故空气流与吸热板之间的换热系数增大。

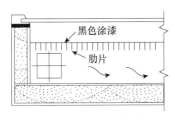
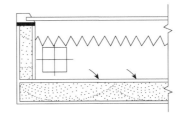

图 8.4　带肋的平板型集热器　　　　图 8.5　波纹状吸热板集热器

4）叠层玻璃型集热器。此种集热器的吸热板是由透过盖板与底板之间的一组叠层玻璃组成的（图 8.6），在沿气流方向的每层玻璃的尾部都涂有黑色涂料。空气流过叠层玻璃之间的各通道时被加热。

5）网板型集热器。图 8.7 是在普通吸热板上加一层金属网，以增加气流的扰动，增加换热。

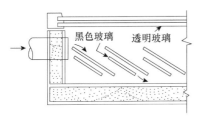
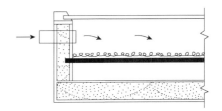

图 8.6　叠层玻璃型集热器　　　　　　图 8.7　网板型集热器

6）多孔吸热体型集热器。将金属网、纱网或松散堆积的金属屑、纤维材料等作为多孔吸收体，并斜置于透明盖板与吸热底板之间（图8.8）。这种集热器具有很高的体积换热系数，故传热效果好。金属网或金属屑制成的吸热体中的小孔相当于无数小黑体，太阳吸收率很高，因而气流通过多孔体时能将其吸收的太阳热能带走，达到较高的热效率。

7）带小孔的波纹吸热板集热器。图8.9为带小孔的波纹吸热板集热器。它与图8.6的集热器有所不同，气流不是在倒"V"形槽中流动，而是通过倒"V"形槽壁上的小孔流动。

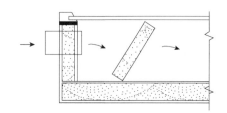

图8.8 多孔吸热体型集热器

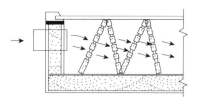

图8.9 带小孔的波纹吸热板集热器

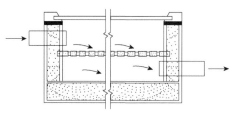

图8.10 带小孔的平板吸热板集热器

8）带小孔的平板吸热板集热器。吸热板为普通平板，板上钻有许多小孔（图8.10），空气流从吸热板上表面的孔口进入，从吸热板下表面的孔口流出。

（2）平板型液体集热器 平板型液体集热器往往利用水作为传热的流体，是一种简单有效的收集太阳能的方式，典型的平板型液体集热器如图8.11所示。太阳光透过透明盖板并被下面的黑色吸热板吸收。透明盖板降低了吸热板的对流热损失，这样被黑色吸热板吸收的太阳能加热了流经板下或板上的流体，平板型液体集热器可用于建筑采暖、家用热水和工农业加工供热等。

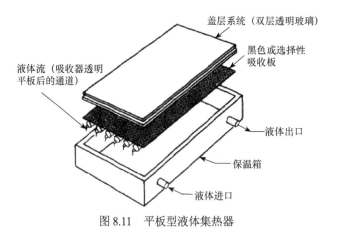

图8.11 平板型液体集热器

在大部分平板型液体集热器中，液体放于焊接在吸热板上的管道里，这些管子可做成蛇形管或平行排管。有些平板型液体集热器，冷的液体从倾斜的吸热板顶部进入，沿着吸热板表面上沟槽流下，然后被加热的液体在吸热板底部汇集起来。吸热板可概括为3种类型，如图8.12所示。

1）管式式。管子与吸热板以捆扎、焊接及紧密配合的方式连接，吸热板与流体间的传热性能与管板间的结合状况有很大关系，这种吸热板的热容量一般较小。

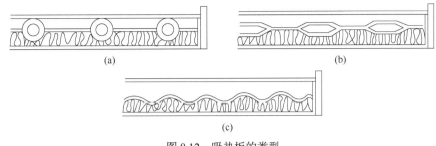

图 8.12　吸热板的类型

（a）管板式；（b）碾压成型；（c）波纹板

2）碾压成型。吸热表面本身又是通道的一个组成部分，这种类型的吸热板传热性能较好，热容量较大。

3）波纹板。吸热板采用波纹板，可以增大吸热面积。

（三）真空管集热器

太阳能集热器的吸热板在吸收太阳辐射能并将其转换成热能后，温度升高，一方面用于加热吸热板内的传热工质，另一方面又不可避免地要通过导热、对流和辐射等方式向周围环境散热，造成集热器的热量损失。在集热器的这些热量损失中，包括由底部和侧面隔热层通过导热向环境散热、由吸热板与透明盖板之间对流换热损失及透明盖板与大气之间通过辐射换热的热损失。为了减少集热器的热损失，将吸热体与透明盖板之间的空间抽成真空，这样的集热器被称为"真空集热器"。图 8.13 为全玻璃真空集热管结构示意图。该集热管由内外两同心圆玻璃管制成。将两玻璃管之间的夹层抽成高真空，在内管外壁沉积有选择性吸收膜，外管为透明玻璃，两管尾部之间用不锈钢弹簧卡子将内管自由端支撑，卡子顶部带有消气剂。消气剂的作用是吸收集热管在长期使用中放出的气体，以维持夹层内的真空度。

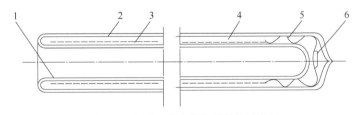

图 8.13　全玻璃真空集热管结构示意图

1. 内玻璃管；2. 外玻璃管；3. 选择性吸收涂层；4. 真空；5. 弹簧支架；6. 消气剂

真空管集热器的工作原理是采用内管的吸热涂层对太阳光吸收，加热内管里的工质（空气或液体），再与外界进行交换。真空管集热器内管的水银涂层防止热量辐射，内外管中间的真空层防止热量导热和对流换热。由于真空管采用真空保温，热损失比平板集热器显著减小，热效率高达93.5%左右，比平板太阳能提高50%～80%，在寒冷的冬季仍然能集热。近十年来，真空管集热器得到了广泛的应用。图 8.14 为某型真空管集热器的结构简图，当太阳光透过真空管外层玻璃进入真空层，照射到内玻璃管表面的涂层上，热管吸热段吸收热能后，热管内

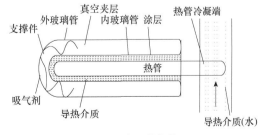

图 8.14　真空管集热器

的导热介质汽化，蒸汽上升到热管冷凝段后，再将热量传递给管路中的导热介质（水或空气），自身凝结为液体，由重力作用流回蒸发段，整个过程反复循环，以实现太阳能向热能的转换。

二、太阳能供热系统的循环方式

太阳能供热系统可以有开式、半开式和闭式几种运行方式。图 8.15（a）所示为开式循环，新鲜空气经离心风机吸入太阳能集热器内被加热升温后送至物料干燥室，随着干燥室内物料内部水分被加热蒸发，干燥室内的空气相对湿度增大，湿度高的空气经由另一路风管排入大气。开式循环一般适于物料干燥初期，水分蒸发量大，干燥室空气相对湿度相当大的情况。图 8.15（b）所示为半开式循环，物料干燥中期水分蒸发量逐渐减少，为减少排气散热损失，采用开式与闭式相结合的半开式循环，根据干燥室湿度的大小由进、排气阀控制进、排气量的大小。图 8.15（c）为闭式循环，物料干燥后期水分蒸发量很少，干燥室不必排气，将供热系统与外界相通的风阀全部关闭，干燥室与太阳能集热器之间由风管连成一个闭合系统。

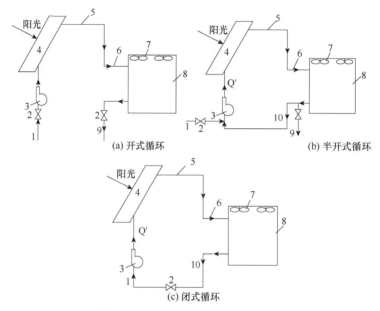

图 8.15　太阳能供热系统的几种形式

1. 外界冷空气；2. 风阀；3. 太阳能风机；4. 太阳能集热器；5. 风管；6. 干热风；
7. 干燥室风机；8. 物料干燥室；9. 湿空气由干燥室排到大气；10. 干燥室排气送回太阳能集热器加热

三、太阳能集热器及供热系统效率的影响因素

影响太阳能集热器及供热系统效率的因素很多，主要有以下几个方面。

（一）空气流过吸热板的情况

根据集热器的效率从高到低的顺序是：气流在吸热板两面通过＞气流在吸热板下面通过＞气流在吸热板上面通过＞单通道。

（二）透明盖板的性能和数量

目前应用较多的是用玻璃作为集热器的盖板，玻璃的厚度和含铁量对它的透光率影响很大。

玻璃越薄，透光率越高，但强度降低。玻璃的氧化铁含量越低，透光率越高。在选购玻璃时若无法测透光率，可以根据玻璃的断面颜色来判断。玻璃断面呈绿色的为高铁玻璃，浅色的为低铁玻璃。多层盖板虽然可减少热损失，但会降低太阳能透射率，并加大成本。通常集热器都用两层玻璃盖板，单通道集热器多用单层盖板。双层玻璃间的空气层有保温作用，可减少散热损失。双层玻璃间的间距一般在 10mm 左右，若间距过大，双层玻璃间的空气会产生对流作用，反而会增加散热，因此双层玻璃间的间距要适当。另外，在集热器使用过程中要注意经常清洗玻璃表面，因玻璃表面的灰尘将明显影响它的透光率。近年来，PC 阳光板（聚碳酸酯中空板）以其重量轻、强度好、透光度高等特点也有一定量的应用，特别是在温室型太阳能干燥室内。

（三）吸热板与涂层

吸热板是集热器中将太阳能转换为热能的关键部件，它对集热器性能起重要作用。通常情况下，凡是能增加空气扰动的吸热板都能增强传热，如吸热板为波纹、"V"形、带肋片或平板上加金属网都能增强集热器的换热，扰动度越大传热越强，但会增加一些流动阻力。另外，吸热板表面的吸收涂层最好是选择性涂层。选择性涂层对太阳射线吸收率越高而本身的辐射率却越低，则涂层性能越好。

（四）保温材料

太阳能除透光盖板面外，其余各面都要求采取保温措施。同时，除集热器保温外，连接干燥室与集热器间的风管也要求保温，否则热损失很大。

（五）集热器的布置形式与空气的流程长度

集热器的布置形式会直接影响集热器中的流程长度，在一定范围内，空气在集热器内的流程越长则获取的热量越多，但当流程长达一定长度后，散热损失加大，从而会抵消扩大集热器面积所增加的太阳能量。一个集热器如果太长，其中流体可能还没有走完全程就已达到其温度最高限，那么其余面积就等于无用。

（六）集热器内空气的流速

对于某一集热器，当太阳辐射强度一定时，提高空气流速或流量可以增强吸热板与流体之间的传热，同时还可缩短空气与吸热板接触时间，减少空气流经集热器的温升，即减少集热器内空气平均温度与外界气温之差，从而减少集热器的散热损失。因此在一定范围之内，加大空气流速可以增进集热器效率。但是集热器效率有一个最大值，一旦达到其最高效率，再加大空气流量就不再起作用了。另外，有些物料干燥需要较高的空气温度，以缩短干燥时间，加大流速不能得到高温空气。此外，提高流速会加大阻力从而增加风机功率需要。因此，应该从干燥室有效得热、散热损失和干燥工艺所要求的风温等几个方面，权衡多方面因素，选定适宜的流速。

第三节　太阳能储热方式及储热材料

虽然太阳提供了丰富、清洁、安全及几乎取之不尽、用之不竭的能量给人类及自然界，但是在实际利用过程中，受季节、天气、气候变化等偶然因素的影响，具有较大的不稳定性和随机性，强度不能维持常量，随季节性、昼夜的规律变化而呈间歇性变动，这种间断性变动会造成供需的矛盾。因此，在太阳能干燥这种需要连续供热的场合，太阳能的应用受到一定限制。

为此要想办法把阳光充足时的太阳能储存起来，供无阳光时使用，以保证系统的连续运行。在太阳能干燥系统中设置储热装置是解决太阳能间歇性和不稳定性问题的有效方法之一。太阳能储存的方式很多，包括热能、化学能、电能、动能及位能等。

一、太阳能储热方式

储热系统中最重要的组成部分是储热物质，按使用温度可分为高温和中低温两类，高温（500℃左右）则多用于热机，而中低温（低于 150℃）大多应用于加热及空调。储热方式包括以下三种：第一种是采用没有相变的显热储热，通常用热水、岩石作储存热介质；第二种是利用相变（潜热）储热；第三种是用化学储热。

（一）显热储热

显热储热利用储热介质温度的变化储存热量，太阳能加热储热介质，使其温度升高，内能增加。储热介质分为液体介质储热（水、盐水、熔盐、液态金属等）和固体介质储热（石头、金属、混凝土、沙子等）。显热储热中用到的材料来源广泛，价格低廉，系统简单，是目前应用最为广泛的太阳能储热方式，但其最大的缺点是储能密度较小，这就使得储能装置的体积往往过大。

（二）相变储热

相变储热又称潜热储热，是利用物质的相变潜热来进行热量储存的。其基本原理是物质在物态转变（相变）过程中，等温释放的相变潜热通过盛装相变材料的元件，将能量储存起来，待需要时再把热能通过一定的方式释放出来供系统使用。相变储热以高储能密度、易与运行系统匹配、易控制等优点日益成为储能系统的首选方式。理想的相变材料应具有相变温度适宜、相变潜热高、相变可逆、可重复循环多次不发生变质、液相和固相导热系数均较高、比热大、密度大、相变时体积变化小、蒸汽压低、无毒、无腐蚀性、无过冷现象等；如果是混合物，不应沉淀或分层；价格低廉。

物质从一种状态变到另一种状态叫相变。物质通常存在以下几种相变形式：固—固、固—液、固—气、气—液组合。固—气和气—液相变的潜热高，换热效果好，但转化时容积变化非常大，不易控制，其相变潜热在实际工程中较难应用。固—固相变时，材料由一种晶体状态转移到另一状态，与此同时也释放相变热。不过其相变潜热与固—液组合相比就比较低。可是由于固—固相变过程，体积变化小，过冷度也小，不需要容器，因此，它也是很吸引人和可行的相变储热方式。

因此可以看出，实用价值最大和应用较广的属固—液相变。固—液相变储热材料在温度高于材料的相变温度时，吸收热量，物态由固态变为液态；当温度低于相变温度时，物态由液态变为固态，放出热量。该过程为可逆过程，材料可重复多次使用。

（三）化学储热

化学能是所有能源中最易储存的能源形态，化学储热是利用储热材料相接触时发生的可逆化学反应来储存、释放热能，正反应吸热储热，逆反应释放热。其特点是：可逆性好，正逆反应转变的速率快，储热密度比显热储热和潜热储热都大，可以贮存高温热能，无须绝热保温，热量也不会散失，可以长时间的储热。化学储热主要用在化学热泵、化学热管、化学热机、灭火材料和蓄电池等方面。蓄电池作为一种储热设备，具有电压稳定、供电可靠、移动方便等优点，应用前景非常广阔：在供电系统、交通工具、航天、通信设备、电子产品上使用得比较多，在低温太阳能储热和建筑采暖上并没有作为热源的先例。尽管化学储热在技术、成本等方面还存在不少问题，但有一定的应用前景。

二、太阳能储热材料

（一）显热储热材料

目前，引人注目的几种显热储热材料为太阳池、土壤、地下蓄水层、温度分层型储热水槽、砖石、水泥及将 Li_2O 与 Al_2O_3、TiO_2、B_2O_5、ZrO_2 等混合高温烧结成型的显热储热材料，一般这些储热介质都有较高的比热容、长期的热循环稳定性、低腐蚀性及价格便宜等特点。下面将以最简单的液体介质（水）和最简单的固体介质（岩石）为例，详细说明它们的储热过程。

1. 液体介质（水）　水是一种便宜、容易得到和可储存显热的有用工质，加上水的物理、化学、热力性质十分清楚，因而使用起来很方便。水可作为集热器中的吸热流体，也可作为负载的传热介质。由于水的比热容比许多物质都大，1kg 水可储存 4.19kJ/℃ 的热能，本身又是液态，向集热器及储存装置输送时消耗的功较少。因此，水是一种很好的储存介质。

2. 固体介质（岩石）　金属铜、铁、铝单位质量的热容量分别为 3.73kJ/℃、3.64kJ/℃ 和 2.64kJ/℃，固体岩石约为 1.7kJ/℃。以重量计，它们的储热能力只有水的 1/10～1/4。尽管如此，固体介质还是被广泛用于储热系统中，所以又称它为卵石床储热装置，也可使用各种固体如废金属罐、钢珠、玻璃球，甚至用装水的玻璃瓶等。设计良好的卵石床，很适合利用太阳能的特点。其原因是：空气和固体间的换热系数大，使得容器内的温度分层变得很明显；储热材料和容器的价格低廉；当空气不流动时，装置的导热损失小；当空气流动时，压力损失（压降）小。空气流以一定的温度对卵石进行加热时，温度会出现分层现象。空气和卵石间的面积和换热系数的乘积相当大，意味着进入容器的高温空气很快就将能量放出来传给岩石。这样，靠近进口的岩石被加热，靠近出口处的岩石温度维持不变，而出口空气温度和初始岩石温度很接近。上述特点与太阳能供暖的要求相一致，白天储热，晚上放热。由于辐射量、环境温度、集热器进口温度、负荷要求等因素的变化，集热器出口温度始终在变，因而要求卵石床的进口气流温度维持常值是不现实的。

（二）相变储热材料

相变储热材料（phase change material，PCM）大致可分为以下几类：无机材料、有机材料、有机和无机混合物、金属及合金。无机材料包括无机盐、结晶水合盐、定型相变材料、功能性流体；有机材料包括石蜡、硬脂酸和其他有机酸。

1. 无机材料　许多无机盐可以用作相变材料储存太阳能，如碳酸盐、硝酸盐、氯化物和氟化物等，可单独使用，也可制成共晶混合物。结晶水合盐是目前用得较多的一种相变材料，属无机盐的水化物，水的模数具有一定的数量，常温下是典型的结晶固体，分子通式为 $AB \cdot nH_2O$。这类材料的优点是熔化热高，熔化时体积变化小，与其他非金属相变材料相比，导热系数高。缺点是水的模数会发生变化，从而导致熔点的不一致及熔化凝固行为的不可逆，最终造成该储热材料的储热能力逐渐下降。

2. 有机材料　石蜡因为它的一些特性使其在相变储能中得到了广泛的应用，正常的石蜡族分子式为 C_nH_{2n+2}，它们是性质很相近的饱和碳氢化合物族。在常温下，n 小于 5 的石蜡族是气体，n 为 5～15 的是液体，n 大于 15 的是蜡式固体，n 越大石蜡的熔点越高。石蜡不仅化学性质稳定，具有自成核性、高熔化潜热、较低的蒸汽压力、无过冷及析出现象、性能稳定、无毒、成本较低、易获得（纯的分析级石蜡除外）等特点。而且也具有一些缺点，如导热系数低、密度小等，但这些缺点可以从储热器的角度加以改善，通过加一些金属模具、翅片、薄肋片或把石蜡储存于多孔状、蜂窝状介质中，以及加入其他导热系数高的物质（如石墨）做成合成储热材料来提高导热系数。

非石蜡有机物包括脂肪酸、脂、醇和某些聚合物。它们的熔点为 7~187℃，熔化热为 42~250kJ/kg，固体成形好，不易发生相分离及过冷，腐蚀性较小，不易燃，但导热性能较差，且成本相当于石蜡的 3~4 倍。有些在高温和强氧化剂中会燃烧、分解或放出毒气。

3. 其他材料　　其他材料指上述以外的其他的相变材料，如水、金属等。水的溶解热和汽化潜热都很大，性能稳定，价格低廉，极为丰富。但熔点太低，利用汽化潜热贮能时需要使用压力容器，因而限制了它的应用。有些金属价格不高，蒸汽压低，无毒，有可能用于储能，如铝、钡、镁及锌等。

三、储热系统

传统的温室型或半温室型太阳能干燥室的保温性能差，太阳能热利用系数很低。研究表明，温室接受的太阳能辐射中用于木材水分蒸发的仅占 15%，大部分能量都散发到空气中去了。夜间和雨天由于没有能量供应，温室内的温度下降很快。为克服这一缺点，人们设法给温室添加储热系统。白天干燥室吸收的太阳能除用于干燥物料外，多余的能量用于加热储热系统中的储热材料，晚间或雨天则利用储热材料储存的热量继续干燥物料。具有储热系统的太阳能干燥室可减少干燥室内温度的波动，保证干燥过程的连续进行，提高产品质量。

（一）显热储热系统

显热储热系统指在太阳能热利用过程中，以空气作为传热介质，用碎石、卵石、混凝土块或水作为储热材料的储热系统。

（二）相变储热系统

相变储热系统通常以无机盐、结晶水合盐、定型相变材料、石蜡、硬脂酸等作为相变储热材料的储热系统。

第四节　木材太阳能干燥装置

木材太阳能干燥装置通常称为太阳能干燥室。一般可分为温室型和集热器型两大类，实际应用中还有两者结合的半温室型、整体式及各种能源联合的太阳能干燥室。

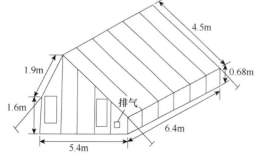

图 8.16　温室型木材太阳能干燥室 1（Plumre，1973）

一、温室型木材太阳能干燥室

图 8.16 所示的温室型木材太阳能干燥室 1，干燥室屋顶朝南的面比朝北的一面长一倍多，以增加屋顶的采光。采光用单层聚乙烯薄膜覆盖，干燥室上方有一层黑色金属吸热板和一层保温层。室内空气循环依靠材堆侧面布置的两台风机强制循环，气流通过涂黑的金属吸热板再流进材堆。夏天，太阳

能干燥室内白天最高温度比阴棚内高 15℃。

　　夏天，该太阳能干燥室将 50mm 厚的栎木板材从含水率 40%以上干至 10%～12%用了 4 个月，同样条件气干需要 6 个月；干燥 50mm 厚的橡木从生材到 12%需 5 个月；干燥 50mm 厚的榆木从生材到 12%需 2 个月；干燥 25mm 厚的松木从生材到 12%需 2～3 周。太阳能干燥的质量良好，干燥费用仅为同容积常规干燥炉费用的 1/10。

　　图 8.17 所示的温室型木材太阳能干燥室 2 可装材 2.5m³ 左右。干燥室的东、西、北三面用砖砌成，室内壁贴有胶合板，胶合板表面涂有吸收太阳能的黑色涂料，板与壁之间填充保温材料。北墙上、下开有进、排气孔。屋顶的倾斜度根据当地纬度确定。南墙和室顶均用双层玻璃作透光面。室内装有风机使空气在材堆和太阳能吸热面间强制循环，气流速度约为 0.8m/s。这种太阳能干燥室将生材干到含水率 20%所用的时间为气干的 1/3（冬季快 2 倍，夏季可达 9 倍），但比常规干燥时间长 2～3 倍。

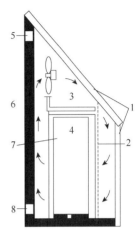

图 8.17　温室型木材太阳能干燥室 2
1. 双层玻璃；2. 风屏；3. 风扇台；4. 材堆；
5. 出风口；6. 北墙；7. 门；8. 进风口

二、集热器型木材太阳能干燥室

　　图 8.18、图 8.19 的集热器型木材太阳能干燥室采取强制通风，除集热器系统有风机外，干燥室内设有循环风机。集热器放置的倾角（包括温室型南面的倾角）与所处的纬度有关，一般情况下集热器倾角可取当地的纬度。根据干燥室湿度的大小和干燥工艺的要求，集热器与干燥室间可取开式或闭式循环。当干燥室湿度大于干燥工艺要求的湿度时，干燥系统采取开式循环，即开启风阀 9、11、12，干燥室的湿空气经风阀 9 而排出；而外界新鲜空气经风阀 12 进入集热器加热后，送热风进干燥室。当干燥室湿度等于或小于干燥工艺要求时，干燥系统采取闭式循环，即关闭风阀 9 与 12，开启风阀 11，使空气在干燥室与集热器间进行闭式循环。随着干燥室木材不断地蒸发水分，干燥室湿度会逐渐增大。

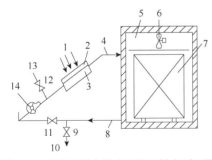

图 8.18　集热器型木材太阳能干燥室原理图
1. 阳光；2. 吸热板；3. 集热器；4. 热风管；5. 干燥室；
6. 干燥室风机；7. 材堆；8. 回风管；9、11、12. 风阀；
10. 排湿气；13. 进新鲜空气；14. 集热器风机

图 8.19　集热器型木材太阳能干燥室照片

　　图 8.20 的外部集热器型木材太阳能干燥室，铝罐型集热器装在干燥室的外部。5 月份集热器平均效率为 74%，随出口温度的降低而增高。干燥 25mm 厚的美国鹅掌楸板材从生材至终含水率 15%，在夏季和初秋，干燥室的效率分别为 90%和 67%，干燥时间分别为 8d 和 10d。干燥速率是气干的 2～2.5 倍，干燥质量好。太阳能干燥的电能消耗是常规室干的 1/4，冬天效果

较差，干燥室的效率只有 29%。

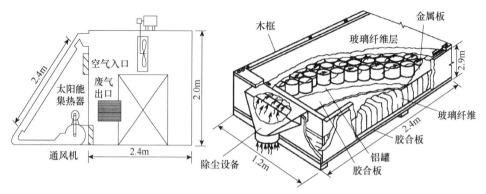

图 8.20　铝罐型集热器的太阳能干燥室

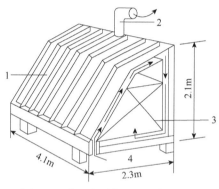

图 8.21　半温室型简易太阳能干燥室
1. 玻璃；2. 出气口；3. 材堆；4. 冷空气

三、半温室型木材太阳能干燥室

图 8.21 的半温室型简易太阳能干燥室，材积为 2.3m³，整体尺寸为 4.1m×2.3m×2.1m，墙和地板都采取绝缘保温。南墙为透明单层纤维玻璃平板；采光面积与材积之比为 4.7m²/m³。太阳能空气集热器的吸热板为涂黑的铝板。干燥室空气循环依靠烟囱的抽风力，从材堆底部向上，造成自然对流。且烟囱越高，通风能力越强。采用这种干燥室干燥 25mm 厚的樱桃木，含水率从 39%到 15%用时 2 周。

图 8.22 的半温室型木材太阳能干燥室将温室与集热器结合为一体，干燥容积 0.9m³，整体尺寸为 2.4m×2.5m×2.3m，透光材料为单层玻璃，涂黑的金属板作为吸热板，空气循环依靠风机。本干燥室干燥 25mm 厚的白橡木，从含水率 60%到 6%，在温暖季节用时 52d；干燥 25mm 的黑樱桃木，从 50%到 20%（冬季）用时 75d，干燥质量好，无缺陷。

图 8.23 给出的是一种半温室型太阳能木材干燥室 1，集热器面积为 4.4m²。底部铺有约 0.57m³ 的岩石用来储热。这种木材太阳能干燥室夏季比气干快 9 倍。当日平均气温 20℃时，干燥室的最高温度可达 49℃。而且太阳能干燥的质量好，其干燥缺陷是气干材的 1/9～1/5。干燥材积约 1.2m³，干燥 51mm 厚的松木，从初含水率 60%干燥至含水率 19%，夏天需 12d，冬天 100d。

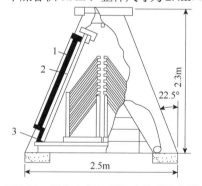

图 8.22　温室与集热器结合的半温室型
木材太阳能干燥室（Johnson，1961）
1. 窗户；2. 太阳能集热器；3. 通风口

图 8.24 的半温室型木材太阳能干燥室 2 容积约为 10m³，透光玻璃板下有两个面积为 13m² 的铁制吸热板，室壁有良好的保温，室内设有风机强制通风。白天最高室温可达 55～60℃。该干燥室干燥 25mm 厚的红山毛榉从生材到终含水率 13%左右的干燥时间为 66d，干燥的木材应力小、质量好，无干燥缺陷。

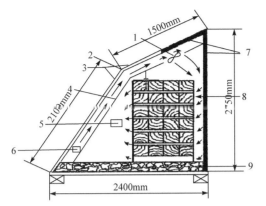

图 8.23　半温室型太阳能木材干燥室 1（Yang，1980）

1. 风扇；2. 气流；3. 双层玻璃；4. 金属板；5. 空气出口；
6. 空气入口；7. 双层板；8. 材堆；9. 储热岩石

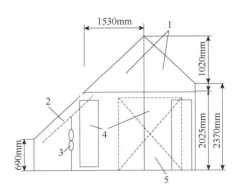

图 8.24　半温室型木材太阳能干燥室 2

图 8.25 所示的半温室型木材太阳能干燥室 3 材积 10m³，太阳能集热器由 2 层 3mm 厚的普通玻璃作透明盖板，用 0.8mm 厚的表面涂黑的铝板作吸热板，与玻璃平行放置，两者间距约为 150mm。当太阳能干燥室工作时，冷空气从图中的进气口处被吸入室内，沿集热板与采光面之间的通道受热上升直至进入吸气管到室内，这样不断地供给室干所需的热量。集热器吸热面呈波纹状的铝制扁盒，盒内用水作介质，上下两端用钢管和水箱连接，在室内形成一个独立体系。集热器和水箱之间的冷、热水根据水的热虹吸原理进行自然循环。

该太阳能干燥装置干燥 30～35mm 厚的落叶松从初含水率 20.1% 到 7.2%，需 12d。干燥 30～35mm 厚的栎木从初含水率 56% 到 12.2% 需 43d。

四、显热储热型木材太阳能干燥室

图 8.26 所示的用碎石储热的木材太阳能干燥室，采用框架结构，玻璃纤维绝缘墙，内插

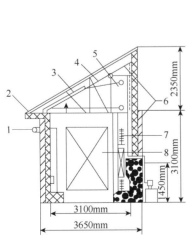

图 8.25　半温室型木材太阳能干燥室 3
（孙令坤，1983）

1. 排气口；2. 进气口；3. 集热器；4. 集热板；5. 水箱；6. 热风管；7. 加热器；8. 材堆

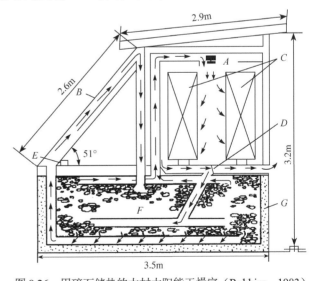

图 8.26　用碎石储热的木材太阳能干燥室（Robbins，1983）

13mm 厚的胶合板，外插 25mm 厚的锯材，屋顶为 2×6 个绝热屋顶。干燥室和集热器下面为 150mm 厚的混凝土墙和 25mm 厚的绝热聚苯乙烯箱，绝热箱内为直径 50～100mm 的卵石。太阳能空气集热器用两层聚酯玻璃纤维薄膜作透光材料，用纤维板涂黑作吸热板，位于玻璃纤维薄膜下端 50mm 处。集热器由 5 个 1.2m×2.4m 的集热器单元组成，集热器表面积与材积之比为 4.3m²/m³。干燥室内空气循风机安装在靠近屋顶处，北墙有排气口，南墙有进气口。

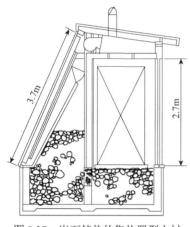

图 8.27　岩石储热的集热器型木材太阳能干燥室（Anon，1982）

图 8.27 是用岩石储热的集热器型木材太阳能干燥室，整体尺寸为 4.77m×3.54m×2.55m，材积 6.5m³。外置式太阳能空气集热器用单层玻璃作透光材料，涂黑的 "V" 形槽镀铜钢板作吸热板。集热器表面积/材积为 8.7m²/m³。该干燥室干燥 25mm 厚的阿尔卑斯白蜡树，从 100% 干燥到 6%，半室干燥需要 20d。

图 8.28 的半温室型储热木材太阳能干燥室，其整体尺寸为 6.1m×4.9m×4.9m，材积为 7m³。结构为 2×6 个框组成的框架结构、水泥地板和经过加压处理的木材地基，内部用石膏墙板。木材堆的下部用岩石作储热材料。该干燥室只有南边的斜墙为透明的，太阳能空气集热器用两层聚酯塑料覆盖，涂黑金属板作吸热板。材积与集热器面积比为 3.3m²/m³。空气从吸热板下部流过，热空气流道的上方，有一个可旋转的风阀，控制热空气流向材堆或流向岩石组成的储热器。干燥室上部有一台功率为 250W 的离心风机。东西墙上靠近顶部有一对进气口；屋顶有一个排气管，由阀门控制排气。

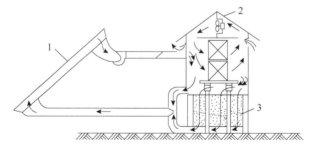

图 8.28　半温室型储热木材太阳能干燥室（Read et al.，1974）
1. 太阳能集热器；2. 干燥室；3. 岩石堆

五、相变储热型木材太阳能干燥装置

（一）可移动式小型相变储热木材太阳能干燥装置

图 8.29～图 8.31 为可移动式小型相变储热木材太阳能干燥装置。该装置采用热管真空管作为太阳能空气集热器的组成单元，叉排铝管石蜡管束作为储热单元，兼有自动和手动控制及数据自动采集系统，可自动实施储热、集热器供热、储热系统供热、辅助加热器供热几种工作模式。

（a）正面

（b）背面

图8.29　小型相变储热木材太阳能干燥装置照片

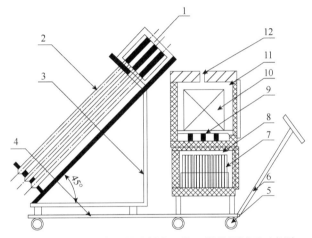

图8.30　小型相变储热木材太阳能干燥装置侧面示意图

本装置的集热器出风口最高温度 64.8℃，平均功率为 0.572kW，瞬时热效率为 56%，供热效率在 70%以上。相变温度区间为 48～54℃的石蜡作为相变储热材料，储热系统的换热系数为 26.4W/m² · ℃，平均储热效率为 66.5%，储热密度为 54.5MJ/m³。干燥 35mm 厚的杉木从初含水率 72.7%到终含水率 13.5%只需 99h，相比于大气干燥，时间缩短了 111h。

（二）整体型相变储热木材太阳能干燥装置

图 8.32 和图 8.33 为整体型相变储热木材太阳能干燥装置。该干燥装置采用介于温室型和集热器型之间的整体型端风式结构，由通风机间和干燥间两部分组成，轴流式循环风机位于通风机间，待干材堆位于干燥间，材堆两侧沿干燥间长度方向，分别设有储热导风墙、通风机间和干燥间。通风机间

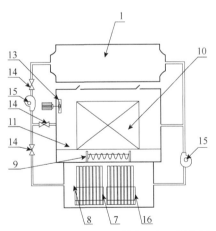

图8.31　小型相变储热木材太阳能干燥装置正面示意图

1. 集热箱；2. 集热管；3. 控制面板；4. 底座；5. 转向轮；6. 移动机构；7. 石蜡管；8. 储热箱；9. 辅助加热器；10. 木材；11. 干燥箱；12. 排气口；13. 内部循环风机；14. 风阀；15. 风机；16. 储热管架

图 8.32　整体型相变储热木材太阳能干燥装置

的一侧为南端墙，干燥间一侧设有进出木材的大门（北向）。太阳能干燥装置的热量来源由位于南端墙的热管太阳能集热器和整体拱形太阳能集热器两部分组成，集热器面积大，热效率高。两个集热系统可根据所需的干燥温度单独或协同使用，控温灵活、稳定。干燥装置内部设有蓄热导风墙，以确保干燥的连续性及均匀性。当白天太阳能充足时，干燥装置处于升温干燥阶段，夜晚或阴天太阳能不足时，干燥装置处于保温阶段。

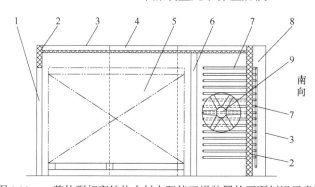

图 8.33　　　整体型相变储热木材太阳能干燥装置的正面剖视示意图

1. 大门；2. 保温层；3. 表板；4. 拱形集热器；5. 材堆；6. 导风挡板；7. 热管；8. 热管集热器；9. 轴流式循环风机

位于南端墙的热管太阳能集热器，其热管的蒸发端（吸热端）布置于集热器内部，而冷凝端（放热端）布置于通风机间，如图 8.34 和图 8.35 所示。干燥过程中，由集热器获得的热量经由热管传送至通风机间，在循环风机的带动下，再由干燥介质（湿空气）传递给待干木材。为确保换热的均匀性，整体拱形太阳能集热器，在干燥装置的长度方向上，由拱形集热器隔板分隔成不少于 1 个的独立通风单元，每个通风单元，都各有一个冷风进口和对应的热风出口。

图 8.34　热管集热器中热管的放热端
（通风机间）

图 8.35　热管集热器中热管的吸热端
（南向）

干燥装置内部设有储热导风墙，其作用是均匀配气和蓄热，蓄热导风墙由不少于 1 列的装有固-液相变蓄热材料的金属管构成，金属管可采用垂直、水平或倾斜排列，气流循环方向上叉排布置，如图 8.36 和图 8.37 所示。

图 8.36　金属管横排的蓄热导风墙

图 8.37　金属管竖排的蓄热导风墙

采用本装置干燥长度 1900mm、宽度 200～400mm、厚度 40mm 的杨木板材，从含水率 64.7% 干燥到 8.3%，平均干燥速率是气干的 1.8 倍。

第五节　木材太阳能干燥工艺

木材太阳能干燥工艺是保障木材干燥质量的重要技术参数，若干燥工艺不当会引起木材产生开裂、变形、翘曲等干燥缺陷。太阳能干燥虽然温度不高，一般不易产生干燥缺陷，但对于难干材，特别是厚板难干材，干燥工艺的选择和控制仍十分重要。

表 8.3～表 8.8 列出了几种温度范围、不同材种的太阳能干燥工艺基准。其中表 8.3～表 8.5 适于栎木、柚木等密度大的特别难干材；表 8.4～表 8.7 适于水曲柳、山毛榉等中等难干材；表 8.5～表 8.8 适于松木、杉木、杨木等软材。表 8.9 列举了中温太阳能干燥 38mm 厚的冷杉、水曲柳及栎木的参考干燥时间。表 8.10 给出了干燥不同材厚的时间系数，表 8.11 为干燥材厚大于 38mm 时对温、湿度的调整参数。

表 8.3　太阳能干燥工艺基准 A（材厚 38～40mm）

含水率/%	干球温度/℃	干湿球温度差/℃	平衡含水率/%	相对湿度/%
生材～60	40	2.5	17	85
60～40	40	3.5	15	80
40～35	45	4.5	13	75
35～30	45	5.5	12	70
30～25	45	6.5	11	65
25～20	50	8	9.5	60
20～15	60	12	7.5	50
15～10	60	16	6	40

表 8.4　太阳能干燥工艺基准 B（材厚 38～40mm）

含水率/%	干球温度/℃	干湿球温度差/℃	平衡含水率/%	相对湿度/%
生材～60	40	2.5	17	85
60～40	40	3.5	15	80
40～35	40	5	12	70
35～30	45	7.5	10	60

续表

含水率/%	干球温度/℃	干湿球温度差/℃	平衡含水率/%	相对湿度/%
30~25	45	10	8.5	50
25~20	50	13.5	6.5	40
20~10	60	20	4.75	30

表 8.5 太阳能干燥工艺基准 C（材厚 38~40mm）

含水率/%	干球温度/℃	干湿球温度差/℃	平衡含水率/%	相对湿度/%
生材~50	50	7	14	80
50~40	55	9	12.5	75
40~30	60	14	10	65
30~20	60	20	8	55
20~10	60	32	5.5	35

表 8.6 太阳能干燥工艺基准 D（材厚 38~40mm）

含水率/%	干球温度/℃	干湿球温度差/℃	平衡含水率/%	相对湿度/%
生材~40	42	2.5	17	86
40~35	45	3.1	16	83
35~30	48	4.3	13.5	78
30~25	52	8.3	10	62
25~20	56	16.6	6.2	37
20~15	60	21.8	4.5	27
15 以下	65	29.5	2.8	16

表 8.7 太阳能干燥工艺基准 E（材厚 38~40mm）

含水率/%	干球温度/℃	干湿球温度差/℃	平衡含水率/%	相对湿度/%
生材~40	46	3.4	15.5	82
40~35	50	4.0	14.5	80
35~30	54	6.2	11.5	71
30~25	58	10.7	8.5	56
25~20	62	19.1	5.5	34
20~15	68	26.7	3.5	22
15 以下	70	31.4	2.5	16

表 8.8 太阳能干燥工艺基准 F（材厚 38~40mm）

含水率/%	干球温度/℃	干湿球温度差/℃	平衡含水率/%	相对湿度/%
生材~40	50	4.8	13	76
40~35	54	7.7	10.5	65
35~30	58	11.9	8	52
30~25	62	19.1	5.5	34
25~20	66	26.6	3.5	21
20~15	70	29.9	2.5	18
15 以下	74	34.4	2	14

表 8.9　太阳能干燥参考时间（材厚 38mm）

含水率/%	干燥时间/h		
	冷杉	水曲柳	柞木
60～50	12	54	97
50～40	14	61	110
40～35	10	34	61
35～30	10	36	65
30～25	12	45	81
25～20	15	56	102
20～15	18	70	126
15～10	21	88	153
总计	112h, 4.7d	444h 18.5d	795h 33.1d

表 8.10　干燥不同材厚的时间系数

材厚/mm	时间系数	材厚/mm	时间系数
25	0.6	57	1.65
32	0.8	63	1.9
38	1	70	2.15
44	1.2	76	2.4
50	1.4		

表 8.11　干燥材厚大于 38mm 时对温、湿度的调整参数

材厚	温度设定	相对湿度设定	平衡含水率设定
38～75mm	每阶段降低 5℃	每阶段增加 5%	每阶段增加 2%（含水率>12%）或 1%（含水率<12%）
>75mm	每阶段降低 8℃	每阶段增加 10%	每阶段增加 4%（含水率>12%）或 2%（含水率<12%）

思　考　题

1. 我国哪些地方适合采用木材太阳能干燥？
2. 木材太阳能干燥的原理是什么？
3. 太阳能供热系统的循环方式有哪几种？
4. 常见的太阳能集热器有几种，它们的特点是什么？
5. 平板型集热器由哪些部分组成？
6. 影响太阳能供热系统效率的因素有哪些？
7. 太阳能储热方式有几种，常见的储热材料有哪些？
8. 温室型、半温室型和集热器型木材太阳能干燥室的区别是什么？
9. 相变储热型木材太阳能干燥室的优势是什么？
10. 难干硬阔叶材和易干针叶材在选择太阳能干燥工艺时需注意什么？

主要参考文献

岑幻霞. 1997. 太阳能热利用. 北京：清华大学出版社.

崔海亭, 杨锋. 2004. 储热技术及其应用. 北京：化学工业出版社.

董仁杰, 彭高军. 1996. 太阳能热利用工程. 北京：中国农业科技出版社.

樊栓狮, 梁德青, 杨向阳, 等. 2004. 储能材料与技术. 北京：化学工业出版社.

方荣生, 项立成, 李亭寒, 等. 1985. 太阳能应用技术. 北京：中国农业机械出版社.

冯小江. 2010. 相变储热太阳能木材干燥装置设计及性能研究. 北京：北京林业大学硕士学位论文.

傅庚福, 孙军, 赵凯峰. 等. 2007. 太阳能储热技术及其在木材干燥系统中的应用. 应用能源技术, (10)：40-42.

葛新石, 龚保, 陆维德, 等. 1988. 太阳能工程-原理和应用. 北京：学术期刊出版社.

何文晶, 王崇杰, 薛一冰, 等. 2004. 太阳能热利用实践. 太阳能, (4)：24-25.

华贲. 2009. 中国低碳能源战略探讨. 能源政策研究, (5)：3-11.

华贲. 2010. 低碳发展时代的世界与中国能源格局. 中外能源, 15 (2)：1-9.

李爱菊, 王毅, 张仁元. 2007. 工业窑炉用陶瓷基定形储能材料的研究. 硅酸盐通报, 26 (3)：547-551.

李爱菊, 张仁元, 黄金. 2004. 定形相变储能材料的研究进展及其应用. 新技术新工艺, 2：45-48.

李海雁, 刘祖明. 2000. 太阳能热泵木材干燥. 太阳能, 1：17.

李立敦, 刘森元. 1989. 国外大型太阳能干燥器. 太阳能, 2：20-21.

李申生. 1989. 太阳能热利用导论. 北京：高等教育出版社.

刘登瀛, 曹崇文. 2006. 探索我国干燥技术的新型发展道路. 通用机械, (7)：16-18.

刘森元, 李立敦. 2000. 太阳能干燥利用研究及其在工农业生产中的应用. 新能源, 22 (1)：12-15.

陆维德, 罗振涛. 2002. 我国太阳能利用进展. 太阳能, (1)：4-7

陆文达, 刘迎涛, 曲艳杰, 等. 1995. 木材的太阳能干燥. 中国木材, (3)：33-35.

罗运俊, 何梓年, 王长贵, 等. 2005. 太阳能利用技术. 北京：化学工业出版社.

吕坤. 2004. 圆柱阵列太阳能空气集热器的实验研究. 青岛：青岛理工大学硕士学位论文.

潘永康. 1998. 现代干燥技术. 北京：化学工业出版社.

苏文佳, 左然, 张志强, 等. 2008. 太阳能平板集热 / 储热系统. 太阳能学报, 29 (4)：449-452.

孙令坤. 1983. 主动式太阳能木材干燥窑及其窑干工艺的研究. 纺织器材, (2)：20-29.

王崇杰, 管振忠, 薛一冰, 等. 2008. 渗透型太阳能空气集热器集热效率研究. 太阳能学报, 29 (1)：35-39.

王佩明. 2004. 内插管式全玻璃真空管空气集热器性能研究. 太原：太原理工大学硕士学位论文.

王永川, 陈光明, 洪峰, 等. 2004. 组合相变储热材料应用于太阳能供暖系统. 热力发电, (2)：7-9.

王志峰. 2001. 全玻璃真空管太阳能空气集热器热性能试验方法研究. 太阳能学报, 22 (2)：141-147.

项立成, 赵玉文, 罗运俊. 1998. 太阳能的热利用. 北京：宇航出版社.

谢建. 1999. 太阳能利用技术. 北京：中国农业大学出版社.

伊松林, 张璧光, 何正斌. 2021. 太阳能干燥技术及应用. 北京：化学工业出版社.

殷林波. 2002. 推进清洁生产促进可持续发展. 节能与环保, (8)：9-11.

袁旭东. 2001. V 型太阳能空气集热器热过程的数值模拟. 华东科技大学学报, 29 (10)：86-89.

袁颖利. 2009. 内插式太阳能真空管空气集热器集热性能研究. 上海：上海交通大学硕士学位论文.

张璧光, 高建民, 伊松林, 等. 2005. 实用木材干燥技术. 北京：化学工业出版社.

张璧光, 刘志军, 谢拥群. 2007. 太阳能干燥技术. 北京：化学工业出版社.

张璧光, 赵忠信. 1991. 木材联合干燥中太阳能集热器的应用研究. 北京林业大学学报, (1): 76-81.

张鹤飞. 2004. 太阳能热利用原理与计算机模拟. 西安: 西北工业大学出版社.

张建国, 陈永昌, 林宏佐. 2005. 太阳能沸石储热技术的实验研究. 北京工业大学学报, 31 (1): 63-65.

张静, 丁益民, 陈念贻. 2005. 相变储能材料的研究及应用. 盐湖研究, 13 (3): 52-57.

张珂理. 1990. V 形波纹多孔体太阳能空气集热器研究. 太阳能学报, 11 (3): 293-302.

张丽芝, 张庆. 1999. 相变储热材料. 化工新型材料, 27 (2): 19-21.

张仁元等. 2009. 相变材料与相变储能技术. 北京: 科学出版社.

张寅平, 胡汉平, 孔祥冬, 等. 1996. 相变贮能-理论和应用. 合肥: 中国科学技术大学出版社.

张志强, 左然, 李平, 等. 2008. 采用玻璃管蜂窝盖板的太阳能空气集热器的性能研究. 中国科学 E 辑, 38 (5): 781-789.

张铸. 1991. PK1570 系列拼装太阳能空气集热器. 太阳能学报, (1): 104-107.

钟志刚. 2001. 相变蓄能结构能量存储与释放规律的数学模型研究. 西安: 西安交通大学硕士学位论文.

Abhat A. 1981. Thermal Energy Storage. Dordrecht: D. Reidel publishing company.

Anon C. 1982. Solar kiln to dry wood. Juneau: Alaska Council on Science and Technology,

Chen P S, Helton C E. 1989. Design and evaluation of alow-cost solar kiln. Forest Products Research Society, 39 (1): 19-22.

Chen P Y S, Helmer WA. 1987. Design and tests of a solar-dehumidifier kiln with heat storage and heat recovery systems. Forest Products, 37 (5): 26-30.

Chen P Y S, Helton C E. 1989. Design and evaluation of a low-cost solar kiln. Forest Products Research Society, 39 (1): 19-22.

Farid M M, Khudhair A M, Razack S A K, et al. 2004. A review on phase change energy storage: materials and applications. Energy Conversion and Management, 45 (9/10): 1597-1615.

Johnson C L. 1961. Wind-powered solar-heated lumber dryer. Southern Lumberman, 8(1): 15-18.

Onishi J, Soeda H, Mizuno M , et al. 2001. Numerical study on a low energy architecture based upon distributed heat storage system. Renewable Energy, 22: 61-66.

Plumper R A. 1967. The design and operation of a small solar seasoning kiln on the equator in Uganda. Common Wealth Forestry Review, 46 (4): 298-309.

Read W R, Choda A, Copper P I, et al. 1974. A solar timber kiln. Solar Energy, 15: 309-316.

Robbins A M. 1983. Solar lumber kilns: design ideas. New Mexico: University of New Mexico.

Yang K C. 1980. Solar kiln performance at a high latitude, 48 deg N. Forest Products Journal, 30 (3): 37-40.

Zalba B, Marin J M, Cabeza LF, et al. 2003. Review on thermal energy storage with phase change materials heat transfer analysis and applications. Applied Thermal Engineering, (23): 251-283.

第九章　木材除湿干燥

木材除湿干燥（dehumidification drying）通常是一种低温干燥方法。除湿干燥技术始于20世纪60年代初，首先在欧洲应用于干燥木材。第一代木材除湿机的供热温度一般小于40℃，木材干燥周期很长，影响了其推广使用。70年代以后，随着制冷技术的发展，木材除湿机的供热温度可达60℃以上，因此，在欧洲、北美等地得到了推广应用。20世纪80年代初，我国南方少数木材加工企业从国外引进了木材除湿干燥设备。1985年后，我国广东、山东等地先后研制了国产除湿干燥设备，并在木材生产单位推广。1987年底，上海一研究所研制了高温热泵，使除湿干燥技术在木材行业得到了进一步推广。

除湿干燥又可称为热泵干燥，木材干燥行业为便于将排湿和供热加以区分，习惯上把从干燥室内取热（排湿）称为"除湿"，而从周围环境中取热（供热）称为"热泵"。

第一节　除湿干燥设备和工作原理

木材除湿干燥系统分为木材干燥室和除湿机两大部分，如图9.1所示。干燥室与常规干燥室的干燥过程相似，但有两点不同：①排出的湿热废气不是进入大气，而是经过除湿机脱湿后再返回干燥室内；②木材干燥室内通常不设加热器，而是靠除湿机供热（有时设辅助加热器）。

对除湿干燥室的要求与普通干燥室相同，一要保温，二要密闭。实际生产中使用的除湿干燥室外壳有三种结构：第一种为金属外壳，即在型钢或型铝骨架两面覆盖铝板，中间填玻璃棉或聚氨酯泡沫塑料保温材料；第二种为砖砌结构，室壁为双层砖墙，中间填膨胀珍珠岩保温材料；第三种为砖混结构，铝内壁用防锈铝板焊接成全封闭内壳，再用砖砌外墙壳体，并填充膨胀珍珠岩或硅石板保温材料。以第一种结构使用效果最好，但造价高。室内气流循环可用轴流通风机，也可用离心通风机。用前者时，室内温湿度通常不高，轴流通风机连同电动机一起可装在室内材堆的顶部，使结构大为简化（图9.1中7）；用后者时，需沿干燥室长度方向均匀配置吸气道和压气道，以保证气流均匀流过材堆。

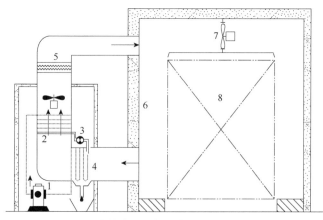

图9.1　木材除湿干燥系统（Aléon，1983）

1. 压缩机；2. 冷凝器；3. 热膨胀阀；4. 蒸发器；5. 辅助加热器；6. 干燥室外壳；7. 轴流通风机；8. 材堆

一、除湿干燥设备

（一）除湿机的设备组成

除湿机示意图如图9.2所示，各部件的相对位置如图9.3所示。除湿机由压缩机、蒸发器（冷源）、冷凝器（热源）、膨胀阀、辅助电热器、风机、液体观察孔、疏水器、冷凝水接收池及制冷剂瓶等组成。

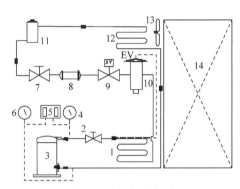

图9.2　除湿机示意图

1. 蒸发器；2、7. 手动阀；3. 压缩机；
4. 低压泵；5. 高低压力控制器；6. 高压泵；
8. 干燥过滤器；9. 电磁阀；10. 膨胀阀；
11. 储液器；12. 冷凝器；13. 风机；14. 干燥器

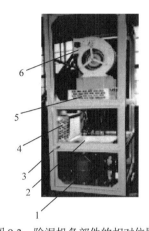

图9.3　除湿机各部件的相对位置

1. 压缩机；2. 接水盘；3. 排水管；
4. 蒸发器；5. 冷凝器；6. 风机

1. 压缩机　压缩机是除湿机的心脏，常称其为"主机"，足以说明它在系统中的重要地位。有用能的输入及制冷剂在除湿机系统中的循环流动都靠压缩机来实现。此外，除湿机的整机性能、可靠性、寿命与噪声等也主要取决于压缩机。除湿干燥系统中常常用活塞式压缩机，其外形如图9.4所示。

2. 冷凝器　冷凝器的任务是将压缩机排出的高温高压气态制冷剂予以冷却使其液化，即使过热蒸汽流经冷凝器的放热面，将其热量传递给周围介质（空气），从而其自身被冷却为高压饱和液体，以便制冷剂在系统中循环使用。

空气冷却式冷凝器中，根据管外空气的流动方式，可分为自然对流空气冷却式冷凝器和强制对流空气冷却式冷凝器。图9.5是强制对流空气冷却式冷凝器结构图，在除湿干燥系统中应用的即是该类型的冷凝器。

图9.4　活塞式压缩机外形图

1. 吸气口；2. 排气口

3. 蒸发器　蒸发器是干燥机中的冷量输出设备。制冷剂在蒸发器中蒸发，吸收低温热源介质的热量，达到制冷的目的。相比而言，蒸发器比冷凝器显得更复杂些，它对制冷系统的影响也更重要些。蒸发器的工作温度低，而冷凝器的工作温度高，蒸发器在同样的传热温差下因传热不可逆造成的有效能损失要比冷凝器更大；蒸发器处于系统的低压侧工作，蒸发器中制冷剂的流动阻力对制冷量与性能系数的影响也比冷凝器严重。上述问题越是在低蒸发温度时越突出。此外，与冷凝器不同的是蒸发器是"液入气出"。采用多路盘管并联时，进入的液体在每一管程中能否均匀分配是必须考虑的问题，如果分液不均匀则无法保证蒸发器全部传热面积的有效利用。因此在蒸发器设计和使用中必须精心考虑和正确处理这些问题。蒸发器采用翅片管结构，空气强制对流如图9.6所示。

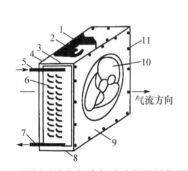

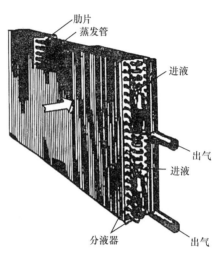

图9.5　强制对流空气冷却式冷凝器结构图

1. 肋片；2. 传热管；3. 上封板；4. 左端板；
5. 进气集管；6. 弯头；7. 出液集管；8. 下封板
9. 前封板　10. 通风机　11. 装配螺钉

图9.6　蒸发器结构图

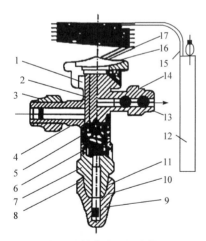

图9.7　热力膨胀阀结构图

1. 阀体；2. 传动杆；3. 螺母；4. 阀座；
5. 阀针；6. 弹簧；7. 调节杆座；8. 填料；
9. 帽罩；10. 调节杆；11. 填料压盖；
12. 感温包；13. 过滤器；14. 螺母；
15. 毛细管；16. 感应薄膜；17. 气箱盖

4. 节流机构　　节流机构有两大类：毛细管和膨胀阀（节流阀）。毛细管用在小型而且不需要精确调节流量的制冷装置中。在除湿机中多数用的是膨胀阀，膨胀阀具有可调的流通截面，因而它在造成制冷剂流动降压的同时，可以根据蒸发器负荷的变化实现流量调节。目前除湿机常用热力膨胀阀和新型的电子膨胀阀。

热力膨胀阀结构图如图9.7所示，它以蒸发器出口处制冷剂的过热度为控制参数。通过弹簧力设定静态过热度（设定范围一般为2~8℃），蒸发器出口制冷剂的过热度低于静态过热度时，阀处于关闭状态，过热度高于静态过热度时，阀才打开，并按两者的偏差成比例地改变阀开度，即成比例地调节送入蒸发器的制冷剂质流率。蒸发器出口有过热度，表明液体在蒸发器中全部蒸发，控制过热度不过大，则使供液量满足制冷的负荷要求。

电子膨胀阀结构图如图9.8所示，它是将步进电机的永磁体转子密封在管路内，以保证系统的密封性。当管路外的定子通电时，管路内的步进电机的转子转动，通过传递机构直接带动针阀上下移动，改变阀口开启大小，从而实现控制系统对工质流量的控制。

电子膨胀阀是全密封、高精度的流量控制阀门。它配以相应的控制电路可实现全自动闭环调试，具有流量调节范围大、控制精度高、调节速度快、耐氟性强等优点。它主要用于高压液体或气体的控制，特别适用于空调及制冷装置的流量调节系统，可实现温度的自动调节，具有节约能源、卸载启动、自动除霜、延长整机使用寿命的特点。

5. 辅助设备　　除以上 4 个主要部件（压缩机、冷凝器、节流件、蒸发器）是除湿机必备外，除湿机还装有其他辅助设备。

（1）过滤器　　压缩机的进气口应装有过滤器，以防止铁屑、铁锈等污物进入压缩机，损伤阀片和气缸。

（2）干燥器　　系统中不但有污物，还会有水分，这是系统干燥不严格及制冷剂不纯（含有水分）所致。水能溶解于氟利昂制冷系统中，它的溶解度与温度有关，温度下降，水的溶解度就小。含有水分的制冷剂在系统中循环流动，当流至膨胀阀孔时，温度急剧下降，其溶解度相对降低，于是一部分水分被分离出来停留在阀孔周围，并且结冰堵塞阀孔，严重时不能向蒸发器供液，造成故障。同时，水长期溶解于制冷剂中会分解而产生盐酸等，

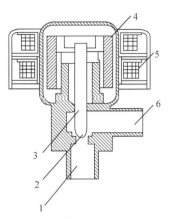

图 9.8　电子膨胀阀结构图
1. 入口；2. 针阀；3. 阀杆；
4. 电机；5. 线圈；6. 出口

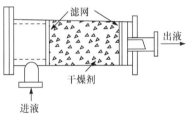

图 9.9　干燥过滤器

不但腐蚀金属，还会使冷冻油乳化，因此要利用干燥器将制冷剂中的水分吸附干净。

干燥器装在氟利昂制冷系统膨胀阀前的液管上，并可与过滤器结合，装设干燥过滤器。图 9.9 为干燥过滤器构造示意图。

（3）储液器　　储液器是用来储集制冷系统中循环过剩的液态制冷剂，以平衡负荷变化时对液量需求的变化，并减少因泄漏而补充灌的次数的装置，储液器如图 9.10 所示。

（4）高低压力控制器　　高低压力控制器（图 9.11）用于压缩机排气压力与吸气压力保护，以避免压缩机排气压力过高与吸气压力过低所造成的危害。制冷装置运行中，有许多非正常因素会引起排气压力过高，如操作失误（压缩机启动后，排气阀却未打开）、系统中制冷剂充注量过多、不凝性气体含量过高、冷凝器风扇卡死等。排气压力过高，超过机器设备的承压极限时，将造成人、机事故。另外，如果膨胀阀堵塞，吸气阀、吸气滤网堵塞等，会引起吸气压力过低。吸气压力过低时，不仅运行经济性变差，蒸发温度过低，还会不必要地过分降低被冷却物的温度，增加干耗，使冷加工品质下降。

图 9.10　储液器

图 9.11　高低压力控制器

（二）除湿干燥室特点

除湿干燥系统由干燥室和除湿机两大部分组成。除湿干燥室（dehumidification drying kiln）与常规干燥室基本相同，二者主要在以下几个方面有区别。

1）以电加热或以热泵供热的除湿干燥，其干燥室内没有蒸汽（热水或炉气等）加热器及管路。

2）除湿干燥室无进、排气道，但大部分有辅助进排气扇，一般在干燥前期除湿量大于除湿机负荷时启动排气扇。

3）除湿干燥室内风机的布置以顶风式居多，但一般无正、反转，且室内风机送风方向与除湿机送风方向相同。

4）多数除湿干燥室内无喷蒸或喷水等增湿设备。对于高温除湿干燥室也可依据工艺需求增设。图9.12为材积20m³的除湿干燥室照片。

图9.12　20m³除湿干燥室照片
1. 除湿机回风口；2. 送风口；3. 室门；
4. 干燥室风机；5. 辅助排湿口；6. 干燥室

（三）除湿机的布置形式

除湿机的布置形式一般有除湿机放干燥室内和除湿机放干燥室外两大类。除湿机室内布置形式如图9.13（a）、图9.13（b）所示。除湿机室外布置形式如图9.14所示。

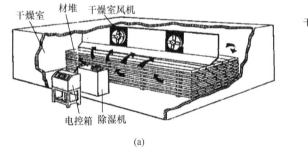
(a)

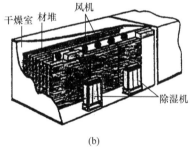
(b)

图9.13　除湿机布置于干燥室内

除湿机放干燥室内的布置特点是除湿机主机放干燥室内，而电控箱放干燥室外。放室内的除湿机没有回风管（通蒸发器进风口）和送风管（与冷凝器出风口联结）。除湿机室内布置的优点是：①结构简单，造价低；②布置灵活，其可根据材堆宽度布置数台除湿机，图9.13（a）为布置一台，图9.13（b）为布置两台除湿机的情况；③除湿机的热量全部散发在干燥室内，没有热损失；④可放在普通蒸汽干燥室内与蒸汽干燥实施联合干燥。除湿机室内布置的缺点是：①除湿机要长期在高温、高湿度的环境中

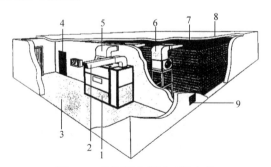

图9.14　除湿机布置于干燥室外
1. 热泵除湿机；2. 热泵排冷风管；3. 操作间；4. 干燥室小门；5. 热泵除湿机送热风风管；6. 干燥室风机；7. 材堆；
8. 干燥室；9. 辅助排湿口

工作,影响压缩机、蒸发器、冷凝器等主要部件的使用寿命;②除湿机的调节与维护不方便;③一般单热源除湿机不能利用环境热量供热。

除湿机布置在干燥室外的特点是,除湿机布置在操作间内,通过回风和送风管与干燥室相连,干燥室内靠除湿机一侧的墙上分别开设有回风口和送风口。除湿机室外布置的优点是:①除湿机工作条件好,可延长使用寿命;②除湿机的维护保养方便;③除湿机的一次风和二次风量可根据干燥室工况调节,以提高除湿效率;④可采用双热源除湿机利用热泵向干燥室供热,以降低能耗。除湿机布置在室外的缺点是:①除湿机回风、送风管及保温材料增加了干燥机的成本;②除湿机放干燥室外有少量散热损失;③除湿机需要单独的操作间,增加了投资。

二、除湿干燥的原理

除湿干燥(dehumidification drying)与常规干燥的原理基本相同,干燥介质为湿空气,以对流换热为主。二者的主要区别是湿空气的去湿方法不同。除湿干燥主要依靠空调制冷的原理使空气中水分冷凝,以此来降低干燥室内空气的湿度,空气在干燥室与除湿机之间为闭式循环,基本上不排气。除湿机工作原理如图 9.15 所示。

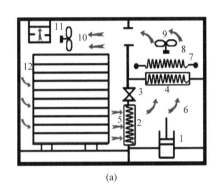 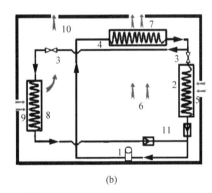

(a)   (b)

图 9.15 除湿机工作原理(张璧光,2005)

(a)单热源除湿机:1. 压缩机;2. 除湿蒸发器;3. 膨胀阀;4. 冷凝器;5. 通过蒸发器的湿空气;6. 脱湿后的干空气;7. 助电加热器;8. 除湿机风机;9. 除湿机送干燥室热风;10. 干燥室风机;11. 辅助排风扇;12. 材堆。

(b)双热源除湿机:1. 压缩机;2. 除湿蒸发器;3. 膨胀阀;4. 冷凝器;5. 湿空气;6. 脱湿后的干空气;7. 送干燥室热风;8. 热泵蒸发器;9. 外界空气;10. 排出冷空气;11. 单向阀

由于除湿机回收了干燥室空气排湿放出的热量,因此它是一种节能干燥设备,与常规干燥相比,除湿机的节能率在 40%~70%。除湿机的工作原理与热泵基本相同,即从低温区(冷源)吸收热能 $Q_冷$,并使此热能伴随着某些机械功 W_p 的输入一并传递到高温区(热源),从而得到较高温度的、可供利用的热能 $Q_热$。根据热力学第一定律,可得

$$W_p + Q_冷 + Q_热 = 0 \qquad (9.1)$$

或

$$|Q_热| = |Q_冷| + |W_p| \qquad (9.2)$$

使用压缩机型热泵时,热能从冷源向热源转移所需的补充能量是压缩机提供的机械能。

众所周知,液体在汽化时,需要从外界吸收热量(汽化潜热),反之,如果气体液化时,就要向外界放出热量。根据这一原理,把除湿机的蒸发器、压缩机、冷凝器和热膨胀阀等主要部件用管道连接起来,构成封闭的循环系统。制冷剂在封闭的系统中循环流动,并与周围的循环空气进行热交换。从干燥室内排出的热湿空气流过蒸发器(冷源)表面时,如果温度降到露点,

热湿空气中所含的水蒸气在蒸发器管道表面冷凝，并汇集排出机外。蒸发器内的制冷剂吸收了管外空气中的热量（汽化潜热），蒸发为蒸汽，然后流入压缩机。在压缩机中，制冷剂被压缩，同时一部分机械能（即压缩机所做的功）转化为热能，被制冷剂吸收。然后从压缩机流出的高温高压气态制冷剂流入冷凝器。在冷凝器内，气态高温高压制冷剂在接近等压的过程中冷凝为液体，同时放出热量。另外，经蒸发器脱湿的空气流过冷凝器（热源）时，又吸收了高温制冷剂放出的热量，成为相对湿度较低的热空气，再流回材堆，加热和干燥木材。液态制冷剂离开冷凝器后，在热膨胀阀处膨胀为气、液两相的混合物，同时压力降低，然后再流入蒸发器，如此反复循环。

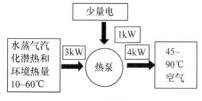

图 9.16　热泵工作原理图

除湿干燥又可称为热泵干燥，它是借用水泵将水从低水位聚至高水位的含义。热泵依靠制冷工质在低温下吸热，经压缩机在高温下放出热量，空气经热泵提高了空气的温度，即提高了热能的品质。图 9.16 为热泵工作原理图，假设热泵从低温空气中吸收了 3kW 的热能，热泵压缩机耗 1kW 的热能，就可向干燥室（或取暖空间）供应含 4kW 热能的高温空气。

为了进一步理解热泵系统的运转原理，可用相位图考察制冷剂的热力学特性，如图 9.17 所示。此图是常用的制冷剂 R22 的典型相位图。横坐标表示焓，纵坐标表示压力。图中左上角区域表示液态，拱形区域表示气液两相混合体，拱形右边的制冷剂为气体或蒸汽。

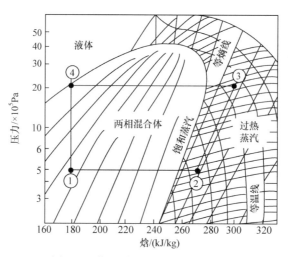

图 9.17　热泵循环图（Chen，1982）

1bar＝10⁵Pa

从热泵（除湿机）的热膨胀阀排出的制冷剂是气液两相混合体①，然后流入蒸发器②，在此过程中，制冷剂的压力不变。但由于吸收了周围空气的热量，焓大大增加。在蒸发器中，制冷剂全部转变为蒸汽。

制冷剂如果以液态在压缩机中运转，必然会损坏压缩机的阀门，因此它必须在拱形右边的纯蒸汽区（过热区）进入压缩机。热膨胀阀控制着制冷剂的流量，使②偏离拱形区约 10°，叫"10 度过热"。从而防止液体微滴进入压缩机。

制冷剂在压缩机内压缩的过程近似于等熵过程。等熵线随着压力增大，温度逐渐升高。因此，制冷剂从压缩机流出时的温度（93℃）高于其冷凝温度（54℃）。制冷剂在压缩机出口处达到其最高温度③。

在冷凝器内，高温制冷剂在接近等压的过程中，冷凝为液体（③到④）。在此过程中，由于制冷剂的热量又传回给周围空气，故其焓不断降低。液态制冷剂离开冷凝器后，在热膨胀控制阀处膨胀为两相混合体（④到①），在此过程中，压力不断降低，但焓不变。制冷剂反复进行此种循环。

除湿机的性能通常用性能系数来评价。性能系数又分为除湿机本身的性能系数 COP 和除湿装置系统的性能系数 COP 两种。

$$COP = \frac{Q_热}{W_p} \quad (9.3)$$

式中，$Q_热$ 为除湿机的热源提供的热量；W_p 为压缩机消耗的功。

$$COP = \frac{Q_热}{W_p + W_{f_1} + W_{f_2} + W_r} \quad (9.4)$$

式中，W_{f_1}、W_{f_2}、W_r 分别为除湿机中的风机、干燥室内风机及辅助电热器消耗的功。

高温除湿机本身的性能系数 COP 值为 3.8 左右；除湿装置系统性能系数 COP 值为 2～2.75。这说明从外界输入少量的能量（压缩机及风机消耗的功等），可在除湿机的热源得到 2 倍多的热能。

木材除湿干燥时，干燥室内循环的空气可全部流过蒸发器（冷源），也可部分流过蒸发器，其余的直接在干燥室内循环。部分空气（通常为总量的 1/4）流过蒸发器时，其除湿效率较高。而全部空气流过蒸发器时，尽管蒸发器的大部分制冷功率用于冷却大量的空气，但有时仍很难将空气的温度降到露点以下，故脱湿量很少。特别是流过干、热空气时，更是如此。然而，当空气的湿含量很高时，降到露点温度相对容易，这时，流过除湿机的空气量不是影响除湿效率的主要因素。

第二节　除湿干燥工艺

一、除湿干燥工艺基准

木材除湿干燥时，干燥室内木材的堆积及干燥介质——空气穿过材堆的循环过程与常规干燥相同。二者的主要区别在于：①除湿干燥大多属于中低温干燥，干燥室温度一般小于或接近 70℃。②多数单纯的除湿干燥室没有增湿设备，可考虑通过"闷室"的方式，实现类似常规室干的中间、平衡及终了处理。由于除湿干燥速率慢，一般不易出现开裂、变形等干燥质量问题。③除湿干燥室若没有蒸汽加热管和喷蒸管，预热阶段很难热透，而且如果没有加湿设备，预热阶段实际是预干。伴随着高温除湿干燥设备的出现，也可在设备内增设电热蒸汽发生器，进而实施木材的常规干燥工艺。

表 9.1～表 9.9 列出了两种除湿干燥温度范围、不同材种的除湿干燥工艺基准。其中表 9.1～表 9.3 属于中低温除湿干燥工艺基准；表 9.4～表 9.6 为高温（或准高温）除湿干燥工艺基准。表 9.1 和表 9.4 适于栎木、柚木等密度大的特别难干材；表 9.2 和表 9.5 适于水曲柳、山毛榉等中等难干材；表 9.3 与表 9.6 适于松木、杉木、杨木等软材。表 9.7 列举了中温除湿干燥 38mm 厚的冷杉、水曲柳及栎木的参考干燥时间。表 9.8 为干燥不同材厚的时间系数，表 9.9 为干燥材厚大于 38mm 厚板材时每阶段温度、相对湿度的调整参数值。

表 9.1　除湿干燥工艺基准 A（材厚 38mm）（England Ebac Industrial Products Ltd.，1988）

含水率/%	干球温度/℃	干湿球温度差/℃	平衡含水率/%	相对湿度/%
生材～60	40	2.5	17	85
60～40	40	3.5	15	80
40～35	45	4.5	13	75
35～30	45	5.5	12	70
30～25	45	6.5	11	65
25～20	50	8	9.5	60
20～15	60	12	7.5	50
15～10	60	16	6	40

注：此表工艺基准适于干燥栎木、柚木、胡桃木、枫木、板栗木及橄榄木等特别难干的硬材

表 9.2　除湿干燥工艺基准 B（材厚 38mm）（England Ebac Industrial Products Ltd.，1988）

含水率/%	干球温度/℃	干湿球温度差/℃	平衡含水率/%	相对湿度/%
生材～60	40	2.5	17	85
60～40	40	3.5	15	80
40～35	40	5	12	70
35～30	45	7.5	10	60
30～25	45	10	8.5	50
25～20	50	13.5	6.5	40
20～10	60	20	4.75	30

注：此表工艺基准适于干燥水曲柳、山毛榉、桉木、榆木、苹果木、铁杉及红木等中等难干材

表 9.3　除湿干燥工艺基准 C（材厚 38mm）（England Ebac Industrial Products Ltd.，1988）

含水率/%	干球温度/℃	干湿球温度差/℃	平衡含水率/%	相对湿度/%
生材～50	50	7	14	80
50～40	55	9	12.5	75
40～30	60	14	10	65
30～20	60	20	8	55
20～10	60	32	5.5	35

注：此表工艺基准适于干燥落叶松、冷杉、云杉、白桦、杨木及柳木等软材

表 9.4　除湿干燥工艺基准 D（材厚 38mm）（England Ebac Industrial Products Ltd.，1988）

含水率/%	干球温度/℃	干湿球温度差/℃	平衡含水率/%	相对湿度/%
生材～40	42	2.5	17.0	86
40～35	45	3.1	16.0	83
35～30	48	4.3	13.5	78
30～25	52	8.3	10.0	62
25～20	56	16.6	6.2	37
20～15	60	21.8	4.5	27
15 以下	65	29.5	2.8	16

注：此表工艺基准适于干燥栎木、柚木、胡桃木、枫木、板栗木及橄榄木特别等难干的硬材

表 9.5　除湿干燥工艺基准 E（材厚 38mm）（Italia CEAF，1988）

含水率/%	干球温度/℃	干湿球温度差/℃	平衡含水率/%	相对湿度/%
生材～40	46	3.4	15.5	82
40～35	50	4.0	14.5	80
35～30	54	6.2	11.5	71
30～25	58	10.7	8.5	56
25～20	62	19.1	5.5	34
20～15	68	26.7	3.5	22
15 以下	70	31.4	2.5	16

注：此表工艺基准适于干燥水曲柳、山毛榉、桉木、榆木、苹果木、铁杉及红木等中等难干材

表 9.6　除湿干燥工艺基准 F（材厚 38mm）（Italia CEAF，1988）

含水率/%	干球温度/℃	干湿球温度差/℃	平衡含水率/%	相对湿度/%
生材～40	50	4.8	13.0	76
40～35	54	7.7	10.5	65
35～30	58	11.9	8.0	52
30～25	62	19.1	5.5	34
25～20	66	26.6	3.5	21
20～15	70	29.9	2.5	18
15 以下	74	34.4	2.0	14

注：此表工艺基准适于干燥落叶松、冷杉、云杉、白桦、杨木及柳木等软材

表 9.7　中温除湿干燥冷杉、水曲柳及栎木的参考干燥时间（材厚 38mm）

（England Ebac Industrial Products Ltd.，1988）

含水率/%	干燥时间/h		
	冷杉	水曲柳	栎木
60～50	12	54	97
50～40	14	61	110
40～35	10	34	61
35～30	10	36	65
30～25	12	45	81
25～20	15	56	102
20～15	18	70	126
15～10	21	88	153

表 9.8　干燥不同材厚的时间系数（England Ebac Industrial Products Ltd.，1988）

材厚/mm	时间系数	材厚/mm	时间系数
25	0.6	57	1.65
32	0.8	63	1.9
38	1	70	2.15
44	1.2	76	2.4
50	1.4		

表 9.9　干燥材厚大于 38mm 厚板材时，每阶段温度、相对湿度的调整参数值

（England Ebac Industrial Products Ltd.，1988）

材厚/mm	温度设定	相对湿度设定	平衡含水率设定
38～75	每阶段降低 5℃	每阶段增加 5%	每阶段增加 2%（含水率>12%）或 1%（含水率<12%）
>75	每阶段降低 8℃	每阶段增加 10%	每阶段增加 4%（含水率>12%）或 2%（含水率<12%）

二、干燥温度和湿度

目前，除湿干燥主要还是低温干燥。干燥开始时，辅助加热器把干燥室内空气温度预热到有效工作温度（约 24℃），然后，辅助加热器自动切断电源，靠除湿机中的压缩机不断提供能量。在干燥过程中，干燥室内温度逐渐升高到 32～49℃（依被干燥木材的树种、厚度和含水率而异）。

除湿干燥的最高温度是由冷凝器中制冷剂的工作压力决定的。例如，采用氟利昂 R22 为制冷剂时，设计的最大冷凝压力为 1862kPa，这时除湿机的供热温度约为 49℃。国内新近研制的高温除湿机，其冷凝温度可达 80℃以上，这时的供热温度可达 70℃。

干燥过程中，除控制空气温度之外，还要控制空气的相对湿度。干燥针叶树材时，相对湿度控制在 63%～27%；干燥阔叶树材时，相对湿度为 90%～35%，即随着干燥过程的进行，相对湿度不断下降。例如，25mm 厚的岩械木材低温除湿干燥基准见表 9.10，20～55mm 厚岩械木材中温除湿干燥基准见表 9.11。

表 9.10　25mm 厚的岩械木材低温除湿干燥基准

时间/h	干球温度/℃	干湿球温度差/℃	相对湿度/%	平衡含水率/%
3	—	2.8	—	—
44	32	2.8	81	16.1
48	34	4.7	71	13.0
33	39	10.0	47	7.9
36	40	12.5	39	6.2
13	40	16.0	25	4.4
36	41	18.0	19	3.5
187	44	20.0	18	3.3
8	49	6.1	69	11.8

表 9.11　20～55mm 厚岩械木材中温除湿干燥基准（徐望飞，1987）

木材含水率/%	干球温度/℃	湿球温度/℃	干燥延续期/d	备注
≥40	40	40	0.5～1	升温预热
40	40.5	38	0.5	
35	44	40.5	0.5	
30	47	41～42.5	0.5	
25	51	41～45	0.5～1	
20	54	42～45	0.7～1	
15	57	41～45	1	
10	60	39～44	1	
6	60	35～40	1～1.5	

三、干燥时间

　　木材低温除湿干燥时，干燥时间相当长。例如，32mm 厚的红橡板材从生材干燥到 6%～8% 的含水率，需要 40～45d；25mm 厚的白松从含水率 90% 干燥到 8% 需 18d。而常规蒸汽干燥同样的板材分别只要 26d 和 6d。其他树种和规格的锯材，除湿干燥的时间见表 9.12。

表 9.12　木材除湿干燥的时间（Aléon et al.，1981）

树种	厚度/mm	板型	初含水率/%	终含水率/%	干燥时间/d
栎木	24	毛边板	40	14	40
板栗	23	整边板	86	16	19
山毛榉	60	毛边板	67	34	32
非洲楝	41	毛边板	63	21	17
柳桉	50	毛边板	87	53	15
海岸松	27	整边板	56	15	13

　　除湿干燥欧洲赤松、栎木和山毛榉木材的干燥曲线如图 9.18 所示。干燥温度为 35℃，木材横断面尺寸 50mm×50mm，干燥室空气相对湿度从 90% 降为 20%。

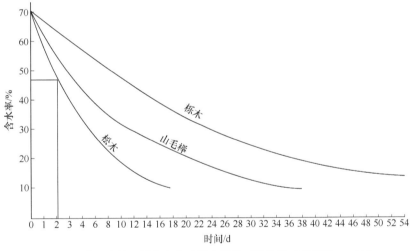

图 9.18　欧洲赤松、栎木和山毛榉木材的干燥曲线（若利等，1980）

四、除湿机功率的选择

　　木材除湿干燥过程中，热量是由除湿机的热源（冷凝器）供给的。调节干燥温度主要靠开启和停止压缩机，压缩机停止运转，就截断了除湿机的供热，起到了降温作用。干燥室内空气的相对湿度也可通过压缩机来控制。启动压缩机，就能降低干燥室内的相对湿度。

　　对于一台除湿机来说，其最大除湿（排水）能力是固定的。选择除湿机时，首先要计算被干燥木材每小时的排水量，然后对照除湿机的排水能力进行选择。又因干燥过程中，木材的干燥速率是不等的，初期干燥速率快，需要的除湿机排水能力大，故应按干燥初期的排水量来选择除湿机。

五、干燥质量

除湿干燥通常是低温慢干，干燥质量较好，一般不会出现严重的干燥缺陷。但由于除湿干燥系统中，通常无调湿设备，干燥结束后，无法进行调湿处理，因此干燥的木材有时出现表面硬化现象。特别是用中温除湿机（干燥温度达 60℃）干燥硬、阔叶树材厚板时，表面硬化现象更为严重。

六、能耗分析

木材除湿干燥时，由于废气热量可回收利用，因此与常规干燥相比，除湿干燥可节省大量的能耗（干燥生材时可节省 45%～60%的能耗）。但是，木材含水率降到 20%以下时，由于干燥温度低，木材中的水分蒸发比较困难，蒸发单位重量水分的能耗大大增加，而且从木材中蒸发出来的水分越来越少，因此，从废气中回收的能量也越来越少。用除湿法把气干材进一步干燥到 6%～8%的含水率，与常规干燥相比，可节省的能耗很少。

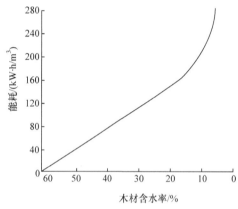

图 9.19　32mm 厚的红橡生材除湿干燥时能耗
与木材含水率的关系

32mm 厚的红橡生材在除湿干燥过程中，每立方米木材的能耗与木材含水率的关系曲线如图 9.19 所示。由图 9.19 可见，木材从 60%干燥到 20%的含水率，每立方米木材约消耗 144kW·h 的电能。平均每降低 1%的含水率，消耗 3.6kW·h 的电能。而进一步从 20%干燥到 8%的终含水率，需要再消耗 136kW·h 的电能。平均每降低 1%的含水率，消耗 11.3kW·h 的电能，为干燥前期的 3 倍。以上数据也说明，除湿法干燥气干材或半干材是不经济的。

七、使用除湿干燥工艺基准的注意事项

1）由于材种、板厚及除湿机工作状况等条件的不同，在实际干燥过程中，可适当调整干燥温度、相对湿度等干燥参数，上述基准表中所提供的参数仅供参考。

2）对于没有蒸汽、热水、炉气等作辅助能源的除湿干燥室，升温很慢。实际干燥过程中对应于某一含水率阶段允许干燥室温度低于工艺基准表中所要求的温度，但空气湿度应尽量保持该含水率阶段所要求的相对湿度。

3）除湿干燥和常规干燥工艺过程相似，待干的湿材装入干燥室后，待木材温度内外趋于一致时，才能按干燥基准的参数运行，进入干燥阶段。干燥终了时要停止加热和除湿机工作，仅开干燥室内风机通风降温，待室内温度降到不高于大气温度 30℃时，方可开启干燥室大门，准备出材。

4）干燥特别难干材及 4cm 以上厚度的中等难干材时，即使是中、低温干燥，当木材处于纤维饱和点附近和接近干燥终了时，要做调湿处理，以减少干燥应力，防止干燥缺陷。若干燥室内无喷蒸管或喷水管，建议用停机闷室的方式达到调湿处理的目的。

5）干燥室温度达 70℃以上的高温除湿干燥，建议要加增湿设备，要像常规干燥一样，在干燥过程中进行预热处理、中间处理、平衡处理和终了处理。

八、除湿干燥工艺示例

（一）椴木除湿干燥工艺曲线

试材为椴木，其基本密度为 355kg/m³，材积 35m³，材厚 6cm，木材初含水率为 48.3%，试验地点为北京。除湿机采用 RCG30G 高温除湿机，制冷工质为 R12，压缩机额定功率为 15kW，主风机功率为 3kW，风量为 $1 \times 10^4 \sim 1.2 \times 10^4$ m³/h，通过除湿蒸发器的风量为 2.6×10^3 m³/h。

椴木除湿干燥过程中干燥室内温度、空气相对湿度及木材含水率随时间的变化曲线如图 9.20 所示。图中干燥室内温度、相对湿度、含水率等值均取每天的平均值。由图中几条曲线的变化趋势可以看出，干燥过程中室内温度、空气相对湿度和木材含水率的变化规律和常规干燥是相同的。图 9.20 中显示，当木材含水率大于纤维饱和点时，木材中自由水的迁移和蒸发速度较快，含水率从 48.3% 降低至纤维饱和点（29.5%），干燥时间占总干燥时间的 33.5%，而当木材的含水率小于纤维饱和点时，木材内水分迁移速度明显降低，含水率从 29.5% 降低至 12.5%，干燥时间却占总干燥时间的 62.5%。椴木除湿干燥比常规干燥的温度低，干燥室升温慢，所以总的干燥时间比常规干燥大约要长一倍。

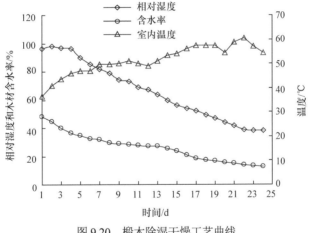

图 9.20　椴木除湿干燥工艺曲线

（二）除湿干燥能耗分析

表 9.13 列出了椴木除湿干燥第 1～24 天的除湿时间、总除湿量、除湿能耗、除湿回收能量及除湿比能耗等参数。表中除湿比能耗包括除湿机的压缩机、主风机及干燥室内风机能耗之和，总除湿量是每天经除湿机排水管排出的水量之和。而除湿机回收的能耗包括三部分，即①湿空气中水蒸气流经蒸发器时冷凝而放出的汽化潜热；②冷凝水降温放出的热量；③流经蒸发器的空气降温而放出的热量。从表 9.13 所列数据可以看出除湿干燥的能耗有两个特点：

1）不同干燥阶段除湿机的节能效果有明显的差异：①干燥的第 6～7 天以前，尚处于木材中自由水蒸发阶段，除湿量大，由除湿机回收的能量大于它消耗的能量，在此阶段开除湿机是很合算的；②干燥的第 8～10 天除湿量有很大的下降，其回收的能量比它消耗的能量分别少 11.4%、35.5%、24.2%，但据有关资料介绍，常规蒸汽干燥的平均脱水能耗为 1.2～1.8kW·h/kg$_水$，表 9.13 中第 8～10 天的平均脱水能耗仍小于常规蒸汽干燥，故这几天开除湿机仍比常规蒸汽干燥节能；③干燥的第 20~24 天已接近干燥终了，除湿量很少，开除湿机消耗的能量明显比它回收的能量多，而除湿干燥的能耗达 1.7kW·h/kg_水以上，这说明干燥后期不宜开启除湿机。

表 9.13 椴木除湿干燥能耗分析

时间/d	含水率/%	干燥室温/℃	室内相对湿度/%	除湿时间/(h/d)	总除湿量/(kg·k/d)	除湿能耗/(kW·h/d)	除湿回收能量/(kW·h/d)	除湿比能耗/(kW·h/kg_水)
1	48.3	36.5	96.0	5.5	196.0	96.3	140.5	0.478
2	44.5	41.0	98.	10.5	330.0	160.8	232.5	0.487
3	40.1	43.5	97.0	11.0	375.4	198.0	265.7	0.527
4	36.3	46.0	96.0	12.4	341.0	224.0	242.2	0.657
5	34.5	47.0	90.0	11.2	297.0	204.0	214.8	0.657
6	32.7	47.0	85.0	10.0	285.0	188.0	206.8	0.660
7	32.1	49.6	82.0	10.9	277.0	190.0	204.1	0.686
8	29.5	49.6	79.0	10.0	209.1	178.8	157.6	0.850
9	28.9	50.0	74.0	12.5	196.5	230.4	148.9	1.170
10	28.4	51.0	73.0	10.0	191.6	189.2	143.5	0.987
11	28.1	50.0	69.0	9.5	141.6	179.2	102.6	1.265
12	27.4	49.0	67.0	5.4	125.4	93.2	91.7	0.743
13	27.1	51.5	64.0	4.6	111.5	86.4	83.1	0.775
14	25.6	53.5	60.0	4.5	101.5	78	77.1	0.768
15	23.6	54.0	56.0	4.0	69.7	70.8	55.7	1.010
16	21.0	56.0	54.0	3.5	59.1	57.2	48.7	0.960
17	18.3	57.5	52.0	3.5	37.6	60.8	35.1	1.600
18	17.2	57.6	49.0	3.5	32.5	67.2	31.6	2.070
19	16.6	57.5	47.0	5.4	34.7	101.2	33.1	2.910
20	15.8	54.3	44.0	2.0	23.4	40.0	33.6	1.710
21	15.1	59.0	42.0	6.4	33.4	112.4	35.3	3.360
22	14.2	60.5	39.0	2.0	16.5	36.0	23.7	2.180
23	13.4	57.0	38.0	2.7	15.1	43.2	22.6	2.860
24	12.5	54.5	38.0	2.8	10.0	45.2	19.2	4.520

2）湿空气参数和除湿时间是影响除湿效率和能耗的主要因素：①干燥的第 2 天比第 1 天的除湿量明显大得多，这主要是第 1 天木材尚处于预热阶段，室温低，水分蒸发量少，且第 1 天的除湿时间几乎只有第 2 天的一半，第 2 天干燥室内空气的温度增高，相对湿度也增大，单位容积内空气的含湿量增大，故除湿量明显增加而除湿比能耗较低；②除湿的第 9 天比第 8 天的除湿时间多了 2.5h，但除湿量却少了 6%，除湿比能耗增加了 37.65%，这是因为第 9 天的相对湿度比第 8 天少了 5 个百分点；③干燥后期的第 21 天，除湿时间达 6.4h，它与第 22 天（除湿时间 2h）相比，除湿量虽然增加了一倍，但能耗比却增加了两倍，除湿比能耗达 3.36kW·h/kg_水。这说明增加开除湿机的时间不一定能增加除湿量和节能效果，必须掌握好开除湿机的时间。

九、除湿干燥的优缺点及适用范围

（一）除湿干燥的优缺点

1）节能效果显著。除湿干燥与常规蒸汽干燥相比，其节能率为 40%～70%，其中单热源除湿机的节能率在 40% 左右，双热源除湿机的节能率在 70% 左右。单热源与双热源除湿机的区别在于后者具有两个蒸发器。除湿蒸发器从干燥室排出的湿空气中吸热，而热泵蒸发器从大气环境中吸热，向干燥室供热风，使其升温。据试验测试，环境温度为 14℃ 以上时，压缩机耗 1kw•h 电能可获 3 倍以上的热能。而采用单热源除湿机的干燥室，目前主要靠电热器供热升温，因此，单热源比双热源除湿机的能耗高。

2）干燥质量好。干燥后的木材色泽好（基本保持原来的天然色），一般不会发生变形、开裂、表面硬化等干燥缺陷。因此，这种干燥方法特别适于干燥容易变形、开裂的难干材和珍贵材。

3）有利于保护生态环境。由于除湿干燥技术使用电能，无须设锅炉设备，无火灾隐患，也不会有烟尘污染。因此，特别适合于对环境质量要求高的地区使用。

4）投资省、见效快、运行费用少。当干燥材积相同时，由于不需要建锅炉房，干燥室设备又比蒸汽干燥简单，对干燥室的设计和使用材料要求不高，只要满足合理的气密性、防水和保温性即可，故整套设备的总投资略低于蒸汽干燥。同时，由于设备自动化程度较高，操作简单，每班只需 1 人，加上干燥能耗低，故运行费用少。

除湿机的局限性主要表现在：①除湿干燥的介质温度较低，干燥时间较长；②除湿机能源为电能，在电力紧张、电价太贵的地区，成本往往较高，使其推广应用受到限制；③对木材的调湿处理，一般不如蒸汽干燥室灵活方便。总之，我国电力供应还比较紧张，不宜用除湿法干燥易干的针叶树材薄板，干燥硬阔叶树材也要考虑到干燥成本、投资回收期等问题。

根据以上分析，结合我国具体情况，除湿干燥的适用范围为：①水电资源丰富，电费便宜的地区；②没有锅炉的中、小型企业，小批量干燥硬阔叶树材或用于阔叶树材的预干；③大城市市区对环境污染要求高的地区；④干燥质量要求较高的珍贵材和难干材，在气温较高的南方地区使用节能效果更明显。从国际干燥技术总的发展趋势来看，除湿干燥宜于用作预干或与其他能源联合干燥。从干燥能耗和成本综合考虑，可发展除湿-常规蒸汽、除湿-炉气、除湿-微波、太阳能-热泵等联合干燥方法，以充分发挥除湿干燥的优势。

（二）改进措施

1. 提高干燥温度，增设调湿装置　　老式的除湿干燥室，干燥温度低，一般只有 32～49℃，因此，干燥速率慢。新型的除湿机，采用新的制冷剂，可使干燥室内温度提高到 60～70℃，干燥速率大大提高，干燥周期可缩短 50%。

前面提到除湿干燥室一般无调湿装置，干燥结束时不能进行终了调湿处理，木材易产生表面硬化。低温的除湿干燥此问题并不突出，但高温的除湿干燥若不进行调湿处理，则容易产生干燥缺陷。若在干燥室外面安装小型蒸汽发生器，或在干燥室内设喷水装置，喷水成雾，进行调湿处理，可改进干燥质量。

2. 根据实际需要选用除湿机的压缩机功率　　除湿机通常应配备两台压缩机。干燥初期，木材中蒸发的水分量大，两台压缩机都启动；干燥后期随木材中水分蒸发量的减少，可关掉一台压缩机，或两台都关掉。这样可提高除湿机的效率，降低干燥成本。另外，选择除湿机时，还要考虑到木材的树种、规格和含水率。一般干燥针叶树材时，木材中的水分容易排出。因此，要选用较大功率的除湿机。

第三节　热 泵 干 燥

热泵是一种能够从水源、土壤及空气等介质中提取低品位热能，在电力做功条件下，通过制冷剂的冷凝放热和蒸发吸热过程，将低品位热能转化为高品位热能的装置，其本质上属于一种热量提升装置。热泵装置的作用在于可以从自然环境中提取热量，然后传递给供热对象，其基本运行原理和制冷机类似，都是按照逆卡诺循环运行的，只是二者工作温度范围不同。热泵装置在运行时，其本身需要消耗较少的能量，以提取自然环境中的热量，然后通过传热工质循环将提取的低品位热能转化为高品位热能并加以利用。相较于热泵装置的输出功而言，其消耗功仅占一小部分，因此，采用热泵供热技术可以有效地节约能源，相较于传统供热方式综合效益更高。

一、空气源热泵干燥

近年来，国家大力倡导工业节能、减排、降耗，强力推进环保措施，作为木材加工的基础工序，木材干燥生产因能耗大、能源利用率低、污染环境等问题面临严重挑战。木材干燥能耗占木制品生产总能耗的 40%～70%，这促使木材干燥生产企业必须进行转型升级。一些木材加工企业在新建或改造的木材常规干燥设备中采用空气源热泵进行供热，探索在保证木材干燥质量和生产效率的前提下有效的干燥方式，以降低能耗、提高能源利用率、减少环境污染。

空气源热泵是在电能驱动下，低温空气经过热泵系统的冷凝器吸收热量变为高温低湿空气，把低品位热能转换为高品位热能的热力转换设备。空气源热泵应用于木材干燥具有干燥成本低、无污染、自动化程度高、干燥质量好等显著优点，是 2015 年以后逐渐发展起来的一种行之有效的节能、环保干燥技术。法国在 1970～1977 年安装了近千台热泵木材干燥装置，到 1980 年大约 3000 家木材干燥厂采用了热泵干燥技术。日本从 20 世纪 60 年代开始研究热泵干燥技术，到 1987 年已有各种热泵干燥装置 3000 套左右，现有 12% 的干燥装置采用热泵干燥技术。加拿大的安大略省有 45% 的木材采用热泵干燥技术，节能达 60%。

（一）空气源热泵的工作原理

空气源热泵干燥系统由蒸发器、压缩机、冷凝器、膨胀阀、循环风机和干燥室等组成，是根据逆卡诺循环原理，消耗少量电能的驱动热泵，通过流动工质在蒸发器、压缩机、冷凝器和膨胀阀等部件中的气液两相的热力循环过程从而实现物料干燥。低温空气经过热泵系统的冷凝器吸收热量变为高温低湿空气，进入干燥室内加热，使干燥物料脱除水分，吸收水分后的空气再经热泵系统的蒸发器降温除湿，同时热泵系统回收脱湿水蒸气的汽化潜热，低温低湿空气经热泵系统冷凝器加热，降低空气的相对湿度，空气如此循环实现物料的连续干燥。

木材热泵干燥系统（图 9.21）与常规干燥室最大的区别在于其供热系统采用的不是蒸汽锅炉而是空气源热泵，利用压缩机将工质经过膨胀阀膨胀后在蒸发器内蒸发为气态，并大量吸收空气中的热能，气态的工质被压缩机压缩成为高温、高压的气体，然后进入冷凝器放热，把干燥室内的干燥介质加热，如此不断循环加热，可以把干燥介质加热至 40～80℃。空气源热泵干燥系统可以利用蒸发器的除湿作用使干燥效率提高，目前大多采用热泵辅助干燥机来缩短干燥

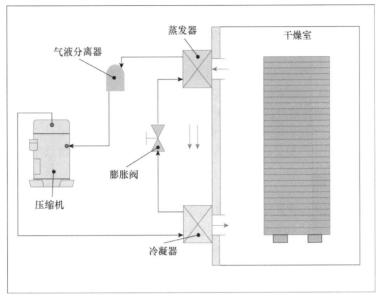

图 9.21　木材热泵干燥系统

时间，比传统的电加热干燥机组的干燥时间减少 1/3。空气源热泵干燥是一种温和的干燥方式，干燥室内气流组织比较均匀，纵向温差小，平面温度均匀。在干燥过程中，根据物料的特性和干燥工艺，调节循环空气的温湿度和风量，可使得表面水分的蒸发速度与内部水分向表面的迁移速度基本保持一致，减少木材的缺陷，提高干燥质量。

（二）空气源热泵的特点

空气源热泵干燥与木材常规干燥相比具有诸多优势，主要体现在以下几方面。

1）节能效果好，可降低干燥成本。空气源热泵干燥系统的热能利用率非常高，其制热系数高达 4 以上，因此空气源热泵干燥系统能够有效节约能源损耗，同时可以吸收周围环境如空气、水、土壤中的能量，增焓升温后用于木材干燥。还可以回收干燥过程中排放的湿热干燥废气的能量，再用于干燥作业，与燃煤干燥相比，节能效果显著。

2）干燥质量好。空气源热泵干燥木材时，其气流相对较为均匀，温差变化不大，能根据不同干燥阶段对风量、温度和湿度进行调节，木材干燥时一般不会发生较重的变形、开裂、表面硬化、颜色变暗等干燥缺陷。

3）环保效果好。以电能为能源，无污染物排放，不直接污染环境，同时不使用锅炉，无安全及消防隐患。

4）降低人工成本。不使用锅炉，自动化程度高，易于操作管理。

但是空气源热泵也存在诸多问题，具体如下：

1）空气源热泵的运行受外界环境温度的影响较大。空气源热泵的工作温度范围一般为−10～35℃，当空气源热泵处于低温工况时，设备就会结霜，能效和性能较差，干燥室内温度无法提升且耗电量较大，干燥设备无法正常运转，国内北方地区冬季使用效果较差。

2）维修保养问题。由于制冷工质的泄漏对热泵系统的工作性能影响很大，为了保持热泵干燥装置处于最佳工作状态，必须定期对压缩机、过滤器、冷凝器、蒸发器等进行保养维护。一旦发现制冷工质泄漏，就应及时补充。对热泵干燥系统制冷工质泄漏的检查是一项要求高、技术性强的工作，对维修人员的技术水平有一定要求。

3）干燥规模相对较小。同蒸汽锅炉干燥相比，热泵的干燥规模小，热泵干燥的干燥室一般最大为 100m³。

4）设备投资较大。空气源热泵干燥系统投资约为传统干燥设备的 2 倍以上。

5）微生物污染问题。大部分微生物细胞在 60～80℃的干燥条件下都会被破坏，只有少部分耐热性细菌、酵母、霉菌除外，如热泵干燥设计得不合理，木材将会产生蓝变、霉变等缺陷。

空气源热泵应用于木材干燥具有高效节能、成本较低、不污染环境、干燥质量好、自动化程度高等诸多优势，但也存在受环境温度影响大、规模小、投资高、维修保养要求高等问题。

二、双热源热泵干燥

20 世纪 80 年代末，为克服单热源木材除湿机的缺点，北京林业大学开发了双热源热泵干燥系统（图 9.22，SCG30）。该系统具有除湿和热泵两个蒸发器，即有两个制冷工作循环。当需要对木材预热或升温时，使用热泵循环，此时制冷工质经热泵蒸发器从大气环境中取热，向干燥室输送热风。当需要降低空气的相对湿度时，使用除湿循环，此时制冷工质经除湿蒸发器从干燥室的湿空气中取热，使干燥室中的水蒸气冷凝，达到干燥的目的。据实验测试，当环境温度高于 10℃时，双热源除湿机的能耗明显低于单热源除湿机，一般前者比后者节能 1/3 左右。

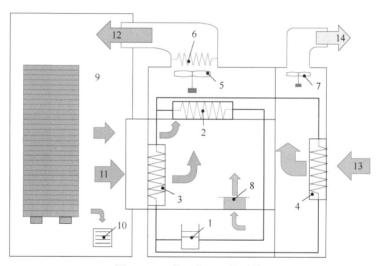

图 9.22　双热源热泵干燥系统

1. 压缩机；2. 冷凝器；3. 除湿蒸发器；4. 热泵蒸发器；5. 主风机；6. 辅助加热器；7. 热泵风机；8. 室外新鲜空气；9. 干燥室；10. 干燥室排出的湿空气；11. 进入蒸发器的湿空气；12. 进入干燥室的空气；13. 室外新鲜空气；14. 排出的冷空气

三、高温热泵干燥

热泵根据所提升温度范围的不同，大致分为低温（提供低于 50℃的热源）、中温（50～70℃）和高温（提供 70～100℃甚至更高温度的热源），这主要与所用的制冷工质和所选用的压缩机等部件有关。低温热泵在木材（板材）常温干燥领域已有相当长的应用历史，但在木材高温干燥及人造板生产过程中，干燥温度较高，低温热泵已不能满足干燥尾气余热回收的要求，研究开发能将干燥尾气的低温余热提升到 70℃甚至更高温度的高温热泵，已成为热泵回收余热领域的重要研究课题。

　　高温热泵干燥系统有两类，一类是通过高温制冷工质实现，另一类是通过多级或复叠压缩循环来实现。北京林业大学张璧光教授在高温热泵机组的研制方面做出了显著成效，研制了RCG30G高温双热源热泵干燥机，并开发了RCG30G高温双热源热泵与太阳能联合干燥（GRCT组合干燥）技术，节能效果显著。在RCG30G高温热泵干燥机中采用高温制冷剂R142b，获得了大于70℃的供风温度，具有较高的干燥质量。缩短了干燥周期，降低能耗，同时减少对臭氧层的破坏。清华大学研制的HTR01高温制冷剂可直接替换R22，将高温热泵系统与常规蒸汽干燥联合，高温热泵干燥机能够与常规蒸汽干燥室干燥工艺相匹配，可获得86℃以上的供风温度。新型环保制冷剂R245fa在两级压缩木材热泵干燥系统中，实现95℃以上的供风温度，干燥介质特性与常规木材干燥相似，实现了真正意义上的木材高温热泵干燥。

　　生产实际中，传统热泵干燥技术由于纯粹使用二次能源电能，从能源利用角度来看是不经济的。因此，热泵木材干燥技术应着重解决能源问题。完全以电作为加热手段的热泵木材干燥设备并不多见，可以采用热泵与其他能源联合干燥新技术。

　　1）采用气干法使木材含水率至30%左右时再进行热泵干燥，可缩短30%~50%的木材干燥周期。

　　2）在日光充足的地区，采用热泵与太阳能联合干燥，可比单热源热泵干燥设备减少能耗20%~30%。

　　3）采用双热源热泵干燥设备并配备小功率电加热器，可比单热源热泵干燥设备减少能耗20%~30%。

　　4）采用热泵-废气能源的联合干燥新技术，在木材干燥设备内安装蒸汽散热器，利用工厂废气（余气）供热，以降低能耗。

　　5）采用热泵–蒸汽（微压或常压）能源的联合干燥新技术，以燃烧木废料的微压（表压0.1~0.2MPa）或常压锅炉供热可以降低设备投资和干燥成本。

　　以上几种方法在实际运用中均取得了良好的节能效果。更重要的是，采用后两种加热方法时，热泵木材干燥设备比常规木材干燥设备的散热器面积及使用蒸汽量大大减少，而且蒸汽压力也要求不高。热泵木材干燥设备也是非常节能的。

思　考　题

　　1．试述木材除湿干燥的基本原理和工艺特点。

　　2．试述除湿机的设备组成。

主要参考文献

高建民．2008．木材干燥学．北京：科学出版社．

王喜明．2007．2版．北京：中国林业出版社．

姚玉萍．2018．空气源热泵在木材常规干燥中的应用．林产工业，45（08）：57-63．

朱政贤．1989．木材干燥．2版．北京：中国林业出版社．

张璧光．2005．实用木材干燥技术．北京：化学工业出版社．

张璧光，于志明，赵广杰，等．2003．木材科学与技术研究进展．北京：中国环境科学出版社．

P.若利．1985．木材干燥．宋闯，译．北京：中国林业出版社．

第十章　木材真空干燥

第一节　真空干燥的原理与分类

木材真空干燥技术，最早出现于 19 世纪 90 年代。1893 年，Howard（国籍不详）取得木材真空干燥法专利；1923 年，瑞典 Albert Forselle 取得了木材真空干燥技术发明专利；1934 年，日本松本文三也取得了木材真空干燥技术专利。80 余年未能推广应用，直到 20 世纪 70 年代中期才在意大利、德国、法国等国家得到进一步深入研究，并在世界各地推广应用。该项技术在我国于 80 年代初开始引进、研究，80 年代末开始在家具、乐器、木制工艺品等行业得到了一定的推广和应用。

一、真空干燥的原理

在木材干燥过程中，木材中水分移动包含两个方面：移动蒸发界面水分的蒸发并向外迁移和内部水分向蒸发界面的移动。通常情况下，由于木材移动蒸发界面水分的蒸发速度比内部水分的移动速度快得多，因此要加快干燥速率，关键是要提高木材内部水分的移动速度。而影响木材内部水分移动速度的诸因子中，周围环境压力的影响极为显著。在负压条件下，水的沸点降低，蒸发速度加快，从而可以使木材内部水分在较低温度下迅速蒸发（沸腾汽化）。由于木材内外压力差增大，因此当木材含水率在 FSP 以上时，木材中的自由水和水蒸气在压力梯度作用下以渗流形式向外迁移。当木材含水率在 FSP 以下时，木材中的吸着水向邻近的细胞腔蒸发，进而在压力梯度作用下向外迁移。在真空干燥过程中，由于热扩散（或温度梯度）和含水率梯度（或浓度梯度）引起的水分迁移量相对较少，因此对整体干燥速率影响不大，以上即为真空干燥原理。由此可见，在真空作用下，利用较低的加热温度，即可达到快速干燥木材的目的。

二、真空与真空度

木材环境中空气含量的多少及空气压力的高低，是决定木材真空干燥速率和质量的重要因素，后者还是木材真空干燥过程中重要的监控参数之一。为提高真空干燥效率，必须清楚相关概念。

真空的物理学定义是指没有或只有很少原子和分子的空间，这样的空间在地球上几乎是无法获得的。在工程技术上，真空泛指低于大气压力的空间。

一般来说，处于真空状态下的气体的稀薄程度称为真空度，常用绝对压力表示，压力单位为帕斯卡，简称帕，用字母 "Pa" 表示。1 个标准大气压等于 $1.013\,25 \times 10^5$Pa。容器内空气越稀薄，压力越低，真空度越高。在真空干燥、真空介质浓缩等技术领域，真空作业的压力通常大于 5.0×10^3Pa，压力测量精度要求也较低。因 "Pa" 的测量单位太小，习惯上用 "MPa" 表示，$1\text{MPa} = 10^6$Pa。

在工业生产中通常使用一种指示大气压力与容器内气体绝对压力之差的真空表粗略地表示真空度的大小，所以又常称为表压力。例如，当大气压力为 0.1MPa、容器内气体绝对压力为 0.08MPa 时，真空表上显示的真空度（表压力）为 -0.02MPa。如果需要了解容器内气体的绝对压力大小，则应根据当地大气压力和真空表读数反过来推算。我国地域辽阔，不同地区大气压力值相差很大。即使在同一地区，大气压力也会随气温等变化而发生波动。采用显示压差的真空表测量容器内的真空度往往有较大的误差。例如，在大气压力低的高海拔地区使用该种仪表，会使得测得真空度很高（表压力很低）时绝对压力却没有预想的低（实际真空度没那么高），因此按原工艺进行的干燥速率会很慢。所以，在木材真空干燥生产中，推荐用绝对压力表直接测量气体的绝对压力，用其表示真空罐体内（木材环境中）的实际真空度，并将其作为干燥工艺实施的监控参数。

三、真空度与水的沸点温度

在一个标准大气压下，纯水的沸点是99.2℃（近似实际生活中认为的100℃）。当气压下降时，水的沸点也随之下降。真空度与水的沸点关系见表10.1。

表10.1　真空度与水的沸点关系

真空度/MPa	水沸点/℃	真空度/MPa	水沸点/℃
0.1	99.2	0.04	75.8
0.08	93.1	0.03	69.0
0.06	85.4	0.02	60.2
0.05	80.9	0.01	45.5

真空干燥工艺基准的制定原则是先确定合适的物料温度，再根据该温度下的饱和蒸汽压来确定物料的环境绝对压力（即真空度）。因此水的饱和蒸汽压是真空干燥过程中的重要参数。水的环境温度与饱和蒸汽压可据表10.2查得。

表10.2　水的环境温度与饱和蒸汽压

温度/℃	饱和蒸汽压/kPa	温度/℃	饱和蒸汽压/kPa	温度/℃	饱和蒸汽压/kPa
40	7.3777	60	19.926	80	47.367
41	7.7802	61	20.867	81	49.317
42	8.2015	62	21.845	82	51.335
43	8.6423	63	22.861	83	53.422
44	9.1034	64	23.918	84	55.58
45	9.5855	65	25.016	85	57.809
46	10.089	66	26.156	86	60.113
47	10.616	67	27.34	87	62.494
48	11.166	68	28.57	88	64.953
49	11.74	69	29.845	89	67.492
50	12.34	70	31.169	90	70.113
51	12.965	71	32.542	91	72.801
52	13.617	72	33.965	92	75.611
53	14.298	73	35.441	93	78.492
54	15.007	74	36.971	94	81.463
55	15.746	75	38.556	95	84.528
56	16.516	76	40.198	96	87.688
57	17.318	77	41.898	97	90.945
58	18.153	78	43.659	98	94.302
59	19.022	79	45.481	99	97.761

四、真空环境中木材内部压力变化规律及传热特点

木材的微观构造十分复杂，当木材周围空气压力降低时，木材内部的水压力变化有一个滞

后过程（图 10.1），木材透气性越差，这一过程越长。在间歇真空干燥过程中，常出现这样一种现象：木材含水率在纤维饱和点以上，当干燥罐体内压力降低后，木材表层温度几乎同步下降到对应压力下水的沸点，而内部温度下降速度因树种不同差异很大，一些透气性好的易干材，如桦木、水曲柳等，材芯温度仅较表层温度高 2～3℃；一些透气性较差的木材，如青冈栎、锥木等，材芯温度较表层温度高 10～20℃。因此根据同样真空条件下木材芯、表层的温度差，可判别不同树种木材真空干燥的难易程度。

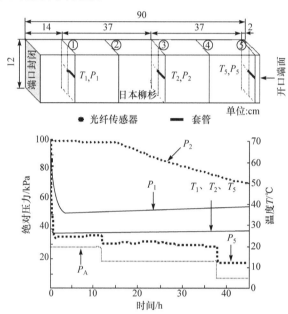

图 10.1　真空环境下木材内部温度与水蒸气压力的变化过程（蔡英春，2002）

P_1、P_2、P_5 对应试材不同位置的内部压力；P_A：环境压力；

t_1、t_2、t_5 对应试材不同位置的内部温度

　　木材干燥时需要消耗一定的热量，以破坏水分子和木材分子的结合力，蒸发木材中的水分，所以木材人工干燥时必须加热。真空场中木材的加热、传热特点与常压下有很大区别。在真空度较低的真空场中，由于存在一定量的空气，因此干燥过程中可以将空气作为干燥介质将热量以对流换热及热辐射方式传到木材表面，进而以导热形式传到木材内部。然而，在真空度较高的真空场中，由于空气过于稀薄，因此热传导机制与常压下大不相同。常压下的气体是通过气体分子的多次碰撞将热量从高温点传向低温点，因而气体中存在着连续的温度梯度。而在较高的真空环境中，气体分子从热壁面获得热量后直接飞向冷壁面，分子间的相互碰撞可以忽略不计，因而稀薄气体中不存在连续的温度梯度，通常的热流密度与温度梯度成正比的傅里叶定律不再适用，传热效率将较常压下大大降低，甚至可以忽略，对流换热也可以忽略。而热辐射是不接触传热方式，不依靠介质的中间作用，因此是真空中有效的热量传递方式之一；热板加热也是高真空场中木材加热的有效方式；高频加热更适于大断面锯材真空场中的高效加热。

五、真空干燥的分类

　　如上所述，在真空度较高的真空场中通常采用以下 4 种方式加热木材：①将木材放在两块热板之间，用接触传导的方法加热木材；②将木材置于高频或微波电磁场中加热木材（详见第

十四章第四节）；③在常压条件下采用对流加热的方法将木材加热到一定温度后，再停止加热，真空脱水干燥，常压加热与真空脱水干燥交替进行（间歇式加热）；④远红外等辐射加热木材。因此根据加热方式的不同，真空干燥可以分为传导加热、高频（或微波）加热、对流换热和热辐射加热4种方式。以上4种加热方式在设备结构、工艺操作及真空干燥效果上均有一定差别，前3种应用较多，而第4种则应用较少。应用较多的3种方式中，高频（或微波）加热、热板加热的效率不受真空度影响，可在连续真空的条件下连续加热干燥木材，故又称连续真空干燥，即高频加热连续真空干燥、热板加热连续真空干燥。对流换热真空作业是间歇进行的，故又称间歇真空干燥。

第二节　真空干燥设备组成

木材真空干燥设备主要由干燥筒（罐体）、真空泵等真空系统、加热系统及控制系统组成，如图 10.2 所示。

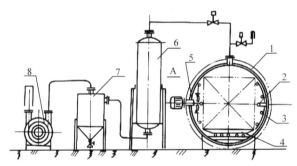

图 10.2　木材真空干燥设备结构示意图

1. 真空干燥筒；2. 喷蒸管；3. 加热管；4. 材车；5. 风机；6. 冷凝器；7. 汽水分离器；8 真空泵

一、干燥筒

干燥筒（pressure vessel）通常为圆柱体，水平安放。两端呈半球形，一端为门，也有两端都为门的。筒体一般由 10～15mm 厚的钢板辊压、焊接而成。之所以制作成圆柱形，是因为真空作业时这种结构体承受外压性能好，制作工艺也较为简便，制作成本低。国外也偶有采用方形截面结构以增加筒内的有效容积。由于其承压性能差，需要较厚的筒壁，或增加加强筋，且钢材用量大，制作成本高，因此生产上相对较少采用。

干燥筒的直径通常为 1.2～2.6m，有效长度为 3～20m。近些年也有将直径扩大到 4.0m 的干燥筒应用于生产实际中的案例。

干燥筒门端与筒体之间多采用法兰连接，法兰上开有矩形或梯形密封槽，内嵌耐热橡胶密封圈，两法兰用螺旋压紧装置压紧。对直径大于 2.6m 的门端通常采用楔形锁紧装置压紧。门是可转动的，门的转动和开闭、压紧均为液压传动，因此开、闭较为方便、快捷。

干燥筒内壁通常采用喷镀铝层后再涂刷一层呋喃树脂涂料的方法进行防腐蚀处理，防锈蚀效果较好。

二、真空泵

真空泵（vacuum pump）的作用是对干燥筒抽真空，从而排出木材中的水分。木材真空干燥主要在粗真空范围内进行，采用一般的机械式真空泵即可。机械式真空泵种类很多，但适合木材真空干燥的主要有水环式真空泵、水喷射真空泵和油环式真空泵三种。

水环式真空泵主要用于粗真空、抽气量大的工艺过程。这种泵具有结构简单、紧凑，易于制造，操作可靠，内部无须润滑等优点，并可以抽腐蚀性气体、含有灰尘的气体及气水混合物等，较适合木材干燥使用。当被抽气体的压力低于 50kPa 时，单级水环泵的抽气速率大幅度下降，所以为保证干燥所需的真空度，最好采用双级泵。水环泵的工作水温对其使用性能有很大影响，尤其当工作水温高于 40℃时，抽气速率和真空度都将达不到额定值，所以真空泵和干燥罐体间一般都设置有冷凝器。

水喷射真空泵在间歇真空干燥设备中的应用较为普遍，使用效果较好。水喷射式真空泵的极限真空可达 0.005MPa（绝对压力）。它具有结构简单、造价低廉、易损件少、功率消耗小等优点，适用于抽蒸汽量大的场合，抽不凝性气体（如空气）效率不高。水喷射真空泵的缺点是被抽气体压力下降后，抽气量也大幅下降，使用效果较差，因此连续真空干燥设备中一般不宜选用。

水环式真空泵和水喷射式真空泵用于木材真空干燥时都具有一定的局限性，还有待进一步改进完善。目前，常采用一种带油水分离装置的油环式真空泵，这种系统抽气量大，功率消耗小。由于油环泵采用油封，因此泵的腐蚀也小。此外真空泵抽出的二次蒸汽的潜热也可通过散热器回收利用，有较明显的节能效果。

三、加热系统

在真空环境（负压场）下，若无外部加热，木材将基本上不发生水分表面蒸发，也不可能使木材内外维持一定的压力差，因而无法使木材得到快速干燥。要实现木材干燥，就必须不断地对其加热，使其内部保持一定的温度。但在真空条件下，由于干燥装置内空气稀薄，对流传热效率很低，尤其是真空度较高时对流换热可以忽略，因此在真空干燥过程中，通常采用以下三种方式加热木材：①将木材置于热板（hot platen）之间，用接触热传导的方式对其进行加热（即接触加热），简称热板加热；②将木材置于高频或微波电磁场中，利用木材内部的极性分子在微波电磁场作用下趋向运动的快速变化而相互摩擦产生热能，从而实现自身内部加热；③在常压条件下采用对流加热的方式将木材加热到一定温度后，停止加热并抽真空，常压加热与抽真空交替进行，以实现木材快速干燥。

上述加热方式中，除②高频或微波加热外，其余都属木材外部加热，即先加热木材表层，然后表层热量再以热传导形式传至木材内部。由于木材的导热系数很小且随着含水率的下降进一步减小，因此木材内部的这种热传导效率很低，且将木材芯加热到规定温度时需要较长时间，特别是横截面尺寸大的木材。而高频或微波加热则属内部加热，加热迅速、效率高，可实现木材快速较均匀地加热，是木材最理想的加热方式。但设备及运行成本较高，因此目前在很多国家仅用于珍贵树种材或横截面尺寸大的木材干燥。

（一）对流加热

通常以热空气为介质，采用常压下对流加热与真空干燥交替进行的方法干燥木材，所以该类干燥机也称间歇真空干燥机（alternate vacuum dryer）。也有以过热蒸汽为介质的对流加热，该加热方式可以实现连续真空干燥（continuous vacuum-drying）。在相同温度下，过热蒸汽的传热性能优于热空气，但由于其在真空条件下密度低，热容量也较低，因此对干燥速率造成影响，需要通过提高气流循环速度和频繁的气流反转进行补偿。

对流加热真空干燥机加热系统有两种形式，一种是利用干燥筒内壁为加热面的夹层水套加热；另一种是在干燥筒放置结构紧凑、供热量大的螺旋片式（或翅片式）加热器或电加热器。

1．热水加热真空干燥机　　　如图 10.3 所示，圆柱形的干燥罐体为三层壁面结构。载热流体在筒壁 1 内层和中间壁之间的热水夹层 2 内流动，干燥介质在中层壁 3 和内层壁 4 之间循环，通过装在罐内一侧的风机 6 和另一侧的风嘴 8 将热水夹层中载热流体的热量传给材堆。风机（2～4 台）和风嘴沿罐体长度方向均匀分布，且风嘴可上下摆动，以保证材堆长度和高度方向气流均匀一致。热水夹层中的载热流体一般为热水，其温度可调，一般不超过 95℃，热水在夹层和热水锅炉之间循环。筒壁不承受压力，仅用于保温，带有 50～100mm 厚的保温层（图中未画出）。罐体内外压力差由热水夹层内壁承受，所以由较厚钢板辊压而成，影响载热流体向干燥介质的热量传递效率。

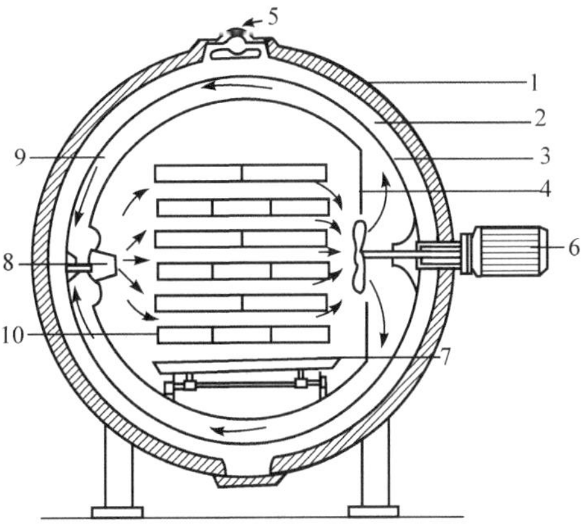

图 10.3　热水加热真空干燥机横断面
1．筒壁；2．热水夹层；3．中层壁；4．内层壁；
5．热水进口；6．风机；7．材车；8．风嘴；
9．循环空气层；10．材堆

这种设备的优点是结构紧凑，容积利用率较高，加热较均匀；缺点是结构较复杂，钢材耗量大，造价较高；由于受热水夹层内壁表面积的限制，设备的加热功率较小。

2．电热或蒸汽加热真空干燥机　　　电热或蒸汽加热真空干燥机与常规蒸汽干燥室的布置方式相类似，换热器与风机的安放位置可以有多种形式，如将换热器与通风机都装在材堆上部的上部风机型、将换热器与风机都装在材堆底部的下部风机型、将换热器与风机都装在干燥筒一端的端部风机型及将换热器与风机装在材堆两侧的侧向风机型等。这种结构形式的真空干燥机一般加热功率较大，换热器中的载热流体通常为 0.2～0.6MPa 的饱和蒸汽，在电力充足的地区也可采用电热元件加热。图 10.4、图 10.5 分别为采用侧向风机和下部风机对流加热的真空干燥机结构示意图。

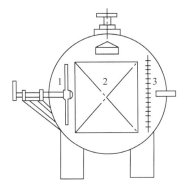

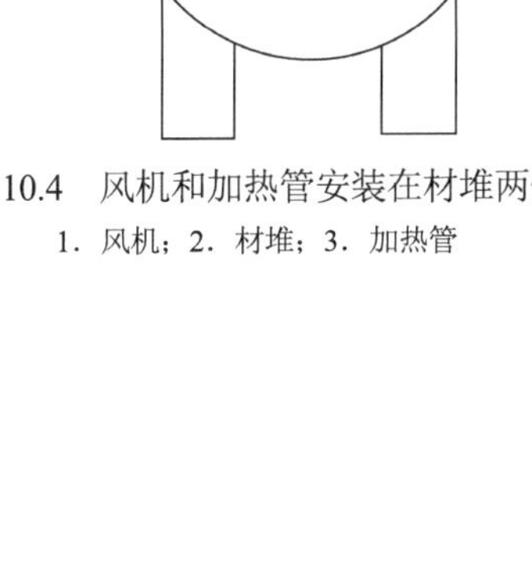

图 10.4　风机和加热管安装在材堆两侧
1．风机；2．材堆；3．加热管

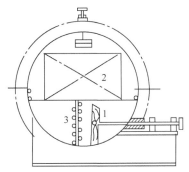

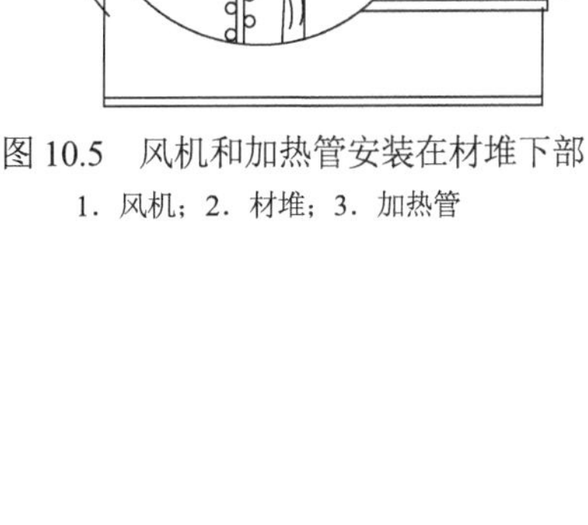

图 10.5　风机和加热管安装在材堆下部
1．风机；2．材堆；3．加热管

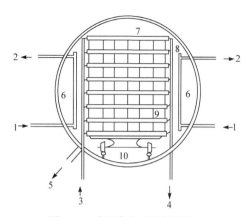

图 10.6　连续真空干燥机横截面

1. 冷却水进口；2. 冷却水出口；3. 热水进口；
4. 热水出口；5. 真空泵抽气口；6. 冷却板；
7. 加热板；8. 热水管道及软管；9. 木材；10. 材车

（二）接触加热

接触加热即被干燥木材一层层地堆积在加热板之间，与热板直接接触，如图10.6所示。加热板为空心铝板，板中的载热流体通常为热水或热油。加热板通过软管与干燥筒内的总管连接，板中的载热流体为热水时，可由小型热水锅炉供热，也可采用集中供热。供水温度一般不高于95℃。热板加热真空干燥机通常采用连续真空工艺运作。

国外也有用电热毯代替加热板对木材加热的。电热毯由多层铝箔在塑料中层压制而成，由电阻丝加热。

（三）高频加热

高频加热主要有介电加热和感应加热两种形式。木材高频真空干燥（high frequency vacuum-drying）机是高频介电加热机与真空干燥机的有机组合，如图10.7所示。高频发生器的工作电容由一对电极板置于真空干燥筒内，两极板间的材堆在高频电场作用下被迅速加热，并在真空条件下获得快速干燥。

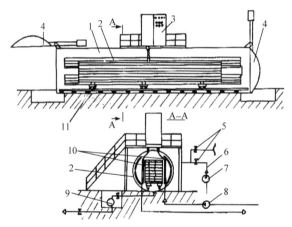

图 10.7　高频真空干燥机示意图

1. 干燥筒；2. 冷却板；3. 高频发生器；4. 干燥筒端盖；5. 电动真空阀；
6. 抽气管；7. 真空泵；8. 水泵；9. 冷凝水集水池；10. 高频电极板；11. 材车

四、控制系统

真空干燥过程中可采用普通电器开关手动控制或采用可编程系统自动控制。需测量和控制的主要工艺参数包括木材含水率、木材中心温度、干燥筒内的真空度和温度。

（一）含水率的测量

在真空过程中由于人工测量不方便，因此通常采用电测法测量。其中用电子称重法测得的样板含水率值较为准确，比较适合在真空干燥中使用。

（二）木材中心温度的测量与控制

真空干燥过程中，木材中心温度是很重要的控制参数，往往能反映出被干材脱水的难易程度。在间歇真空工艺过程中通常根据基准中设定的介质温度与木材中心温度的差值，确定加热时间与抽真空时间。木材中心温度变化值范围通常为 40～100℃。温度传感器探头内置于干燥罐体内木材中心位置，并通过密封配件与罐外带继电器（有触点式或无触点式）的动圈式温度指示调节仪等相连接。而继电器则与热水或蒸汽阀门等的控制电器回路相连。温度传感器用普通的铜-康铜热电偶温度计测量，也有热电偶、热电阻（铂金电阻 Pt100）、光导纤维等类型。当木材内部（芯部）温度达设定值上限时，继电器断开，停止对木材加热。而该点温度降到下限时，继电器又重新闭合，继续对木材加热。

（三）干燥筒内的真空度和温度的测量与控制

木材真空干燥过程中对真空度的测量要求较低，常用的表盘式真空表即可满足工业生产中的测试要求；也可采用电接点真空表，对干燥筒内的真空度范围进行自动控制。电接点真空表表盘上装有可调节的上、下限位指针，以控制真空泵的运行。当真空度达到设定的上限值时，真空表发出电信号，切断真空泵电源，真空泵停止工作；当真空度降到设定的下限值时，真空表又发出信号接通真空泵的电源，真空泵重新启动，使干燥筒内保持在需控制的真空度范围内。

第三节　真空干燥工艺

木材真空干燥按生产方式可分为间歇真空干燥和连续真空干燥，按加热方式可分为对流加热间歇真空干燥工艺、高频加热连续真空干燥工艺和高频加热真空干燥。

一、对流加热间歇真空干燥工艺

对流加热间歇真空干燥工艺主要由常压加热和真空脱水交替进行的若干个循环过程组成，典型的干燥流程如下。

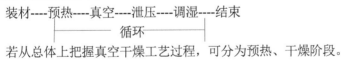

装材----预热----真空----泄压----调湿----结束

若从总体上把握真空干燥工艺过程，可分为预热、干燥阶段。

（一）预热

预热与干燥阶段的加热区分并不明显，很显然，预热就是第一个循环阶段的加热。预热是指从室温开始对木材的加热。木材预热阶段通常需做汽蒸处理，目的是提高木材内部的温度，让木材热透，改善木材的透气性，消除表面硬化现象等。有些树脂含量较高的树种经预热阶段的汽蒸处理后，还可起到一定的脱脂效果。预热方法有两种，第一种方法是预热时设定预热介质温度和木芯温度，设定的介质最高温度略高于真空干燥第一阶段温度，待罐体内介质温度达到设定温度后，再按木材厚度进行汽蒸处理，汽蒸时间按木材厚度每10mm 需汽蒸 1.0～1.5h，木芯温度达到设定值后预热就结束，然后进行抽真空干燥。这种先加热后调湿的预热方法易造成表面开裂，因为在预热过程中湿度上升的速度比温度上升的速度慢，木材内部温度上升的速度也比较慢，在低湿度下加热木材表面就会被干燥，所以易开裂。第二种预热操作方法是在预热时先设定好升温时间阶段和步速，并注意升温速度和湿度变化，由于真空罐体内材堆宽度较小，因此可以设定时间段为30min一次，温湿度上升的步速可设定为每个时间段上升3～5℃。为了确保木材表面不被干燥，而介质湿度和木材芯层温度也能同步提升，经验丰富的操作人员可根据木材树种干燥的难易程度和厚度设定温、湿度提升的速度和时间段长度，以控制介质温湿度达到控制木材表芯层温差大小。如果材堆两侧均装有温度计，可以观察进、出风口两侧温度计的温差大小，从而判断介质湿度和木材内部温度上升情况。高含水率、难干厚板材预热时出风侧介质温湿度计差值控制为1～3℃，反之可控制大些。

（二）干燥阶段

干燥阶段包含若干个循环。

1. 加热　　加热的目的是为木材内水分蒸发和移动提供能量。加热时介质的相对湿度被控制在与木材含水率相平衡的水平，使木材在加热过程中表面基本上不蒸发水分。要做到这点首先应设置时间段分步加热，根据真空结束时介质的温度与基准规定的介质温度差将加热过程设定为几个阶段，并控制每个阶段内介质的温湿度上升速度，使每个阶段内介质的平衡含水率基本相同，干燥初期每个具体加热阶段的时长和升温速度可参考预热阶段的方法，设置的加热速度慢些，也可根据被干木材的难易程度，对难干木材设置加热介质的湿度或平衡含水率可高一些，使木材在加热阶段表层适当增湿；对易干材设置加热介质的湿度或平衡含水率可低一些，使木材在加热阶段适当脱水，提高真空干燥的效率。干燥中后期木材含水率降低后，加热速度可以提高一些。木材中心温度被加热到基准要求值时，关闭加热器和风机，由于介质的温湿度和木材芯层温度是同步上升的，因此不需要再进行调湿平衡处理就可转入真空脱水阶段，按此方法加热木材表面也不会出现过干的状态。如果将基准中温度设定为加热介质到达的温度，没有分段进行加热和调湿，在加热过程中也没有考虑介质湿度或平衡含水率的影响，则加热结束后需要对木材进行平衡处理30min左右，以降低被干材表芯层的含水率梯度。

2. 真空　　抽真空阶段才是真正的干燥阶段，木材中水分主要是在该阶段排出的。真空阶段已停止加热，木材中水分蒸发所需热量都是在加热阶段获得的。在真空状态下，木材中水分剧烈蒸发，使木材温度迅速下降。当木材中心温度降到与罐内真空度所对应的水的沸点相近时，木材中水分蒸发就基本停止了。因此，可根据木材中心温度值确定抽真空的时间，如真空阶段，最大真空范围通常为0.005～0.015MPa，当木材中心温度接近40～55℃时，就可结束抽真空阶段。此时还需要保持真空状态一段时间才能进入下一个加热、真空循环过程，因为在真空状态下，木材表面水分蒸发加快，冷却速度大于中心，这也加快了木材内部水分的移动速度。由于木材内部水分移动到表面还需要相当长的时间，因此在真空状态下要保持一定的时间，这一时间的长短与木材密度和厚度有关。

在抽真空过程中，可以发现木材中心温度变化与木材干燥难易程度的关系。在同样条件下，木材中心温度能随着真空度提高而迅速下降的，真空干燥速率快，且不会出现干燥开裂现象；木材中心温度下降速度慢的，真空干燥速率慢，且容易开裂。因此，在真空阶段，应根据被干木材的难易程度，选择不同的抽真空速度和抽真空时间，难干材选择的抽真空速度要慢一些，易干材选择的抽真空速度要快一些。

3. 泄压　　真空阶段结束后，应将真空罐体内压力恢复到常压状态以便进入下一个对流加热阶段。真空干燥罐体下方通常装有泄压阀与大气相通。打开泄压阀空气就能进入罐体内，当罐内的空气达到常压时就可以进入下一个加热状态了。进入罐体内的空气都是冷空气，会使得木材表面温度迅速下降，导致木材表面迅速干燥，罐体内壁上出现大量的冷凝水，所以泄压速度要适当控制，同时可喷入适量蒸汽，以减少冷空气的影响，因为喷蒸可以让木材表面吸湿。对一些难干木材，喷蒸量可适当增大，以减少泄压对木材干燥质量的影响，使其在真空干燥过程中始终维持较小的含水率梯度。

4. 调湿　　经过若干个加热、真空循环后，被干木材的含水率达到预定值后，由于板材之间、板材表芯层仍存在一定的含水率差，木材内部也存在应力，因此需要进行适当的调湿处理。调湿处理可在常压下进行。因真空罐体内无湿度和平衡含水率测试仪表，一般控制介质温度维持在较基准最后阶段温度低 5～10℃，闷罐处理时间为 8～24h。也可通入适量蒸汽进行调湿，即在真空阶段后直接喷入蒸汽，同时调节介质的平衡含水率较木材终了含水率高 2%～4% 做调湿处理，可使处理时间缩短为 2～4h。调湿结束后可缓慢打开泄压阀，待木材温度下降后卸出。

对流加热间歇真空干燥法是生产应用较多的一种方法，近年来，国内研究较多。制定间歇真空干燥工艺基准的原则是：首先，确立真空阶段木材芯部的温度，一般不超过 70℃，否则由于加热阶段木材其他部位温度过高而使木材产生降解、变色等缺陷，常用范围为 50～70℃。其次，确立真空阶段罐体内部的真空度，一般根据木材芯部温度所对应的饱和蒸汽压与罐体内部气压差（ΔP）的大小来确立。渗透性差的难干材、较厚材，ΔP 应选小值，反之 ΔP 可适当加大。表 10.3 所列的有关树种木材间歇真空干燥工艺基准可供干燥时选用。

表 10.3　木材间歇真空干燥工艺基准（陈日新等，1992）

	含水率阶段/%	加热阶段			真空阶段		
		介质温度/℃	材芯温度/℃	时间/min	材芯温度/℃	真空度/MPa	时间/min
柞木（20mm厚）间歇真空干燥工艺基准	预热	70	60	180			
	>30	80	70	120	60	0.02	120
	30～20	80	70	120	60	0.02	120
	≤20	90	80	120	65	0.02	120
	终了	90	80	120	65	0.02	120
榉木（20mm厚）间歇真空干燥工艺基准	预热	80	70	180			
	>30	90	80	120	60	0.02	120
	30～20	90	80	120	60	0.02	120
	≤20	90	85	120	65	0.02	120
	终了	90	85	120	65	0.02	240
5.7～6.2cm厚水曲柳毛边板真空干燥工艺基准	>40	75	72	65	42	0.015	3
	40～30	80	76	70	42	0.015	3
	30～20	82	75	72	45	0.01	2.5
	20以下	85	75	75	45	0.01	2.5

二、高频加热连续真空干燥工艺

高频加热连续真空设备在红木加工和地板坯料等难干材干燥生产中应用较多，仅次于间歇真空，它更适合用于大断面木材和高密度硬杂木的干燥。高频加热连续真空干燥工艺控制的参数有木材温度、阳极电流 I_p、阳极电压、高频输出功率、真空度等。罐体内温度控制分加热阶段温度控制和真空干燥阶段温度控制两部分。高频真空干燥工艺实施步骤是堆积材堆后开启真空泵抽真空，待罐体内真空度达到设定值后开启高频设备对木材进行加热和干燥，待达到含水率要求后再冷却调湿就可结束干燥过程。

（一）木材的堆放

将木材不留间隙地堆放在供电极板与接地极板之间，供电极板边缘与罐体内壁间应有不被高电压击穿放电的足够间隙（四周间隙均匀），电极板与电极连接牢靠，两极间不能有铁磁性金属。由于不同含水率的木材介电损耗因子差异较大，高频加热量、温升速率也明显不同，因此应将同树种、含水率相近的木材堆放在同一组电极之间。因为不同树种、厚度和初始含水率的木材介电损耗是不同的，同时干燥会出现含水率低的木材干燥过度，甚至炭化的结果，所以材堆堆放时应将光导纤维温度传感器埋入材堆中部有代表性的木材中（多埋入中心层），并检测该处温度。堆放时还应注意材堆的长度和宽度要与极板的长度和宽度一致，否则材堆中长出极板部分加热不了，而短于极板时，材堆边缘部分易能量聚集产生更高的温度，导致木材开裂或炭化。材堆中靠近阴极板位置的木材温度较低，还易积水，所以材堆较高时，越靠近阴极板堆放的木材含水率应越低，阴极板上最好堆放含水率较低的木材或干的木材。

（二）抽真空控制

开始先设置真空罐体内大气压上限和下限，一般为 15.0～20.0kPa，如设置上限高于 20.0kPa 时（水蒸发温度为 60℃）自动开启真空泵，设置下限低于 17.5kPa 时（水蒸发温度为 57℃）自动关闭真空泵。由于开始干燥时木材内部的含水率较高，木材内部温度上升速度快但还是较表层升温慢，因此初始设置真空表压力较高，降低木材表层水分蒸发速度，提高木材内部温度，就相当于对木材进行预热。当木材内部温度达到设定值时，真空表压数值上、下限设置也不断降低进入抽真空干燥阶段。如果被干木材初始含水率较低，真空表压数值上限和下限设置就可以更低一些。

（三）高频加热与温度控制

高频加热温度是受高频频率、高频设备输入和输出功率及高频振荡时间等因素影响的，控制的参数越多设备操作就越复杂。高频通常是指由高频发生器产生的电磁场，常见的高频真空干燥的频率有三种：6.78MHz、13.56MHz、27.12MHz。频率越高加热速率越快，频率越低加热速率越慢。真空中电磁波的频率与波长成反比，越高的频率对应的波长越短，反之越低的频率对应的波长越长。由于木材是具有一定规格和硬度的长条物料，在真空罐内以堆装的形式堆放，因此使用频率较低、波长较长的电磁波对材堆进行高频加热可使干燥更有优势。目前最常用的高频加热连续真空干燥设备的频率为 6.78MHz。

高频设备输入功率是设备输入端所需要的功率，输出功率是输出端所能提供给负载（木材）的额定功率。木材干燥中的高频输出功率就是指高频电磁波提供给木材加热的能量，其受被干燥木材的厚度、装材量和干燥特性等影响，一般高含水率难干厚板的输出功率设置要低一些，反之可设置高一些。根据电力功率（P）的理论计算公式是电压与电流的乘积，高频输出给木材加热功率计算的公式为

$$P = I_p \times E_1 \times R \times \eta \tag{10.1}$$

式中，P 为高频输出给木材的加热功率（kW）；I_p 为经供电极板和接地极板输入木材中的电流

（A），I_p 大小与干燥材堆体积等有关，计算方法见公式（10.2）；E_I 为供电极板与接地极板间电压（kV），E_I 通常有几个挡位，可根据加热功率需要选择切换；R 为高频发振率，与高频加热的开启和关闭时间有关，R 值的计算见公式（10.3）；η 为高频能量转换效率，不同设备转换效率不同，可根据具体型号设备的经验值确定（$\eta=0.6\sim0.7$）。

经供电极板和接地极板输入木材中的电流量（I_p）的计算公式如下：

$$I_p=\frac{木材总材积\times电力密度}{阳极电压\times变化系数} \tag{10.2}$$

公式中木材总材积是真空罐内实际装材的体积；电压密度在每种生产设备中都有几个特征区间供选择，如型号 HED-5，有效容积为 5m³（株式会社 Yasujima）的高频加热连续真空干燥设备其标准值为 1.0kW/m³。难干材通常控制区间为 0.8\~1.0kW/m³，厚度超过 250mm 时控制区间为 0.4\~0.6kW/m³；阳极电压也是可以选择的，通常选择低压值；在干燥过程中随木材含水率下降，阳极板输出电流量也在下降，因此要维持阳极板输出功率不变，就要提高阳极电压，但是过高的电压易产生危险，所以需要设备的绝缘性安全可靠。实际操作时需要提高输出电流（表 10.4），或降低输出电压（表 10.5），以防止输出电压过高击穿设备产生危险。

高频发振率计算公式如下：

$$R=\frac{\tau_1}{\tau_1+\tau_2} \tag{10.3}$$

式中，τ_1 和 τ_2 为高频振荡开启和关闭时间（min）。

由于高频加热时木材内部温度的高低还受到高频加热时长的影响，因此生产过程中设置了高频加热开启时间和关闭时间，这就产生了依据时间和木材内部温度的双重控制，加热时会出现温度达到干燥基准设定要求而时间没有到，或高频振荡时间达到设定要求而木材内部温度没有达到干燥基准要求的状态，因此设置时有温度优先和时间优先两种模式。采用以时间控制优先模式时，通过两个时间继电器按预先分别设定的连续高频加热时间"连续加热时间"和"关闭时间"，优先控制高频发生器振荡工作时间；采用温度控制模式时，当达到预先设定温度上限值时停止高频加热，降低至预先设定的温度下限值时再进行高频加热；在"连续加热时间"段内，高频加热及关闭按材温控制（如前所述），在"关闭时间"段内，即使材温未达到设定值也不加热。表 10.6、表 10.7 为几种木材高频加热真空干燥基准。

表 10.4　重齿铁线子地板坯料（22mm）高频真空干燥各过程工艺参数（刘洪海，2018）

含水率/%	真空/kPa	材温/℃	室温/℃	I_p/A	E_I/kV	备注
20.9	59.5	23.3	19.4	0.98	2.64	
20.9	7.1	42.3	37.3	0.94	2.40	升温结束
18.9	7.0	47.2	38.6	0.94	2.44	
16.3	7.2	50.8	39.5	0.94	2.50	
14.5	7.2	50.6	39.0	0.93	2.50	
13.1	7.2	50.4	38.7	0.96	2.70	
11.7	7.0	49.5	40.3	0.87	2.78	I_p=0.90
10.9	7.0	49.1	38.8	0.90	2.96	I_p=0.85
9.4	7.0	50.4	40.7	0.70	2.56	
8.6	7.3	50.2	40.5	0.79	2.92	高频关闭

表 10.5　落叶松（50mm）初始含水率 63%时高频真空干燥各过程工艺参数（康雅芬，1993）

真空/kPa	干燥阶段	木材温度/℃	输出功率/kW	频率/MHz	初始含水率 63%	开闭时间/min
5.33	升温	36~38	1.62	6.7		8/2
	干燥	38~42	1.29			
	冷却	42~44	1.00			

表 10.6　巴里黄檀、阔叶黄檀初始含水率 20%，25%时高频真空干燥基准（110×110）mm（刘洪海，2018）

真空/kPa	干燥阶段	木材温度/℃	频率/MHz	开闭时间/min
14.5~15.1	升温	53	6.7	5/3
14.5~15.1	干燥	54~60		
14.5~15.1	冷却	25		

表 10.7　白蜡木方材初始含水率 39.4%时高频真空干燥基准（75×75）mm（杨琳，2018）

真空/kPa	干燥阶段	木材温度/℃	频率/MHz	开闭时间/min
6.7~7.3	升温	39~41	6.7	8/2
6.7~7.3	干燥	42~50		
6.7~7.3	冷却	38~40		

（四）冷却结束

提高木材干燥均匀性，减小木材干燥应力，并节约部分热能。当木材含水率下降到比设定的终含水率高 3%~4%时，即可结束干燥过程，此时关闭电源、加热系统和风机，开启真空泵 1~2h，使室内温度下降到 80℃以下，即可结束整个过程。结束前保持真空状态和一定的温度，可以让木材的表芯层含水率更均匀，实际上是对木材进行终了处理。

思　考　题

1. 简述真空和真空度的区别。
2. 简述木材真空干燥的机理并说明木材干燥一般真空度需控制在多少范围内才更有效。
3. 真空干燥适合干燥哪些材质和规格的木材才能体现出特点，为什么？
4. 简述真空干燥常用加热方式及其特点，如对单板进行真空干燥，试分析宜采用哪种加热方式。
5. 简述间歇真空和连续真空干燥的工艺特点及为什么真空干燥和其他干燥方式联合会更好。

主要参考文献

蔡英春，林和男，刘一星，等. 2003. 负压场中木材水分移动的机理//中国林学会木材科学分会第九次学术研讨会论文集.

李贤军，吴庆利，姜伟，等. 2006. 微波真空干燥过程中木材内的水分迁移机理. 北京林业大学学报：28（3）：150-153.

梁世镇，顾炼百. 1998. 木材工业实用大全（木材干燥卷）. 北京：中国林业出版社.

徐成海. 2003. 真空干燥. 北京：化学工业出版社.

朱政贤. 1992. 木材干燥. 北京：中国林业出版社.

庄寿增. 1996. 高效节能木材真空干燥技术研究. 林产工业，（3）：13-17.

Espinoza O, Bond B. 2016. Vacuum drying of wood—state of the art. Current Forestry Reports, 2: 223-235.

Lyon S, Bowe S, Wiemann M. 2021. Understanding Vacuum Drying Technologies for Commercial Lumber. General Technical Report FPLGTR-287. Madison, WI: U. S. Department of Agriculture, Forest Service, Forest Products Laboratory.

Perré P, Joyet P, Aléon D. 1995. Vacuum Drying: Physical Requirements and Practical Solutions. International conference on wood drying.

第十一章 木材微波干燥和高频干燥

木材微波（高频）干燥是指以湿木材为电介质，将其置于微波（高频）电磁场中，在电磁场的作用下，使木材中水分子极化并发生高速频繁的转动，导致水分子之间发生摩擦而产生热量，从而实现木材快速干燥的一种干燥方法。20 世纪 60 年代初，美国、日本、加拿大、德国等国外学者开始研究利用微波和高频干燥木材。我国从 20 世纪 70 年代初期开始进行木材微波（高频）干燥技术的研究和推广工作，并取得了一定的成绩。诸多试验结果表明，木材微波（高频）干燥是一种快速干燥方法，对于多数常用树种和不同规格的木材，在满足质量要求的前提下，与常规蒸汽干燥相比，微波（高频）干燥可以大幅度缩短干燥时间。

通常来说，微波是指 1～1000mm，频率为 $3\times10^2\sim3\times10^5$MHz 的电磁波；高频电磁波一般是指波长为 7.5～1000m，频率为 0.3～40MHz 的电磁波。近年来，随着科学技术的进步，微波（高频）装备的性能也更趋完善，微波（高频）干燥技术逐步应用于木材干燥行业，尤其是用微波（高频）对木质坚硬的珍贵木材进行干燥可以获得良好的效果。

第一节　木材微波与高频干燥的基本原理

微波（高频）加热可分为电磁感应加热与电介质加热两大类。前者用于导电、导磁物质（导磁性金属）的加热，如家用电磁炉具、工业炼钢淬火等的应用；而后者则用于木材之类的电介质材料的加热。

木材是由复杂的多种有机高分子和一些无机物质所构成的复合电介质，绝干状态下木材是优良的绝缘体或电介质，含水率高于纤维饱和点的木材是半导体，气干状态下木材的导电特性介于绝缘体与半导体之间。木材在微波（高频）交变电场作用下会出现介质损耗热效应和涡流热效应，即极化弛豫损耗和电导损耗。由于木材本身的电阻率较高，而电导损耗引起的发热量与电阻成反比，因此在微波（高频）加热木材的过程中，因电导损耗引起的发热量很小，可以忽略不计，而只考虑介质极化损耗热效应。一般来说，在电磁场作用下，木材中存在着电子位移极化、离子位移极化、偶极子取向极化和界面极化 4 种极化现象。4 种极化现象发生的场合、产生的原因及极化所需时间均有差异，如表 11.1 所示。

表 11.1　极化种类一览表

极化种类	产生场合	所需时间	能量损耗	产生原因
电子位移极化	任何电介质	$10^{-15}\sim10^{-16}$s	无	束缚电子运行轨道偏移
离子位移极化	离子式结构电介质	$10^{-12}\sim10^{-13}$s	几乎没有	离子的相对偏移
偶极子取向极化	极性电介质	$10^{-9}\sim10^{-12}$s	有	偶极子的定向排列
界面极化	多层介质的交界面	10^{-1}s～数小时	有	自由电荷的移动

在外加电磁场的作用下，木材的极化随时间而改变，由于电子极化和离子极化建立时间很短，没有滞后现象，因此没有显著热效应产生。界面极化因其建立时间远大于微波（高频）周期，其极化现象极不明显，故不出现热效应。只有偶极取向极化建立所需时间长于微波（高频）

周期而落后于电磁场的变化，故会出现明显的热效应。在电磁场的作用下，木材中纤维素非结晶区的醇羟基（—OH）、半纤维素的羧基（—COOH），木素中的—CH₂OH、酚羟基、—CO、—OCH₃等都会发生取向极化。绝干木材偶极子取向极化的弛豫时间不是单一的，而是一组分布在较宽频率范围内的分布函数，其分布中心大于微波周期，在高频电磁波范围内。当木材含水率很低，木材内只有吸着水存在时，水分子被吸附于木材的极性基团上，并随着基团一起做取向运动，所以木材中偶极子的弛豫时间分布较宽，与绝干材相近。当木材含水率大于纤维饱和点时，吸着水外层水分子受到基团的束缚力越来越小，自由水占据主导地位，这部分水分子和自由水水分子均可在外电磁场作用下发生取向极化，弛豫时间为 10^{-10} s 量级，且分布较窄。因此，当微波（高频）用于木材干燥时，可以假定木材具有单一的极化弛豫时间，极化的水分子迅速旋转、相互摩擦，产生热量，其加热机理如图 11.1 所示。

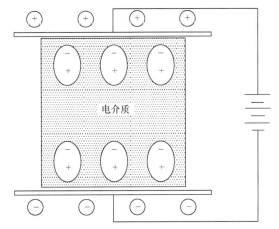

图 11.1　极板间电介质极性分子的极化示意图

　　微波（高频）加热木材时，单位时间内产生的热量与微波（高频）所施加的电场强度、辐射频率和木材本身介电损耗因素有关。若电场方向和木材主轴重合时，可以利用式（11.1）计算木材极化过程单位时间和体积内电磁场所做的功。

$$\overline{w}=2\pi f\varepsilon'' E^2 \tag{11.1}$$

式中，$\overline{w}$ 微波（高频）的平均热功率密度（W/m³）；f 为电磁波工作频率（Hz）；E 为电场强度（V/m）；ε'' 为与电场方向重合的主轴方向的复介电常数的虚部。

　　由式（11.1）可知，当木材含水率较高时，因介质损耗功率与交变场频率成正比，而微波频率要高于高频频率，这说明微波干燥效果将优于高频干燥。但这里需要说明的是微波与高频的电磁波波长不同，其穿透能力有所不同。即当电磁波进入木材时，其能量密度会随着进入深度增加呈指数形式衰减，其衰减规律可以用朗伯定律描述。对于单向辐射的一维问题，设电磁波入射的方向为 z 方向，且分布于区间 $[0, d]$，由朗伯定律可得：

$$I(z)=I_0 e^{-bz} \tag{11.2}$$

式中，I_0 为电磁波入射到木材表面时的强度；$I(z)$ 为电磁波入射到木材深度为 z 时的强度；b 为木材对电磁波的衰减系数，与木材内水分和密度等有关，若上述参数不变时 b 为一常数。

　　由式（11.2）可知，由于电磁波能量随着进入木材的深度增加而逐渐减少，因此用微波（高频）干燥木材时，木材的厚度是有限的。从理论上确定微波（高频）穿透木材的深度对木材微波（高频）干燥具有重要的指导意义。在用微波（高频）加热物料时，一般用渗透深度来表示物料对微波（高频）能量的衰减能力的大小。渗透深度 D_E 定义为电磁波功率从物料表面衰减至表面值的 1/e（即 36.8%）时的距离（张兆堂，1988）。渗透深度近似为

$$D_E=\frac{\lambda_0\sqrt{\varepsilon'}}{2\pi\varepsilon''} \tag{11.3}$$

式中，λ_0 为真空中电磁波的波长，ε' 为复介电常数的实部。从上式可以看出，只要得到木材在一定状态下的介电常数和介电损耗因数，就可以得到微波（高频）在木材中的渗透深度。由于高频

电磁波波长要大于微波电磁波，因此高频电磁波穿透能力要高于微波，适用于干燥大尺寸木材。

在微波（高频）电磁场中，木材内的微波（高频）电场强度 $E^2 \propto I$，则可得

$$E(z) = E_0 \mathrm{e}^{-bz} \tag{11.4}$$

式中，E_0 为微波（高频）电磁波入射到板坯表面时的电场强度，这里需要指出的是电场强度与木材含水率、密度等有关。结合式（11.1）及傅里叶导热定律和能量守恒方程，可得微波（高频）加热木材的控制方程，如式（11.5）所示。

$$\rho c \frac{\partial T}{\partial \tau} = 2\pi f \varepsilon'' E_0^2 \mathrm{e}^{-2bz} + \frac{\partial}{\partial z}\left(\lambda \frac{\partial T}{\partial z}\right) \tag{11.5}$$

式中，T 为木材内温度（℃）；ρ 为木材密度（kg/m^3）；c 为木材热容[J/（kg·℃）]；τ 为时间（s）；λ 为导热系数[W/（m·℃）]。

式（11.5）为木材单位时间单位体积内温度增加量等于单位时间单位体积内微波（高频）产生热量加上单位时间内以导热方式通过体积边界传入单位体积的热量。

第二节　木材微波与高频干燥特点

在木材常规干燥过程中，干燥介质主要通过对流或热传导的形式将热量传递给木材表面，木材表面再以热传导的方式将热量从表面传入木材内部，使得木材整体温度升高，这种加热方式的加热效率较低，加热时间长，并且存在外高内低的整体性温度梯度。而用微波（高频）加热木材时，热量不是从木材外部传入，是通过交变电磁场与木材中极性分子（主要为水分子）的相互作用而直接在木材内部产生，其热量的产生具有即时性和整体性。只要木材不是特别厚，木材沿整个厚度方向能同时热透，热透时间与木材厚度基本无关。

在木材加工领域，高频加热常应用于木材干燥、胶接、木质材料弯曲和定型等。世界各国所用频率不同，我国常用高频设备频率与日本常用频率相同，为 6.7MHz 和 13.56MHz。若高频加热设备容量大或者被加热木材很长、断面很大，应适当选用低频率。而微波加热则是在谐振腔内由微波形成的电磁场来加热其中物料，我国常用微波加热设备的工作频率为 915MHz 和 2450MHz。由于不需要电极，因此微波加热适于单板、体积小、形状不规则的工艺品等的干燥，以及木材的加热弯曲、平衡处理等。

与常规干燥相比，微波（高频）干燥具有一系列优点。

1. 干燥速率快，时间短　　用微波（高频）加热木材时，木材内部温度急剧升高，水分迅速蒸发，水蒸气快速膨胀，使得木材半封闭细胞腔内的压力急剧上升，在木材内外形成较高的压力差，该"压差"迫使木材内部水分快速向外迁移，从而极大地提高木材干燥速率。另外，微波（高频）作用于木材，可以破坏木材细胞壁上的纹孔膜，甚至薄壁细胞，使木材内部的通透性增加，从而在很大程度上提高了木材内的水分迁移性能。尤其当木材含水率很低时，由于热传导系数的下降，利用热传导、热对流、热辐射等方式的常规加热所需时间很长；而微波（高频）加热，由于在电介质材料内部直接产生热量，因此木材内部温度能在很短时间内达到设定值。在微波（高频）干燥过程中，木材的干燥速率要远高于常规干燥，其比值一般在十几甚至几十以上。如将木材含水率由35%～40%降至20%，其总的干燥时间为5～15min，干燥速率是常规蒸汽干燥的20～30倍。

2. 干燥质量好，节约木材　　微波（高频）是一种穿透力较强的电磁波，它能穿透木材一定的深度，向被加热木材内部辐射微波电磁场，推动其极化分子的剧烈运动而产生热量，如用频率为 915MHz 和 2450MHz 的微波对含水率很高的木材进行加热或干燥时，微波在木材

中穿透深度分别可达 16cm 和 6cm。而当木材含水率较低时，其穿透深度可达二十几厘米，甚至更深，能满足厚方材干燥的要求。因此，微波（高频）加热过程能在整个木材内同时进行，升温迅速，大大缩短了常规加热中热传导的时间。除特别厚的木材外，一般可以做到内外同时均匀加热。

由于在微波（高频）干燥过程中，木材内部受热均匀，温度梯度和含水率梯度小，其产生的干燥应力也小。因此，如果能控制好微波（高频）输出的功率大小、干燥时间和通风排湿，微波（高频）干燥的质量比常规蒸汽干燥更容易得到保证，从而提高木材利用率至少 5%。另外，微波（高频）加热具有独特的非热效应（生物效应），可以在较低温度下更彻底地杀灭各种虫菌，消除木制品虫害，避免常规干燥中可能出现的木材生菌、长霉现象。

3. 能量利用效率高　　常规干燥过程中，设备预热、传热损失和壳体散热损失在总的能耗中占据比例较大。用微波（高频）进行加热时，湿木材能吸收绝大部分微波能，并转化为热能，而设备壳体金属材料是微波（高频）反射型材料，它只能反射而不能吸收微波（或极少吸收微波）。因此，组成微波（高频）加热设备的热损失仅占总能耗的极少部分。另外，微波（高频）加热是内部"体热源"，它并不需要高温介质来传热，这使得绝大部分微波能量被湿木材吸收并转化为升温和水分蒸发所需要的热量，形成了微波（高频）能量利用的高效性。与常规电加热方式相比，微波（高频）加热一般可省 30%～50%的电能。

4. 可直接用来干燥木质半成品　　人类自古以来对实木进行加工利用时，无一例外都是先将木材干燥后再加工。这是由于如果先下料加工成型后再干燥，成型的木构件在干燥过程中只要略有变形、开裂，就不能使用，而微波（高频）干燥能基本保持木构件的原样，不容易变形、开裂。因此，可以利用微波（高频）直接对木质半成品进行干燥，干燥好后再对半成品进行精加工。这样不仅可以节约能源，降低干燥成本，还可以提高 15%～20%的木材利用率。

5. 选择性加热，易于控制　　水的介电常数和损耗因素很大，分别为81和12，而绝干木材的介电常数和损耗因素分别仅约为2和0.02，因而木材含水率越高，其介电常数和损耗因素越大，吸收微波功率越多（越容易发热）。微波（高频）功率的控制是由开关、旋钮调节，即开即用，无热惯性，易于实现自动控制。

与常规干燥方法相比，微波（高频）干燥也存在一些缺点或不足：①微波（高频）干燥所用能源为高价位的电能，干燥成本一般较高，缺乏价格竞争优势；②木材微波（高频）干燥设备复杂，尤其是微波磁控管和高频发生器使用寿命较短，设备一次性投资较大；③由于木材材质及含水率分布不均，容易导致木材内部局部温度过高，形成"热岛效应"，当木材渗透性越差或锯材厚度越大时该现象更突出；④若木材中含有导磁性金属物质，则由于电磁感应加热使其温度急剧升高，将有可能使其周围的木材烤焦，甚至燃烧。

第三节　木材高频干燥设备与工艺

一、木材高频干燥设备

高频干燥木材时，木材材堆置于电极板之间，电极板与高频加热装置多用低电阻宽铜片连接。利用两电极板之间产生的高频交变电场，使木材中的极性分子等快速取向翻转而摩擦生热（介电损耗发热）。

高频加热装置主要由具有三极真空管的振荡回路、调谐回路等构成。适用于木材加热的频率为4~27MHz,但为避免泄漏的高频电磁波对无线通信等构成影响,一般使用频率为6.7MHz、13.56MHz、27.12MHz 的高频电磁波,其中最常用的频率为 13.56MHz,加热断面尺寸较大的结构材则多用频率为 6.7MHz 的高频电磁波。随着干燥过程的进行,被干燥材的电学性质有很大变化,为确保相应于该变化的最佳加热效率,应对振荡回路进行自动调谐。即相应于被干燥材电学性质的变化,自动调节回路中的电容或电感。高频发生器的输出功率小于 5kW 的一般采用空冷式,而大于 5kW 的采用水冷式。

电极板有平板形、网状、多孔形及波纹状等形式(图 11.2)。平板电极多为铝合金平板,其制作简单,加热效率高,但通风和排水性差,所以多用于垂直排列电极板,而用于水平排列的下极板时,为避免极板上积水湿润与其接触的木材,应在极板与木材间设置金属网等。网状电极板用铜网或其他非磁性金属材料张紧在铝框上做成,与平板电极相比,其制作过程较为复杂,加热效率也会受到影响,但其通风和排水性好,使用时的排列方向不受限制。多孔形电极板可在铝合金板上钻满小孔而成,具有与网状电极板相近的使用性能。波纹状电极板较网状电极板容易制作,其既能避免与木材接触部积水,又能较充分发挥高频加热效率,实践证明具有较好的使用性能。

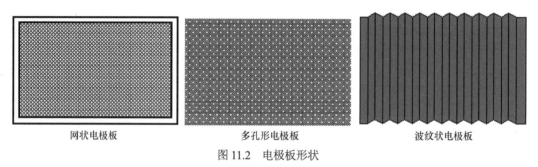

网状电极板　　　　　　　　　　多孔形电极板　　　　　　　　　　波纹状电极板

图 11.2　电极板形状

电极板的排列可以是水平的或垂直的,有三种排列方案。

方案一为 3 块电极板(2 组)垂直排列,如图 11.3(a)所示;由于电极板不接触木材,因此称为不接触排列法。方案二是由 2 块电极板水平放置,如图 11.3(b)所示;上面的一块电极板可通过绝缘材料与由电机或液压油缸驱动的传动装置相连,以保证其在干燥时与木材接触,在装入或卸出木材时升起。电机或液压油缸除用于控制上面一块电极板的升降外,主要用于在干燥过程中对木材适当加压以防止其翘曲变形。方案三由 3 块供电极板和 3 块接地极板水平排列组成 5 组加热区,6 块电极板在堆置木材时即放入,待木材推入干燥室后将其各自交替地连接在两只通电的汇流器(供电汇流器、接地汇流器)上,如图 11.3(c)所示,因电极板与木材直接接触,所以称为接触排列法。

上述三种电极板排列方案各有优缺点。第一种方案,两外侧电极板之间的距离可调,使用方便;就木材干燥的均匀性而言,沿材堆高度方向好,而沿宽度方向要差些。第二种方案,由于高频发生器(振荡器)便于调谐,可获得最佳加热效率;但材堆高度受极板距离的限制。第三种方案,由于电极板与木材直接接触,且两极板之间的距离较小,因此能实现较大容量材堆的均匀加热,强化其干燥过程,适用于要求干燥到终含水率较低的场合,干燥时木材的翘曲较小,但电极板交错置于木材之间,木材的装卸不方便。

图 11.4 是真空-高频联合干燥装置,该干燥装置由控制系统、高频发生器、机械加压装置、真空系统组成,该装置电极板布局采用方案二,通过机械压紧装置保证电极板在干燥过程中与木材接触,并施以适当加压以防止木材干燥过程中翘曲变形。

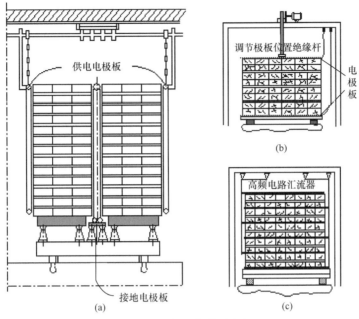

图 11.3　电极板的排列方案

图 11.4　真空-高频联合干燥装置

二、木材高频干燥工艺

在用高频干燥设备干燥木材时，木材堆积作业是干燥工艺的重要组成部分，直接影响木材的干燥质量和产量。对于木材的堆积要求如下：①同一层木材之间不应留有空格，当电极板垂直排列时，更应遵守这一要求，以免隔条着火。②含水率不一致的木材不应堆放在同一组电极之间。

不同的树种间木材的材性差异较大，使得木材的高频干燥效果也不同。由于木材树种不同、密度不一样，木材的介电损耗因素存在差异。在高频电场中，密度大的木材介电损耗因素大，温升速率较大；反之则升温速率较小。除此之外，木材的构造也是影响高频干燥效果的因素之一。例如，散孔阔叶材由于渗透性好，木材内部水分的迁移能力强，比较适宜于高频干燥。而环孔阔叶材由于渗透性差，水分在木材内部进行迁移的能力弱，在高强度的高频干燥中，迅速汽化的水蒸气不能较快地迁移到木材表面，使得木材内部容易产生很高的蒸汽压力，易导致干燥缺陷的产生。因此，对于渗透性差的环孔阔叶材，不宜采用高强度的高频干燥。在实际高频干燥过程中，根据木材树种的不同，可以按照表 11.2 选择适当的干燥基准。

表 11.2　木材高频干燥基准

参数名称	干燥基准		
	硬基准	中基准	软基准
被干湿木材的内部温度/℃	95～105	85～90	75～80
沿木材厚度的温度梯度/（℃/cm）	6	4	3
室内空气的相对湿度/%	80	85	90

表 11.2 中的硬基准适用于厚度在 50mm 以下的针叶树材（落叶松除外）和软阔叶树材；中基准适用于厚度在 50mm 以上的针叶树材（落叶松除外）和软阔叶树材及厚度在 50mm 以下的散孔阔叶材；软基准则适用于各种厚度的环孔阔叶材和厚度在 50mm 以上的散孔阔叶材，以及各种厚度的落叶松和松属髓心方材。木材的终含水率低于 10% 时，空气的相对湿度在干燥终了时可比表 11.2 中数值低 10%～15%。

表 11.2 基准中的温度梯度 Y 用式（11.6）计算：

$$Y = \frac{t_w - t_a}{0.5S} \qquad (11.6)$$

式中，Y 为温度梯度（℃/cm）；t_w 和 t_a 分别为木材中心温度和干燥室内空气的干球温度（℃）；S 为被干木材厚度（cm）。

使用高频加热干燥时，首先依据材种和材厚确定干燥基准的软硬度，根据表 11.2 的基准表确定木材中心温度、基本温度梯度、干燥室内空气的相对湿度，据式（11.6）计算干燥室内空气的干球温度。

实际生产中，为了减少电能消耗和保证干燥质量，可以采用间歇供给高频电能的方式加热木材，如图 11.5 所示。木材的中心温度，在高频开启后迅速上升，高频关闭后又逐渐回降；高

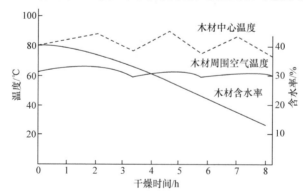

图 11.5　木材间歇高频加热干燥曲线

实线为高频加热；虚线为间歇加热

频停止后空气温度虽略受影响，但波动不大；而木材的水分蒸发则几乎不受影响。间歇高频加热方式既能够降低干燥成本，也可以由一台高频发生器为两座甚至多座小容量干燥室或大容量干燥室中分区堆垛的材堆交替间歇加热，充分提高设备利用率。在干燥过程进行到所要求的终含水率之前的适当时刻，高频发生器即可停止工作，依靠水分的热扩散（依靠早先形成的温度梯度）继续排除水分，以节省电能消耗。另外，高频输出电压的高低与加热效率有密切的关系。输出电压越高，效率越高。但由于在高含水率范围内，电压过高易引起木材的击穿放电现象，因此干燥初期应适当控制电压，随着木材含水率的降低，可逐渐升至满压。

从节省能源、降低干燥成本和提高干燥质量的角度来考虑，高频干燥的工艺以联合干燥为好。即在预热和高含水率干燥阶段，充分利用常规蒸汽或大气干燥，以降低干燥成本。当木材含水率降低到纤维饱和点左右或以下时，再进行高频干燥，以加快木材的干燥速率和保证干燥质量。现有资料表明，当用高频直接对 25mm 和 50mm 的红橡木生材进行干燥时，所有板材都出现了严重的表裂和端裂，即使采取降低温度和增加介质相对湿度的办法，仍无法避免干燥过程中出现的严重开裂现象。但若先用常规干燥方法对红橡木进行预干（由含水率为 85%干至40%），再使用高频对其进行干燥处理，则可避免开裂现象的发生，获得很好的干燥质量，且大量缩短了干燥时间。如将厚度为 25mm 的红橡木从含水率为 40%干至 12%（干燥基准见表 11.3），其总的干燥时间仅需 41h，约为常规干燥时间的 1/8（常规干燥需要 295h）。

表 11.3　25mm 与 50mm 红橡木高频干燥基准（Joseph et al.，2001）

木材含水率 /%	25mm			50mm		
	木材中心温度 /℃	干燥室内 干球温度/℃	干燥室内 湿球温度/℃	木材中心温度 /℃	干燥室内 干球温度/℃	干燥室内 湿球温度/℃
>50	43	42	41	43	43	42
50~40	43	41	41	43	42	41
40~35	43	40	39	43	41	40
35~30	43	40	36	43	39	38
30~25	49	45	32	49	41	35
25~20	54	51	32	54	47	32
20~15	60	56	32	60	53	32
15 以下	82	79	54	71	64	43

在高频-对流联合干燥中，除需要控制干燥室内的温度和空气湿度外，还需要对木材中心的温度进行控制，以保证在获得较快干燥速率的同时获得较好的干燥质量。

高频-真空联合干燥兼有高频加热与真空干燥的优点。与高频-对流联合干燥相比，其干燥速率更快、质量更好，对环境无污染，易于实现自动控制。但高频-真空联合干燥设备的容量较小、投资较大、运行成本（主要是电费）较高，目前主要用于干燥质量要求较高的珍贵树种材、断面尺寸大的结构材、工艺品等的干燥。

图 11.6 为 25mm 厚红锥木材的高频干燥曲线。试件的长度为 1800mm，宽度为 120mm，堆积方式如图 11.7 所示。其干燥条件为：直流输出电压为 6kV，E_I 设定值为 4.5kV，正极板电流为 0.7A，高频状态（开-停）为 4~1min，真空度为 50mmHg（1mmHg=0.133kPa）。经过约 38h 的干燥后，木材的平均终含水率降为 2.8%，平均干燥速率每小时为 2.2%。干燥好后的木材，没有产生表裂、内裂等干燥缺陷。

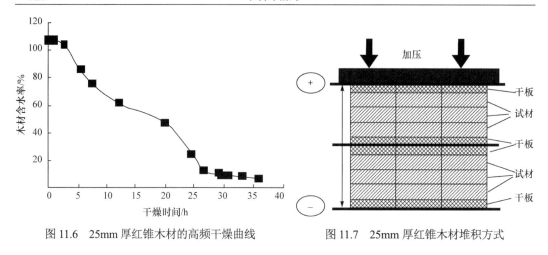

图 11.6　25mm 厚红锥木材的高频干燥曲线　　　　图 11.7　25mm 厚红锥木材堆积方式

第四节　木材微波干燥设备与工艺

一、木材微波干燥设备

木材微波干燥设备主要由微波发生器、微波加热器、传动系统、通风排湿系统、控制和测量系统等几部分组成，其中微波发生器和微波加热器为主要组成部分。

（一）微波发生器

微波发生器是整个微波干燥设备的关键部分，它由磁控管和微波电源组成。其核心部分是将电能转换为微波能的电子管，即微波管。目前用于木材加热和干燥的微波管主要采用磁控管。工作在微波频率的磁控管有线性束管（O 型管）和交叉场型管（M 型管）等多种。交叉场是指直流电场与直流磁场彼此处于垂直状态，在这种交叉电场和磁场的作用下，磁控管阴极发射的电子受电场作用而加速，并受正交磁场的洛伦兹力作用而使运动路径弯曲，同时在阳极交变电压作用下获得足够能量（速度），最终到达阳极。此过程中电子将所获得的能量全部给予并建立高频振荡。如果该过程能够持续不断地重复进行下去，则该高频场的振荡得以维持，并能持续不断地向外发射微波，所以还称其为连续波磁控管。国内多采用 915MHz、20～30kW 及 2450MHz、5kW 的磁控管，并且前者使用较多。目前国内外都可以生产输出功率高达 100～300kW 的 M 型多谐振腔连续波磁控管，可降低大规模生产的投资和干燥成本。

磁控管正常工作所必需的高压直流电流，是通过升压变压器将来自电网的 380V 交流电升压，再由三相桥式整流器整流后获得的。磁控管的转换效率约为 0.7，说明磁控管中电子所转换传递的能量，大部分能作为微波能向外输出，而另一小部分则成为磁控管本身的热损耗。因此，大功率磁控管需用风冷和水冷系统来解决其散热问题，以延长使用寿命。

（二）微波加热器

适用于木材干燥的微波加热器有隧道式谐振腔加热器和曲折波导加热器。

1．隧道式谐振腔加热器　图 11.8 为我国某家具厂使用的微波干燥装置的示意图。整个设备共分为两组，之间由过渡托辊连接。每一组的干燥室由两支谐振腔加热器串联而成，呈隧道状。

每只谐振腔分别由一台微波发生器提供微波能（由波导传输）。每台微波发生器输出功率为20kW（总输出功率为80kW），微波工作频率为（915±25）MHz。微波管采用CK-611连续波磁控管。其阳极电压最高为12.5kV，最大电流为3A。灯丝电压（预热时）为12.5V，电流为115A。阳极采用水冷方式降温，阴极采用强风冷却。微波发生器电源的输入功率为30kW。

谐振腔内部尺寸为800mm×1000mm×1100mm，腔体顶部与波导耦合以输入微波能。谐振腔的顶部开有许多小孔，用于排除从木材中蒸发出的水分。腔体两个端壁上各开有高

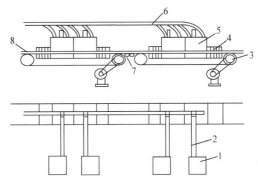

图11.8　具有隧道式谐振腔加热器的微波干燥装置

1. 微波源；2. 波导；3. 传动装置；4. 梳形漏场抑制器；
5. 谐振腔；6. 排湿管；7. 过渡托辊；8. 传送带

70mm、宽1000mm的槽口，以便输送带及木材通过。每组加热器的进出槽口外面各装有梳形漏场抑制器，以防止微波能泄漏。将被干燥木材置于输送带上，经过加热器时受到微波电磁场的作用，木材内部产生热量，并在其作用下蒸发水分，可根据需要使木材多次通过干燥室，直至木材达目标含水率。

2. 曲折波导加热器　图11.9所示是横断面为矩形的曲折波导加热器。波导是微波频段传输电磁波能量的主要元器件。依靠各种截面形状的波导，可实现相互连接耦合，完成较远距离或需改变传送方向的微波传送。从能量损耗角度来看，电磁场被限制在波导的空间内，因此波导传输微波能量就不存在辐射损耗，仅在波导壁上面会有电流的少量损耗。矩形波导是指矩形截面的空心金属管。输入的微波以一定的入射角入射内壁面，在该壁面上反射，以合成波的形式沿波导轴向行进。

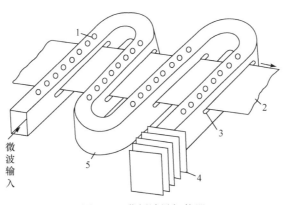

图11.9　曲折波导加热器

1. 排湿小孔；2. 传送带；3. 宽边中央的槽缝；4. 终端负载；5. 曲折波导

在波导宽边中央沿传输方向开槽缝，因为木材在该处的槽缝通过时吸收的微波能最多。微波能从波导的一端输入，在波导内腔中被木材吸收后，余下的能量进入后面的几段，被木材进一步吸收。这样不但充分利用了能量，而且改善了加热均匀性。最终未被利用的剩余微波能，由波导的终端负载吸收。终端负载一般采用水或其他微波吸收性材料。波导的窄边上开有许多小孔，并与通风系统联通，以排出木材中蒸发的水蒸气。

为防止微波能的泄漏，在不影响木材通过的情况下，波导宽边上的槽缝应尽可能开得窄些，

并向外翻边。实践证明，横截面为 248mm×124mm 的波导，槽缝高 35mm，翻边宽 45mm，即可使微波能的泄漏降低到很小的程度。

微波加热器形式的选择，主要取决于被干燥木材的形状、数量及加工要求。对于小批量生产或实验室试验，可采用小型谐振腔式加热器（微波炉）。对于流水线生产的单板、薄木及细碎木材一般可采用图 11.9 所示开槽的曲折波导加热器，或图 11.8 所示的具有隧道式谐振腔加热器的微波干燥装置。尺寸较大或形状较复杂的木材，为了保证加热均匀，常常采用将多只谐振腔加热器串联成隧道式。

图 11.10 是微波干燥平衡室，主体结构采用彩涂板和不锈钢面岩棉板，配置微波加热、电辅助加热、除湿、内循环及温湿度自动采集等装置，可用于木材（板、条）干燥、平衡及除虫等工作，空间利用率大，方便周转，用途广。

图 11.10　微波干燥平衡室

二、木材微波干燥工艺

为了减少电能消耗，降低干燥成本，微波干燥应与气干或除湿干燥联合使用，即先将湿木材采用除湿干燥或气干方法干燥到较低含水率（通常为 30%左右），再用微波干燥至生产所要求的最终含水率。表 11.4 中列出了部分木材的微波干燥基准（干燥设备为隧道式微波干燥装置）。从节约能源和提高干燥质量的角度考虑，在用微波干燥木材时，很少采用单一连续的微波干燥，而是将微波与其他干燥方法联合或者采用间歇微波干燥，如微波与热空气联合干燥、微波与真空联合干燥。根据资料，对于 25mm 厚的松木板，用 104℃的对流热空气与微波联合干燥，其耗电量比单纯的微波干燥节省 40%，而且干燥时间还可缩短 42%。

表 11.4　木材微波干燥基准（朱政贤，1982）

树种	厚度/mm	初含水率/%	终含水率/%	微波源输出功率/kW*	每次激振时间/min
马尾松	20～30	20	7	11～7.5	1.2～1.5
榆木	20～30	20～25	7～10	14～10	1.2～2.2
木荷	30	30	8	18～9	1.8～2.6
水曲柳	30～50	35～45	8～10	17～10	1.6～2.6
柞木	25	20～40	8	10～7	1.0～1.5
柳桉	25～30	15	6～8	14～8	1.2～1.5
香红木	30	30	8	10～7	1.0～1.5
红松	40～50	20～30	8～10	12～10	2.0～2.5

*共 4 台微波源串联，表中为每台的输出功率

在真空度为 0.04MPa，微波辐射功率密度为 115kW/m³ 的条件下，木材微波-真空干燥过程中的含水率、温度变化曲线如图 11.11 所示。从图中可以看出，木材的整个微波-真空干燥过程可以分为三个阶段。

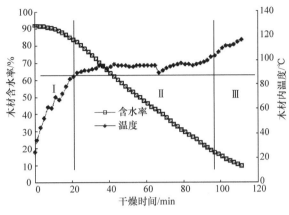

图 11.11　木材的微波干燥曲线

（一）快速升温加速干燥段

该阶段是木材干燥的初期阶段，即干燥的第一阶段。在该阶段，木材的干燥具有两个显著的特点：木材的含水率基本不变或变化很少，此时木材的干燥速率由零逐渐增大，是干燥速率的加速段；与此同时，木材内的温度几乎呈直线趋势迅速增加。因此，在干燥的初期，微波辐射的能量基本被用来升高木材的温度。

（二）恒温恒速干燥段

该阶段是木材干燥的主要阶段，在该阶段基本完成木材内水分的蒸发过程。从图中可以看出，木材的微波-真空干燥曲线也具有两个显著的特点：木材的含水率均匀下降，呈现等速干燥趋势；木材的温度基本保持在某一固定值上下波动，为恒温状态。所以在这一阶段，木材得到的微波能量基本用来蒸发木材中的水分。恒温恒速干燥段是木材干燥的最主要阶段，它在整个干燥过程中所占的时间比例最大，约占整个干燥时间的50%以上。

（三）后期升温减速干燥段

该阶段是木材干燥过程曲线的最后阶段，此时木材内的水分已经较少，水分的蒸发速率和木材的干燥速率逐步呈现下降趋势，而木材的温度则逐渐上升。第二与第三阶段发生转折的临界点，木材含水率与微波辐射功率、木材厚度等因素有关，其值一般在 10%～20%。在该阶段，微波能量除继续蒸发木材中剩余的水分外，还有部分微波能量用来升高木材温度。

三、影响木材微波干燥的因素

与常规干燥方法相比，木材微波干燥作为一种较新的干燥方法，虽然具有很多独特的优点，但它并不能完全解决常规干燥过程中出现的所有质量问题。在木材微波干燥中，若工艺操作不当，也可能产生各种干燥缺陷，如内裂、表裂和炭化等。但其干燥缺陷的产生原因及干燥过程的控制与常规干燥在本质上有所不同。在常规干燥过程中，干燥缺陷（表裂、内裂等）的产生，主要是干燥介质温度、相对湿度的控制不当导致的，其干燥过程主要是通过控制干燥"三要素"（即干燥介质的温度、相对湿度和空气流速）来实现的。在微波干燥过程中，木材内裂通常是在木材含水率高于纤维饱和点时出现。当在干燥初期连续输入过量的微波能时，木材内部会产生大量的水蒸气，过高的水蒸气压力将使木材内部沿木射线方向开裂，导致内裂的发生。当干燥介质温度过高时，木材表层水分蒸发过快，也容易导致木材出现表裂缺陷。炭化在干燥前后期都可能出现，在木材棱边部和内部都可能发生，这是低含水率的木材过分暴露在场强过大的微波场中，木材局部过热引起的。

在微波干燥过程中，木材吸收微波的能力取决于木材的介电特性及微波电磁场中频率的大小、电场的强弱。其中，微波辐射频率和电场强度代表了微波方面的作用特性。当它们不变时，木材的介电特性就直接决定了它吸收微波的能力。由于木材是均质性较差的材料，并且含水率在木材内部分布并不均匀，引起木材内部不同部位间的介电特性值（介电损耗）存在差异。因此当微波加热设备所产生的电场强度不均匀或木材内部的介电特性值相差较大时，都会由于不同部位吸收的能量不同而导致较大的内部温度差。如果由于该温度差所产生的"热应力"超过了木材内所能够承受的极限强度时，产生的"热应力"将导致木材出现开裂现象。尤其是在木材干燥的后期，木材的损耗因素与温度存在正相关关系，即在温度高的地方，损耗因素越大，对微波的吸收作用越强，温度的升高速度越快，使木材内部的温度差和"热应力"也进一步加大，若控制不当，容易使木材内部产生"内裂"和"烧焦"等严重干燥缺陷。另外，微波对木材的穿透深度是有限的，特别是当木材表面很湿时，微波能量主要集中在靠近木材表层的区域（3cm 左右），如果被干燥的木材较厚，就可能在木材内部产生难以承受的温度分布不均匀性。再者，从热和质量的转移现象来看，微波加热是一种"体热源"，木材在很短的时间内吸收较大的微波能量后，木材微隙内的水分迅速蒸发，产生的蒸汽会引起木材内部压力的迅速增加。当微波辐射能量过高，而木材的渗透性又较差时，木材内部会形成过高的蒸汽压力，足以使木材开裂。

因此，用微波干燥木材并不是可以完全解决常规干燥过程中出现的质量问题（如变形、开裂等），它只是将一种形式的矛盾转化成为另外一种形式。这种矛盾的转化造成了木材干燥过程中产生缺陷的原因在本质上有所不同。例如，在常规干燥和微波干燥过程中，木材内部都存在温差，但在常规干燥中，温度从木材表面较高到木材内部较低有一个明显的梯度，其温差呈整体性；而在微波干燥中，木材内部的温差是由于不同部位介电特性的差异形成的局部材料对微波的吸收不一致导致的，这种温差是局部的。因此在解决用微波干燥木材过程中出现的质量问题时，应该采取一些完全有别于常规干燥控制的方法，如控制微波输出的功率、微波辐射的时间，改善电磁场的均匀性，微波与其他干燥方法的联合等。

思　考　题

1．试述木材高频、微波干燥的基本原理和特点。
2．试述木材高频干燥设备中的电极板形状和排列方案。
3．试述木材微波干燥的影响因素。

主要参考文献

高建民. 2008. 木材干燥学. 北京：科学出版社.

贾潇然. 2015. 含髓心方材高频真空干燥传热传质及数值分析. 哈尔滨：东北林业大学博士学位论文.

李贤军. 2005. 木材微波——真空干燥特性的研究. 北京：北京林业大学博士学位论文.

牟群英，李贤军，盛忠志. 2006. 木材微波加热厚度的确定. 中南林业科技大学学报，26（001）：100-102.

王喜明. 2007. 木材干燥学. 北京：中国林业出版社.

于建芳. 2010. 木材微波干燥热质转移及其数值模拟. 呼和浩特：内蒙古农业大学博士学位论文.

张兆镗，钟若青. 1988. 微波加热技术基础. 北京：电子工业出版社.

Joseph RG，Peralta P N. 2001. Nonisothermal radio frequency drying of red oak. Wood & Fiber Science, 33 (3): 476-485.

第十二章　木材热压干燥

　　热压干燥是将木材置于热板之间，以接触传导的方式加热木材，使其在一定的压力条件下加热脱水的干燥过程。由于加热板供热温度较高，与被干木材接触紧密，传热量大，木材内部升温速度较快，水分汽化迅速，内部蒸汽压力迅速提高，木材内部水分向外部的移动迅速，干燥激烈，干燥时间短。

　　热压干燥法过去主要用于单板干燥。20 世纪 70 年代末期以来，国外有人开始研究用此法干燥锯材，并取得了较好的初步成果，一些透气性好的木材在数小时乃至数十分钟内就可获得快速干燥。20 世纪末开始，国内也开始尝试将热压干燥应用于特殊木制品制造或与木材改性联合使用。

第一节　锯材热压干燥

　　锯材热压干燥工艺参数主要是压板温度、压力，并与木材的导热性能和木材的渗透性有关。

一、锯材热压干燥工艺

　　热压干燥法分为连续式和周期式两种。前者热板始终闭合，连续对木材接触加热，直至干燥结束；后者热板闭合加热一段时间（通常为 2h），然后再张开 0.5～1h，以加速木材表面水分的蒸发及内部水分的移动，此法又叫呼吸式干燥。两种方法的干燥周期无大差别；但周期式加热的干燥质量比连续式的好，表裂、内裂和皱缩都会明显减少。

　　完整的热压干燥工艺应包括预处理、热压干燥和后处理三部分。一些易干树种木材及薄木料也可省去预处理或后处理过程。

（一）预处理

　　为提高木材的热压干燥效果和干燥质量，热压干燥前通常应在专用的预处理室中做汽蒸处理或预干处理。

　　1. 汽蒸处理　　目的是改善被干木材的透气性或降低残余生长应力，减少木材的表面硬化和开裂。汽蒸通常用 100℃的饱和水蒸气进行处理，汽蒸时间可参照常规室干中采用的方式，即以 1cm 厚木材汽蒸处理 1.0～1.5h 为宜。但汽蒸处理有可能使木材颜色变深或者失去光泽，且增加能量消耗，因此，如非必须，原则上不推荐这样处理。

　　2. 预干处理　　研究结果表明，有些难干树种木材如赤栎，若在生材状态下直接进行热压干燥，很容易出现内裂、皱缩等现象，但若将其预干到 25%～30%的含水率，此时木材细胞腔中的自由水已经排除殆尽，再进行热压干燥，则干燥降等率可减少 50%以上。木材预干处理可在预处理室内进行，也可采用气干的方法进行，这种方法可认为是气干或常规室干与热压干燥的联合干燥。

（二）热压干燥

　　木材经预处理后即可在热压机中干燥，干燥时需根据被干材的干燥特性、密度大小和用途，选择不同的热压温度和压力。密度较高的难干材通常选用较低的温度（100~150℃）和较高的压力（0.7~1.5MPa）；密度较低的易干材及速生树种木材，通常选用较高的温度（160℃）和较低的压力（0.35MPa）。如考虑在干燥的同时适当增加被干材的密度和表面硬度，改善其使用性能，则应采用较高的温度（160~180℃）和较高的压力（0.7~2.0MPa），但此时必须考虑木材压缩率增大对生材下料厚度的影响及高温给板材颜色带来的负面作用。

表 12.1 和表 12.2 所示为美国水青冈、鹅掌楸和火炬松的热压干燥试验结果。

表 12.1　美国水青冈、鹅掌楸的热压干燥试验结果

树种	厚度/mm	干燥温度/℃	干燥压力/MPa	干燥时间/min	厚度收缩/%
水青冈	13	121	0.35	71	8.2
			1.05	67.9	11.0
		177	0.35	19.1	12.3
			1.05	18.3	16.7
	25	121	0.35	162.6	5.3
			1.05	166.2	7.3
		177	0.35	50.6	11.3
			1.05	47.9	14.8
鹅掌楸	13	121	0.35	72.7	6.5
			1.05	61.2	10.6
		177	0.35	19.1	10.5
			1.05	16.9	13.8
	25	121	0.35	171.4	4.6
			1.05	197.7	6.5
		177	0.35	70.6	9.9
			1.05	66.8	14.2

表 12.2　火炬松的热压干燥试验结果

试验条件	干燥温度/℃	干燥压力/MPa	含水率/%		干燥时间/h	厚度收缩/%	翘曲降等率/%
			MC初	MC终			
热压干燥	177	0.35	120	18.6	1.5	2.7	3.8
		0.70	119	16.0	1.5	6.7	6.7
		1.05	122	11.0	1.5	16.3	10.4
室干	130	有平衡处理	120	15.6	10~13		29.6
	138	无平衡处理	120	16.5	10~13		18.3

试验结果表明，干燥温度越高，干燥速度越快。但温度过高易产生干燥缺陷，特别是透气性差的硬阔叶树材。另外，温度提高，木材的厚度收缩增大，故干燥温度一般不超过 160℃。热板压力的高低对于干燥速度无大影响，但压力过低，木材易发生开裂，而压力过大，木材的厚度收缩增大，故压板压力通常控制在 3.4×10^5 Pa 左右。

（三）后处理

后处理包括木材干燥终了的热湿处理和热稳定性处理两方面。

1. 热湿处理 木材热压干燥时间短（通常 2h 左右），干燥过程激烈，干燥结束后通常需做热湿平衡处理。热湿处理的本质是使干燥材有限地吸湿，一方面减小木材芯表层之间的含水率差异，另一方面利用木材的塑性而减小内应力，减小后期再剖分或使用中的翘曲变形。在常压下平衡处理时间较长，需 2~3 天；如将已干木材放在真空室中，先抽真空到 2kPa 左右，再用适量的蒸汽做热湿平衡处理，处理时间可缩短到 4~5h。

2. 热稳定性处理 由于热压干燥会使得木材存在微量的压缩，表面得以强化，为增加热压干燥材的尺寸稳定性，避免吸湿或吸水的厚度回弹，可适当进行高温或高压汽蒸处理。研究结果表明，柳杉小试件在 180~200℃热空气中处理 8~20h，或者在 0.6MPa 饱和水蒸气中处理 8min，即可获得较高的尺寸稳定性。

二、锯材热压干燥设备

锯材热压干燥的设备与人造板的多层热压机相似，完善的热压干燥系统应包括框架式热压机、装卸板机、预处理室和后处理室 4 部分。

（一）框架式热压机

框架式热压机为热压干燥主机。可根据需要确定压板层数，一般为 5~20 层。板面尺寸为 2000mm×4000mm，也可采用人造板压机中压板的幅面尺寸。板面压强一般小于 2.0MPa，供热温度小于 200℃，热压板中的载热体为蒸汽或导热油。

木材热压干燥过程中要蒸发大量水分，为及时排除木材中蒸发出的蒸汽，热压板表面常开有许多小孔，小孔后面开有许多纵横交错的沟槽，彼此相通，蒸汽可通过小孔，从后面的沟槽中排出。如热压板上没有设置上述的排气孔槽，在热压板与被干材之间应增设带有孔槽的铝垫板或镀锌铁丝网。

（二）装卸板机

热压机层数较少时，可采用人工装卸料。层数较多时应设置装卸板机，机械进料、卸料。装卸板机结构上与人造板压机中配套的装卸板机相似。

（三）预处理室

木料在热压干燥前需在专用的预处理室中做预蒸或预干燥处理。预处理室可采用砖混结构或金属罐体结构，其处理能力应与压机的干燥能力相匹配，但喷蒸管应尽量避免碳钢材料，以避免铁锈等污染木材表面。

（四）后处理室

用于热压干燥后木材的热湿平衡处理或热稳定性处理。有常压后处理室和压力蒸汽后处理室两种，前者结构上与预处理室相近，后者通常为金属蒸煮罐形式，可耐压 0.8MPa 以上，并配有真空泵，但喷蒸管同样应尽量避免碳钢材料。

三、锯材热压干燥特点与应用

（一）优点

1）干燥速度很快。薄板通常在 1～2h 内就能干燥到 6%～8% 的含水率。
2）干燥后木材的尺寸稳定性好，表面硬度也会略有提高。
3）若压力适当，板材宽度在干燥前后变化不大，宽材面的损失较小，面积合格率高。
4）干燥后的板材表面光滑，且平整度好。

（二）缺点

1）由于高温和压力的作用，木材表面颜色变暗且发脆，涂饰性能有所下降。
2）木材厚度上收缩率大于常规干燥材，材积损失有所增加。
3）热压干燥的工艺因树种变异较大，掌握难度较大，一些透气性差的难干硬阔叶树材会产生严重的干燥缺陷，如蜂窝裂。
4）相比于常规干燥而言，热压干燥的设备复杂，效率较低，成本较高。

（三）适用范围

热压干燥可以使 25mm 厚的锯材干燥时间由常规室干的数周缩短至 1～2h，但是在这种高强度的快速干燥中，干燥缺陷在很多时候是难以接受的，因此必须综合材性、用途、工艺来进行优化。理论上来讲，该方法适宜于针叶材或透气性较好的、阔叶材薄板的干燥，同时在热压干燥前，最好先低温预干，将板材的含水率降低至一定的程度再进行热压干燥，以提高干燥质量。Simpson 以 176℃ 对美国产橡木的热压干燥表明，采用低温预干与高温热压联合干燥时，低温预干的含水率对是否内裂有决定性的影响。对于 25mm 厚的橡木，热压干燥可以使其干燥时间由数周的时间缩短至 1h，红橡只要预干到 30% 的含水率再进行热压干燥就不会产生蜂窝裂，但白橡即使预干到 16% 的含水率再进行热压干燥也会产生蜂窝裂。

基于热压干燥的原理与工艺特点，其很适用于人工林速生树材的干燥，由于速生树木材中含有大量的幼龄材，干燥时纵向收缩率很大，常规干燥很易弯曲，而用此法可较为有效地防止弯曲。Simpson 对 2in×4in 人工林火炬松热压干燥研究表明，其可使翘曲变形降等率由室干的 20% 以上降低到热压干燥的 4%，从 120% 的初含水率降低到 15% 的含水率，在 176℃ 的压板温度下，只需要 90min。

有学者认为，热压干燥时，木材厚度收缩率增大，木材的容重也相应增加，这可使原来强度较低的速生材强度有所提高。但 Stoker 对火炬松二等材的研究表明，热压干燥并不会使木材的静态弯曲强度增加。对于材色变暗的缺陷，还可以通过与其他干燥方法的联合予以解决，如真空-热压联合干燥，因为低压下木材水分排出容易，可以促使木材热压温度较低、干燥时间更短，此技术对干燥设备的要求更高，因为真空可以实现在较低温度下的水分蒸发，木材的塑性较低，因此要求热压干燥机具有更高的刚性。

在以降低锯材干燥变形率为出发点时，热压干燥的成本取决于现有干燥技术中弯翘损失的水平、热压干燥对弯翘的改善水平、干燥时间、等级降低造成的经济损失、因板材压缩对原料材积需求的增加所引起的成本增加等因素。因此，热压干燥的应用关键取决于树种、用途、质量、成本等因素之间的平衡，国内学者将此法用于铅笔板的干燥，由于热压干燥的木材表层有轻微的表面炭化，正好符合铅笔板工艺提高木材切削性的需要，效果较好。

第二节 木材单板的热压干燥

将木材旋切或刨切制成单板是木材高效高值利用的一种重要方法。干燥是单板加工的重要工艺环节，既影响后期产品的质量，又影响能耗成本。厚度是单板干燥工艺的重要影响因素，其因制备方法和用途而有差异。旋切单板多用于制造单板类工程木质材料，尽管用作胶合板表板的单板厚度较薄，最薄的只有 0.2mm，但用作芯层的单板厚度一般为 1～4mm，最厚的可达6mm。刨切单板主要用作贴面材料，厚度较薄，一般为 0.5～0.8mm。从单板厚度来看，热压接触式干燥比较适宜干燥较厚的芯层单板，而非厚度较薄的装饰性表层单板（薄木），本小节主要讨论厚单板。但是即便如此，单板的厚度仍显著低于锯材，其内部水分的平衡及水分蒸发情况特殊，所以热压温度、热压时间等工艺参数与锯材干燥的相比仍然存在较大的差异。

网带式干燥机是工业化干燥单板常见的设备，属于对流加热干燥，单板干燥后易出现的干燥缺陷主要是端面开裂、波浪纹、荷叶边及含水率不均匀等。荷叶边主要是由于单板本身的不均匀所引起的，端面因干燥过快而发生永久变形，使得端面尺寸比中间大而产生的波形变形，严重的荷叶边就会产生端面裂纹。单板在横向方面的性质差异，会造成干燥速度不一而产生不规则的收缩，结果使板面产生波状形的起伏或翘曲，即所谓的波浪纹。单板初含水率和锯材的基本一样，但同一条旋切单板带上各点的初含水率相差很大。单板干燥的目标终含水率因使用胶合剂的种类而异，多为 4%～8%。由于单板初含水率的差异加大，对流干燥条件激烈，因此干燥后单板含水率不均匀现象突出，在对流干燥中常以二次干燥来解决，但费时费力，能耗增加，干燥成本增加。

以导热方式进行热量传递的热板接触式干燥及辊筒式干燥，由于在干燥过程中，可以对单板施加一定的压力，同时热传导效率较高，因此可以较好地解决变形、干燥不均匀等问题，南京林业大学干燥技术研究所在此方面做了大量开创性工作。本节简要介绍单板热压干燥的工艺、设备与特点。

一、单板热压干燥的工艺与设备

热压干燥机，经过很长时间的研究，既可用于干燥锯材，也可用于干燥单板。热压干燥机综合了加压和接触传热的双重效果。用于单板热压干燥的主要有连续式热压干燥机、连续式辊压单板干燥机和周期热压板干燥机三种。

（一）连续式热压干燥机

连续式热压干燥机可以连续作业，即单板从干燥机一端送入，从另一端送出，其运输装置是链条和固定在链条上的加热板，在加热和加压同时，单板连续向前移动。

连续式热压干燥机的工作原理如图 12.1 所示，干燥机内部由一对单板传送滚筒和一对加热热板组成一组。热板压力为 172～586kPa，温度为 120～230℃，具体因树种和单板厚度而异。当热板张开时，滚筒转动将单板送进相当于热板的长度，热板即在数秒间轻轻加压加热。加热后热板又张开，滚筒转动将单板送出，这样重复地进行，单板即逐渐被送向另一端。这是单板干燥机中安装面积最小的一种，干燥后的单板表面平滑，加工精度好。但由于反复加热容易使一部分单板发生小裂纹，因此不适宜干燥高价值的装饰单板。

南京林业大学干燥技术研究所研发了一种连续式单板热压干燥机，其结构如图 12.2 所示。该设备特别增加了滚压柔化装置，其由一对驱动压辊组成，压辊长 1300mm，直径 300mm。上

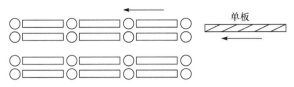

图 12.1 连续式热压干燥机工作原理示意图

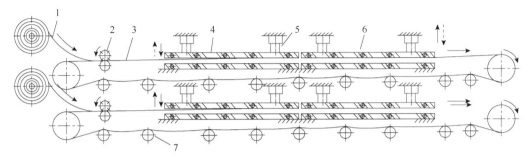

图 12.2 连续式单板热压干燥机结构示意图

1. 单板；2. 柔化辊；3. 传送带；4. 前压板；5. 油缸；6. 后压板；7. 托辊

压辊表面布满楔形齿刃，下压辊表面光滑，两辊间距可调，当单板从两辊间通过时，可在单板紧面刻下许多不连续的刻痕，以消除木材的生长应力，使单板紧面放松和柔化。该设备具有较好的技术及经济可行性。1.7mm 厚的美洲黑杨生材单板在 192℃的压板温度下进行"呼吸式"的热压干燥，含水率从初始的 141.7%降低到 7.5%，且基本无开裂，平整度较高，终含水率标准差符合胶合板对干单板的要求。相比于网带式单板干燥机，蒸发每千克水分的比能耗减少50%。但需对压板的压力进行适当控制，只要夹持单板，防止其翘曲即可，以减小单板的厚度干缩。建议干燥前段的压力为 0.09MPa，后段为 0.18MPa，则可以将单板的厚度干缩控制在 5.3%，但仍略高于对流干燥的 4.6%。

（二）连续式辊压单板干燥机

其借鉴德国 AUMA 连续热压机的工作原理。干燥机主要由前驱系统、整体机架、加热辊筒等几部分组成。前驱系统采用先用带传动、后链传动的方法，而上下钢带的同向运动，则通过几个转向链轮来实现。采用加热辊筒与钢带连续接触的传热方式，以导热油为介质，通过螺旋加热管对滚筒进行加热。其可干燥单板厚度为 0.4～1mm，初含水率为 70%～80%，终含水率可达 6%～8%，单板运行速度为 0.42～1.05m/s，生产能力为 3～5m³/h。干燥的单板具有平整度好、横纹（宽度）干缩率低、终含水率均匀的优点。在辊压接触干燥时，在预热系统的作用下，钢带和单板具有一定的初始温度，进入加热辊筒后，在钢带的夹持下进行接触干燥，从而抑制了单板的翘曲。在干燥温度高于 190℃时，达到了木材玻璃态转变（软化）点，使单板在平整状态下固定，不易变形。辊压干燥时的横纹干缩率约为对流干燥时的 1/3，主要是因为辊压干燥时，钢带对单板的夹持，起到了抑制单板变形的作用。干燥后单板的终含水率不均匀是对流干燥设备的主要问题之一，而采用辊压干燥，单板的终含水率则比较均匀，原因是湿单板在干燥过程中，与高温滚筒紧密接触，高含水率区域的导热系数高，获得热量多，该区域的水分蒸发快，同时，在整个干燥过程中，温度均超过 100℃，木材中的水分迅速汽化，含水率高的区域水蒸气压力也较高，使得木材中的水蒸气迅速向外扩散，从而保证了单板终含水率的均匀。

该连续热压机不适合干燥厚单板，因为热压干燥时单板内部水蒸气压力较高，压板张开呼吸时，水蒸气冲出易使单板破损。因此，用于厚单板干燥时，此热压机需要做进一步的改进。一是如同连续式热压干燥机，在干燥前端加上柔化辊，其表面的针刺结构可以对单板进行穿刺处理，使得干燥时单板内的水分能较快地排放，避免单板内局部压力过高，提高干燥合格率，工艺试验表明此方法可以干燥 3mm 厚的单板。二是以网带取代钢带，使得单板中的水分能够快速逸出，如图 12.3 所示，其一般用于先剪后干的工艺，特别适合厚单板的干燥。

图 12.3　网辊复合单板干燥机

（三）周期热压板干燥机

此干燥机类似于人造板生产中的多层热压机，且也采用压板的同步闭合系统，如图 12.4 所示。不同之处在于其热压板表面开有纵横交错的透气槽，使得大面积的大量水分能够及时迅速地排放出来。另外，为便于装卸料，其压板层数比人造板中的热压机少，类似于锯材的热压干燥机。工艺上采用的是多段热压，热压板之间插入数张单板，一般以 5 张为宜，经过数十秒轻度加热加压后，松懈压力使单板中的水蒸气蒸发，这样重复数次的多段热压可以使单板得以快速干燥。这种方法有些类似熨斗的效果，导热效率高，省电省能，能有效地使大面积的单板干燥而且表面平整。这种干燥机占地面积小，但多需要人工装卸料，劳动强度大，效率较低，大多并不单独使用，而是作为大气干燥后的单板和对流干燥机中干燥不充分的单板的二次干燥。

图 12.4　周期热压板干燥机

二、单板热压干燥的实用性分析

（一）采用热压接触式方法干燥单板的特点

1. 与气流式干燥法相比较的优点

1）干燥后的单板平整、光滑、翘曲变形小、含水率均匀，避免了应力集中，有效地降低和缓和了单板的开裂程度。

2）劣材优用，节约资源，提高经济效益。以这种工艺为基础设计开发的干燥机制造成本低，能源消耗少，生产率高。由于是接触传热，其热效率高于对流干燥法一倍以上，节约电能和蒸汽消耗量50%，干燥时间降到约为对流干燥的30%。

2. 与气流式干燥法相比较的缺点　　单板厚度干缩较大，且热板温度越高、施加的压力越大，则厚度干缩越大。不能干燥任意宽度的非整幅单板，而且多台旋切式热压干燥机设备投资较大，一般的小型工厂不容易实施。同时，干燥机的生产率一般也低于滚筒式和网带式的。

（二）适用性

用热压接触式干燥方法干燥出的单板作芯时，其胶合强度比对流干燥略强，即使在试验中采用200℃的垫板与单板直接接触，也未影响单板表面的胶合性能，即单板表面未出现"钝化"现象。干燥出的单板虽然体积干缩率较大，但在制成胶合板后它的材积损耗与对流干燥的大致相等，这是因为单板在干燥时已先被压得密实，热压时厚度损失就自然会有所减小。

综合单板热压干燥的生产效率、质量与经济性，目前多采用周期式的单板干燥机，且基本是与气干或网带式干燥联合使用。以多层实木复合地板基材用速生桉木单板为例，在南方天气晴朗、适合气干的季节，气干3~4d后，单板含水率可以达到18%~20%，此时再采用周期热压板干燥机，以120℃的压板温度干燥30s，进一步降低和平衡气干单板的含水率，热压后单板的含水率可达8%左右，而且单板的平整度较高，经过室内自然养生之后，即可达到多层实木复合地板基材的制造要求。

思　考　题

1. 简述木材热压干燥的基本原理、特点及其应用前景。
2. 为什么厚单板热压干燥需要采用"呼吸式"干燥工艺？
3. 相比于传统网带式单板干燥，采用大气干燥与热压干燥的联合干燥有什么优点？

主要参考文献

渡辺人. 1986. 木材应用基础. 上海：上海科学技术出版社.

成俊卿. 1985. 木材学. 北京：中国林业出版社.

顾炼百，李大纲，承国义，等. 2000. 杨木单板连续式热压干燥的研究. 林业科学，(5)：81-87.

顾炼百，李大纲，陆肖宝. 2000. 导热油加热的连续热压干燥机干燥速生杨单板的应用研究. 林产工业，27（1）：17-20.

梁世镇，顾炼百. 1998. 木材工业实用大全·木材干燥卷. 北京：中国林业出版社.

尹思慈. 1996. 木材学. 北京：中国林业出版社.

朱政贤. 1992. 木材干燥. 北京：中国林业出版社.

Simpson W. 1984. Maximum safe initial moisture content for press-drying oak lumber without honeycomb. Forest Prod J, 34 (5):47-50.

Simpson W T. 1992. Press-drying plantation loblolly pine lumber to reduce warp losses: economic sensitivity analysis. Forest Prod J, 42 (6):23-26.

Stoker D L, Pearson R G, Kretschmann D E, et al. 2007. Effect of press-drying on static bending properties of plantation-grown No. 2 loblolly pine lumber. Forest Prod J, 57 (11):70-73.

第十三章　木材高温干燥与热处理

　　木材高温干燥技术具有干燥速率快、干燥周期短、尺寸稳定性好、节约能源的优点，近年来在国外得到了一定程度的发展和应用。美国、澳大利亚、新西兰、荷兰和日本等发达国家已广泛推广高温干燥技术应用于木材的干燥生产中，为木材的高质利用和提高干燥生产效率起到了十分重要的作用。而我国木材高温干燥技术在生产实践中的应用还相对较少，多数仅限于研究领域。

　　木材常规干燥通常使用的温度区域为40～90℃（或100℃以下），而从干燥初期开始温度在90℃（理论定义为100℃）以上，干燥后期温度上升到110～130℃或者140℃以上的干燥方法统称为高温干燥法，多指从干燥初期的温度条件来看，属于硬基准的干燥方法。例如，对于易干阔叶材或一般的针叶树材，采用干燥初期温度80℃左右的低湿度条件，到干燥后期温度上升到120℃左右的高温干燥基准，这种干燥工艺在美国也称为高温干燥。木材高温干燥包括以湿空气为介质的高温干燥和以过热蒸汽为介质的常压过热蒸汽干燥、压力过热蒸汽干燥。前者干燥介质的湿球温度低于100℃，是空气和水蒸气的混合体；后者干燥过程中介质的湿球温度始终保持为沸点约为100℃不变，且不含有空气。

第一节　湿空气高温干燥

　　湿空气是干空气和水蒸气的混合物，以湿空气为干燥介质的高温干燥为通常的高温干燥方法。1918年，美国学者Tiemann首次针对高温干燥进行了工艺研究，由于其干燥条件剧烈，对干燥设备的腐蚀非常严重，且对于干燥树种的选择性不理想，几年后应用逐渐减少。其干燥工艺和一般的干燥工艺相比，虽然高温，特别是低湿条件容易造成被干燥材的开裂、翘曲等缺陷的产生，但干燥时间仅为一般常规蒸汽干燥的1/4～2/5，因此20世纪50年代开始，德国学者Egner、Keylwerth等开始将其应用于松木等树种的锯材干燥，并成功应用于欧洲地区的许多工厂。随后，美国、加拿大也相继开始了相关研究及应用。我国自改革开放以来，从新西兰、俄罗斯等国家进口的针叶材日益增多。由于传统的常规干燥周期长，国内相关学者也开始了高温干燥工艺技术和设备方面的研究，生产企业从干燥周期和干燥品质等方面综合考虑，对高温干燥的技术和设备需求也日益迫切。

　　就目前的生产实践来看，高温干燥对于针叶树材或杨木等锯材的应急干燥较为适用，但干燥材的颜色多少有些变深，因此高温干燥在欧美等国家和地区使用较多，而对于轻微开裂或变色等都较为挑剔的日本则应用较少。但是随着干燥技术的不断进步，近年来，温度超过100℃，甚至高达150℃的木材高温干燥已不鲜见，并逐渐应用于生产实践中，在澳大利亚、新西兰和美国，建筑木材的高温干燥法已属于工业标准。美国学者采用表13.1的时间干燥基准对25～32mm厚的赤杨锯材进行了高温干燥工艺研究；日本学者吉田孝久等也将高温干燥方法应用于落叶松、日本柳杉、日本扁柏和赤松等树种带心材的方材干燥，尽管采用的工艺基准相对简单，但干燥材并没有表裂现象的发生，材色变化也小，其基本的干燥工艺基准如图13.1所示。我国也有学者对杨木、杉木等锯材的高温干燥进行研究，但实际生产应用得不多；我国台湾学者翟思勇等对大叶桃花心木、台湾杉木、橡胶木和相思木等树种进行了高温干燥工艺的研究（表

13.2）；周永东等也曾采用 120℃的高温干燥工艺对 25mm 厚的柳杉锯材进行干燥，虽然干燥速率大大提高，但干燥质量仍有待提高。

表 13.1　25～32mm 厚的赤杨锯材高温干燥基准

干燥时间/h	干球温度/℃	湿球温度/℃	备注
0～3	102	99	
3～9	100	100	蒸煮
9～21	110	96	
21～36	110	93	
36～39	110	90	
39～51	102	99	
51～59	冷却		

表 13.2　大叶桃花心等木材高温干燥基准

处理阶段	干球温度/℃	湿球温度/℃	备注
预热	100	82	加热＋喷蒸
干燥	110	82	
平衡处理	93	83	含水率 8%

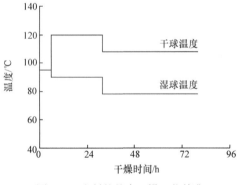

图 13.1　方材的基本干燥工艺基准

湿空气高温干燥的主要问题在于干燥介质温度高，且干湿球温差较大，干燥条件相当剧烈（大多数情况下平衡含水率不超过 7%）。木材中的含水率梯度及水蒸气分压梯度都很大，促使木材中的水分以气态形式迅速向外扩散。在其干燥过程中，湿球温度低于 100℃，不需要经常向干燥室内喷射蒸汽，加上干燥周期短，因此能量消耗较少。其工艺过程与常规室干相似，但操作更简单。干燥过程中微微打开排气口，进气口始终关闭（只在终了冷却时才打开）。另外需要强调的是，高温干燥的材堆宽度不宜太宽，以 1.2～1.5m 为宜，材堆窄则气流效果更好；风速需以 4～6m/s 的强烈风速循环，风机转向时间为 2～3h，可以得到较好的干燥均匀度；干燥室内升温时间一般应控制在 5h 以内，对于阔叶材，升温期间最好使用蒸汽喷蒸，以减缓木材表面的干燥速率。

湿空气高温干燥时根据树种和木材厚度的不同，采用不同的干燥基准。《木材工业实用大全·木材干燥卷》推荐的干燥基准如表 13.3 所示，基准号码索引见表 13.4。

表 13.3　高温干燥基准表

基准号码	木材含水率/%	干球温度/℃	湿球温度/℃	平衡含水率/%
A	全干燥过程	104	94	7
B	30 以上	110	98	6
	30 以下	110	89	4

续表

基准号码	木材含水率/%	干球温度/℃	湿球温度/℃	平衡含水率/%
	35 以上	113	93	4.3
C	35～20	115	88	3.1
	20 以下	118	82	2.3
	35 以上	113	93	4.3
	喷蒸 1h	—	99	—
D	35～20	115	88	3.1
	喷蒸 1h	—	99	—
	20 以下	118	82	2.3
E	全干燥过程	113	93	4.3

表 13.4　基准号码索引

树种	基准号码	
	板厚 25～35mm	板厚 40～55mm
杨木	A	A
柏木	B	—
松木、云杉	C 或 D	E

其干燥过程也分为升温预热、干燥（包括中间处理）、终了处理、冷却等几个阶段。

预热时通常用温度 100℃的饱和蒸汽处理木材。若木材已经过较长时间的气干，则用干球温度 100℃、湿球温度 96～98℃的湿空气处理木材，每厘米厚的木材预热时间为 1h。

中间处理一般可不进行。干燥过程中若出现板材含水率梯度和内应力较大时，可进行 1～2 次中间处理。处理时关闭加热管阀门，打开喷蒸管阀门，喷蒸 1～2h。

终了处理时，关闭加热管阀门，打开喷蒸管阀门，使干球温度降到 100℃，湿球温度为 97℃。喷蒸延续时间：木料每厚 1cm，针叶树材喷蒸 1～2h，阔叶树材喷蒸 2～3h。高温干燥的不同材堆或同材堆内不同锯材之间、木材含水率的均匀性根据树种不同较常规干燥差异大，若对含水率均匀性有较高要求，则必须进行最终平衡处理。

干燥结束后，同常规室干要求相同，待木材冷却后卸出，以防止木材发生开裂。

部分美国和加拿大进口针、阔叶材树种的高温干燥基准如表 13.5 和表 13.6 所示，高温干燥基准号码索引见表 13.7，实际操作中根据需要可适当进行调试和平衡处理。

表 13.5　部分进口针、阔叶材树种的高温干燥基准表（一）

基准号码	阶段	时间/h	干球温度/℃	湿球温度/℃	相对湿度/%	平衡含水率/%
A	1	0～12	110	96	61	5.8
	2	12～24	110	93.5	55	5.1
	3	24～36	110	90.5	49	4.4
		或直至干燥				
B	1	0～16	104.5	82	42	4.1
		或直至干燥				

基准号码	阶段	时间/h	干球温度/℃	湿球温度/℃	相对湿度/%	平衡含水率/%
C	1	0～24 或直至干燥	115.5	82	29	2.5
D	1	0～41 或直至干燥	104.5	74	29	3
E	1	0～8	104.5	99	82	10.2
	2	8～24	104.5	96	74	8.2
	3	24～60	104.5	93.5	66	6.8
	4	60～96	107	93.5	60	5.8
	5	96 直至干燥	112.5	93.5	50	4.4
F	1	0～6	100	100	100	20.1
	2	6～16	115.5	87.5	36	3.1
	3	16 直至干燥	115.5	76.5	22	2
G	1	0～6	82	71	62	7.7
	2	6～12	82	71	62	7.7
	3	12～26	104.5	85	48	4.6
	4	26～35	104.5	82	42	4.1
	5	35～46	104.5	71	26	2.7
H	1	0～12	107	87.5	48	4.5
	2	12～21	115.5	87.5	36	3.1
	3	21～24	96	82	58	6.2
I	1	0～42	115.5	96	50	4.3
J	1	0～54	112.5	82	32	2.9
	2	54～58				100
	3	58～62	112.5	82	32	2.9
	4	62～66				100
	5	66～90	112.5	82	32	2.9
K	1	0～2	82	82	100	22.3
	2	2～59	121	82	24	2
	3	59～61		关闭加热和风机		
	4	61～79	95.5	91	84	11.6
	5	79～94	121	82	24	2
L	1	0～3	101.5	99	90	13.3
	2	3～9	99	99	100	20.3
	3	9～21	110	96	61	5.8
	4	21～36	110	93.5	55	5.1
	5	36～39	110	90.5	49	4.4
	6	39～51	101.5	99	90	13.3
	7	51～59		木材冷却		

表 13.6 部分进口针、阔叶材树种的高温干燥基准表（二）

基准号码	阶段	木材含水率/%	干球温度/℃	湿球温度/℃	相对湿度/%	平衡含水率/%
M	1	加热（3h）	94	94	100	20.9
	2	生材直至干燥	104.5	94	68	7.1
	3	终了处理	96	94	92	14.9
N	1	加热（2h）		100		
	2	>30	110	97.5	65	6.3
	3	<30	110	89	46	4.2
	4	终了处理	87.5	82	80	11.1
O	1	加热（2h）		98		
	2	>35	112.5	93.5	50	4.4
	3	20~35	115.5	87.5	36	3.1
	4	<20	118.5	82	26	2.2
	5	终了处理	87.5	82	80	11.1
P	1	加热（3h）		98		
	2	1~2h	115.5	99	56	4.9
	3	生材直至干燥	115.5	93.5	45	3.8
	4	终了处理	104.5	100	87	11.9
Q	1	生材至7%（20~26h）	110	82	35	3.2
	2	降温到沸点以下				
	3	平衡处理（11~16h）	95	71	37	4
	4	调湿处理（11~12h）	89	82	76	9.9
R	1	生材至10%（20~26h）	112.5	82	32	2.9
	2	降温到沸点以下				
	3	平衡处理（24~48h）	93.5	86.5	77	9.8

表 13.7 高温干燥基准号码索引

树种	基准号码			
	板厚 25mm	板厚 35mm	板厚 50mm	其他规格
针叶材				
北美黄杉（花旗松）（Pseudotsuga menziesii）	A[a,b,c,d]	A[a,d]	A[a,d]、H[d,e]	
（北美）白崖柏（北美香柏）（Thuja occidentalis）	N			
香脂冷杉（Abies balsamea）	A[a,b,e]	A[a]	A[a]	

续表

树种	基准号码			
	板厚 25mm	板厚 35mm	板厚 50mm	其他规格
加州冷杉（A. magnifica）	$A^{a,b,e}$	A^a	A^a	
北美冷杉（A. grandis）	$A^{a,b,e,f}$	$A^{a,f}$	$A^{a,f}$	
壮丽红冷杉（A. procera）	$A^{a,b,e,f}$	$A^{a,f}$	$A^{a,f}$	
美丽冷杉（A. amabilis）	$A^{a,b,e,f}$	$A^{a,f}$	$A^{a,f}$、I^f	
毛果冷杉（A. lasiocarpa）	$A^{a,b,e}$	A^a	A^a、J	
银冷杉（A. concolor）	$A^{a,b,e,f}$	$A^{a,f}$	$A^{a,f}$	100mm×150mm 台板：E，墙柱：F
黑铁杉（Tsuga mertensiana）	$A^{a,b}$	A^a	A^a	
美国异叶铁杉（T. heterophylla）	$A^{a,b,c,g}$	$A^{a,c,g}$	$A^{a,g}$	
粗皮落叶松（Larix occidentalis）	$A^{a,b,c,h}$	$A^{a,h}$	$A^{a,h}$、H^h	
北美短叶松（Pinus banksiana）	$A^{a,b}$	A^a	A^a	墙柱：G
柔松（P. flexilis）	$A^{a,b}$	A^a	A^a	
扭叶松（P. contorta）	$A^{a,b}$	A^a	A^a	墙柱：G
西黄松（P. ponderosa）	$A^{a,b}$	A^a		
多脂松（P. resinosa）	O		P	
南方松（Pinus spp.）	B^i			51mm×102mm：C^i
火炬松（Pinus taeda）				51mm×254mm：C^i
长叶松（Pinus palustris）				100mm×100mm：D
黑云杉（Picea mariana）	$A^{a,b}$、O	A^a	A^a、P	
恩氏云杉（Picea engelmannii）	$A^{a,b}$	A^a	A^a	
红云杉（Picea rubens）	O	A^a	P	
白云杉（Picea glauca）	$A^{a,b}$、O^k	A^a	A^a、P^k	墙柱：G^j
阔叶材				
红桤木（Alnus rubra）	L^m			S-D-R*：R
大齿杨（Populus grandidentata）	M			45～50mm：M / 51mm×102mm：K^c
香脂杨（Populus balsamifera）				51mm×102mm：L^n
北美椴木（Tilia americana）	Q			S-D-R*：R
野生蓝果木（Nyssa sylvatica）	Q			
红花槭（Acer rubrum）	Q			S-D-R*：R
美国枫香木（边材）（Liquidambar styraciflua）	Q			
北美鹅掌楸（Liriodendron tulipifera）	Q			S-D-R*：R

注：a. 基准可适用于西部材种，152mm 宽以下的板材，只适用于常规材和型材，对高等级材不适用；b. 对于西部 25～30mm 的板材，将阶段 1 和 2 的时间减少到 6h；c. 对于高等级板材，只适用于直纹理的；d. 可以干燥西部落叶松；e. 对于高等级板材，除了 25mm 厚的，其他厚度只适用于直纹理的；f. 可以干燥西部铁杉；g. 可以干燥大西洋银枞、壮丽冷杉、大冷杉和白冷杉；h. 可以干燥花旗松；i. 可以使用蒸汽加热；j. 可以干燥加拿大短叶松和黑松；k. 可以用炉气加热；m. 25mm 厚度适合各种等级的板材；n. 可以干燥杨树板材。S-D-R* 是美国硬木加工的一种主流工艺流程，指通过带锯下料，自由板宽、毛边板干燥，然后通过多片锯开料的加工方法。

第二节　过热蒸汽干燥

近年来，利用过热蒸汽进行热加工的技术在各行业的应用日益增多。一方面，人们期待通过利用过热蒸汽进行热处理，获得与在高温湿空气介质中进行热处理不同的品质和特性；另一方面，在空气存在状态下不能进行的热处理，在过热蒸汽条件下可以进行，利用过热蒸汽也可以通过对生物质材料或有机化合物等进行非燃烧而使其分解或炭化。所以，无论从提高制品的品质和高附加值，还是从节能减排、环境友好等社会发展的背景来看，作为加热介质的过热蒸汽的性质及其利用日益受到人们的关注。目前，过热蒸汽在工业上主要用于食品（包括杀菌干燥在内）的热处理、废弃物的处理、木材的热处理，以及其他材料的干燥、洗涤等。根据其使用目的和应用范畴的不同，通常使用的过热蒸汽温度区域不同，如表 13.8 所示。

表 13.8　过热蒸汽的应用技术

应用技术	温度区域/℃	备注
热杀菌	120～250	高速杀菌
食品加工	150～300	调理加工
干燥	200～400	高效率干燥
炭化	400～800	有机物的再资源化
气化	800～1000	碳化物的燃料化

过热蒸汽干燥是使用特殊的装置或罐体，利用过热蒸汽直接与物料接触而除去水分，并在干燥开始时即在高温高湿（高温高压）条件下进行的一种干燥方法。高温过热蒸汽干燥过程中，过热蒸汽既是热的载体又是质的载体，它作为干燥介质掠过木材表面，将热量以对流的方式传给木材，提高木材表面及内部水分子的动能，以破坏水分与木材的结合力，使水分汽化为蒸汽并进入周围的过热蒸汽流中，再通过循环将水分带走，从而达到干燥的目的。过热蒸汽干燥与湿空气干燥相比，具有干燥品质好、能耗低、无失火爆炸危险和无氧化变质现象等优点。20 世纪 80 年代以来，许多国家的专家学者都开始了对过热蒸汽干燥技术的研究，利用过热蒸汽烘干物料，如煤炭、甜菜渣、污泥、木材及木质刨花、纸张、陶瓷、酱油渣、酒糟或酒精糟、苹果渣、玉米和小麦加工后的残渣、鱼骨和鱼肉、牧草、甘蔗渣等。20 世纪 80 年代，美国学者 Rosen 等以此作为木材的一种干燥方法开始对其进行研究，当时由于成本费用高和温、湿度难以控制等原因而未能被推广应用。目前，该方法在我国的生产实践中应用还不多，大规模的广泛推广应用尚需进一步的工艺完善和实践，但是，过热蒸汽干燥方法可以大大缩短木材干燥时间，明显降低能耗，作为一种有潜力的干燥方法，在木材加工行业将具有良好的应用前景。

一、常压过热蒸汽干燥

常压过热蒸汽干燥是指在木材干燥过程中使用常压（即大气压力）的过热蒸汽作为干燥介质的一种方法。干燥过程中，作为介质的过热蒸汽不是从锅炉直接供给的，从锅炉通入干燥室内加热器中的蒸汽仍为饱和蒸汽，但此加热器的热功率较大。干燥开始时，即开启加热器并同时向干燥室内喷射蒸汽，木材被预热，温度逐渐升高，当室内湿空气达到饱和点时，停止喷蒸；此时，木材内的水分在热能作用下，开始逐渐蒸发，从湿木材本身蒸发出来的水蒸气及从喷蒸管喷射出来的饱和蒸汽在风机的作用下,形成强制循环气流并通过加热器时,蒸汽温度继续升高,被加热到过热状态的水蒸气;或者由锅炉出来的饱和蒸汽经特殊加热器再加热变为过热蒸汽后,直接注入干燥室内与被干木材直接接触,并将干燥室内空气完全排出。因干燥室内的过热蒸汽经排气孔与室外大气相通,室内气压与室外气压大致相等,故称为常压过热蒸汽。在风机的作用下,形成过热蒸汽循环气流不断流经材堆,将热量传递给木材,使木材内的水分逐渐蒸发逸出,从而达到干燥的目的。

与湿空气相比,过热蒸汽放热系数大,传热效率高,对木材的渗透性强,而且性质很不稳定,趋向于迅速地释放热量而变成常压饱和蒸汽,但不会冷凝成水,所以对木材的加热和干燥速率大大提高。此外,在同样的温度下,过热蒸汽比高温湿空气的相对湿度高,平衡含水率也高,干燥条件比较缓和。但是,在此条件下,相对湿度与平衡含水率之间的关系难以确立,高速循环的气流速度和过热温度或干球温度是过热蒸汽干燥工艺控制的主要参数。

过热蒸汽干燥时,对干燥室壳体的气密性要求很高,但其操作工艺简单,只需控制干球温度一个参数,湿球温度维持100℃不变。实际生产中,干燥室壳体(特别是大门处)难免漏气,很难保持介质的湿球温度为100℃(除非经常向室内喷射蒸汽)。从实际出发,可允许湿球温度为96~100℃,但干球温度也应适当降低,以保持基准规定的相对湿度。

Bovornsethanan 等对橡胶木的过热蒸汽干燥研究表明:木材含水率从40%降至10%,120℃的过热蒸汽所用干燥时间为25h,110℃过热蒸汽干燥时间为35h,而常规干燥通常需要8~16d;相同温度下,气流速度2.5m/s时干燥时间比1.6m/s明显减少。Pang 等对辐射松的过热蒸汽干燥试验结果表明:气流速度为8m/s时,木材含水率从150%降到12%,160℃过热蒸汽所用时间明显小于140℃;而160℃过热蒸汽与90℃湿热空气干燥进行对比,当含水率从150%降到10%,在相同气流速度下,过热蒸汽干燥时间仅为湿热空气干燥的1/4左右。马世春对23mm厚的人工林杉木锯材进行了常压过热蒸汽干燥工艺的研究,其干燥基准如表13.9所示,干燥时间为36h,干燥质量可达到《国家锯材干燥质量标准》二级以上。周永东等也曾采用表13.10的过热蒸汽干燥基准对50mm厚的柳杉锯材进行干燥,结果表明:干燥周期为110h,终含水率、厚度含水率偏差及残余应力均达到一级指标要求,且合格率达到100%,外观干燥缺陷均达到二级指标以上,优于常规干燥和湿空气高温干燥。《木材工业实用大全·木材干燥卷》推荐的过热蒸汽干燥基准如表13.11所示,干燥基准选择见表13.12。

表 13.9　人工林杉木锯材高温干燥基准

含水率阶段/%	干球温度/℃	湿球温度/℃	相对湿度/%
50 以上	125	100	44
50~28	120	99~100	51
28~18	115	99~100	60
18~10	113	99~100	64

表 13.10　柳杉锯材高温干燥基准

含水率阶段/%	干球温度/℃	湿球温度/℃	平衡含水率/%
60 以上	103	100	13.3
60~40	105	99~100	10.9
40~30	110	99~100	7.2
30 以下	115	99~100	5.8

表 13.11　常压过热蒸汽干燥基准

基准号码	干燥介质的参数					
	第一阶段（含水率高于20%）			第二阶段（含水率低于20%）		
	干球温度/℃	湿球温度/℃	相对湿度/%	干球温度/℃	湿球温度/℃	相对湿度/%
A	130	100	35	130	100	35
B	120	100	50	130	100	35
C	115	100	58	125	100	42
D	112	100	65	120	100	50
E	110	100	69	118	100	53
F	108	100	75	115	100	58
G	106	100	80	112	100	65

表 13.12　干燥基准选择

锯材厚度/mm	基准号码		
	松木、云杉、冷杉、椴木	桦木、白杨	落叶松
19~22	1	2	4
25	2	3	5
30~40	3	4	6
45~50	5	6	7
60	6	—	—

二、压力过热蒸汽干燥

1. 压力过热蒸汽干燥的研究及应用　　压力过热蒸汽干燥是指在密闭的干燥罐体内，使用压力高于一个大气压（或负压）、温度高于100℃的过热蒸汽（称为压力蒸汽）作干燥介质，直接加热干燥木材的干燥方法。

木材在常压高温气体介质（湿空气或过热蒸汽）中干燥时，其平衡含水率很低，一般不超过4%。干燥末期平衡含水率数值往往降到2%以下。同时由于干燥材表层早在芯层之前达到平衡含水率，因此木材中产生很大的含水率梯度，其结果是使干燥材产生很大的内应力和其他干燥缺陷。而木材在压力过热蒸汽中干燥时，可在高温下保持较高的平衡含水率水平，如木材在压力为0.17MPa，温度为121℃的压力蒸汽中干燥时，其平衡含水率为10%（图13.2）；另外，不同温度条件下木材的平衡含水率与相对湿度的关系也可通过图13.3查出。因此，在压力蒸汽中干燥木材，可大大提高干燥速率，而产生的木材降等较少。此外，由于干燥木材是在密闭的干燥罐体中进行，不需要从大气中补充新鲜空气，因此没有加热新鲜空气的能量损失；而在木材常规干燥过程中，约有25%的热能消耗于加热新鲜空气。

压力蒸汽干燥后的板材，从表层到内层颜色普遍加深，多呈深褐色。但过热蒸汽对木材颜色的影响也取决于木材树种，如云杉等一些树种采用传统干燥法和蒸汽干燥法干燥时颜色差别却不大。美国鹅掌楸、红桦等木材采用压力蒸汽干燥时，未曾出现内裂、皱缩等缺陷，但有端裂，且节子周围有表裂。一些难干的硬阔叶树材，如白蜡木、黑胡桃木、赤栎等，若从生材开始用压力蒸汽干燥，会出现严重的内裂、劈裂和表裂；但如果先气干，然后再用压力蒸汽干燥，干燥质量会大大改善。

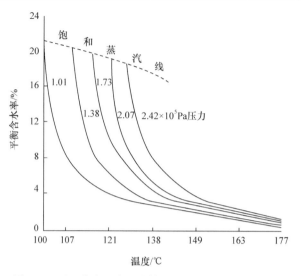

图 13.2　不同蒸汽压力下木材平衡含水率与温度的关系

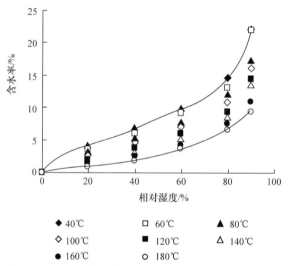

图 13.3　不同温度条件下平衡含水率与相对湿度的关系

　　Rosen 等采用压力蒸汽干燥对 25mm 厚的美国鹅掌楸、银槭、黑胡桃木、白蜡木和赤栎等进行试验。干燥温度为116～138℃，介质压力为0.13～0.17MPa，穿过材堆的气流速度为1.25m/s；木材干燥到6%的含水率后，在102℃和0.10MPa 的条件下调湿处理4～6h；试验结果如表 13.13所示，与常规干燥相比能耗显著降低。

表 13.13　几种木材压力蒸汽干燥试验结果

树种	平均初含水率 /%	平均终含水率 /%	干燥温度/℃	压力/Pa	干燥时间/h	能耗/ (kW·h/kg 水)
美国鹅掌楸	100.3	6.4	127	16.6×10⁴	31.5	2.2
红桦	92.9	5.4	131	14.9×10⁴	26.1	2.0

树种	平均初含水率/%	平均终含水率/%	干燥温度/℃	压力/Pa	干燥时间/h	能耗/(kW·h/kg 水)
银槭	73.5	6.0	127	13.1×10^4	25.5	2.5
白蜡木	50.0	9.0	127	13.1×10^4	27.5	3.4
黑胡桃木	30.5	5.5	127	13.1×10^4	31.0	9.1
赤栎	19.0	5.0	127	13.1×10^4	22.5	7.5

此外，由丹麦 IWT 公司开发的 Moldrup 低压木材干燥设备在欧洲和东南亚一带受到用户的欢迎。它的主要部件是一个长 24m、直径为 4m 的压力蒸汽罐，板材被整齐地堆放在压力罐内，干燥开始时，首先用真空泵将压力罐抽真空 1～2h，然后充过热蒸汽，蒸汽温度为 50～90℃，蒸汽以 2.0m/s 的速度在罐内循环。此干燥工艺的优点是：干燥速率快（为常规干燥 2～5 倍），操作简单容易控制，无失火和爆炸危险，无氧化变色现象，裂纹和翘曲减少，不易产生色斑和霉变，板材在罐内的干燥时间为一至数日，这种工艺比普通木材干燥室节能 50%。荷兰等国家也研发了一种过热蒸汽干燥方案，可以满足对干燥质量的高要求，并已经推向工业应用于云杉、松木、北美黄杉、山毛榉和各种热带木材的干燥。实践证明：采用可靠的干燥设备与合理的干燥工艺，在相同甚至更好的干燥质量要求下，压力过热蒸汽可以最大限度地缩短干燥时间 80%，并明显节省能源。但是，过热蒸汽干燥室的投资费用比传统的干燥设备要高出 30% 以上。干燥室中相对湿度保持约 100% 不变，进排气阀保持关闭；一旦干燥物料温度达到约 100℃ 时，干燥室中不再有空气，而为饱和蒸汽所取代；继续加热饱和蒸汽成为过热蒸汽，木材中的自由水被"煮沸"。这种"煮沸效应"加速了水分由木材内部向木材表面传送，因而缩短干燥过程。干燥终了时，过热蒸汽干燥法在比传统干燥法高得多的平衡含水率下工作，其平衡含水率为 7%～9%。

中国学者近年来和日本学者采用压力过热蒸汽在密闭罐体内对干燥材进行前期处理，之后在常规蒸汽式干燥机中进行干燥（干球温度 90℃、湿球温度 75℃），最终获得了理想的干燥结果。其过热蒸汽处理罐内部直径为 500mm、长 1610mm，罐内风速在 2m/s 以上，处理温度分别为 140℃ 和 160℃，蒸汽压力为 0.15MPa，对应的相对湿度分别为 42%、24%，处理时间为 4h。

东北林业大学近年来和日本京都大学合作，利用耐热、耐压应力传感器和专用夹具，对木材高温、高压过热蒸汽干燥过程中的收缩应力发生发展特征、应力释放机理进行了理论研究。研究结果表明：木材在 100℃ 以上的高温过热蒸汽干燥过程中，温度升高可显著地提高干燥速率，收缩应力的发生发展特征明显不同于 100℃ 以下的情况。随着相对湿度的增加，径向收缩应力明显下降。在 140℃、相对湿度 60% 以上的过热蒸汽干燥过程中，收缩应力可以得到有效抑制；特别是在 180℃、相对湿度 60% 以上过热蒸汽条件下可以极大地抑制收缩应力的产生，如图 13.4（a）所示。但就弦向而言，在温度 180℃，各相对湿度条件下，除相对湿度 0% 以外，收缩应力-含水率曲线与相对湿度无关，基本表现为一条直线，最大收缩应力几乎达到相同程度；在相对湿度 20% 以上、温度 160～180℃ 的范围内，木材开裂发生的最大收缩应力与温度和相对湿度无关，如图 13.4（b）所示。

2. 压力过热蒸汽干燥装置　　压力过热蒸汽干燥装置一般包括：①堆放和干燥锯材的密闭干燥室；②闭路蒸汽循环系统，在此系统中，蒸汽被加热，循环流过材堆。

图 13.5 为国外实验用的压力蒸汽干燥装置的主要结构组成，罐体由直径 0.76m、长 3m 的圆钢筒构成，一端封闭，另一端为门，用螺栓压紧。最高温度可达 160℃，最大压力为 0.24MPa。干燥罐体内有可纵向移动的材车，容量约为 0.24m³。罐体内有挡板，使蒸汽横穿材堆流动；顶

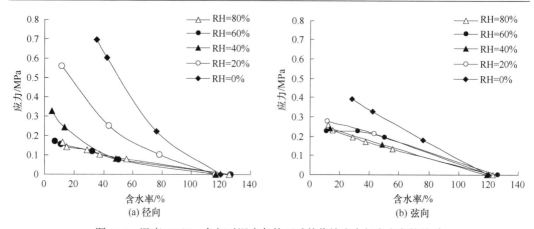

图 13.4 温度 180℃、各相对湿度条件下试件收缩应力与含水率的关系

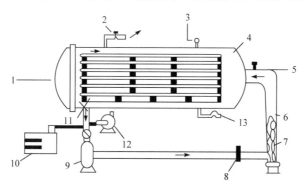

图 13.5 压力蒸汽干燥装置的主要结构组成

1. 门；2. 压力控制阀；3. 安全阀；4. 干燥室；5. 限温开关；6. 管道；7. 电热器；
8. 孔板流量计；9. 风机；10. 蒸汽发生器；11. 材堆；12. 真空泵；13. 泄流阀

部有用压缩空气控制的排气阀，以调节罐内蒸汽压力；底部有一泄流阀，可自动排除积聚在罐底的冷凝水。

　　罐内气流循环由一台离心机驱动，流量为 203～510m³/h。流量的大小由风机入口处的蝶形阀控制。封闭循环的蒸汽由 20kW 的电热管加热。系统中有一台机械式真空泵，在干燥开始前，把干燥室内的空气抽出。干燥结束后，向干燥室内通入饱和蒸汽，进行调湿处理。进气管中有温度控制器，上限温度调定在 160℃；罐体顶部配置有安全阀。

　　其干燥工艺是材堆装入干燥罐体后，用压紧螺栓把门密闭，开动真空泵约 30min，直至罐内真空度达到 0.08MPa 为止。然后开动通风机和电热器对室内木材加热，直至干燥基准规定的状态。最后，自动泄流阀定期打开，以排除室底的冷凝水。

　　东北林业大学设计制造了木材多功能高温高压蒸汽处理装置，主要由干燥罐体、加热系统、压力控制阀组、排水阀组、真空系统、冷却循环系统、控制系统等部分组成，并配置有多点真空、温度、压力传感器，采用可编程序器进行程序控制，各项工艺参数及运行状态均可通过 PC 显示器显示，并达到运行参数全程记录和监控的目的。木材多功能高温高压蒸汽处理装置主要结构组成如图 13.6 所示，可适用于木材干燥前高温高压蒸汽预处理、木材高温干燥、木材热处理、松木的脱脂处理等。

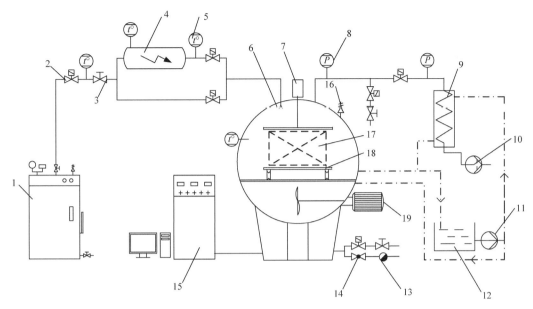

图 13.6　木材多功能高温高压蒸汽处理装置主要结构组成

1. 蒸汽发生器；2. 气动阀；3. 旋拧阀；4. 电加热过热器；5. 温度传感器；6. 进气管；7. 压紧装置；
8. 压力传感器；9. 冷却器；10. 真空泵；11. 增压水泵；12. 冷却水箱；13. 疏水阀；14. 球阀；
15. 控制系统；16. 安全阀；17. 材堆；18. 材堆车；19. 轴流式风机

干燥罐体为 Φ1.2m×1.5m 的卧式圆筒形设计，工作温度为室温至 250℃，工作蒸汽压力最高可达 1.2MPa。罐体为单层结构，罐口法兰为错齿法兰结构，错齿部位为机加工成形。罐门通过开启机构与罐体连接固定，侧开门，罐门松、紧为气动控制，返回信号与电控柜连锁。筒体法兰上开有密封胶圈槽，罐口密封采用氟橡胶唇形密封圈。罐门紧闭后，利用气泵充气把胶圈顶紧，保证罐体的密闭性，开罐时泄去胶圈的压力。罐内有可移动的轨道车，用于装载木材；材堆上部有压紧板，压紧板与罐体顶部的压紧装置相连接，装置加压压力为 0～1000kg/m²；罐体内腔下部的 3 套轴流式风叶与罐体外的电机相连接，强制罐内介质循环，换风量为 12 000m³/h；加热系统、压力阀组、进排水阀组等通过法兰与罐体连接。罐体外壁焊接 50 槽钢螺旋缠绕带，为冷却水循环管道系统，同时，也可利用此冷却水循环系统迅速降低罐体及罐体内介质的温度；罐顶装有安全阀。

该装置采用电加热过热蒸汽发生器，对一定压力下的饱和蒸汽继续加热，使其成为过热蒸汽直接注入干燥罐体内部；旁通管路系统也可直接向罐内通入饱和蒸汽。在设定过热蒸汽发生器适当的加热功率后，可在干燥开始时使罐内介质温度和压力迅速达到工艺基准要求。此外，罐底装有排水阀组，能在加压加热的同时，根据需要利用手动或自动阀门排除积聚在室底的冷凝水。

该装置同时配置有真空系统，工作真空压力≤1000Pa 可满足高温-真空脱脂处理的需要，也可用于高温过热蒸汽干燥前把罐体内的空气抽出，或用于负压过热蒸汽干燥。

第三节　高温干燥的特点及其对木材性质的影响

一、高温干燥的特点

高温干燥尤其是过热蒸汽干燥，与常规湿空气干燥相比，具有以下特征和优点。

1）高温干燥的最大优点就是干燥速率快，生产效率高。其干燥速率为常规室干的 2～5 倍，在不影响干燥质量的情况下最多可节省干燥时间达 80%，尤其是过热蒸汽干燥。由于过热蒸汽中的水蒸气分压低于对应温度下的饱和压力，具有较高的热容量和导热率，传热系数和比热容大，传热速度快，干燥效率高，且过热度越大，干燥能力越强；同时过热蒸汽干燥介质中的传质阻力可忽略不计，因此水分的迁移速度快，干燥周期可明显缩短。特别是在加热初期，凝结传热可加快物料的升温速度；随着过热蒸汽温度的升高，尽管凝结传热量有所减少，但辐射传热速度增加。

2）对于过热蒸汽干燥而言，凝结、干燥过程同时进行。过热蒸汽的温度低，干燥速率也降低，所以随着过热蒸汽温度的降低，在木材表面的水分凝结量增加，被干木材将长时间处于表面湿润状态。随着过热蒸汽的温度增加，干燥速率也增加，但受木材温度分布的影响，与湿空气高温干燥相比，被干木材的水分分布及极限含水率等有所不同。在加热的初期阶段，过热蒸汽凝结的同时，从木材表面开始的干燥也在进行，过热蒸汽温度越高，被干木材在初期的温度上升速度越快。

3）高温干燥节能效果显著。与传统的湿空气干燥相比，过热蒸汽干燥以水蒸气作为干燥介质，一方面不需要通过输入外部的新鲜空气来保障必要的相对湿度，没有加热新鲜空气的热损失；另一方面干燥装置排出的废气全部是蒸汽，利用冷凝的方法可以很方便地回收蒸汽的潜热再加以利用，因而热效率高（可高达 90%）；并且由于水蒸气的热容量要比空气大一倍，干燥介质的消耗量明显减少，因此单位热耗低，节能效果显著。根据国际干燥协会主席 Mujumdar 介绍，过热蒸汽干燥单位热耗仅为 1000～1500kJ/kg 水，为普通湿空气干燥热耗的 1/3，是一种很有发展前景的干燥新技术。此外，高温干燥的干燥时间显著缩短也使得风机运转时间明显减少、透过干燥室壳体的热损失减小，也可以从根本上降低能耗，干燥成本比常规室干大幅度降低。高温干燥的能源（电能和热能）消耗一般可比常规室干节省 25%～60%。

4）与湿空气高温干燥相比，由于过热蒸汽干燥所用的干燥介质是蒸汽，被干木材表面在干燥初期长时间处于湿润状态，不易产生塑化固定、干燥应力小，不易造成开裂和变形，干燥的品质较好。

5）高温高压蒸汽处理可以消除或降低木材中的生长（残余）应力，有利于提高后期干燥速率和干燥质量，使开裂和翘曲变形变小（主要是由于半纤维素降解、平衡含水率降低、木材的生长残余应力减小）。

6）高温干燥适用于干燥针叶树材及软阔叶树材。高温干燥时，木材横断面上含水率梯度较陡，容易形成开裂、皱缩等干燥缺陷，所以并不适合于容易产生干燥皱缩或开裂变形较大的树种。难干的硬阔叶树材（特别是厚板）或容易产生干燥缺陷的树种，不宜从生材开始进行高温干燥，而应该先气干或常规室干到 25% 左右的含水率，然后再进行高温干燥，以保证干燥质量。

但和常规干燥方法的依次增加干燥后期的介质温度相比，也有人认为高温干燥后期，干燥温度应控制在 60℃左右，特别是对于低质材，为了提高干燥质量，减少残留应力和变形的发生及保持含水率的均匀性，到了干燥后期应该尽量避开高温条件。

二、高温干燥对木材性质的影响

在高温、高相对湿度条件下，随着温度的增加，木材的应力松弛急剧增大，收缩应力显著降低；残余应力得到有效抑制。木材经高温干燥后，吸湿性小、尺寸稳定性好；热稳定性随干燥温度的升高而提高，相同温度条件下，相对湿度较低时热稳定性更好；木材密度有所降低，表面硬度得到明显改善。

（1）高温干燥对木材化学组分及结晶特征的影响　　在高温干燥过程中，随着温度的升高和时间的延长，木材三大组分会发生热降解反应、缩聚反应等化学反应，其降解速率表现为：半纤维素＞纤维素＞木质素。高温干燥后的木材，相对结晶度会有一定程度的增加，其增加的程度受温度的影响非常显著，而受相对湿度的影响并不大。

（2）高温干燥对木材吸湿性的影响　　木材吸湿性可用在一定的空气状态下木材所能达到的吸湿稳定含水率来衡量，吸湿稳定含水率越低，即吸湿滞后越大，说明木材的吸湿性越小。木材在高温干燥过程中，吸湿性最强的半纤维素耐热性差，先行发生水解，生成低分子有机酸，从而减少了木材中羟基数量，使得高温干燥的木材与外界水分的交换能力显著下降，从而大大减少了木材在使用过程中因水分变化引起的干缩和湿胀变形。一般来说，干燥温度越高或时间越长，木材的吸水性、吸湿性下降越明显。另外，由于高温干燥木材的生物结构和化学组成发生变化，如木材密度降低、低分子挥发物去除、无定形区减少、结晶度增加，因此木材的弦向和径向收缩差异变小，残余应力得以释放，使木材的尺寸稳定性提高，从根本上稳定了木材在应用过程中的综合性能表现。

研究证明，高温干燥能降低木材的吸湿性，如表 13.14 所示，若把气干材和经过 120℃高温干燥的室干材同时置于平均气温 20℃、相对湿度为 80%的环境中，气干材的吸湿稳定含水率平均为 17%，而高温室干材只有 12%，这说明高温干燥对木材吸湿性的降低是明显的。吸湿性降低，使木材尺寸稳定性提高，木材或木制品在使用过程中不易因湿胀干缩而变形。

表 13.14　干燥温度对木材吸湿性的影响

干燥介质温度	已干材在空气温度20℃与下列各种空气湿度下的吸湿稳定含水率/%				
/℃	$\Phi=100\%$	$\Phi=80\%$	$\Phi=60\%$	$\Phi=40\%$	$\Phi=20\%$
20（气干材）	30	17	11.3	8.2	5
80	25	15	10.4	7.6	4.3
100（室干材）	23	14	9.7	7.2	4.0
120	20	12	8.4	5.8	3.4

（3）高温干燥对木材收缩率的影响　　关于高温干燥木材的收缩率比常规干燥大还是小这一问题，学者之间有所争论。苏联的阿那依和比特列认为干燥温度越高，木材的收缩率越小；但德国的柯尔曼则认为，干燥温度越高，木材的收缩率越大。然而，大部分学者认为，干燥温度提高，木材的弦向收缩减小，而径向收缩增大，即高温干燥后木材的弦、径向收缩差异减小。表 13.15 中的数值说明常规室干的木材，弦、径向收缩率之比为 1.49，而高温室干为 1.23，即高温室干后，木材弦、径向收缩差异减小。

表 13.15　干燥温度对木材收缩率的影响

干燥温度	平均径向收缩率/%	平均弦向收缩率/%	弦向收缩率/径向收缩率
常规室干（温度为60～84℃）	2.7	4.1	1.49
高温室干（温度为110℃）	2.79	3.42	1.23

注：试材为花旗松（50mm×100mm）

（4）高温干燥对木材力学性质的影响　　高温干燥后，木材的重要力学强度有所变化，但变化不大。抗弯强度（MOR）及抗弯弹性模量（MOE）因树种而异，比常规室干的木材略有增加（表 13.16～表 13.18）；抗拉强度、冲击韧性、剪切强度有所降低，表面硬度和握钉力有提高（表 13.17、表 13.18）；木材的抗压强度变化不明显。但对于多数树种而言，随着干燥温度的升高和湿度的增大，干燥材的抗弯强度和抗弯弹性模量呈下降趋势，温度的影响更为显著，而抗弯强度所受的影响比抗弯弹性模量要大，抗弯强度降低程度可达 5%～25%。

表 13.16　高温干燥对美国南方松木材力学性质的影响

干燥类别	MOR/MPa	MOE/MPa
高温干燥	77.8	12769
常规干燥	73.8	11577

注：干燥木材尺寸为 50mm×150mm

表 13.17　高温干燥对北美黄杉木材力学性质的影响

干燥类别	MOE/MPa	MOR/MPa
高温干燥	12480	24.8
先低温后高温干燥	12618	28.4
常规室干	12411	30.0

注：干燥木材尺寸 50mm×100mm

表 13.18　高温干燥对辐射松木材力学性质的影响

干燥类别	MOR/MPa	MOE/MPa	表面硬度/N	握钉力/N
高温干燥	103	10844	3596	2644
常规干燥	100	10556	3542	2500

注：干燥木材尺寸为 50mm×200mm

（5）高温干燥对木材颜色的影响　　高温干燥木材的颜色稳定，其颜色视感舒适，具有温暖感和贵重感，与环境友善。其颜色深度与高温干燥的介质种类、温湿度和时间有关。

高温干燥过程中，高温高湿的作用容易使木材表面失去原有的天然颜色，色泽变深、明度下降，一般为浅褐色至褐色，部分木材显现出接近热带材的外观特征。例如，栎木、橡胶木可能变色程度较深；对于榆木、白桦、杨木等树种，通过颜色的改变，可以大大提高其利用价值和产品附加值，近似于一些珍贵木材的颜色，质感好。另外，高温过热蒸汽干燥如果装置内的空气完全被过热蒸汽所置换，则变为与非活性气体同样的无氧环境，可以防止被干木材的氧化反应，在一定程度上也可以减少木材的变色，提高产品的质量。对于高温压力过热蒸汽干燥而言，可以达到对木材进行深层次、全面处理的目的，木材内外（包括边、心材）色泽趋于一致、均匀。

（6）高温干燥木材生物耐久性的影响　　经过高温处理，可以达到较好的杀菌、杀虫效果，木材的生物结构和化学组成也发生变化，半纤维素发生热解反应，生成甲酸和乙酸；同时木材中的低分子营养物质挥发或受到破坏，去除或破坏了菌、虫和多种天然微生物赖以生存的条件，被干木材不易产生色斑和霉变，不易发生虫蛀和腐朽等，木材的耐腐、耐气候等生物耐久性显著提高。但耐久性的提高与处理温度水平显著相关，一般认为只有当处理温度高于 200℃以后，热处理材的耐久性才会显著提高。在常压蒸汽处理条件下，当温度达到 215℃时，木材的耐腐性可达到欧盟标准（CEN/TS 15083-1）的"耐腐"或"强耐腐"级别，但此时由于细胞壁组分的热解程度加深，木材的质量损失率可达 20%。

另外，热处理材对真菌的抵御能力具有选择性，对于白腐菌和褐腐菌能表现出较好的抵御性，对蓝变菌的抵御能力也较强，但对白蚁的侵害不具备防护能力。

（7）高温干燥对木材加工性能的影响　　高温干燥的木材，其锯、刨、铣等机械加工性能与常规干燥木材没有太大差异。但木材的韧性下降，脆性增加，这对其加工性能具有一定影响，在切削过程中易产生局部劈裂和崩边等边缘加工缺陷，铣削企口或榫头时，铣刀要锋利，进刀和退刀速度要控制，以防止板边或板端崩裂。就切削表面质量而言，其表面粗糙度较未处理材略有卜降。对于落叶松等树脂含量高的木材，高温干燥后树脂等抽提物溢出，并在木材表面固化，使切削刀具磨损加重；但从另一个角度来看，木材高温干燥又具有一定的脱脂效果，有利于表面涂饰和胶合。

高温干燥木材的油漆性能好于或至少等于常规干燥木材，无渗色现象，有比较好的干湿胶合强度，漆膜干燥、稳定、均匀。

第四节　高温干燥对设备性能的要求

木材高温干燥对设备的耐热、耐腐蚀性、气密性要求较高，设备筹建和维修费用高，投资费用比传统的常规干燥设备一般要高出30%以上。高温湿空气干燥设备的结构和常规干燥设备差不多，但过热蒸汽干燥设备的结构性能要求更高，在实际使用过程中存在一些普通热空气干燥没有的问题，如装、卸料装置结构复杂，高温作业时管道易失效破裂等。另外，如何及时排出和干燥材一同混入的空气，如何准确调控所定温度条件的过热蒸汽等问题都是极其困难的。

1）散热器的热功率要足够大。在干燥过程中，干燥装置内介质温度要上升到100℃以上，就必须增加散热器的数量，并有足够的热功率，才能保证供应足够的热量，使预热时室内介质和干燥材在较短的时间内升到指定的温度，以及干燥时能及时补充由于木材水分的剧烈蒸发而消耗的大量汽化热，使介质温度保持在100℃以上。增大散热器热功率的方法主要有以下几种：①供给散热器的蒸汽压力应维持0.4~0.7MPa，相应的蒸汽温度为151.1~169.0℃，甚至更高。②散热器应有足够大的散热面积。一般室内每立方米木材，需配备10~20m^{2}的散热面积。目前多采用双金属轧制复合铝翅片加热器，以保证较大的散热面积。③散热器的传热系数要大。最好采用铜材或铝材代替钢材或铸铁；散热管的排列用叉排代替顺排；适当提高流过散热器的气流速度，从而提高散热器的传热系数。

对于由锅炉供给饱和蒸汽，经加热器再次加热变为过热蒸汽后，直接注入干燥装置内与木材接触的干燥方式，干燥装置内无散热器，但过热蒸汽加热器的功率要足够大，并可调。加热器的类型多用电加热器、IH型加热器等，需要根据干燥对象及对制品的影响、装置规模、操作性能、现场条件、能源成本等进行综合考虑和选择。

2）风机的风量要适当加大，以提高介质流过材堆的速度，从而加强介质和木材表面之间的热、湿传递，以提高干燥速率和材堆各部位木材的含水率均匀性。对过热蒸汽干燥而言，气流速度一般为2~3.5m/s，风机转向时间为2~3h，如此可以得到较好的干燥均匀度。另外，对于可能形成气流循环短路的地方，应增设挡风板。

3）干燥室壳体的耐热性、保湿性、气密性及耐腐蚀性要好。高温干燥时室内介质的水蒸气分压力远远高于室外大气中的水蒸气分压力，如果室壁不严密，则会严重漏气，从而不能保证干燥基准的正常执行。另外，高温干燥时，木材中挥发出大量的酸性气体（主要是甲酸和乙酸），对干燥室壳体及室内机械设备腐蚀严重，故干燥室最好采用全金属铝合金内壳，地面混凝土应做防酸处理。对于压力过热蒸汽干燥机，则必须采用耐高温不锈钢高压罐，并配置安全装置。

4）排水装置及余热回收利用十分重要。在高温干燥初期，室温在 90℃以上，为了防止干燥开裂的发生，环境相对湿度通常上升到90%以上，干燥室内几乎充满了水蒸气，即使很小的间隙也会有水蒸气泄漏，内壁面也会由于水蒸气的凝结而产生水滴，因此高温干燥装置的排水装置良好也十分必要。

此外，在过热蒸汽干燥过程中，排出的废气是蒸汽，可以余热回收，潜热可以利用，如果废气未被充分利用，其节能优势是不明显的。目前，可利用途径有以下几种：①经净化或未净化，用作工厂的其他工作蒸汽；②在热交换器中加热参与再循环；③经压缩或再加热部分循环；④采用两级或多级处理方式，使其成为充分利用蒸汽潜热的高效操作；⑤利用冷凝的方法回收蒸汽的潜热再加以利用。

第五节　木材高温热处理

一、木材高温热处理的定义及特点

1. 木材高温热处理的定义和处理介质　　木材高温热处理是指以木材为原料，以蒸汽、湿空气、氮气、炉气等气体或植物油为介质，在150～260℃（常用180～215℃）高温条件下对木材进行加热处理，以改良木材品质的方法。处理后的木材或产品，称为热处理材。在我国的木材加工企业和商业流通领域，习惯称其为"炭化木"，但实际上，木材在该加热温度期间，只是经历了热解过程的预炭化阶段，是热解过程的产物，而木材实质物质并没有炭化，所以称其为"炭化木"是不确切的，国外多称其为热处理木材（heat-treated wood）或热改性木材（thermal modified wood）。从某种意义上来讲，前述（本章第一、二节）的木材高温干燥其实也属于木材高温热处理的范畴，木材高温热处理的一些优缺点和材性变化与高温干燥类似或相近。气相介质的性质和状态参数参见第二章，对植物油介质的应用，在国内并不多。

木材高温热处理是一种环境友好的、单纯的物理处理方法，其是在选定的介质中进行高温加热处理，使木材的生物结构、化学组成及其性能发生某些变化。与普通的化学药剂改性方法相比，高温热处理生产过程中污染小，处理工艺较简单，处理材无毒且使用过程中不会因为化学药剂的流失而降低处理效果。但是，经不同热处理方法和工艺处理所得到的热处理材均带有烟味，初期阶段味道较浓，随着时间的延长这种烟味由于逐渐挥发而减小。20 世纪末，在芬兰、荷兰、法国、德国等木材工业发达的国家先后兴起了研究和推广热处理材的新潮流；而我国于21 世纪初才开始在市场上出现，并迅速成为木材行业的热点。虽然目前我国俗称"炭化木"的生产企业不少，但严格来说，有的企业所谓的"炭化木"并没有达到真正意义上高温热处理的目的，影响了高温热处理木材产品性能的发挥。

2. 木材高温热处理的特点　　木材高温热处理，不添加任何化学药剂，一直被视为是一种环境友好的木材改性方法。高温热处理木材广泛应用于室内外场所，如厨房家具、浴室装饰、地板、门窗、木栅栏、户外景观和房屋建筑等。另外，高温热处理可以改良和提高速生人工林木材的品质，可替代部分优质天然林木材。因此，高温热处理木材对于实现木材工业的绿色低碳循环发展，助力天然林保护及环境保护具有重要的意义。

在不同的介质中，经高温热处理后所得到的热处理材细胞壁构成和物理性能均发生变化，木材品质得以改良和提高。经高温热处理的木材具有①颜色稳定、视感舒适，具有温暖感和贵重感（图 13.7）；②处理材吸水性、吸湿性明显降低，尺寸稳定性得到较大程度提高；③耐腐蚀性、耐气候性等生物耐久性提高等显著特点。

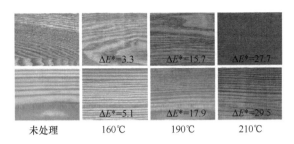

图 13.7　热处理温度对水曲柳（上）和花旗松（下）木材颜色的影响

ΔE. 色差值

另外，经高温热处理的木材，受纤维素的结晶化或木材细胞壁聚合物的结构变化的影响，平衡含水率降低。法国学者的研究表明，经热处理后，山毛榉、杨木的平衡含水率降低了 52%～62%，冷杉和松木降低了 43%～46%。芬兰 Thermo Wood 的热处理木材（220℃）平衡含水率与未处理材相比降低了 40%～50%。这表明木材经热处理后，自身的吸附机制发生了变化，明显地减少了吸着和解吸时的水分数量。一般而言，在相同的空气状态下，室内经高温热处理的木材平衡含水率比在南方的雨季常规木材含水率低 7%～8%，比北方低 3%～5%。

高温热处理木材的其他理化性能与未处理材相比均发生一些变化，其变化程度与处理材的树种、天然结构和化学组成有关，与热处理过程中的介质种类、工艺参数（温湿度、时间等）有紧密关联。整体而言，高温热处理对木材性质的影响，可参考本章第三节部分内容，本节不再赘述。

二、木材高温热处理的方法和工艺

国外的高温热处理木材生产基本上都在欧洲。20 世纪 90 年代起，芬兰、荷兰、法国和德国分别采取不同的加热方法和工艺进行热处理，并将研究成果应用于生产实践；而国内的木材热处理多数都是在国外热处理方法的基础之上发展起来的，但也取得可喜成绩。典型的木材热处理方法和工艺如表 13.19 所示。

表 13.19　木材热处理主要工艺类别及技术参数

热处理类型	工艺名称	介质	温度/℃	周期/h	容积/m³
常压	Thermo Wood	水蒸气	185～215	36～72	10～150
	Perdure	水蒸气	200～240	12～18	10
	Themoholz	水蒸气	160～220	50～90	34～54
	Menz Holz	植物油	210～220	20～40	15
	Retification	氮气	210～240	>24	4～20
加压	WTT	水蒸气	140～210	12～24	6～23
	Moldrup	水蒸气	160～230	6～10	2～20
负压	Themno waoto	空气	190～230	—	25
	Vacu	空气	170～230	—	—
组合	Plato	水	150～180	84～108	20
		水蒸气	150～190		80

1. 芬兰的 Thermo Wood 热处理　　芬兰的木材热处理工艺主要使用 ThermoWood® 专利技术。由芬兰 VTT 技术研究中心（VTT Technical Research Center of Finland）研究开发，国际热

处理材协会（International Thermo Wood Association）拥有注册商标，其所属会员拥有使用权。其特点是木材的干燥和高温热处理在同一装置内完成，用常压水蒸气作保护气体；设备相对简单，投资较少。在进行木材热处理时，根据树种、规格及产品用途不同设置相应的工艺参数，处理温度为 185～230℃，处理时间为 2～3h。处理工艺分为三个阶段，如图 13.8 所示。

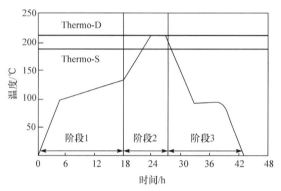

图 13.8　芬兰的 Thermo Wood® 热处理工艺

（1）升温和高温干燥阶段　　这是在热处理过程中耗时最多的一个阶段，也称为高温干燥阶段。在该阶段中，木材含水率降到接近于零，所需时间取决于木材的初始含水率、树种和木材的厚度规格；被处理材可以是生材，也可以是已经过干燥的木材，但良好的干燥效果对于避免后期热处理过程中的内裂十分重要。

（2）热处理阶段　　高温干燥后立即开始进行热处理，根据处理要求不同，温度升至 185～230℃。该阶段仍以蒸汽作为保护气体，使木材不能燃烧，并控制木材中化学组分的变化。热处理时间为 2～3h。

（3）冷却和湿度平衡处理阶段　　热处理后进入冷却和湿度平衡处理阶段。由于热处理后的木材处于高温环境，与外部空气温差较大，容易造成木材开裂，因此，热处理后木材必须在受控条件下冷却。此外，还需重新适当加湿木材，以达到适合用户需要的含水率。木材的最终含水率对于木材的加工性能有重要影响，冷却和湿度平衡处理后，木材的终含水率为 5%～7%，所需时间为 5～15h，这与处理温度和木材树种有关。

其处理材分为稳定性处理（thermo-S）和耐久性处理（thermo-D）两个等级。前者以外观和尺寸稳定性为关键性能指标，在湿度变化时木材的平均弦向胀缩率为 6%～8%，耐久性仅满足 EN113 标准 3 级耐腐要求；后者以生物耐久性和外观为主要性能指标，湿度变化时木材的平均弦向胀缩率为 5%～6%，产品耐久性符合 EN113 标准 2 级耐腐要求。

芬兰是高温热处理产业化应用最好的国家，热处理的树种主要有欧洲赤松和挪威云杉（约占总量的 80%），其次有桦木、辐射松、白蜡木、落叶松、桤木、山毛榉和桉树等。

2. 荷兰的 Plato Wood 热处理　　其特点是木材先在压力罐中用高温热水蒸煮，使半纤维素在较温和的条件下降解，然后移至常规干燥室中干燥，再至高温热处理装置中进行处理，最后在调湿装置中调湿。其产品的吸水性能、尺寸稳定性能和耐腐蚀性能均通过了 SHR Timber Research 的检测和认证，达到高质量木材的要求，可以应用于室外场所。但设备较复杂，木材装卸搬运麻烦。Plato Wood 热处理工艺分为 5 个阶段，其工艺流程如图 13.9 所示。

（1）木材预干燥阶段　　木材含水率若超过水热解阶段的要求，则必须在常规干燥室中进行干燥。

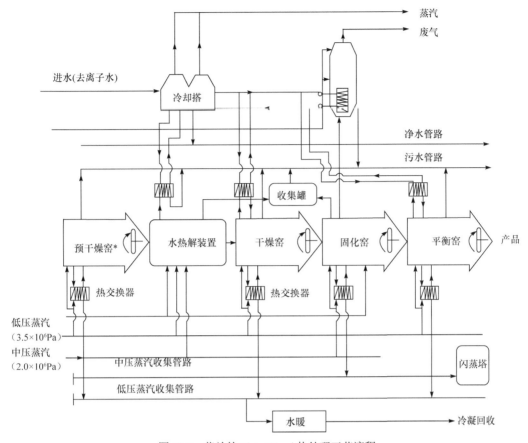

图 13.9　荷兰的 Plato Wood 热处理工艺流程

（2）高温水热解处理阶段　　木材在水介质中，加压条件下，加热至 150~180℃进行水热解处理。在这一阶段，木材的半纤维素和木质素两个主要成分部分分解为醛和有机酸（糠醛类化合物和乙酸），同时木质素被活化，增强了其烷基化反应的活性，为第三阶段的高温固化创造条件。在该阶段，纤维素保持不变，这是 Plato Wood 热处理木材保持较好强度的关键所在。

（3）常规干燥阶段　　水热解处理后的木材在常规干燥室中干燥，以达到高温固化阶段较低含水率的要求。

（4）高温热处理固化阶段　　木材在干燥状态下，再一次被加热到 150~190℃，在该阶段，进行缩合和固化反应，生成的醛与活化的木质素分子反应，生成非极性化合物交联到主结构上，这类化合物为憎水性。

（5）含水率平衡阶段　　在常规干燥室中调湿，提高木材含水率至用户要求。

3. 法国的 Retification 热处理　　1995 年，New Option Wood 协会以 Retification® 注册其热处理技术，其特点是木材的干燥和高温热处理在同一密闭装置内完成，用氮气作保护气体，运行费用较高。处理材树种主要有苏格兰松、海岸松、挪威云杉、白冷杉、山毛榉、橡树、杨木和桦木等，初含水率要求为 10%~18%（阔叶材取低值、针叶材取高值）。其热处理工艺包括 4 个阶段。

（1）干燥阶段　　处理装置内以 4~5℃/min 的速度升温至 80~100℃，保持该温度，并使木材内部中心温度也达到该温度。此阶段的持续时间与树种、木材厚度规格、初期含水率等有关，处理 27~28mm 厚的锯材至少需要 2h。

（2）玻璃化阶段　　　以 4～5℃/min 的速度升温至玻璃化温度时，玻璃化阶段即开始。玻璃化温度一般为 170～180℃，与树种有关，在此温度下木材组分从弹性区向塑性区移动，也就是说，超过这个温度，木材在应力解除后不能恢复到它最初的形状（尺寸）；而在此温度之下，应力解除后，木材总会恢复到它原来的形状。装置内温度保持在玻璃化温度约 3h，使木材从表面到内部都达到此温度。

（3）热处理（热固化）阶段　　　当木材整体达到玻璃化温度时，热处理或者热固化阶段就已经开始。装置内温度继续升高，直至达到 200～260℃，该温度由处理材的树种、规格尺寸及制品的最终用途而定。该阶段为了监视木材组分的变化，作为半纤维素降解的指标，可以监测乙酸、二氧化碳、一氧化碳的排出量。此阶段持续 20min～3h，持续时间同样与树种和用途有关。

（4）冷却阶段　　　在热处理之后停止加热，装置内的处理材降温 4～6h。冷却降温时间与最终用途有关；木材的含水率也要调湿到 3%～6%。

最终产品质量与处理材原来的质量、含水率、锯解方式、尺寸规格、几何形状、热处理工艺参数（如每个阶段的温度、升温速度、氛围气质量及装置内的通风循环质量）等有关。高密度材比低密度材处理困难，容易开裂，大大降低力学性能。杨木是应用该处理方法非常成功的树种，其力学性能和生物耐久性等在处理后均得到了较好的结果。

4. 德国的 Menz Holz 油热处理　　　德国 Menz Holz 公司开发的油热处理（oil heat treatment）工艺流程如图 13.10 所示，处理过程在密闭的容器——处理罐（压力罐）中进行。木材装入处理罐后，将植物油从储油罐泵入处理罐内加热并保持高温状态，在木材周围循环；热油既是加热和高温热处理木材的载热体，又可隔绝空气。处理结束后，热油泵回储油罐，处理罐卸载。使用该方法处理木材，因植物油残留在木材内，对后期加工和使用造成不便，目前已经很少应用。

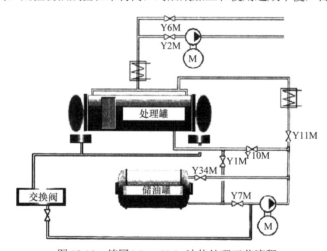

图 13.10　德国 Menz Holz 油热处理工艺流程

（1）处理温度　　　处理温度取决于对木材改性程度的要求。如要获得最大的耐久性和油耗最低，处理过程在 220℃进行；如要获得最大的耐久性和强度损失最小，则处理过程的温度为 180～220℃，而且要控制木材的吸油量。

（2）处理时间　　　处理材的中心部位温度达到工艺要求后，继续保持 2～4h。加热和冷却的辅助时间与处理材的尺寸有关，图 13.11 为横截面尺寸为 90mm×90mm 的云杉木材加热时间和内部温度变化的情况。当处理材横截面为 100mm×100mm、长度 4000mm 时，处理周期（包括升温和降温）约为 18h。

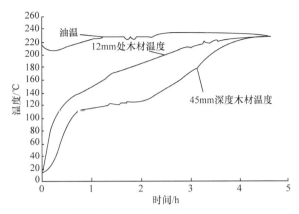

图 13.11　云杉材加热过程中热油和木材内部温度变化过程

（3）加热介质　　加热介质一般使用天然植物油，如菜籽油、亚麻籽油和葵花籽油等。其作用主要表现在两个方面：一是迅速而均匀地向木材传递热量，使整个处理罐内部各处均处于相同的受热条件；二是使木材与空气完全隔绝。从环境影响和木材本身的物理化学性能考虑，植物油较适合对木材进行热处理。植物油作为可再生资源，且对于二氧化碳排放是没有影响的。虽然在热处理过程中亚麻油有散发出气味的缺点，但事实证明这并不影响其使用。其他植物油，如大豆油、妥尔油（木浆浮油）及其转化产品等也可用于木材热处理；所有这些植物油大多可以相互混合使用，但为了保证传热均匀，生产实际中一般都是单独使用。油的发烟点及其聚合性能对油在木材中的可干性和每一次运行用油量的稳定性十分重要，最低要能承受 230℃是木材热处理用油必须具备的先决条件。在热处理过程中，油的稠度和颜色会发生变化。由于易挥发成分的挥发，木材分解产物的积累使油的组分也会发生变化，这些变化均可能改善油的凝结性能。

5. 我国常见的高温热处理　　我国常见的高温热处理主要分为高温热处理室和高温热处理罐两种，采用预定的工艺进行木材处理。处理介质分为湿空气、常压过热蒸汽、压力过热蒸汽。处理装置具有以下特点：

1）热功率大。木材实际容量30～35m³的处理装置，一般匹配 700kW（合 250 万 kJ/h）的导热油炉；装置内散热器的散热面积为常规干燥室的 5 倍以上，以保证装置内达到180～212℃的高温。

2）气流循环速度高且均匀。穿过材堆的气流速度为常规干燥室的 3 倍以上，且材堆各处的气流速度应均匀，以保证从散热器到木材的热量传递及木材均匀炭化。

3）壳体（罐体）及内部设备耐腐蚀。壳体内壁一般采用不锈钢或铝材整体焊接（不能采用铆接或螺栓连接），壳体的气密性和保温性能好，以防漏气和浪费热能。

4）工作时装置内以过热水蒸气作为保护气体，基本不含空气，以保护木材，防止氧化着火，且有利于保持木材强度。

高温热处理工艺的全过程一般分为：一次干燥、二次干燥、升温热处理、降温调湿和冷却 5 个阶段。

1）一次干燥：从生材干燥到 10%～12%的含水率，最好在常规干燥室内完成，以降低干燥成本。

2）二次干燥：从 10%～12%干燥到 3%～4%的含水率，在高温热处理室（罐）内完成。温度从 60～75℃开始，分阶段升至 130℃，干、湿球温差逐步拉大至 30℃，待木材含水率降至 3%～

4%结束。该阶段应重点预防木材开裂。

3）升温热处理：木材含水率降至 3%～4%后，度过开裂危险期，可以较快升温到预定高温热处理温度（180～212℃），并保持 3～4h，对木材热处理。该阶段关键要控制板材颜色。

4）降温调湿：木材高温处理后含水率很低（常压高温热处理为 0.5%以下，0.4MPa 压力高温热处理为 3.5%以下），木材温度很高，必须降温增湿——喷雾化水或蒸汽。待罐内温度降至约 118℃时，开始调湿处理，使木材含水率升至 4%～5%，温度降至约 112℃结束。降温初期应注意预防着火，后期应重点控制终含水率。

5）冷却：温度降至约 70℃可微开大门。装置内、外温差降至 30℃以下才可出料。该阶段应注意预防开裂。

6. 我国的生物质燃气（炉气）热处理　　生物质燃料的来源十分广泛，木材加工过程中的剩余物、农作物秸秆等大自然中各种生物质原料都可以当作燃料。生物质燃气热处理即将通过燃烧生物质燃料生成的炉气作为处理介质，对木材进行改性的方法。其工艺流程如图 13.12 所示，热处理过程分为三个阶段（图 13.13）。

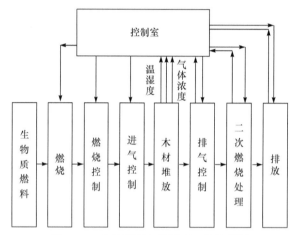

图 13.12　生物质燃气热处理工艺流程图

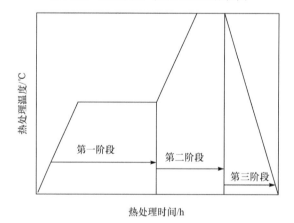

图 13.13　生物质燃气热处理过程的三个阶段

第一阶段：干燥。点燃燃烧室内的燃料，4～6h 缓慢升温对处理材加热至 103℃，烘干木材至绝干。

第二阶段：升温处理。调整风量，蒸汽喷蒸，在 3～4h 将木材加热至要求的处理温度并保温（180～220℃），调整混合烟气中 O_2、CO_2、CO 和蒸汽的比例及处理环境的相对湿度，保持处理温度不变，持续 3～4h。

第三阶段：降温。熄灭生物质燃料，密闭条件下缓慢自然降温至 100℃以下，喷蒸调试至含水率 4%～6%，待温度至 40℃左右出炉，处理过程结束。

该方法的特点是：①在第二、三处理阶段，产生的木醋液、木焦油及其他挥发物质，通过特定的燃烧方式，完全燃烧生成 CO_2 和水；②由排气孔排出的烟气含有不完全燃烧成分，在排放至大气之前，采用低温高能等离子技术对其二次处理，仅以蒸汽和 CO_2 的方式排入大气中；③采用非强制循环热气流的方式处理木材，整个处理过程耗电量很少。

三、影响热处理材质量的因素

（一）影响热处理材质量的因素及木材组分变化

在木材的各种热处理方法中，适当的处理方法和处理工艺对热处理材的质量有着非常重要的影响。主要工艺技术参数包括处理温度、处理时间、介质种类、密闭或开放环境、木材树种、木材规格尺寸、干湿气氛及催化剂的使用。

1. 处理温度和时间　　温度是影响木材热改性程度的第一工艺参数。木材受热时，初始质量下降，主要是由吸着水和挥发性抽提物的损失引起的，同时少部分挥发性抽提物迁移到木材表面。随着处理温度的升高和时间的增加，构成细胞壁的高聚物组分发生化学变化，木材失重更为严重，颜色也发生较大变化。延长在最高热处理温度下的处理时间可以达到与提升处理温度相似的效果，但温度水平对处理材力学性能的影响大于处理时间。

160℃是木材热处理过程中的一个重要节点，在此温度以下木材中以水分和抽提物挥发为主，当温度达到 150～160℃时木材内部开始出现放热反应，木材中的抽提物含量转而增加，表明细胞壁上一些不稳定的高聚物组分开始发生热解，主要是源自半纤维素上乙酸的流失，并伴有甲酸和甲醇的产生，同时不凝结物质（主要是 CO_2）随着温度的升高也开始产生，木材开始脱水反应，也就是木材中羟基开始被降解，木材的物理性能由此发生变化，且随着温度的升高越来越明显。

但就处理效果而言，温度一般需达到 180℃左右才可实现较为充分的改性效果。200℃是热处理的一个转折点，由于超过这个温度后纤维素开始发生降解，木材的降解水平显著提高，强度指标降幅加大。当处理温度进一步增加到 240℃时，木材中的抽提物含量转而出现下降，表明热处理温度水平下主要降解反应的结束和降解产物的挥发。化学分析表明，在这一温度水平下，木材内的半乳糖、木糖、甘露糖等只有少量剩余，半纤维素已充分分解；此时若再提高处理温度木材将丧失多数的应用价值，因而这一温度水平也是多数木材热处理的上限温度。

2. 处理环境和压力　　木材热处理的环境氛围可以分为密闭环境体系和开放环境体系。在密闭环境中热处理会使降解产物在其间形成，从而导致木材发生化学变化，同时也使得处理装置内的压力增加。半纤维素上乙酰基在热解时产生的乙酸加速了细胞壁上多糖成分的降解，而在开放环境中这些产物就可以及时挥发掉。如果木材在密闭环境中处理，水分变为高温蒸汽，此时高温蒸汽可作为传热介质，同时又可隔绝空气，避免木材氧化。有些循环系统中，在未通入处理介质之前先将挥发性产物、水分及易分解产物（如乙酸等）排出，有利于后期的处理效果。

一些热处理工艺在密闭环境体系中加压条件下完成，压力可促进木材内部化学组分的降解，降低热降解的起始温度，使热处理实现比相同温度水平常压条件下更显著的性能变化。在工艺上，这意味着更低的处理能耗和更短的处理周期。此外，高湿环境还提高了处理材的终了含水率，有助于缩短处理后的调湿时间。木材热处理也可以在负压环境中完成，压力范围一般为 $1.5 \times 10^4 \sim 3.5 \times 10^4 Pa$，负压热处理通过抽气产生惰性处理环境，无须额外的保护气，木材降解过程中产生的酸性有机气体被排出装置，使处理条件更加温和，降低了热处理对木材力学性能的影响，并减少了对处理装置的腐蚀，有助于消除处理材的气味。但是，由于失去了有机挥发物对热解的催化作用，负压热处理的温度一般略高于其他热处理技术（表 13.19）。

密闭环境体系的压力水平对热处理的影响本质上是改变了处理环境中的酸性挥发物的浓度。高压环境对木材热解的促进作用，主要是由于木材在热处理过程中释放出的酸性挥发物无法排出处理系统而增加了处理环境的酸性，对木材中半纤维素的降解起到了促进作用，而负压环境则正好相反。高压和负压环境给予热处理不同于常压条件的工艺和产品特性，但由于对处理环境的密闭性要求很高，因而单个系统的处理能力都较为有限，在应用规模上都无法与常压处理工艺相比。

3. 热处理介质　　木材热处理常在空气、水蒸气、生物质燃气或惰性气体（氮气）中进行。早期的一些研究中，空气是不被考虑在内的，而实际上空气中氧气的存在会加速木材的氧化反应从而导致木材降级和性质发生较大变化。也有用植物油作为传热介质，并隔离木材与氧的接触，其中最具代表性的就是德国 Menz Holz 工艺。如果水的含量足够的话，它同样可以担当像热油一样的角色，包裹在木材表面使其与氧气隔绝。

在各种热处理介质中，水蒸气处理因操作方便而被广泛应用，可以在饱和水蒸气或是过热蒸汽中进行；以氮气等非活性气体作为传热介质时，要求有较高的热处理温度精度控制；以油为传热介质可得到较高的热处理温度，但处理后木材一般有油味；生物质燃热处理材均带有烟味，尤其在初期阶段味道较浓。

4. 树种与规格尺寸　　不同树种的锯材的热处理方法和工艺存在一定的差异，但针叶树材和阔叶树材间差距最为显著。无论是热处理、水热处理还是温湿处理，阔叶树材的失重一般大于针叶树材。

另外，木材内部非均质性结构会导致木材热处理效果的差异，因此热传递的速率是确保木材在某恒定温度下处理效果非常重要的因素。由于木材导热系数低，因此要尽可能使其受热均匀。使用蒸汽加热容易传热至木材内部，在热处理大尺寸木材时传热效率是非常重要的因素。

总之，热处理材的性质主要由所使用的热处理方法决定，热处理方法不同，其处理材性质有较大差异。生产实际中应根据树种和用途的不同，选择最适宜的高温热处理方法及其相应的工艺参数和环境氛围。

（二）木材组分在热解过程中的变化

木材热处理过程中发生的各样变化取决于热处理工艺的不同。热处理工艺不同，木材在热处理过程中各组分发生的化学变化也不一样。所以，在判定热处理的化学组分变化时必须依据相应的热处理工艺。一般来说，木材中的半纤维素在热处理过程中会首先发生降解，相对稳定的纤维素和木质素是否发生热解或者发生何种类型的反应目前尚无明确统一的结论。对木材中各组分的变化，公认的标准评价方法是质量损失，但是热处理后木材质量的损失并不能成为木材在受热过程中发生降解而导致质量损失的唯一证据。有许多研究都试图通过对木材独立成分的热解分析来阐明木材热处理过程中的化学变化，结果发现试验参数、样品制备的方法，特别是加热速率和加热介质的不同都会导致结果差异很大。

如前所述，木材热处理环境对其化学变化十分重要。氧气存在的条件下会导致羧基化合物的增加，但在少氧条件或者惰性气体条件下会导致含氧基化合物的减少。木材在有氧气存在的情况下热处理，在很长的加热时间段内，羰基是先增加随后再减少的。在氮气环境下，木材在热处理过程中羰基化合物是减少的，虽然期间略有增加（与处理温度和木材挥发物有关）。

水分也影响木材热处理过程中的化学性质变化。木材受热产生的水分或者蒸汽都会加速有机酸（主要是乙酸）的形成，而这些有机酸能催化半纤维素的水解，同时也可略微加速无定形纤维素的水解。由于空气中氧的存在，有机酸自身也得以强化（湿法氧化），但水或蒸汽也同时可以把木材与氧气隔绝。尽管在乙酸中电离产生的羟基离子的作用更为重要，但是由于水本身电离产生的羟基离子在水热作用下仍会引起多糖的水解。

半纤维素、纤维素和木质素是木材的结构性物质，木材抽提物是木材中重要的内含物质，在高温处理过程中它们会发生不同程度的变化。

1. 半纤维素　半纤维素是无定形的物质，是由戊糖和己糖单元构成的带有支链的聚合物，它一方面与木素通过酯键和醚键相连，另一方面与纤维素通过氢键相连，是细胞壁纤维素骨架和木素填充物质之间的黏结物质。半纤维素吸湿性强、耐热性差、容易水解，是受热处理影响最显著的木材化学组分。木材经热处理后多糖的损失主要是半纤维素的损失，半纤维素随温度的增加和受热时间的延长而加速降解。当温度达到150～160℃时半纤维素就开始降解，半纤维素分子链中的乙酰基首先从主链中断裂形成乙酸，葡萄糖醛酸聚木糖分子上还有少量羧基也发生断裂，生成甲酸，两者是木材热处理过程中的主要挥发物，它们形成的酸性环境对半纤维素的水解具有加速作用。针叶材和阔叶材半纤维素在构成上有显著差异，针叶材以半乳葡甘露聚糖为主，其主链上平均每3～4个己糖单元才有1个乙酰基，而阔叶材则以葡萄糖醛酸聚木糖为主，平均每10个木糖单元具有7个乙酰基，因而阔叶树材的热稳定性较针叶树材差，在相同处理温度下阔叶材降解程度更深，适用的热处理温度一般低于针叶材。随着处理温度的上升，半纤维素分子的聚合度不断降低，先解聚形成低聚糖甚至单糖，单糖分子通过脱水反应生成醛类物质，其中戊糖反应生成糠醛，而己糖则反应生成羟甲基糠醛。在180℃饱和蒸汽处理条件下，半纤维素中的阿拉伯糖和半乳糖可完全分解。

半纤维素在热处理过程中的变化是形成热处理材特有材性的决定性因素。半纤维中的游离羟基是木材中的主要亲水基团，半纤维素的降解使水分子与木材的结合点显著减少，是木材吸湿性降低的主要原因。吸湿性的降低也减少了真菌生长所需的水分。半纤维素作为营养物质，自身的降解减少了真菌在腐蚀初期生长所必需的能量与代谢物，降解生成的糠醛等产物可能分布在木质素表面，阻碍了真菌的酶系统对被酶作用物的识别。Hakkou等的试验表明，热处理材的防腐性能与木材降解程度高度相关，由于半纤维素是木材热处理过程中细胞壁的主要降解组分，因此说明半纤维素在增加木材防腐性能方面发挥着重要作用。

半纤维素存在于细胞壁骨架和填充物质之间，木材中的亲水基团主要在半纤维素分子链上，使得该界面区域存在大量水分，它们增加了半纤维素分子的流动性，同时自身也起到润滑剂的作用，使纤维素骨架与半纤维素之间可产生相对滑移，在受力时起到传递应力并将部分应变能量转化为热能的作用，使木材具有一定韧性。热处理后半纤维素含量的下降破坏了这一机制，降低了木材传递和转化应力的能力，使木材的韧性被削弱、脆性增加。从木材强度和加工性能角度考虑这是一种不利的变化，但从声学性能方面考虑，机械能向热能的转化恰是声振动中的损耗，因而半纤维素含量的适度下降有利于机械振动的有效传播，可提高木材的声学性能。

半纤维素对热处理材的材色也有影响，半纤维素本身并不吸收可见光，但它的降解产物，特别是戊糖含量的下降是热处理材明度下降的主因。

2. 纤维素　纤维素是由葡萄糖单元构成的长分子链，具有部分晶体结构，是木材细胞壁的骨架物质，对木材的强度有重要影响。纤维素上的主要功能基是羟基（—OH），—OH 之间或—OH 与 O—、N—、S—基团能够形成特殊的联结，即氢键。氢键的能量弱于配价键，但强于范德瓦耳斯力。纤维素分子上的羟基可以形成两种氢键，即分子内氢键和分子间氢键，分子间氢键赋予大分子聚集态结构一定的强度。纤维素中的羟基和水分子也可形成氢键，不同部位的羟基之间存在的氢键直接影响着木材的吸湿和解吸过程。木材经过高温热处理之后，羟基的浓度减少，化学结构发生复杂的变化，使热处理材的吸湿性降低，尺寸稳定性提高，但由于纤维素聚合度的降低，氢键被破坏，热处理材的力学强度有所损失。

另外，纤维素有序的晶体结构提高了纤维素的热稳定性，使其在热解反应中基本保持稳定。由于半纤维素在高温下发生降解，以及纤维素准结晶区的部分分子重新排列而结晶化，因此热处理后纤维素的结晶度有所上升。纤维素结晶度的增加是热处理材吸湿性降低的另一个重要原因。纤维素虽然分子链上富含羟基，但约有 2/3 的羟基在纤维素分子链内或分子间通过氢键连接，只有无定形区和结晶区表面的羟基才能与水结合，结晶度的增加使纤维素中可与水进行结合的吸着点数量进一步减少，降低了木材的吸湿性。

纤维素微纤丝在热处理过程中也可能因半纤维素组分的降解而相互聚集，聚合后的微纤丝断面尺寸更大，具有更高的刚性，这是热处理材在温和处理条件下部分力学性能提高的主要原因。微纤丝断面尺寸的增大也使水分子渗透的难度加大，使热处理材的亲水性进一步降低。但是当热处理温度超过 200℃时纤维素也开始发生降解，在 220℃其降解水平显著提高。纤维素热解中的初始产物主要为左旋葡萄糖，并最终转化为呋喃衍生物。这是造成热处理材力学强度在处理温度超过 200℃后大幅下降的主要原因。

3. 木质素　　木质素贯穿着纤维，起强化细胞壁的硬固作用。木质素还是影响木材颜色产生与变化的主要因素，木质素中含有许多发色基团（如苯环、羰基、乙烯基和松柏醛基等），还含有羟基等助色基团，这些助色基团常与外加的化合物在一定的条件下形成某种形式的化学结合，使吸收光谱发生变化，从而使木材的颜色变得明显。

木质素是木材细胞壁中热稳定性最高的化学组分，在热处理过程中木质素基本没有降解，因而在木材中的相对含量有所上升。由于木质素对纤维素微纤丝起包裹作用，可增强其承受压缩载荷的能力，因而木质素含量的增加有助于提高热处理材的顺纹抗压强度。

一般认为，木质素在 200℃以上时开始降解，但仍有证据表明其在此温度之下也有很多变化。木质素虽然没有显著降解，但其结构在热处理过程中发生了重组。木质素的部分化学键，特别是芳基醚键会发生断裂，生成自由酚羟基与 α 或 β 羰基。木质素的愈创木基丙烷间 C5 与 C3 由于甲氧基的断裂而直接以 C—C 键相联发生缩合反应。部分研究认为木质素苯环间以亚甲基相联进行缩合，形成了更加稳固的网状结构，整体刚性进一步加强，对细胞壁的膨胀具有抑制作用，是热处理材吸湿性下降的原因之一。通过亚甲基相联形成的二苯甲烷结构也极大地影响了木质素的颜色，并容易被氧化而产生显色的苯醌和亚甲基苯醌等中间产物。

4. 木材抽提物　　木材具有不同颜色也与细胞壁、细胞腔内填充或沉积的多种抽提物有关，木材中的抽提物具有抗氧化性能，有助于保持木材的材色。在热处理过程中木材抽提物中的发色基团和助色基团在高温的作用下发生复杂的化学变化。抽提物部分被挥发或流失，是木材颜色变化的原因之一。抽提物对木材强度也有一定的影响，含树脂和树胶较多的木材耐磨性能较好。

对热处理材的化学分析表明，热处理材的极性和非极性抽提物含量都高于未处理材，这些抽提物是细胞壁组分的热解产物在木材中的残留，主要是半纤维素降解过程中产生的低分子量糖类化合物，它们堵塞或填充了木材细胞壁中的微孔。由于糖分只在高湿条件下才吸收水分，因而它们的存在降低了水分对木材的渗透性，有助于进一步降低热处理材的吸湿性，但是对这一机制的作用大小目前还没有统一结论。一些研究认为，新生成的水溶性抽提物同时还起到了细胞壁增韧剂的作用，可提高木材的损耗因子，因此以声学改良为目的的热改性处理必须精确控制木材化学组分的反应程度，过度的降解反应反而有损木材的声学性能。

橡树木材在加热处理时，其抽提物单宁含量降低，同时鞣花酸增加。欧洲赤松在 100～160℃时蒸汽热处理 3h，油脂和一些蜡质物会沿着轴向薄壁组织向表面迁移，高于 180℃时，这些物质会在表面挥发。木材在热处理过程中也会产生少量有毒化合物。Kamdem 等在热处理材的抽提物中发现一些有毒多环芳香族化合物，认为这可能是热改性材耐久性提高的原因之一。Boonstra 等也在热处理辐射松中发现多种酚类化合物，其中香兰素因能阻碍酶的合成而对真菌的生长有抑制作用。但也有一些研究发现，经过抽提和未经抽提的热处理材在防腐性上差别并不显著，表明热处理过程中生成的抽提物在提高木材防腐性方面的作用尚需进一步论证。

木材热处理中的挥发性抽提物可通过挥发性有机化合物（VOC）检测仪测定，在 VOC 检测室中发现，木材在 230℃下处理 24h，挥发物种类较多，有少量的挥发性萜类化合物，还有呋喃甲醛、乙酸和 2-丙酮等。热处理过程中木材细胞壁组分变化及其对材性的影响见图 13.14。

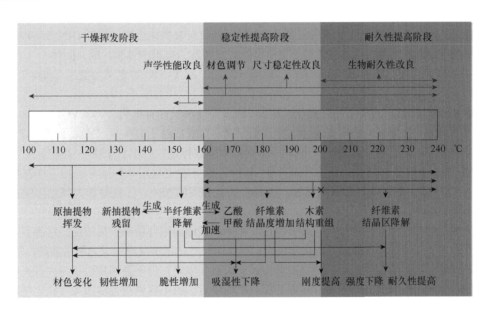

图 13.14 热处理过程中木材细胞壁组分变化及其对材性的影响

（三）木材热解过程中微观结构的变化

热处理对木材细胞的形态和尺寸都会产生影响，高温作用使细胞间逐渐产生分离，细胞的尺寸和形态也发生变化。对桦木的热处理试验表明：纤维的尺寸、截面面积和细胞壁厚度在处理后都会降低，断面形态则由多边形向圆形转变；射线的形态发生显著变化，形成长度和宽度都较为可观的裂隙，而导管的断面尺寸和形状则变化较小。

在细胞壁构造层面，当热处理温度低于 200℃时，木材细胞壁结构基本保持不变，但是半纤维素的降解使纤维素微纤丝的排列规则性下降，微纤丝角的分布范围显著扩大，细胞壁在横向的结构与性能差异性开始缩小；当温度进一步升高，纤维素自身开始发生降解，导致微纤丝的长度缩短。当温度达到 250℃ 左右时，细胞壁在纵向与横向的性能差异都开始缩小，当温度上升到 300℃ 时细胞壁纵向、径向和弦向的结构差异完全消失，三个方向的弹性模量也几乎相等。这表明在热处理过程中木材的微观各向差异性有逐渐缩小的趋势，这可能是热处理材径、弦向干缩差异减小的内在原因。

第六节　木材干燥 VOC

一、VOC 的定义与分类

（一）VOC 的定义

挥发性有机化合物（volatile organic compound，VOC）定义有多种。美国 ASTM D 3960-04 标准将 VOC 定义为任何能参加大气光化学反应的有机化合物。美国国家环境保护局（EPA）对 VOC 的定义是除 CO、CO_2、H_2CO_3、金属碳化物、金属碳酸盐和碳酸铵外，任何参加大气光化学反应的碳化合物。国际标准 ISO 4618:2014 对 VOC 的定义是常温常压下任何能自发挥发的有机液体和（或）固体。根据世界卫生组织（WHO）的定义，VOC 是在常温下，沸点为 50～260℃ 的各种有机化合物，也称为总挥发性有机化合物（TVOC）。澳大利亚国家污染物清单中将 VOC 定义为在 25℃ 条件下蒸汽压大于 0.27kPa 的所有有机化合物。德国 DIN 55649—2000 标准中将 VOC 定义为原则上常温常压下任何能自发挥发的有机液体和（或）固体。

中国《室内空气质量标准》（GB/T 18883—2022）对 TVOC 的定义为使用 Tenax TA 或等效填料吸附管采样，非极性或弱极性毛细管色谱柱（极性指数小于 10）分析，保留时间在正己烷和正十六烷之间的挥发性有机化合物。《城市大气挥发性有机化合物（VOCs）监测技术指南（试行）》中 VOCs 是指在常压下沸点低于 260℃ 或常温下饱和蒸汽压大于 70.91Pa 的有机化合物。《四川省固定污染源大气挥发性有机物排放标准》（DB51/2377—2017）中 VOCs 是指 293.15K 条件下蒸汽压大于或等于 10Pa，或者特定适用条件下具有相应挥发性的除 CH_4、CO、CO_2、H_2CO_3、金属碳化物、金属碳酸盐和碳酸铵外，任何参加大气光化学反应的含碳有机化合物。

上述几种定义有相同之处，也各有侧重。例如，美国国家环境保护局的定义对沸点、初馏点不作限定，强调是否参加大气光化学反应，不参加大气光化学反应的成为豁免溶剂，如丙酮、四氯乙烷等。而世界卫生组织的定义对沸点或初馏点作限定，但不强调是否参与大气光化学反应。国际标准 ISO 4618:2014 对沸点或初馏点不作限定，也不强调是否参加大气光化学反应，只强调在常温常压下能自发挥发。

可见，VOC 的定义主要分为两大类：一类是普通意义上的 VOC 定义，只界定什么是挥发性有机化合物，或者在什么条件下是挥发性有机化合物；另一类是环保意义上的定义，即会产生一定危害的挥发性有机化合物，也就是会参加大气光化学反应的挥发性有机化合物。

因此，从环保意义出发，可将 VOC 定义为常温常压下能挥发或能参加光化学反应的挥发性有机化合物。

（二）VOC 的分类

1. 按化学结构分类　　按其化学结构的不同，可将 VOC 进一步分成 8 类，即烷类、芳烃类、烯类、卤烃类、酯类、醛类、酮类和其他。目前已鉴定出的 VOC 有 300 多种，最常见的有苯、甲苯、二甲苯、苯乙烯、三氯乙烯、三氯甲烷、甲苯二异氰酸酯（TDI）、其他二异氰酸酯等。

按化学成分的差异，也可分为包括烷烃、烯烃、芳香烃、炔烃的 C2～C12 非甲烷碳氢化合物（non-methane hydrocarbon，NMHC），醛、酮、醇、醚、酯、酚等 C1～C10 含氧有机物（oxygenated volatile organic compound，OVOC），卤代烃，含氮有机化合物，含硫有机化合物等，如图 13.15 所示。VOC 中甲烷浓度较高（体积比 1.76×10^{-6}、质量比 9.7×10^{-7}，浓度比 1.35），将冲淡其他 VOC 的影响，因此，国内有时采用 NMHC 取代 VOC。

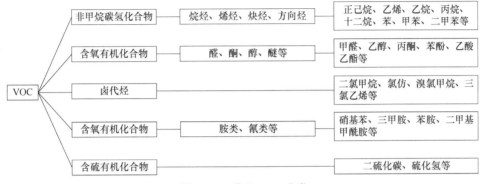

图 13.15　常见 VOC 分类

2. 按沸点和空气中采样方法分类　按其沸点和空气中采样方法的不同，可将 VOC 分为 4 类，即极易挥发性有机化合物（very volatile organic compound，VVOC）、挥发性有机化合物（volatile organic compound，VOC）、半挥发性有机化合物（semi-volatile organic compound，SVOC）和粒状有机化合物（particulate organic matter，POM）。其沸点范围和取样方法见表 13.20。

表 13.20　按沸点和空气中采样方法分类的 VOC 种类

种类	沸点	取样方法
极易挥发性有机化合物	<0℃，50～100℃	间歇取样或活性炭吸附
挥发性有机化合物	50～100℃，240～260℃	Tenax 或活性炭吸附
半挥发性有机化合物	240～260℃，380～400℃	聚氨酯泡沫或 XAD-2 吸附
粒状有机化合物	>380℃	过滤取样

二、木材干燥 VOC 的种类与释放规律

木材及其制品在生产和利用过程中会释放以甲醛为主的各类醛类物质、苯系化合物、萜烯类、酚类及各种酸、醇等挥发性有机化合物，对环境和人体造成一定的影响。特别是木材加工利用过程中释放的萜烯类物质，其本身并不足以对人体和环境产生危害，但在紫外线下，萜烯类物质可与氮氧化物（NO_x）反应生成臭氧和其他光化学氧化物，从而对人体和环境造成影响。木制品生产过程中的 VOC，一部分来源于木材本身，如干燥、热压、磨浆等工序，另一部分来源于胶黏剂、涂料、防腐剂等。其中，木材干燥是木材利用的重要环节，绝大多数树种的木材在干燥过程中都会产生一定的 VOC（表 13.21），因此，了解木材干燥过程中产生的 VOC 种类和释放规律，对减少环境污染，保护人体健康，改善木材性能，提高木材利用率都具有重要的意义。

表 13.21　不同树种木材干燥过程中的 VOC 释放量

木材种类	试材尺寸/mm	最高温度/℃	VOC 释放量/（mg/kg）
挪威云杉（Norway spruce）	24（厚）	60	60
	60（厚）	66	<20
欧洲赤松（Scots pine）	30（厚）	65	430
	50（厚）	66	220
南方松（Southern pine）	50×150×610	115	10～1500
辐射松（radiate pine）	35×205×600	120	230
	35×205×600	140	380
花旗松（Douglas fir）	42×147×1245	93	790

（一）木材干燥 VOC 的种类

木材干燥过程中产生的 VOC 大致可以分为两大类，即萜/萜烯类化合物和非萜烯类挥发物。

（1）萜和萜烯类化合物　　是由若干个异戊二烯单元（2-甲基-1,3-丁二烯）头尾相连构成，具有（C_5H_8）$_n$ 的通式，单元之间可以相互连接成链状或环状的一类不饱和化合物。木材干燥室排放的废气里含有 25～30 种萜烯类化合物，其中有 5～10 种可以定性定量检测。在这些化合物中又以分子量为 136、自然沸点在 155℃以上的单萜类居多，如 α-蒎烯、β-蒎烯、莰烯、月桂烯等。

（2）非萜烯类挥发物　　多为甲酸、乙酸和丙酸等有机酸，也包括醛类、烷烃类、苯类和氯化烃等少量的有害气体。有的 VOC 属于木材本身含有的一些易挥发成分——抽提物，另一部分是通过一定的化学反应产生的，如在高温干燥过程中，半纤维素会降解为甲酸、乙酸和丙酸等，4-O-甲基-D 葡萄糖醛酸脱甲基化形成甲醇，α-蒎烯容易被氧化成醛、酮等。

（二）木材干燥 VOC 的释放规律

1. 木材干燥 VOC 的释放量与组分　　人工林樟子松高温干燥（120℃）和常规干燥（90℃）过程中所释放的 VOC 的释放量和组分如表 13.22 和表 13.23 所示。常规干燥过程中释放的 VOC 主要包括甲醛等 9 种醛类挥发物、α-蒎烯等 8 种萜烯类挥发物，还有四氯化碳、烷烃类、丙苯等 5 种化合物，共 22 种化合物；而高温干燥过程中释放的 VOC 除包含常规干燥过程中释放的 22 种化合物外，还包含大量的苯。

无论是常规干燥还是高温干燥，VOC 释放量最多的是萜烯类化合物，其次是醛类化合物，但高温干燥过程中释放萜烯类化合物和醛类化合物均有显著增加，分别增加了 6 倍和 3.4 倍。在萜烯类化合物中，常规干燥中以 α-蒎烯为主，约占萜烯类挥发物的 80%，而高温干燥中 α-蒎烯、β-蒎烯、月桂烯、莰烯、苎烯均有显著的增加且释放量相对较大，α-蒎烯的释放量仍为最高。在醛类化合物中，常规干燥和高温干燥中正丙醛、正己醛和正戊醛的释放量均较多，而高温干燥时正己醛的释放量显著增加。

表 13.22　人工林樟子松锯材高温干燥（120℃）过程中 VOC 的释放量和组分

化合物	取样时间段内尾气中化合物浓度/（mg/m³尾气）						总量/（mg/m³木材）
	0～3h	3～6h	6～9h	9～12h	12～15h	15～21h	
甲醛	0.140	0.700	0.440	0.260	0.120	0.690	1.632
乙醛	1.765	1.521	1.110	0.530	0.343	0.161	3.771

续表

化合物	取样时间段内尾气中化合物浓度/（mg/m³尾气）						总量/（mg/m³木材）
	0～3h	3～6h	6～9h	9～12h	12～15h	15～21h	
正丙醛	17.734	18.046	15.745	6.716	23.332	16.354	68.004
正丁醛	1.947	2.274	1.831	1.125	0.532	0.145	5.455
正己醛	78.534	208.360	71.971	21.686	2.859	1.213	267.099
丙烯醛	0.351	0.449	0.381	0.213	0.726	1.024	2.183
异戊醛	0.335	0.388	0.317	0.197	0.468	0.552	1.566
正戊醛	22.871	25.351	11.353	5.900	1.614	1.024	47.301
苯甲醛	0.393	9.748	3.560	11.087	3.426	1.182	20.415
α-蒎烯	84.932	189.110	151.309	104.057	250.323	118.578	623.825
莰烯	1.644	7.855	5.439	3.067	18.897	6.357	30.041
月桂烯	0.311	60.403	39.152	19.455	4.694	1.285	87.014
β-蒎烯	0.366	72.685	46.005	22.617	5.533	6.419	106.684
α-水芹烯	1.183	2.665	1.237	0.633	0.419	0.128	4.350
苧烯	0.264	16.596	14.109	9.990	3.690	8.095	36.628
r-松油烯	0.028	2.540	1.646	1.034	0.471	0.180	4.097
1-庚烯	3.228	1.969	1.510	1.333	0.664	0.955	6.707
正庚烷	0.558	0.682	0.552	0.342	0.669	0.829	2.522
2,4-二甲基己烷	6.272	7.681	3.550	1.850	0.447	0.268	13.936
六甲基环三硅氧烷	0.690	0.802	1.041	0.827	1.839	0.980	4.290
四氯化碳	4.231	4.387	7.968	10.979	8.193	5.814	28.871
苯	12.120	20.039	27.370	18.881	17.714	26.263	84.991
丙苯	0.246	2.282	1.301	0.830	2.538	0.666	5.460
含水率%	62.58	49.36	33.52	20.98	11.06	5.18	

表 13.23　人工林樟子松锯材常规干燥（90℃）过程中 VOC 的释放量和组分

化合物	取样时间段内尾气中化合物浓度/（mg/m³尾气）						总量/（mg/m³木材）
	0～4h	4～8h	8～12h	12～20h	20～24h	24～28h	
甲醛	0.740	0.540	1.000	0.370	0.720	0.840	2.924
乙醛	0.009	0.039	0.011	2.877	0.001	0.005	2.044
正丙醛	1.146	21.025	7.845	6.491	0.324	0.017	25.589
正丁醛	0.074	1.782	0.629	3.794	0.010	0.006	4.371
正己醛	2.147	6.652	2.482	26.465	0.923	0.015	26.864
丙烯醛	0.255	1.544	0.423	3.716	0.015	0.001	4.135
异戊醛	0.024	0.021	0.014	0.065	0.012	0.001	0.094
正戊醛	1.219	6.480	3.222	28.737	0.138	0.023	27.652
苯甲醛	0.394	0.086	0.114	0.051	0.921	0.002	1.088
α-蒎烯	14.473	16.062	22.864	18.746	72.199	0.002	100.239
莰烯	0.370	0.752	0.752	0.573	2.530	0.001	3.457

续表

化合物	取样时间段内尾气中化合物浓度/（mg/m³尾气）						总量/（mg/m³木材）
	0～4h	4～8h	8～12h	12～20h	20～24h	24～28h	
月桂烯	0.457	0.067	0.087	0.031	1.082	—	1.198
β-蒎烯	2.093	0.079	0.103	0.037	1.263	0.001	2.483
α-水芹烯	2.293	0.700	0.885	0.612	5.419	0.001	6.882
苧烯	2.405	0.552	0.088	0.330	5.855	—	6.410
r-松油烯	0.072	0.016	0.020	0.008	0.149	—	0.184
1-庚烯	0.332	1.687	0.464	3.330	0.020	0.001	4.051
正庚烷	0.041	0.033	0.397	2.302	0.016	0.001	1.938
2,4-二甲基己烷	0.324	1.787	0.863	7.861	0.034	0.004	7.550
六甲基环三硅氧烷	0.153	0.227	0.172	0.369	0.187	0.009	0.775
四氯化碳	4.316	3.018	4.194	6.964	0.664	0.009	13.310
丙苯	0.090	0.049	0.073	0.042	0.447	—	0.487
含水率%	55.91	43.06	24.70	13.66	10.79	8.78	

可见，樟子松锯材干燥过程中释放的 VOC 主要是萜烯类化合物、醛类化合物及苯类化合物（高温干燥）。萜烯类化合物以 α-蒎烯、β-蒎烯为主，醛类化合物以正丙醛、正己醛和正戊醛为主。

2. 木材干燥 VOC 的释放速率

（1）萜烯类化合物的释放速率　　常规干燥过程中［图 13.16（a）］，萜烯类化合物从干燥开始，释放速率缓慢提高，到干燥后期释放速率大幅度提高，到干燥结束时释放速率基本接近零。α-蒎烯、莰烯、月桂烯、β-蒎烯、苧烯及其他萜烯的最高释放速率分别达 18.04mg/（m³•h）、0.632mg/（m³•h）、0.027mg/（m³•h）、0.315mg/（m³•h）、1.463mg/（m³•h）、1.396mg/（m³•h）。整个干燥过程 α-蒎烯的释放速率远远高出其他萜烯类化合物。高温干燥过程［图 13.16（b）］，α-蒎烯在干燥前期释放速率逐渐提高，干燥中期开始下降，直到干燥后期速率才大幅度提高，干燥结束时释放速率下降到接近于干燥中期时释放速率，整个过程 α-蒎烯的释放速率在干燥前期与干燥后期最高，最高分别达 63.03mg/（m³•h）和 83.44mg/（m³•h）。莰烯在干燥后期释放速率达到最大，干燥前中期释放速率稳定在 5～7mg/（m³•h）。其余的在干燥前期释放速率逐渐提高且达到最高，之后开始下降。

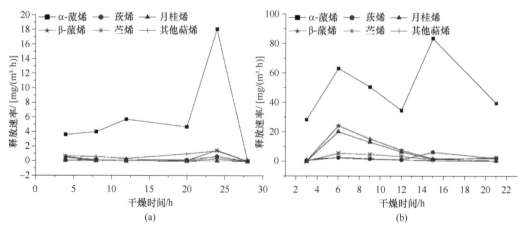

图 13.16　常规（a）与高温（b）干燥时萜烯类化合物释放速率

相比常规干燥，高温干燥使萜烯类化合物释放速率提高，尤其是β-蒎烯，β-蒎烯相比常规干燥时释放速率显著提高。

（2）醛类化合物的释放速率　　常规干燥过程［图13.17（a）］，甲醛在整个干燥过程释放速率比较稳定且速率慢，最高达0.25mg/（m³·h）；正丙醛在干燥前期释放速率较高，最大速率为5.25mg/（m³·h），之后释放速率逐渐降低；其余均在前6h释放速率提高，干燥中期略有下降，之后开始大幅度提高，在干燥后期释放速率最大时的含水率在15%左右；正己醛、正戊醛及其他醛类的最高速率分别达6.61mg/（m³·h）、7.18mg/（m³·h）、2.62mg/（m³·h），在干燥接近结束时，释放速率逐渐减小。高温干燥过程［图13.17（b）］，甲醛的释放速率变化趋势和大小与常规干燥几乎一致，其余均在干燥前期释放速率最高，之后开始下降。正丙醛、正己醛、正戊醛及其他醛类的最高释放速率分别达6.01mg/（m³·h）、69.45mg/（m³·h）、8.45mg/（m³·h）、4.79mg/（m³·h）。

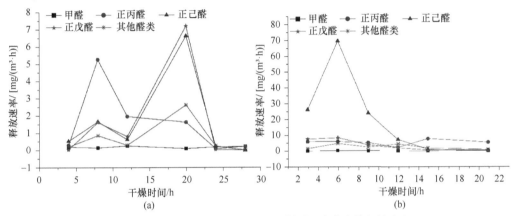

图13.17　常规（a）与高温（b）干燥时醛类化合物释放速率

相比常规干燥，高温干燥使醛类化合物的释放速率大幅度提高，尤其是正己醛。正己醛的蒸汽或雾对眼睛、黏膜和上呼吸道有刺激作用，会引起咳嗽、头痛、胸骨后疼痛和呼吸困难。

（3）苯等其他化合物的释放速率　　常规干燥过程中［图13.18（a）］，烷烃类、苯、四氯化碳等化合物随着干燥的进行释放速率大致呈逐渐提高的趋势，在干燥后期释放速率最大。高温干燥过程中［图13.18（b）］，苯的释放速率远远高于其他挥发物释放速率，苯在干燥前期释放速率逐渐提高，在干燥9h时，释放速率达到了最高，为9.12mg/（m³·h），之后开始下降，

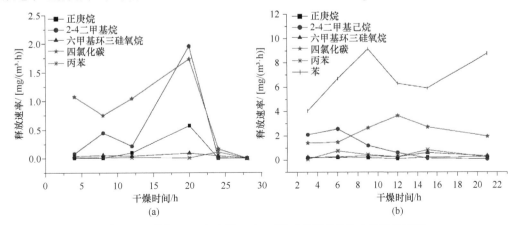

图13.18　常规（a）与高温（b）干燥时苯等其他化合物释放速率

干燥接近结束时释放速率又有所回升。其余挥发物的释放速率基本在干燥中前期最快。

（4）TVOC 的释放速率　　常规干燥与高温干燥 TVOC 的释放速率（图 13.19）随干燥时间的变化趋势正好相反。在常规干燥过程中，干燥前期 TVOC 释放速率有小幅度提高，之后开始下降，到干燥中后期释放速率大幅度提高并达到最大，之后迅速下降；而在高温干燥过程中，干燥前期 TVOC 释放速率显著提高，之后释放速率迅速下降，干燥后期才小幅度回升。而且，高温干燥各阶段 TVOC 的释放速率显著高于常规干燥。

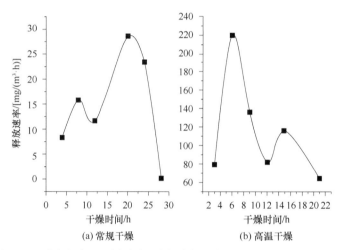

(a) 常规干燥　　　　　　　(b) 高温干燥

图 13.19　常规与高温干燥时总挥发性有机化合物（TVOC）的释放速率

可见，常规干燥 VOC 释放主要在干燥中后期进行，而高温干燥 VOC 主要在干燥前期进行，主要是由于常规干燥介质温度低，干燥速度缓慢，木材中树脂酸、抽提物、纤维素等物质在干燥前期氧化分解、降解较慢，从而影响了 VOC 的生成。而高温干燥介质温度高，在干燥前期就使得树脂酸、抽提物、纤维素等物质充分快速的氧化分解、降解，从而产生大量的 VOC。

三、木材干燥 VOC 的取样与检测方法

VOC 的含量和种类依据其检测方法和检测条件的不同会存在一定的差异，而且由于不同工业释放的 VOC 的组成成分各不相同，各成分的性质又较活泼，因此，即使采用相同的检测方法，取样方法不同也会造成分析结果的差异。因此，规范 VOC 的取样和检测方法具有重要意义。

（一）木材干燥 VOC 的取样方法

木材干燥 VOC 的取样方法主要包括干燥室排气流速测定、采样剂的准备、取样点的设置、样品采集和保存等 4 个主要步骤。取样装置示意图如图 13.20 所示。

1. 干燥室排气流速测定　　在干燥室排气道出口垂直管段外接一个边长分别为 a、b 的形状和规格相对应的排气筒，用 $2ab/(a+b)$ 计算排气筒的当量直径 D，高度为 D 的 9 倍，在排气筒垂直方向不小于 6 倍当量直径位置处设置一个直径为 80mm 的采样口，然后按照《固定污染源排气中颗粒物测定与气态污染物采样方法》（GB/T 16157—1996）中规定的方法进行排气流速的测定。该排气速度主要用于采样流量的设定，根据测定结果，常规木材干燥室的采样流量一般可设定为 0.5mL/min。

2. 采样剂的准备　　木材干燥 VOC 取样过程中的采样剂主要有两种类型，一种是用于甲醛采集的甲醛吸收液，另一种是用于其他 VOC 采集的吸附采样管。

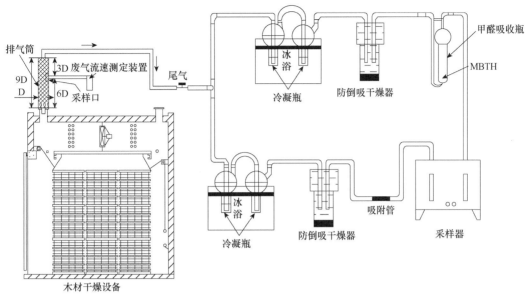

图 13.20　木材干燥 VOC 取样装置示意图

（1）甲醛吸收液的准备　　先将 0.1g 酚试剂（MBTH）加蒸馏水定容至 100mL，然后准确称量 5mL 溶液稀释定容至 100mL 制备成取样用的甲醛吸收液，最后取 10mL 甲醛吸收液装入甲醛吸收瓶中备用。

（2）吸附采样管的准备　　木材干燥 VOC 采样过程共需 3 种规格（表 13.24）的不锈钢或玻璃材质的吸附管及内径≤0.9mm 的聚焦管，内装吸附剂种类及长度与吸附管对应相同。先将吸附采样管放置在温度为 350℃、流量为 40mL/min 的条件中活化 10～15min，然后对两端进行封闭处理后密封保存。

表 13.24　木材干燥 VOC 吸附采样管规格

序号	长度/mm	内径/mm	内装吸附材料及规格
1	13	6	Carbopack C（比表面积 10m²/g，40/60 目）
2	25	6	Carbopack B（比表面积 100m²/g，40/60 目）
3	13	6	Carboxen 1000（比表面积 800m²/g，45/60 目）

3. 取样点的设置　　取样点应设置每台干燥设备（装置）50%以上的排气口同时采样。对于工业用常规干燥室，取样时要考虑风机正反转差异的影响，从风机两侧进行取样点的选取。

4. 样品采集和保存　　如图 13.20 所示，采样吸附管和装有甲醛吸收液的甲醛吸收瓶与双通道采样器、装有变色硅胶的防倒吸干燥器和置于冰浴中的冷凝瓶相连，冷凝瓶与木材干燥装置的排气道采用耐热性硅胶管相连。采样前首先检查采样装置的气密性，然后将采样流量设定为 0.5mL/min 进行连续采样 20min，采样结束后立即将吸附管和甲醛吸收瓶密封，并尽快进行分析。如不能立即进行分析检测，吸附管须放置于无水碳硅胶混合物或活性炭干燥器内冷藏；甲醛吸收瓶须冷藏保存。

（二）木材干燥 VOC 的检测方法

木材干燥 VOC 的检测分析方法主要分为甲醛分析方法和其他 VOC 分析方法。

1. 甲醛分析方法　　木材干燥 VOC 中甲醛含量采用酚试剂法进行测定。主要是通过可见分光光度计在波长 630nm 处测定甲醛标准液（表 13.25）的吸光度，以甲醛含量为横坐标，吸光度为纵坐标绘制曲线（图 13.21）并计算回归线斜率，以斜率倒数作为计算因子 B_g（μg/吸光度），并按下式计算甲醛含量：

$$\rho_{甲醛} = \frac{(A - A_0) \times B_g}{V_0} \tag{13.1}$$

式中，$\rho_{甲醛}$ 为样品中甲醛的浓度（μg/m³）；A 为所取样品溶液的吸光度；A_0 为空白溶液的吸光度；B_g 为计算因子，μg/吸光度；V_0 为标准状态下所取样品的采样体积（L），可按式 13.2 计算。

$$V_0 = V_t \times \frac{T_0}{273 + t} \times \frac{P}{P_0} \tag{13.2}$$

式中，V_t 为甲醛的采样体积，即采样时间和采样流量的乘积（L）；t 为采样点的气温（℃）；T_0 为标准状态下的绝对温度，273.15K；P 为采样点的大气压强（kPa）；P_0 为标准状态下的大气压强，101.325kPa。

表 13.25　甲醛标准液系列

序号	标准溶液/mL	甲醛吸收液/mL	甲醛含量/μg
0	0.00	5.00	0
1	0.10	4.90	0.1
2	0.20	4.80	0.2
3	0.40	4.60	0.4
4	0.60	4.40	0.6
5	0.80	4.20	0.8
6	1.00	4.00	1.0
7	1.50	3.50	1.5
8	2.00	3.00	2.0

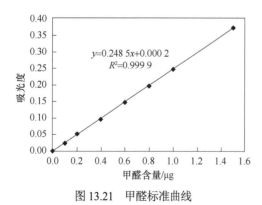

图 13.21　甲醛标准曲线

2. 其他 VOC 分析方法　　木材干燥 VOC 中除甲醛外的其他 VOC，主要通过气相色谱-质谱法进行测定。首先将采样管进行热脱附（参考条件：吸附管初始温度室温，聚焦冷阱初始温度室温，干吹流量 30mL/min，干吹时间 1min，吸附管脱附温度 280℃，吸附管脱附时间 5min，脱附流量 30mL/min，聚焦冷阱温度 −3℃，聚焦冷阱脱附温度 290℃，传输线温度 210℃），样品中其他挥发性有机物随脱附气进入气相色谱质谱仪（气相色谱仪参考条件：进样口温度 200℃，载气氦气，分流比 10：1，柱流量 1mL/min 且为恒流模式，升温程序 40℃，保持 5min，以 8℃/min 升温至 100℃保 5min，以 6℃/min 升至 200℃保持 10min；质谱仪参考条件：全扫描或离子扫描，扫描范围 20～250amu，传输线温度 250℃）进行测定，并按下式计算含量：

$$\rho_i = \frac{G}{V_{nd}} \tag{13.3}$$

式中，ρ_i 为样品管中某种 VOC 的浓度（$\mu g/m^3$）；G 为样品管中某种 VOC 的质量（μg）；V_{nd} 为标准状态下（101.325kPa，273.15K）的采样体积（L）。

样品管中某种 VOC 的质量 G 可通过外标法，即采用最小二乘法绘制的校准曲线进行计算，也可通过内标法按式（13.4）进行计算。

$$G = \frac{A_x \times G_{IS}}{A_{IS} \times \overline{RRF}} \tag{13.4}$$

式中，A_x 为 VOC 定量离子的响应值；A_{IS} 为与 VOC 内标定量离子相对应的响应值；G_{IS} 为内标物的质量（μg）；$\overline{RRF}$ 为 VOC 的平均相对响应因子。

VOC 的排放速率可按式（13.5）进行计算。

$$M_i = \rho_i \times Q \tag{13.5}$$

式中，M_i 为某种 VOC 的排放速率（$\mu g/h$）；ρ_i 为样品管中某种 VOC 的浓度（$\mu g/m^3$）；Q 为 VOC 的气流速度（m^3/h）。

为保证检测质量，样品采集前必须从吸附管中抽取 20% 作空白样本检测，若采样数量在 10 个以内，则必须至少抽取 2 个作对比检测。每次进行分析样品前必须选一个空白吸附管作系统空白试验，系统空白中不得检出目标物。至少隔 12h 做一次校准曲线中间浓度的校准点，该测定值与校准曲线对应点的浓度值的相对误差应不大于 30%。

四、木材干燥 VOC 的处置技术

木材干燥过程中会释放大量的 VOC，这些物质随干燥尾气排放到大气中，会对环境和人体造成一定的影响。因此，需要通过一定的处置技术进行干燥尾气 VOC 的处理，以降低对环境及人体的影响。

（一）木材干燥 VOC 对环境的影响

1. 萜烯类 VOC 对环境的影响　　木材干燥过程中释放的萜烯类物质，本身并不足以对人体和环境造成危害，但由于萜烯类物质在紫外线下与氮氧化物（NO_x）反应生成臭氧和其他光化学氧化物，形成光化学烟雾及室内有机浮尘，从而对人体和环境造成影响。

萜烯类物质形成的光化学烟雾具有很强的氧化性，可使橡胶开裂，对眼睛和呼吸道有很强的刺激性，进而损害人体的肺功能和危害农作物，并使大气能见度降低。萜烯类物质中的 D-柠檬烯、α-蒎烯等物质与臭氧反应可生成 $0.1 \sim 0.3 \mu m$ 的微小浮尘，对室内空气和人体产生很大危害。

2. 醛类 VOC 对环境的影响　　甲醛污染可以导致鼻咽癌，长期接触甲醛，可能会引起神经衰弱、记忆力下降、肺部器官功能下降和精神抑郁等。乙醛是一种可能致癌物，对人体的伤害作用主要是刺激皮肤和黏膜，吸入高浓度乙醛蒸汽可引起麻醉，并出现头痛、嗜睡、神志不清、支气管炎、肺水肿、腹泻、蛋白尿等症状，慢性中毒会出现体重减轻、贫血、谵妄、视听幻觉、智力丧失和精神障碍等。丙烯醛也是一种可能的致癌的剧毒物质，对眼、呼吸道和皮肤具有强烈的刺激作用，可引起支气管细胞损害。

3. 有机酸和醇类 VOC 对环境的影响　　有机酸和醇类 VOC 对环境影响较小，但对人体健康有一定影响。甲醇毒性中等，中毒部位主要以呼吸道为主。甲醇蒸汽对呼吸道黏膜有强烈的刺激作用，常有头晕、头痛、眩晕、乏力、步态蹒跚、失眠、表情淡漠、意识浑浊等症状，重者出现意识朦胧、昏迷及癫痫样抽搐等。甲醇的毒性与其代谢产物甲酸和甲醛的蓄积有关，反复接触中等浓度甲醇可导致暂时或永久性视力障碍和失明。甲酸的毒性比甲醇高6倍，暴露在高浓度甲酸蒸汽中可引起过敏反应，并造成肝脏和肾脏的长期损害。

（二）木材干燥 VOC 的处置技术

1. 冷凝法　　冷凝法是通过加压或降低温度来去除 VOC 气体。由于废气中 VOC 在温度有差异的情况下具备不同的饱和蒸汽压的性质，因此可使气态的污染物冷凝成液体从废气中分离出来。高沸点的 VOC 气体通常采用冷凝法的优点是去除率很高。冷凝法比较适合去除浓度高的 VOC 气体，但不可能将 VOC 气体全部去除掉。此方法对仪器有很高的要求，很多时候是与其他方法联用，这样既可以使处理的效率提高，又可以使成本降低。

2. 吸收法　　吸收法把净化废气当作目标，它的原理是采取挥发度低或难挥发的液体作吸收剂来处理废气中的 VOC。影响吸收结果的因素是吸附剂的溶解度、挥发性和腐蚀性等，这些都是选择吸收剂需要斟酌的首要问题。当前常用的吸收剂有水和某些油类物质等，如果能选择合适的吸收剂，则对 VOC 去除率很高。吸收法一般情况下为物理吸收，吸收剂可以采取某些方法进行回收。

3. 燃烧法　　燃烧法最初常使用的是直接燃烧法。直接燃烧法是直接点燃废气，使其中的有毒有害气体在燃烧下变为无毒无害的气体，此方法的优势在于操作简单、对设备要求不高，但其对安全技术要求较高。随着中国经济的快速增长，燃烧法也得到了发展，现在有蓄热式热力焚烧法、蓄热式催化燃烧法、热力燃烧法和催化燃烧法4种，这4种方法各有各的优缺点。如果废气中 VOC 浓度非常大时，运用燃烧法较为经济；如果废气中 VOC 浓度较低时运用此法是不可行的，因为它的使用成本太高。但是更值得人们注意的是废气中还存在其他的元素如 X（卤素）、S 和 N 等，燃烧后会生成其他的有害气体，需对燃烧再次进行处理，以防造成二次污染。

4. 光催化氧化法　　光催化氧化法是在紫外线的照射下，使用光催化剂氧化吸附在催化剂外表面的 VOC。目前，TiO_2 是最常用的催化剂。光催化氧化法处理浓度低的 VOC 效果较好。理论上，光催化氧化法能将 VOC 降解为二氧化碳和水，在实际的应用中却没有理论上那么好，因为中间会生成其他的污染物，所以它的缺点限制了其应用范围。

5. 生物法　　VOC 生物净化过程的原理是附着在滤料介质中的微生物在合适的环境下，利用废气中的化学有机成分作能源物质，保持其生命活动，并将有机物分解成二氧化碳和水。气态中的 VOC 先经过由气到固或液的传质进程，然后才在固态或液态中被微生物分解。生物法的优势在于它的设备运行简单、成本低、无二次污染等，比较适用于浓度较低的废气物的处理，缺点是它的降解速率太低，需要的时间较长。近年来，生物法处理 VOC 废气的发展很快，对生物法的开发在近几年不断地取得重大突破，生物法在 VOC 的治理领域中将会有广泛的应用前景。

6. 膜分离法　　膜分离法是在海水淡化时发现的一种新的高效率的分离 VOC 的方法，相比传统的冷凝、吸附等，具有流程简单、回收率高、没有二次污染等优点，是一种有应用前景的分离方法。目前膜分离技术可以回收脂肪族和芳香族碳氢化合物、含氯溶剂、酮、醛、腈、醇、胺、酸等大部分有机物。当 VOC 气体通过膜分离系统后，膜可以选择性地让 VOC 通过从而富集，未通过部分则留在膜外，可以进行处理排放。

7. 吸附法　　吸附法是一种运用固体吸附剂来吸收存于废气中污染物质的方法。吸附法中的材料一般选用固态吸附材料来作吸附剂，通常是根据它的特性来选择合适的吸附剂用以去除 VOC 气体。传质是吸附的过程，废气中的 VOC 与固态物质接触时，会在固态吸附物质外表产生积聚的现象。吸附法是处理 VOC 有效和经济的技术之一。吸附法比较适合低浓度的 VOC 气体，对于高浓度 VOC 不适用。吸附法的优点是去除效率高、仪器简单、操作灵活、可通过脱附方法回收溶剂、无二次污染；缺点是目前的研究只是单纯地看吸附剂对吸附质的处理效果，对分子基团的研究较少。因为吸附法较其他技术相比，具有去除效率高、成本较低等优点，所以吸附法是现实生活应用最为广泛的方法。

综上所述，不同处理技术的处理原理和设备不同，各具特点，也有一定的技术限制性。燃烧法和光催化氧化法很容易产生二次污染，冷凝法对设备要求很高，生物法还不成熟及处理废气需要的时间太长，这些均不能在对 VOC 废气的处理中大规模使用。而用吸附法处理 VOC 废气的优点为新的污染物不会生成，能耗较低，设计比较简单等，因此吸附法被认为是最有效和最经济的方法。

思　考　题

1. 高温干燥有哪些优缺点？
2. 高温干燥对木材性质有何影响？
3. 高温干燥对设备性能有什么要求？
4. 简述高温干燥的方法及其原理。
5. 简述木材热处理的方法和处理介质。
6. 木材热处理材的特点有哪些？
7. 木材干燥 VOC 的种类主要有哪些？
8. 简述高温干燥 VOC 的释放规律。
9. 木材干燥 VOC 对环境和人体的影响主要体现在哪些方面？
10. 简要分析木材干燥 VOC 不同处置技术的优缺点。

主要参考文献

艾沐野. 2016. 木材干燥实践与应用. 北京：化学工业出版社.

鲍咏泽，周永东. 2015. 木材过热蒸汽干燥的应用潜力及前景. 北京林业大学学报，37（12）：128-133.

鲍咏泽，周永东. 2016. 过热蒸汽干燥对 50mm 柳杉锯材质量及微观构造的影响. 东北林业大学学报，44（4）：66-68，73.

蔡家斌. 2011. 进口木材特性与干燥技术. 合肥：合肥工业大学出版社.

成俊卿. 1985. 木材学. 北京：中国林业出版社.

程万里. 2007. 木材高温高压蒸汽干燥工艺学原理. 北京：科学出版社.

程万里，刘一星，师冈敏朗，等. 2005. 高温高压蒸汽干燥过程中木材的收缩应力特征. 北京林业大学学报，27（2）：101-106.

程万里，刘一星，师冈敏朗. 2007. 高温高压蒸汽条件下木材的拉伸应力松弛. 北京林业大学学报，29（4）：84-89.

高建民，王喜明. 2018. 木材干燥学. 北京：科学出版社.

顾炼百. 2003. 木材加工工艺学. 北京：中国林业出版社.

顾炼百，丁涛. 2008. 高温热处理木材的生产和应用. 中国人造板，9：14-18.

顾炼百，丁涛，江宁. 2019. 木材热处理研究及产业化进展. 林业工程学报，4（4）：1-11.

李坚，吴玉章，马岩，等. 2011. 功能性木材. 北京：科学出版社.

铃木宽一，等. 2005. 過熱水蒸気技術集成. 东京：NTS 出版社.

刘小燕，李美玲，王哲，等. 2021. 松材室干过程中 VOCs 释放规律研究. 林产工业，58（8）：12-20.

刘一星，赵广杰. 2004. 木质资源材料学. 北京：中国林业出版社.

龙玲. 2012. 木材及其制品挥发性有机化合物释放及评价. 北京：科学出版社.

齐华春，刘一星，程万里. 2010. 高温过热蒸汽处理木材的吸湿解吸特性. 林业科学，46（11）：110-114.

佟立志. 2009. 木材干燥过程中 VOCs 的研究现状及发展趋势. 木材加工机械，20（06）：38-41.

王恺. 1998. 木材工业实用大全·木材干燥卷. 北京：中国林业出版社.

王喜明. 2007. 木材干燥学. 北京：中国林业出版社.

王霞，安丽平，张晓涛，等. 2018. 多孔材料用于木材干燥过程中 VOCs 吸附的研究进展和探讨. 材料导
　　报，32（1）：93-101.

杨华. 2022. 挥发性有机化合物及其分析方法的研究现状. 化学推进剂与高分子材料，20（1）：43-47.

于建芳，贺勤，张晓涛，等. 2020. 木材干燥 VOCs 采样和测量方法研究. 应用化工，49（8）：1941-1945.

张璧光，高建民，伊松林，等. 2005. 实用木材干燥技术. 北京：化学工业出版社.

周永东，姜笑梅，刘君良. 2006. 木材超高温热处理技术的研究及应用进展. 木材工业，20（5）：1-3.

朱政贤. 1992. 木材干燥. 2 版. 北京：中国林业出版社.

Cheng W, Morooka T, Liu Y, et al. 2004. Shrinkage stress of wood during drying under superheated steam above
　　100℃. Holzforschung, 58 (4): 423-427.

Cheng W L, Morooka T, Wu Q L, et al. 2007. Characterization of tangential shrinkage stresses of wood during
　　drying under superheated steam above 100 ℃. Forest Products Journal , 57 (11): 39-43.

Cheng W L, Morooka T, Wu Q L, et al. 2008. Transverse mechanical behavior of wood under high temperature
　　and pressurized steam. Forest Products Journal, 58 (12): 63-67.

Han G, Cheng W, Deng J, et al. 2009. Effect of pressurized steam treatment on selected properties of wheat straw
　　fibers. Journal of Industrial Crops and Products, 30 (1): 48-53.

Shen Y L, Zhang X T, He Q, et al. 2020. Study of VOCs release during drying of plantation-grown Pinus
　　sylvestris and naturally grown Russian Pinus sylvestris. Journal of Wood Science, 66: 34

第十四章　木材联合干燥

每种干燥方法都有各自的优点和适用范围。我国木材干燥企业目前仍以常规干燥为主，但发挥常规干燥及其他特种干燥的优点、取长补短的各种联合干燥方法已越来越引起人们的重视。联合干燥并非两种或多种干燥方式简单组合，而是需要将它们进行优化组合，确定不同干燥对象、不同干燥方法的最佳分界点。常见的联合干燥方法有气干-常规联合干燥、常规-除湿（热泵）联合干燥、太阳能-热泵联合干燥、高频-真空联合干燥、高频-对流联合干燥等。

第一节　气干-常规联合干燥

在保证木材干燥质量的前提下，将大气干燥和其他干燥方法联合使用，发挥大气干燥成本低、操作简单的优点，并结合其他干燥方法快速干燥的优势，能够获得令人满意的干燥效果和经济效益。生产上经常使用的两段干燥就是联合干燥的典型例子，所谓两段干燥就是指先将木材通过大气干燥的方式使含水率降至 20%左右，再用常规或其他干燥方法干燥至所需要的最终含水率。

与单一的大气干燥相比，气干-常规联合干燥方式虽然在常规干燥阶段增加了热量、电能消耗和装卸工作量，但先进行气干可以使干燥成本大为降低，也可以节约大量运输费用。在第二阶段常规干燥时，由于缩短了干燥时间，降低了风速，因此节约了相当数量的电能。近年来，有的工厂采用气干-常规联合干燥法，其对节约能耗和提高干燥室生产效率都有明显效果，而且对于提高木材终含水率的均匀度，减少皱缩、开裂、变形等也有一定效果。中国林业科学研究院木材工业研究所对毛白杨、水曲柳等 11 种木材进行了大量应用试验，使用气干-常规联合干燥法可使常规干燥的周期显著缩短，一般平均可缩短 40%～50%，干燥室的生产效率提高 30%～40%；而对于初含水率为 60%～80%的水曲柳锯材，采用先气干至 30%后，再用常规干燥的方法，比单独采用室干工艺节约 50%～60%的干燥成本。

联合干燥是降低能耗和干燥成本的有效方法，但生产实践中需要注意的是，气干过程中应严格按照气干工艺规程进行堆垛操作和保管，详见第七章内容。

第二节　常规-除湿（热泵）联合干燥

一、常规与除湿干燥的优点与局限性

（1）常规干燥　　常规干燥的优点在于：①技术成熟，适应性强。②干燥室加热升温速度快，与除湿、太阳能等其他对流干燥方法相比干燥周期短。③干燥室温度、相对湿度及预热、喷蒸处理灵活方便，易于自动控制。④干燥室装材容量大，一般为 80～200m³，有利于木材干燥生产的大规模、集约化。

常规干燥的缺点在于：①干燥室进排气换热损失大，能耗高。②干燥室及锅炉设备的一次性投资大，锅炉及加热管路的维修费用高。③干燥室排气及锅炉排烟可对环境造成热污染和烟尘污染。

（2）除湿干燥　　除湿干燥的优点在于：①节能效果显著，它与常规干燥相比，节能率可达 40%～70%，其中单热源除湿机约 40%，双热源约 70%。②干燥质量好，一般不会发生变形、开裂、表面硬化、颜色变暗等干燥缺陷。③以电为能源不污染环境，无火灾隐患。④可不设锅炉设备，易于操作管理，总投资略低于蒸汽干燥设备。

除湿干燥的局限性在于：①目前除湿干燥的温度一般较低，干燥周期长，故除湿干燥对于易干材和厚度大于 5cm 的厚板材，节能效果不明显。②除湿干燥在电力紧张、电价高的地区可能节能但成本高，这些地区尤其不宜使用单热源除湿机。③对木材的调湿处理，不如蒸汽干燥灵活方便。④除湿机在高温段工作时，其经济性和安全性均降低，尤其在低含水率阶段除湿效率低、节能效果并不明显。

二、常规-除湿联合干燥及能耗分析

为充分发挥除湿和常规干燥的优点，克服其缺点，可采用常规-除湿联合干燥，即在干燥前期首先用蒸汽热能对木材预热，避免除湿干燥用电热预热而带来的升温慢、电耗高的缺点；干燥初期和中期排湿量大时，采用除湿干燥回收排气余热，可以明显地降低干燥的能耗；而到了干燥后期，当干燥室排湿量很少时，则用常规蒸汽干燥来提高干燥室温度，加快干燥速率，缩短干燥时间。常规-除湿联合干燥室结构示意图和其干燥原理如图 14.1 和图 14.2 所示。

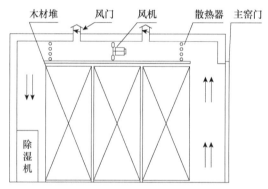

图 14.1　常规-除湿联合干燥室结构示意图

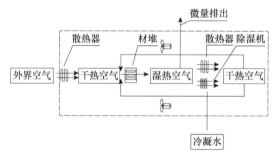

图 14.2　常规-除湿联合干燥原理

北京林业大学的学者以马尾松为试材，材积 2m³，对常规干燥、除湿干燥及二者联合干燥木材的能耗进行了对比分析。

（1）常规干燥能耗　　马尾松锯材常规干燥过程中，每个阶段排气热损失的总和为 546.69kW·h，干燥过程的总能耗为 1205.7kW·h，排气热损失占干燥过程中总供给能量的 45.3%。由此可见，常规干燥能耗高，其中排气热损失占据了很大的比例。

（2）除湿干燥能耗　　马尾松锯材干燥过程中，试材从初含水率 50%干燥到 23%，每立方米木材约消耗 188.9kW·h 的电能；平均每降低 1%的含水率，消耗 7.00kW·h 的电能。而进一步从含水率 23%干燥到终含水率 12%，每立方米木材需要再消耗 200.3kW·h 的电能；平均每降低 1%的含水率，消耗 18.21kW·h 的电能，为干燥前期的 2.6 倍。这表明除湿干燥在后期除湿效率低，并不经济，其用作预干或与其他能源联合干燥更合适。

（3）常规-除湿联合干燥能耗　　马尾松锯材联合干燥过程中，干燥总能耗为 946.78kW·h，干燥过程中回收的总能量为 136.49kW·h，占整个干燥过程中总供给能量的 14.4%；整个过程中热损失为 17.69kW·h，占干燥过程中总能耗的 1.9%。由此可以看出，虽然联合干燥过程中也有排气热损失，但占整个过程中总供给能量的比例较小，与常规干燥相比，联合干燥的排气热损失几乎可以忽略不计，大量节约了能量，并且联合干燥的周期比除湿干燥的周期缩短了近一半。

从上述三种干燥方式的能耗分析中可以看出，除湿干燥的能耗最少，但其周期最长；常规-除湿联合干燥的能耗比除湿能耗高 18%，但比常规干燥节能 27.3%，且干燥周期比除湿干燥缩短了近一半，与常规干燥基本相同，充分体现了联合干燥的优越性，比常规干燥成本低、节能。

第三节　太阳能-热泵联合干燥

为克服太阳能间歇性供热的弱点，常需要与其他热源和供热装置联合干燥，如太阳能-炉气、太阳能-蒸汽、太阳能-热泵等各种联合干燥。太阳能与炉气的联合干燥适合一些小型加工厂，但燃料燃烧产生的烟尘和 CO_2 对环境的污染不可忽视，尤其在城市中的使用受到了限制。太阳能-热泵联合干燥是一种没有污染、比较理想的联合干燥方式。

一、太阳能-热泵联合干燥系统的工作原理

图 14.3 为太阳能-热泵联合干燥系统的工作原理图，由太阳能供热系统、热泵系统及木材干燥室三大部分组成。图 14.4 为该联合干燥装置的外观实景图。

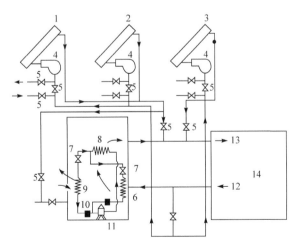

图 14.3 太阳能-热泵联合干燥系统原理图

1～3. 太阳能集热器；4. 风机；5. 风阀；6. 除湿蒸发器；7. 膨胀阀；8. 冷凝器；
9. 热泵蒸发器；10. 单向阀；11. 压缩机；12. 湿空气；13. 干热风；14. 干燥室

图 14.4　太阳能-热泵联合干燥装置的外观实景图

太阳能供热系统由太阳能集热器、风机、管路及风阀组成。太阳能集热器采用拼装式平板型空气集热器。根据集热器数量的多少和位置可布置数个阵列。图 14.3 和图 14.4 中所示的为 3 个阵列。热泵除湿干燥机与普通热泵工作原理相同，具有蒸发器、压缩机、冷凝器与膨胀阀四大部件，但它具有除湿和热泵两个蒸发器，除湿蒸发器中的制冷工质吸收从干燥室排出的湿空气的热量，使空气中水蒸气冷凝为水而排出，达到使干燥室降低湿度的目的。热泵蒸发器内的制冷工质从大气环境或太阳能系统供应的热风中吸热，制冷工质携热量经压缩机至冷凝器处放出热量，同时加热来自干燥室的空气，使干燥室升温。木材干燥过程中，干燥室的供热与排湿由太阳能供热系统和热泵除湿机两者配合承担；二者既可以单独使用也可联合运行。如果天气晴朗气温高，可单独开启太阳能供热系统；阴雨天或夜间则启动热泵除湿机承担木材干燥的供热与除湿。在多云或气温较低的晴天，可同时开启太阳能供热系统和热泵除湿机，但从太阳能集热器出来的热空气不直接送入干燥室，而是经风管送往热泵蒸发器。此时由于送风温度高于大气环境温度，故可明显提高热泵的工作效率。

太阳能供热系统的性能可用集热器热效率 η_T 和系统供热系数 COP_T 来表示。前者反映太阳辐射能转变为热能的效率；后者等于集热器内空气实际得热与太阳能供热系统风机能耗的比值，它反映了系统的供热效率；二者可分别通过式（14.1）和式（14.2）计算。

$$\eta_T = \frac{Q_T}{Q_T^0} = \frac{GC_P \Delta t}{IA} \tag{14.1}$$

$$COP_T = Q_T / W \tag{14.2}$$

式中，Q_T 为空气流经太阳能集热器的实际得热量（kJ）；Q_T^0 为太阳能照射到集热器的理论热值（kJ）；G 为空气在集热器中的流量（kg/h）；Δt 为空气在集热器中的温升（℃）；C_P 为空气的定压比热[J/（kg·℃）]；I 为太阳能辐射强度（W/m²）；A 为集热器透光面积（m²）；W 为太阳能供热系统的风机能耗（kW/h）。

表 14.1 列出了图 14.3 和图 14.4 太阳能供热系统中 3# 集热器在北京 4 月中某一天的测试数据。3# 集热器总采光面积为 32.4m²，风机消耗功率为 0.95kW。从表 14.1 中所列数据可以看出：①太阳能供热效率高，能耗小。最小供热系数也达 7，即太阳能系统风机耗 1kW 电能，可获得 7kW 以上的热能；②太阳能供热量变化很大，稳定性差，一天中不同时刻（包括不同月份、日照条件）对太阳能供热影响很大；③太阳能集热器瞬时热效率最高可达 40%左右，接近国际同类集热器的热效率。

表 14.1 太阳能供热系统性能参数

| 日期 | 记录时刻 | t_0/℃ | t_1/℃ | t_2/℃ | Δt/℃ | I/（W/m²） | 集热器热效率 | | G/（kg/h） | Q/（kW） | 供热系数 | |
							η_T	$\overline{\eta_T}$			瞬时 COP_T	平均 COP_T
4.29 晴	10:00	18	26	40	14	717	31.8		1890	7.40	7.79	
	11:00	18	28	48	20	826	38.7		1855	10.40	10.95	
	12:00	20	32	55	23	949	38.4		1839	11.80	12.42	
	13:00	21	31.5	55	23.5	1019	36.6	36.43	1839	12.10	12.74	10.62
	14:00	22	31	52	21	958	39.9		1849	10.80	11.37	
	15:00	22	32	51	19	863	35.2		1853	9.80	10.32	
	16:00	23	32	48	16	744	34.4		1855	8.30	8.74	

注：t_0 为环境温度；t_1 为集热器进口温度；t_2 为集热器出口温度；Δt 为进出口温差；I 为辐射强度；η_T 为瞬时热效率；$\overline{\eta_T}$ 为平均热效率；G 为送风量；Q 为有效得热

东北林业大学联合热泵企业开发设计了另一种空气源热泵辅助太阳能联合干燥设备（图 14.5），其由五部分组成，即太阳能供热系统、空气能供热系统、自动化控制系统、木材干燥室、余热回收系统。其中，太阳能供热系统与空气能供热系统可分别独立工作，也可联合工作。太阳能供热系统中，太阳能集热器与储热水箱作为一个子循环系统单独工作，水箱与干燥室内加热器为一个子循环系统单独工作。当集热器中的温度高于水箱温度时，控制系统控制太阳能至储热水箱循环系统自动开启；当集热器中的温度低于水箱温度时，太阳能至储热水箱循环系统自动关闭；当水箱温度高于干燥室内温度 8～10℃时，根据干燥工艺基准需要控制系统控制储热

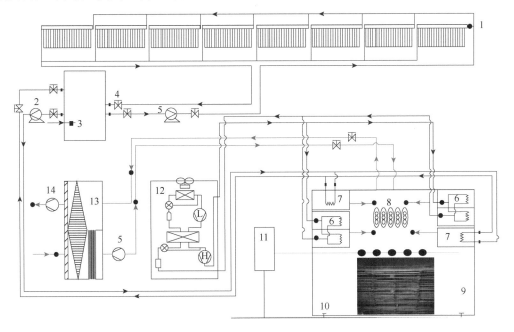

图 14.5 空气源热泵辅助太阳能联合干燥设备原理图

1. 太阳能集热器组；2. 储热水箱-室内循环泵；3. 储热水箱；4. 排污阀门；5. 太阳能-储热水箱循环泵；
6. 空气能冷凝器组；7. 太阳能加热器组；8. 室内风机组；9. 干燥室；10. 室内积水排水系统；
11. 电热加湿器；12. 空气源热泵系统；13. 余热回收装置；14. 轴流风机

水箱至室内循环系统自动开启，干燥室内迅速升温。当太阳提供的温度满足不了干燥室内的温度时，空气源热泵系统自动开启，达到控制系统所设定的目标温度后停止。该系统中另配置有余热回收装置，当干燥室内湿度高于设定的工艺参数时，则开启排湿模式，热回收系统利用余热加热吸入的新鲜空气，达到能源回收利用的目的。该联合干燥设备经大量生产性验证，在不同地区、相同干燥周期的条件下，其干燥总能耗较目前常规蒸汽干燥降低35%以上。

二、太阳能-热泵联合干燥示例

表 14.2 列出了单独使用热泵除湿机和太阳能-热泵除湿机联合干燥木材的性能对比。从表中所列数据可以看出：①联合干燥比单独用除湿机的能耗（单位材积的平均能耗）低，且干燥时间缩短；②高温除湿机比中温除湿机的干燥时间缩短；③高温联合干燥比中温联合干燥的时间短。

表 14.2　单独使用热泵除湿机和太阳能-热泵除湿机联合干燥木材的性能对比

干燥方式	试验日期	材种	材积/m³	板厚/cm	MC₁/%	MC₂/%	干燥时间/d	平均耗能/(kW·h/m³)	地点
TRCW 联合干燥	1990.07	白松	15	3.0	52	12	5	67	北京
	1990.04	水曲柳	17	4.0	52	8.5	14	122	北京
RCG15 热泵除湿机	1990.08	白松	16	3.0	66	13	7	85	北京
	1990.04	水曲柳	17	4.0	50	8.5	14	133	北京
RCG30G 高温热泵除湿机	1990.09	白松	38	6.0	45.4	10.5	16	83.2	北京
	1993.05	水曲柳	31	4.5	44.5	8.2	15	127.7	北京
GRCT 联合干燥	1995.05	杨木	32	4.0	34.9	11.7	8	44.1	北京
	1995.06	落叶松	34	6.0	32.6	9.5	12	71.2	北京

注：表中的 RCG 系列热泵除湿机为双热泵除湿机，其中 RCG15 是采用 R22 为工质的中温双热源除湿机，而 RCG30G 为采用 R142b 为工质的高温热泵除湿机。TRCW 联合干燥是指太阳能与 RCG15 双热源除湿机的联合干燥，而 GRCT 联合干燥是指太阳能与 RCG30G 高温双热源除湿机的联合干燥

图 14.6 为单独使用太阳能干燥时干燥室内温度、相对湿度和木材含水率变化的工艺曲线。试材为 5cm 厚的红松，初含水率为 31%，终含水率为 14.4%，材积为 15m³，干燥时间为 8 月 10~25 日，共 15d，地点北京。图 14.7 为太阳能-热泵联合干燥工艺曲线，试材为 6cm 厚红松，基本密度为 0.36g/cm³，材积为 15m³。初含水率为 66%，终含水率为 18%，干燥时间从 9 月 5~17 日，共 12.5d，地点北京。图 14.6 和图 14.7 中，干燥室内温度、相对湿度和木材含水率均为

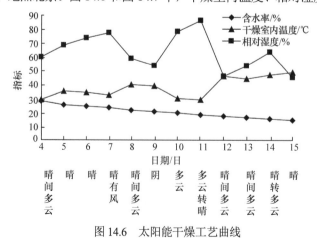

图 14.6　太阳能干燥工艺曲线

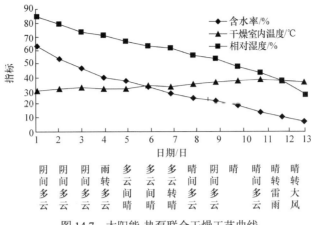

图 14.7　太阳能-热泵联合干燥工艺曲线

每天的平均值。比较两图中的曲线变化趋势可以看出：①单独使用太阳能干燥时，干燥室内温度、相对湿度的波动较大，木材干燥过程受气候条件的影响大，很难实现预定的干燥工艺；②太阳能-热泵联合干燥时，干燥室内温度和相对湿度的变化比较平稳，基本上能按规定的工艺运行，木材含水率降低的速度比太阳能快；③太阳能-热泵联合干燥木材的周期明显比单独使用太阳能干燥的周期短，提高了生产的效率。

三、太阳能-热泵联合干燥的节能率

由于联合干燥与常规蒸汽干燥两种方式的用能形式不同，为便于比较，折算为 1m³ 干材的标准煤耗。

（1）联合干燥的能耗　　太阳能-热泵除湿干燥机联合干燥木材生产试验的平均能耗为 105kW/m³ 材（数据来源：北京林业大学木材干燥实验室），计算时取 110kW/m³ 材。按发电 1kW·h 的标准煤耗 400g 计，则联合干燥的平均能耗为 110×400/1000＝44kg 标准煤/m³ 材。

（2）常规蒸汽干燥能耗　　常规蒸汽干燥能耗数据来源于北京某木材厂近年来木材干燥生产的统计平均值（以干燥樟子松为主），干燥 1m³ 材平均耗电为 45kW·h，平均耗蒸汽为 0.9t，取锅炉及输气管网的总效率为 60%。根据锅炉煤耗的计算公式，产生 1t 蒸汽的标准煤耗为 150kg，则采用常规蒸汽干燥 1m³ 材的总能耗为
$$0.9×150＋45×400÷1000＝153kg 标准煤/m³ 材$$
（3）联合干燥的节能率　　根据联合干燥与蒸汽干燥的能耗，得到联合干燥的节能率为
$$（153－44）÷153＝71.2\%$$

从以上分析中可以看出：太阳能-热泵联合干燥与蒸汽干燥相比，节能效果十分明显，其节能率在 70% 左右。另外，由于太阳能是清洁、廉价的可再生能源，太阳能-热泵除湿机联合干燥有利于环保和我国经济的可持续发展，建议在太阳能丰富、电价便宜的地区推广使用。

第四节　高频-真空联合干燥

一、高频-真空联合干燥的工作原理

在真空环境下，水的沸点降低，木材内外水蒸气静压差增大，扩散系数也增大，可以实现低温快速干燥；干燥介质中氧气分压降低，可以减少物料在干燥过程中的氧化变质现象，并在

缺氧状态下抑制细菌的繁殖生长。此外，在密闭的环境下，也有利于一些有毒有害气体的回收，可以减少环境污染。木材真空干燥的这些优点使其一直被人们所重视，但在负压场下若要实现木材干燥，则必须不断对其加热，使其内部保持一定的温度。然而在真空条件下，由于干燥装置内空气稀薄，对流传热效率很低，尤其是真空度较高时对流换热甚至可以忽略。如果采用热板或红外线辐射等加热，是将热量首先传递给被加热木材的表面，再通过热传导逐步传至心部。木材的热传导系数很低，因此使其中心部位达到所要求的温度需要一定的时间，尤其当木材含水率较低时所需时间更长。而高频加热则是木材内部水分等偶极子在高频电磁场中高速旋转，并做取向极化运动，这种运动使得分子间产生摩擦，即所谓的内摩擦，从而将电能转化为热能，达到加热和干燥木材的目的。水分多的部位发热量大，可使材内温度迅速升高，并且形成内高外低的温度和压力梯度，有利于材内水分向外排出。所以木材的高频-真空联合干燥是集合高频加热与负压干燥优点的联合干燥技术，从理论上讲，是木材较为理想的干燥方式。

与其他干燥方法相比，这种联合干燥方法干燥速率更快，质量更好，对环境无污染，易于实现自动控制。它不仅能克服单独高频加热干燥过程中，因含水率不均、温度过高而易出现内裂或内部烧焦的缺陷，又能解决单独真空干燥过程中，因空气介质稀少而造成热量传递困难的问题，还能降低干燥成本，缩短干燥时间。但该种联合干燥设备容量较小，投资较大，运行成本（主要是电费）较高。目前主要用于干燥质量要求高的珍贵树种材、断面尺寸大的结构材、工艺品等。

高频-真空联合干燥过程中，木材的传热虽与负压干燥过程有实质性的区别，但二者干燥过程中，木材的传质特性却相近。除存在由毛细管张力引起的水分移动、由扩散势（压力梯度、温度梯度、含水率梯度等）引起的水分扩散外，还存在着在木材内外压力差作用下的水蒸气移动，并且后者在某种干燥条件下会成为水分移动的主要方式。蔡英春等的研究结果表明，高频-真空干燥过程中木材内部水分移动的机理取决于干燥条件，即材内温度和材周围压力（真空度）。两者既决定着材内沸点以上领域的大小，又决定着水分移动的驱动力。木材周围真空度及材内温度高时，材内水分主要在驱动力作用下以水蒸气形式沿纤维方向排出到材外；而随着周围真空度及材内温度的降低，扩散在水分移动中所占比例将逐渐增大。但如果真空度过高，尤其在含水率较高时放电电压低（图14.8），容易引起木材的放电击穿现象。

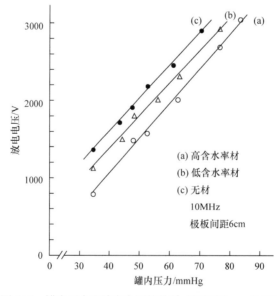

图 14.8　罐内压力和放电电压的关系（福冈醇一，1950）

　　高频-真空联合干燥装置的基本构成主要是高频发生器、真空罐体、冷凝器（凝结木材中蒸发出的水分，并维持罐体内真空度）、真空泵、储水罐（临时储存在冷凝器及罐体内凝结的水）、自动排水装置（储水罐中水达一定量时自动排除）、自动控制柜等，如图 14.9 所示。其中，真空泵、冷凝器和真空罐体构成了真空装置。此外，为了实现干燥过程的控制，需要有木材内部温度和压力的检测系统。

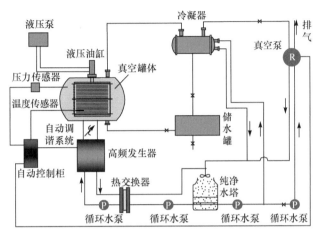

图 14.9　高频-真空联合干燥装置示意图

二、高频-真空联合干燥工艺示例

　　一般来说，试验室用小型干燥机与干燥生产中的干燥设备所适用的干燥基准是不同的。试验室用小型干燥机，由于木材容量较小，高频发生器具有足够的加热能力，木材开始被加热后，其温度很快就能达到设定值，并且干燥过程中木材自中心到表层的温度也较易实现在线检测，所以一般将传感器探头从侧面插入木材，检测并控制其表层或中心温度。同时适当设定并控制罐体内真空度。罐体内真空度和木材温度的设定基准，可参照热板加热连续真空干燥工艺来确定。由于木材中心部温度比表层高，对于表面易开裂且表面质量要求高的木材，应检测并控制表层温度；而易发生细胞皱缩的木材，则应检测并控制中心部位温度。关于干燥生产上的实用型干燥设备，由于其使用性能特点不同，即：①木材容量大，高频发生器有时会显得加热能力不足；②用于设定材温的试材选择较困难；③高频电磁场中不同部位的木材、同一块木材的不同部位，温度和压力存在差异，使得严密干燥基准的设定困难。因此实际干燥生产上，常采用以下控制方法，即：①控制罐体内真空度，调整高频输

　　出功率，但不控制木材温度（美国、加拿大采用较多）；②控制罐体内真空度，设定木材上限温度，并控制高频输出功率及高频激振率（如激振 7min、停止 3min）（日本常采用）。由于生产实际中的干燥设备木材容量大，因此温度传感器的设置位置被限定在装卸木材的大门及电极板接续口等可打开窗口的附近，多数情况下是将传感器探头插入端口的中央。

　　高频-真空联合干燥过程可分为预热和干燥两部分，通常不需要做调湿处理。一般先启动高频发生器，将木材加热到指定材芯温度，即可启动真空泵，使真空室内保持一定真空度。在干燥过程中主要控制木材中心温度的变化，木材温度达到预定值后即切断高频输出，防止木材因温升过高而开裂。表 14.3 是日本采用的 2.7cm 厚的山毛榉板材的连续高频真空干燥基准，图 14.10 标示出了美国铁杉的高频-真空干燥条件及干燥过程曲线，可供参考。

表 14.3 山毛榉板材（2.7cm 厚）的连续高频-真空干燥基准

干燥机		被干燥材		干燥基准			
罐体容量	输出功率	容量	初含水率	罐内真空度	阳极电压	高频激振率	设定温度
10m³	50kW	8.1m³	70%	50mmHg（6.67kPa）	9kV 一定	100%（连续激振）一定	45℃ 一定

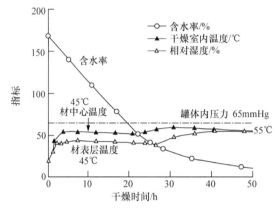

图 14.10 美国铁杉的高频-真空干燥条件及干燥过程曲线

试材：$R \times T \times L$ 为 4.5cm×20cm×30cm，端口封闭

需要注意的是，干燥基准应与干燥设备对应。尤其是实际生产中的干燥设备，即使采用同一基准，由于被干燥材的容量与高频发射功率的平衡及匹配、罐体的保温性能等不可能完全相同，干燥速率、干燥效果存在差异。严格来讲，高频-真空干燥并无通用的干燥基准，应将被干燥材的用途、材性、规格、尺寸等与所用干燥设备性能结合起来加以综合分析，进而对干燥基准进行修正。此外，实际干燥生产中若无法避免不同规格尺寸的木材或不同树种木材的同时混装，应首先综合分析，确立各规格、树种材的合适堆放位置，合理选定温度设定及控制的对象材。

第五节 高频-对流联合干燥

高频-对流联合加热干燥装置是常规对流蒸汽干燥与高频干燥组合应用的一种高速干燥设备，其原理是利用高频对木材进行内部加热，使内部水分迅速向表面移动（木材内部的水分首先开始沸腾，内部变成高压状态，中心部的水分迅速向外移动），同时，利用热空气对从木材内部移动到表面的水分进行干燥。高频-对流联合干燥设备示意图如图 14.11 所示。

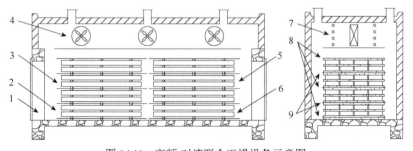

图 14.11 高频-对流联合干燥设备示意图

1. 大门；2，3，5，6. 材堆；4. 风机；7. 加热器；8. 接地极板；9. 供电极板

高频-对流联合加热干燥装置可在已有对流加热干燥设备的基础上增设高频发生器，并进行电磁波屏蔽等改进。与常规对流加热干燥法相比，具有以下先进性：①木材尤其是在含水率较低时热传导性很差，无论利用何种外部加热方法，如对流加热、热板接触加热及红外辐射加热等，都很难将热量快速传到内部而使其温度迅速升高；而高频加热则是利用木材内部水分等偶极子在高频电磁场中高速翻转摩擦生热等原理，内部自身加热，且水分多的部位发热量大，可使材内温度迅速升高，并且形成内高外低的温度和压力梯度，有利于材内水分向外排出；②在木材内部加热的同时使用蒸汽等进行外部对流加热，不仅降低了单独内部加热时的电力消耗，而且易于控制被干木材内外的温度梯度、木材周围干燥介质的相对湿度，有利于控制木材表面和端口的水分蒸发速度，提高干燥质量、降低成本；③所需干燥设备可在现有干燥设备的基础上增设高频发生器并加以改进获得，可大大降低设备投资，易于推广，具有较好的应用前景。

但是，合理使用该技术首先应处理好相关的技术问题，如高频电磁波的屏蔽、材堆中垫条厚度的合理确定、高频回路中总阻抗的自动适配、用较小容量高频发生器实现对大容量干燥室木材的高效加热、干燥过程中高频加热和蒸汽加热的适当匹配及温湿度等工艺参数的合理确定等。其中在用较小容量高频发生器对大容量木材进行高效加热方面，日本采用的方法是将大容量干燥室中的木材适当分几个区域堆垛（堆垛时配置电极板），干燥时用较小容量高频发生器对分区堆垛的木材进行高效循环加热，如图14.12所示。

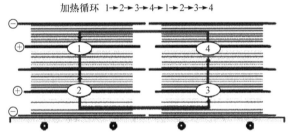

图14.12 高频循环加热技术

为提高干燥质量，希望木材在干燥过程中沿断面应有较小的含水率梯度，特别是干燥过程的初期；而中、后期则可适当降低空气的相对湿度。此外，为保证干燥速率和质量，还应适当调节干燥过程中木材的中心温度。

高频干燥的效果受木材密度、构造等的影响很大。木材的介电损耗随其密度的增高而加大，密度对介电损耗的影响程度在较高含水率范围内随含水率的增大而越显突出，因而高密度木材升温较快。不同构造的木材，其渗透性有很大区别。散孔阔叶树材（桦木、水青冈、杨木等）具有良好的渗透性，易于应用高频干燥；环孔阔叶树材（栎木等）横纹渗透性较差，易因木材内部水蒸气压力过高，其细胞等组织破裂，对于该类木材，应适当控制材内温度。

另外，高频输出电压的高低与加热效率有密切的关系。输出电压越高，效率越高。但由于在高含水率范围内，电压过高易引起木材的放电击穿现象，因此，干燥初期应适当控制电压，随着木材含水率的降低，可逐渐升至满压。

与常规对流干燥法相比，高频-对流联合加热干燥法速度快、质量好。例如，对于青冈和桦木成材，干燥速率一般可加速8～10倍，针叶材加快4～5倍，栎木加快2～3倍，而且被干燥木材的终含水率均匀。

思 考 题

1. 木材联合干燥的意义是什么？
2. 简述木材联合干燥的种类及特点。

主要参考文献

蔡英春. 2007. 木材高频真空干燥机理. 哈尔滨：东北林业大学出版社.

迟祥，刘冰，杜信元，等. 2020. 木材太阳能-空气能联合干燥设备的集热介质选择及能耗. 东北林业大
　　学学报，48（8）：107-111.

高建民. 2008. 木材干燥学. 北京：科学出版社.

顾炼百. 2003. 木材加工工艺学. 北京：中国林业出版社.

李文军. 2000. 木材特种干燥技术发展现状. 北京林业大学学报，22（30）：86-89.

梁世镇，顾炼百. 1998. 木材工业实用大全（木材干燥卷）. 北京：中国林业出版社.

王喜明. 2007. 木材干燥学. 北京：中国林业出版社.

张璧光. 2004. 木材科学与技术研究进展. 北京：中国环境科学出版社.

张璧光. 2005. 实用木材干燥技术. 北京：化学工业出版社.

朱政贤. 1992. 木材干燥. 2 版. 北京：中国林业出版社.

Chi X , Tang S, Du X Y, et al. 2022. Effects of air-assisted solar drying on poplar lumber drying processes in sub
　　frigid zone regions. Drying Technology, 40 (16):3580-3590.

Xu C X, Han J, ChengG P,et al. 2020. Selection of cross-seasonal heat collection/storage media for wood solar
　　drying Drying Technology, 38 (16): 2172-2181.

Yan X,Cai Y, Li Z, et al. 2012. The influence of sticker thickness on hybrid drying of larix gmelinii combined with
　　radio-frequency and hot-air heating. Lignocellulose, 1 (2): 108-118.

第十五章　木材干燥室的设计

　　木材干燥需要根据木制品的质量要求，将制材车间加工的湿锯材干燥成不同质量等级和数量的干材，为木工车间提供加工材料。因此，干燥室的设计是木材加工厂或木工车间总体设计中的一部分，干燥室及其辅助场地在总体平面布置中应按流水作业方式进行区划，便于装卸和运输作业机械化，降低运输成本。

第一节　干燥室设计的理论计算

一、设计任务和依据

（一）木材干燥室的设计任务

　　完整的木材干燥室设计，主要包括以下 8 个方面的内容。

1）干燥方式和室型的选择。

2）干燥室数量的计算。

3）热力计算。

4）气体动力计算。

5）进气道和排气道的计算。

6）绘制干燥室的结构图和施工图，以及干燥车间（或工段）的布置规划图。

7）解决装堆、卸堆和运输机械化问题。

8）核算干燥成本和确定干燥技术经济指标。

　　本章主要讨论上述任务中的前 5 项，并对干燥车间布置进行简要概述。第 8 项可参见《锯材干燥设备性能检测方法》（GB/T 17661—1999）中的规定进行。

（二）木材干燥室的设计依据

　　在设计干燥室之前应取得下列各项资料作为设计的依据。

1）一年内应干燥处理的锯材清单，内容包括被干锯材的树种、规格、材积、初含水率，以及所要求的终含水率和用途或干燥质量等级。

2）关于能源（蒸汽、电力等）及燃料的资料。

3）地质及地下水位资料。

4）干燥室使用地区一年中最冷月份及年平均气象资料。

5）工厂的总体布置，干燥车间的位置和厂内运输线。

6）投资总额。

　　由于木材干燥室的类型很多，其计算方法虽然各有特点，但总的来说，都是要确定干燥室的数量和热力设备的能力，对于强制循环干燥室还要确定迫使气流以一定速度通过材堆所需要的通风机的风量和风压。本章介绍目前普遍采用的周期式强制循环干燥室的设计方法。

二、室型选择与干燥室数量的计算

（一）干燥方式的选择

一般以板材形式的整边板干燥为宜，这样可以减少机械加工程序，提高干材出材率，减少装卸运输作业的劳动力，便于使繁重作业机械化，增加材堆的体积。只有在干燥特殊用材，如纺织器材木配件、军工用材等不宜用板材形式干燥时，才采用毛料形式干燥。

（二）室型的选择

室型的选择是一个比较复杂的问题，它涉及投资、干燥效率、成本、安装维修等，因此经常使建造过程难以抉择。从第四章有关干燥室型的介绍中可知，不同干燥室型具有不同的特点和适用范围，在选择干燥室型时首先要结合应用单位的具体情况和干燥质量等级要求，尽可能选择符合干燥工艺要求、运转可靠、效率高、对设备检查维修方便、投资条件允许的室型。根据我国木材加工单位加工木材的树种多而批量少的状况，在多数情况下，宜选择周期式强制循环干燥室。在北方寒冷地区，蒸汽干燥室应当选择便于建造在厂房内的室型，不宜选用外形高大的室型，有利于减少基建投资费用，并且可以避免壳体直接受外界气候条件的剧烈变化引起的腐蚀而缩短使用年限。

（三）干燥室数量的确定

为了完成全年干燥木材的任务，所需要干燥室的间数直接和干燥室的容量有关。根据我国树种多而木材资源缺乏、加工地点分散的特点，干燥室的容量一般不宜过大，特别是南方地区，以设计中等容量为好，便于适应材种多、批量少、干燥工艺操作不一的需要。

在确定干燥室数量时，由于涉及的因素很多，特别是我国尚无统一的干燥基准和额定的干燥时间作为参考依据，因此只能作近似于实际需要的估算。

在被干木材的树种、规格和用途等比较单一的情况下，可用类比法来估算，即参照先进生产单位同类型的干燥室干燥同树种、同规格（指厚度）锯材所需的实际干燥周期，扣除一个月的检修设备的时间，算出一间干燥室的年产量，以此来推算出完成全年干燥任务量所需要的干燥室数量。

在被干木材的树种、规格、要求干燥的质量等级等比较多样化，批量比较多的情况下，可按以下步骤估算确定。

1. 一间干燥室的容量   首先根据被干木材的长度确定材堆的长（L）、宽（b）、高（h）尺寸和一间干燥室的装堆数（$m_堆$），根据室内总的材堆外形体积（$V_外$）就可算出一间干燥室内容纳的实际材积，为

$$E\,(\mathrm{m}^3) = V_外 \cdot \beta_容 = m_堆 \cdot L \cdot b \cdot h \cdot \beta_容 \tag{15.1}$$

式中，E 为干燥室容量（m^3）；$\beta_容$ 为材堆容积充实系数，表示材堆的实际材积与材堆的外形体积之比。

材堆的容积充实系数按下式计算：

$$\beta_容 = \beta_长 \cdot \beta_宽 \cdot \beta_高 \tag{15.2}$$

式中，$\beta_长$ 为材堆长度充实系数，当干燥的材长等于材堆长度时，等于 1；在干燥毛料时，取值为 0.9。$\beta_高$ 为材堆高度充实系数。$\beta_宽$ 为材堆宽度充实系数，其数值取决于木材的加工程度、室内的气流循环性质和堆垛的方法等，数值见表 15.1。

表 15.1　材堆宽度充实系数

循环方式	整边板	毛边板
快速可逆循环	0.95	0.81
逆向循环	0.65	0.56
自然循环	0.70	0.60

当板材厚度为 S mm、隔条厚度为 25mm，材堆在干燥过程中沿高度的干缩率平均为 8%时，式（15.2）中材堆的容积充实系数可以改写为下式：

$$\beta_{容} = \frac{S \cdot \beta_{宽} \cdot \beta_{长}}{25 + 1.08 \times S} \qquad (15.3)$$

为了简化计算，$\beta_{容}$ 可由用式（15.3）计算编制的材堆容积充实系数表（表 15.2）查出。倘若用的隔条厚度与表中规定的尺寸不符合时，可按式（15.3）用实际隔条厚度尺寸计算 $\beta_{容}$ 的数值。

当干燥室内的材堆数和材堆尺寸确定以后，参考第四章中有关干燥室型介绍的材堆外形尺寸与室内各部位的间距数值，就可以初步确定设计的干燥室的内部尺寸。

表 15.2　材堆容积充实系数 $\beta_{容}$（Соколов，1955）

木材厚度 /mm	隔条厚度 25mm						隔条厚度 40mm	
	自然循环		逆向循环		快速可逆循环		自然循环	
	整边	毛边	整边	毛边	整边	毛边	整边	毛边
13	0.233	0.200	0.216	0.185	0.317	0.271	0.168	0.144
16	0.265	0.228	0.246	0.211	0.360	0.308	0.196	0.168
19	0.293	0.251	0.273	0.234	0.398	0.341	0.22	0.189
22	0.315	0.271	0.293	0.251	0.428	0.367	0.241	0.207
25	0.337	0.289	0.312	0.267	0.457	0.392	0.261	0.224
30	0.366	0.313	0.34	0.291	0.496	0.425	0.29	0.249
35	0.390	0.334	0.362	0.31	0.529	0.453	0.315	0.270
40	0.411	0.353	0.382	0.327	0.557	0.478	0.347	0.289
45	0.428	0.367	0.399	0.342	0.581	0.498	0.356	0.305
50	0.443	0.380	0.411	0.352	0.601	0.516	0.372	0.319
55	0.457	0.391	0.424	0.3563	0.618	0.537	0.387	0.332
60	0.468	0.401	0.435	0.372	0.636	0.545	0.401	0.313
70	0.487	0.417	0.452	0.389	0.661	0.566	0.424	0.362
80	0.503	0.428	0.467	0.400	0.682	0.585	0.433	0.380
90	0.515	0.441	0.478	0.41	0.698	0.599	0.449	0.393
100	0.526	0.451	0.488	0.419	0.714	0.612	0.472	0.405
110	0.535	0.459	0.497	0.426	0.727	0.623	0.484	0.415
120	0.543	0.466	0.504	0.432	0.738	0.626	0.496	0.425
130	0.55	0.472	0.511	0.437	0.746	0.638	0.505	0.432
140	0.556	0.477	0.517	0.442	0.754	0.648	0.511	0.437
150	0.562	0.482	0.521	0.446	0.761	0.653	0.519	0.455

2. 干燥室的年周转次数　　干燥室在全年内的生产周转次数按下式计算:

$$H = \frac{335}{Z + Z_1} \text{(次/年)} \tag{15.4}$$

式中, H 为干燥室的年周转次数; 335 为干燥室全年工作日数, 其余 30d 为检修日数; Z_1 为装卸木材的时间 (d), 周期式干燥室取 $Z_1 = 0.1d$; Z 为木材的干燥时间 (昼夜)。

上式中 Z 的数值, 应是能综合反映干燥室在全年内干燥各种木材的干燥时间的平均值, 也就是统计量的平均值, 而不是某一具体材种的干燥时间。因此, 可以根据全年被干木材的树种、规格和材积, 参考生产单位同类型干燥工艺的干燥时间定额, 用干燥时间加权平均数 $Z_{\text{平}}$ 来确定, 即

$$Z_{\text{平}} = \frac{\sum Z_n V_n}{\sum V_n} \text{(昼夜)} \tag{15.5}$$

式中, Z_1, Z_2, $\cdots$, Z_n 为不同树种、厚度木材的干燥时间, 可参考表 15.3; V_1, V_2, $\cdots$, V_n 为上述树种、厚度木材的全年应干燥的材积。可以将干燥时间相同的不同材种归入同一类材积计算, 使计算简化。

表 15.3　　木材不同初含水率干燥时间定额表　　　　　　　　　（单位: h）

板材厚度 /cm	红松、白松、椴木、云杉		水曲柳		榆、色、桦、杨木、落叶松		楸木		柞木、海南杂木、越南杂木	
	<50%	>50%	<50%	>50%	<50%	>50%	<50%	>50%	<50%	>50%
2.2 以下	50	80	80	120	60	90	70	90	163	209
2.3~2.7	64	108	96	140	72	117	90	120	205	289
2.8~3.2	82	130	115	168	87	142	122	167	242	335
3.3~3.7	105	156	156	209	110	180	164	209	282	397
3.8~4.2	125	172	264	315	149	202	207	274	372	504
4.3~4.7	150	206	438	421	190	261	292	365	479	628
4.8~5.2	195	245	413	532	265	334	377	457	579	755
5.3~5.7	234	283	489	619	335	420	464	569	612	806
5.8~6.2	265	311	543	698	445	525	552	669	646	857
6.3~6.7	281	342	598	767	488	625	607	752		
6.8~7.2	309	376	693	910	542	703	658	833		
7.3~7.7	340	450	787	1052	596	781	757	983		
7.8~8.2	408	495	1102	1471	691	840	856	1194		
8.3~8.7	450	565			787	938				
8.8~9.2	498	624								
9.3~9.7	557	695								
9.8~10.2	615	766								
10.3~11.2	634	789								

资料来源: 北京光华木材厂, 1977

表 15.3 是北京市光华木材厂经过长期干燥实践确定的干燥时间定额表, 可供周期式强制循环干燥室计算 $Z_{\text{平}}$ 时作参考。该表适用于确定由湿锯材干燥到终含水率 10%~15%, 干燥质量较

高的家具等用材的干燥时间定额。

3. 干燥室间数的确定　　为完成全年干燥任务所需要的干燥室数量 $[m_{室(间)}]$，按下式计算：

$$m_{室(间)}=\frac{\sum V_n}{E\cdot H}\qquad(15.6)$$

三、周期式强制循环干燥室的热力计算

　　干燥室的热力计算项目有热消耗量的确定、加热器散热面积的确定及蒸汽消耗量的确定。干燥室在全年内干燥木材的树种、厚度和质量等级的要求各不相同，加热设备的供热能力也要有适应不同干燥工艺的温度变化范围。因此，在热力计算开始时要选择被干材种中允许最高温度操作的干燥基准作为参考，并以该基准中接近基准平均温度的阶段（此时木材的含水率为 30%～35% 或 30%～40%）的干球温度数值 t_1、相对湿度数值 φ_1 作为计算相关变量值时的参考依据，使计算确定加热设备的能力不至于明显过强或不足，避免盲目性。

　　被干材种多、批量大、需要建造的干燥室数量多时，宜将设计的干燥室分成两组：一组为加热设备能力强的、可以对易干材种进行高温干燥的干燥室；另一组为加热能力较弱的干燥室，用于干燥厚材和难干材种。这样既可以节省设备费用又可以更好地适应生产的灵活性。

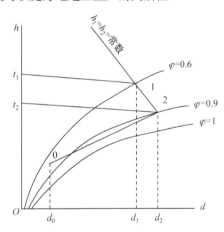

图 15.1　在 h-d 图上的干燥过程

　　在干燥室数量不多的情况下，宜设计常温和高温两种干燥工艺都能用的干燥室，对干燥不同材种可以有比较大的适应性。为了便于计算，选择了一种适用于干燥基本密度为 400kg/m³、厚度为 3cm 的松、杉类木材（如红松）的干燥基准，列出基准平均温度的温、湿度数值［干燥基准可参考《锯材窑干工艺规程》（LY/T 1068—2012）］，用 t_1 和 φ_1 符号表示，分别为 $t_1=85℃$，$\varphi_1=62\%$。由于在以下各项计算中还需要确定其他参数，可以用 h-d 图绘制干燥过程（图 15.1）。图上点 0 表示新鲜空气的状态，新鲜空气引入干燥室，其状态可取为 $t_0=20℃$，$\varphi_0=78\%$。点 1 表示介质进入材堆之前的介质状态，即由上述的 t_1 和 φ_1 数值确定。点 2 表示介质通过材堆后的状态，这是水分蒸发过程，在理论上是沿着等热焓线进行的，即 $h_2=h_1$，点 2 的位置在 $h_1=$const 线上来确定。为了使干燥室的进、排气道有够大的通气断面积，可以假设空气被饱和到 φ_2 为 90%～95%，这样，点 2 的位置是在 $h_1=h_2=$const 线与 $\varphi_2=90\%～95\%$ 线的交点上。于是在 h-d 图上可以查出各项状态参数，分别为：$t_0=20℃$，$\varphi_0=78\%$，$d_0\approx13$g/kg，$v_0\approx0.87$m³/kg；$t_1=85℃$，$\varphi_1=62\%$，$d_1\approx356$g/kg，$h_1\approx1025.8$kJ/kg（245kcal/kg）；$t_2=76℃$，$\varphi_2\approx90\%$，$d_2\approx363$g/kg。

（一）每小时蒸发水分量的计算

　　干燥室在一次周转期间从室内材堆蒸发出来的全部水分的数量为

$$M_{室}=\rho_i\left(\frac{MC_{初}-MC_{终}}{100}\right)\cdot E\,(kg)\qquad(15.7)$$

式中，ρ_i 为木材的基本密度（kg/m³），$MC_{初}$ 为木材初含水率（%），$MC_{终}$ 为木材终含水率（%）。

　　平均每小时由干燥室内蒸发出来的水分量为

$$M_{室} = \frac{M_{室}}{24Z} \quad (\text{kg/h}) \tag{15.8}$$

考虑到室内各部分干燥速率不均匀,当干燥缓慢部分达到指定含水率时,整个室内失去的水分已大于按上式算出的数量。因此,$M_{平}$的数值须乘以系数 x,才得到计算用的每小时由室内蒸发出来的水分数量,即

$$M_{计} = M_{平} \cdot x \quad (\text{kg/h}) \tag{15.9}$$

x 的数值与木材终含水率的关系如表 15.4 所示:

表 15.4　系数 x 的数值与木材终含水率的关系

MC$_{终}$/%	x	MC$_{终}$/%	x
20～16	1.1	<12	1.3
15～12	1.2		

(二)循环空气量与新鲜空气量的确定

以 1kg 被蒸发水分为准的新鲜空气量 g_0 按下式计算:

$$g_0 = \frac{1000}{d_2 - d_0} \quad (\text{kg/kg}) \tag{15.10}$$

每小时输入干燥室内的新鲜空气的体积(V_0)为

$$V_0 = M_{计} \cdot g_0 \cdot v_0 \quad (\text{m}^3/\text{h}) \tag{15.11}$$

式中,v_0 可取值 0.87m³/kg。

每小时由干燥室排出的废气体积($V_{废}$)为

$$V_{废} = M_{计} \cdot g_0 \cdot v_2 \quad (\text{m}^3/\text{h}) \tag{15.12}$$

式中,v_2 是废气(即状态 2 点的介质)的比容。

对于强制循环干燥室来说,每小时在干燥室内循环的空气体积将取决于气流穿过材堆的速度 $\omega_{循}$(可在 1.5～5.0m/s 范围内选择),以此来确定循环空气量并配置通风机,因此可按下式计算:

$$V_{循} = 3600 \cdot \omega_{循} \cdot F_{循} \times 1.2 \quad (\text{m}^3/\text{h}) \tag{15.13}$$

式中,1.2 为未通过材堆循环空气量的漏失系数。$F_{循}$为在与气流方向相垂直的平面上,经过材堆的空气通道的有效断面积(m²),按下式确定:

$$F_{堆} = m_{堆} \cdot L \cdot h \, (1 - \beta_{高})$$

式中,$m_{堆}$为干燥室长度方向材堆数;L 为一个材堆的长度(m);h 为材堆的高度(m);$\beta_{高} = \dfrac{\text{板材厚}}{\text{隔条厚} + \text{板材厚}}$。

(三)干燥过程中热消耗量的确定

干燥过程中热量的消耗主要有三部分:即预热湿木材、蒸发木材中的水分及透过干燥室壳体的热损失。各部分的热量消耗均须按冬季平均条件计算,以便使干燥室能够在严寒季节维持正常的干燥基准。倘若为了便于统计干燥成本,这时可按年平均温度条件计算。

1. 预热湿木材的热量消耗　　为将湿木材从室外的冬季平均温度加热到干燥室内的平均温度所消耗的热量,在计算时应分为两种情况,倘若冬季计算用温度在 0℃以上,预热 1m³ 木材的热消耗量按下式确定:

$$Q_{\text{预m}^3}(\text{kJ}/\text{m}^3)=1000\rho_i\left(1.591+4.1868\times\frac{\text{MC}_{\text{初}}}{100}\right)(t_{\text{平}}-t_{\text{冬季}}) \tag{15.14}$$

式中，1.591 为不同条件下绝干材的平均比热容 [kJ/（kg・℃）]；4.1868 为水的比热容 [kJ/（kg・℃）]；$t_{\text{平}}$ 为干燥室内的平均温度，约等于 $\frac{t_1+t_2}{2}$（℃）；$t_{\text{冬季}}$ 为冬季计算用温度（℃），$t_{\text{冬季}}=0.4t_{\text{冷平}}+0.6t_{\text{最低}}$；$t_{\text{冷平}}$ 为当地一年中最冷月份的平均气温（℃）；$t_{\text{最低}}$ 为当地最低气温（℃）。

在缺乏历年的气象资料情况下，可以用当地近 5 年内最冷月份的平均气温代替 $t_{\text{冬季}}$。倘若冬季计算用气温在零度以下，此时加热湿木材所需要的热量可分为 4 个部分：木材本身与部分吸着水（含水率低于 15% 的部分）加热到指定温度的热量，木材内冰块由冬季计算温度加热到零度的热量，冰的溶解热量，冰溶解成水后加热到指定温度的热量。这时按下式确定：

$$Q_{\text{预m}^3}(\text{kJ}/\text{m}^3)=1000\rho_i\left\{\left(1.591+4.186\times\frac{15}{100}\right)(t_{\text{平}}-t_{\text{冬季}})\right.$$
$$\left.+\frac{\text{MC}_{\text{初}}-15}{100}[2.09(0-t_{\text{冬季}})+334.9+4.186\times t_{\text{平}}]\right\} \tag{15.15}$$

式中，2.09 为冰的比热 [kJ/（kg・℃）]；334.9 为冰的溶解潜热 [kJ/（kg・℃）]。

就年平均条件来说，预热 1m³ 木材的热消耗量可按下式确定：

$$Q_{\text{预m}^3}=\rho_i\left(1.591+4.186\times\frac{W_{\text{初}}}{100}\right)(t_{\text{平}}-t_{\text{冬季}})\quad(\text{kJ}/\text{m}^3) \tag{15.16}$$

式中，$t_{\text{年平}}$ 为全年平均气温，按当地气象资料确定。

预热期中平均每小时的热消耗量为

$$Q_{\text{预室}}=\frac{Q_{\text{预m}^3}\cdot E}{Z_{\text{预}}}\quad(\text{kJ}/\text{h}) \tag{15.17}$$

式中，$Z_{\text{预}}$ 为木材预热需要的时间，可按经验确定，即木材每厚 1cm 需要 1.5～2h。

以 1kg 被蒸发水分为准的用于预热上的单位热消耗量 $q_{\text{预}}$ 的计算式为

$$q_{\text{预}}=\frac{Q_{\text{预m}^3}\cdot E}{M_{\text{室}}}\quad(\text{kJ}/\text{kg}) \tag{15.18}$$

2. 蒸发木材中的水分的热消耗量　　由木材中每蒸发 1kg 水分所需要的热量 $q_{\text{蒸}}$ 按下式确定：

$$q_{\text{蒸}}=1000\frac{h_2-h_0}{d_2-d_0}-4.186\times t_{\text{平}}\quad(\text{kJ}/\text{kg}) \tag{15.19}$$

干燥室内每小时用于蒸发水分的热消耗量为

$$Q_{\text{蒸}}=q_{\text{蒸}}\cdot M_{\text{计}}\quad(\text{kJ}/\text{h}) \tag{15.20}$$

3. 透过干燥室壳体的热损失

$$Q_{\text{壳}}=1.1\times F_{\text{壳}}\times k_{\text{壳}}(t_1-t_{\text{外}})\cdot c\times3.6\quad(\text{kJ}/\text{h}) \tag{15.21}$$

式中，$Q_{\text{壳}}$ 为透过干燥室壳体散失到室外空气中的热消耗量（kJ/h）；$F_{\text{壳}}$ 为干燥室壳体的表面积（m³）；$k_{\text{壳}}$ 为壳体的传热系数 [W/（m²・℃）]，见表 15.5；$t_{\text{外}}$ 为干燥室外的温度，若干燥室建造在露天，应按 $t_{\text{冬季}}$ 计算；若建造在厂房内，应取室内最冷月份的平均温度数值；1.1 为因壳体的水平方位与主风方向而异的平均附加热损失的系数；c 为因干燥室内温度高低而异的系数，高于 50℃ 时取 2.0，低于 50℃ 时 1.5；3.6 为单位换算系数。

表 15.5　壳体各部分的传热系数 *k* 壳　　　　［单位：W/（m²·℃）］

一面涂抹灰浆的砖墙，厚度以 mm 计	传热系数
250（1 块砖）	2.047
380（1.5 块砖）	1.535
510（2 块砖）	1.233
640（2.5 块砖）	1.035
盖有两层油毡和下列保温层的钢筋混凝土天棚	传热系数
厚 190mm 的细炉渣层	1.116
厚 350mm 的细炉渣层	0.698
混凝土地面等于墙壁传热系数的 1/2	

采用其他材料作壳体或壳体为多层结构时，*k* 壳 的数值应按下式计算：

$$k_{壳}=\cfrac{1}{\cfrac{1}{\alpha_{内}}+\sum\cfrac{\delta}{\lambda}+\cfrac{1}{\alpha_{外}}} \tag{15.22}$$

式中，$\alpha_{内}$ 为干燥介质对壳体内表面的放热系数 ［W/（m²·℃）］，热湿气体介质为 11.63；常压过热蒸汽介质为 13.956；$\alpha_{外}$ 为壳体外表面的放热系数［W/（m²·℃）］，干燥室建在露天时为 23.26；在厂房时为 11.63；δ 为壳体结构各层的厚度（m）；λ 为各层材料的导热系数 ［W/（m²·℃）］，参考表 15.6。

表 15.6　各种材料的导热系数

材料名称	密度/（kg/m³）	导热系数/［W/（m²·℃）］
膨胀珍珠岩散料	300	0.116
膨胀珍珠岩散料	120	0.058
膨胀珍珠岩散料	90	0.046
水泥膨胀珍珠岩制品	350	0.116
水玻璃膨胀珍珠岩制品	200~300	0.056~0.065
岩棉制品	80~150	0.035~0.038
矿棉	150	0.069
酚醛矿棉板	200	0.069
玻璃棉	100	0.058
沥青玻璃棉毡	100	0.058
膨胀石至石	100~160	0.059~0.07
沥青石至石板	150	0.087
水泥石至石板	500	0.139
石棉水泥隔热板	500	0.128
石棉水泥隔热板	300	0.093
石棉绳	590~730	0.01~0.21
碳酸镁石棉灰	240~490	0.077~0.086
硅藻土石灰棉	280~380	0.085~0.11
脲醛泡沫塑料	20	0.046
聚苯乙烯泡沫塑料	30	0.046
聚氯乙烯泡沫塑料	50	0.058

续表

材料名称	密度/（kg/m³）	导热系数/［W/（m·℃）］
锅炉炉渣	1000	0.29
锅炉炉渣	700	0.22
矿渣砖	1100	0.418
锯末	250	0.093
软木板	250	0.069
胶合板	600	0.174
硬质纤维板	700	0.209
松和云杉（垂直木纹）	550	0.174
松和云杉（顺木纹）	550	0.349
玻璃	2500	0.67～0.71
混凝土板	1930	0.79
水泥	1900	0.3
石油沥青油毡、油纸、焦油纸	600	0.174
建筑用毡	150	0.058
浮石填料	300	0.139
纯铝	2710	236
杜拉铝	2790	169
建筑钢	7850	58.15
铸铁件	7200	50
转砌圬土	1800	0.814
空心砌墙	1400	0.639
矿渣砖墙	1500	0.697
水泥砂浆	1800	0.93
混合砂浆	1700	0.872
钢筋混凝土	2400	1.546

干燥室壳体的传热系数 $k_{壳}$ 应当控制在干燥时室壳内表面不会发生水汽凝结现象的范围内。因此，计算的 $k_{壳}$ 数值要符合下式的检验：

$$k_{壳} \leqslant \alpha \ \frac{t_1 - t_{露}}{t_1 - t_{外}} \ [W/(m^2 \cdot ℃)] \tag{15.23}$$

式中，$t_{露}$ 为干燥介质状态为 t_1、φ_1 时的露点温度。

若采用固定结构的天棚：8～10cm 厚的钢筋混凝土板，2～3 层油毛毡和 0.5～1cm 厚的水泥表层，这种固定构件的传热系数约等于 4.303W/（m²·℃），天棚应铺设绝热层的厚度 $\Delta_{绝}$ 可按下式计算：

$$\Delta_{绝} = \lambda_{绝} \cdot \left(\frac{1}{k_{棚}} - 0.232 \right) \ (m) \tag{15.24}$$

式中，$\lambda_{绝}$ 为绝热层的导热系数，依据采用的绝热材料而异；0.232 为天棚固定构件传热系数的倒数。

在计算壳体墙壁热损失时，若几间干燥室是并排连接建造的，由于内隔墙是两室共用的，热损失少，可以不计算，只计算端头干燥室的外侧墙的热损失。若干燥室建于露天，须附加 10% 的热损失，即应按 $\sum Q_壳 \times 1.1$ 取值。

以 1kg 被蒸发水分为准的通过壳体热损失的单位热消耗量：

$$q_壳 = \frac{\sum Q_壳}{M_计} \quad (kJ/kg) \tag{15.25}$$

4. 干燥过程中总的单位热消耗量

$$q_干 = (q_预 + q_蒸 + q_壳) \cdot C_1 \quad (kJ/kg) \tag{15.26}$$

式中，$q_干$ 为干燥过程中总的单位热消耗量（kJ/kg）；C_1 为加热壳体和运输料车的热消耗，以及中间喷蒸的热消耗系数（1.2～1.3）。

（四）加热器散热面积的确定

由加热器供给的热量为蒸发水分的热消耗量和透过干燥室壳体的热损失之和，预热期间的热消耗量主要是由蒸汽供热，由加热器供热占的比例较小，在计算加热器时不需考虑。这样，每小时应由加热器供给的热消耗量 $Q_加$ 按下式计算：

$$Q_加 = (Q_蒸 + \sum Q_壳) \cdot C_1 \quad (kJ/h) \tag{15.27}$$

式中，C_1 取为 1.2。

干燥室内应具有的加热器的散热表面积 $F_散$ 为

$$F_散 = \frac{Q_加 \cdot C_2}{K(t_汽 - t_平)} \quad (m^2) \tag{15.28}$$

式中，C_2 为考虑到加热不均匀和管子阻塞的后备系数，取其等于 1.1～1.3；$t_汽$ 为加热器内饱和蒸汽的温度，因蒸汽压力而异，干燥中的工作表压力一般为 0.3～0.5MPa；K 为加热管的传热系数，依加热器的类型而异。按第四章中介绍的各类加热器的资料确定。

各类加热器的 K 值与气流通过加热器表面的速度有关，将随气流速度的增加而加大。对肋形管加热器来说，一般以气流速度达到 2.5～5.5m/s 为好。

在未知室内应配置多少加热器时，可以通过计算干燥介质通过加热器表面的实际速度 $\omega_实$ 来确定 K 值，可以参考下列加热器表面积（m^2）与室内实际材积（m^3）的经验配比数值选定，进行初步运算至符合设计要求，即：常规干燥室（以热湿空气为介质）为 2～6m^2/m^3；过热蒸汽干燥室为 8～20m^2/m^3。

$\omega_实$ 的数值按下式计算确定：

$$\omega_实 = \frac{V_循}{3600 \cdot F_有效} \quad (m/s) \tag{15.29}$$

式中，$V_循$ 为干燥室内循环的干燥介质数量（m^3/h）；$F_有效$ 为介质自由通过加热器的有效断面积（m^2），用下式计算确定：

$$F_有效 = F_气道 - F_管 \quad (m^2) \tag{15.30}$$

式中，$F_气道$ 为安装有加热管气道的断面积（m^2），此断面和气流方向相垂直；$F_管$ 为 $F_气道$ 中被加热管和散热片所占据的表面积（m^2）。

有的加热器需要用标准状态空气（温度为 0℃，气压为 0.101 33MPa）的循环速度 $\omega_实$ 来确定 K 值，这时可按下式换算：

$$\omega_0 = \frac{\omega_{实} \cdot \rho}{1.25} \quad (\text{m/s}) \tag{15.31}$$

式中，ρ 为通过加热器的介质密度（kg/m^3）；1.25 为标准空气的密度（kg/m^3）。

（五）干燥车间蒸汽消耗量的确定

确定一间干燥室和干燥车间每小时的蒸汽消耗量的主要目的在于衡量锅炉的负荷，依此选用合适的蒸汽管和冷凝水管的管径。进而计算以 1m^3 木材为准的蒸汽消耗量，以便核算干燥成本。

1. 预热期间干燥室内每小时的蒸汽消耗量

$$D_{预室} = \frac{Q_{预室} + \sum Q_{壳}}{h_{汽} - h_{凝}} \cdot C_1 \quad (\text{kg/h}) \tag{15.32}$$

式中，$D_{预室}$ 为预热期间干燥室内每小时的蒸汽消耗量（kg/h）；C_1 为未经计算的热损失系数，约为 1.2；$h_{汽}$、$h_{凝}$ 分别为蒸汽和凝结水的热含量，当管中的蒸汽为 0.5MPa 表压力时，$h_{汽} - h_{凝} \approx$ 2113kJ/kg；0.4MPa 表压力时为 2140kJ/kg；0.3MPa 表压力时为 2170kJ/kg。

2. 干燥期间室内每小时的蒸汽消耗量

$$D_{干室} = \frac{Q_{蒸} + \sum Q_{壳}}{h_{汽} - h_{凝}} \cdot C_1 \quad (\text{kg/h}) \tag{15.33}$$

式中，$D_{干室}$ 为干燥期间室内每小时的蒸汽消耗量（kg/h）。

3. 全干燥车间每小时的蒸汽消耗

$$D_{车间} (\text{kJ/h}) = m_{预} \cdot D_{预室} + m_{干} \cdot D_{干室} \tag{15.34}$$

式中，$D_{车间}$ 为干燥车间每小时的蒸汽消耗（kJ/h）；$m_{预}$ 与 $m_{干}$ 为进行预热和干燥室的间数。

4. 干燥 1m^3 木材的平均蒸汽消耗量

$$D_{干m^3} = \frac{q_{干} \cdot M_{室} / E}{h_{汽} - h_{凝}} \quad (\text{kg/m}^3) \tag{15.35}$$

式中，$D_{干m^3}$ 为干燥 1m^3 木材的平均蒸汽消耗量（kg/m^3）。

5. 蒸汽主管的直径与通向加热器的蒸汽管的直径

$$d = \sqrt{1.27 \frac{D_{车间}}{3600 \cdot \rho_{汽} \cdot \omega_{汽}}} \quad (\text{m}) \tag{15.36}$$

式中，d 为蒸汽主管的直径与通向加热器的蒸汽管的直径最小值（实际取值需不小于此值）；$D_{车间}$ 为每小时通过管子的最大蒸汽量（kg/h）；$\rho_{汽}$ 为蒸汽的密度；$\omega_{汽}$ 为蒸汽在管内的流动速度，取其约等于 25m/s。

6. 一间干燥室凝结水输送管的直径

$$d_{凝} = \sqrt{1.27 \frac{D_{干室} \times 3}{3600 \cdot \rho_{水} \cdot \omega_{水}}} \quad (\text{m}) \tag{15.37}$$

式中，$d_{凝}$ 为一间干燥室凝结水输送管的直径（m）；$\rho_{水}$ 为热水的密度，采取约等于 960kg/m^3；$\omega_{水}$ 为凝结水在管内的流动速度，为 0.5～1m/s。

疏水器的选用与配置，根据第四章中有关部分资料确定。

四、干燥室的气体动力计算

干燥室气体动力计算的主要任务是：选择通风机的类型和风机号并确定通风机的转数和功率。

为了选择通风机并确定其转数和功率,必须先确定通风机应有的风量和风压。通风机的风量,对于一般的强制循环干燥室来说,取决于干燥室内通过材堆循环的气体量 $V_{循}$。通风机产生的风压,在封闭循环系统的干燥室内,须能克服气体由通风机送风口起,然后回到送风口的整圈流动过程中所遇到的阻力。

(一)干燥室内气体运动阻力的计算

通风机的压头(即风压)分为克服局部阻力和摩擦阻力所需的静压力,以及使气体通过风机产生一定出口速度所需要的动压力。

对于封闭循环系统干燥室的气体动力计算来说,由于风机的压力只需用来克服气体循环过程中的局部阻力 $h_{局}$(和管道的形状有关)和直线段的摩擦阻力 $h_{摩}$ 所引起的压力损失,不需要计算动压力。因此风机的风压 H 为全部局部阻力和摩擦阻力之和,即

$$H(\text{Pa}) = \sum \frac{\rho \omega^2}{2} \left(\frac{\mu \cdot L \cdot u}{4f} + \xi \right) \tag{15.38}$$

式中,$\frac{\rho \omega^2}{2} \cdot \frac{\mu \cdot L \cdot u}{4f}$ 为摩擦阻力 $h_{摩}$;$\frac{\rho \omega^2}{2} \cdot \xi$ 为局部阻力 $h_{局}$;ρ 为气体的密度(kg/m³);ω 为气体的流速(m/s);u 为气体通道的周边长度(m);μ 为气体通道周边的摩擦系数;L 为气体通道的长度(m);f 为气体通道的断面积(m²);ξ 为局部阻力系数。

为了便于计算气流的阻力,应当绘制干燥室内干燥介质循环系统流程图,并注明各区段的号码划分计算段,如图 15.2 所示。

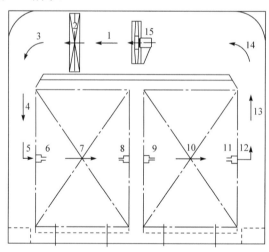

图 15.2 干燥室内干燥介质循环系统流程图

1. 气道;2. 加热器;3,14. 弯道;4,13. 侧气道;5,12. 90°角气道;
6,9. 骤然缩小;7,10. 材堆;8,11. 骤然增大;15. 风机机壳

一般强制循环干燥室内的介质流程,大致可划分为这样几个计算段:加热装置,转向挡板和轴流式通风机的机壳,直线气道,木材材堆,气流从一个区段转向另一区段的局部阻力(弯道、断面骤然缩小或扩大等)。

1. 加热装置   加热器的阻力只能用局部阻力系数和气流速度来估计,一般可参考下式:

$$\Delta h_1(\text{Pa}) = \xi_1 \frac{\rho_1 \cdot \omega_1^2}{2} \cdot m \tag{15.39}$$

式中，ξ_1 为加热器的阻力系数；m 为气流行进方向上加热管的列数。

用于木材干燥室内的加热器，可分为铸铁肋形管、平滑钢管和螺旋翅片这三种。其中铸铁肋形管、平滑钢管是早期干燥室中常用的加热器，现已应用较少。目前新建干燥室，几乎全部采用双金属挤压型复合铝螺旋翅片加热器。由于加热器的布置形式、流经加热器外表面的介质流速及加热管内热媒性质等因素的不同，传热系数 K 的计算公式繁多。具体在确定传热系数 K 时，可参考生产厂家提供样本说明。

2. 转向挡板和轴流式通风机的机壳　气流通过这部分区段所产生的局部阻力 Δh_2 按下式确定：

$$\Delta h_2 (\text{Pa}) = \xi_2 \frac{\rho_2 \cdot \omega_2^2}{2} \tag{15.40}$$

通风机串装在纵轴上时，ξ_2 取 2.5；通风机装在横轴上时，ξ_2 取 0.8；轴上只装一台通风机时，ξ_2 取 0.5。

ω_2 按下式计算：

$$\omega_2 (\text{m/s}) = \frac{V_{循}}{3600 \cdot \dfrac{\pi D^2}{4} \cdot n} \tag{15.41}$$

式中，D 为通风机叶轮的直径（m）；n 为室内通风机的台数。

通风机在未选定之前，可以先按生产上常用通风机的规格进行估计。

3. 断面固定的直线气道　直线气道主要是指材堆与墙壁之间、材堆上方挡板与天棚之间的气体通道。直线气道对气流的阻力 Δh_3 按下式确定：

$$\Delta h_3 (\text{Pa}) = \frac{\mu \cdot L \cdot u}{4 f_{气道}} \cdot \frac{\rho_3 \omega_3^2}{2} \tag{15.42}$$

式中，μ 为摩擦系数。在干燥室内的摩擦阻力在总的压头数值中是比较小的，μ 的数值如表 15.7 所示。

表 15.7　不同气道周边的摩擦系数 μ

气道种类	摩擦系数
金属气道	0.016
粗糙的气道	0.03
平整的砖气道	0.04

4. 材堆的阻力　克服材堆阻力所需要的压头损失按下式确定：

$$\Delta h_4 (\text{Pa}) = \xi_{堆} \frac{\rho_4 \cdot \omega_4^2}{2} \tag{15.43}$$

式中，ω_4 为气体在进入材堆之前的运动速度（m/s）；$\xi_{堆}$ 为气体通过材堆的阻力系数。

对于横向水平强制循环的、不留空格的材堆，$\xi_{堆}$ 的数值用图 15.3 查出。对于横向水平循环但留有空格的材堆，$\xi_{堆}$ 的数值可用下列计算式确定：

$$\xi_{堆} = (2.55 + 0.46n) \left(\frac{S}{a} \right)^{1.5} + \frac{0.03bn}{a^3} (a+5)^2 \tag{15.44}$$

式中，n 为材堆宽度方向的木板数量；a 为隔条的宽度（m）；S 为木材的厚度（m）；b 为一块板的宽度（m）。

5. 其他各种局部阻力　各种局部阻力，如转弯、气道断面缩小或扩大等，均按局部阻力计算式计算：

$$\Delta h_{局}=\xi_{局}\frac{\rho\cdot\omega^{2}}{2}\quad(\text{Pa})\tag{15.45}$$

式中，$\xi_{局}$的数值因局部阻力发生的条件而异，按局部阻力系数表查出（表15.9～表15.13）。

管子断面为长方形$b\times h$时，则必须根据表15.10内所列的$\xi_{局}$的数值乘以系数η。

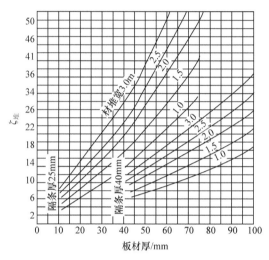

图15.3 确定材堆阻力系数$\xi_{堆}$的曲线（Соколов，1955）

表15.8 系数 η 与 b/h 的关系

b/h	η	b/h	η
0.25	1.8	1.5	0.67
0.50	1.50	1.75	0.55
0.66	1.3	2.0	0.46
0.80	1.17	2.5	0.4
1.0	1.0	3.0	0.37
1.25	0.8	7.5	0.60

排气管（附有盖罩）上转向器的$\xi_{局}=2.0$。

保护网的$\xi_{局}$（在网的有效断面约为80%时）$=0.1$。

气体送入气道的$\xi_{局}$值：

　　没有加圆的直管　　　　　　　0.3

　　在入口处附有变成圆形边时　　0.1～0.2

表15.9 弯管局部阻力系数 $\xi_{局}$的数值

回转角$\alpha/（°）$	$\xi_{局}$	回转角$\alpha/（°）$	$\xi_{局}$	
90	1.1	135	0.25	
120	0.55	150	0.20	

表 15.10　圆形管或方形管以 90°角分支时的局部阻力系数 ξ局的数值

曲率半径与管子直径的比率 $R:d$	ξ局	曲率半径与管子直径的比率 $R:d$	ξ局
0.75	0.5	1.5	1.175
1.00	0.25	2.0	0.15
1.25	0.20	—	—

表 15.11　气流骤然缩小处的局部阻力系数 ξ局的数值（根据缩小后的速度）

两个面积的比率 f/F	ξ局	两个面积的比率 f/F	ξ局
0.1	0.29	0.7	0.08
0.3	0.25	0.8	0.04
0.5	0.18	0.9	0.01
0.6	0.13	1.0	0

表 15.12　气流骤然扩大处的局部阻力系数 ξ局的数值（根据扩大前的速度）

两个面积的比率 f/F	ξ局	两个面积的比率 f/F	ξ局
0	1.0	0.5	0.25
0.1	0.81	0.6	0.16
0.2	0.64	0.7	0.10
0.3	0.48	0.8	0.05
0.4	0.36	0.9	0.01

表 15.13　不均匀气流的扩大管的局部阻力系数 ξ局的数值（根据膨胀前的速度）（Соколов，1955）

F/f	α					
	10	15	20	25	30	45
1.25	0.01	0.02	0.03	0.04	0.05	0.06
1.50	0.02	0.03	0.05	0.08	0.11	0.13
1.75	0.03	0.05	0.07	0.11	0.15	0.20
2.00	0.04	0.06	0.10	0.15	0.21	0.27
2.25	0.05	0.08	0.13	0.19	0.27	0.34
2.50	0.06	0.10	0.15	0.23	0.32	0.40

（二）通风机的选择及所需功率的确定

通风机的风量应等于或大于干燥室内循环介质量 $V_循$（m³/h）。倘若室内配置 $n_机$ 台风机，每一台风机的风量为

$$V_{机}(\mathrm{m^3/h})=\frac{V_{循}}{n_{机}} \qquad (15.46)$$

对于气流每循环一次要通过材堆两次的侧向通风干燥室来说,用 1/2 的循环介质量 $V_{循}$ 来确定 $V_{机}$。

选择风机时用到的风压,是标准空气(压力等于 0.101 33MPa,温度等于 20℃)下的规格压头 $H_{规}$,需要将计算的实际压头 H 按下式进行换算:

$$H_{规}(\mathrm{Pa})=H \cdot \frac{1.2}{\rho} \qquad (15.47)$$

式中,1.2 为标准空气的密度(kg/m³);ρ 为干燥室内介质的实际密度(kg/m³)。

通风机所需要的功率:若是国家定型产品的风机,可以直接查产品目录确定;若是自制或仿制的通风机,参考第四章中有关部分自行计算。

整个干燥车间消耗的功率:

$$\sum N_{装}(\mathrm{kW})=N_{装} \cdot n \qquad (15.48)$$

式中,$N_{装}$ 为风机的安装功率;n 为全干燥车间通风机的组数。

干燥车间全年的电力消耗量为

$$\text{э}(\mathrm{kW \cdot h/年})=335 \times 24 \times \sum N_{装} \qquad (15.49)$$

干燥 1m³ 木材的电力消耗量:

$$\text{э}_{\mathrm{m^3}}(\mathrm{kW \cdot h/年})=\text{э}/\sum V \qquad (15.50)$$

式中,$\sum V$ 为全年内实际干燥处理的木材数量(m³/年)。

五、进气道和排气道的计算

以热湿空气为介质的干燥室必须设置进、排气道,气道的断面积 f 大体上可按下式确定:

$$f(\mathrm{m^2})=\frac{V_{汽}}{3600 \cdot \omega} \qquad (15.51)$$

式中,$V_{汽}$ 为每小时被干燥室吸入的新鲜空气或排出废气的体积(m³/h),用式(15.11)或式(15.12)算得的数值;ω 为气道内介质的流速(m/s)。自然循环干燥室取值 1～2m/s;强制循环干燥室取值 2～5m/s。

自然循环干燥室的排气道应维持下列条件:

$$h \leqslant H_{囱}(\rho_{外}-\rho_2) \qquad (15.52)$$

式中,h 为排气道中气流的阻力(Pa);$H_{囱}$ 为排气囱的高度(m);$\rho_{外}$ 为室外空气的密度,按夏季最高气温条件确定;ρ_2 为干燥室排出的废气的密度(kg/m³)。

由上式确定排气囱的高度 $H_{囱}$ 应当为

$$H(\mathrm{m}) \geqslant \frac{h}{\rho-\rho_2} \qquad (15.53)$$

强制循环干燥室的废气是靠风机的风压排出的,它与室内外气体密度的差异无关,所以不需要计算排气囱的高度。

生产单位一般采用在轴流式风机前后配置 20cm×20cm～35cm×35cm 尺寸的进、排气道断面;容量 10m² 左右木材的小型干燥室,采用 10cm×10cm 到 15cm×15cm 尺寸的断面。

第二节　周期式顶风机型空气干燥室计算示例

一、设计条件

设某木材加工企业，每年干燥 20 000m³ 的木材，要求的最终含水率 MC$_终$＝10%，拟建木材干燥车间。该企业有电力、蒸汽供应。供汽表压力为 0.3～0.5MPa；采用轨道车装室方式，厂内运输轨距为 1m。

建厂地点的气候条件：年平均温度为 16℃，冬季最低温度为－10℃；全年最冷月份平均温度为 4℃。全年被干木材的树种、规格如表 15.14 所示。

表 15.14　被干木材的树种、规格

树种	材种	厚度/mm	宽度/mm	长度/m	初含水率/%	终含水率/%	材积/m³
红松	整边板	40	120	4	90	10	3000
	整边板	50	120	4	90	10	2000
落叶松	整边板	40	110	2	80	10	3000
	整边板	50	120	4	80	10	2000
楸木	整边板	30	180	2	60	10	2000
	整边板	50	150	4	100	10	3000
水曲柳	整边板	30	180	4	100	10	3000
	整边板	50	140	4	80	10	2000

二、干燥室数量的计算

（一）规定材堆和干燥室的尺寸

外形尺寸和堆数：

长度（L）	4.0m
宽度（b）	1.8m
高度（h）	2.6m
堆数（m）	4（双轨）

干燥室的内部尺寸：

长度	8.5m
宽度	5.1m
高度	4.46m（通风机间高度 1.2m）

（二）计算一间干燥室的容量

木材厚度按全年被干木材的加权平均厚度 $S_平$ 计算，堆垛用 25mm 厚的隔条。一间干燥室的容量 E 按式（15.1）计算：

$$E＝V_外 \cdot \beta_容＝m \cdot L \cdot b \cdot h \cdot \beta_容＝4×4×1.8×2.6×0.567＝42.46（m^3）$$

式中，$\beta_容$ 的数值在计算干燥室的全年干燥量时，应以全年被干木材的加权平均厚度 $S_平$ 的数值来确定，即

$$S_\text{平}(\text{mm})=\frac{40\times3000+50\times2000+40\times3000+50\times2000+30\times2000+50\times3000}{20000}$$

$$+\frac{30\times3000+50\times2000}{20000}=42$$

根据木材平均厚 42mm，查表 15.2，确定 $\beta_\text{客}$ 为 0.567。

（三）确定干燥室全年周转次数

参考表 15.3 确定各树种木材的干燥时间定额。

树种	厚度/mm	时间定额
红松	40	172h（7.2 昼夜）
红松	50	245h（10.2 昼夜）
落叶松	40	202h（8.4 昼夜）
落叶松	50	334h（13.9 昼夜）
楸木	30	167h（7.0 昼夜）
楸木	50	457h（19.0 昼夜）
水曲柳	30	168h（7.0 昼夜）
水曲柳	50	532h（22.2 昼夜）

用式（15.5）计算上述材种的平均干燥周期为

$$Z_\text{平}=\frac{\sum Z_n V_n}{\sum V_n}=\frac{7.2\times3000+10.2\times2000+8.4\times3000+13.9\times2000}{20000}$$

$$+\frac{7.0\times2000+19.0\times3000+7.0\times3000+22.2\times2000}{20000}$$

$$=11.57\text{ 昼夜}$$

干燥室周转次数按式（15.4）确定：

$$H=\frac{335}{Z+Z_1}=\frac{335}{11.57+0.1}\approx29\quad（次/年）$$

（四）确定需要的干燥室数

$$m_\text{室}=\frac{\sum V_n}{E\cdot H}=\frac{20000}{42.46\times29}\approx16\quad（间）$$

三、热力计算

为了对干燥的各种材种可以有比较大的适应性，在干燥工艺上尚有改进和提高生产效率的潜力，因此在设计干燥室时要配置供热能力较强的加热器，即选取软质材作为热力计算的依据，在已知的待干材种中，选择厚度 40mm 的红松作为计算依据。基本密度为 400kg/m³，$MC_\text{初}$＝90%，$MC_\text{终}$＝10%，干燥周期 7.2 昼夜。参考前面的说明，确定用于计算的介质参数：t_0＝20℃，φ_0＝78%，d_0＝13g/kg，h_0＝54kJ/kg，v_0＝0.87m³/kg；t_1＝85℃，φ_1＝62%，d_1＝356g/kg，h_1＝1025.8kJ/kg，v_1＝1.65m³/kg，ρ_1＝0.83kg/m³；t_2＝76℃，φ_2＝90%，d_2＝363g/kg，$h_2=h_1$，v_2＝1.60m³/kg，ρ_2＝0.85kg/m³。用于干燥室热力计算的室容量 E＝4×4×1.8×2.6×0.557＝41.71m³。

（一）水分蒸发量的计算

干燥室一次周转期间的水分蒸发量按式（15.7）计算：

$$M_{\text{室}} = \rho_i \left(\frac{W_{\text{始}} - W_{\text{终}}}{100} \right) \cdot E$$

$$= 400 \times \left(\frac{90 - 10}{100} \right) \times 41.71$$

$$= 13347.2 \text{kg/一次周转}$$

平均每小时的水分蒸发量按式（15.8）确定：

$$M_{\text{平}} = \frac{M_{\text{室}}}{24 \times 7.2} = \frac{13347.2}{172.8} = 77.24 \quad (\text{kg/h})$$

计算用的每小时的水分蒸发量按式（15.9）确定：

$$M_{\text{计}} = M_{\text{平}} \cdot x = 77.24 \times 1.3 = 100.41 \quad (\text{kg/h})$$

（二）新鲜空气量与循环空气量的确定

蒸发 1kg 水分所需要的新鲜空气量用式（15.10）计算：

$$g_0 = \frac{1000}{d_2 - d_0} = \frac{1000}{363 - 13} \approx 2.9 \quad (\text{kg/kg})$$

每小时输入干燥室的新鲜空气量的体积用式（15.11）计算：

$$V_0 = M_{\text{计}} \cdot g_0 \cdot v_0 = 100.41 \times 2.9 \times 0.87 \approx 253.33 \quad (\text{m}^3/\text{h})$$

每小时由室内排出的废气的体积用式（15.12）计算：

$$V_{\text{废}} = M_{\text{计}} \cdot g_0 \cdot v_2 = 100.41 \times 2.9 \times 1.60 \approx 465.90 \quad (\text{m}^3/\text{h})$$

每小时室内循环空气的体积用式（15.13）计算：

$$V_{\text{循}} = 3600 \cdot \omega_{\text{循}} \cdot F_{\text{堆}} \cdot 1.2 = 3600 \times 2.5 \times 8.0 \times 1.2 = 86400 \quad (\text{m}^3/\text{h})$$

式中，$\omega_{\text{循}}$ 取值为 2.5m/s。

$$F_{\text{堆}}(\text{m}^2) = m_{\text{堆}} \cdot L \cdot h \cdot (1 - \beta_{\text{高}}) = 2 \times 4 \times 2.6 \times \left(1 - \frac{40}{25 + 40} \right) \approx 8.0$$

（三）干燥过程中热消耗量的确定

$$\text{干燥室内的平均温度 } t_{\text{平}}(\text{℃}) = \frac{t_1 + t_2}{2} = \frac{85 + 76}{2} \approx 80$$

由于不考虑统计干燥成本，各项热消耗量按冬季条件计算，$t_{\text{冬季}}$ 取全年最冷月份平均温度 $t_{\text{冬季}} \approx 4$℃。

1. 预热的热消耗量　　预热 1m³ 木材的热消耗量用式（15.14）计算：

$$Q_{\text{预} m^3}(\text{kJ/h}) = \rho_i \left(1.591 + 4.1868 \times \frac{\text{MC}_{\text{初}}}{100} \right) (t_{\text{平}} - t_{\text{冬季}})$$

$$= 400 \left(1.591 + 4.1868 \times \frac{90}{100} \right) (80 - 4)$$

$$\approx 1.6292 \times 10^5$$

预热期中平均每小时的热消耗量按式（15.17）计算：

$$Q_{预室}(kJ/h)=\frac{Q_{预m^3}\cdot E}{Z_{预}}=\frac{162920\times41.71}{6.0}=1132.57\times10^3$$

式中，$Z_{预}=4\times1.5=6.0h$。

以 1kg 被蒸发水为准的，用于预热上的单位热消耗量按式（15.18）计算：

$$q_{预}=\frac{Q_{预m^3}\cdot E}{M_{室}}=\frac{162920\times41.71}{13347.2}=509.13 \quad(kJ/kg)$$

2. 木材蒸发水分的热消耗量 蒸发 1kg 水分的热消耗量按式（15.19）确定：

$$q_{蒸}(kJ/kg)=1000\frac{h_2-h_0}{d_2-d_0}-4.186\times t$$
$$=1000\frac{1025.8-54}{363-13}-4.186\times80$$
$$=2.441\times10^3$$

室内每小时用于蒸发水分的热消耗量按（15.20）计算：

$$Q_{蒸}=q_{蒸}\cdot M_{计}=2441\times100.41=245.10\times10^3 \quad(kJ/h)$$

3. 透过干燥室壳体的热损失

（1）干燥室的壳体结构和传热系数 k 值

墙：外墙为 1 砖厚的砖墙，$\lambda_{砖}=0.814W/(m\cdot℃)$；内墙为 100mm 厚钢筋混凝土，$\lambda_{凝}=1.546W/(m\cdot℃)$；内、外墙之间夹有 100mm 厚的矸石保温层，$\lambda=0.058W/(m\cdot℃)$。室内表面的受热系数 $\alpha_{内}=11.63W/(m^2\cdot℃)$，室外表面的放热系数 $\alpha_{外}=23.26W/(m^2\cdot℃)$。墙的传热系数按式（15.22）计算：

$$k_{墙}=\frac{1}{\frac{1}{\alpha_{内}}+\sum\frac{\delta}{\lambda}+\frac{1}{\alpha_{外}}}$$
$$=\frac{1}{\frac{1}{11.63}+\frac{0.25}{0.814}+\frac{0.10}{1.546}+\frac{0.10}{0.058}+\frac{1}{23.26}}=0.45 \quad[W/(m^2\cdot℃)]$$

门：用角钢或槽钢作骨架，内、外表面覆盖铝板，中间填有 120mm 厚的玻璃棉板作保温层。门的传热系数：

$$k_{门}=\frac{1}{\frac{1}{11.63}+\frac{0.12}{0.058}+\frac{1}{23.26}}=0.45 \quad[W/(m^2\cdot℃)]$$

顶棚：室顶棚的主要结构为 100mm 厚的钢筋混凝土内层，140mm 厚的矸石保温层，100mm 厚的空心楼板表面层 $[\lambda_{空}$ 为 0.698W/(m·℃)]。顶棚的传热系数：

$$k_{顶}=\frac{1}{\frac{1}{11.63}+\frac{0.10}{1.546}+\frac{0.14}{0.058}+\frac{0.10}{0.698}+\frac{1}{23.26}}$$
$$=0.36 \quad[W/(m^2\cdot℃)]$$

为了检验顶棚在 $k_{顶}=0.36W/(m\cdot℃)$ 的情况下，当室内温度为 80℃，室外温度最低为 −10℃时，顶棚内表面是否会产生凝结水，用式（15.23）计算数值检查：

$$k_{顶} \leqslant \alpha_{内} \frac{t_{室}-t_{露}}{t_{室}-t_{最低}} \leqslant 11.63 \frac{80-73}{80-(-10)} \leqslant 0.90$$

计算表明，顶棚结构设计的保温性是符合要求的，并且壳体其他部分的 k 也都小于 0.90，所以壳体的保温性是足够好的。

（2）透过壳体各部分外表面散热的热损失　　根据上述壳体结构和室的内部尺寸，干燥室的外形尺寸约为：长 9.4m，宽 6.0m，高 4.8m。壳体热损失如表 15.15 所示。

表 15.15　壳体热损失

序号	壳体名称	$F_壳/m^2$	$k_壳$	$t_1/℃$	$t_外/℃$	$Q_外/(kJ/h)$
1	外墙体	9.4×4.8＝45.12	0.45	85	4	5920.65
2	内墙体	45.12	0.45	85	15	5116.61
3	后墙体（操作间）	6.0×4.8＝28.8	0.45	85	4	3779.14
4	门	4.1×3.2＝13.12	0.45	85	4	1721.61
5	前端墙	15.68	0.45	85	4	2057.53
6	顶棚	6.0×9.4＝56.4	0.36	85	4	5920.65
7	地面	6.0×9.4＝56.4	0.23	85	4	3782.64

小计 28 298.83

乘以系数 C＝28 298.83×2＝56 597.66

附加 10% $\sum Q_壳$＝56 597.66×1.1＝62 257.43

以 1kg 被蒸发水分为准的壳体的单位热消耗量按式（15.25）计算：

$$q_壳 = \frac{\sum Q_壳}{M_计} = \frac{62257.43}{100.41} = 620.03 \quad (kJ/kg)$$

4. 干燥过程中总的单位热消耗量按式（15.26）计算

$$\begin{aligned} q_干 &= (q_预 + q_蒸 + q_壳) \cdot C_1 \\ &= (509.13 + 2441 + 620.03) \times 1.2 \\ &= 4.284 \times 10^3 \quad (kJ/kg) \end{aligned}$$

（四）加热器散热面积的确定

1. 平均每小时应由加热器供给的热量用式（15.27）计算

$$\begin{aligned} Q_加 &= (Q_蒸 + \sum Q_壳) \cdot C_1 = (245100 + 62257.43) \times 1.2 \\ &= 368828.92 \quad (kJ/h) \end{aligned}$$

2. 一间干燥室应配置加热器的散热表面积，按式（15.28）计算

$$F_散 = \frac{Q_加 \cdot C_2}{K(t_汽 - t_平)} \quad (m^2)$$

式中，C_2 为热管后备系数，取数值 1.2；$t_汽$ 为加热器内饱和蒸汽温度，在 0.4MPa 表压力时，$t_汽$＝143℃。K 为加热管的传热系数，依加热器的类型而异。

本次设计要求选用双金属复合铝螺旋翅片加热器，当翅片管的间距为 100mm 时，可借鉴 SXL-A（B）盘管的试验数据。SXL-A（B）系列盘管，是以蒸汽（冷热水）为介质加热或冷却空气的换热装置，广泛应用于化工、食品、建筑等行业中，该产品换热管采用镶嵌工艺，具有良好的换热性能。如表 15.16 所列为 SXL-A 型盘管热媒为蒸汽时的传热系数。

表 15.16　SXL-A 型盘管热媒为蒸汽时，在各迎风面不同空气质量流速下的传热系数

[单位：W/（m² · K）]

管排数	V_r/ [kg/（m² · s）]									
	1	2	3	4	5	6	7	8	9	10
1	21.86	26.05	28.84	30.94	32.68	34.31	35.79	36.87	37.91	38.96
2	20.93	26.28	30.01	32.91	35.36	37.56	39.54	41.29	42.91	44.43
3	17.10	23.03	27.33	30.94	34.08	36.75	39.19	41.64	43.61	45.71
4	15.12	21.28	26.98	30.12	33.73	36.63	39.31	42.33	45.12	47.33

参考图 15.4 中的设计尺寸，加热器位于干燥室上部的通风机间，通风机间高度为 1.2m，则此时加热器迎风面干燥介质的质量流速为

$$V_r = \frac{V_{循}}{l \cdot h} \cdot \rho = \frac{86400}{3600 \times 8.5 \times 1.2} \times 0.85 = 2 \ [kg/（m² · s）]$$

取管排数为 1，则依据表 15.16 查的传热系数 $K = 26.05$ [W/（m² · K）]

$$F_{散} = \frac{Q_{加} \cdot C_2}{K(t_{汽} - t_{平})} = \frac{368828.92 \times 1.2/3.6}{26.05 \times (143 - 80)} = 74.91 \ （m²）$$

取散热器每米长度上的散热面积为 1.32m²，则所需的散热管总长度为

$$L_{需要} = \frac{F_{散}}{1.32} = \frac{74.91}{1.32} = 56.75 \ （m）$$

考虑到干燥室内部长度为 8.5m，将散热器分成两大组，每组 9 根散热管，总计 18 根；单根加热器长度取 3.6m，则实际散热管总长度为 $L_{实际} = 2 \times 9 \times 3.6 = 64.8m$，总散热面积为 64.8m × 1.32m²/m ≈ 85.5m²，满足设计要求。

（五）干燥车间蒸汽消耗量和蒸汽管道直径的确定

1. 预热期间干燥室内每小时的蒸汽消耗量根据式（15.32）计算：

$$D_{预室} = \frac{Q_{预室} + \sum Q_{壳}}{I_{汽} - I_{凝}} \cdot C_1$$

$$= \frac{1132570 + 62257.43}{2140} \times 1.2 \approx 670 \ （kg/h）$$

2. 干燥期间室内每小时的蒸汽消耗量用式（15.33）计算：

$$D_{干室} = \frac{Q_{蒸} + \sum Q_{壳}}{I_{汽} - I_{凝}} \cdot C_1$$

$$= \frac{245100 + 62257.43}{2140} \times 1.2 \approx 172.35 \ （kg/h）$$

3. 干燥车间每小时的蒸汽消耗量，设 1/3 的干燥室数处于预热阶段，其余的处于干燥阶段，用式（15.34）计算：

$$D_{车间} = m_{预} \cdot D_{预室} + m_{干} \cdot D_{干室} = 6 \times 670 + 10 \times 172.35 = 5743.5 \ （kg/h）$$

4. 干燥 1m³ 木材的平均蒸汽消耗量，用式（15.35）计算：

$$D_{干 m^3} = \frac{(q_{干} \cdot M_{室}/E)}{I_{汽} - I_{凝}} = \frac{4284 \times 13347.2/41.71}{2140} \approx 640.60 \ （kg/m³）$$

5. 蒸汽主管直径应不小于按式（15.36）确定的数值：

$$d=\sqrt{1.27\frac{D_{车间}}{3600\cdot\rho_{汽}\cdot\omega_{汽}}}=\sqrt{1.27\times\frac{5743.5}{3600\times2.1\times25}}=0.196（\mathrm{m}）$$

一间干燥室的蒸汽支管直径为

$$d_{支}=\sqrt{1.27\frac{D_{干室}}{3600\cdot\rho_{汽}\cdot\omega_{汽}}}=\sqrt{1.27\times\frac{670}{3600\times2.1\times25}}=0.067（\mathrm{m}）$$

6. 一间干燥室凝结水输送管直径按式（15.37）确定为

$$d_{凝}=\sqrt{1.27\frac{D_{干室}\times3}{3600\cdot\rho_{水}\cdot\omega_{水}}}=\sqrt{1.27\times\frac{172.35\times3}{3600\times960\times1}}=0.014（\mathrm{m}）$$

一间干燥室用的疏水器，按第四章介绍的方法确定。当蒸汽压力为 0.4MPa 表压力时，$P_1=0.4\times0.9=0.36\mathrm{MPa}$，$P_2=0\mathrm{MPa}$，每小时的蒸汽消耗量为 172.35kg 时，应当选用疏水器的最大排水量为 $172.35\times3=517.05\mathrm{kg/h}$（$\mathrm{dm^3/h}$），$\varDelta P=0.36-0=0.36\mathrm{MPa}$，选用公称直径 D_g32 的 S19H-16 热动力式疏水器。

四、空气动力计算

干燥室空气动力计算示意图如图 15.4 所示，因干燥室内直线气道的距离较短，相比局部（构件）阻力而言，直线段阻力的数据很小，此处忽略不计，因此可将气流循环的阻力分为 12 个区段。各区段的阻力计算如下。

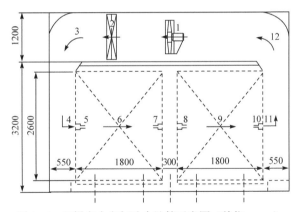

图 15.4　干燥室内空气动力计算示意图（单位：mm）

1. 风机机壳；2. 加热器；3，4，11，12. 90°角弯道；5，8. 骤然缩小；6，9. 材堆；7，10. 骤然扩大

（一）1 段

风机壳的阻力按式（15.40）确定：

$$\Delta h_1=\xi\frac{\rho_1\cdot\omega_1^2}{2}=0.5\times\frac{0.85\times11.94^2}{2}=30.29（\mathrm{Pa}）$$

式中，ξ 取 0.5。

ω_1 按式（15.41）计算：

$$\omega_1 = \frac{V_{循}}{3600 \cdot \frac{\pi D^2}{4} \times n} = \frac{86400}{3600 \times \frac{3.14 \times 0.8^2}{4} \times 4} \approx 11.94 \quad (\text{m/s})$$

式中，风机直径 D 暂取值 0.8m；n 为风机的台数，暂取 4。

（二）2 段

加热器处的阻力按式（15.39）计算：

$$\Delta h_2(\text{Pa}) = \xi_2 \frac{\rho_2 \cdot \omega_2^2}{2} \cdot m$$

式中，ξ_2 为加热器的阻力系数；m 为气流行进方向上加热管的列数。

本次设计要求选用双金属复合铝翅片加热器，当翅片管的间距为 100mm 时，可借鉴 SXL-A（B）盘管的试验数据。如表 15.17 所列为 SXL-A 型盘管热媒为蒸汽时的阻力。

表 15.17　SXL-A 型盘管热媒为蒸汽时，在各迎风面不同空气质量流速下的阻力

（单位：Pa）

管排数	V_r [kg/ (m²·s)]									
	1	2	3	4	5	6	7	8	9	10
1	4.42	12.75	24.53	38.26	54.94	71.61	92.21	112.82	151.07	159.90
2	8.44	25.51	48.07	75.54	105.95	142.25	181.49	223.67	268.79	317.84
3	12.75	38.26	72.59	113.80	160.88	213.86	237.70	335.50	419.87	477.75
4	16.68	50.03	95.16	149.11	221.92	282.53	360.03	445.37	534.65	632.75

如前所述，当 $V_r = 2$kg/ (m²·s)，取管排数为 1，则依据表 15.17 查的加热器处阻力 $\Delta h_2 = 12.75$Pa。

（三）6、9 段

材堆的阻力按式（15.43）计算；

$$\Delta h_3 = \xi_{堆} \frac{\rho_3 \cdot \omega_3^2}{2} \times 2 = \frac{18 \times 0.83 \times 2.5 \times 2.5 \times 2}{2} \approx 93.38 \quad (\text{Pa})$$

式中，$\xi_{堆}$ 为按板厚 40mm，材堆宽 1.8m，查图 15.3 得到的阻力系数，约为 18；ω_3 取材堆内的流速 $\omega_{循} = 2.5$m/s。

（四）其他局部阻力

按局部阻力计算式（15.51）确定：

$$\Delta h_{局} = \zeta_{局} \frac{\rho \cdot \omega^2}{2}$$

1）室内直角转弯处（也可按大于 90° 角的圆弧计算，本例按阻力较大的直角弯道计算）的阻力（$\xi_{局} = 1.1$）分别计算如下：

3、4 段：

$$\Delta h_{41} = 1.1 \times \frac{0.83 \times 2.35^2}{2} \times 2 \approx 5.04 \quad (\text{Pa})$$

式中，$\rho = \rho_3 = 0.83$kg/m³。

ω 按通风机间高度 1.2m 和室长 8.5m 的乘积作为气道断面来确定：

$$\omega = \frac{V_{循}}{3600 \cdot f_{气道}} = \frac{86400}{3600 \times 1.2 \times 8.5} \approx 2.35 \quad (\text{m/s})$$

11、12 段：

$$\Delta h_{42} = 1.1 \times \frac{0.85 \times 5.13^2}{2} \times 2 \approx 24.61 \quad (\text{Pa})$$

式中，ω 按材堆与侧墙间距为 0.55m 计算，$\omega = \dfrac{86400}{3600 \times 0.55 \times 8.5} \approx 5.13$ （m/s）。

2）5、8 段气流断面骤然缩小处的局部阻力：

$$\Delta h_{43} = 0.22 \times \frac{0.83 \times 2.5^2}{2} \times 2 \approx 1.14 \quad (\text{Pa})$$

式中，$\zeta_{局}$ 根据 $f/F = 25/(25+40) \approx 0.38$ 时，查表 15.11 得 $\zeta_{局} = 0.22$；$\omega = \omega_{循} = 2.5\text{m/s}$。

3）7、10 段气流骤然扩大处的局部阻力：

$$\Delta h_{44} = 0.38 \times \frac{0.83 \times 2.5^2}{2} \times 2 \approx 1.97 \quad (\text{Pa})$$

式中，$\zeta_{局}$ 根据 $f/F = 25/(25+40) \approx 0.38$ 时，查表 15.12 得 $\zeta_{局} = 0.38$；$\omega = \omega_{循} = 2.5\text{m/s}$。

4）干燥室内气流循环总的阻力：

$$H = \sum \Delta h = 30.29 + 12.75 + 93.38 + 5.04 + 24.61 + 1.14 + 1.97 = 169.18 \,(\text{Pa})$$

五、通风机的选择及其所需要的功率

一间干燥室内配置 4 台轴流式风机，每一台风机的风量：

$$V_{机} = \frac{V_{循}}{n_{机}} = \frac{86400}{4} = 21600 \quad (\text{m}^3/\text{h})$$

选用风机时所需的规格风压：

$$H_{规} = H \frac{1.2}{\rho} = 169.18 \times \frac{1.2}{0.83} \approx 244.6 \quad (\text{Pa})$$

目前国内的多个厂家已开发出能耐高温、高湿的木材干燥专用轴流风机，常用型号有 No.6～No.10，其选用铝合金和不锈钢制作，具有耐高温高湿、风量大、效率高风压稳定、维护方便等特点。由于叶轮直径、叶片安装角度、主轴转速的不同，其风量、风压及动力消耗也不同，经实际生产运用完全能满足木材干燥的使用要求。根据 $H_{规}$ 和 $V_{机}$ 的数值查木材干燥专用轴流风机的性能参数，确定选用 No.8 风机。

每一台风机需要的功率：

$$N = \frac{H_{规} \cdot V_{机}}{3600 \cdot \eta \cdot 102} = \frac{244.6 \times 21600 \times 0.102}{3600 \times 0.7 \times 102} \approx 2.1 \quad (\text{kW})$$

每一台风机的安装功率：

$$N_{装} = \frac{N \cdot k_{备}}{\eta_1} = \frac{2.1 \times 1.2}{1} = 2.52 \quad (\text{kW})$$

式中，η_1 为按电机轴和叶轮直连确定为 1；$k_{备}$ 为后备系数，取 1.2。

根据厂家提供的木材干燥专用风机样本，确定的风机型号及性能参数为 No.8，风量 27 000m³/h、风压 260Pa，配套耐高温高湿电机功率 3.0kW，转速 1450r/min。

六、进气道和排气道的计算

进、排气道的断面积按式（15.51）分别计算：

进气道断面
$$f_{进}=\frac{V_0}{3600\cdot\omega_{进}}=\frac{253.33}{3600\times2.0}\approx0.035\ (\mathrm{m}^2)$$

排气道断面
$$f_{排}=\frac{V_{废}}{3600\cdot\omega_{排}}=\frac{465.90}{3600\times2.5}\approx0.052\ (\mathrm{m}^2)$$

为了统一规格，进、排气道断面尺寸均取 240mm×240mm。

第三节　干燥车间布置

木材干燥属于木制品生产过程中的一个重要环节，干燥室应和其他设施，如厂房、木材加工车间、办公室等合理、协调地配置在一起，木材及加工制品来回搬运、堆放不善和占地过多等都会影响生产效率，增加成本。因此，干燥车间的布置显得尤为重要。

在选择木材干燥室位置时，应考虑今后企业的发展需要，留出暂时用于贮存木材的地点。干燥室的位置应以方便运输为原则，同时要尽量减少机械（如叉车）的搬运，一般自动化程度较高的干燥场地应该包括木材停放轨道、材堆分配轨道、运输轨道、干燥室、材堆牵引装置、运输叉车、平板车、木材堆积机等装置，如图 15.5 所示。

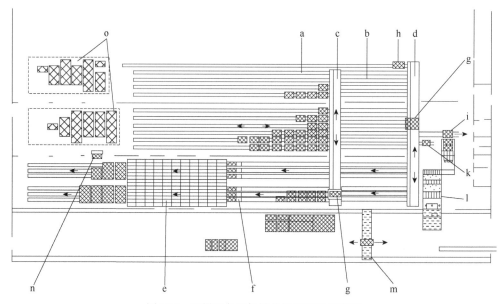

图 15.5　干燥设备和机械化板院配置示意图

a. 干燥前木材停放轨道；b. 材堆分配轨道；c, d. 横向运输轨道；e. 干燥室；f. 材堆牵引装置；g. 横向运输叉车；
h. 堆积木材用平板车；i, n. 侧向叉车；k. 材堆停放轨道；l. 自动化木材堆积机；m. 轨道车；o. 已干燥木材材堆

制材厂的干燥室位置选择相对来说比较简单，如果待干燥木材的是毛边板材或粗制锯材，锯切后的板材一般都堆积在气干场地气干，以便合理利用自然能（风、太阳能）。如用户要求将锯材干燥到一定的终含水率，则需再次干燥，干燥室应配置在气干场地附近。如所有锯材都要求干燥到一定的终含水率，则干燥室应与气干场地和干燥木材贮存库在同一区域范围内。图 15.6

给出了制材厂干燥场配置示意图，干燥过程中，待干材材堆由运输带运送至干燥场，并装上运材车 A，通过运输带运送到板院 B 中，然后根据需要将材堆运送到干燥室 C 进行干燥，木材干燥结束后通过运输带 D 将材堆运到拆垛机 E 处进行拆垛。

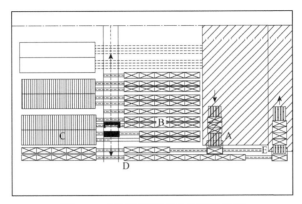

图 15.6　制材厂干燥场地配置示意图

A. 运材车；B. 板院；C. 干燥室；D. 运输带；E. 拆垛机

思　考　题

1. 顶风机型干燥室和侧风机型干燥室设计过程中的相同点和不同点是什么？
2. 两组加热器紧密排列在风机一侧与分别安装在风机两侧时加热器的阻力值一样大吗？

主要参考文献

国家质量技术监督局. 1999. 锯材干燥设备性能检测方法：GB/T17661—1999. 北京：中国标准出版社.

南京林产工业学院. 1981. 木材干燥. 北京：中国林业出版社.

伊松林. 2017. 木材常规干燥手册. 北京：化学工业出版社.

朱政贤. 1989. 木材干燥. 2 版. 北京：中国林业出版社.

P. 若利 F. 莫尔-谢瓦利埃. 1985. 木材干燥—理论、实践和经济. 宋闯，译. 北京：中国林业出版社.

Кречетов И. В. 1980. Сушка Древесины. Лесная Промышленность.

第十六章　木材干燥实验

实验一　木材干燥基准的编制

一、实验目的

了解木材干燥基准的种类及编制原则，熟悉和掌握"百度试验法"制定木材干燥基准的过程。

二、实验材料

规格：200mm×100mm×20mm（长×宽×厚）

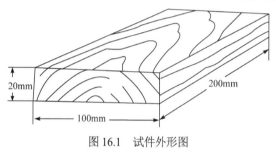

图 16.1　试件外形图

材质：质量相差不大，颜色正常、无节疤、纹理通直，四面刨光的弦切板，如图 16.1 所示。两端面应为新锯开的截面，可用高速截锯截取，且不涂刷涂料。

初含水率：对于密度适中的木材，试件的初含水率最好在 50%以上；对于硬阔叶材中密度较大的木材，试件的初含水率不应低于 45%，否则难以达到预期的效果。

三、实验设备

恒温干燥箱、天平（电子秤）、卡尺等。

四、实验方法

1）从拟干木材中选择标准的弦切板，按要求制取标准试件并测得初始质量后，横立于温度为（103±2）℃的恒温箱内烘干（图 16.2）。烘干过程中，观察记录试件的开裂情况。

图 16.2　试件放置

2）针叶材最初每 0.5～1h 观测一次，阔叶材每 1h 观测一次；之后，每 1～2h 观测一次。这段时间持续 6～8h，当裂缝开始愈合时，可以将测试的间隔时间延长为 4～6h 或更长。当裂纹达到最大限度时，测量初期开裂的程度（图 16.3）。干燥结束后，将试件从宽度方向的中部锯开（横切），立即用卡尺测量 A、B 的尺寸（图 16.6），并观察记录内部开裂的程度。

3）数据处理：按照图 16.4 确定试件初期开裂的等级，按照图 16.5 确定试件内部

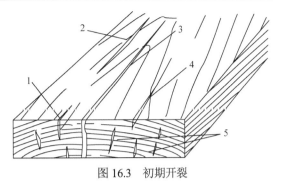

图 16.3　初期开裂

1. 端裂延至表面的开裂；2. 表裂；3. 贯通裂；
4. 表面延至端面的开裂；5. 端裂

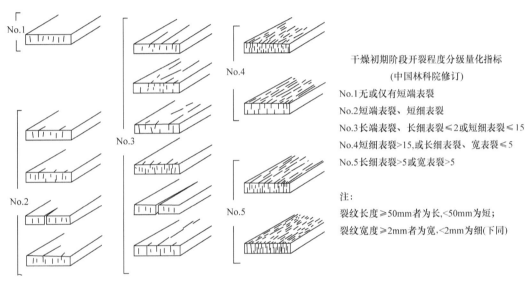

干燥初期阶段开裂程度分级量化指标

(中国林科院修订)

No.1无或仅有短端表裂

No.2短端表裂、短细表裂

No.3长端表裂、长细表裂≤2或短细表裂≤15

No.4短细表裂>15，或长细表裂、宽表裂≤5

No.5长细表裂>5或宽表裂>5

注：

裂纹长度≥50mm者为长，<50mm为短；

裂纹宽度≥2mm者为宽，<2mm为细(下同)

图 16.4　干燥初期阶段开裂程度分级图

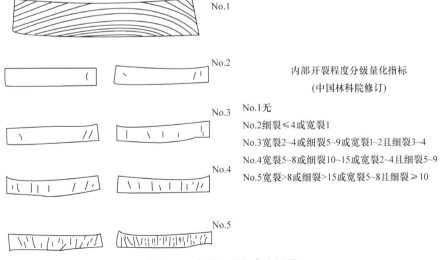

内部开裂程度分级量化指标

(中国林科院修订)

No.1无

No.2细裂≤4或宽裂1

No.3宽裂2～4或细裂5～9或宽裂1～2且细裂3～4

No.4宽裂5～8或细裂10～15或宽裂2～4且细裂5～9

No.5宽裂>8或细裂>15或宽裂5～8且细裂≥10

图 16.5　内部开裂程度分级图

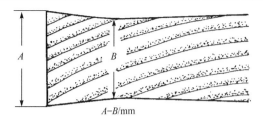

图 16.6　截面变形示意图

开裂的等级，根据表 16.1 确定截面变形的等级。统计分析得出三种缺陷的等级后，利用表 16.2 查到对应于各种缺陷的干燥阶段的初期温度、初期干湿球温度差与后期最高温度，从中选取各温度与干湿球温度差的最低条件。

表 16.1　截面变形分级表

级别	No.1	No.2	No.3	No.4	No.5
$A \sim B$/mm	0~0.4	0.5~0.9	1.0~1.9	2.0~3.4	3.5 以上

表 16.2　缺陷程度与干燥条件的关系（寺沢真等，1986）　　　　（单位：℃）

干燥缺陷	干燥特性等级	No.1	No.2	No.3	No.4	No.5
初期开裂	初期温度	70	60	55	50	45
	初期干湿球温度差	7.0	5.0	3.0	2.0	2.0
	后期最高温度	95	90	80	80	80
截面变形	初期温度	70	60	55	50	45
	初期干湿球温度差	7.0	5.0	4.0	3.0	2.5
	后期最高温度	95	80	80	75	70
内部开裂	初期温度	70	55	50	50	45
	初期干湿球温度差	7.0	5.0	4.0	3.0	2.5
	后期最高温度	95	80	75	70	70

五、干燥基准的确定

编制干燥基准的一般原则是，在干燥初期，干燥阔叶树材时，干球温度为 50℃，干湿球温度差为 3~5℃；干燥针叶材时，干球温度为 60℃，干湿球温度差为 4~6℃。在干燥中期，干燥温度从含水率 35% 起，含水率每降低 3%~5%，温度升高 5~7℃，随着含水率逐渐降低，温度的升高幅度也相应地增大。对于阔叶树材，在大多数情况下，干燥初期可取一样的干燥条件，当含水率降低至初含水率的 2/3 时，开始改变干燥条件，其后，含水率每降低 5%，干燥温度升高 5~7℃，干湿球温度差增大 1.5~3.2 倍。在整个干燥过程中，干湿球温度差的最大值为 25~30℃。对于针叶树材和部分阔叶树材，一般干燥中期从含水率 35% 左右开始改变干燥条件。

具体做法是，以实验确定的初期温度、初期干湿球温度差与后期最高温度为依据，按干燥过程中含水率的变化分为若干阶段，参照表 16.3 或表 16.4 确定每一含水率阶段的温度与相对湿度（干湿球温度差），即可编制出实验树种（厚度为 25mm 锯材）的试用干燥基准。

表 16.3 为针叶树材的含水率与干湿球温度差的关系表，表 16.4 为阔叶树材的含水率与干湿球温度差的关系表。

表 16.3　针叶树材的含水率与干湿球温度差的关系表

| 依初含水率不同所分的阶段/% | | | | | | 干湿球温度差/℃ | | | | | | | |
40	50	60	75	90	110	1	2	3	4	5	6	7	8
40~30	50~35	60~40	75~50	90~60	110~70	1.5	2.0	3.0	4.0	6.0	8.0	11	15
30~25	35~30	40~35	50~40	60~50	70~60	2.0	3.0	4.0	6.0	8.0	11	14	17
25~20	30~25	35~30	40~35	50~40	60~50	3.0	5.0	6.0	9.0	11	14	17	22
20~15	25~20	30~25	35~30	40~35	50~40	5.0	8.0	8.0	11	14	17	22	22
	20~15	25~20	30~25	35~30	40~35	8.0	11	11	14	17	22	22	22
		20~15	25~20	30~25	35~30	11	14	14	17	22	22	22	22
			20~15	25~20	30~25	14	17	17	22	22	22	22	22
				20~15	25~20	17	22	22	22	22	22	22	22
					20~15	22	22	22	22	22	22	22	22
15 以下	15 以下	15 以下	15 以下	15 以下	15 以下	30	30	30	30	30	30	30	30

表 16.4　阔叶树材的含水率与干湿球温度差的关系表

| 依初含水率不同所分的阶段/% | | | | | | 干湿球温度差/℃ | | | | | | | |
40	50	60	75	90	110	1	2	3	4	5	6	7	8
40~30	50~35	60~40	75~50	90~60	110~70	1.5	2	3	4	6	8	11	15
30~25	35~30	40~35	50~40	60~50	70~60	2	3	4	6	8	12	18	20
25~20	30~25	35~30	40~35	50~40	60~50	3	5	6	9	12	18	25	30
20~15	25~20	30~25	35~30	40~35	50~40	5	8	10	15	20	25	30	30
15~10	20~15	25~20	30~25	35~30	40~35	12	18	18	25	30	30	30	30
10 以下	15 以下	20 以下	25 以下	30 以下	35 以下	25	30	30	30	30	30	30	30

六、实验要求

1. 实验前认真阅读由任课教师提供的详细资料。
2. 掌握百度试验的操作过程。
3. 分组自行制定实验方案，并作好实验记录。
4. 根据初期开裂、内部开裂及截面变形的缺陷等级，自行编制干燥基准。

实验二　木材常规干燥综合实验

一、实验目的

　　熟悉常见木材干燥室的基本结构、设备及工作原理，了解和掌握木材干燥过程的组织、工艺实验及干燥过程的操作方法；掌握木材初含水率、分层含水率试件的锯制及测定方法；掌握含水率检验板、应力检验板的选制与设置方法；掌握重量法和电测法测量木材含水率的测量原理、测量仪器、测试方法及各自的特点；掌握应力的测定方法；了解木材干燥过程中干燥介质温度、相对湿度的测量原理、测量仪器及测试方法。

　　培养学生实验设计技能，并通过实践操作，增强干燥设备的操作和干燥质量检测仪器使用等实践操作能力，能够初步分析所干燥木材质量的主要影响因素。同时培养相互帮助、互相协作的团队精神。

二、实验内容

（一）干燥工艺准备

1. 干燥室的结构、设备及使用方法。
2. 被干锯材初含水率、应力等的测定。
3. 干燥锯材的堆垛装室。

（二）干燥过程控制

1. 干燥基准的选择与制定。
2. 干燥室干燥过程的控制、观测与记录。
3. 应力、含水率检验板的选制与使用，绘制木材含水率梯度变化图。
4. 干燥过程温、湿度的控制、调节与记录。

（三）干燥质量检测

1. 干燥锯材的堆垛出室。
2. 出室锯材干燥缺陷的统计分析。
3. 含水率梯度、终含水率、内应力的测定。
4. 干燥锯材质量的分析。

三、实验方法

（一）木材初含水率的测定

木材干燥生产中一般采用绝对含水率（MC），即木材中水分的质量占木材绝干质量的百分率。

称重法测定初含水率：在湿木材上取有代表性的含水率检验片（厚度一般为 10～12mm），所谓代表性就是这块检验片的干湿程度与整块木材相一致，要求没有夹皮、节疤、腐朽、虫蛀等缺陷。一般应在距离锯材端头 250～300mm 处截取。将含水率检验片刮净毛刺和锯屑后，应立即称重，之后放入温度为（103±2）℃的恒温箱中烘 6h 左右，再取出称重，并作记录，然后再放回烘箱中继续烘干。随后每隔 2h 称重并记录一次，直到两次称量的质量差少于最后质量的 0.5%，则可认为是绝干。称出绝干质量后，代入式（16.1）计算即可。

$$木材含水率 MC = \frac{G_湿 - G_干}{G_干} \times 100\% \qquad (16.1)$$

（注：由于薄检验片暴露在空气中其水分容易发生变化，因此，测量时要注意截取检验片后或取出烘箱后应立即称重，如不能立即称重，须立即用塑料袋包装，防止水分蒸发，可用表 16.5 记录。）

表 16.5　试材初含水率测定记录表

试验编号：　　　　　　　　树种：　　　　　　　规格（厚）：　　　　　年　月　日

检验片编号	最初质量/g	第一次称量		第二次称量		第三次称量		第四次称量		绝干质量/g	含水率/%	平均含水率/%
		时间	质量/g	时间	质量/g	时间	质量/g	时间	质量/g			

（二）室干过程中木材含水率的测定

生产上通常采用检验板来测定干燥过程中的含水率变化，作为执行干燥工艺基准的依据。室干之前，在同批被干木材中挑选纹理通直，无节疤、夹皮、开裂等缺陷，并且含水率偏高的木材作为代表。

1. 检验板定时测量法 检验板和试验板的锯取按国家标准《锯材干燥质量》规定的方法进行（详见第五章第一节），剔去的端头长度为 $250\sim500\mathrm{mm}$。检验板的长度可为 $1.2\mathrm{m}$ 左右。

在靠近检验板的两端各截取顺纹厚度 $10\sim12\mathrm{mm}$ 的含水率检验片。用烘干法测定含水率检验片的含水率，使用式（16.2）计算所得两检验片的含水率平均值即为检验板的初含水率，记为 $\mathrm{MC_1}$（%）。

$$\mathrm{MC_1}=\frac{\mathrm{MC_2}+\mathrm{MC_4}}{2} \tag{16.2}$$

式中，$\mathrm{MC_2}$ 和 $\mathrm{MC_4}$ 分别为第五章图 5.2 中 2、4 号检验片的含水率（%）。

检验板截取立即称初始质量（G_1）后，立即用高温沥青漆或乳化石棉沥青漆等防水涂料，或硅胶、环氧树脂胶等涂封两端头，防止水分从端头蒸发。然后尽快称其质量，记为 G_1'（g），$G_s=G_1'-G_1$，即为涂层质量。检验板的绝干质量 G_0（g）按式（16.3）推算：

$$G_0=\frac{100G_1}{100+\mathrm{MC_1}} \tag{16.3}$$

室干过程中定时取出检验板称其当时质量，记为 G_x（g），则检验板当时含水率可按式（16.4）求得：

$$\mathrm{MC}_x=\frac{G_x-G_s-G_0}{G_0}\times100 \tag{16.4}$$

检验板含水率测定记录见表 16.6。

表 16.6　检验板含水率测定记录表

干燥室号：　　　　　树种：　　　　　规格（厚）：　　　　　日期：　　　　　记录人：

试材编号	I		II		III		
项目	$G_初$/g 初含水率/% 绝干质量/g		$G_初$/g 初含水率/% 绝干质量/g		$G_初$/g 初含水率/% 绝干质量/g		平均含水率/%
称重时间	当时质量/g	当时含水率/%	当时质量/g	当时含水率/%	当时质量/g	当时含水率/%	

2. 检验板连续测量法 检验板连续测量法主要有下述三种。

（1）在线连续称重法 干燥过程中在线自动连续称量检验板重量，即时计算出其含水率。这种方法精确，但由于目前尚未开发出耐湿、耐腐蚀、耐温并具有温度自动补偿功能的电子秤或重量传感器等，需要将电子秤或重量传感器等设置在干燥室外，通过特殊传力装置（自制）与干燥室内检验板相连，具有一定难度，且检验板在干燥室内的位置受到限制，很难兼顾测量便利性及检验板干燥条件与材堆内部的一致性，因此除实验室研究外，生产上尚未使用。

（2）电阻式含水率连续在线法　　电阻式含水率连续在线装置用于测量木材室干过程中的含水率变化，其原理与便携式的直流电阻式木材含水率测定仪相同，只是设计成可多点检测，并拓宽含水率的测量范围。例如，国产的 SMS-2 型数字式木材含水率测试仪，可检测 4 个含水率测量点，也有 4 个树种修正档和温度修正档。测量时将电极探针装在检验板上，并装好耐高温的连接导线，将检验板放置在材堆中的不同位置，再把导线的另一端穿过干燥室壳体上的预留孔等与外部操作间的仪表相连接。干燥过程中要测量木材含水率时，应先根据被测木材的树种及当时木材的温度，调整好树种修正旋钮（SZ）和温度旋钮，然后用检测旋钮（CD）检测各点的含水率。

将这种仪器的温度修正设计成温度自动跟踪线路，就可用于干燥过程的自动控制。即根据设定的干燥基准和木材的含水率变化，来控制基准规定的工艺参数——温度和相对湿度，或温度与平衡含水率。目前国际上流行的根据干燥梯度原理设计的木材自动控制装置，几乎都采用这种电阻式的含水率在线方法。

这种方法的优点是测量方便、迅速，并可在线及多点检测。其缺点是高含水率阶段的测量误差太大，甚至不能测量。另外，由于木材在干燥过程中内、外层收缩不同步，往往在干燥的前期和中期，会因表层收缩但内层未收缩而导致电极探针与木材接触不良，进而使测量失真。

（3）介电式含水率连续在线法　　该种装置有多种型式，如劳克斯含水率测定仪（Laucks meter）是用两个板状电极分别固定在被测木板的上表面和下表面，相当于把木材置于测量回路的电容器中，两电极通过电缆与室外测量仪表连接，仪器发出一定频率的电磁振荡，电磁场穿过木材，从而测得木材的介电常数，由此测知木材含水率。欧文顿含水率测定仪（Irvington meter）则是对木材电容敏感度较小的高频电阻仪（high frequency resistance meter），其电极板装在木材上方距材面 25～38mm 处，仪器产生高频振荡作用于电极上，便测得两极板之间或上极板与接地运输带之间的木材电阻（electrical resistance in wood）。这种仪器既可用于测量室干过程的含水率变化，也可用于自动生产线，装在运输带上，并借助机械手将不合格的"湿"板剔出。瓦格纳含水率测定仪（Wagner meter）的探测器却具有多级电极（multiple electrode），可装在木材的上面和下面。最新式的这种仪器是把所有电极装在同一边。测量时由中心电极发出横穿木材的电磁场，仪表即可测出木材的电阻和电容。北美摩尔公司采用的电容式含水率在线装置，是将铝板电极插在材堆的两层木材之间，与其中一层木材紧密接触。干燥室外仪表的振荡器发出声频信号，经放大器放大后由同轴电缆送到电极板中。信号经过材堆再从地面返回，仪表即测得电路中总的电纳（阻抗的倒数），由此测知木材的含水率。影响这类仪表读数的其他因子是树种的密度、纹理方向、含水率分布、木材温度、电极形状与几何尺寸、电磁波的频率与波形、干燥室壳体结构及地面材料等。因此，仪表安装后须经校正和调整，方可投入使用，并应对树种和温度等条件进行修正。

介电式含水率连续在线检测装置因电极无须插入木材内部，不受木材干缩的影响。如使用正确，测量精度比电阻式连续遥测装置高，但也只适合于测量纤维饱和点以下的含水率。介电式含水率连续在线检测，主要用于木材在拼板前的分选，干燥过程主要还是以电阻式测量为主。

（三）分层含水率和应力试件的制取与测定

1. 分层含水率试件的锯制

干燥前：被干木材的分层含水率，可用锯制含水率检验板时截取的分层含水率检验片来测定。

干燥中：不能从含水率检验板上锯取分层含水率检验片，可以从被干木材或者从应力检验板上截取。测定试材在不同厚度上的含水率，通常将检验片等厚分成 3 层或 5 层，用称重法测定每一层的含水率，以此求得木材的分层含水率偏差。

木材厚度上的含水率梯度是用分层含水率检验片测定的。分层含水率和应力试件的制取，以及含水率偏差计算方法详见第五章第一节。在检验板的内部截取顺纹厚度 20mm 的检验片，在其两端用劈刀各劈去 $B/5$（B 为检验板的宽度），取中段沿检验板厚度 S 方向将检验片劈成若干片，每片厚度 5～7mm，取单数片。将各检验片按次序编号，然后用重量法测定各片含水率，便可掌握干燥过程中各阶段含水率梯度的变化情况。

2. 应力检验板的锯制　测定干燥应力的常用方法有切片分析法和叉齿分析法。

切片分析法是利用分层含水率检验片，比较其切开当时及烘干后检验片形状变化来判断干燥应力的方法。

如果木材内部有干燥应力存在，检验片切开时会立即变成弓形。变形的程度与应力大小、含水率梯度和表面硬化（即表层发生塑性变形）的程度等有关。因此，由检验片变形的程度便可分析木材干燥应力的大小。应力切片的制作制取及含水率偏差计算方法详见第五章第一节。

为便于比较木材干燥应力的大小，我们可把切片变形的挠度 f 与切片原长度 L 比值的百分率定义为应力指数 Y。若（$\bar{Y}$）<2%，说明干燥应力很小，可忽略不计。若（$\bar{Y}$）>5%，应力较大，应进行调湿处理，将其消除。《锯材干燥质量》（GB/T 6491—2012）对不同等级的干燥木材规定有干燥应力指标的允许范围。

（四）温度、湿度的测量

1. 干燥介质温度分布的测定　干燥室介质温度分布的测定在有载和开动风机及加热器的条件下进行。如图 16.7 所示，测点均匀分布在木材堆垛的两个侧面上，在木材堆垛高度的上、中、下，长度的前、中、后共取 9 个测定点。上、下测定点距堆顶及堆底约为木材堆垛高度的1/20。前、后测点距离木材堆垛端面约为木材堆垛长度的 1/20。在木材堆垛的两个侧面各用一台多点温度计同时进行测定。测定时干燥室内的介质温度应在 60℃ 或以上，以不损坏温度传感器导线为宜。测量时，先将多点温度计的传感器分别固定在各测定点上，并将连接导线拉出室外，插到显示仪表处的连线接头上，待干燥室内温度分布稳定后，即可按动显示仪表上的各测

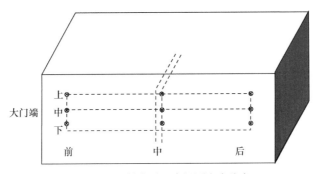

图 16.7　干燥介质温度场测定点分布

点的按键，分别读出各测定点的温度数值，测定结果用表 16.7 进行统计。同时绘出木材堆垛高度及长度上的温度分布曲线图。

表 16.7 干燥介质温度分布统计表 （单位：℃）

堆垛高度	材堆进气侧面				材堆出气侧面			
	前	中	后	平均 t_1	前	中	后	平均 t_2
上部								
中部								
下部								
平均温差				$\triangle t=t_1-t_2$				
最大温差				$\triangle t_{max}=t_{max}-t_{min}$				

若有实验条件，可以通过计算机连接温度巡检仪，进行实时温度记录，导出数据进行分析。

2. 干燥介质温度及相对湿度的测定 工程上湿空气的温度和相对湿度用干湿球湿度计测量，其检测原理见第二章第一节，检测方法见第六章第二节。

相对湿度 φ 与 t_w 和 t 存在一定函数关系

$$\varphi=\varphi\ (t_w,\ t) \tag{16.5}$$

在测得 t_w 和 t 后，可通过附在干湿球温度计上的或其他 $\varphi=\varphi\ (t_w,\ t)$ 列表函数查得 φ 值，可参照表 1.5（第一章第一节）查得湿空气的 φ 值。

湿球温度计的读数和掠过湿球的风速有一定关系，具有一定风速时湿球温度计的读数比风速为零时低些，风速超过 2m/s 的宽广范围内，其读数变化很小。

在现代工业及气象、环境工程中，也有采用温湿度仪（温湿度传感器＋变送器）测量温湿度的。

3. 干燥过程的操作及记录 干燥过程中每隔 30min 或 1h 记录一次干燥室内介质干球温度和湿球温度（或平衡含水率 EMC）于表 16.8 中，同时按照干燥基准要求严格控制干燥介质状态，以保证干燥质量。

表 16.8 干燥过程记录表

室号： 树种： 规格： 入（出）室时间： 年 月 日 时 分
初始含水率：% 要求最终含水率：%

记录时间	规定标准		执行标准		蒸汽压力/MPa	电机运转方向	值班人	备注
	干球温度/℃	湿球温度（或EMC)/℃（%）	干球温度/℃	湿球温度（或EMC)/℃（%）				

（五）干燥锯材质量检验与分析

干燥锯材的干燥质量指标，包括平均最终含水率（$\overline{MC_z}$）、干燥均匀度 [即木堆或干燥室内各测点最终含水率与平均最终含水率的容许偏差（ΔMC_z）]、锯材厚度上含水率偏差（MC_k），残余应力指标（Y）和可见干燥缺陷（弯曲、干裂）等。

1. 终含水率与干燥均匀度的测定 干燥均匀度的测定方法是在室干结束后，对室内材堆按图 16.8 所示的方法，在材堆中抽取 9 块或 5 块板，按左、中、右三个测点测定每块板的终含水率（因为终含水率较低，可用电测法测量），将测定结果记入表 16.9，然后计算其平均值、均方差和变异系数。平均值即代表该室木材的室干终含水率。均方差则表明材堆的含水率不均匀的数值，均方差越小，则含水率越均匀。而变异系数则是评价终含水率分布的均匀程度。通过表 16.9 也可以看出终含水率的分布情况。平均含水率及干燥均匀度的计算方法，详见第五章第四节所述。

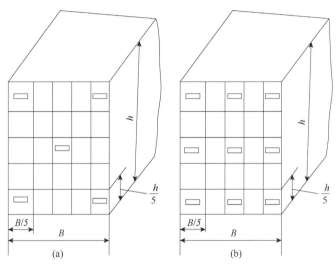

图 16.8 试验板在材堆中的位置

（a）5 块试验板；（b）9 块试验板

表 16.9 终含水率的分布及统计表 （单位：%）

开动时间： 停止时间： 干燥周期：

沿材堆高度		上层			中层			下层		平均值	均方差
沿材堆宽度		左侧	中部	右侧	左侧	中部	右侧	左侧	中部	右侧		
沿材堆长度	前部											
	中部											
	后部											
	平均值											
	均方差											

木材干燥过程检验和质量检验，需要有必要的检验工具，常用工具包括钢锯或电锯、天平（精度 0.01g）、烘箱、卡尺、钢卷尺、劈刀、橡胶锤、电钻或手钻、便携式含水率测湿仪、记号笔、油漆、板刷等。

2. 干燥木材可见干燥缺陷的检测 干燥锯材的可见干燥缺陷质量指标按《锯材干燥质量》（GB/T 6491—2012）中的规定检算。采用可见缺陷试验板或干后普检的方法进行检测。

可见缺陷试验板于干燥前选自一批被干锯材，要求没有弯曲、裂纹等缺陷，并编号、记录，分散堆放在木堆中，记明部位，并在端部标明记号。干后取出，逐一检测、记录，干后普检是在干后卸堆时普遍检查干燥锯材，将有干燥缺陷的锯材挑出，逐一检测、记录，并计算超过等级规定和达到开裂计算起点的有缺陷的锯材。可见干燥缺陷的计算方法，详见第五章第四节所述。

　　锯材干燥前发生的弯曲与裂纹，干前应予检测、编号与记录，干后再行检测与对比，干燥质量只计扩大部分或不计（干前已超标）。这种锯材干燥时应正确堆积，以矫正弯曲；涂头或藏头堆积以防裂纹扩大。对于在干燥过程中发生的端裂，经过热湿处理裂纹闭合，据解检查时才被发现（经常在锯材端部100mm左右处），不应定为内裂。

　　可见干燥缺陷质量指标，可按表16.10进行统计与计算。

表16.10　可见干燥缺陷质量数据统计表

企业名称：　　　　干燥室编号：　　　　干燥室容量：　　m³　　木材缺陷超标总材积：　　m³ 木材
木材树种：　　　　木材规格：　　　　长宽厚干燥时间：　　年　月　日　时　分至

试验板编号	弯曲												干裂					
	顺弯			横弯			翘弯			扭曲			纵裂			内裂		
	拱高 h/mm l/mm	曲面长	翘曲度 WP/%	拱高 h/mm l/mm	曲面长	翘曲度 WP/%	拱高 h/mm l/mm	曲面长	翘曲度 WP/%	拱高 h/mm l/mm	曲面长	翘曲度 WP/%	裂长 l/mm	材长 L/mm	纵裂度 LS/%	裂长 l/mm	裂宽 L/mm	数量/条
1																		
2																		
3																		
4																		
5 ⋮																		
超标材积	m³ 木材			m³ 木材			m³ 木材			m³ 木材			m³ 木材			m³ 木材		

四、总体要求

（一）知识

　　掌握木材干燥的基础理论与基本知识；掌握选择或编制干燥基准的方法；熟悉检验板的选择、制备和含水率的计算方法；学会被干木材的装堆或堆积方法；掌握检验板的使用，以及出现问题的解决方法；熟悉干燥过程的操作、调整和参数检测的记录；学会设备的操作方法及相关仪器的使用；撰写实验报告，各种记录表填写完整，绘制含水率和温、湿度曲线。

（二）能力

　　具木材干燥基准制定、干燥过程的实施、产品质量检测的能力；具备木材干燥设备的操作和干燥质量检测仪器使用等实践操作能力。通过观察木材干燥的结果，讨论所选择的干燥基准是否合理，干燥过程和干燥结束后出现问题的原因，提出合理的干燥基准和解决问题的办法或措施。

（三）素质

　　具有科学思维方法、科学研究方法、求实创新意识、崇尚科学精神等科学素质；具有工程意识、综合分析素养、价值效益意识、创新精神等工程素质；具有良好的质量、安全、效益、环境、职业健康和服务意识。

思　考　题

1．自行设计实验，用重量法检测木材的含水率，作好实验记录，绘制出木材干燥曲线。

2．自行设计干湿球温度计，根据干湿球温度差查得相对湿度数值。

3．分组自行制定实验方案，并做好实验记录。

主要参考文献

艾沐野．2016．木材干燥实践与应用．北京：化学工业出版社．

高建民，王喜明．2018．木材干燥学．2 版．北京：科学出版社．

伊松林．2017．木材常规干燥手册．北京：化学工业出版社．

附录1 湿空气热力学性质表

t	参数	φ										
		0	0.1	0.2	0.3	0.4	0.5	0.6	0.7	0.8	0.9	1
	d	0.0000	0.3221	0.6445	0.9672	1.2903	1.6137	1.9374	2.2615	2.5859	2.9108	3.2357
-2	H	2.0072	-1.2027	-0.3974	0.4088	1.2157	2.0236	2.8322	3.6417	4.4520	5.2632	6.0752
	t_d	-7.6430	-7.0360	-6.4390	-5.8510	-5.2730	-4.7040	-4.1450	-3.5950	-3.0540	-2.5230	-2.0000
	d	0.0000	0.3500	0.7004	1.0512	1.4024	1.7539	2.1059	2.4583	2.8111	3.1642	3.5178
-1	H	-1.0036	-0.1287	0.7472	1.0241	2.5019	3.3808	4.2606	5.1415	6.0233	6.9064	7.7900
	t_d	-6.9790	-6.3310	-5.6950	-5.0700	-4.4560	-3.8530	-3.2620	-2.6810	-2.1100	-1.5500	-1.0000
	d	0.0000	0.3801	0.7608	1.1418	1.5234	1.9054	2.2878	2.6708	3.0542	3.4381	3.8225
0	H	0.0000	0.9510	1.9031	2.8564	3.8108	4.7665	5.7233	6.6813	7.6404	8.6007	9.5623
	t_d/t_w	-6.3260	-5.6360	-4.9590	-4.2950	-3.6440	-3.0060	-2.3800	-1.7670	-1.1660	-0.5770	0.0000
	d	0.0000	0.4087	0.8179	1.2276	1.6379	2.0488	2.4601	2.8720	3.2845	3.6975	4.1111
1	H	1.0036	2.0267	3.0512	4.0770	5.1041	6.1326	7.1625	8.1937	9.2262	10.2600	11.2950
	t_d/t_w	-5.6860	-4.9570	-4.2440	-3.5460	-2.8630	-2.1940	-1.5390	-0.8990	-0.2720	0.4060	1.0000
	d	0.0000	0.4391	0.8788	1.3191	1.7601	2.2017	2.6439	3.0867	3.5302	3.9743	4.4190
2	H	2.0072	3.1073	4.2089	5.3121	6.4168	7.5231	8.6310	9.7404	10.8510	11.9640	13.0780
	t_d/t_w	-0.0560	-4.2890	-3.5380	-2.8050	-2.0880	-1.3880	-0.7040	0.1400	0.7470	1.3790	2.0000
	d	0.0000	0.4715	0.9437	1.4166	1.8903	2.3646	2.8397	3.3155	3.7921	4.2694	4.7473
3	H	3.0109	4.1930	5.3770	6.5627	7.7502	8.9395	10.1310	11.3240	12.5180	13.7150	14.9130
	t_d/t_w	-4.4390	-3.6300	-2.8410	-2.0710	-1.3210	-0.5880	0.3220	1.0180	1.6910	1.3520	3.0000
	d	0.0000	0.5060	1.0128	1.5205	2.0290	2.5383	3.0484	3.5594	4.0712	4.5838	5.0973
4	H	4.0146	5.2842	6.5558	7.8295	9.1053	10.3830	11.6630	12.9450	14.2290	15.5160	16.8070
	t_d/t_w	-3.8320	-2.9810	-2.1520	-1.3450	-0.5600	0.4970	1.2120	1.9300	2.6340	3.3240	4.0000
	d	0.0000	0.5427	1.0864	1.6310	2.1766	2.7231	3.2706	3.8191	4.3685	4.9189	5.4702
5	H	5.0183	6.3810	7.7462	9.1137	10.4840	11.8560	13.2310	14.6080	15.9870	17.3690	18.7530
	t_d/t_w	-3.2370	-2.3420	-1.4720	-0.6270	0.5370	1.3220	2.0900	2.8410	3.5760	4.2960	5.0000
	d	0.0000	0.5818	1.1647	1.7486	2.3337	2.9199	3.5071	4.0955	4.6850	5.2756	5.8673
6	H	6.0221	7.4840	8.9486	10.4160	11.8860	13.5900	14.8350	16.3130	17.7940	19.2780	20.7650
	t_d/t_w	-2.6530	-4.7120	-0.8000	0.4990	1.3400	2.1630	2.9660	3.7510	4.1580	5.2670	6.0000
	d	0.0000	0.6233	1.2497	1.8737	2.5008	3.1291	3.7587	4.3896	5.0218	5.6552	6.2899
7	H	7.0258	8.5932	10.1640	11.7380	13.3140	14.8940	16.4780	18.0640	19.6540	21.2470	22.8430
	t_d/t_w	-2.0800	-1.0920	0.3520	1.2570	2.1400	3.0010	3.8400	4.6590	5.4590	6.2390	7.0000
	d	0.0000	0.6674	1.3363	2.0066	2.6784	3.3516	4.0263	4.7024	5.3800	6.0590	6.7395
8	H	8.0296	9.7093	11.3920	13.0790	14.7700	16.4640	18.1620	19.8630	21.5680	23.2770	24.9900
	t_d/t_w	-1.5180	0.0870	1.0620	2.0120	2.9360	3.8370	4.7130	5.5670	6.3990	7.2100	8.0000

续表

t	参数	φ										
		0	0.1	0.2	0.3	0.4	0.5	0.6	0.7	0.8	0.9	1
	d	0.0000	0.7143	1.4303	2.1479	2.8671	3.5880	4.3106	5.0349	5.7608	6.4884	7.2177
9	H	9.0335	10.8320	12.6350	14.4430	16.2540	18.0690	19.8890	21.7130	23.5410	25.3740	27.2100
	t_d/t_w	−0.9660	1.7410	1.7660	2.7620	3.7300	4.6700	5.5850	6.4740	7.3390	8.1810	9.0000
	d	0.0000	0.7641	1.5330	2.2978	3.0675	3.8392	4.6127	5.3881	6.1655	6.9448	7.7260
10	H	10.0370	11.9630	13.8930	15.8280	17.7680	19.7130	21.6620	23.6160	25.5760	27.5400	29.5080
	t_w	0.2800	1.3890	2.4650	3.5080	4.5200	5.5020	6.4550	7.3800	8.2780	9.1510	10.0000
	d	0.0000	0.8168	1.6358	2.4570	3.2803	4.1058	4.9334	5.7633	6.5953	7.4296	8.2661
11	H	11.0410	13.1010	15.1670	17.2380	19.3140	21.3960	23.4840	25.5770	27.6750	29.7790	31.8890
	t_w	0.8630	2.0300	3.1580	4.2500	5.3080	6.3320	7.3240	8.2850	9.2180	10.1220	11.0000
	d	0.0000	0.8728	1.7481	2.6258	3.5060	4.3887	5.2739	6.1615	7.0517	7.9445	8.8397
12	H	12.0450	14.2480	16.4570	18.6720	20.8940	23.1200	25.3560	27.5960	29.8430	32.0960	34.3560
	t_w	1.4380	2.6640	3.8470	4.9890	6.0930	7.1600	8.1920	9.1900	10.1570	11.0930	12.0000
	d	0.0000	0.9321	1.8671	2.8048	3.7454	4.6888	5.6350	6.5841	7.5361	8.4910	9.4488
13	H	13.0490	15.4040	17.7650	20.1330	22.5090	24.8920	27.2820	29.6790	32.0840	34.3960	36.9150
	t_w	2.0040	3.2910	4.5300	5.7240	6.8760	7.9870	9.0900	10.0940	11.0950	12.0630	13.0000
	d	0.0000	0.9950	1.9931	2.9945	3.9991	5.0069	0.0180	7.0323	8.0500	9.0709	10.0950
14	H	14.0530	16.5680	19.0910	21.6220	24.1610	26.7090	29.2650	31.8280	34.4010	36.9810	39.5700
	t_w	2.5620	3.9120	5.2090	6.4560	7.6570	8.8120	9.9250	10.9990	12.0340	13.0340	14.0000
	d	0.0000	1.0615	2.1267	3.1955	4.2680	5.3441	6.4240	7.5076	8.5949	9.6860	10.7810
15	H	15.0570	17.7420	20.4370	23.1400	25.8530	28.5750	31.3070	34.0480	36.7980	38.5580	43.3280
	t_w	3.1110	4.5260	5.8840	7.1860	8.4360	9.6370	10.7910	11.9020	12.9730	14.0050	15.0000
	d	0.0000	1.1320	2.2681	3.4083	4.5527	5.7013	6.8542	8.0112	9.1726	10.3380	11.5080
16	H	16.0610	18.9270	21.8030	24.6890	27.5860	30.4930	33.4120	36.3410	39.2800	42.2310	45.1930
	t_w	3.6510	5.1350	6.5540	7.9120	9.2130	10.4600	11.6570	12.8060	13.9110	14.9750	16.0000
	d	0.0000	1.2065	2.4176	3.6335	4.8542	6.0796	7.3098	8.5448	9.7847	11.0290	12.2790
17	H	17.0650	20.1220	23.1900	26.2700	29.3620	32.4660	35.5830	38.7110	41.8520	45.0060	18.1710
	t_w	4.1830	5.7380	7.2210	8.6360	9.9890	11.2830	12.5220	13.7100	14.8500	15.9460	17.0000
	d	0.0000	1.2853	2.5759	3.8718	5.1732	6.4799	7.7922	9.1099	10.4330	11.7620	13.0960
18	H	18.0700	21.3280	24.6000	27.8850	31.1800	34.4970	37.8230	41.1640	44.5790	47.8870	51.2700
	t_w	4.7070	6.3350	7.8830	9.3580	10.7630	12.1050	13.3870	14.6140	15.7890	16.9170	18.0000
	d	0.0000	1.3686	2.7431	4.1238	5.5106	6.9035	8.3027	9.7080	11.1200	12.5380	13.9620
19	H	19.0740	22.5460	26.0330	29.5360	33.0540	36.5880	40.1370	43.7030	47.2840	50.8810	54.4950
	t_w	5.2220	6.9260	8.5430	10.0770	11.5370	12.9260	14.2520	15.5180	16.7280	17.8880	19.0000
	d	0.0000	1.4565	2.9199	4.3902	5.8674	7.3516	8.8428	10.3410	11.8470	13.3590	14.8790
20	H	20.0780	23.7760	27.4910	31.2240	34.9740	38.7420	42.5280	46.3320	50.1540	53.9940	57.8530
	t_w	5.7300	7.5130	9.1990	10.7950	12.3090	13.7480	15.1170	16.4220	17.6680	18.8590	20.0000

续表

t	参数	φ										
		0	0.1	0.2	0.3	0.4	0.5	0.6	0.7	0.8	0.9	1
	d	0.0000	1.5495	3.1066	4.6716	6.2445	7.8252	9.4140	11.0110	12.6160	14.2290	15.8500
21	H	21.0820	25.0190	28.9750	32.9510	36.9480	40.9640	45.0000	49.0570	53.1350	57.2330	61.3520
	t_w	6.2300	8.0950	9.8520	11.5110	13.0810	14.5690	15.9820	17.3260	18.6070	19.8300	21.0000
	d	0.0000	1.6475	3.3038	4.9689	6.6429	8.3258	10.0180	11.7190	13.4290	15.1490	16.8780
22	H	22.0870	26.2750	30.4870	34.7200	38.9760	43.2550	47.5570	51.8830	56.2310	60.6030	64.9990
	t_w	6.7230	8.6710	10.5020	12.2260	13.8520	15.3900	16.8470	18.2310	19.5470	20.8020	22.0000
	d	0.0000	1.7510	3.5119	5.2828	7.0637	8.8547	10.6560	12.4680	14.2900	16.1220	17.9650
23	H	23.0910	27.5460	32.0270	36.5320	41.0640	45.6210	50.2040	54.8140	59.4500	64.1120	68.8020
	t_w	7.2080	9.2430	11.1500	12.9390	14.6230	16.2110	17.7130	19.1360	20.4870	21.7740	23.0000
	d	0.0000	1.8601	3.7314	5.6140	7.5079	9.4133	11.3300	13.2590	15.1990	17.1520	19.1160
24	H	24.0950	28.8320	33.5970	38.3900	43.2130	48.0640	52.9450	57.8560	62.7970	67.7680	72.7700
	t_w	7.6860	9.8110	11.7590	13.6510	15.3930	17.0330	18.5790	20.0410	21.4280	22.7460	24.0000
	d	0.0000	1.9752	3.9629	5.9634	7.9767	10.0030	12.0420	14.0950	16.1610	18.2400	20.3330
25	H	25.1000	30.1330	35.1980	40.2950	45.4260	50.5890	55.7850	61.0510	66.2800	71.5780	76.9110
	t_w	8.1570	10.3750	12.4380	14.3630	16.1640	17.8540	19.4460	20.9480	22.3690	23.7180	25.0000
	d	0.0000	2.0964	4.2070	6.3319	8.4713	10.6250	12.7940	14.9780	17.1770	19.3910	21.6200
26	H	26.1040	31.4500	36.8320	42.2510	47.7060	53.1990	58.7290	64.2980	69.9050	75.5500	81.2350
	t_w	8.6200	10.9350	13.0790	15.0740	16.9340	18.6770	20.3130	21.8540	23.3110	24.6900	26.0000
	d	0.0000	2.2241	4.4642	6.7304	8.9929	11.2820	13.5880	15.9100	18.2500	20.6060	22.9810
27	H	27.1090	32.7840	38.5010	44.2580	50.0580	55.8990	61.7830	67.7090	83.6800	79.6940	85.7530
	t_w	9.0770	11.4910	13.7190	15.7840	17.7050	19.4990	21.1810	22.7620	24.2530	25.6630	27.0000
	d	0.0000	2.3586	4.7351	7.1298	9.5428	11.9740	14.4250	16.8940	19.3830	21.8910	24.4190
28	H	28.1130	34.1370	10.2060	46.3210	52.4830	58.6930	64.9510	71.2570	77.6130	84.0180	90.4730
	t_w	9.5270	12.0430	14.3570	16.4940	18.4760	20.3230	22.0490	23.6690	25.1950	26.6360	28.0000
	d	0.0000	2.5001	5.0203	7.5610	10.7330	12.7050	15.3080	17.9330	20.5800	23.2480	25.9390
29	H	29.1180	35.5070	41.9480	48.4410	54.9870	61.5860	68.2400	74.9480	81.7120	88.5320	95.4080
	t_w	9.9710	12.5920	14.9940	17.2040	19.2480	21.1470	22.9190	24.5780	26.1380	27.6090	29.0000
	d	0.0000	2.6490	5.3206	8.0152	10.7330	13.4740	16.2400	19.0290	21.8430	24.6820	27.5460
30	H	30.1230	36.8970	43.7300	50.6240	57.5720	64.5830	71.6550	78.7890	85.9850	93.2450	100.5700
	t_w	10.4080	13.1380	15.6290	17.9140	20.0200	21.9720	23.7890	25.4870	27.0810	28.5820	30.0000
	d	0.0000	2.8055	5.6365	8.4933	11.3760	14.2580	17.2220	20.1850	23.1760	26.1950	29.2430
31	H	31.1270	38.3080	45.5530	52.8650	60.2430	67.6890	75.2040	82.7880	90.4430	98.1700	105.9700
	t_w	10.8380	13.6810	16.2640	18.6230	20.7930	22.7980	24.6600	26.3970	28.0250	29.5560	31.0000
	d	0.0000	2.9702	5.9688	8.9964	12.0530	15.1400	18.2570	21.4040	24.5830	27.7930	31.0350
32	H	32.1320	39.7390	47.4200	55.1740	63.0030	70.9090	78.8920	86.9530	95.0900	103.3200	111.6200
	t_w	11.2630	14.2220	16.8970	19.3340	21.5660	23.6240	25.5320	27.3080	28.9690	30.5300	32.0000

t	参数	φ										
		0	0.1	0.2	0.3	0.4	0.5	0.6	0.7	0.8	0.9	1
33	d	0.0000	3.1431	6.3182	9.5257	12.7660	16.0400	19.3480	22.6900	26.0670	29.4800	32.9890
	H	33.1370	41.1930	49.3310	57.5520	65.8570	74.2490	82.7270	91.2930	99.9490	108.7000	117.5400
	t_w	11.6810	14.7600	17.5310	20.0440	22.3410	24.4520	26.4040	28.2190	29.9140	31.5040	33.0000
34	d	0.0000	3.3249	6.6855	10.0820	13.5160	16.9880	20.4970	24.0450	27.6330	31.2610	34.9290
	H	34.1420	42.6700	51.2900	60.0030	68.8100	77.7140	88.7160	95.8170	105.0200	114.3200	123.7300
	t_w	12.0940	15.2950	18.1630	20.7560	23.1160	25.2810	27.2780	29.1310	30.8600	35.4780	34.0000
35	d	0.0000	3.5157	7.0714	10.6680	14.3050	17.9850	21.7080	25.4740	29.2840	33.1400	37.0410
	H	35.1470	44.1710	53.2980	62.5290	71.8660	81.3110	90.8660	100.5300	110.3100	120.2100	130.2200
	t_w	12.5010	15.8280	18.7960	21.4670	23.8930	26.1110	28.1530	30.0440	31.8060	33.4530	35.0000
36	d	0.0000	3.7160	7.4767	11.2830	15.1350	19.0350	22.9830	26.9790	31.0260	38.1230	39.2720
	H	36.1520	45.6970	55.3570	65.1340	75.0300	85.0470	95.1870	105.4500	115.8500	126.3700	137.0300
	t_w	12.9020	16.3590	19.4280	22.1800	24.6700	26.9420	29.0280	30.9580	32.7520	34.4280	36.0000
37	d	0.0000	3.9262	7.9023	11.9290	16.0080	20.1400	24.3250	28.5660	32.8620	37.2160	41.6270
	H	37.1570	47.2490	57.4700	67.8220	78.3060	88.9270	99.6860	110.5900	121.6300	132.8200	144.1600
	t_w	13.2970	16.8890	20.0610	22.8930	25.4490	27.7740	29.9050	31.8720	33.6990	35.4030	37.0000
38	d	0.0000	4.1467	8.3492	12.6080	16.9260	21.3020	25.7390	30.2370	34.7980	39.4230	44.1150
	H	38.1620	48.8290	59.6390	70.5960	81.7010	92.9590	104.3700	115.9400	127.6800	139.5800	151.6400
	t_w	13.6870	17.4160	20.6930	23.6080	26.2290	28.6070	30.7830	32.7880	64.6460	36.3780	38.0000
39	d	0.0000	4.3780	8.8180	13.3220	17.8900	22.5240	27.2260	31.9970	36.8390	41.7530	46.7410
	H	39.1670	50.4370	61.8670	73.4600	85.2200	97.1510	109.2500	121.5400	134.0000	146.6500	159.4900
	t_w	14.0720	17.9430	21.3260	24.3240	27.0100	29.4410	31.6610	33.7040	35.5940	37.3540	39.0000
40	d	0.0000	4.6204	9.3100	14.0700	18.9030	23.8100	28.7920	33.8520	38.9910	44.2110	49.5140
	H	40.1720	52.0750	64.1560	76.4190	88.8690	101.5100	114.3400	127.3800	140.6200	154.0700	167.7300
	t_w	14.4510	18.4670	21.9600	25.0400	27.7920	30.2770	32.5410	34.6200	36.5420	38.3300	40.0000
41	d	0.0000	4.8744	9.8259	14.8560	19.9670	25.1610	30.4390	35.8050	41.2590	46.8040	52.4430
	H	41.1780	53.7440	66.5090	79.4770	92.6530	106.0400	119.6500	133.4800	147.5400	161.8400	176.3800
	t_w	14.8260	18.9910	22.5930	25.7580	28.5760	31.1140	33.4220	35.5380	37.4910	39.3060	41.0000
42	d	0.0000	5.1405	10.3670	15.6810	21.0850	26.5820	32.1370	37.8610	43.6500	49.5410	55.5370
	H	42.1830	55.4450	68.9280	82.6380	96.5800	110.7600	125.1900	139.8600	154.7900	169.9900	185.4600
	t_w	15.1950	19.5140	23.2280	26.4770	29.3610	31.9520	34.3040	36.4560	38.4410	40.2820	42.0000
43	d	0.0000	5.4193	10.9340	16.5460	22.2590	28.0750	33.9970	40.0270	46.1700	52.4280	58.8040
	H	43.1880	55.4450	68.9280	82.6380	96.5800	110.7600	125.1900	139.8600	154.7900	169.9900	185.4600
	t_w	15.1950	19.5140	23.2280	26.4770	29.3610	31.9520	34.3040	36.4560	38.4410	40.2820	42.0000
44	d	0.0000	5.7110	11.5280	17.4540	23.4910	29.6440	35.9150	42.3080	48.8270	55.4740	58.8040
	H	43.1880	57.1800	71.4170	85.9060	100.6600	115.6700	130.9600	146.5300	162.3900	178.5400	195.0100
	t_w	15.5600	20.0360	23.8640	27.1980	30.1480	32.7920	35.1860	37.3750	39.3900	41.5290	43.0000

续表

t	参数	φ										
		0	0.1	0.2	0.3	0.4	0.5	0.6	0.7	0.8	0.9	1
45	d	0.0000	6.0164	12.1500	18.4050	24.7850	31.2930	37.9330	44.7100	51.6270	58.6900	65.9020
	H	45.1990	60.7550	76.6140	92.7860	109.2800	126.1100	143.2800	160.8000	178.6800	196.9400	215.5900
	t_w	16.2740	21.0780	16.1370	28.6440	31.7260	34.4740	36.9550	39.2150	41.2910	43.2120	45.0000
46	d	0.0000	6.3359	12.8020	19.4030	26.1430	33.0250	40.0560	47.2390	54.5800	62.0830	69.7550
	H	46.2050	62.5980	79.3290	96.4080	113.8500	131.6500	149.8400	168.4300	187.4200	206.8400	226.6900
	t_w	16.6240	21.5980	25.7760	29.3690	32.5170	35.3180	37.8400	40.1360	42.2420	44.1890	46.0000
47	d	0.0000	6.6702	13.4850	20.4490	27.5680	34.8460	42.2890	49.9020	57.6920	65.6650	73.8270
	H	47.2110	64.4810	82.1260	100.1600	118.5900	137.4300	156.7100	176.4200	196.5900	217.2300	238.3700
	t_w	16.9700	22.1180	26.4150	30.0950	33.3090	36.1620	38.7270	41.0570	43.1940	45.1670	47.0000
48	d	0.0000	7.0196	14.2000	21.5450	29.0630	36.7580	44.6370	52.7070	60.9740	69.4470	78.1330
	H	48.2160	66.4050	85.0090	104.0400	123.5200	143.4600	163.8700	184.7800	206.2100	228.1600	250.6700
	t_w	17.3120	22.6370	27.0560	30.8230	34.1030	37.0080	39.6140	41.9800	44.1460	46.1440	48.0000
49	d	0.0000	7.3849	14.9470	22.6940	30.6310	38.7660	47.1060	55.6600	64.4350	73.4410	82.6850
	H	49.2220	68.3710	87.9800	108.0700	128.6500	149.7400	171.3700	193.5500	216.3000	239.6500	263.6200
	t_w	17.6490	23.1570	27.6980	31.5530	34.8990	37.8540	40.5030	42.9030	45.0980	47.1220	49.0000
50	d	0.0000	7.7667	15.7300	23.8970	32.2760	40.8750	49.7040	58.7710	68.0850	77.6590	87.5010
	H	50.2280	70.3810	91.0450	112.2400	133.9800	156.2900	179.2000	202.7300	226.9000	251.7400	277.2860
	t_w	17.9820	23.6770	28.3420	32.2840	35.6950	38.7020	41.3920	43.8260	46.0510	48.1000	50.0000
51	d	0.0000	8.1656	16.5480	25.1570	34.0020	43.0910	52.4360	62.0470	71.9360	82.1150	92.5970
	H	51.2340	72.4380	94.2060	116.5600	139.5300	163.1300	187.3900	212.3500	238.0300	264.4600	291.6800
	t_w	18.3110	24.1970	28.9870	33.0170	36.4940	39.5520	42.2820	44.7500	47.0030	49.0780	51.0000
52	d	0.0000	8.5822	17.4050	26.4770	35.8110	45.4180	55.3090	65.4980	75.9990	86.8250	97.9920
	H	52.2400	74.5420	97.4670	121.0400	145.3000	170.2600	195.9700	222.4400	249.7300	277.8600	306.8800
	t_w	18.6350	24.7170	29.6340	33.7520	37.2930	40.4020	43.1730	45.6750	47.9570	50.0560	52.0000
53	d	0.0000	9.0173	18.3000	27.8600	37.7090	47.8620	58.3320	69.1350	80.2860	91.8030	103.7000
	H	53.2460	76.6950	100.8300	125.6900	151.3100	177.7100	204.9400	233.0300	262.0300	291.9800	322.9300
	t_w	18.9560	25.2380	30.2820	34.4880	38.0940	41.2530	44.0650	46.6000	48.9100	51.0340	53.0000
54	d	0.0000	9.4714	19.2360	29.3070	39.6990	50.4290	61.5120	72.9670	84.8120	97.0690	109.7600
	H	54.2520	78.9000	104.3100	130.5200	157.5600	185.4900	214.3300	244.1400	274.9600	306.8600	339.8800
	t_w	19.2730	25.7590	30.9310	35.2260	38.8970	42.1060	44.9570	47.5260	49.8650	52.0130	54.0000
55	d	0.0000	9.9454	20.2140	30.8220	41.7860	53.1250	64.8580	77.0060	89.5920	102.6400	116.1700
	H	55.2580	81.1580	107.9000	135.5300	164.0800	193.6100	224.1600	255.8000	288.5700	322.5500	357.8000
	t_w	19.5860	26.2810	31.5830	35.9650	39.7010	42.9590	45.8510	48.4520	50.8190	52.9910	55.0000
56	d	0.0000	10.4400	21.2360	32.4080	43.9740	55.9570	68.3790	81.2640	94.6400	108.5300	122.9800
	H	56.2640	83.4720	111.6100	140.7200	170.8700	202.0900	234.4700	268.0500	302.9000	339.1100	376.7600
	t_w	19.8960	26.8030	32.2360	36.7060	40.5060	43.8140	46.7450	49.3790	51.7730	53.9700	56.0000
57	d	0.0000	10.9560	22.3050	34.0680	46.2690	58.9320	72.0840	85.7550	99.7950	114.7800	130.2000
	H	57.2710	85.8430	115.4400	146.1200	177.9400	210.9600	245.2600	280.9100	318.0000	356.6100	396.8300
	t_w	20.2010	27.3270	32.8900	37.4490	41.3130	44.6690	47.6390	50.3060	52.7280	54.9490	57.0000

续表

t	参数	φ										
		0	0.1	0.2	0.3	0.4	0.5	0.6	0.7	0.8	0.9	1
58	d	0.0000	11.4940	23.4210	35.8050	48.6740	62.0570	75.9850	90.4910	105.6100	121.3900	137.8700
	H	58.2770	88.2740	119.4000	151.7200	185.3100	220.2300	256.5800	294.4400	333.9100	375.0900	418.0900
	t_w	20.5030	27.8510	33.5700	38.1930	42.1210	45.5260	48.5350	51.2340	53.6830	55.9280	58.0000
59	d	0.0000	12.0550	24.5860	37.6230	51.1960	65.3400	80.0910	95.4890	111.5800	128.4000	146.0200
	H	59.2840	90.7670	123.5000	157.5400	192.9900	229.9300	268.4600	308.6700	350.6900	394.6400	440.6500
	t_w	20.8020	28.3760	34.2050	38.9390	42.9300	46.3830	49.4310	52.1620	54.6390	56.9070	59.0000
60	d	0.0000	12.6400	25.8040	39.5250	53.8410	68.7900	84.4150	100.7600	117.8900	135.8400	154.6900
	H	60.2900	93.3250	127.7300	163.5900	201.0100	240.0800	280.9200	323.6400	368.4000	415.3200	464.5800
	t_w	21.0970	28.9020	34.8650	39.6870	43.7400	47.2420	50.3280	53.0910	55.5940	57.8860	60.0000
61	d	0.0000	13.2490	27.0750	41.5160	56.6140	72.4160	88.9710	106.3300	124.5700	143.7400	163.9200
	H	61.2970	95.9490	132.1100	169.8800	209.3700	250.7000	294.0000	339.4100	387.1000	437.2300	490.0100
	t_w	21.3890	29.4300	35.5260	40.4360	44.5520	48.1010	51.2250	54.0200	56.5500	58.8650	61.0000
62	d	0.0000	13.8840	28.4020	43.5990	59.5220	76.2270	93.7710	112.2200	131.6400	152.1200	173.7500
	H	62.3040	98.6430	136.6400	176.4200	218.0900	261.8100	307.7300	356.0200	406.8600	460.4600	517.0600
	t_w	21.6770	29.9580	36.1900	41.1870	45.3650	48.9610	52.1230	54.9490	57.5060	59.8450	62.0000
63	d	0.0000	14.5460	29.7880	45.7780	62.5720	80.2330	98.8290	118.4400	139.1400	161.0400	184.2300
	H	63.3100	101.4100	141.3300	183.2100	227.2000	273.4600	322.1600	373.5200	427.7500	458.1000	545.8500
	t_w	21.9620	30.4880	36.8550	41.9390	46.1790	49.8220	53.0220	55.8780	58.4620	60.8240	63.0000
64	d	0.0000	15.2340	31.2340	48.0580	65.7710	84.4460	104.1600	125.0100	147.1000	170.5200	195.7300
	H	64.3170	104.2500	146.1800	190.2800	236.7100	285.6600	337.3400	391.9900	449.8700	511.2800	576.5400
	t_w	22.2440	31.0190	37.5220	42.6930	46.9940	50.6840	53.9200	56.8080	59.4190	61.8040	64.0000
65	d	0.0000	15.9520	32.7430	50.4430	69.1260	88.8770	109.7900	131.9700	155.4000	180.6300	207.3900
	H	65.3240	107.1600	151.2100	197.6300	246.6400	298.4400	353.3000	411.4800	473.3000	539.1000	609.3000
	t_w	22.5230	31.5510	38.1900	43.4480	47.8100	51.5460	54.8200	57.7390	60.3760	62.7830	65.0000
66	d	0.0000	16.6990	34.3190	52.9390	72.6460	93.5390	115.7300	139.3400	164.5100	191.4000	220.1900
	H	66.3310	110.1600	156.4100	205.2900	257.0100	311.8500	370.1000	432.0700	498.1300	568.7200	644.3000
	t_w	22.7990	32.0850	38.8610	44.2040	48.6270	52.4090	55.7200	58.6690	61.3320	63.7630	66.0000
67	d	0.0000	17.4760	35.9630	55.5500	76.3390	98.4450	122.0000	147.1400	174.0400	202.8900	233.9100
	H	67.3380	113.2400	161.8000	213.2500	267.6600	325.9200	387.7800	453.8300	524.4900	600.2700	681.7600
	t_w	23.0720	32.6200	39.5330	44.9620	49.4450	53.2730	56.6210	59.6000	62.2890	64.7420	67.0000
68	d	0.0000	18.2850	37.6780	58.2820	80.2150	103.6100	128.6200	155.4100	184.1800	215.1700	248.6400
	H	68.3450	116.4100	167.3800	221.5400	279.2000	340.6900	406.2200	476.8500	552.4900	633.9400	721.9100
	t_w	23.3420	33.1560	40.2060	45.7210	50.2640	54.1380	57.5220	60.5320	63.2460	65.7220	68.0000
69	d	0.0000	19.1270	39.4670	61.1410	84.2830	109.0500	135.6100	164.1800	194.9900	228.3100	264.4700
	H	69.3530	119.6700	173.1700	230.1800	291.0600	356.2000	426.0800	501.2300	582.2700	669.9200	765.0200
	t_w	23.6090	33.6940	40.8820	46.4820	51.0840	55.0030	58.4230	61.4630	64.2030	66.7020	69.0000

续表

t	参数	φ										
		0	0.1	0.2	0.3	0.4	0.5	0.6	0.7	0.8	0.9	1
70	d	0.0000	20.0030	41.3350	64.1330	88.5540	114.7800	143.0100	173.5000	206.5100	242.3900	281.5100
	H	70.3600	123.0100	179.1700	239.1800	303.4700	372.5000	446.8200	527.0600	613.9700	708.4000	811.3800
	t_w	23.8730	34.2340	41.5590	47.2430	51.9050	55.8690	59.3250	62.3940	65.1610	67.6820	70.0000
71	d	0.0000	20.9130	43.2820	67.2640	93.0390	120.8200	150.8400	183.3900	218.1000	257.4900	299.8900
	H	71.3670	126.4600	185.3800	248.5600	316.4500	389.6300	468.7200	554.4700	647.7600	749.6400	861.3400
	t_w	24.1340	34.7750	42.2380	48.0070	52.7270	56.7350	60.2270	63.3260	66.1180	68.6620	71.0000
72	d	0.0000	21.8610	45.3140	70.5410	97.7510	127.1900	159.1300	193.9200	231.9600	273.7100	319.7600
	H	72.3750	130.0000	191.8300	258.3300	330.0600	407.6500	491.8600	583.5700	683.8400	793.9100	915.2900
	t_w	24.3930	35.3170	42.9180	48.7710	53.5500	57.6020	61.1290	64.2580	67.0760	69.6420	72.0000
73	d	0.0000	22.8460	47.4340	73.9720	102.7000	133.9000	167.9100	205.1300	246.0300	291.1800	314.2800
	H	73.3830	133.6500	198.5100	268.5200	344.3100	426.6200	516.3400	614.5100	722.4000	841.5000	973.6800
	t_w	24.6490	35.8620	43.6000	49.5360	54.3740	58.4700	62.0320	65.1910	68.0340	70.6220	73.0000
74	d	0.0000	23.8700	49.6450	77.5640	107.9000	141.0000	177.2300	217.0800	261.1000	310.0100	364.6600
	H	74.3900	137.4000	205.4500	279.5000	359.2400	446.6500	542.2500	647.4400	763.6800	892.7800	1037.0000
	t_w	29.9020	36.4080	44.2840	50.3030	55.1980	59.3380	62.9350	66.1230	68.9910	71.6020	74.0000
75	d	0.0000	24.9350	51.9520	81.3250	113.3700	148.4800	187.1200	229.8300	277.3000	330.3700	390.1000
	H	75.3980	141.2700	212.6400	290.2400	374.9000	467.6600	569.7100	682.5400	807.9400	948.1500	1105.9000
	t_w	25.1530	36.9550	44.9690	51.0710	56.0230	60.2060	63.8390	67.0560	69.9490	72.5820	75.0000
76	d	0.0000	26.0410	54.3580	85.2640	119.1300	156.4000	197.6200	243.4000	294.7000	352.4200	417.8800
	H	76.4060	145.2500	220.1100	301.8100	391.3400	489.8700	598.8300	719.9900	855.4900	1008.1000	1181.1000
	t_w	25.4010	37.5050	45.6550	51.8400	56.8480	61.0750	64.7420	67.9890	70.9070	73.5620	76.0000
77	d	0.0000	27.1910	56.8690	89.3900	125.1800	164.7700	208.7900	258.0200	313.4600	376.3500	448.3100
	H	77.4140	149.3500	227.8600	313.8900	408.5900	513.3100	629.7600	760.0100	906.6700	1073.0000	1263.4000
	t_w	25.6470	38.0550	46.3430	52.6090	57.6750	61.9440	65.6460	68.9220	71.8650	74.5420	77.0000
78	d	0.0000	28.3860	59.4870	93.7130	131.5600	173.6300	220.6800	273.6400	333.7000	402.4000	481.7400
	H	78.4220	453.5700	235.9100	326.5200	426.7100	538.0800	662.6300	802.8400	961.8500	1143.7000	1353.8000
	t_w	25.8900	38.6080	47.0330	53.3800	58.5020	62.8140	66.5500	69.8540	72.8230	75.5230	78.0000
79	d	0.0000	29.6280	62.2200	98.2430	138.2700	183.0100	233.3500	290.3900	355.6000	430.8400	518.6300
	H	79.4300	157.9200	244.2700	339.7000	445.7500	564.2700	697.6200	848.7600	1021.5000	1220.8000	1453.4000
	t_w	26.1310	39.1620	47.7240	54.1520	59.3300	63.6840	67.4550	70.7880	73.7810	76.5030	79.0000
80	d	0.0000	30.9180	65.0700	102.9900	145.3500	192.9600	246.8600	308.4100	379.3400	461.9800	559.4800
	H	80.4380	162.4100	252.9500	353.4900	465.7700	591.9900	734.9100	898.0800	1086.1000	1305.2000	1563.7000
	t_w	26.3690	39.7180	48.4160	54.9240	60.1580	64.5540	68.3590	71.7210	74.7390	77.4830	80.0000
81	d	0.0000	32.2580	68.0440	107.9700	152.8100	203.5100	261.3100	327.8100	405.1500	496.2000	604.9600
	H	81.4460	167.0300	261.9700	367.9000	486.8400	621.3600	774.7000	951.1500	1156.3000	1397.9000	1686.4000
	t_w	26.6050	40.2760	49.1100	55.6980	60.9870	65.4250	69.2640	72.6550	75.6980	78.4630	81.0000

续表

t	参数	φ										
		0	0.1	0.2	0.3	0.4	0.5	0.6	0.7	0.8	0.9	1
82	d	0.0000	33.6790	71.1480	113.2000	160.6800	214.7100	276.7600	348.7600	433.2900	533.9400	655.8300
	H	82.4550	171.7900	271.3500	382.9800	509.0300	652.5000	817.2400	1008.4000	1232.8000	1500.0000	1823.6000
	t_w	26.8390	40.8350	49.8050	56.4720	61.8160	66.2960	70.1690	73.5880	76.6560	79.4440	82.0000
83	d	0.0000	35.0950	74.3870	118.6800	1168.9800	226.6200	2293.3200	371.4000	464.0500	575.7500	713.0700
	H	83.4630	176.7000	281.0900	398.7600	532.4200	685.5500	862.7600	1070.2000	1316.3000	1613.1000	1977.9000
	t_w	27.0710	41.3960	50.5010	57.2480	62.6450	67.1680	71.0740	74.5210	77.6140	80.4240	83.0000
84	d	0.0000	36.5960	77.7670	124.4300	177.7600	239.3000	311.1000	395.9600	497.8000	622.2800	777.9000
	H	84.4720	181.7700	291.2300	415.2900	557.0800	720.6900	911.5200	1137.2000	1408.0000	1738.9000	2152.6000
	t_w	27.3000	41.9580	51.1990	58.0240	63.4760	68.0390	71.9790	75.4550	78.5720	81.4040	84.0000
85	d	0.0000	38.1550	81.2960	130.4700	187.0400	252.8100	330.2100	422.6500	534.9600	674.3300	851.8700
	H	85.4810	186.9900	301.7700	432.6100	583.1100	758.0900	964.0300	1210.0000	1508.8000	1879.6000	2351.9000
	t_w	27.5270	42.5230	51.8970	58.8000	64.3060	68.9110	72.8840	76.3880	79.5300	82.3840	85.0000
86	d	0.0000	39.7730	84.9800	136.8200	196.8600	267.2200	350.8000	451.7400	576.0400	932.8900	937.0100
	H	86.4890	192.3800	312.7400	450.7600	640.6100	797.9400	1020.5000	1289.2000	1620.2000	2037.8000	2581.2000
	t_w	27.7520	43.0880	52.5970	59.5780	65.1380	69.7830	73.7900	77.3220	80.4890	83.3640	86.0000
87	d	0.0000	41.4540	88.8270	143.4900	207.2500	282.6100	373.0400	483.5400	621.6700	799.2300	1035.9000
	H	87.4980	197.9400	324.1600	469.8000	639.6900	840.4700	1081.4000	1375.8000	1743.8000	2216.9000	2847.6000
	t_w	27.9750	43.6560	53.2980	60.3560	65.9690	70.6550	74.6950	78.2560	81.4470	84.3440	87.0000
88	d	0.0000	43.1980	92.8450	150.5000	218.2700	299.0800	397.0900	518.4400	672.5900	874.9400	1152.3000
	H	88.5070	203.6800	336.0500	489.7800	670.4700	885.9300	1147.2000	1470.8000	1881.8000	2421.3000	3160.7000
	t_w	28.1960	44.2250	54.0000	61.1340	66.8000	71.5280	75.6000	79.1890	82.4050	85.3250	88.0000
89	d	0.0000	45.0100	97.0420	157.8800	229.9700	316.7300	423.1800	556.8600	729.7500	962.0700	1290.8000
	H	28.5160	209.6100	348.4300	510.7600	703.0900	934.5900	1218.6000	1575.3000	2036.6000	2656.4000	3533.5000
	t_w	28.4150	44.7950	54.7040	61.9140	67.6330	72.4000	76.5060	80.1230	83.3640	86.3050	89.0000
90	d	0.0000	46.8900	101.4300	165.6500	242.3800	335.6800	451.5600	599.3400	797.3100	1063.4000	1458.6000
	H	90.5250	205.7200	361.3300	532.8000	737.6800	986.7900	1296.2000	1690.8000	2211.3000	2929.7000	3984.9000
	t_w	28.6320	45.3670	55.4070	62.6940	68.4650	73.2730	77.4120	81.0570	84.3220	87.2850	90.0000
91	d	0.0000	48.8430	106.0100	173.8300	255.5800	356.0600	482.5100	646.5300	867.7500	1182.4000	1665.7000
	H	91.5350	222.0400	374.7800	555.9800	774.4200	1042.9000	1380.8000	1819.0000	2410.1000	3250.9000	4542.0000
	t_w	28.8470	45.9410	56.1130	63.4740	69.2970	74.1460	78.3170	81.9900	85.2800	88.2660	91.0000
92	d	0.0000	50.8690	110.8000	182.4500	269.6400	378.0100	516.3900	699.2100	951.9800	1324.4000	1927.6000
	H	92.5440	228.5600	388.8000	580.3800	813.4900	1103.3000	1473.2000	1962.1000	2637.9000	3633.6000	5246.4000
	t_w	29.0600	46.5160	56.8190	64.2550	70.1300	75.0180	79.2230	82.9240	86.2380	89.2460	92.0000
93	d	0.0000	52.9730	115.8100	191.5500	284.6100	401.7300	553.5800	758.3400	1049.5000	1496.3000	2269.0000
	H	93.5530	235.2900	403.4200	606.0700	855.0800	1168.4000	1574.7000	2122.6000	2901.6000	4097.0000	6164.7000
	t_w	29.2710	47.0930	57.5260	65.0360	70.9640	75.8920	80.1290	83.8580	87.1970	90.2260	93.0000

续表

t	参数	φ										
		0	0.1	0.2	0.3	0.4	0.5	0.6	0.7	0.8	0.9	1
94	d	0.0000	55.1570	121.0500	201.1500	300.6000	427.3900	594.5900	825.1600	1163.6000	1708.6000	2732.5000
	H	94.5630	242.2500	418.6800	633.1400	899.4400	1238.9000	1686.6000	2304.0000	3210.1000	4669.4000	7410.8000
	t_w	29.4800	47.6710	58.2340	65.8180	71.7970	76.7640	81.0340	84.7910	88.1550	91.2070	94.0000
95	d	0.0000	57.4240	126.5300	211.2900	371.6900	455.2500	639.9900	901.2100	1298.8000	1977.3000	3396.8000
	H	95.5730	249.4400	434.6000	661.7000	946.8000	1315.4000	1810.4000	2510.3000	3575.6000	5393.5000	9197.1000
	t_w	29.8930	48.2500	58.9420	66.6000	72.6300	77.6380	81.9400	85.7250	89.1130	92.1870	95.0000
96	d	0.0000	59.7780	132.2700	222.0100	335.9900	485.5600	690.4800	988.4600	1461.5000	2327.9000	4428.2000
	H	96.5820	256.8600	451.2300	691.8600	997.4700	1398.5000	1948.0000	2746.9000	4015.3000	6338.5000	11970.0000
	t_w	29.8930	48.8320	59.6510	67.3830	73.4640	78.5110	82.8450	86.6580	90.0720	93.1690	96.0000
97	d	0.0000	62.2210	138.2800	233.3500	355.6100	518.6500	746.9500	1089.5000	1660.8000	2804.5000	6244.7000
	H	97.5920	264.5400	468.6100	723.7200	1051.8000	1489.2000	2101.8000	3021.0000	4553.8000	7622.5000	16853.0000
	t_w	30.0970	79.4140	60.3620	68.1660	74.2980	79.3840	83.7510	87.5920	91.0290	94.1500	97.0000
98	d	0.0000	64.7580	144.5700	245.3700	376.6900	554.8800	810.4700	1207.9000	1910.5000	3488.9000	10290.0000
	H	98.6020	272.4800	486.7800	757.4400	1110.1000	1588.5000	2274.8000	3341.9000	5228.4000	9466.5000	27728.0000
	t_w	30.2990	49.9980	60.0730	68.9490	75.1320	80.2570	84.6570	88.5250	91.9880	95.1310	98.0000
99	d	0.0000	67.3910	151.1600	258.1100	399.3900	594.7100	882.4000	1348.3000	2232.1000	4554.2000	27146.0000
	H	99.6120	280.6900	505.7800	793.1400	1172.8000	1697.6000	2470.6000	3722.4000	6097.3000	12337.0000	73041.0000
	t_w	30.5000	50.5830	61.7850	69.7330	75.9660	81.1300	85.5630	89.4590	92.9470	96.1140	99.0000

注：d 为湿含量，g 水蒸气/kg 干空气；φ 为湿空气（压力为 0.1MPa）的相对湿度；H 为湿空气的焓，kJ/kg（干空气）；t 为湿空气的温度，℃；t_d 为湿空气的干球温度（$t_d < 0℃$），℃；t_w 为湿空气的湿球温度（$t_w > 0℃$），℃

附录2 常压状态（0.1013MPa）湿空气参数图

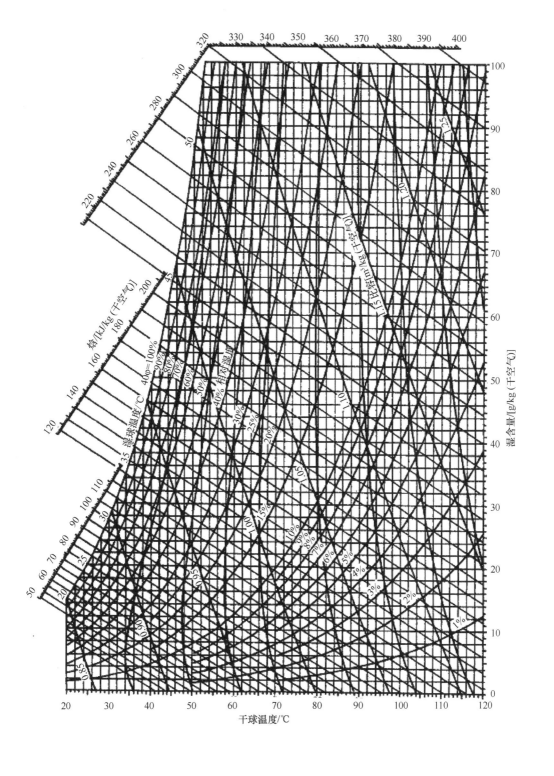

附录 3 我国 300 个主要城市木材平衡含水率气象值

省（自治区、直辖市）	地名	月份												年平均
		1.0	2.0	3.0	4.0	5.0	6.0	7.0	8.0	9.0	10.0	11.0	12.0	
北京	北京	9.5	9.1	8.5	8.6	9.1	10.4	12.4	12.8	11.9	10.7	10.6	9.7	10.3
天津	天津	11.5	10.7	10.0	9.4	9.9	11.3	13.7	14.1	12.7	12.1	11.9	11.8	11.6
重庆	重庆	18.6	17.0	15.5	15.4	15.1	16.8	15.1	13.7	15.6	19.0	18.8	19.4	16.7
上海	上海	14.4	14.0	14.1	13.6	13.6	15.2	14.7	15.0	14.2	13.4	13.9	13.7	14.2
香港	香港	15.3	14.6	14.4	13.8	14..2	15.4	15.5	15.5	15.7	15.3	15.6	15.3	15.1
澳门	澳门	14.2	16.4	18.0	18.7	17.2	17.1	16.0	15.7	14.8	13.1	12.8	12.8	15.6
台湾	台北	15.0	16.3	16.6	17.3	18.2	18.5	16.6	16.6	15.2	14.7	14.6	14.2	16.1
河北	石家庄市	11.6	10.5	10.4	10.7	11.4	10.5	13.8	15.2	13.4	12.3	12.8	12.5	12.1
	唐山市	10.6	10.3	9.4	9.0	9.7	10.8	12.8	13.3	12.1	11.3	11.3	10.9	11.0
	秦皇岛市	10.6	10.6	12.5	10.8	12.0	14.1	16.0	15.3	12.9	11.7	10.7	10.5	12.3
	邯郸市	11.7	10.6	10.2	10.0	10.5	10.1	13.5	14.1	13.0	12.2	12.4	12.2	11.7
	邢台市	10.8	10.2	9.6	9.4	9.8	9.8	13.0	13.8	12.7	11.8	12.2	11.8	11.2
	保定市	10.9	9.9	9.4	9.3	9.9	10.3	13.0	14.1	12.9	12.3	12.4	11.6	11.3
	张家口市	9.1	8.6	8.0	7.3	7.5	8.9	10.9	11.6	10.4	9.2	9.1	8.6	9.1
	承德市	11.4	10.1	8.9	8.2	9.1	6.9	13.6	14.3	13.2	12.1	11.5	11.7	10.9
	沧州市	11.3	10.5	9.4	9.2	9.9	10.5	13.5	14.5	12.7	12.1	12.1	12.1	11.5
	廊坊市	10.5	10.1	9.5	9.2	10.1	11.1	14.1	15.3	13.4	12.1	11.7	11.0	11.5
	衡水市	12.1	10.9	10.2	10.0	10.5	10.5	13.8	15.2	13.3	12.4	12.8	12.7	12.0
山西	太原市	10.5	9.6	9.4	8.6	9.2	10.6	12.9	13.8	13.8	12.7	11.9	10.9	11.2
	大同市	10.8	9.8	8.7	7.8	7.7	8.9	10.9	12.4	11.3	10.4	10.2	10.8	10.0
	阳泉市	9.4	11.4	8.8	8.2	8.8	9.7	12.5	13.5	12.5	10.6	9.6	9.0	10.3
	长治市	10.8	10.8	10.4	9.2	10.1	10.9	14.4	15.5	14.0	12.4	11.4	10.9	11.7
	晋城市	10.2	11.1	10.6	10.2	10.5	10.9	13.9	15.0	13.8	12.4	11.2	10.4	11.7
	朔州市	10.9	9.9	9.1	7.9	8.1	9.3	12.5	13.6	12.4	11.0	10.6	10.9	10.5
	忻州市	11.4	10.5	10.4	8.9	9.3	11.3	14.4	16.1	15.4	13.2	12.5	12.1	12.1
	吕梁市	11.2	10.4	9.6	8.3	8.6	9.8	12.3	13.4	12.9	12.2	11.5	11.3	11.0
	晋中市	10.8	10.4	10.1	9.2	10.0	11.4	14.0	15.5	13.4	12.8	11.8	11.0	11.7
	临汾市	11.4	10.6	10.4	9.9	10.4	10.2	12.2	13.1	13.4	13.4	12.8	12.2	11.7
	运城市	11.1	10.6	10.4	10.0	10.2	9.8	11.8	12.7	12.8	12.9	12.9	12.2	11.5
内蒙古	呼和浩特市	12.2	10.4	8.9	7.6	7.4	8.4	13.9	11.1	10.4	10.7	10.9	12.1	10.3
	包头市	10.3	8.6	7.2	7.4	7.9	9.7	11.1	10.8	10.5	10.9	11.8	9.8	9.7
	乌海市	9.0	6.5	6.7	6.2	6.6	7.7	8.4	8.8	8.8	9.4	10.2	8.2	8.0
	赤峰市	9.7	8.8	8.3	7.7	7.9	9.6	11.7	12.1	10.5	9.5	9.7	9.8	9.6
	呼伦贝尔市	17.5	14.0	10.3	7.8	10.7	12.7	13.0	12.2	12.3	15.2	18.1	13.5	13.1

续表

省（自治区、直辖市）	地名	月份												年平均
		1.0	2.0	3.0	4.0	5.0	6.0	7.0	8.0	9.0	10.0	11.0	12.0	
内蒙占	通辽市	11.0	9.6	8.7	9.2	8.5	10.7	13.4	13.3	11.5	10.6	10.6	11.3	10.7
	乌兰察布市	10.6	9.2	8.0	7.9	9.9	11.2	12.3	11.2	10.5	10.9	11.7	10.5	10.3
	鄂尔多斯市	10.0	8.7	7.3	7.4	8.2	10.0	11.2	10.4	9.9	10.1	10.8	9.6	9.5
	巴彦淖尔市	9.6	8.1	6.9	6.8	7.5	8.9	10.0	9.8	9.7	10.6	10.7	9.1	9.0
辽宁	沈阳市	12.8	11.4	11.4	9.7	10.1	12.1	14.9	15.0	13.3	12.3	12.3	12.7	12.3
	大连市	11.6	11.4	10.7	10.6	11.4	13.6	17.5	15.9	12.9	11.9	11.9	11.7	12.6
	鞍山市	11.2	10.2	9.5	8.8	9.3	10.7	13.4	13.4	11.5	10.7	10.8	11.2	10.9
	抚顺市	13.8	13.0	11.6	10.3	10.9	12.9	15.9	16.9	15.1	13.2	13.3	13.9	13.4
	本溪市	13.1	11.9	10.5	9.6	10.3	12.2	14.6	15.0	13.9	12.3	12.5	13.2	12.4
	丹东市	11.5	11.1	11.8	12.6	13.6	16.2	19.5	18.1	15.3	13.0	12.5	12.1	13.9
	锦州市	12.8	11.0	10.6	10.9	11.3	13.6	16.6	16.1	13.7	12.5	12.3	12.3	12.8
	营口市	12.8	12.0	11.2	10.9	11.3	13.0	14.9	15.3	13.2	13.9	12.6	12.7	12.8
	阜新市	10.9	10.0	9.1	9.1	9.2	11.6	15.0	15.1	12.6	10.5	10.9	11.5	11.3
	辽阳市	11.7	10.3	9.5	9.9	11.8	14.9	15.3	13.7	12.6	12.5	12.8	12.3	12.3
	铁岭市	11.1	9.9	9.0	9.5	11.5	15.0	15.3	12.9	11.6	11.8	12.5	11.9	11.8
	朝阳市	8.5	7.9	7.7.	8.3	10.6	13.4	13.4	11.5	10.1	9.7	9.8	10.3	10.3
	葫芦岛市	10.3	9.7	10.1	10.0	13.0	15.9	15.3	12.7	11.2	10.6	10.8	11.7	11.8
	盘锦市	11.3	10.8	10.9	11.4	13.5	16.3	15.9	13.4	12.5	12.4	12.4	12.8	12.8
吉林	长春市	13.6	12.1	9.7	9.7	11.3	15.2	14.7	12.3	10.8	12.1	13.2	13.7	12.4
	吉林市	14.9	13.8	12.1	10.3	10.4	12.2	15.1	15.7	13.8	12.6	13.2	14.5	13.2
	四平市	12.5	12.3	10.4	9.3	10.6	11.6	15.0	15.0	12.9	12.1	12.5	13.2	12.3
	辽源市	13.6	12.1	10.5	10.6	12.5	15.9	16.5	14.8	13.1	13.5	14.6	13.6	13.4
	通化市	13.9	12.7	11.4	10.4	11.0	12.9	15.4	15.8	14.8	12.9	13.4	14.0	13.2
	白山市	13.4	12.1	11.1	11.9	13.7	16.5	16.6	15.4	13.2	13.9	14.7	14.0	13.9
	白城市	10.3	8.6	8.0	8.3	10.5	13.7	13.7	11.8	10.3	11.0	12.4	10.9	10.8
	松原市	12.1	9.9	9.0	9.0	11.0	14.3	14.0	12.3	11.3	12.1	13.5	11.8	11.7
黑龙江	哈尔滨市	15.0	13.5	11.0	9.4	9.5	11.1	14.3	15.1	12.9	11.9	12.7	12.9	12.4
	齐齐哈尔市	13.7	12.0	9.7	9.1	8.4	10.8	13.2	13.5	12.1	11.4	11.8	13.6	11.6
	牡丹江市	14.0	12.9	13.2	10.3	10.7	12.4	14.0	14.7	13.8	12.6	12.8	14.5	13.0
	佳木斯市	13.3	11.8	10.4	10.8	12.5	14.7	15.5	13.6	12.1	12.5	14.0	13.0	12.9
	大庆市	13.0	10.3	9.2	8.9	10.9	14.0	14.4	12.6	11.4	12.6	14.3	12.2	12.0
	伊春市	15.4	13.8	13.3	10.6	11.0	13.5	15.5	16.7	15.3	12.8	13.0	13.6	13.7
	鸡西市	12.4	11.1	10.1	10.6	12.5	15.2	15.4	13.4	11.6	12.4	13.4	12.6	12.6
	鹤岗市	13.1	11.8	10.5	9.8	10.1	12.5	14.4	14.9	12.6	10.7	11.8	13.3	12.1
	双鸭山市	12.4	10.8	9.8	10.1	12.3	13.7	14.8	12.7	10.7	11.4	13.4	12.1	12.0
	七台河市	11.8	10.4	9.4	9.9	12.0	14.0	14.4	12.6	10.6	11.4	13.0	11.9	11.8
	绥化市	15.6	12.9	10.9	10.4	12.3	15.0	15.8	13.8	13.0	13.8	16.3	13.9	13.6
	黑河市	12.8	11.6	10.4	10.0	12.4	14.8	15.5	13.5	11.8	13.2	14.5	12.9	12.8

省（自治区、直辖市）	地名	月份												年平均
		1.0	2.0	3.0	4.0	5.0	6.0	7.0	8.0	9.0	10.0	11.0	12.0	
江苏	南京市	14.8	14.4	13.8	13.4	13.1	14.2	15.4	15.5	15.0	14.3	15.1	14.4	14.5
	无锡市	15.0	14.8	14.1	13.8	15.3	14.1	15.7	15.6	15.0	14.6	14.0	14.8	14.7
	徐州市	12.9	12.6	12.0	11.3	11.6	12.2	15.3	15.8	14.0	12.8	13.2	12.9	13.1
	常州市	15.1	14.0	14.5	13.6	13.6	14.6	15.4	15.7	15.3	14.6	14.7	14.4	14.6
	苏州市	14.4	14.7	13.8	13.2	13.0	14.5	13.9	14.3	13.9	13.4	13.7	13.5	13.9
	南通市	15.1	15.2	14.8	14.5	14.5	15.6	16.1	16.6	15.6	14.6	14.2	14.0	15.1
	连云港市	12.9	12.7	12.3	11.8	12.5	13.6	16.2	16.5	14.0	13.1	13.0	12.9	13.5
	淮安市	14.3	14.1	13.7	13.2	13.9	15.0	17.9	18.4	16.5	15.1	14.8	14.2	15.1
	盐城市	14.6	14.2	14.5	14.5	14.2	15.3	17.8	18.4	16.0	14.7	14.7	14.1	15.3
	扬州市	14.8	14.5	13.6	13.2	13.2	14.2	15.4	15.7	15.0	14.3	15.1	14.4	14.5
	镇江市	14.2	14.0	13.9	13.6	13.1	14.7	15.7	15.7	15.0	14.0	13.8	13.4	14.3
	泰州市	14.8	14.7	14.5	14.1	14.2	15.3	16.6	17.1	15.9	14.6	14.7	14.4	15.1
	宿迁市	13.8	13.5	13.1	13.0	13.9	14.3	17.9	18.4	16.0	14.7	14.2	13.5	14.7
浙江	杭州市	15.1	15.0	14.7	14.0	13.8	15.6	13.9	14.7	15.3	14.6	14.3	13.9	14.6
	宁波市	15.3	15.2	15.0	14.0	14.1	15.9	14.3	15.1	15.9	15.2	15.2	14.5	15.0
	温州市	17.6	14.3	15.3	15.0	15.4	16.7	15.0	15.3	14.2	13.6	13.6	13.4	15.0
	绍兴市	16.2	16.1	15.6	14.7	14.0	15.9	13.9	15.4	17.4	16.7	15.8	15.5	15.6
	湖州市	15.9	15.6	15.1	14.4	14.1	15.9	15.4	15.7	16.3	15.9	15.5	15.2	15.4
	嘉兴市	16.3	16.1	15.9	15.4	15.2	16.8	16.0	17.0	17.4	16.2	16.2	15.5	16.2
	金华市	15.3	15.2	15.0	14.0	13.5	14.9	12.6	13.2	14.1	13.8	14.2	14.3	14.2
	衢州市	15.9	15.7	15.9	15.3	14.4	15.6	13.4	14.0	15.3	14.9	15.3	14.9	15.1
	台州市	14.3	14.6	15.3	14.7	15.1	16.7	15.0	15.7	15.5	14.5	14.2	13.7	14.9
	丽水市	14.9	14.8	14.6	13.7	13.5	14.9	12.9	13.4	14.2	13.8	14.5	14.5	14.1
	舟山市	14.6	15.0	15.6	15.5	16.2	18.6	17.1	16.5	15.6	14.5	14.5	13.9	15.6
安徽	合肥市	15.2	14.8	13.8	13.4	13.0	14.2	15.4	12.7	14.7	14.0	14.3	14.4	14.2
	芜湖市	15.7	15.3	14.8	14.0	13.5	14.9	15.0	15.4	15.4	14.7	15.0	14.6	14.9
	蚌埠市	13.9	13.6	13.2	12.5	12.4	12.9	15.1	15.5	14.3	13.3	13.3	13.4	13.6
	淮南市	13.7	13.6	13.0	12.5	12.4	13.1	15.1	15.4	14.6	13.0	12.9	13.2	13.5
	马鞍山市	14.8	14.4	13.9	13.4	13.1	14.2	15.1	15.7	15.0	13.9	14.0	13.8	14.3
	淮北市	13.0	12.3	12.1	11.0	12.1	12.1	15.2	15.8	13.7	12.7	12.8	12.8	13.0
	铜陵市	15.9	15.6	15.2	13.8	14.0	15.5	15.7	16.2	15.9	15.9	15.9	15.3	15.4
	安庆市	15.6	15.0	14.7	14.0	13.9	15.3	14.7	15.4	15.6	14.9	15.0	14.3	14.9
	黄山市	12.9	14.4	15.7	15.7	16.2	19.4	21.8	21.8	19.5	18.5	11.9	11.1	16.8
	阜阳市	14.3	13.8	13.7	13.4	13.3	13.4	16.1	17.2	15.4	14.0	13.8	13.6	14.3
	宿州市	13.2	12.8	12.7	12.4	12.3	12.1	15.2	15.5	13.7	12.7	13.0	13.1	13.2
	滁州市	14.5	14.0	13.6	13.1	12.8	14.2	15.0	16.1	15.0	13.9	14.0	13.8	14.2
	六安市	14.8	14.4	13.9	13.4	13.0	14.5	15.8	15.8	15.0	13.9	13.7	13.8	14.3
	宣城市	16.3	15.8	15.4	14.7	14.4	15.8	15.4	16.1	16.4	15.9	15.9	15.5	15.6

续表

省（自治区、直辖市）	地名	月份												年平均
		1.0	2.0	3.0	4.0	5.0	6.0	7.0	8.0	9.0	10.0	11.0	12.0	
安徽	池州市	15.6	15.3	14.8	14.0	13.8	15.3	14.8	15.4	15.6	15.0	15.0	14.3	14.9
	亳州市	13.2	12.6	12.5	12.2	12.3	12.1	15.1	16.2	14.3	13.1	13.2	13.3	13.3
福建	福州市	13.7	14.5	15.2	14.6	14.3	15.1	13.3	13.7	13.0	12.2	12.7	13.2	13.8
	厦门市	14.3	15.5	16.0	15.8	16.4	18.0	15.7	15.8	14.4	12.6	12.8	13.2	15.0
	泉州市	15.5	16.5	16.9	16.1	16.4	17.2	15.0	15.4	15.2	13.7	13.9	14.5	15.5
	莆田市	13.5	14.6	15.2	15.3	15.0	16.2	14.6	14.3	13.0	12.0	12.0	12.4	14.0
	漳州市	14.3	15.4	16.0	15.2	15.6	15.8	14.3	14.7	14.4	13.2	12.9	13.2	14.6
	龙岩市	13.9	14.9	15.7	15.1	15.0	15.2	13.5	14.4	13.9	12.6	12.5	13.2	14.1
	三明市	15.6	16.2	16.5	15.8	15.6	15.8	13.7	14.3	14.9	14.0	15.2	15.3	15.2
	南平市	15.7	15.6	15.5	14.9	15.1	15.2	13.8	14.4	14.6	13.9	14.8	15.1	14.9
	宁德市	15.1	15.9	15.8	15.3	15.1	15.5	13.7	14.3	13.5	13.0	13.7	14.2	14.6
江西	南昌市	15.3	15.5	15.9	15.6	14.6	16.2	13.9	13.9	13.8	13.2	13.7	13.8	14.6
	赣州市	14.8	15.6	16.2	15.2	14.7	14.0	12.5	12.8	13.4	13.0	13.6	13.6	14.1
	宜春市	17.8	17.5	17.9	16.8	15.7	16.2	14.7	15.2	15.6	15.2	15.5	15.5	16.1
	吉安市	17.0	18.1	18.3	16.7	15.6	15.8	13.1	12.7	14.8	14.1	15.2	15.1	15.5
	上饶市	16.1	16.5	16.7	15.9	15.1	16.3	13.9	14.0	14.5	14.2	14.9	14.8	15.2
	抚州市	18.6	18.1	18.4	17.3	16.4	17.2	14.3	15.4	15.3	16.2	17.1	17.0	16.8
	九江市	15.1	14.9	15.1	14.3	13.7	14.9	13.1	14.0	14.2	13.6	13.9	13.7	14.2
	景德镇市	15.6	15.4	15.8	15.2	14.7	15.5	14.6	14.0	13.9	13.6	14.6	14.6	14.8
	萍乡市	14.7	14.6	14.3	17.5	16.0	16.5	14.4	15.9	15.9	15.8	16.0	16.6	15.7
	新余市	16.6	16.5	16.7	15.8	15.0	15.2	12.6	13.4	13.8	13.3	14.5	14.8	14.9
	鹰潭市	15.8	16.0	15.9	14.9	12.8	14.9	12.6	13.3	13.8	13.8	14.9	14.5	14.4
山东	济南市	10.4	10.1	8.9	8.7	9.3	9.6	13.0	14.5	12.7	10.9	10.5	10.8	10.9
	青岛市	12.5	12.6	12.7	12.9	13.5	16.6	19.0	16.3	13.0	12.2	12.4	12.1	13.8
	淄博市	11.6	10.6	9.9	9.5	10.2	9.9	12.9	14.1	12.2	11.5	11.8	11.9	11.3
	枣庄市	12.1	11.6	10.9	10.7	11.1	11.6	15.2	15.5	13.0	12.3	12.5	12.4	12.4
	东营市	12.4	11.7	10.8	9.5	10.0	11.3	13.7	14.1	12.6	12.2	12.3	12.5	11.9
	烟台市	11.8	11.5	10.5	9.7	10.6	11.8	14.9	15.2	12.3	10.8	11.2	11.6	11.8
	潍坊市	12.6	12.0	11.2	10.7	11.8	12.0	14.8	15.8	13.8	12.7	12.9	12.7	12.8
	济宁市	12.4	11.6	10.7	10.5	11.4	10.9	14.4	15.2	13.5	12.9	13.1	12.9	12.5
	泰安市	11.9	10.9	10.5	10.7	12.0	11.4	15.5	15.9	13.8	12.9	12.8	12.5	12.6
	威海市	12.6	13.2	13.9	10.2	15.5	19.3	22.1	19.9	14.1	12.2	12.5	12.5	14.8
	日照市	12.0	12.4	12.8	12.9	13.7	16.5	19.0	16.7	13.3	12.3	12.1	11.8	13.8
	滨州市	12.2	11.5	10.6	10.3	10.9	11.6	14.7	15.5	13.5	12.9	12.8	12.7	12.4
	德州市	11.7	10.6	10.1	10.0	10.8	10.7	14.0	14.9	12.9	12.3	12.4	12.2	11.9
	聊城市	12.6	11.9	11.0	11.2	12.5	11.7	15.5	16.7	15.2	13.4	13.4	13.4	13.2
	临沂市	12.2	11.8	11.4	10.9	11.7	12.7	16.0	16.2	13.8	12.7	12.5	12.4	12.9
	菏泽市	13.2	12.4	12.0	12.0	12.7	12.1	15.8	17.3	15.4	13.8	13.7	13.5	13.7

省（自治区、直辖市）	地名	月份												年平均
		1.0	2.0	3.0	4.0	5.0	6.0	7.0	8.0	9.0	10.0	11.0	12.0	
山东	莱芜市	11.4	10.4	10.0	9.5	10.2	10.5	14.1	14.5	12.9	12.1	12.1	12.2	11.7
河南	郑州市	11.8	11.8	11.2	10.3	10.9	10.8	14.4	15.2	14.1	12.8	12.4	11.6	12.3
	开封市	12.2	11.8	11.7	11.5	11.9	11.6	14.8	15.5	14.0	12.5	12.7	12.6	12.7
	洛阳市	11.8	12.0	11.7	11.2	12.3	12.7	15.5	16.3	16.4	15.2	13.0	11.9	13.3
	平顶山市	12.1	12.3	12.8	12.8	12.7	11.8	15.5	16.7	15.1	13.1	12.8	12.1	13.3
	安阳市	12.0	10.8	10.7	10.5	10.9	10.6	14.0	15.2	13.3	12.8	12.9	12.4	12.2
	鹤壁市	12.7	12.1	11.8	12.1	12.7	11.5	15.8	17.3	15.2	13.4	13.5	13.2	13.4
	新乡市	12.1	11.6	11.2	11.2	11.6	11.3	14.8	15.5	14.4	13.4	13.1	12.4	12.7
	焦作市	10.8	10.8	10.4	10.3	10.5	10.2	13.5	14.1	13.0	12.1	11.4	10.9	11.5
	濮阳市	13.1	12.4	12.2	12.1	12.8	11.9	15.7	17.3	15.2	13.9	13.9	13.6	13.7
	许昌市	12.8	12.7	13.8	12.9	12.7	11.8	15.8	17.3	15.2	13.4	13.3	12.7	13.7
	漯河市	13.0	12.7	13.0	13.1	12.9	11.8	15.1	16.2	14.4	13.1	13.4	13.1	13.5
	三门峡市	10.9	10.6	10.5	10.0	12.5	10.6	13.0	13.6	13.6	12.9	12.3	11.2	11.8
	商丘市	13.4	12.9	12.7	12.5	12.9	12.5	15.8	18.0	15.4	14.1	13.9	13.7	13.9
	周口市	13.3	13.0	13.0	12.8	13.0	12.3	15.4	16.7	15.1	13.8	13.9	13.5	13.8
	驻马店市	13.3	13.4	13.4	12.9	12.7	12.5	15.4	16.7	14.8	13.3	13.4	13.2	13.8
	南阳市	13.8	13.0	13.2	13.1	13.3	12.7	15.7	16.2	14.8	14.0	14.0	13.7	14.0
	信阳市	13.9	13.8	13.4	12.6	13.0	14.2	15.8	16.7	15.4	14.7	13.8	13.4	14.2
湖北	武汉市	15.4	15.0	14.7	14.3	13.7	14.5	14.3	14.3	13.9	14.6	14.7	14.3	14.5
	黄石市	15.8	15.2	15.0	14.2	13.7	14.8	13.9	14.2	13.6	13.9	14.6	14.6	14.5
	十堰市	13.6	13.4	13.1	12.7	12.8	13.1	14.8	15.2	15.4	15.6	15.1	13.8	14.1
	荆州市	15.3	15.0	15.3	15.0	14.4	15.2	15.7	15.5	13.3	14.6	15.0	14.6	14.9
	宜昌市	13.7	14.2	14.0	13.8	13.8	14.1	15.3	15.2	14.0	14.7	14.6	14.2	14.3
	襄阳市	14.5	13.8	13.9	13.8	13.3	14.2	16.6	16.1	15.1	14.6	14.3	14.0	14.5
	鄂州市	15.6	15.5	15.3	14.7	14.4	15.2	14.6	14.3	14.2	14.2	14.6	14.2	14.7
	荆门市	13.7	13.6	13.6	13.6	13.3	14.5	15.8	15.5	13.7	13.9	13.7	13.4	14.0
	黄冈市	16.2	15.8	15.9	15.4	14.7	15.5	15.0	14.7	14.2	14.5	15.0	14.6	15.1
	孝感市	15.6	15.6	15.7	15.3	15.1	16.2	16.5	16.1	15.3	15.6	15.3	15.0	15.6
	咸宁市	16.2	15.5	15.6	15.0	14.4	14.8	13.7	14.7	15.0	13.0	15.2	15.3	14.9
	随州市	14.8	14.4	14.4	14.4	14.0	15.2	16.6	16.2	14.6	14.7	14.7	14.4	14.9
湖南	长沙市	17.2	17.0	16.8	16.0	15.4	15.8	13.7	14.8	15.6	15.6	15.5	15.5	15.7
	株洲市	17.2	17.0	16.8	15.6	15.1	15.2	12.9	14.0	15.0	14.9	14.9	15.5	15.3
	湘潭市	17.9	17.6	17.9	16.7	16.0	17.2	14.2	15.4	15.9	15.5	15.2	15.5	16.3
	衡阳市	16.1	16.5	16.2	15.7	14.7	15.8	12.5	13.1	13.7	13.8	13.9	14.1	14.7
	邵阳市	17.0	17.6	17.2	16.8	16.0	16.8	14.8	14.5	15.8	15.8	15.8	15.8	16.2
	岳阳市	15.8	15.5	15.6	15.0	14.3	15.2	13.9	14.7	15.0	15.0	14.2	14.2	14.9
	张家界市	15.0	14.6	14.7	14.7	14.7	15.2	14.7	14.0	13.6	15.0	14.9	14.2	14.6
	益阳市	15.8	15.8	15.9	15.6	15.1	15.8	14.3	15.1	15.3	15.3	14.9	14.5	15.3

省（自治区、直辖市）	地名	月份												年平均
		1.0	2.0	3.0	4.0	5.0	6.0	7.0	8.0	9.0	10.0	11.0	12.0	
湖南	常德市	15.8	15.5	15.6	15.3	14.7	15.2	14.3	14.7	14.6	14.9	13.7	14.9	14.9
	娄底市	15.6	15.7	15.6	15.3	15.1	15.5	13.1	13.5	13.6	13.9	13.8	13.9	14.6
	郴州市	17.6	17.5	16.6	15.5	14.7	13.8	9.8	13.2	14.5	15.2	15.2	15.4	14.9
	永州市	16.6	17.4	17.2	15.9	15.1	15.2	12.7	13.8	14.2	14.2	14.2	14.2	15.1
	怀化市	15.8	15.4	15.6	15.6	15.4	15.8	15.1	14.4	13.9	14.6	14.5	14.5	15.1
广东	广州市	12.8	14.4	14.5	15.4	14.8	15.1	13.7	13.9	12.9	12.3	11.7	11.8	13.6
	深圳市	13.1	14.8	15.2	15.6	15.5	15.4	15.0	15.4	14.0	12.5	12.3	12.0	14.3
	珠海市	14.1	16.4	18.4	18.7	18.0	17.7	16.5	17.0	15.4	13.6	13.1	12.9	16.0
	汕头市	13.8	14.8	14.2	14.3	14.9	16.1	14.7	15.0	13.7	12.5	13.1	13.1	14.2
	佛山市	14.2	17.0	18.0	18.2	17.2	16.5	15.7	15.0	15.1	13.9	13.1	12.4	15.5
	韶关市	14.8	15.8	16.9	16.5	15.5	15.5	13.6	14.3	14.0	13.5	13.5	13.7	14.8
	湛江市	15.9	19.3	19.7	19.1	17.1	16.0	15.7	16.0	15.4	14.5	13.8	14.0	16.4
	肇庆市	13.9	16.0	17.4	17.6	16.2	16.6	15.4	15.0	14.4	13.4	12.9	12.8	15.1
	江门市	13.6	15.7	17.3	18.2	17.2	17.1	16.0	15.7	14.7	13.1	12.5	12.5	15.3
	茂名市	14.6	16.8	17.8	18.1	17.6	17.7	16.5	16.5	15.4	13.6	12.8	13.0	15.9
	惠州市	14.2	15.4	15.8	16.4	16.2	16.6	15.4	15.7	14.8	13.4	13.1	13.5	15.0
	梅州市	13.5	14.9	15.6	15.8	15.5	16.2	14.3	15.0	14.5	13.0	12.6	12.6	14.5
	汕尾市	13.2	14.7	15.5	16.4	16.7	17.8	17.0	17.0	14.8	12.7	12.5	12.5	15.1
	河源市	12.9	14.1	15.5	15.7	15.5	16.1	15.1	15.4	13.8	12.0	12.0	12.2	14.2
	阳江市	13.7	16.4	18.4	18.6	18.0	17.7	17.0	17.0	15.5	13.6	12.6	12.5	15.9
	清远市	13.4	15.1	16.3	16.9	16.2	16.5	15.4	15.0	13.8	12.5	12.2	12.2	14.6
	东莞市	13.3	14.8	15.6	18.2	16.2	16.1	15.7	15.3	14.0	12.7	12.2	12.5	14.7
	中山市	15.7	18.2	18.4	18.2	15.8	17.7	16.5	17.0	16.6	15.3	14.9	15.2	16.6
	潮州市	14.2	15.7	15.9	15.7	15.8	16.6	15.0	15.4	14.7	13.3	13.4	13.3	14.9
	揭阳市	14.2	15.7	16.3	16.0	16.3	16.5	15.4	15.4	14.7	13.6	13.6	13.3	15.1
	云浮市	15.5	14.0	18.0	18.2	16.8	16.6	15.7	16.1	15.5	14.3	13.7	13.9	15.7
广西	南宁市	15.2	16.5	16.1	15.7	15.5	16.0	16.0	15.7	14.8	14.0	13.9	13.9	15.3
	柳州市	13.8	14.6	15.1	15.8	14.2	14.4	13.7	12.4	12.4	12.2	12.6	12.7	13.7
	桂林市	14.2	14.8	15.8	15.8	15.3	15.8	15.1	14.4	13.1	12.5	12.5	12.5	14.3
	梧州市	14.7	16.1	16.9	17.5	16.7	17.0	15.8	15.7	14.8	13.5	13.5	13.2	15.5
	北海市	15.5	17.5	17.9	17.5	15.7	16.0	16.0	16.9	15.7	14.2	13.6	13.5	15.8
	崇左市	14.9	15.4	15.6	15.0	14.8	15.7	15.8	15.7	15.2	14.3	14.2	13.8	15.0
	来宾市	14.4	15.5	15.9	15.5	15.2	16.1	15.4	15.0	13.8	12.9	13.2	13.0	14.7
	贺州市	15.2	15.8	16.5	16.1	15.2	15.4	14.0	14.0	13.5	13.3	13.6	13.8	14.7
	玉林市	14.9	16.6	17.4	16.9	16.7	17.1	16.1	16.1	15.5	13.7	13.2	13.2	15.6
	百色市	14.5	14.1	13.4	12.9	13.5	14.7	15.1	15.4	15.2	15.0	15.3	14.5	14.5
	河池市	14.4	15.0	14.7	14.8	14.5	15.2	14.7	14.4	13.3	13.2	13.2	13.0	14.2
	钦州市	14.9	16.4	17.2	16.8	16.2	17.7	16.9	16.5	14.7	13.4	12.9	12.8	15.5

省（自治区、直辖市）	地名	月份												年平均
		1.0	2.0	3.0	4.0	5.0	6.0	7.0	8.0	9.0	10.0	11.0	12.0	
广西	防城港市	14.2	16.4	17.9	18.2	16.6	18.3	17.0	16.5	14.7	12.9	12.3	12.5	15.6
	贵港市	14.3	15.5	15.9	15.4	15.2	15.8	14.7	15.1	13.8	12.9	13.2	13.0	14.6
海南	海口市	18.9	19.6	18.2	16.7	16.1	16.0	15.7	16.5	16.5	16.2	15.6	15.8	16.8
	三亚市	15.2	15.7	16.0	16.6	17.0	17.8	17.8	18.9	18.9	16.7	14.7	14.4	16.6
	儋州市	18.0	17.9	15.6	14.8	15.5	15.1	15.1	16.5	18.4	18.0	17.0	17.3	16.6
	三沙市	20.3	20.8	19.9	20.0	18.7	19.1	18.6	16.4	20.0	19.6	19.3	19.4	19.3
四川	成都市	18.2	17.0	15.6	15.4	13.5	15.0	17.2	18.0	17.0	17.4	17.1	18.6	16.7
	绵阳市	18.0	16.0	15.0	14.3	13.0	14.7	16.2	16.8	17.0	16.7	16.6	17.6	16.0
	自贡市	18.2	16.3	14.5	13.9	13.5	15.6	15.7	15.5	16.9	18.5	17.0	18.1	16.1
	攀枝花市	11.8	5.1	7.9	8.2	9.7	12.7	15.2	15.6	16.0	15.2	14.4	13.7	12.1
	泸州市	20.1	18.4	16.5	16.2	16.0	17.4	16.3	15.5	17.6	20.1	19.9	20.0	17.8
	德阳市	17.8	16.0	15.0	14.0	13.0	14.5	16.2	16.2	16.4	16.7	16.6	17.6	15.8
	广元市	12.4	12.3	11.7	11.6	11.3	12.3	16.2	13.9	14.4	14.0	13.2	12.8	13.0
	遂宁市	18.6	16.9	15.2	14.3	13.7	15.6	15.5	15.1	16.4	18.0	18.3	19.0	16.4
	内江市	19.4	16.4	14.8	15.0	14.4	17.4	16.6	16.7	18.1	20.1	19.5	19.4	17.3
	乐山市	17.6	15.9	15.0	13.9	13.5	15.3	15.8	15.8	17.0	18.0	17.1	18.1	16.0
	资阳市	18.6	16.4	15.0	14.3	13.2	15.3	16.2	15.8	17.6	18.5	18.3	18.5	16.5
	宜宾市	19.0	17.4	15.5	14.2	13.7	15.6	15.8	15.4	16.7	17.9	17.6	18.5	16.4
	南充市	19.1	17.0	15.2	14.6	13.7	15.2	15.2	14.4	16.0	18.0	18.3	19.0	16.3
	达州市	18.2	16.0	15.3	15.3	15.1	15.9	16.2	15.2	16.0	18.5	18.8	19.0	16.6
	雅安市	18.3	17.6	16.3	15.4	14.5	15.9	16.8	17.4	18.3	19.0	18.8	18.6	17.2
	广安市	19.7	18.5	16.2	15.9	15.4	17.4	15.7	15.1	16.9	19.3	19.5	20.1	17.5
	巴中市	17.1	15.4	14.3	14.0	13.3	14.6	15.2	14.4	15.6	17.4	15.8	18.6	15.5
	眉山市	18.6	17.4	15.5	15.0	13.7	15.6	16.5	17.3	16.9	18.0	17.7	18.5	16.7
贵州	贵阳市	19.7	18.8	16.4	15.5	15.0	15.8	15.7	15.4	15.9	18.7	18.5	18.7	17.0
	六盘水市	19.6	18.7	15.6	15.2	15.0	16.1	15.4	15.6	15.8	18.2	18.0	18.3	16.8
	遵义市	18.8	17.7	16.8	16.0	13.5	16.0	14.6	14.3	15.1	16.6	17.2	17.8	16.2
	铜仁市	15.3	14.9	15.0	15.3	15.1	15.6	14.4	14.0	13.7	15.3	14.9	14.5	14.8
	毕节市	19.5	18.7	16.4	15.5	15.1	15.8	15.7	15.4	15.8	18.7	18.5	18.8	17.0
	安顺市	18.8	18.7	15.9	15.1	15.0	15.7	16.0	15.1	15.2	16.5	16.8	16.7	16.3
云南	昆明市	12.9	11.3	10.4	10.2	12.3	14.9	16.1	15.9	15.6	15.7	14.7	13.9	13.7
	昭通市	14.8	13.4	12.7	12.7	13.4	15.0	15.2	15.2	15.6	16.6	15.7	15.3	14.6
	曲靖市	12.7	11.4	10.1	10.1	12.1	14.5	15.5	15.2	15.0	15.7	14.3	13.5	13.3
	玉溪市	13.6	12.3	11.0	10.8	12.3	14.8	16.1	16.1	15.5	15.6	15.5	15.4	14.1
	普洱市	14.9	12.8	11.3	11.9	13.7	16.4	18.7	18.2	17.0	16.6	16.4	16.1	15.3
	保山市	12.9	12.2	11.3	12.2	12.2	14.4	16.0	16.6	16.6	15.6	14.6	14.1	14.1
	丽江市	8.9	8.7	9.0	9.6	10.8	12.9	15.9	16.8	17.5	13.6	11.6	10.2	12.1
	临沧市	12.0	10.6	9.8	10.2	12.5	15.4	17.0	16.0	15.7	15.2	14.2	13.3	13.5

省（自治区、直辖市）	地名	月份												年平均
		1.0	2.0	3.0	4.0	5.0	6.0	7.0	8.0	9.0	10.0	11.0	12.0	
西藏	拉萨市	7.2	6.9	7.4	8.4	9.3	10.4	12.7	13.2	12.7	9.8	8.1	7.6	9.5
	昌都市	8.1	7.9	8.5	9.4	9.5	10.9	12.2	12.6	12.6	11.3	9.4	8.5	10.1
	山南市	6.9	6.9	6.9	8.0	10.4	9.0	10.9	11.2	10.8	8.5	7.5	7.3	8.7
	日喀则市	5.8	5.7	5.7	6.0	6.8	8.1	11.9	12.3	10.3	6.9	20.1	5.9	8.8
	林芝市	9.9	10.5	11.1	12.1	12.4	13.6	14.8	14.7	14.8	12.6	10.8	10.1	12.3
陕西	西安市	12.4	11.8	12.0	12.1	11.8	10.4	12.5	13.8	14.6	14.2	13.8	12.8	12.7
	铜川市	11.5	11.3	11.4	11.0	11.4	11.0	13.7	15.1	15.3	14.4	12.8	11.6	12.5
	宝鸡市	12.1	11.8	11.8	11.0	10.9	10.7	12.4	13.7	14.9	14.5	13.3	12.5	12.5
	咸阳市	12.5	12.2	12.2	12.0	12.3	11.4	13.5	15.2	16.2	15.5	14.6	12.9	13.4
	渭南市	13.3	12.5	12.5	12.3	12.3	11.0	13.5	15.5	16.6	15.8	14.9	14.0	13.7
	汉中市	16.8	15.0	14.4	14.4	13.8	14.4	15.6	15.5	17.6	18.6	19.0	18.4	16.1
	安康市	14.2	12.7	12.8	13.4	13.3	13.4	14.4	14.1	15.7	16.2	16.3	15.7	14.4
	商洛市	12.4	12.5	12.2	11.5	12.3	12.9	15.0	15.7	16.3	15.0	13.4	12.5	13.4
	延安市	11.3	10.7	10.4	9.0	9.2	10.4	12.8	14.4	14.2	13.6	12.0	11.8	11.7
	榆林市	11.4	10.2	9.2	8.1	8.3	9.2	10.6	12.3	12.5	11.9	11.3	11.3	10.5
甘肃	兰州市	11.0	9.8	9.3	8.5	9.5	10.7	11.7	12.3	12.9	12.5	12.4	12.0	11.1
	嘉峪关市	12.4	10.2	9.9	8.8	8.2	9.1	10.1	10.9	12.2	10.9	12.0	12.8	10.6
	金昌市	10.1	4.9	8.0	6.8	7.0	7.8	8.5	9.1	9.8	9.5	9.6	10.3	8.5
	白银市	10.4	5.4	8.8	8.0	8.1	8.6	9.6	10.4	11.3	11.2	10.4	10.5	9.4
	天水市	13.0	12.5	12.0	11.3	11.7	12.2	15.1	15.8	14.0	12.9	13.2	12.5	13.0
	酒泉市	11.5	9.7	9.8	7.2	7.4	8.3	9.3	9.4	9.8	9.6	10.3	11.7	9.5
	张掖市	11.2	9.5	8.8	7.7	8.3	8.9	9.6	10.3	11.3	11.2	11.7	12.0	10.0
	武威市	10.4	9.4	9.9	7.8	8.5	9.4	10.0	10.6	11.5	11.0	10.8	11.0	10.0
	定西市	12.4	11.9	11.4	10.5	10.4	11.7	12.5	13.0	13.7	13.9	12.8	12.2	12.2
	陇南市	14.0	13.9	11.8	13.3	13.8	14.9	15.7	16.6	18.6	18.4	15.5	14.3	15.1
	平凉市	11.8	11.5	11.2	10.2	10.4	10.9	12.4	13.8	15.1	15.1	13.3	12.1	12.3
	庆阳市	12.1	11.1	10.8	9.5	10.1	10.8	12.6	13.8	14.7	14.7	13.2	12.3	12.1
青海	西宁市	9.9	9.4	9.4	9.4	10.2	11.3	12.3	12.5	13.3	12.6	10.9	10.5	11.0
	海东市	10.5	5.9	9.8	9.0	10.0	10.9	11.7	12.4	13.6	13.3	11.9	11.6	10.9
宁夏	银川市	11.4	10.2	9.1	8.0	8.5	9.5	10.8	12.1	12.4	11.5	12.4	12.2	10.7
	石嘴山市	10.6	9.3	8.2	6.8	7.2	7.9	9.0	10.4	10.6	10.2	10.5	11.0	9.3
	吴忠市	10.3	5.4	8.9	8.0	8.0	9.6	10.7	12.1	12.1	11.1	11.2	10.6	9.8
	固原市	13.0	11.6	10.9	9.9	9.8	10.8	12.5	13.7	14.2	13.5	12.0	11.4	11.8
	中卫市	10.7	5.8	9.0	8.1	9.0	10.2	11.2	12.5	12.7	11.5	11.7	11.4	10.3
新疆	乌鲁木齐市	10.6	10.6	10.9	11.2	11.8	12.6	13.1	12.3	11.3	11.0	10.5	10.6	11.4
	克拉玛依市	17.1	15.8	11.0	7.0	6.4	5.9	6.3	6.4	6.7	8.9	12.6	16.4	10.0
	吐鲁番市	11.5	8.6	6.4	6.6	5.6	5.6	5.9	6.4	7.3	9.4	10.5	11.8	8.0
	哈密市	12.4	9.6	7.3	6.3	6.6	6.9	7.6	7.9	8.6	9.7	10.9	12.6	8.9

附录 4　中国主要木材树种的木材密度与干缩系数

树种	密度/（g/cm³）		干缩系数/%		
	基本	气干	径向	弦向	体积
苍山冷杉	0.401	0.439	0.217	0.373	0.590
冷杉		0.433	0.174	0.341	0.537
川滇冷杉	0.353	0.436	0.222	0.357	0.583
臭冷杉		0.384	0.129	0.366	0.472
柳杉	0.290	0.346	0.070	0.220	0.320
杉木	0.306	0.390	0.123	0.268	0.408
冲天柏	0.430	0.518	0.255	0.270	0.403
柏木	0.455	0.534	0.141	0.208	0.375
陆均松	0.534	0.643	0.179	0.286	0.486
福建柏		0.452	0.106	0.202	0.326
银杏	0.451	0.532	0.169	0.230	0.417
云南油杉	0.460	0.573	0.169	0.333	0.510
太白红杉	0.464	0.530	0.114	0.263	0.398
落叶松	0.528	0.696	0.187	0.408	0.619
黄花落叶松		0.594	0.168	0.408	0.554
红杉	0.428	0.519	0.150	0.326	0.485
新疆落叶松	0.451	0.563	0.162	0.372	0.541
水杉	0.278	0.342	0.089	0.241	0.344
云杉	0.290	0.350	0.106	0.275	0.410
油麦吊云杉		0.500	0.192	0.305	0.521
长白鱼鳞云杉	0.378	0.467	0.198	0.360	0.545
红皮云杉	0.352	0.435	0.142	0.315	0.455
丽江云杉	0.360	0.441	0.177	0.305	0.496
紫果云杉	0.361	0.429	0.160	0.315	0.491
天山云杉	0.352	0.432	0.139	0.309	0.458
华山松	0.386	0.458	0.108	0.252	0.377
高山松	0.413	0.509	0.151	0.307	0.495
赤松	0.390	0.490	0.168	0.270	0.451
湿地松	0.359	0.446	0.114	0.197	0.335
海南五针松	0.358	0.419	0.100	0.298	0.373
黄山松	0.440	0.547	0.175	0.299	0.507
思茅松	0.420	0.516	0.145	0.303	0.462
红松		0.440	0.122	0.321	0.459
广东松	0.429	0.501	0.131	0.270	0.409
马尾松	0.429	0.520	0.163	0.324	0.512
樟子松	0.370	0.457	0.144	0.324	0.491
油松	0.360	0.432	0.112	0.301	0.416
黑松	0.450	0.557	0.181	0.305	0.500
南亚松	0.530	0.656	0.210	0.297	0.529
云南松	0.481	0.586	0.186	0.308	0.517
侧柏	0.512	0.618	0.131	0.198	0.344

续表

树种	密度/（g/cm³）		干缩系数/%		
	基本	气干	径向	弦向	体积
鸡毛松	0.429	0.522	0.155	0.247	0.436
竹柏	0.419	0.529	0.110	0.250	0.390
金钱松	0.405	0.491	0.157	0.276	0.448
黄杉	0.470	0.582	0.176	0.283	0.468
圆柏	0.513	0.609	0.140	0.190	0.350
秃杉	0.295	0.358	0.106	0.277	0.417
铁杉	0.460	0.560	0.190	0.290	0.500
云南铁杉	0.377	0.449	0.145	0.269	0.427
丽江铁杉	0.466	0.564	0.178	0.300	0.495
长苞铁杉	0.542	0.661	0.215	0.310	0.538
黑荆树	0.539	0.676	0.181	0.358	0.570
青榨槭	0.444	0.548	0.136	0.239	0.388
白牛槭		0.680	0.170	0.394	0.472
槭木	0.564	0.709	0.196	0.339	0.547
杨桐	0.436	0.548	0.141	0.272	0.428
七叶树	0.409	0.504	0.164	0.277	0.445
臭椿	0.531	0.659	0.162	0.280	0.449
山合欢	0.482	0.577	0.146	0.226	0.330
大叶合欢	0.417	0.517	0.120	0.221	0.362
黑格	0.579	0.697	0.144	0.286	0.440
白格	0.565	0.682	0.150	0.272	0.428
拟赤杨	0.345	0.435	0.119	0.280	0.414
西南桤木	0.410	0.503	0.153	0.268	0.441
江南桤木	0.437	0.533	0.099	0.289	0.408
山丹	0.578	0.700	0.208	0.276	0.503
云南蕈树	0.613	0.786	0.211	0.396	0.627
细子龙	0.803	1.006	0.263	0.384	0.670
黄梁木	0.306	0.372	0.107	0.222	0.358
西南桦	0.534	0.666	0.243	0.274	0.541
光皮桦	0.570	0.692	0.243	0.247	0.545
香桦		0.705	0.235	0.259	0.519
白桦	0.489	0.615	0.188	0.258	0.466
糙皮桦	0.659	0.808	0.290	0.291	0.607
红桦	0.500	0.627	0.183	0.243	0.450
秋枫	0.550	0.692	0.163	0.272	0.451
蚬木	0.880	1.130	0.363	0.414	0.806
橄榄	0.405	0.498	0.152	0.258	0.428
亮叶鹅耳枥	0.528	0.651	0.186	0.318	0.518
山核桃	0.596	0.744	0.240	0.320	0.600
铁刀木	0.586	0.705	0.201	0.337	0.569
锥栗	0.536	0.634	0.141	0.248	0.407
板栗	0.559	0.689	0.149	0.297	0.464
茅栗	0.549	0.625	0.161	0.310	0.490

树种	密度/（g/cm³）		干缩系数/%		
	基本	气干	径向	弦向	体积
迷槠	0.449	0.548	0.146	0.301	0.465
高山锥	0.654	0.832	0.199	0.340	0.558
甜锥	0.466	0.566	0.179	0.287	0.486
罗浮锥	0.483	0.601	0.185	0.303	0.508
栲树	0.463	0.571	0.126	0.278	0.425
南岭锥	0.450	0.540	0.130	0.270	0.420
海南锥	0.634	0.787	0.211	0.324	0.558
红锥	0.584	0.733	0.206	0.291	0.515
吊皮锥	0.627	0.796	0.224	0.305	0.557
狗牙锥	0.468	0.568	0.150	0.260	0.430
元江锥	0.532	0.684	0.169	0.320	0.540
丝栗	0.404	0.488	0.154	0.259	0.436
苦槠	0.445	0.538	0.130	0.214	0.362
大叶锥		0.622	0.161	0.237	0.420
楸树	0.522	0.617	0.104	0.230	0.352
滇楸	0.392	0.472	0.120	0.233	0.368
云南朴	0.517	0.638	0.162	0.282	0.463
山枣	0.469	0.596	0.133	0.264	0.462
香樟	0.437	0.535	0.126	0.216	0.356
云南樟	0.505	0.624	0.171	0.281	0.443
黄樟	0.411	0.505	0.165	0.286	0.467
丛花厚壳桂	0.444	0.554	0.143	0.270	0.461
竹叶青冈	0.810	1.042	0.194	0.438	0.647
福建青冈	0.780		0.220	0.440	0.680
青冈	0.705	0.892	0.169	0.406	0.598
小叶青冈	0.722	0.911	0.159	0.408	0.587
细叶青冈	0.721	0.893	0.175	0.435	0.635
赤青冈	0.727	0.947	0.210	0.440	0.690
盘壳青冈	0.839	1.078	0.216	0.454	0.680
黄檀	0.720	0.870	0.185	0.352	0.556
交让木	0.536		0.146	0.408	0.576
云南黄杞	0.460	0.564	0.178	0.298	0.498
葡萄桉	0.568	0.750	0.200	0.322	0.551
赤桉	0.551	0.727	0.209	0.337	0.592
柠檬桉	0.774	0.968	0.317	0.388	0.732
窿缘桉	0.680	0.843	0.245	0.343	0.608
兰桉	0.508	0.711	0.224	0.397	0.631
大叶桉	0.546	0.695	0.214	0.303	0.541
野桉	0.491	0.629	0.214	0.307	0.551
广西薄皮大叶桉	0.521	0.663	0.181	0.273	0.485
细叶桉	0.706	0.865	0.267	0.362	0.657
水青冈	0.616	0.793	0.204	0.387	0.617
白蜡树	0.536	0.661	0.139	0.310	0.455

续表

树种	密度/（g/cm³）		干缩系数/%		
	基本	气干	径向	弦向	体积
水曲柳	0.509	0.643	0.171	0.322	0.519
嘉榄	0.575	0.709	0.212	0.271	0.504
皂荚	0.590	0.736	0.130	0.190	0.325
银桦	0.444	0.538	0.092	0.243	0.360
加卜	0.696	0.873	0.199	0.342	0.553
母生	0.675	0.819	0.207	0.343	0.565
毛坡垒	0.749	0.965	0.300	0.470	0.787
拐枣	0.525	0.625	0.178	0.296	0.492
野核桃	0.459		0.149	0.231	0.396
核桃楸	0.420	0.3528	0.190	0.300	0.516
核桃	0.533	0.686	0.191	0.291	0.495
栾树	0.622	0.778	0.222	0.350	0.612
女贞	0.542	0.660	0.154	0.280	0.456
枫香	0.491	0.612	0.180	0.360	0.572
鹅掌楸	0.453	0.557	0.188	0.388	0.553
荔枝	0.814	1.020	0.236	0.358	0.612
绒毛稠	0.700	0.912	0.201	0.475	0.701
脚板稠	0.726	0.924	0.227	0.401	0.651
柄果稠	0.589	0.730	0.183	0.312	0.528
广东稠	0.562	0.698	0.149	0.324	0.481
大果木姜	0.560	0.691	0.243	0.332	0.605
华润楠	0.463	0.580	0.219	0.297	0.540
光楠	0.460	0.565	0.190	0.330	0.540
润楠		0.565	0.171	0.283	0.480
红楠	0.463	0.560	0.162	0.287	0.468
海南子京	0.891	1.110	0.297	0.390	0.705
玉兰	0.441	0.544	0.168	0.310	0.499
绿兰	0.396	0.483	0.168	0.255	0.441
苦楝	0.369	0.456	0.154	0.247	0.420
川楝	0.413	0.503	0.141	0.268	0.438
狭叶泡花	0.440	0.568	0.187	0.305	0.520
铜色含笑	0.489	0.613	0.189	0.301	0.513
桑树	0.534	0.671	0.141	0.266	0.243
香果新木姜	0.452	0.564	0.168	0.260	0.450
山荔枝	0.568	0.717	0.193	0.305	0.520
轻木	0.200	0.240	0.070	0.160	0.250
红豆树	0.632	0.758	0.130	0.260	0.410
木荚红豆	0.492	0.603	0.160	0.310	0.490
假白兰	0.530	0.667	0.220	0.326	0.567
楸叶泡桐	0.233	0.290	0.093	0.216	0.344
川泡桐	0.219	0.269	0.107	0.216	0.334
泡桐	0.258	0.309	0.110	0.210	0.320
毛泡桐	0.231	0.278	0.079	0.164	0.261

续表

树种	密度/ (g/cm³)		干缩系数/%		
	基本	气干	径向	弦向	体积
光泡桐	0.279	0.347	0.107	0.208	0.333
五列木	0.523	0.673	0.175	0.287	0.472
黄菠萝		0.449	0.128	0.242	0.368
闽楠	0.445	0.537	0.130	0.230	0.380
红毛山楠	0.487	0.607	0.187	0.265	0.467
悬铃木	0.549	0.701	0.200	0.387	0.621
化香	0.582	0.715	0.196	0.329	0.550
响叶杨	0.401	0.479	0.129	0.240	0.390
新疆杨	0.443	0.542	0.135	0.319	0.475
加杨	0.379	0.458	0.141	0.268	0.430
青杨	0.364	0.452	0.132	0.255	0.400
山杨	0.400	0.477	0.162	0.323	0.502
异叶杨	0.388	0.469	0.118	0.290	0.431
钻天杨	0.323	0.401	0.100	0.232	0.355
小叶杨	0.341	0.417	0.189	0.273	0.432
山樱桃	0.527	0.633	0.134	0.296	0.453
灰叶稠李	0.513	0.642	0.182	0.286	0.494
枫杨	0.392	0.467	0.141	0.236	0.404
青檀	0.643	0.810	0.212	0.325	0.557
多核木	0.701	0.886	0.248	0.358	0.626
麻栎	0.688	0.930	0.210	0.389	0.616
槲栎	0.627	0.789	0.192	0.336	0.563
高山栎	0.754	0.960	0.274	0.457	0.685
小叶栎	0.680	0.876	0.197	0.400	0.619
白栎	0.660		0.144	0.358	0.579
大叶栎	0.679	0.872	0.214	0.354	0.594
辽东栎	0.613	0.774	0.139	0.261	0.403
柞木	0.603	0.748	0.181	0.318	0.520
栓皮栎	0.711	0.866	0.212	0.407	0.644
刺槐	0.652	0.792	0.210	0.327	0.548
河柳	0.490	0.588	0.128	0.334	0.501
乌柏	0.458	0.561	0.141	0.224	0.387
水石梓	0.464	0.565	0.137	0.263	0.463
檫木	0.448	0.532	0.143	0.270	0.434
鸭脚木	0.364	0.450	0.186	0.239	0.477
银荷木	0.469	0.612	0.194	0.315	0.550
荷木	0.502	0.623	0.178	0.310	0.510
油楠	0.560	0.682	0.172	0.274	0.459
槐树	0.588	0.702	0.191	0.307	0.511
石灰树	0.619		0.210	0.357	0.618
乌墨葡桃	0.604	0.760	0.181	0.314	0.512
柚木		0.601	0.144	0.263	0.413
鸡尖	0.700	0.850	0.231	0.375	0.621

续表

树种	密度/（g/cm³）		干缩系数/%		
	基本	气干	径向	弦向	体积
水青树		0.391	0.102	0.212	0.344
紫椴	0.355	0.458	0.157	0.253	0.469
湘椴	0.512	0.630	0.184	0.316	0.518
糠椴	0.330	0.424	0.187	0.235	0.447
南京椴	0.468	0.613	0.205	0.235	0.462
粉椴	0.379	0.485	0.135	0.200	0.343
椴树	0.437	0.553	0.172	0.242	0.433
香椿	0.501	0.591	0.143	0.263	0.420
红椿	0.388	0.477	0.150	0.278	0.445
漆树	0.397	0.496	0.123	0.212	0.235
裂叶榆	0.456	0.548	0.163	0.336	0.517
大国榆	0.531	0.667	0.238	0.408	0.680
白榆	0.537	0.639	0.191	0.333	0.550
青皮	0.633	0.837	0.180	0.349	0.546
青蓝	0.657	0.840	0.218	0.366	0.594
榉树	0.666	0.791	0.209	0.362	0.591

注：摘自成俊卿的《木材学》（1985）

附录5 针叶树锯材干燥基准表

	1—1				1—2				1—3		
MC/%	t/℃	Δt/℃	EMC/%	MC/%	t/℃	Δt/℃	EMC/%	MC/%	t/℃	Δt/℃	EMC/%
40 以上	80	4	12.8	40 以上	80	6	10.7	40 以上	80	8	9.3
40~30	85	6	10.7	40~30	85	11	7.5	40~30	85	12	7.1
30~25	90	9	8.4	30~25	90	15	8.0	30~25	90	16	5.7
25~20	95	12	6.9	25~20	95	20	4.8	25~20	95	20	4.8
20~15	100	15	5.8	20~15	100	25	3.2	20~15	100	25	3.8
15 以下	110	25	3.7	15 以下	110	35	2.4	15 以下	110	35	2.4

	2—1				2—2				3—1		
MC/%	t/℃	Δt/℃	EMC/%	MC/%	t/℃	Δt/℃	EMC/%	MC/%	t/℃	Δt/℃	EMC/%
40 以上	75	4	13.1	40 以上	75	6	11.0	40 以上	70	3	14.7
40~30	80	5	11.6	40~30	80	7	9.9	40~30	72	4	13.3
30~25	85	7	9.7	30~25	85	9	8.5	30~25	75	6	11.0
25~20	90	10	7.9	25~20	90	12	7.0	25~20	80	10	8.2
20~15	95	17	5.3	20~15	95	17	5.3	20~15	85	15	6.1
15 以下	100	22	4.3	15 以下	100	22	4.3	15 以下	95	25	3.8

	3—2				4—1				4—2		
MC/%	t/℃	Δt/℃	EMC/%	MC/%	t/℃	Δt/℃	EMC/%	MC/%	t/℃	Δt/℃	EMC/%
40 以上	70	5	12.1	40 以上	65	3	15.0	40 以上	65	5	12.3
40~30	72	6	11.1	40~30	67	4	13.5	40~30	67	6	11.2
30~25	75	8	9.5	30~25	70	6	11.1	30~25	70	8	9.6
25~20	80	12	7.2	25~20	75	8	9.5	25~20	75	10	8.3
20~15	85	17	5.5	20~15	80	14	6.5	20~15	80	14	6.5
15 以下	95	25	3.8	15 以下	90	25	3.8	15 以下	90	25	3.8

	5—1				5—2				6—1		
MC/%	t/℃	Δt/℃	EMC/%	MC/%	t/℃	Δt/℃	EMC/%	MC/%	t/℃	Δt/℃	EMC/%
40 以上	60	3	15.3	40 以上	60	5	12.5	40 以上	55	3	15.6
40~30	65	5	12.3	40~30	65	6	11.3	40~30	60	4	13.8
30~25	70	7	10.3	30~25	70	8	9.6	30~25	65	6	11.3
25~20	75	9	8.8	25~20	75	10	8.3	25~20	70	8	9.6
20~15	80	12	7.2	20~15	80	14	6.5	20~15	80	12	7.2
15 以下	90	20	4.8	15 以下	90	20	4.8	15 以下	90	20	4.8

续表

6—2				7—1			
MC/%	t/℃	Δt/℃	EMC/%	MC/%	t/℃	Δt/℃	EMC/%
40 以上	55	4	14.0	40 以上	50	3	15.8
40~30	60	5	12.5	40~30	55	4	14.0
30~25	65	7	10.5	30~25	60	5	12.5
25~20	70	9	9.0	25~20	65	7	10.5
20~15	80	12	7.2	20~15	70	11	8.0
15 以下	90	20	4.8	15 以下	80	20	4.9

8—1				8—2			
MC/%	t/℃	Δt/℃	EMC/%	MC/%	t/℃	Δt/℃	EMC/%
40 以上	100	3	13.0	40 以上	95	2	14.9
						3	13.2*
40~30	100	5	10.8	40~30	95	5	11.0
30~25	100	8	8.6	30~25	95	7	9.7
25~20	100	12	6.7	25~20	95	10	8.0
20~15	100	15	5.8	20~15	95	15	5.9
15 以下	100	20	4.7	15 以下	95	20	4.8
						24	4.0

注：表中符号 MC 为木材含水率（%）；t 为干球温度（℃）；Δt 为干湿球温度差（℃）；EMC 为木材平衡含水率（%）

附录 6 阔叶树锯材室干基准表

11－1				11－2				11－3			
MC/%	t/℃	Δt/℃	EMC/%	MC/%	t/℃	Δt/℃	EMC/%	MC/%	t/℃	Δt/℃	EMC/%
60 以上	80	4	12.8	60 以上	80	5	11.6	60 以上	80	7	9.9
60～40	85	6	10.5	60～40	85	7	9.7	60～40	85	8	9.1
40～30	90	9	8.4	40～30	90	10	7.9	40～30	90	11	7.4
30～20	95	13	6.5	30～20	95	14	6.4	30～20	95	16	5.6
20～15	100	20	4.7	20～15	100	20	4.7	20～15	100	22	4.4
15 以下	110	28	3.3	15 以下	110	28	3.3	15 以下	110	28	3.3

12－1				12－2				12－3			
MC/%	t/℃	Δt/℃	EMC/%	MC/%	t/℃	Δt/℃	EMC/%	MC/%	t/℃	Δt/℃	EMC/%
60 以上	70	4	13.3	60 以上	70	5	12.1	60 以上	70	6	11.1
60～40	72	5	12.1	60～40	72	6	11.1	60～40	72	7	10.3
40～30	75	8	9.5	40～30	75	9	8.8	40～30	75	10	8.3
30～20	80	12	7.2	30～20	80	13	6.8	30～20	80	14	6.5
20～15	85	16	5.8	20～15	85	16	5.8	20～15	85	18	5.2
15 以下	95	20	4.8	15 以下	95	20	4.8	15 以下	95	20	4.8

13－1				13－2				13－3			
MC/%	t/℃	Δt/℃	EMC/%	MC/%	t/℃	Δt/℃	EMC/%	MC/%	t/℃	Δt/℃	EMC/%
40 以上	65	3	15.0	40 以上	65	4	13.6	40 以上	65	6	11.3
40～30	67	4	13.6	40～30	67	5	12.3	40～30	67	7	10.5
30～25	70	7	10.3	30～25	70	8	9.6	30～25	70	9	9.0
25～20	75	10	8.3	25～20	75	12	7.3	25～20	75	12	7.3
20～15	80	15	6.2	20～15	80	15	6.2	20～15	80	15	6.2
15 以下	90	20	4.8	15 以下	90	20	4.8	15 以下	90	20	4.8

13－4				13－5				13－6			
MC/%	t/℃	Δt/℃	EMC/%	MC/%	t/℃	Δt/℃	EMC/%	MC/%	t/℃	Δt/℃	EMC/%
35 以上	65	4	13.6	35 以上	60	3	12.3	35 以上	65	6	11.3
35～30	69	6	11.1	35～30	70	7	10.3	35～30	70	8	9.6
30～25	72	8	9.6	30～25	74	9	8.8	30～25	74	10	8.3
25～20	76	10	8.3	25～20	78	11	7.7	25～20	78	12	7.2
20～15	80	13	6.8	20～15	82	14	6.5	20～15	83	15	6.1
15 以下	90	20	4.8	15 以下	90	20	4.8	15 以下	90	20	4.8

续表

14—1				14—2				14—3			
MC/%	t/℃	Δt/℃	EMC/%	MC/%	t/℃	Δt/℃	EMC/%	MC/%	t/℃	Δt/℃	EMC/%
35 以上	60	3	15.3	35 以上	60	5	12.5	35 以上	60	3	15.3
35~30	66	5	12.3	35~30	66	7	10.5	35~30	65	5	12.3
30~25	72	7	10.2	30~25	72	9	8.9	30~25	70	7	10.3
25~20	76	10	8.3	25~20	76	11	7.8	25~20	73	9	8.9
20~15	81	15	6.2	20~15	80	14	6.5	20~15	78	12	7.2
15 以下	90	25	3.9	15 以下	90	20	4.8	15 以下	85	20	4.9
14—4				14—5				14—6			
MC/%	t/℃	Δt/℃	EMC/%	MC/%	t/℃	Δt/℃	EMC/%	MC/%	t/℃	Δt/℃	EMC/%
35 以上	60	4	13.8	35 以上	60	4	13.8	35 以上	60	5	12.5
35~30	65	6	11.3	35~30	65	6	11.3	35~30	66	7	10.5
30~25	70	8	9.6	30~25	69	8	9.6	30~25	70	9	9.0
25~20	74	10	8.3	25~20	73	10	7.9	25~20	74	11	7.8
20~15	78	13	6.9	20~15	78	13	6.9	20~15	78	14	6.5
15 以下	85	20	4.9	15 以下	85	20	4.9	15 以下	85	20	4.9
14—7				14—8				14—9			
MC/%	t/℃	Δt/℃	EMC/%	MC/%	t/℃	Δt/℃	EMC/%	MC/%	t/℃	Δt/℃	EMC/%
35 以上	60	5	12.5	40 以上	60	3	15.3	40 以上	60	4	13.8
35~30	65	7	10.5	40~30	62	4	13.8	40~30	62	5	12.5
30~25	70	9	9.0	30~25	65	7	10.5	30~25	65	8	9.8
25~20	73	11	7.9	25~20	70	10	8.5	25~20	70	12	7.5
20~15	77	14	6.6	20~15	75	15	6.3	20~15	75	15	6.3
15 以下	85	20	4.9	15 以下	85	20	4.9	15 以下	85	20	4.9
14—10				14—11				14—12			
MC/%	t/℃	Δt/℃	EMC/%	MC/%	t/℃	Δt/℃	EMC/%	MC/%	t/℃	Δt/℃	EMC/%
40 以上	60	6	11.4	35 以上	60	3	15.3	35 以上	60	4	13.8
40~30	62	7	10.6	35~30	65	5	12.3	35~30	64	6	12.3
30~25	65	9	9.1	30~25	68	7	10.4	30~25	68	8	9.6
25~20	70	12	7.5	25~20	70	9	9.0	25~20	72	10	8.4
20~15	75	15	6.3	20~15	74	13	7.0	20~15	74	13	7.0
15 以下	85	20	4.9	15 以下	80	20	4.9	15~12	80	20	4.9
14—13				15—1				15—2			
MC/%	t/℃	Δt/℃	EMC/%	MC/%	t/℃	Δt/℃	EMC/%	MC/%	t/℃	Δt/℃	EMC/%
30 以上	60	4	13.8	40 以上	55	3	15.6	40 以上	55	4	14.0
30~25	66	6	11.3	40~30	57	4	14.0	40~30	57	5	12.6
25~20	70	9	9.0	30~25	60	6	11.4	30~25	60	8	9.8
20~15	73	12	6.4	25~20	65	10	8.5	25~20	65	12	7.5
15 以下	80	20	4.9	20~15	70	15	6.3	20~15	70	15	6.4
				15 以下	80	20	4.9	15 以下	80	20	4.9

15—3				15—4				15—5			
MC/%	t/℃	Δt/℃	EMC/%	MC/%	t/℃	Δt/℃	EMC/%	MC/%	t/℃	Δt/℃	EMC/%
40 以上	55	6	11.5	35 以上	55	4	14.0	35 以上	55	5	12.7
40～30	57	7	10.7	35～30	60	6	11.4	35～30	60	7	10.6
30～25	60	9	9.3	30～25	65	8	9.7	30～25	65	9	9.1
25～20	65	12	7.7	25～20	69	10	8.5	25～20	68	11	8.0
20～15	70	15	6.4	20～15	73	13	7.0	20～15	73	14	6.6
15 以下	80	20	4.9	15 以下	80	20	4.9	15 以下	80	20	4.9

15—6				15—7				15—8			
MC/%	t/℃	Δt/℃	EMC/%	MC/%	t/℃	Δt/℃	EMC/%	MC/%	t/℃	Δt/℃	EMC/%
30 以上	55	3	15.6	30 以上	55	3	15.6	30 以上	55	3	15.6
30～25	62	5	12.4	30～25	62	5	12.4	30～25	62	5	12.4
25～20	66	7	10.5	25～20	66	7	10.5	25～20	66	8	9.7
20～15	72	11	7.9	20～15	72	12	7.4	20～15	72	12	7.4
15 以下	80	20	4.9	15 以下	80	20	4.9	15 以下	80	20	4.9

15—9				15—10				16—1			
MC/%	t/℃	Δt/℃	EMC/%	MC/%	t/℃	Δt/℃	EMC/%	MC/%	t/℃	Δt/℃	EMC/%
				35 以上	55	6	11.5	35 以上	50	4	14.1
30 以上	55	4	14.0	35～30	65	8	9.7	35～30	60	6	11.4
30～25	62	6	11.4	30～25	68	11	8.0	30～25	65	8	9.7
25～20	66	9	9.1	25～20	72	14	6.6	25～20	69	10	8.5
20～15	72	12	7.4	20～15	75	17	5.7	20～15	73	13	7.0
15 以下	80	20	4.9	15 以下	80	25	3.9	15 以下	80	20	4.9

16—2				16—3				16—4			
MC/%	t/℃	Δt/℃	EMC/%	MC/%	t/℃	Δt/℃	EMC/%	MC/%	t/℃	Δt/℃	EMC/%
40 以上	50	3	15.8	40 以上	50	4	14.1	40 以上	50	5	12.7
40～30	52	4	14.1	40～30	52	5	12.7	40～30	52	6	11.5
30～25	55	6	11.5	30～25	55	7	10.7	30～25	55	9	9.3
25～20	60	10	8.7	25～20	60	10	8.7	25～20	60	12	7.7
20～15	65	15	6.4	20～15	65	15	6.4	20～15	65	15	6.4
15 以下	75	20	4.9	15 以下	75	20	4.9	15 以下	75	20	4.9

16—5				16—6				16—7			
MC/%	t/℃	Δt/℃	EMC/%	MC/%	t/℃	Δt/℃	EMC/%	MC/%	t/℃	Δt/℃	EMC/%
30 以上	50	3	15.8	30 以上	50	4	14.1	30 以上	50	3	15.8
30～25	56	5	12.7	30～25	56	6	11.5	30～25	56	5	12.7
25～20	61	8	9.8	25～20	60	9	9.2	25～20	60	8	9.8
20～15	66	11	8.0	20～15	66	12	7.5	20～15	64	11	8.0
15 以下	75	20	4.9	15 以下	75	20	4.9	15 以下	70	20	4.9

续表

16—8				17—1				17—2			
MC/%	t/℃	Δt/℃	EMC/%	MC/%	t/℃	Δt/℃	EMC/%	MC/%	t/℃	Δt/℃	EMC/%
30 以上	50	4	14.1	30 以上	45	3	15.9	40 以上	45	2	18.2
30~25	55	6	11.5	30~25	53	5	12.7	40~30	47	3	15.9
25~20	60	9	9.2	25~20	58	8	9.8	30~25	50	5	12.7
20~15	64	12	7.5	20~15	64	11	8.0	25~20	55	9	9.3
15 以下	70	20	4.9	15 以下	75	20	4.9	20~15	60	15	6.4
								15 以下	70	20	4.9

17—3				17—4				17—5			
MC/%	t/℃	Δt/℃	EMC/%	MC/%	t/℃	Δt/℃	EMC/%	MC/%	t/℃	Δt/℃	EMC/%
40 以上	45	3	15.9	40 以上	45	4	14.2	40 以上	45	7	10.6
40~30	47	4	12.6	40~30	47	6	11.4	40~30	47	9	9.1
30~25	50	6	10.7	30~25	50	8	9.8	30~25	50	13	7.0
25~20	55	10	8.7	25~20	55	12	7.6	25~20	55	18	5.2
20~15	60	15	6.4	20~15	60	15	6.4	20~15	60	24	3.7
15 以下	70	20	4.9	15 以下	70	20	4.9	15 以下	70	30	2.7

18—1				18—2				18—3			
MC/%	t/℃	Δt/℃	EMC/%	MC/%	t/℃	Δt/℃	EMC/%	MC/%	t/℃	Δt/℃	EMC/%
40 以上	40	2	18.1	40 以上	40	3	16.0	40 以上	40	4	14.0
40~30	42	3	16.0	40~30	42	4	14.0	40~30	42	6	11.2
30~25	45	5	12.6	30~25	45	6	11.4	30~25	45	8	9.7
25~20	50	8	9.8	25~20	50	9	9.2	25~20	50	10	8.6
20~15	55	12	7.6	20~15	55	12	7.6	20~15	55	12	7.6
15~12	60	15	6.4	15~12	60	15	6.4	15~12	60	15	6.4
12 以下	70	20	4.9	12 以下	70	20	4.9	12 以下	70	20	4.9

19—1			
MC/%	t/℃	Δt/℃	EMC/%
60 以上	35	6	11.0
60~40	35	8	9.2
40~20	35	10	7.2
20~15	40	15	5.3
15 以下	50	20	2.5

注：表中符号 MC 为木材含水率（%）；t 为干球温度（℃）；Δt 为干湿球温度差（℃）；EMC 为木材平衡含水率（%）

附录 7 常见术语名词（中英文对照）

板垛端头距	space at end of pile	储热方法	heat storage method
板垛高度	pile height	储热装置	heat storage device
板垛间距	pile spacing	磁控管	magnetron tube
板垛宽度	pile width	大气干燥	air drying
板垛压重	pile weight	导热系数	thermal conductivity
板间间隙	board spacing	导温系数/热扩散系数	thermal diffusivity
板院	air drying yard	电场强度	electric field strength
板院朝向	orientation of yard	电磁波	electromagnetic wave
半波动干燥基准	semi-fluctuant schedule	电极板	electrode plate
半导体	semiconductor	电介质	dielectric
半自动控制	semi-automatic control	电流表	galvanometer/ammeter
饱和蒸汽	saturated steam	电容式含水率测定仪	capacitance-type moisture meter
比热容	specific heat capacity	电子位移极化	electron displacement polarization
比重	specific gravity	电阻式含水率测定仪	resistance-type moisture meter
变定	set	垫条	sticker
变色	discoloration	垫条厚度	sticker thickness
变形	distortion	垫条宽度	sticker width
表裂	surface check	顶风机型干燥室	dry kiln with top-mounted fan
表面硬化	case hardening	顶盖	pile roof
波导	waveguide	动态弹性模量	dynamic modulus of elasticity
波动干燥基准	fluctuant schedule	端部平齐堆垛	even-end piling
材堆	stack; pile; load	端风机型干燥室	dry kiln with end-mounted fan
材堆区	pile area	端裂	end check
残余应力	residual stress	短（横）轴型干燥室	dry kiln with fans connected
侧风机型干燥室	dry kiln with side-mounted fan		directly to motors
层距	course spacing	堆垛	staking
叉车装材	forklift loading	堆积方法	piling method
叉齿（齿片）	prong	堆基	pile foundation
常规-热泵（除湿）联合干燥	conventional-heat pump (dehumidification) drying	堆间距离	space between pile
		方木	cross beam
长（纵）轴型干燥室	lineshaft dry kiln	防火道	fire breaks (fire alley)
初期处理	pretreatment	风机	fan
除湿干燥	dehumidification drying	风机棚	fan shed
除湿干燥工艺	dehumidification drying process	辐射频率	radiation frequency
除湿机	dehumidifier	辅助加热器	auxiliary heater
除湿机功率	power of dehumidifier	负压干燥	negative pressure drying
除湿蒸发器	dehumidification evaporator	傅里叶定律	fourier's law
储热材料	heat storage material	干裂	drying check

干缩系数	coefficient of shrinkage	横弯	crook
干燥成本	drying cost	烘干法	oven-dry method
干燥过程	drying process	击穿电压	breakdown voltage
干燥后期	the later stage of drying	极化运动	polarized motion
干燥基准	dry kiln schedule	集热器效率	collector efficiency
干燥介质	drying medium	加热器	heating coil
干燥能耗分析	drying energy consumption analysis	间歇真空干燥机	alternate vacuum dryer
干燥前期	the early stage of drying	监控参数	monitoring parameter
干燥缺陷	drying defect	检测和控制设备	detection and control equipment
干燥室设计	dry kiln design	检验板	kiln sample
干燥筒	pressure vessel	降等	degrade
干燥应力	drying stress	节能率	energy saving rate
干燥质量	drying quality	解吸	moisture desorption
高频电磁场	high frequency electromagnetic field	介电常数	dielectric constant
		界面极化	interfacial polarization
高频-对流联合干燥	high frequency-convection drying	金属壳体干燥室	prefabricated metal kiln
高频发生器	high frequency generator	进/排气道	ventilator
高频干燥	high frequency drying	进排气系统	ventilation system
高频干燥工艺	high frequency drying process	进气道	inlet air ventilator
高频加热	high-frequency heating	绝对湿度	absolute humidity
高频加热装置	high-frequency heating apparatus	空气动力	air dynamic
高频输出电压	high-frequency output voltage	空气干燥室	conventional kiln
高频循环加热	high frequency circulating heating	空气源泵干燥	air source heat pump drying
高频真空干燥	high-frequency vacuum drying	控制系统	control systems
高频-真空联合干燥	high frequency-vacuum drying	扩散	diffusion
高温处理	heat treatment	木材水分移动	moisture movement in wood
过热蒸汽干燥	superheated steam drying	拉应力	tensile stress
高温干燥	high-temperature drying	冷凝器	condenser
高温热泵干燥	high-temperature heat pump drying	冷却	cooling
隔条	sticker	离心式通风机	centrifugal fan
隔条间隔	sticker spacing	离子位移极化	ion displacement polarization
供热系数	coefficient of performance	连续升温干燥基准	continuously rising temperature schedule
供热系统	heating system		
固定基础	fixed pile foundation	连续式干燥室	progressive kiln
轨道车装材	track loading	连续式辊压单板干燥机	continuous roller pressing dryer
过干	overdrying	连续式热板干燥机	continuous platen dryer
过热蒸汽	superheated steam	连续真空干燥	continuous vacuum drying
过热蒸汽干燥室	superheated steam kiln	菱形变形	diamonding
含水率	moisture content	流量计	flowmeter
含水率电测计	electric moisture meter	炉气	flue gas
含水率干燥基准	moisture content schedule	炉气干燥室	direct-fired kiln
含水率检验片	moisture content section	轮裂	ring shake; ring crack
横道	cross alley	木材干燥室	wood dry kiln

木材含水率梯度	moisture content gradient of wood	湿含量	moisture content
不均匀干缩	restrained shrinkage	湿空气	moist air
内裂	internal check；honeycombing	湿容量	moisture holding capacity
能量消耗	energy consumption	时间干燥基准	time schedule
逆表面硬化	reverse case hardening	室干材	kiln-dried wood
黏弹性材料	viscoelastic material	试验板	test board
扭曲	twist	手动控制	manual control
欧拉-伯努利梁方程	Euler–Bernoulli beam theory	疏水器	steam trap
偶极子取向极化	dipole orientation polarization	双热源热泵干燥	dual-source heat pump drying
排气道	exhaust air ventilator	水分蒸发	water evaporation
刨切单板	sliced veneer	水平垛	flat stacking
喷水器	water sprayer	水蒸气	water vapor
喷蒸管	steam spray pipe	顺弯	bow
劈裂	split	塑化固定	permanent set
平衡处理	equalizing treatment	损耗因子	loss factor
平衡含水率	equilibrium moisture content	台座	posts or pier
气干材	air-dried wood	太阳能干燥	solar drying
气干-常规联合干燥	air seasoning-conventional drying	太阳能干燥工艺	solar kiln schedule
汽化潜热	latent heat of vaporization	太阳能干燥装置	solar dryer
汽蒸处理	steaming	太阳能供热系统	solar heating system
汽蒸室	steaming kiln	太阳能集热器	solar collector
强制气干	forced air drying	太阳能-热泵联合干燥	solar-dehumidification drying
强制性循环干燥室	forced circulation kiln	太阳能资源	solar resource
翘曲	warp	炭化	charring
翘弯	cup	弹性应力	elastic stress
倾斜垛	slope piling	通风口（垂直）	wind tunnel
全干材/绝干材	oven-dry wood	通风设备	ventilation equipment
热板	hot platen	微波发生器	microwave generator
热泵除湿干燥机	heat pump dry kiln	微波干燥	microwave drying
热泵干燥	heat pump drying	微波干燥工艺	microwave drying process
热泵蒸发器	heat pump evaporator	微波加热器	microwave applicator
热含量（焓）	enthalpy	吸湿	moisture absorption
热力计算	thermal calculation	吸湿等温线	sorption isotherm
热媒	heat transfer medium	吸湿性材料	hygroscopic material
热膨胀阀	thermal expansion valve	吸湿滞后	sorption hysteresis
热湿处理	conditioning treatment	吸着水	bound water
热消耗量	heat consumption	纤维饱和点	fiber saturation point
热压干燥	press drying	显热储热	sensible thermal storage
热转移	heat transfer	相变储热	phase change heat storage
软干燥基准	mild schedule	相对湿度	relative humidity
散热面积	heat dissipation area	谐振腔	resonant cavity
渗透性	permeability	卸堆	unstacking; unloading
生材	green wood	卸堆机	unstacking equipment/lumber

	unstacker	终期处理	final treatment
新鲜空气	fresh air	周期式干燥室	compartment kiln
旋切单板	rotary-cut veneer	周期式强制循环干燥室	forced circulation compartment kiln
循环空气	circulating air		
压板温度	hot platen temperature	周期式热压板干燥机	batch hot press platen dryer
压板压力	hot platen pressure	轴流式通风机	axial fan
压应力	compressive stress	皱缩	collapse; crimp
移动基础	removable pile foundations	主风向	prevailing wind direction
应力检验片	stress section	柱型棚	pole shed
硬干燥基准	harsh schedule	砖混结构铝内壁壳体	brick-concrete structure aluminum inner shell
预干	predrying		
预干室	predryer	砖混凝土体干燥室	brick and concrete kiln
远程控制	long-range control	转运车	transport truck
载料车	lift truck	装堆	stacking; loading
窄板垛	narrow pile	装堆机	stacking equipment; lumber stacker
真空泵	vacuum pump	装运含水率	shipping dry
真空度	vacuum degree	自动控制	full-automatic control
蒸发器	evaporator	自然气干	natural air drying
蒸汽管路	steam duct	自然循环干燥室	natural circulation kiln
蒸汽消耗	steam consumption	自由水	free water
蒸汽压力表	steam pressure gauge	综合实验	comprehensive experiment
制冷压缩机	refrigeration compressor	纵道（主道）	main alley
质转移	mass transfer	阻力	resistance
制冷剂	refrigerant	T 形棚	T shed
中期（间）处理	intermediate treatment		